Wissenschaftliche Veröffentlichungen aus den Siemens-Werken

Achtzehnter Band
1939

Verlag von Julius Springer in Berlin

Inhaltsübersicht.

Erstes Heft.

Zweites Heft.

Drittes Heft.

Wissenschaftliche Veröffentlichungen aus den Siemens-Werken

XVIII. Band

Erstes Heft (abgeschlossen am 17. November 1938)

Mit 80 Bildern

Unter Mitwirkung von

Friedrich Bartels, Fritz Bath, Rudolf Bingel, Heinrich von Buol, Richard Elsner, Robert Fellinger, H. Paul Fink, Hans Gerdien, Friedrich Güldenpfennig, Friedrich Heintzenberg, Gustav Hertz, Ragnar Holm, Carl Knott, Hermann Körner, Carl Köttgen, Erwin Kübler, Karl Küpfmüller, Karl Ott, Fritz Reinhardt, Günther Scharowsky, Wilhelm Scheuring, Walter Schottky, Hermann von Siemens, Robert Strigel, Richard Swinne, Julius Wallot, Walter Wernicke, Paul Wiegand

herausgegeben von der

Zentralstelle für wissenschaftlich-technische Forschungsarbeiten der Siemens-Werke

Berlin

Verlag von Julius Springer

1939

ISBN-13: 978-3-642-98858-5   e-ISBN-13: 978-3-642-99673-3
DOI: 10.1007/978-3-642-99673-3

Vorwort.

Das vorliegende erste Heft des **XVIII.** Bandes der Wissenschaftlichen Veröffentlichungen aus den Siemens-Werken (46. Heft der ganzen Reihe) ist vorwiegend der Starkstromtechnik gewidmet.

Es beginnt mit einer Arbeit von R. Elsner: „Zur Theorie des schwingungsfreien Drehstromtransformators“, in der eine Reihe von Möglichkeiten zum Bau „schwingungsarmer“ bzw. „schwingungsfreier“ Drehstromtransformatoren theoretisch und experimentell eingehend untersucht wird. Die nächste Arbeit von F. Reinhardt: „Der Parallelbetrieb von Synchrongeneratoren mit Kraftmaschinenreglern konstanter Verzögerungszeit“ befaßt sich mit den Stabilitätsbedingungen parallelarbeitender Synchronmaschinensätze, wobei sich ergibt, daß die Dämpfung den Reglereinfluß überwiegen muß, wenn die Reglerverzögerungszeit gewisse kritische Werte annimmt. Es folgt eine Arbeit von W. Scheuring: „Das Belastungsschaubild des allgemeinen Transformators“. Sie bringt ein allgemein gültiges Verfahren zur Ermittlung des Stromschaubildes, für den Fall, daß die sekundäre Impedanz des allgemeinen Transformators eine beliebige Funktion einer Veränderlichen, z. B. einer Schlüpfung ist. Als Beispiel wird das Stromschaubild des Kappschen Vibrators entwickelt. Aus der folgenden Arbeit von E. Kübler: „Stromrichterbelastung von Generatoren und Drehstromnetzen in vektorieller Darstellung“ ergibt sich, daß mit Hilfe der vektoriellen Darstellung die elektrische Beanspruchung der Dämpferwicklung von Generatoren mit Stromrichterbelastung summarisch übersehen werden kann, ohne daß man dabei auf die einzelnen Oberwellen selbst einzugehen braucht. Des weiteren wird die Spannungsverzerrung in Hochspannungsnetzen bei Resonanz mit Stromrichteroberwellen und deren Rückwirkung auf den Stromrichterbetrieb ebenfalls vektoriell behandelt.

Eine Arbeit von R. Holm, H. P. Fink, F. Güldenpfennig und H. Körner: „Über Verschleiß und Reibung in Schleifkontakten, besonders zwischen Kohlebürsten und Kupferringen“ bringt grundlegende Erkenntnisse über die Abhängigkeit des Verschleißes vom Druck, von der Umfangsgeschwindigkeit, Luftfeuchtigkeit und Strombelastung sowie über die Wirkung entstehender Funken. Es zeigt sich, daß die tatsächliche Kleinheit des Verschleißes wie auch der Reibung wesentlich durch Fremdschichten auf dem Ring bedingt ist, und daß ferner der größte Teil des Verschleißes in der Praxis meistens auf der Verdampfung der Elektroden in dem bogenartigen Funken unter der Bürste beruht.

Das Heft schließt mit einer Abhandlung von R. Strigel: „Über den Entladeverzug in festen Isolierstoffen“, in der über die Untersuchungen von Preßspan in Luft, trocken, paraffiniert und ölgetränkt, von Nitrozellulosefilm in Luft, von Glimmerblättchen in Luft und Azeton-Xylol-Gemisch, von Resistit, Porzellan und Glas in Öl in einem möglichst gleichförmigen und ungleichförmigen Feld mit dem Zeittransformator berichtet wird. Diese Arbeit, bei der zur Untersuchung einer Reihe von Isolierstoffen erstmalig die durch den Kathodenstrahl-Oszillographen gebotenen Hilfsmittel benutzt worden sind, dürfte ebenfalls für die Starkstromtechnik von Wichtigkeit sein.

Berlin-Siemensstadt, im Februar 1939.

Zentralstelle für wissenschaftlich-technische
Forschungsarbeiten der Siemens-Werke.

Inhaltsübersicht.

Anfragen, die den Inhalt dieses Heftes betreffen, sind zu richten an die Zentralstelle für wissenschaftlich-technische Forschungsarbeiten der Siemens-Werke, Berlin-Siemensstadt, Verwaltungsgebäude.

Zur Theorie des schwingungsfreien Drehstromtransformators.

Von **Richard Elsner**.

Mit 23 Bildern.
Mitteilung aus dem Transformatorenwerk
der Siemens-Schuckertwerke AG zu Nürnberg.
Eingegangen am 11. Januar 1938.

Inhaltsübersicht.

I. Einführung.

Die Forderung nach Gewittersicherheit der Hochspannungstransformatoren hat besonders im letzten Jahrzehnt die Forschung auf diesem Gebiet des Transformatorenbaues zu einer Reihe sehr interessanter Lösungen für den Wicklungsaufbau moderner Leistungstransformatoren geführt. Seit man durch die grundlegenden Arbeiten von K. W. Wagner[1] die Ursachen für die beim Auftreffen einer Stoßspannungswelle innerhalb der Wicklung entstehenden Überspannungen erkannt hatte, gingen die Bestrebungen zum Bau gewitterfester Transformatoren im wesentlichen in zwei Richtungen:

Die e i n e n waren bemüht, unter grundsätzlicher Beibehaltung des aus Gründen der Kurzschlußsicherheit üblich gewordenen Aufbaues der Wicklung als Röhrenwicklung mit Scheibenspulen die Wicklung so stark zu isolieren, daß die infolge der ungünstigen Anfangsspannungsverteilung bei dieser Wicklungsbauart entstehenden Spulen- und Lagenspannungen überall gehalten werden. Bei diesem Verfahren kommt es also, abgesehen von gewissen Maßnahmen zur Herabsetzung der Spannungen innerhalb der Eingangsspulen — wie z. B. das Aufsetzen eines Sprühringes auf die erste Spule — vor allem darauf an, die Isolation so zweckmäßig innerhalb der

---

[1] K. W. Wagner: Elektrotechn. u. Masch.-Bau **33** (1915) S. 89 u. 105 — ETZ **37** (1916) S. 425 — Arch. Elektrotechn. **6** (1918) S. 301.

Wicklung zu verteilen, daß sie jeweils der an der betreffenden Stelle auftretenden Beanspruchung entspricht. Eine derartige wirtschaftliche Ausnützung des Isolierstoffes, bei der jéder überflüssige Aufwand durch Überisolation an gewissen Stellen vermieden wird, war naturgemäß erst auf Grund der neuesten mit Hilfe des Kathodenstrahloszillographen gewonnenen Forschungsergebnisse möglich. Denn nur der Kathodenoszillograph erlaubt, den zeitlichen Verlauf der Spannung an jedem beliebigen Punkt der Wicklung beim Auftreffen einer Stoßspannungswelle zu verfolgen.

Die zweite Richtung ging einen von dem soeben beschriebenen grundsätzlich verschiedenen Weg. Ihr Ziel war, die Ursache der Überspannungen, also die Ausgleichsschwingungen der Wicklung, überhaupt zu beseitigen und von vornherein eine möglichst gleichmäßige Aufteilung der Stoßspannung auf die einzelnen Wicklungsabschnitte zu erzwingen. Um das Ziel zu erreichen, ist es nötig, entweder durch grundsätzliche Änderungen im Aufbau der Wicklung oder durch Anbringen von metallischen Schilden das im Augenblick des Auftreffens der Blitzwelle sich ausbildende elektrostatische Feld so zu steuern, daß die entstehende Anfangsspannungsverteilung längs der Wicklung möglichst weitgehend der jeweiligen quasistationären Endverteilung der Stoßspannung entspricht.

Zwischen diesen beiden grundsätzlichen Wegen gibt es noch eine Anzahl von Zwischenlösungen, die sich z. B. damit begnügen, lediglich die Anfangsspannungsverteilung möglichst linear zu machen und auf eine völlige Beseitigung der Ausgleichsschwingungen verzichten. Diese Zwischenlösungen sollen im folgenden, im Gegensatz zu den beiden grundsätzlichen Lösungen, dem „schwingenden" und dem völlig „schwingungsfreien" oder „nichtschwingenden" Transformator als „schwingungsarme" Transformatoren bezeichnet werden.

Den Weg zum „schwingungsfreien" Transformator hat man zuerst vor allem in Amerika beschritten. Die dort von J. M. Weed[1]) und von K. K. Palueff[2]), [3]) angegebenen Lösungen mit metallischen Schilden waren jedoch auf den in Amerika vorherrschenden Betrieb der Netze mit fest geerdetem Sternpunkt abgestellt und daher für den in Deutschland üblichen Betrieb mit freiem Sternpunkt nicht ohne weiteres brauchbar. In Deutschland sind daher erst in den letzten Jahren von einigen Firmen[4]), [5]) „schwingungsarme" Drehstromtransformatoren entwickelt worden, die als Kerntransformatoren mit Lagenwicklung und ohne metallische Schirme ausgeführt sind.

Die folgende Arbeit[6]) soll nun gerade für den Betrieb mit freiem Sternpunkt einen zusammenhängenden Überblick über die Theorie der „schwingungsarmen" und der „schwingungsfreien" Drehstromtransformatoren geben. Im Hinblick darauf, daß die Entwicklung auf diesem Gebiet des Transformatorenbaues noch keineswegs abgeschlossen ist, beschränken sich dabei die Untersuchungen nicht auf einfache Lagenwicklungstransformatoren, wie sie heute schon ausgeführt werden, sondern es werden auch die Ergebnisse von Untersuchungen an einigen neuartigen Lösungen für einen

---

[1]) J. M. Weed: Trans. Amer. Inst. electr. Engrs. **41** (1922) S. 149 ⋯ 155.
[2]) K. K. Palueff: Electr. Engng. **55** (1936) S. 649.
[3]) W. A. McMorris and J. H. Hagenguth: Gen. Electr. Rev. **33** (1930) S. 558 ⋯ 565.
[4]) J. Biermanns: ETZ **58** (1937) H. 23/24/25.
[5]) ETZ **58** (1937) S. 245.
[6]) Die Versuche wurden im Stoßprüffeld des Transformatorenwerkes der SSW, Nürnberg, durchgeführt. Ein großer Teil der Kathodenstrahloszillogramme wurde von Herrn Dipl.-Ing. W. Walkenhorst aufgenommen.

„schwingungsfreien" Transformator mitgeteilt, welche unter Umständen für die zukünftige Entwicklung von Bedeutung werden können.

Hinsichtlich der Vor- und Nachteile der verschiedenen Bauweisen muß zur Vermeidung von Mißverständnissen noch vorangeschickt werden, daß sich sowohl „schwingende" wie „schwingungsarme" Transformatoren heute wirtschaftlich gewittersicher bauen lassen. Ob daher in Zukunft der „schwingungsarme" bzw. der „schwingungsfreie" Transformator den „schwingenden" Transformator jemals verdrängen wird, erscheint heute zumindest zweifelhaft. Eine objektive Betrachtung zeigt vielmehr, daß jede Konstruktion ihre bestimmten Anwendungsgebiete besitzt, für welche sie sich ganz besonders vorteilhaft und wirtschaftlich bauen läßt, daß aber in einem weiten Verwendungsbereich keine der beiden Bauformen der anderen gegenüber technische oder wirtschaftliche Vorteile voraus hat.

II. „Schwingungsarme" Transformatoren.

A. Vergleichmäßigung der Anfangsverteilung durch Erhöhung der gegenseitigen Kapazität zwischen den Spulen bzw. Lagen.

1. Manteltransformator mit Scheibenwicklung.

Aus der Theorie des schwingenden Transformators sind die Beziehungen für die Anfangsverteilung einer steilen Stoßspannungswelle längs einer einphasigen Wicklung bei freiem und bei fest geerdetem Nullpunkt bekannt[1]). Da nun die Spannungsverteilung beim Stoß auf einen in Stern geschalteten Drehstromtransformator mit freiem Nullpunkt sich je nach der Stoßart aus der Spannungsverteilung bei einpoligem Stoß durch Überlagerung entsprechender Spannungsanteile herleiten läßt[2]), so ergeben sich für die Anfangsspannungsverteilung die folgenden Beziehungen (vgl. die gestrichelten Linien in Bild 1).

a) Fest geerdeter Nullpunkt (ein- und mehrpoliger Stoß).

$$u_n = U \cdot \frac{\mathfrak{Sin}\left(\dfrac{N-n}{N}\right)\alpha}{\mathfrak{Sin}\,\alpha}; \tag{1}$$

b) Einpoliger Stoß bei freiem Nullpunkt.

$$u_n = \frac{2}{3}\,U \cdot \frac{\mathfrak{Sin}\left(\dfrac{N-n}{N}\right)\alpha}{\mathfrak{Sin}\,\alpha} + \frac{U}{3} \cdot \frac{\mathfrak{Cof}\left(\dfrac{N-n}{N}\right)\alpha}{\mathfrak{Cof}\,\alpha}; \tag{2}$$

c) Zweipoliger Stoß bei freiem Nullpunkt.

$$u_n = \frac{U}{3} \cdot \frac{\mathfrak{Sin}\left(\dfrac{N-n}{N}\right)\alpha}{\mathfrak{Sin}\,\alpha} + \frac{2}{3}\,U \cdot \frac{\mathfrak{Cof}\left(\dfrac{N-n}{N}\right)\alpha}{\mathfrak{Cof}\,\alpha}; \tag{3}$$

d) Dreipoliger Stoß bei freiem Nullpunkt.

$$u_n = U \cdot \frac{\mathfrak{Cof}\left(\dfrac{N-n}{N}\right)\alpha}{\mathfrak{Cof}\,\alpha}. \tag{4}$$

---

[1]) K. W. Wagner: a. a. O.
[2]) R. Willheim: Elektrotechn. u. Masch.-Bau **50** (1932) S. 16 u. 28.

1*

4　　　　　　　　　　　　　　　　　Richard Elsner.

Hierin bedeutet N die Gesamtzahl der Spulen, n die Ordnungszahl der betreffenden
Spule, vom Eingang aus gerechnet,

$$\alpha = \sqrt{\frac{C}{K}} \quad \text{mit} \quad C = N \cdot C_S$$

als gesamter Erdkapazität und $K = \dfrac{K_s}{N}$ als wirksamer Querkapazität der Wicklung. Für die bei unendlich langer Stoßwelle sich einstellenden quasistationären Endverteilungen gelten die geraden Linien in Bild 1. Während demnach bei festgeerdetem

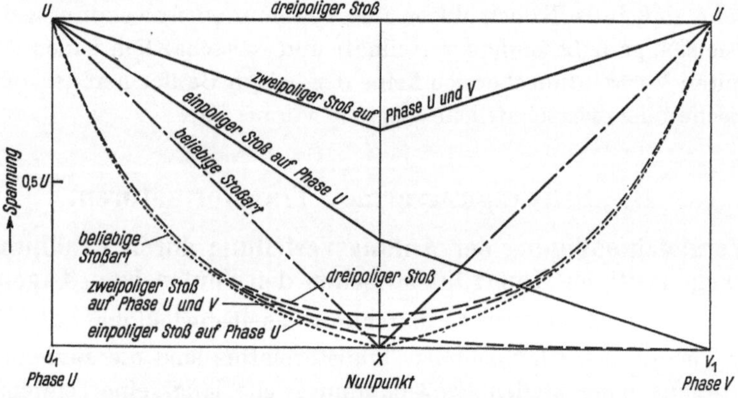

Bild 1. Anfangs- und Endverteilungen der Spannung beim Stoß auf einen Drehstromtransformator.
———— Endverteilungen bei freiem Nullpunkt.　　— · — Endverteilung bei fest geerdetem Nullpunkt.　　— — — Anfangsverteilungen bei freiem Nullpunkt.　　· · · · · Anfangsverteilung bei fest geerdetem Nullpunkt.

Nullpunkt die Endverteilung, unabhängig von der Stoßart, stets demselben linearen
Gesetz folgt, ist bei freiem Sternpunkt je nach der Stoßart die Endverteilung entweder eine Gerade von U am Wicklungseingang nach $U/3$ am Sternpunkt (einpoliger
Stoß) oder nach $\frac{2}{3} U$ am Sternpunkt (zweipoliger Stoß) oder endlich eine Parallele
im Abstand U zur Abszissenachse (dreipoliger Stoß). Je mehr nun die Anfangs-

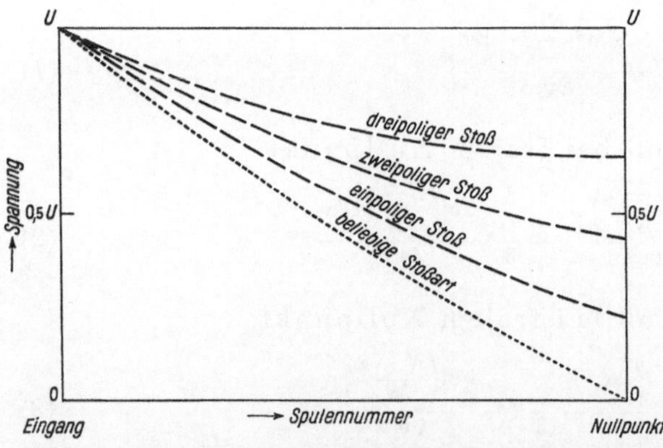

Bild 2. Anfangsspannungsverteilung beim Stoß auf einen
Drehstromtransformator mit $\alpha = \sqrt{C/K} = 1$.
— — — Sternpunkt frei.　　· · · · · Sternpunkt fest geerdet.

verteilung der Spannung der jeweiligen Endverteilung angeglichen
wird, um so geringer werden die
Amplituden der Ausgleichsschwingung der Wicklung.

Das naheliegendste Verfahren,
um dies zu erreichen, ist eine Vergrößerung der gegenseitigen Kapazität der Spulen. Dieser Möglichkeit sind beim Transformator
mit Röhrenwicklung in Kernbau-
art naturgemäß sehr enge Grenzen gezogen. Bei Manteltransfor-
matoren ist dagegen von vornherein
eine sehr große gegenseitige Kapa-
zität zwischen den einzelnen Scheibenspulen vorhanden, welche die Erdkapazität
meist um eine ganze Größenordnung überwiegt. Es ist daher hier ohne weiteres möglich, z. B. ein Verhältnis $\alpha = \sqrt{C/K} = 1$ zu erreichen. Wie sich das für die Ausbildung
der Anfangsspannungsverteilung bei einem Drehstromtransformator dieser Bauart

mit freiem Sternpunkt auswirkt, zeigt Bild 2. Dabei ist angenommen, daß sich über die ganze Breite der Eingangsspule ein mit dem Hochspannungspol verbundener Kapazitätsschirm erstreckt, wodurch gefährliche Windungsspannungen innerhalb der Spulen vermieden werden. Die nicht unbeträchtliche Erdkapazität der letzten am Nullpunkt liegenden Spule, die das Bild noch etwas ungünstiger gestalten würde, ist allerdings in erster Annäherung vernachlässigt. Ähnliche Bauformen der Wicklung mit Schirmen am Eingang und Ende sind für Einphasentransformatoren zuerst von J. M. Weed[1]) angegeben worden und werden noch heute in den USA. für den Betrieb mit fest geerdetem Sternpunkt regelmäßig gebaut[2]).

2. Kerntransformator mit Lagenwicklung.

a) Die Lagenspannungen.

In Deutschland ist man schon seit Jahren beim Drehstrom-Leistungstransformator zu der wirtschaftlicheren und leichteren Bauart als Kerntransformator übergegangen.

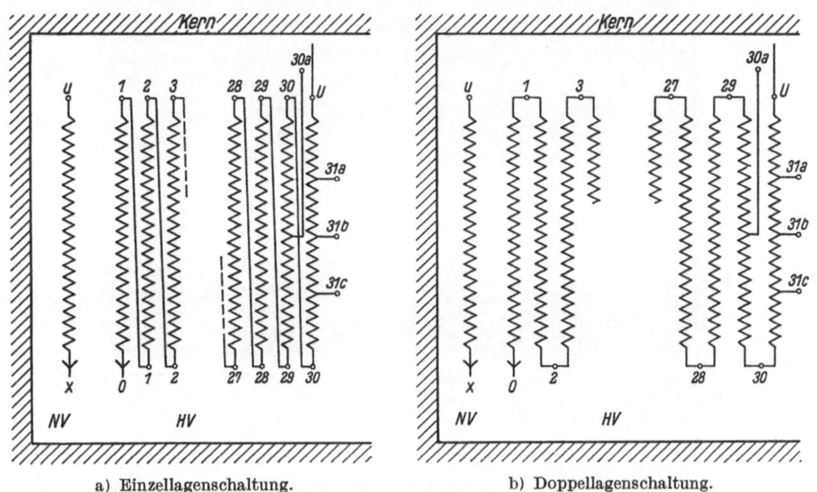

<table>
<tr><td align="center">a) Einzellagenschaltung.</td><td align="center">b) Doppellagenschaltung.</td></tr>
</table>

Bild 3. Schaltbilder der untersuchten Lagenwicklungstransformatoren.

Wie Biermanns[3]) gezeigt hat, besteht für diesen eine ähnliche Möglichkeit zur Vergrößerung der gegenseitigen Kapazität und Abschirmung der Erdkapazität der Wicklungsteile, wenn man seine Wicklung aus einzelnen Zylinderspulen als sog. „Lagenwicklung" ausbildet.

Bei jedem Lagenwicklungstransformator ist grundsätzlich zu unterscheiden zwischen dem Verhalten der einzelnen Lagen und dem Verhalten der Wicklung als Ganzem gegenüber Stoßspannungen. Bei steilen Spannungsstößen, wie sie z. B. als Folge von Überschlägen an den Durchführungen in den Transformator einziehen, kann unter Umständen nicht nur die ganze Wicklung, sondern auch jede einzelne Lage für sich zu Eigenschwingungen angestoßen werden, wenn kein mit dem Hochspannungspol verbundener metallischer Schirm über der Eingangslage angeordnet ist. Die letztere Möglichkeit besteht nicht nur bei dem gewöhnlichen „schwingungsarmen" Lagenwicklungstransformator, sondern in gleicher Weise auch bei dem

---

[1]) J. M. Weed: a. a. O.
[2]) H. V. Putman: Trans. Amer. Inst. electr. Engrs. **51** (1932) S. 579.
[3]) J. Biermanns: ETZ **58** (1937) S. 659 u. 687.

später in Abschnitt III beschriebenen „schwingungsfreien" Lagenwicklungstransformator. Sie soll als beiden Wicklungsbauweisen gemeinsames Merkmal aber schon jetzt vorweg behandelt werden.

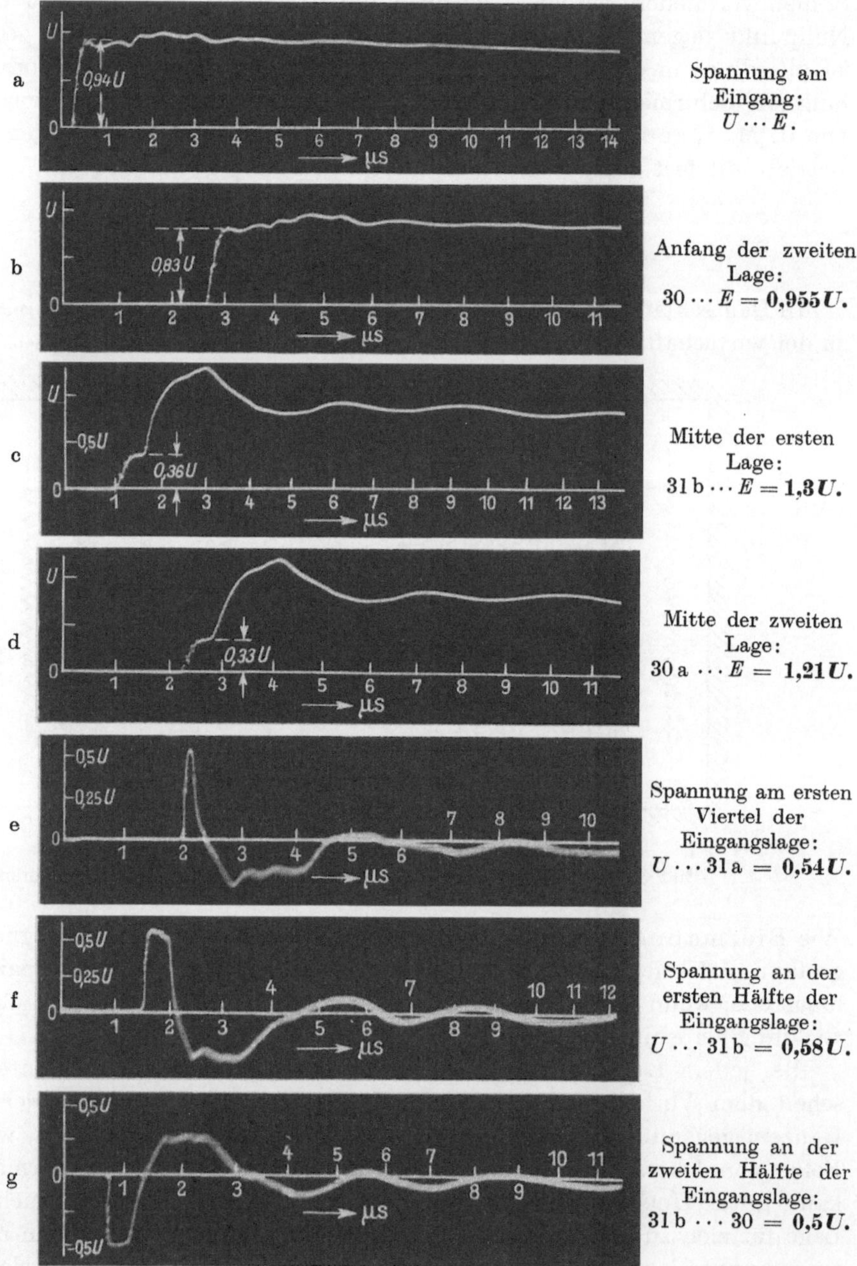

Bild 4. Spannungsverlauf an den Eingangslagen bei Einzellagenschaltung und einpoligem Stoß (vgl. Bild 3 a).

Für die Untersuchungen wurden dabei zwei einfache Lagenwicklungstransformatoren von 20 kVA Leistung und 30 kV Betriebsspannung in den in Bild 3 gezeichneten beiden Schaltungen, die im folgenden als „Einzellagen"-Schaltung (Bild 3 a) bzw.

als „Doppellagenschaltung" (Bild 3b) bezeichnet werden sollen, benützt. Die Wicklungen dieser beiden Transformatoren besaßen je Schenkel 31 Lagen zu je 276 Windungen. Ein Schirm war weder am Wicklungseingang noch am Nullpunkt vorhanden.

Bild 4 zeigt für den Transformator mit Einzellagenschaltung den Spannungsverlauf am Eingang sowie in der Mitte der ersten und zweiten Lage gegen Erde für eine auftreffende steile Stoßwelle mit 50 μs Halbwertdauer. Außerdem ist noch der Verlauf der Spannung zwischen Anfang und ein Viertel sowie an der ersten und zweiten Hälfte der Eingangslage aufgenommen. Man erkennt deutlich, wie die Stoßwelle sich zunächst merklich als Wanderwelle längs den einzelnen Windungen der ersten Lage fortpflanzt: Wegen der engen kapazitiven Bindung zwischen den einzelnen Lagen der Wicklung und des gleichen Wickelsinns sämtlicher Lagen als Rechts- oder als Linksschrauben ziehen dabei aber gleichzeitig auch in alle übrigen Lagen Koppelwellen zwar abnehmender Höhe, aber gleichen Richtungs- und Vorzeichensinnes von vorn und hinten her ein. Aus Bild 4f und g ist ersichtlich, daß die Spannungshöhen der von vorn und rückwärts her einziehenden Wellen annähernd

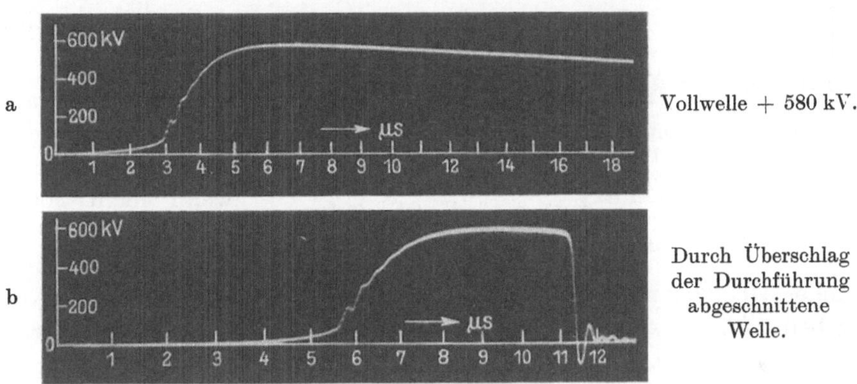

Bild 5. Stoßprüfung einer 100 kV-Wicklung (900 mm Parallelfunkenstrecke an der Durchführung).

gleich sind. In der Mitte der Lagen treffen beide Wellen aufeinander; die Spannung staut sich infolgedessen ähnlich wie an einem offenen Leitungsende auf, und zwei reflektierte Wellen laufen nach beiden Seiten hin zu den Lagenenden zurück. Im weiteren Verlauf wird zwar die entstehende Wanderwellenschwingung sehr rasch verschleift (vgl. Bild 4c und d), immerhin tritt aber am ersten Viertel der Eingangslage während etwa 0,3 μs eine Spannung von 54 % der Stoßspannung U auf. Sie ergibt sich als Differenz der Klemmenspannung und des durch die kapazitive Anfangsverteilung im ersten Augenblick entstehenden Spannungsbetrages. Zwischen Eingang und Mitte der ersten Lage entsteht in gleicher Weise während 0,6 μs eine Spannung von 0,58 U als Differenz zwischen der Klemmenspannung von 0,94 U und der kapazitiv übertragenen Anfangsspannung von 0,36 U (vgl. Bild 4a, c und f). Außerdem kommt es später, beim Auftreffen der Welle, an diesem Punkt zu einem Aufstau der Spannung auf 1,3 U.

Wenn auch der letztere Umstand von geringerer praktischer Bedeutung ist, da die Beherrschung dieser Spannung im allgemeinen keine Schwierigkeiten macht, so ist doch eine Spannung von über der Hälfte der Stoßspannung längs des ersten Viertels der Eingangslage trotz ihrer Kurzzeitigkeit mitunter nicht ungefährlich. Selbstverständlich können derartige Spannungsbeträge nur auftreten, wenn die

Stirn der auflaufenden Stoßwelle klein gegenüber der Laufzeit der Wanderwelle längs der Eingangslage ist, so daß die Wanderwellenschwingung voll zur Ausbildung kommen kann. Kathodenstrahloszillographische Messungen (Bild 5) haben nun gezeigt, daß beim Überschlag der Durchführung Entladewellen mit etwa 0,2 μs Stirndauer, wie sie auch bei diesen Versuchen benützt wurden (vgl. Bild 4a), ohne weiteres möglich sind. Die Laufzeit der Wanderwelle bis zur Mitte der Eingangslage betrug demgegenüber im vorliegenden Falle etwa 0,6 μs für rund 100 m Drahtlänge entsprechend 138 Windungen. Daraus errechnet sich eine Laufgeschwindigkeit von

$$\frac{100}{0,6 \cdot 10^{-6}} = 1,67 \cdot 10^8 \text{ m/s}.$$

In den meisten praktischen Fällen wird die Drahtlänge der halben Eingangslage wenigstens in derselben Größenordnung liegen, wenn nicht sogar größer sein. Damit ist dann grundsätzlich auch die Möglichkeit zum Auftreten

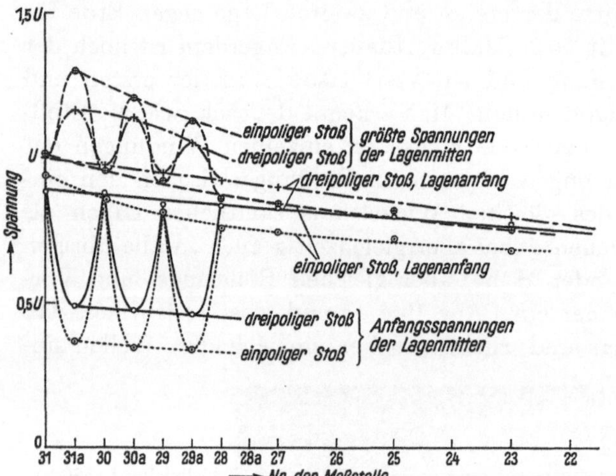

Bild 6. Anfangsspannungsverteilung und größte Spannungen gegen Erde bei dem Transformator mit Einzellagenschaltung.

Dreipoliger Stoß { O —— Anfangsverteilung, / + —·—· größte Spannungen gegen Erde.

Einpoliger Stoß { ⊙ ····· Anfangsverteilung, / ⊕ — — größte Spannungen gegen Erde.

hoher Überspannungen längs der Eingangslagen beim Überschlag der Klemme gegeben. Ein wirksames Mittel zur völligen Beseitigung dieser Überspannungen stellt

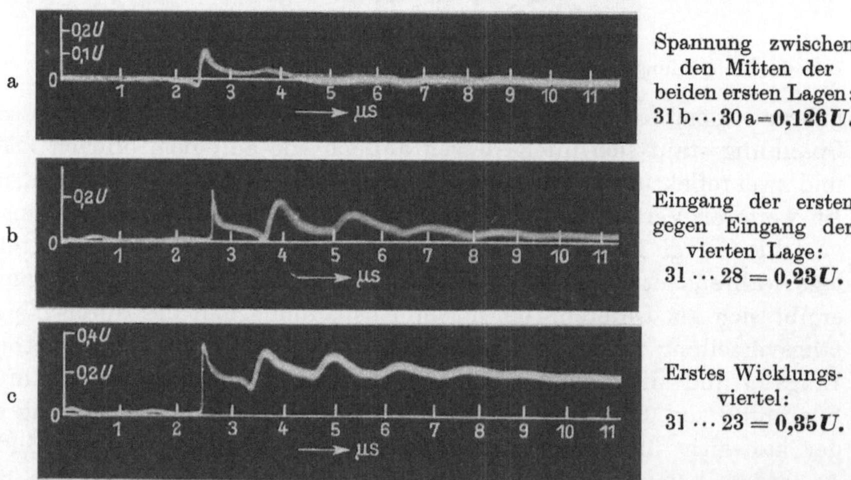

Bild 7. Lagenspannungen bei einpoligem Stoß auf Wicklung in Einzellagenschaltung (vgl. Bild 3a).

ein mit dem Hochspannungspol verbundener metallischer Schirm dar, der die erste Lage vollkommen umschließt. Um einen solchen Schirm bequem isolieren zu können, wird man ihn zweckmäßig aus wenigen Windungen breiten Kupferbandes ausführen; dann ist gegen ihn technisch nichts einzuwenden.

Infolge der großen Potentialdifferenzen an den ersten ·Lagen weist die in Bild 6 gezeichnete Anfangsspannungsverteilung des ungeschirmten Transformators sehr starke Durchhänge auf. Da aber diese Durchhänge in gleicher Weise an allen Eingangslagen auftreten und im weiteren Verlauf alle Lagen einigermaßen synchron[1] mit der Eingangslage schwingen (vgl. z. B. Bild 4c und d), so bleiben räumlich benachbarte Punkte auch zeitlich immer auf annähernd gleichem Potential. Die Spannungen zwischen den Lagen weichen daher nicht sehr erheblich von den der quasistationären Verteilung entsprechenden Werten ab (vgl. Bild 7). Die größte Abweichung tritt mit $0{,}14\ U$ bzw. $0{,}126\ U$ statt $0{,}021\ U\ \left(=\dfrac{2}{3}\cdot\dfrac{U}{31}\right)$ zwischen den beiden ersten Lagen nach Bild 7a ganz kurzzeitig auf.

Bei der Wicklung mit Doppellagenschaltung haben die Versuche keine derartigen Durchhänge in der Anfangsspannungsverteilung ergeben, auch wenn die Wicklung keinen Schirm am Eingang besaß (vgl. Bild 8). Der Grund hierfür liegt offenbar darin, daß bei dieser Wicklung stets eine als Rechts- und eine als Linksschraube gewickelte Lage nebeneinanderliegen. Wollte sich also auf der einen Lage

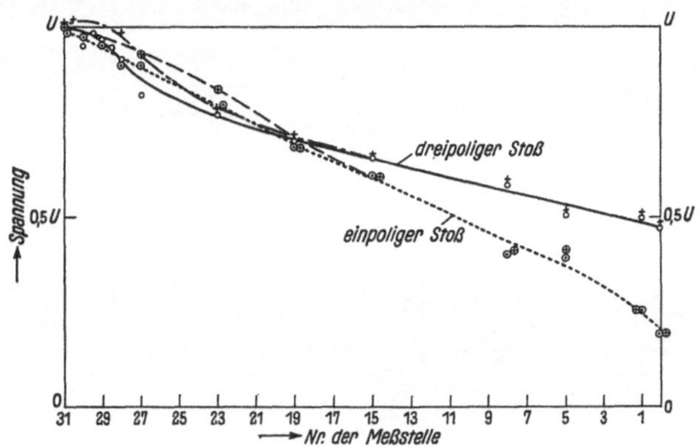

Bild 8. Anfangsspannungsverteilung und größte Spannungen gegen Erde bei dem Transformator mit Doppellagenschaltung.

Dreipoliger Stoß $\begin{cases} \text{O} \text{——— Anfangsverteilung,} \\ \text{+} \text{— — — größte Spannungen gegen Erde.} \end{cases}$ Einpoliger Stoß $\begin{cases} \odot \text{- - - - Anfangsverteilung,} \\ \oplus \text{— — — größte Spannungen gegen Erde.} \end{cases}$

eine Wanderwelle längs den Windungen ausbilden, so würde die auf der Nachbarlage mitlaufende Koppelwelle in dieser einen Strom hervorrufen, der die Windungen im entgegengesetzten Umlaufsinn durchfließt. Dadurch wird aber die für den Wanderwellenvorgang wirksame Induktivität einer solchen Doppellage auf ein Mindestmaß herabgesetzt. Praktisch wirkt sich dies so aus, daß überhaupt keine merkliche Wanderwellenschwingung auf der Doppellage zur Ausbildung kommt. Der Spannungsverlauf gegen Erde ist daher, abgesehen von einer geringfügigen Einsattelung nach etwa $2\ \mu\text{s}$, die als einziger Rest einer verkümmerten Wanderwellenschwingung anzusehen ist, längs der ganzen Lage von Anfang an glatt (vgl. Bild 9a, b, c). Infolgedessen sind auch die Spannungen zwischen Eingang und Mitte bzw. Mitte und Ende der ersten Lage praktisch bedeutungslos (vgl. Bild 9d, e). Die Spannungen zwischen den Lagen weichen von Anfang an noch weniger als bei Einzellagenschaltung von dem quasistationären Spannungsanteil ab (Bild 9f).

---

[1] J. Biermanns: a. a. O.

Die Doppellagenschaltung ist daher der Einzellagenschaltung in gewisser Beziehung überlegen. Es ist aber zu bedenken, daß der quasistationäre Spannungsabfall zwischen den Lagen hier doppelt so groß wird. Dadurch können die Verhältnisse bezüglich der aufzuwendenden Isolation bei Höchstspannungstransformatoren doch wieder ungünstiger werden.

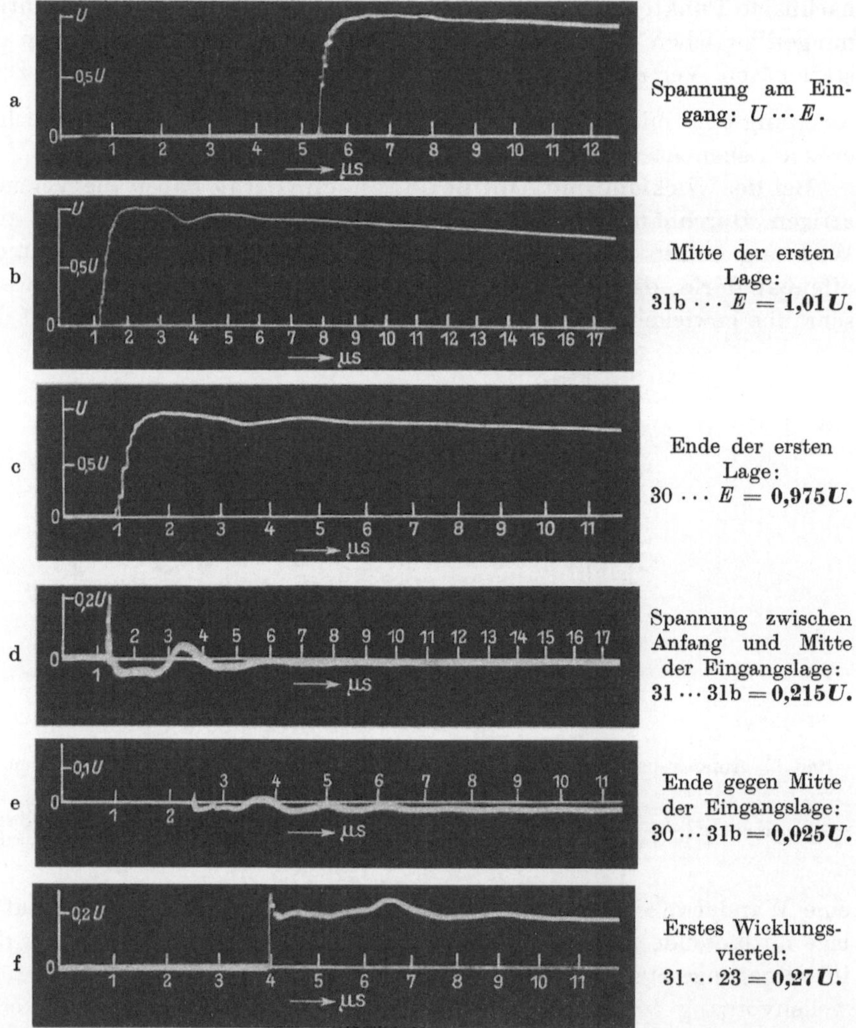

Bild 9. Spannungsverlauf bei einpoligem Stoß auf Doppellagenwicklung (vgl. Bild 3b).

b) Die Spannungen gegen Erde.

Aus dem Verlauf der Anfangsverteilungen in Bild 6 und 8 ist ersichtlich, daß die Spannungen gegen Erde nach dem Sternpunkt zu sowohl bei ein- wie bei dreipoligem Stoß ziemlich gleichmäßig abnehmen. Nach Bild 10 kommt der Sternpunkt sowohl bei Einzellagen- wie bei Doppellagenschaltung im ersten Augenblick auf $0,167\,U$ für einpoligen Stoß bzw. $0,5\,U$ für dreipoligen Stoß, um sich im weiteren Verlauf in beiden Fällen mit genau der gleichen Periodendauer $T_1 = 320\,\mu$s auf den Endwert einzuschwingen.

Bei unendlich langem Wellenrücken müßte dies nach Bild 1 bei einpoligem Stoß $U/3$, bei dreipoligem Stoß U sein. Da aber die Rückenzeitkonstante T der benützten 50 µs-Welle nur 72 µs beträgt, entsprechend einem Verhältnis $\frac{T}{T_1} = 0{,}225$, so kommt selbst der Höchstwert der Amplitude am Nullpunkt in allen Fällen nicht über den Anfangswert hinaus. Dieses günstige Verhalten des in Stern geschalteten Transformators gegenüber dreipoligen Stößen ist lediglich durch die außerordentlich lange Eigenperiode T_1 des untersuchten Transformators bedingt. Da bei Transformatoren größerer Leistung infolge der kleineren Streuinduktivität mit kürzeren Grundperioden zu rechnen ist, so sind bei diesen auch entsprechend höhere Sternpunktsspannungen zu erwarten, die unter Umständen bei dreipoligen Stößen zu

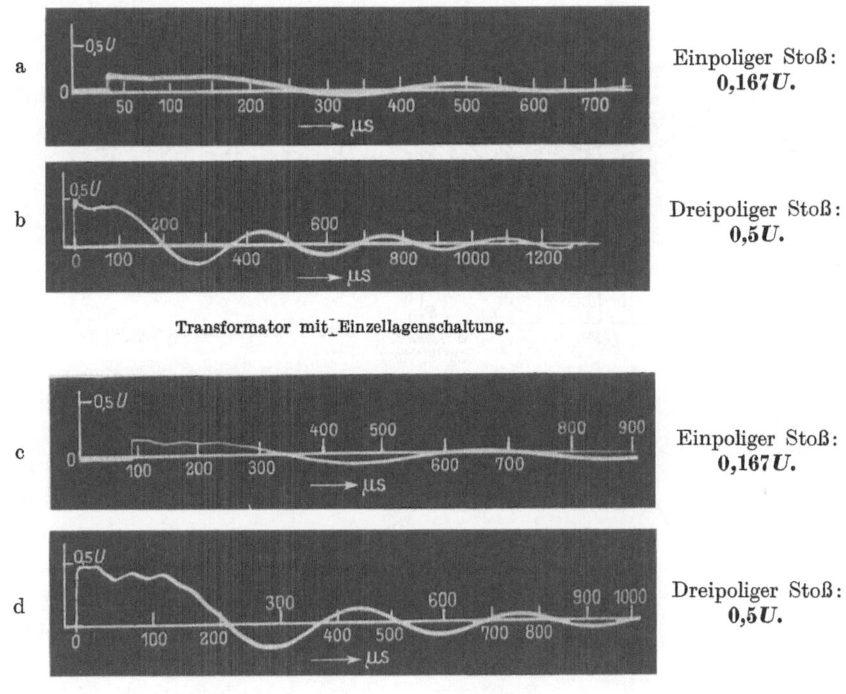

Transformator mit Einzellagenschaltung.

Transformator mit Doppellagenschaltung.

Bild 10. Verlauf der Sternpunktsspannungen für ein- und dreipoligen Stoß mit 1|50 µs-Welle.

Überschlägen des über Deckel herausgeführten Sternpunkts führen können. Auf Grund des Ersatzbildes des Bildes 11a läßt sich nun ganz allgemein für jeden Lagenwicklungstransformator Verlauf und Höhe der Spannung längs der Wicklung recht genau im voraus berechnen. Für L ist darin bei Dreieckschaltung der Unterspannungsseite bzw. einer Ausgleichswicklung die entsprechende Streuinduktivität L_S je Phase einzusetzen; bei Sternschaltung der Unterspannungsseite ist dagegen wegen des teilweise durch Eisen geschlossenen Flusses ein wesentlich größerer Wert L_I einzuführen, der sich mit guter Annäherung auch in einer entsprechenden Ersatzschaltung mit Niederfrequenz messen läßt[1]. Mit Bild 11a ergeben sich für die Anfangsspannungsverteilung — bei Vernachlässigung der Erdkapazität der einzelnen

---

[1] Vgl. R. Willheim: a. a. O.

Lagen und der in Bild 6 gezeichneten Durchhänge — zunächst folgende Beziehungen (u_n = Spannung der $n$ten Lage, vom Eingang an gerechnet, u_N = Spannung am Nullpunkt):

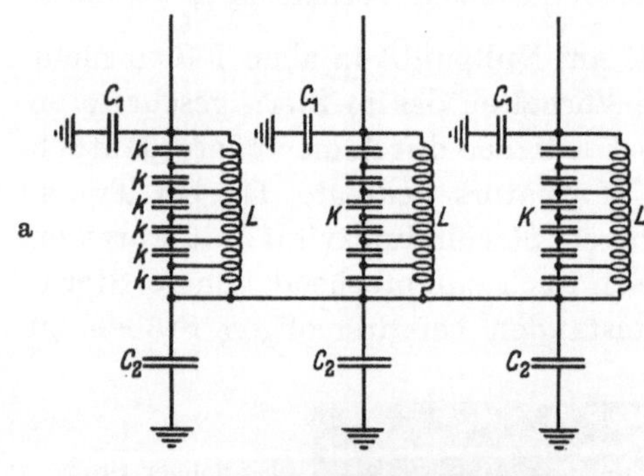

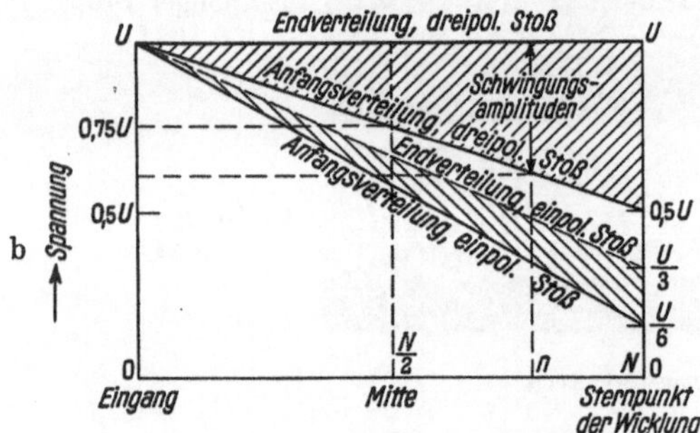

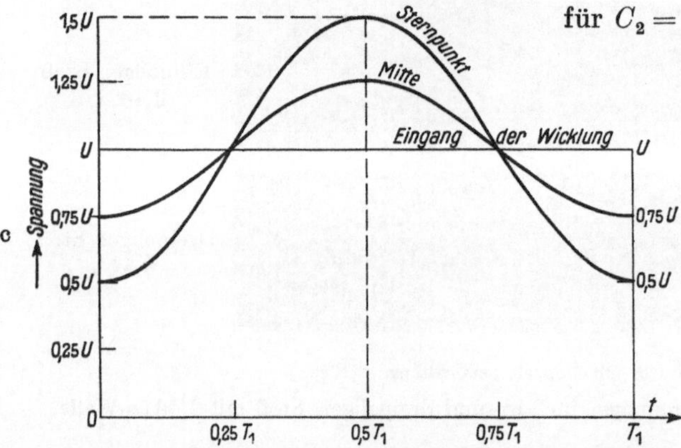

Bild 11. Ermittlung des zeitlichen Verlaufs der Spannungen gegen Erde bei einem Drehstromtransformator mit Lagenwicklung in Sternschaltung.

a) Ersatzbild. C_1 Erdkapazität der Eingangslage, C_2 Erdkapazität der Nullpunktslage. $K = k/N$ Querkapazität der Wicklung, N Lagenzahl, L wirksame Induktivität für die Grundschwingung. b) Anfangs- und Endverteilungen der Spannung für ein- und dreipoligen Stoß bei $C_2 = K (\alpha = 1)$. c) Zu b gehöriger Spannungsverlauf am Eingang, Mitte und Sternpunkt bei dreipoligem Rechteckstoß.

α) bei einpoligem Stoß:

$$u_n = U \cdot \left[1 - \frac{n}{N} \cdot \left\{ 1 - \frac{K}{3(C_2 + K)} \right\} \right]; \quad (5)$$

am Nullpunkt $u_N = U \cdot \dfrac{K}{3(C_2 + K)}; \quad (5a)$

insbesondere für $C_2 = K$ wird $\boldsymbol{u_N = \dfrac{U}{6}}.$

β) Bei zweipoligem Stoß:

$$u_n = U \left[1 - \frac{n}{N} \left\{ 1 - \frac{2K}{3(C_2 + K)} \right\} \right]; \quad (6)$$

am Nullpunkt $u_N = U \cdot \dfrac{2K}{3(C_2 + K)}; \quad (6a)$

für $C_2 = K$: $\boldsymbol{u_N = \dfrac{U}{3}}.$

γ) Bei dreipoligem Stoß:

$$u_n = U \left[1 - \frac{n}{N} \cdot \frac{C_2}{(C_2 + K)} \right]; \quad (7)$$

am Nullpunkt $u_N = U \cdot \dfrac{K}{(C_2 + K)}; \quad (7a)$

für $C_2 = K$: $\boldsymbol{u_N = \dfrac{U}{2}}.$

Die Spannung verteilt sich also in allen Fällen völlig gleichmäßig über die Wicklung. Für den Fall $C_2 = K$ zeigt Bild 11b die Anfangsverteilungen bei ein- und dreipoligem Stoß. Im weiteren Verlauf schwingen nun sämtliche Wicklungspunkte völlig synchron mit ein und derselben Grundfrequenz

$$\Omega = \frac{1}{\sqrt{L(C_2 + K)}} \quad (8)$$

um die Endlage herum.

Die Amplituden dieser Schwingung ergeben sich dabei jeweils aus der Differenz zwischen der Anfangsverteilung nach Gl. (5) bis (7) und der zu der betreffenden Stoßart gehörigen Endverteilung. Für unendlich lange Rechteckwelle zeigt Bild 11c den Verlauf der Schwingung in der Mitte der Wicklung und am Sternpunkt bei dreipoligem Stoß, wenn $C_2 = K$ ist. Es ergibt sich $u_{N\,max} = \boldsymbol{1{,}5\ U}.$ Allgemein gilt für den Spannungsverlauf am Nullpunkt bei dreipoligem Stoß mit Rechteckwelle:

$$u_{N_{(t)}} = U\left[1 - \frac{C_2}{(C_2 + K)} \cdot \cos \Omega t\right] \tag{9}$$

mit $u_{N_{\max}} = U \cdot \dfrac{(2C_2 + K)}{C_2 + K}$ zur Zeit $\dfrac{T_1}{2}$ (9a) $\qquad$ und $\quad T_1 = 2\pi \cdot \sqrt{L(C_2 + K)}$. (9b)

Für praktische Verhältnisse interessiert nun vor allem die Höhe der Nullpunktsspannung bei Blitzwellen endlicher Rückenlänge. Hierzu wird in bekannter Weise ein exponentieller Verlauf der Blitzwelle angenommen und für die Klemmenspannung der Ansatz

$$U_{(t)} = U \cdot \varepsilon^{\frac{-t}{T}} \tag{10}$$

gemacht. Dann läßt sich mit Hilfe bekannter Beziehungen der Operatorenrechnung aus Gl. (9) ohne weiteres der Spannungsverlauf $u_N^*(t)$ für endliche Blitzwelle ableiten.

Man hat nur zu schreiben

$$u_{N_{(t)}}^* = \frac{\partial}{\partial t} \int_0^t \frac{U_{(t-\varphi)}}{U} \cdot u_{N_{(\varphi)}} \cdot d\varphi \tag{11}$$

und $U_{(t-\varphi)}$ bzw. $u_{N_{(\varphi)}}$ gemäß Gl. (9) und (10) einzusetzen.

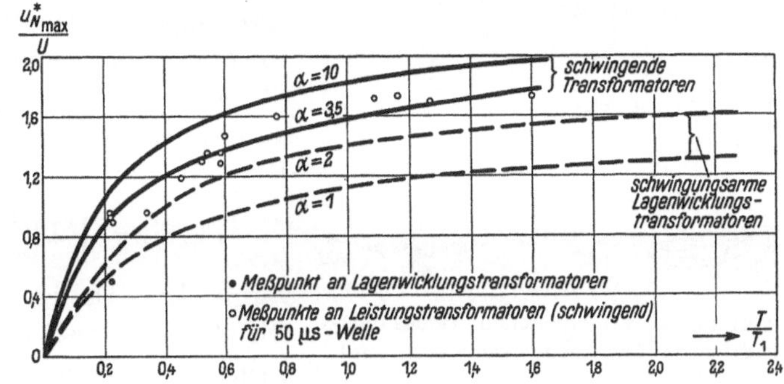

Bild 12. Abhängigkeit der Nullpunktsspannung $u_{N_{\max}}^*$ vom Verhältnis T/T_1 bei dreipoligen Stößen. T_1 Periodendauer der Nullpunktsschwingung, T Rückenzeitkonstante der Stoßwelle; $\alpha = \sqrt{C/K}$.

Es ergibt sich

$$u_{N_{(t)}}^* = U\left\{\varepsilon^{\frac{-t}{T}} + \frac{C_2}{C_2 + K} \cdot \frac{\left[\varepsilon^{\frac{-t}{T}} + \frac{2\pi T}{T_1} \cdot \sin \frac{2\pi t}{T_1} - \frac{4\pi^2 T^2}{T_1^2} \cdot \cos \frac{2\pi t}{T_1}\right]}{\left[1 + \frac{4\pi^2 T^2}{T_1^2}\right]}\right\}. \tag{12}$$

Diese Spannung erreicht ihren Höchstwert nicht mehr zur Zeit $T_1/2$, sondern früher. Durch Nullsetzen von du_N^*/dt folgt für die Zeit t', bei welcher der Höchstwert der Sternpunktsspannung erreicht wird, die transzendente Gleichung:

$$\left[1 + \frac{1}{\alpha^2} + \frac{1}{\alpha^2 \beta^2}\right] \cdot \varepsilon^{\frac{-t'}{T}} = \cos\left(\beta \frac{t'}{T}\right) + \beta \cdot \sin\left(\beta \cdot \frac{t'}{T}\right); \tag{13}$$

wo Gl. (13a) $\beta = \dfrac{2\pi T}{T_1}$ und Gl. (13b) $\alpha = \sqrt{\dfrac{C_2}{K}}$ gesetzt ist. Setzt man diesen Ausdruck in Gl. (12) ein, so findet man für den Höchstwert der Spannung am Sternpunkt die allgemeine Beziehung

$$u_{N_{\max}}^* = U \cdot \frac{\beta}{\left(1 + \frac{1}{\alpha^2}\right)} \cdot \sin\left(\beta \frac{t'}{T}\right). \tag{14}$$

Sowohl t'/T wie $u^*_{N\max}$ ist demnach bei gegebenem α lediglich noch eine Funktion des Verhältnisses

$$\frac{T}{T_1} = \frac{\text{Zeitkonstante der Blitzwelle}}{\text{Periodendauer der Nullpunktsschwingung}}.$$

Eine ganz ähnliche Beziehung wurde schon früher[1]) für den schwingenden Transformator abgeleitet. In Bild 12 sind jeweils für die praktisch vorkommenden Werte von α die Ergebnisse der früheren Rechnung für schwingende Transformatoren den jetzigen Ergebnissen für schwingungsarme Lagenwicklungstransformatoren gegenübergestellt. Während beim schwingenden Transformator kaum mit Werten von α unter 3,5 zu rechnen ist, werden die α-Werte beim Lagenwicklungstransformator wegen der sehr viel größeren gegenseitigen Kapazität K etwa zwischen 1 und 2 liegen (entsprechend $C_2 = K$ bzw. $C_2 = 4\,K$). Bei gleichem Verhältnis T/T_1 würde also schon dieser Umstand allein eine Erniedrigung der Amplituden der Nullpunktsschwingung zur Folge haben. Es kommt aber noch weiter spannungssenkend hinzu, daß die Eigenperiode T_1 eines Lagenwicklungstransformators im allgemeinen wesentlich länger ist als diejenige des schwingenden Transformators gleicher Leistung und Betriebsspannung. Dies leuchtet ohne weiteres ein, wenn man die Gl. (9 b) mit der entsprechenden Näherungsformel für schwingenden Transformator

$$T'_1 \approx 2\pi \cdot \sqrt{L\left(\frac{4}{\pi^2} C + K\right)} \quad (15)$$

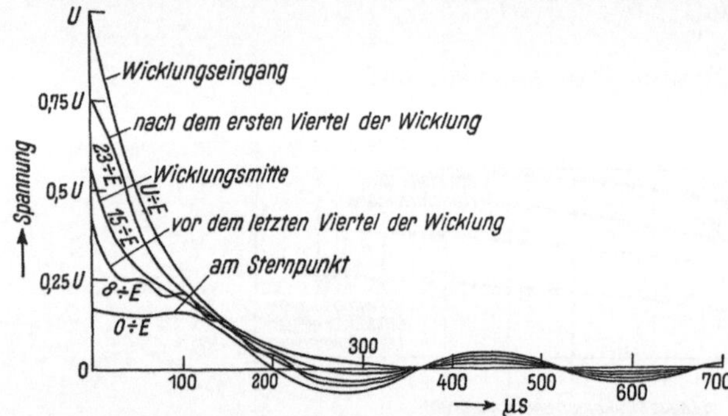

Bild 13. Spannungsverlauf an verschiedenen Wicklungspunkten bei einpoligem Stoß (Einzellagenschaltung vgl. Bild 3a).

vergleicht. Da in der letzteren Gleichung K meist gegenüber C vernachlässigt werden kann, so folgt unter der rohen Annahme, daß die gesamte Erdkapazität C der normalen schwingenden Wicklung gleich der Erdkapazität C_2 der Sternpunktslage bei der Lagenwicklung ist, ein Verhältnis

$$\frac{T_1}{T'_1} \approx \sqrt{\frac{1 + \dfrac{K}{C_2}}{\dfrac{4}{\pi^2}}} = \frac{\pi}{2} \cdot \sqrt{1 + \frac{1}{\alpha^2}}\,;$$

bei Annahme einer Halbwertdauer von 50 µs (entspricht $T = 72$ µs) für Blitzwellen mittlerer Dauer wird infolgedessen das Verhältnis T/T_1 bei Lagenwicklungstransformatoren praktisch nicht über den Wert 1 hinauskommen und meist noch wesentlich darunter bleiben. Am ungünstigsten werden dabei Transformatoren großer Leistung, aber niedriger Betriebsspannung liegen, für welche nach Bild 12, bei $T/T_1 = 1$, Werte der Nullpunktsspannung vom 1,4fachen der Stoßspannung U bei dreipoligen Stößen möglich erscheinen.

Für die beiden untersuchten Transformatoren müßte sich theoretisch (bei $\frac{T}{T_1} = 0{,}225$) ein Höchstwert der Nullpunktsspannung von 0,56 U ergeben. Gemessen wurden in beiden Fällen nur etwa 0,5 U, was auf den bei der Rechnung vernach-

<hr>

[1]) R. Elsner: Arch. Elektrotechn. 30 (1936) S. 384.

lässigten Einfluß der Dämpfung zurückzuführen ist. Die Übereinstimmung zwischen Versuch und Rechnung ist also in diesem Fall recht gut.

Das gleiche gilt auch bezüglich der Anfangsspannung am Sternpunkt, die bei einpoligem Stoß mit $0,167\ U$ genau ein Drittel des Wertes bei dreipoligem Stoß beträgt. Die Größe der Anfangsspannungen entspricht einem Verhältnis $\alpha^2 = \dfrac{C_2}{K} = 1$. Für $(C_2 + K)$ wurden auf Grund der Gl. (9b) aus der bekannten Streuinduktivität $L_S = 6{,}44$ H je Schenkel 400 pF errechnet, was in guter Übereinstimmung mit einer Brückenmessung für C_2 stand. Die Unterspannungsklemmen waren bei sämtlichen Versuchen gegen den Sternpunkt der Niederspannungsseite kurzgeschlossen.

Bild 13 zeigt für Einzellagenschaltung den Spannungsverlauf an verschiedenen Wicklungspunkten bei einpoligem Stoß. Die Schwingungsamplituden betragen hier nur ein Drittel derjenigen bei dreipoligem Stoß (vgl. Bild 11b).

B. Ausdämpfung der Grundschwingung durch Hilfsdreieckwicklung.

a) Beim Transformator mit Lagenwicklung.

Für Transformatoren, die nicht schon eine in Dreieck geschaltete Arbeitswicklung besitzen, besteht nun eine Möglichkeit, die Grundschwingung, bei welcher die Wick-

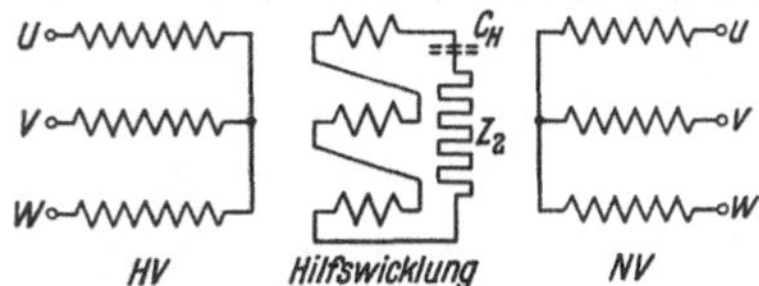

Bild 14.   Anschluß des Widerstandes Z_2 zur Dämpfung der Nullpunktsschwingung.

lung mit ihrer ganzen Wicklungslänge als Viertelwelle schwingt, dadurch völlig auszudämpfen, daß man an die Klemmen einer in offenem Dreieck geschalteten Hilfswicklung einen geeignet bemessenen Ohmschen Widerstand Z_2 anschließt (vgl. Bild 14). Diese Maßnahme ist von besonderer Bedeutung für dreipolig anlaufende Blitzwellen, weil durch die Beseitigung der Nullpunktsschwingung die größten Spannungen am Sternpunkt dann so weit erniedrigt werden können, daß Überschläge des über Deckel herausgeführten freien Sternpunkts praktisch ausgeschlossen sind. Das bringt aber unter Umständen Vorteile für die Bemessung von im Sternpunkt liegenden Regelwicklungen und Stufenschaltern[1]). Um den Widerstand Z_2 im normalen Betrieb möglichst weitgehend von allen betriebsfrequenten Strömen — z. B. auch der 3. Oberwelle — zu entlasten, empfiehlt es sich dabei, in Reihe mit Z_2, wie in Bild 14 gestrichelt angedeutet, einen Kondensator C_H zu schalten, der so bemessen ist, daß er für alle betriebsfrequenten Ströme als Sperre wirkt, während er den sehr viel höherfrequentigen Ausgleichsströmen der Sternpunktsschwingung den Weg über den Widerstand Z_2 frei gibt.

Die Maßnahme ist nicht nur bei Lagenwicklungstransformatoren, sondern in gleicher Weise auch bei allen Transformatoren mit Röhrenwicklung anwendbar, die in $\curlywedge/\curlywedge$ oder $\curlywedge/\curlyvee$ oder einer verwandten Schaltgruppe geschaltet sind. An Hand der einphasigen Ersatzbilder 15a und b soll ihre Wirkung zunächst für den Lagenwick-

---

[1]) R. Elsner: Bericht Nr. 115 der Cigre-Tagung, Paris 1937.

lungstransformator und anschließend für Röhrenwicklungstransformatoren untersucht werden.

Während das Ersatzbild 15a für Lagenwicklung streng gültig ist, stellt das Bild 15b ~in Näherungsschema dar, dessen Brauchbarkeit für Röhrenwicklungen aber in zwei rüheren Arbeiten[1]) nachgewiesen wurde. Die Bedeutung der einzelnen Bezeichungen geht aus dem Text der Bilder eindeutig hervor. Da $\ddot{u}L_{1,2}$ stets wesentlich

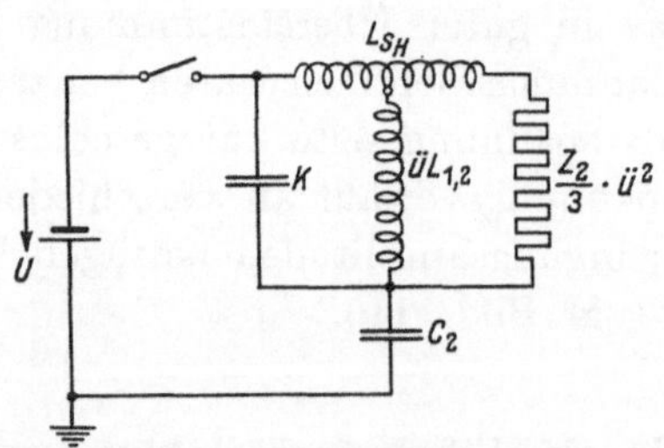

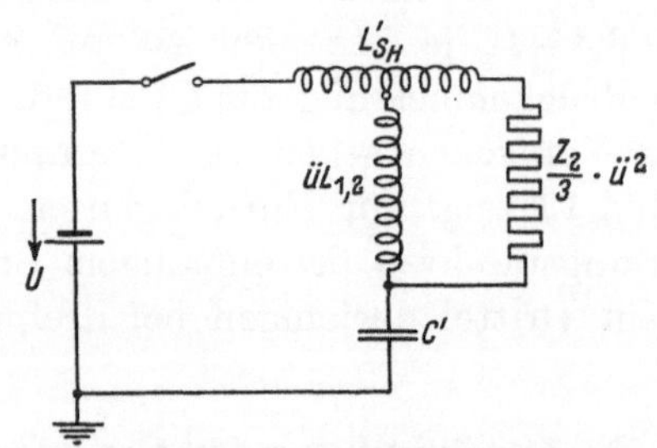

a) Transformator mit Lagenwicklung. Ls_H Streuinduktivität je Phase, bezogen auf die HV-Seite, $\ddot{u}L_{1,2}$ gegenseitige Induktivität zwischen HV- und Hilfswicklung, bezogen auf die HV-Seite, $\ddot{u} = W_1/W_2$ Windungszahlverhältnis HV-Wicklung/Hilfswicklung.

b) Transformator mit Röhrenwicklung.

$$L s_H' \approx \frac{2}{\pi} L s_H \qquad L_{1,2}' \approx \frac{2}{\pi} L_{1,2}$$

Bedeutung wie bei a), $C' \approx \frac{2}{\pi} C$, wenn C die gesamte Erdkapazität eines Wicklungsschenkels bedeutet.

Bild 15. Ersatzbilder zur Berechnung des erforderlichen Dämpfungswiderstandes Z_2 in der Δ-Hilfswicklung.

größer als L_{S_H} sein wird, so folgt für die Bemessung des erforderlichen Widerstandes $Z_2/3$ je Phase der Hilfswicklung beim Lagenwicklungstransformator bei aperiodischer Dämpfung

$$\frac{Z_2}{3} \geqq \frac{2}{\ddot{u}^2} \cdot \sqrt{\frac{Ls_H}{(C_2 + K)}} . \tag{17}$$

Für alle 3 Schenkel zusammen ergibt sich also das Dreifache dieses Wertes (Z_2).

Der Versuch zur Bestätigung der Wirkungsweise von Z_2 wurde nun an dem Transformator mit Doppellagenwicklung in der Weise durchgeführt, daß statt einer

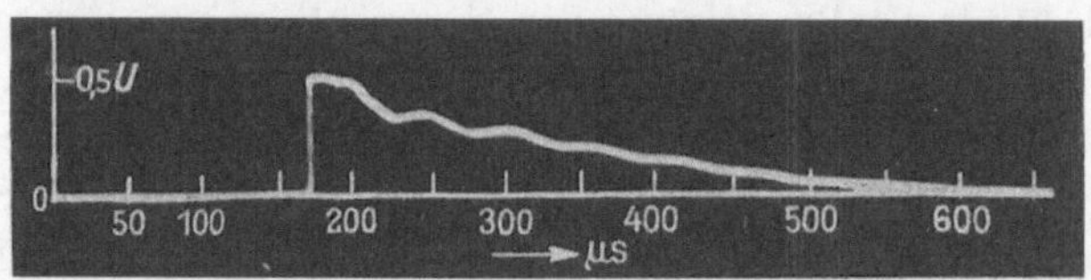

Bild 16. Dämpfung der Nullpunktsschwingung beim Lagenwicklungstransformator
(dreipoliger Stoß mit 1|50 μs-Welle).

Hilfswicklung die NV-Wicklung in offenem Dreieck geschaltet und an die Enden des offenen Dreiecks nach Art des Bildes 14 ein Widerstand Z_2 entsprechend Formel (17) von der Größe $Z_2 = \frac{6}{\ddot{u}^2} \cdot \sqrt{\frac{6,44}{4 \cdot 10^{-10}}} = 126\,\Omega$ ($\ddot{u} = 78$) angeschlossen wurde. Die Wirkung dieses Dämpfungswiderstandes bei dreipoligem Stoß mit 50 μs-Welle auf den Spannungsverlauf am Nullpunkt geht aus Bild 16 hervor. Ein Vergleich mit dem entsprechenden Oszillogramm d des früheren Bildes 10 für $Z_2 = 0$ zeigt, daß die Grund-

---

[1]) R. Elsner: Arch. Elektrotechn., a. a. O., und Wiss. Veröff. Siemens **XVI**, 1 (1937) S. 1 ··· 24.

welle der Nullpunktsschwingung jetzt völlig ausgedämpft ist. Erst durch die Verwendung einer derartigen Hilfsdämpferwicklung kann also jeder Lagenwicklungstransformator zu einem völlig „schwingungsfreien" Transformator gemacht werden. Daß es im übrigen im Osz. 16 zu keiner weiteren Spannungsabsenkung gegenüber dem Osz. 10d kommt, hat seinen Grund lediglich darin, daß bei dem untersuchten Transformator wegen der sehr langen Eigenperiode schon bei voll ausgeprägter Nullpunktsschwingung die größte Amplitude der Nullpunktsspannung nur den Wert der Anfangsspannung zur Zeit $t = 0$ erreichte.

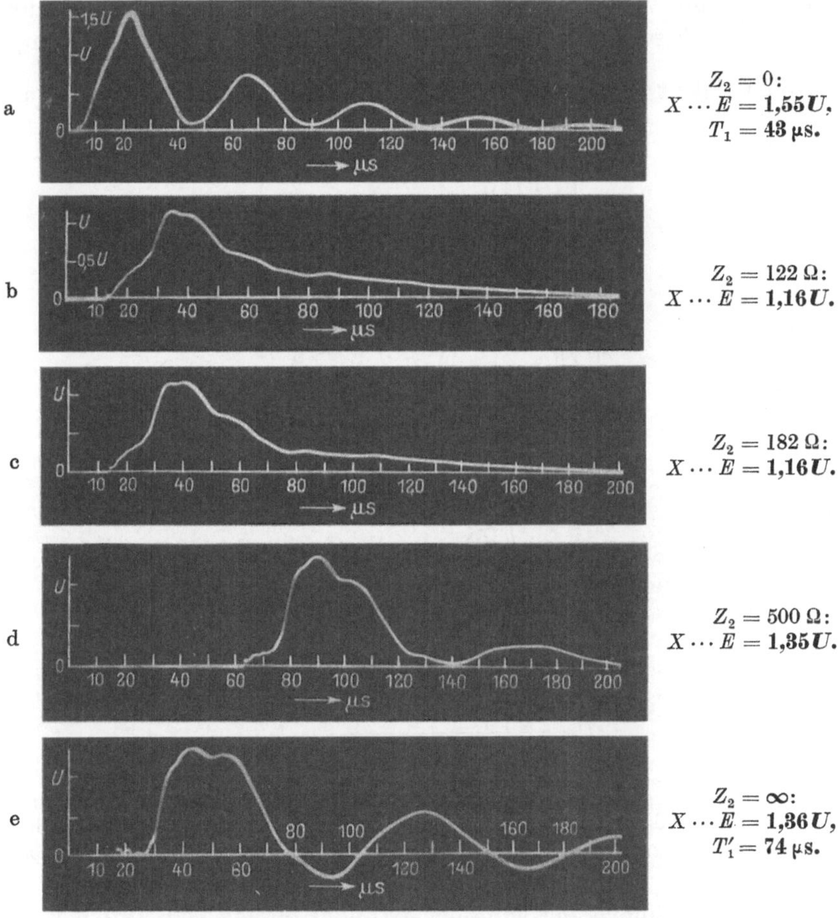

Bild 17. Ausdämpfung der Grundschwingung eines 100 kVA-Einheitstransformators mit Röhrenwicklung bei dreipoligem Stoß.

b) Beim Transformator mit Röhrenwicklung.

Ganz ähnliche Überlegungen gelten nun für die Bemessung des Dämpfungswiderstandes Z_2 bei Transformatoren mit Röhrenwicklung. Nach Bild 15b muß hier für aperiodische Dämpfung

$$Z_2 \gtreqqless \frac{6}{\ddot{u}^2} \cdot \sqrt{\frac{L s_H}{C}} \tag{18}$$

sein.

Bild 17 zeigt als Beispiel für einen normalen 100 kVA-Einheitstransformator der Reihe 15, dessen Unterspannungswicklung in offenem Dreieck geschaltet war, den

Verlauf der hochspannungsseitigen Sternpunktsspannung bei dreipoligem Stoß in
Abhängigkeit von dem Ohmwert des Widerstandes Z_2. Nach Gl. (18) wären für
aperiodische Dämpfung in diesem Fall rechnerisch $Z_2 = 121\ \Omega$ erforderlich. (L_{S_H}
$= 0,235$ H; $C = 520$ pF; $ü = 32,5$.) Aus den Oszillogrammen des Bildes 17 erkennt
man jedoch, daß auch ein von dem rechnerischen Wert etwas abweichender Widerstand praktisch noch dieselbe günstige Wirkung hinsichtlich der Absenkung der
Nullpunktsspannung hervorbringt. Bei allzu großer Bemessung von Z_2 beginnt sich
allerdings wieder deutlich eine Schwingung des Nullpunktes, diesmal über die Induktivität $L_{1,2}$ mit wesentlich längerer Eigenperiode auszubilden. Dadurch nimmt dann
die Sternpunktsspannung wieder zu. Die Kurve der größten Sternpunktsspannung

in Abhängigkeit von Z_2 besitzt also ein ziemlich flaches Minimum für $Z_2 = \dfrac{6}{ü^2} \cdot \sqrt{\dfrac{L_{S_H}}{C}}$.

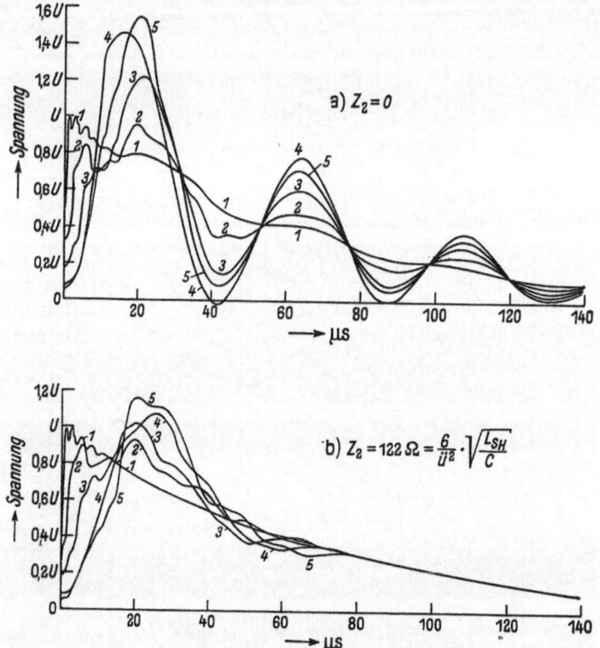

Bild 18. Spannungsverlauf an der Wicklung eines Einheitstransformators bei ungedämpfter und ge-
dämpfter Grundschwingung (dreipoliger Stoß mit 1|50 µs-Welle).
1 Eingang der Wicklung; *2* nach ein Sechstel der Wicklung; *3* nach ein Drittel der Wicklung; *4* nach zwei Drittel der Wirkung;
5 Sternpunkt.

Wenn auch infolge der von dem sekundärseitigen Dämpfungswiderstand unbeein-
flußten höheren Harmonischen die Spannung nicht unter den Wert U der Klemmenspannung abgesenkt wird, so reicht doch die Herabsetzung von $1,55\ U$ bei $Z_2 = 0$ auf
$1,16\ U$ praktisch meist aus, um mit einfachen Mitteln — wie enger eingestellten Parallelfunkenstrecken an den Hochspannungsklemmen — einen Sternpunktsüberschlag zu
verhindern. Daß auch die übrigen Punkte der Wicklung infolge der Dämpfung der
Grundschwingung bei dreipoligem Stoß praktisch nicht mehr schwingen, zeigt ein

Vergleich der entsprechenden Spannungsverläufe für $Z_2 = 0$ und $Z_2 = \dfrac{6}{ü^2} \cdot \sqrt{\dfrac{L_{S_H}}{C}}$
in Bild 18.

An der durch die Kapazitäten gesteuerten Anfangsspannungsverteilung längs der
Wicklung vermag allerdings die Ausdämpfung der Grundschwingung nichts zu än-

dern. Sie bleibt völlig unverändert und folgt dem für Röhrenwicklungen bekannten ungünstigen hyperbolischen Gesetz.

III. „Schwingungsfreie" Drehstromtransformatoren.

Außer dem Mittel, den „schwingungsarmen" Lagenwicklungstransformator dadurch völlig „nichtschwingend" zu machen, daß man seine Grundschwingung ausdämpft, besteht nun auch die Möglichkeit, einen mit freiem Sternpunkt arbeitenden Drehstromtransformator durch geeigneten Aufbau der Wicklung von sich aus völlig

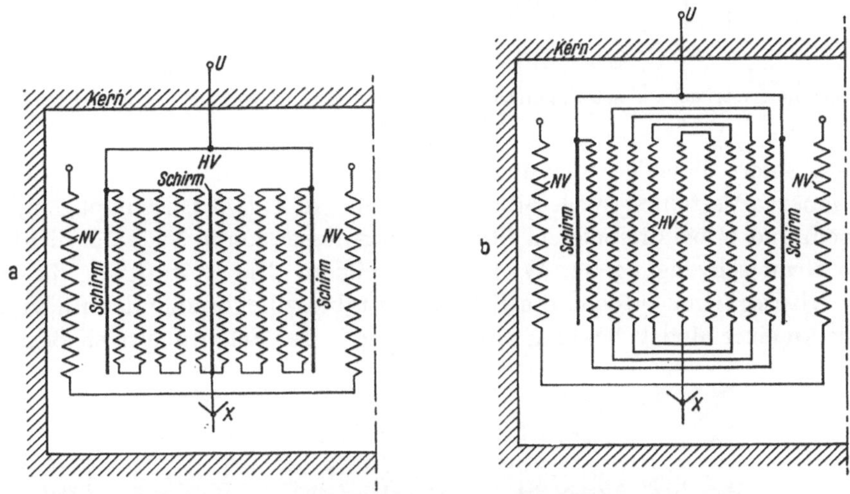

Bild 19. Schwingungsfreie Drehstromtransformatoren: Wickelschema eines Schenkels.

„schwingungsfrei" zu bauen. Man hat dazu lediglich den Sternpunkt so in der Mitte der Wicklung anzuordnen, daß seine Erdkapazität weitgehend abgeschirmt wird. Dann wird beim Auftreffen einer Stoßwelle das Sternpunktspotential kapazitiv nur noch vom Potential der drei Eingangsklemmen gesteuert. Zwei mögliche Ausführungsformen[1]) dieser Bauweise zeigt Bild 19. Die Wicklung nach Bild 19a kann man auch ohne Schirme bauen, ohne daß Eigenschwingungen der einzelnen Lagen zu

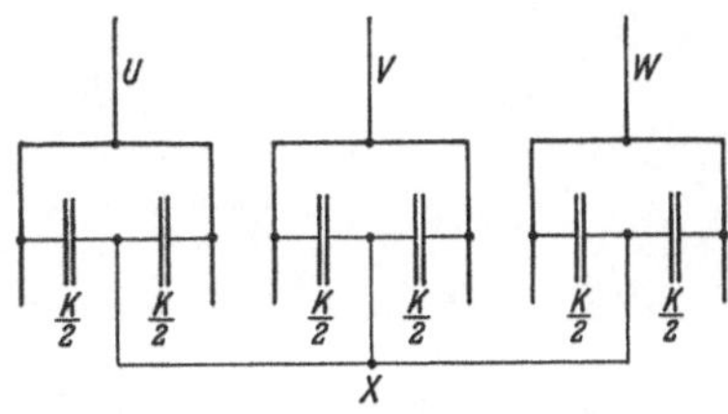

Bild 20. Kapazitätsschema des schwingungsfreien Transformators nach Bild 19.

befürchten sind. Bei der Ausführung nach Bild 19b empfiehlt sich dagegen zur Vermeidung von Lagenschwingungen das Anbringen eines Schirms zu beiden Seiten der Wicklung. Der in Bild 19a außerdem gezeichnete Nullpunktsschirm, der bei etwaigen Sternpunktsüberschlägen Spannungsunterschiede innerhalb der Nullpunktslagen ausgleichen soll, kann bei Vermeidung solcher Überschläge durch geeignete Einstellung

---

[1]) DRP. angemeldet, bekanntgegeben auf der Tagung der Studiengesellschaft für Höchstspannungsanlagen in Berlin, Oktober 1936.

2*

von Parallelfunkenstrecken an den Eingangsklemmen (siehe vorigen Abschnitt) immer weggelassen werden.

Aus dem Kapazitätsschema dieser beiden Wicklungsanordnungen in Bild 20 wird ohne weiteres klar, daß für alle vorkommenden Stoßbeanspruchungsfälle der Stern-

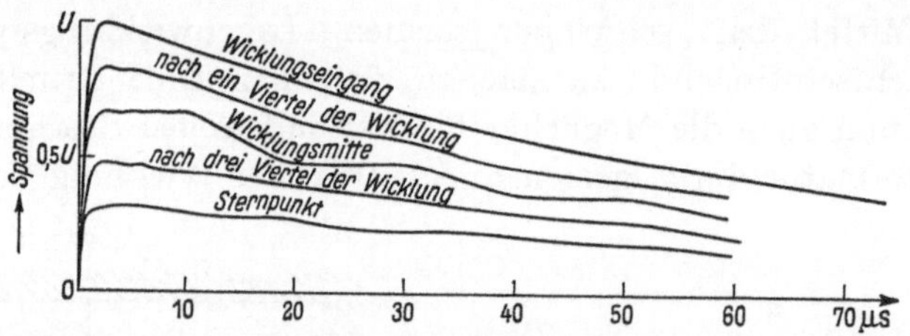

Bild 21. Spannungsverlauf am schwingungsfreien Drehstromtransformator bei einpoligem Stoß mit 1|50 μs-Welle.

punkt stets sofort diejenige Spannung gegen Erde annimmt, welche der jeweiligen quasistationären Verteilung nach Bild 1 entspricht, d. h. $U/3$ bei einpoligem, $\frac{2}{3}U$ bei zweipoligem und U bei dreipoligem Stoß. Infolgedessen kann sich auch nicht einmal mehr die Grundschwingung der Wicklung ausbilden. Die Bestätigung dieser theoretischen Überlegungen bringen die Kathodenstrahloszillogramme der Bilder 21 und 22, welche an einer Modellwicklung mit Schirmen in der Schaltung nach Bild 19a bei

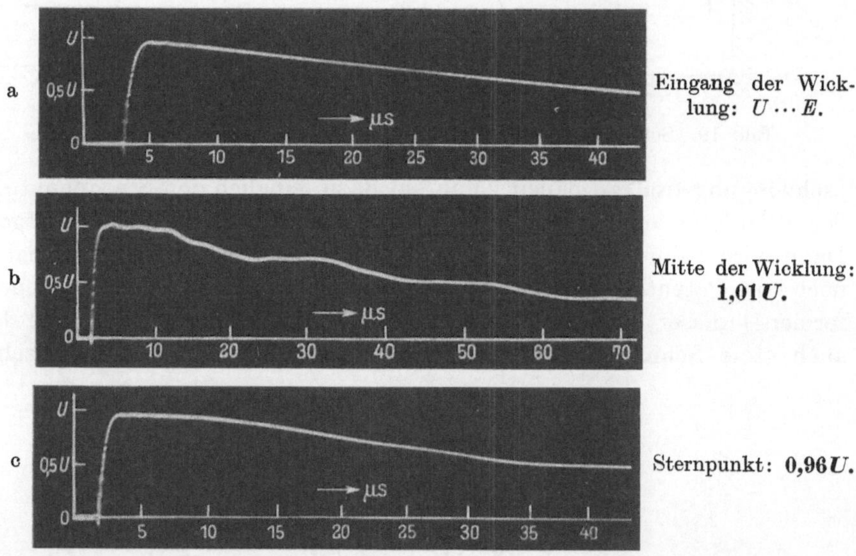

Bild 22. Dreipoliger Stoß auf schwingungsfreien Transformator (1|50 μs-Welle).

ein- bzw. dreipoligen Stößen mit 50 μs-Welle aufgenommen wurden. Die Ausführung der Wicklung mit eingeschirmtem Sternpunkt ist also auch bei freiem Sternpunkt für jede beliebige Stoßart völlig schwingungsfrei. Ein Überschwingen des Sternpunktes über die Spannung an den Eingangsklemmen bei dreipoligem Stoß ist demnach gänzlich ausgeschlossen. Selbstverständlich besitzt auch der schwingungsfreie Drehstromtransformator eine Grundperiode, deren Dauer durch die Beziehung (19)

$$T_1 = 2\pi \cdot \sqrt{L \cdot K}$$

gegeben ist. Nur kann diese Grundschwingung niemals von den Hochspannungsklemmen her durch auftreffende Stoßwellen angestoßen werden.

Aus diesem grundsätzlichen Unterschied zwischen der einfachen Lagenwicklung und der schwingunssfreien Wicklung nach Bild 19 ergeben sich nun auch interessante Folgerungen für den Verlauf der auf die Unterspannungsseite übertragenen Stoßspannungen.

IV. Übertragung von Stoßspannungen auf die Unterspannungsseite von Lagenwicklungstransformatoren.

Grundsätzlich gelten für die Übertragung der Stoßspannungen genau dieselben Überlegungen und Schaltbilder[1]) wie beim schwingenden Transformator. Hinsichtlich des bei ein- und zweipoligen Stößen auftretenden quasistationären Spannungsabfalles bestehen daher überhaupt keine Unterschiede im Verlauf der übertragenen Spannungen. Sie sollen deshalb hier nicht weiter betrachtet werden. Unterschiede gegenüber dem schwingenden Transformator ergeben sich lediglich für die Höhe der vom primärseitigen Ausgleichsvorgang übertragenen Spannungen. Da beim „schwingungsfreien“ Transformator die Grundschwingung primärseitig nicht auftritt, verschwindet auch auf der Unterspannungsseite ihr Anteil vollkommen. Anders beim „schwingungsarmen“ Lagenwicklungstransformator. Hier gilt für die magnetische Übertragung der Grundschwingung bei Erdung des unterspannungsseitigen Sternpunktes das Ersatzschema des Bildes 23a.

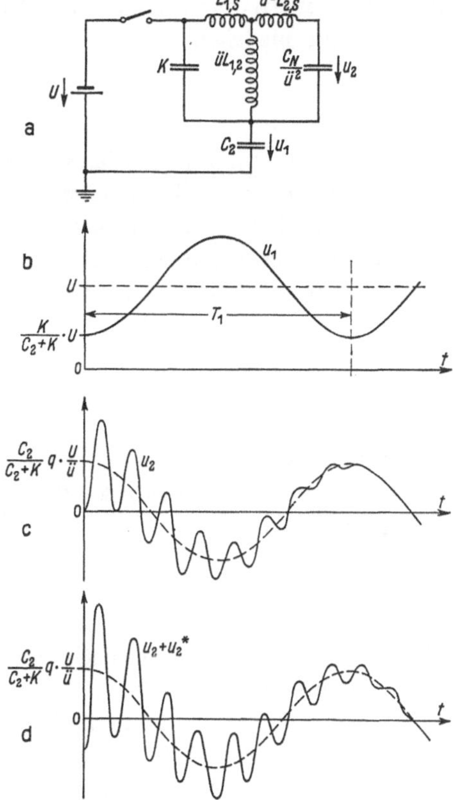

Bild 23. Ermittlung des von der Grundschwingung übertragenen Spannungsanteils bei dreipoligem Stoß und geerdetem Unterspannungssternpunkt.

a) Ersatzschema. b) Spannung u_1 am primären Sternpunkt. c) Magnetisch übertragener Spannungsanteil u_2 allein. d) Magnetisch und kapazitiv übertragener Spannungsanteil in Gegenlage.

Für $\dfrac{C_N}{\ddot{u}^2} \ll (C_2 + K)$, d. h. für offene oder schwach kapazitiv belastete Unterspannungsklemmen, folgt daraus der Verlauf der übertragenen Spannung bei dreipolig anlaufender Rechteckwelle zu:

$$u_2 \approx q \cdot \frac{U}{\ddot{u}} \cdot \frac{C_2}{C_2 + K} \cdot \{\cos\Omega t - \cos\omega t\} ; \tag{20}$$

mit

$$\Omega \approx \frac{1}{\sqrt{L_I \cdot (C_2 + K)}} \tag{8a}$$

und

$$\omega \approx \frac{1}{\sqrt{L_{S_N} \cdot C_N}} ; \tag{21}$$

$$q = \text{Kopplungsfaktor.}$$

$$L_I \approx \ddot{u} L_{1,2} + L_{1,S} ; \tag{20a}$$

$$L_{S_N} \approx \left(L_{2,S} + \frac{L_{1,S}}{\ddot{u}^2} \right). \tag{20b}$$

---

[1]) R. Elsner: Arch. Elektrotechn., a. a. O., und Wiss. Veröff. Siemens XVI, 1 (1937) S. 1 ··· 24.

In Bild 23c ist dieser Spannungsverlauf grundsätzlich dargestellt. An dem Verlauf der primärseitigen Nullpunktsspannung (Bild 23b) ändert sich in diesem Fall praktisch nichts.

Dem magnetisch übertragenen Anteil kann sich nun noch der kapazitiv übertragene Spannungsanteil entweder in gleichem oder entgegengesetztem Sinne überlagern, so daß unter Umständen die unterspannungsseitig auftretende Spannungsspitze den Wert $2q \cdot \dfrac{U}{\ddot{u}} \cdot \dfrac{C_2}{C_2 + K}$ noch überschreiten kann (vgl. Bild 23d).

Bei dem schwingungsfreien Transformator bewirkt lediglich der kapazitiv übertragene Stoß eine Ausgleichsschwingung der Unterspannungsseite um die Nullage herum mit der Frequenz ω nach Gl. (21). Die übertragenen Spannungen werden daher entsprechend niedriger.

Ergebnisse.

Nach einer einleitenden Gegenüberstellung der beiden grundsätzlichen Wege, die die Entwicklung im Bau gewittersicherer Leistungstransformatoren im letzten Jahrzehnt gegangen ist, wird zunächst das Verhalten der Eingangslagen von Lagenwicklungstransformatoren gegenüber steilen Stoßwellen für den Fall untersucht, daß kein metallischer Schirm über der ersten Lage angeordnet ist. Bei „Einzellagenschaltung" führen alle Lagen für sich Wanderwellenschwingungen aus, die erhebliche Spannungen sogar innerhalb der ersten Lagenviertel zur Folge haben und um so deutlicher ausgeprägt sind, je steiler die auflaufende Stoßwelle ist. Bei „Doppellagenschaltung" treten infolge der Wirkung zweier benachbarter Lagen als eine Art bifilarer Wicklung diese Wanderwellenschwingungen praktisch nicht auf, so daß ein Schirm überflüssig wird.

Die Spannungsbeanspruchungen gegen Erde sind bei allen Arten von Lagenwicklungstransformatoren einer einfachen Vorausberechnung zugänglich. Die Grundlagen dieser Rechnung werden für den Betrieb von Drehstromtransformatoren mit freiem Sternpunkt sowohl für den einfachen „schwingungsarmen" Lagenwicklungstransformator wie für den „schwingungsfreien" Transformator angegeben und die Ergebnisse in guter Übereinstimmung mit kathodenstrahloszillographischen Messungen gefunden.

Es zeigt sich, daß der einfache Lagenwicklungstransformator noch eine ausgeprägte Grundschwingung ausführt, bei welcher alle Punkte der Wicklung synchron schwingen. Für die Beanspruchung zwischen den Lagen ist diese Schwingung daher von untergeordneter Bedeutung. Sie kann aber, besonders bei kurzer Eigenperiode der Grundschwingung und langer Blitzwelle bei dreipoligen Stößen zu einer Spannungsüberhöhung am Sternpunkt und folgendem Sternpunktsüberschlag nach Erde führen. Die Abhängigkeit der größten Sternpunktsspannung von Verhältnis

$$\frac{T}{T_1} = \frac{\text{Rückenzeitkonstante der Blitzwelle}}{\text{Eigenperiode der Grundschwingung}}$$

wird kurvenmäßig dargestellt und mit der entsprechenden Kurve für schwingenden Transformator verglichen. Dabei wird das günstigere Verhalten des Lagenwicklungstransformators deutlich.

Beim „schwingungsfreien" Transformator können Spannungsüberhöhungen am Sternpunkt infolge von Ausgleichsschwingungen der Wicklung überhaupt nicht vorkommen, da bei dieser Bauform die Anfangsspannungsverteilung für jede beliebige Stoßart genau der Endverteilung entspricht.

Für den „schwingungsarmen" Lagenwicklungstransformator wird ferner auf die Möglichkeit hingewiesen, durch eine in offenem Dreieck geschaltete Hilfswicklung, an deren Klemmen ein Widerstand $Z_2 \approx \dfrac{6}{\ddot{u}^2} \cdot \sqrt{\dfrac{Ls_H}{(C_2 + K)}}$ gelegt wird, die Grundschwingung der Wicklung völlig auszudämpfen. Durch dieselbe Maßnahme läßt sich auch die Nullpunktsschwingung gewöhnlicher schwingender Transformatoren so weit ausdämpfen, daß infolge der Absenkung der Nullpunktsspannung Sternpunktsüberschläge mit einfachen Mitteln ganz vermieden werden können.

Zum Schluß wird noch auf den Unterschied in der Höhe der vom primärseitigen Ausgleichsvorgang auf die Unterspannungsseite übertragenen Stoßspannungen beim „schwingungsarmen" bzw. beim „schwingungsfreien" Transformator aufmerksam gemacht.

Zusammenfassung.

Es wird eine Reihe von Möglichkeiten zum Bau „schwingungsarmer" bzw. „schwingungsfreier" Drehstromtransformatoren sowohl theoretisch wie experimentell eingehend untersucht. Insbesondere wird das Verhalten von Lagenwicklungstransformatoren, deren Wicklungen in „Einzel-" bzw. „Doppellagen" zusammengeschaltet sind, sowohl hinsichtlich der Eigenschwingungen der einzelnen Lagen wie der Spannungsbeanspruchungen gegen Erde bei ein- und dreipoligen Stößen grundsätzlich geklärt.

Die Spannungen gegen Erde bei dreipoligem Stoß bleiben sowohl beim „schwingungsarmen" wie beim „schwingungsfreien" Lagenwicklungstransformator wesentlich unter den beim schwingenden Transformator auftretenden größten Spannungswerten.

Die Nullpunktsschwingung einfacher Lagenwicklungstransformatoren wie auch gewöhnlicher schwingender Transformatoren läßt sich in einfacher Weise durch eine mit einem geeigneten Widerstand belastete offene Dreieckswicklung vollkommen ausdämpfen.

Das unterschiedliche Verhalten der Hochspannungswicklung des „schwingungsarmen" und des „schwingungsfreien" Lagenwicklungstransformators macht sich auch im Verlauf der auf die Niederspannungsseite übertragenen Stoßspannungen bemerkbar.

Der Parallelbetrieb von Synchrongeneratoren mit Kraftmaschinenreglern konstanter Verzögerungszeit.

Von **Fritz Reinhardt**.

Mit 7 Bildern.

Mitteilung aus dem Dynamowerk
der Siemens-Schuckertwerke AG zu Siemensstadt.

Eingegangen am 3. November 1938.

Übersicht.

Für Synchronmaschinensätze, die mit Kraftmaschinenreglern konstanter Verzögerungszeit versehen sind, wird die Differentialgleichung der Schwingung aufgestellt und als von zweiter Ordnung mit konstanten Koeffizienten erkannt. Die charakteristische Gleichung ist transzendent, sie wird durch Entwicklung in komplexe Reihen gelöst. Aus der Lösung ergeben sich für alle praktisch vorkommenden Bereiche die Eigenschwingungszahlen und Dämpfungen, und somit die stabilen und instabilen Gebiete. Auch die erzwungenen Schwingungen können damit vollständig übersehen werden.

Einleitung.

Die parallelarbeitende Synchronmaschine kann als schwingungsfähiges Gebilde sowohl durch erzwungene Schwingungen als auch durch angefachte Schwingungen zu Betriebsstörungen Anlaß geben. Das unterscheidende Merkmal zwischen beiden Schwingungsarten ist die Gebundenheit der Schwingungszahl an die erregende Taktzahl bei erzwungenen Schwingungen, die Verschiebbarkeit der Schwingungszahl mit den die Eigenschwingungszahl bestimmenden Faktoren bei angefachten Schwingungen. Die erzwungenen Schwingungen sind durch die Arbeiten von G. Kapp, H. Görges und E. Rosenberg zu Anfang des Jahrhunderts aufgeklärt worden, erhebliche Schwierigkeiten sind seither nicht mehr aufgetreten. Die angefachten Schwingungen[1] dagegen führen auch heute noch in einzelnen Fällen zu Störungen, insbesondere tritt durch das Zusammenwirken von Synchronmaschinen und Kraftmaschinenreglern bisweilen eine Anfachung von Schwingungen ein. Die Untersuchung dieser Anfachung ist das Ziel der vorliegenden Arbeit.

Grundsätze der Anfachung durch Reglerverzögerung.

Der physikalische Grund der Schwingungsfähigkeit einer Synchronmaschine liegt in der Abhängigkeit des Voreilwinkels zwischen Polradachse und Ständerdrehfeld-

---

[1] Schrifttumverzeichnis über selbsterregte Schwingungen am Schluß der Arbeit.

achse von der Belastung. Bei jeder Laständerung muß das Polrad in eine neue relative Stellung übergehen, wobei sich mechanische Energie vom Schwungrad in elektrische Energie umsetzt. Der Übergang in jeden neuen Belastungszustand erfolgt daher in Form von Schwingungen, die je nach der vorhandenen Dämpfung mehr oder weniger schnell abklingen. Der Kraftmaschinenregler gleicht dabei die Energiezufuhr den neuen Belastungsverhältnissen an. Wirkt der Kraftmaschinenregler sehr träge, so spricht er auf Pendelungen bei Lastschwankungen nicht an. Würde ein Regler unmittelbar ohne jede zeitliche Nacheilung auf eine Drehzahländerung ansprechen, so würde das, wie sich ergeben wird, einer verstärkten Dämpfung gleichkommen, und jede Schwingungsanfachung wäre ausgeschlossen. In Wirklichkeit kann aber kein Regler unmittelbar wirken, sondern zwischen Anstoß des Reglers und Wirkung der von ihm veränderten Energiezufuhr auf die Welle muß eine bestimmte Zeit, die Reglerverzögerungszeit T_v, verstreichen. Dadurch erfolgt die Steuerung der Energiezufuhr mit einer Phasenverschiebung gegenüber den Drehzahlschwankungen der Welle, und diese Phasenverschiebung kann bei ungünstigen Verhältnissen eine Schwingungsanfachung zur Folge haben.

Bei Antrieb durch Kolbenkraftmaschinen ist meist ein rein mechanischer Regler vorhanden, für solche ist der Einfluß der Reglerverzögerungszeit von M. Schenkel [6] mathematisch gefaßt worden, er führt für einfache Regler auf eine Differentialgleichung vierter Ordnung, für die die Anfachungsbedingungen untersucht werden. Bei Antrieb durch Dampf- und Wasserturbinen dagegen erfolgt die Regelung der Energiezufuhr meist durch hydraulische Regler, bei denen die mathematische Erfassung der Massen, Feder- und Rückstellkräfte im Flüssigkeitsgestänge so große Schwierigkeiten und Unsicherheiten in sich schließt, daß nicht mit einem sicheren Ergebnis gerechnet werden kann. Für solche hydraulischen Kraftmaschinenregler wird daher hier eine konstante Reglerverzögerungszeit unabhängig vom Ausschlag und der Geschwindigkeit des Reglerpendels angenommen, wie es auch durch die Wirkungsweise derselben gerechtfertigt erscheint. Eine erste qualitative Behandlung dieser Aufgabe ist auf graphischem Wege früher vorgenommen worden [5], die ausführliche quantitative Lösung wird hier gegeben.

Aufstellung der Differentialgleichung.

Für das Leistungsgleichgewicht an der Synchronmaschine gilt, wenn man von den geringfügigen, dämpfend wirkenden Verlusten absieht:

$$N_1 = N_2 + N_\Theta + N_D. \tag{1}$$

Dabei ist: N_1 die Antriebsleistung an der Welle,
$\quad\quad\quad\quad N_2$ die elektrische Leistungsabgabe,
$\quad\quad\quad\quad N_\Theta$ die Beschleunigungsleistung der umlaufenden Schwungmassen,
$\quad\quad\quad\quad N_D$ die Dämpfungsleistung in der Dämpferwicklung oder in den massiven
$\quad\quad\quad\quad\quad\quad$ Polschuhen.

Außerdem: p die Polpaarzahl der Synchronmaschine,
$\quad\quad\quad\quad \alpha$ der Polradwinkel in elektrischen Graden,
$\quad\quad\quad\quad \omega_n = \dfrac{2\pi f}{p}$ die mechanische Winkelgeschwindigkeit bei Nenndrehzahl.

Die Antriebsleistung ist bei einer mit Regler versehenen Antriebsmaschine, die eine gerade Reglerkennlinie besitzt, linear abhängig von der Drehzahl n und damit von der Winkelgeschwindigkeit ω:

$$N_1 = N_0 - \frac{N_n}{r\,\omega_n}(\omega - \omega_n) = N_0 - \frac{1}{r} \cdot \frac{N_n}{p\,\omega_n} \cdot \frac{d\alpha}{dt}, \qquad (2)$$

wobei r der Drehzahlabfall der Kraftmaschine von Leerlauf bis Vollast ist. Das erste Glied N_0 drückt die konstante mittlere Leistungszufuhr aus, das zweite Glied beschreibt den Einfluß des Reglers. Da dieser nicht unmittelbar wirkt, sondern erst nach der konstanten Verzögerungszeit T_v, ist für die Ableitung $\frac{d\alpha}{dt}$ nicht der Wert für die laufende Zeit t, sondern der um T_v zurückliegende Wert zu nehmen, formal sei daher die Ableitung in eckige Klammern gesetzt und mit dem Zeiger $t - T_v$ versehen:

$$N_1 = N_0 - \frac{1}{r} \cdot \frac{N_n}{p\,\omega_n} \cdot \left[\frac{d\alpha}{dt}\right]_{t-T_v}. \qquad (3)$$

Die elektrisch abgegebene Leistung wird ausgedrückt durch:

$$N_2 = N_0 + N_s \cdot \alpha, \qquad (4)$$

wo N_0 die konstante mittlere Leistungsabgabe und N_s die synchronisierende Leistung ist.

Für die Beschleunigungsleistung gilt:

$$N_\Theta = \frac{\Theta \cdot \omega_n}{p} \cdot \frac{d^2\alpha}{dt^2}, \qquad (5)$$

und für die Dämpfungsleistung:

$$N_D = \frac{N_n}{s_n} \cdot s = \frac{1}{s_n} \cdot \frac{N_n}{p\,\omega_n} \cdot \frac{d\alpha}{dt}, \qquad (6)$$

worin s_n den Vollastschlupf bei asynchronem Betrieb bedeutet. Dabei ist natürlich der in der Nähe des Synchronismus linear mit dem Drehmoment verlaufende Schlupf geradlinig bis zum Nenndrehmoment verlängert, wie Bild 1 zeigt.

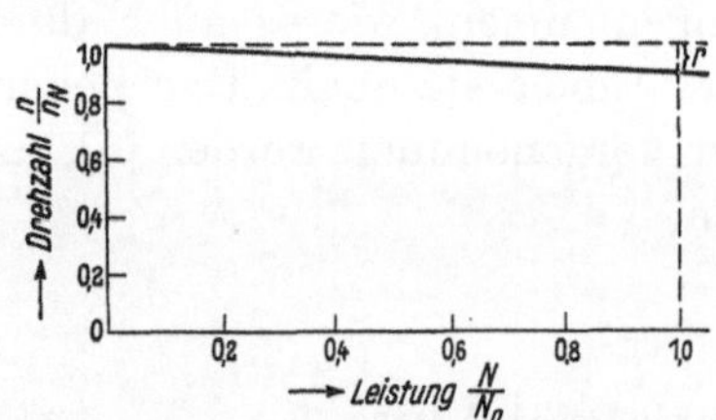

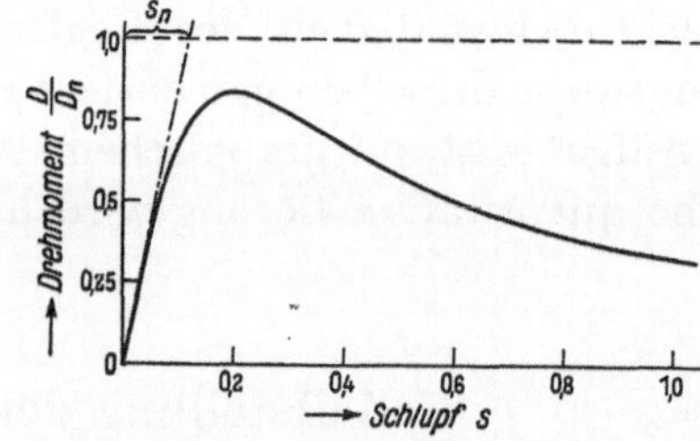

Bild 1a. Reglerkennlinie der Kraftmaschine.   Bild 1b. Dämpfungskennlinie des Generators.

Es gilt also die Differentialgleichung für die Synchronmaschine mit konstanter Reglerverzögerung:

$$\begin{aligned}
N_0 - \frac{1}{r} \cdot \frac{N_n}{p\,\omega_n} \cdot \left[\frac{d\alpha}{dt}\right]_{t-T_v} &= N_0 + N_s \cdot \alpha + \frac{1}{s_n} \cdot \frac{N_n}{p\,\omega_n} \cdot \frac{d\alpha}{dt} + \frac{\Theta \cdot \omega_n}{p} \cdot \frac{d^2\alpha}{dt^2}, \\
\frac{\Theta \cdot 2\pi f}{p^2} \cdot \frac{d^2\alpha}{dt^2} + \frac{1}{s_n} \cdot \frac{N_n}{2\pi f} \cdot \frac{d\alpha}{dt} &+ \frac{1}{r} \cdot \frac{N_n}{2\pi f} \cdot \left[\frac{d\alpha}{dt}\right]_{t-T_v} + N_s \cdot \alpha = 0.
\end{aligned} \qquad (7)$$

Zur Abkürzung sei bezeichnet:

das Massenglied mit $m = \dfrac{\Theta \cdot 2\pi f}{p^2}$,

das Dämpfungsglied mit $d = \dfrac{1}{s_n} \cdot \dfrac{N_n}{2\pi f}$,

das Reglerglied mit $k = \dfrac{1}{r} \cdot \dfrac{N_n}{2\pi f}$,

das Federglied mit $c = N_s$,

dann wird die Differentialgleichung der parallelarbeitenden Synchronmaschine mit Reglerverzögerung:

$$m \cdot \frac{d^2\alpha}{dt^2} + d \cdot \frac{d\alpha}{dt} + k \cdot \left[\frac{d\alpha}{dt}\right]_{t - T_v} + c \cdot \alpha = 0, \tag{7'}$$

$$\frac{d^2\alpha}{dt^2} + \frac{d}{m} \cdot \frac{d\alpha}{dt} + \frac{k}{m} \cdot \left[\frac{d\alpha}{dt}\right]_{t - T_v} + \frac{c}{m} \cdot \alpha = 0. \tag{7''}$$

Eigenschaften der Differentialgleichung.

Die Differentialgleichung (7'') unterscheidet sich von der einfachen Differentialgleichung der harmonischen Schwingung nur durch das die Reglerverzögerung ausdrückende Glied. Ihre Lösung kann ebenfalls als Exponentialfunktion mit komplexem Exponenten angesetzt werden:

$$\alpha = A \cdot e^{\lambda t}. \tag{8}$$

Durch Einsetzen ergibt sich dann:

$$\left. \begin{aligned} \lambda^2 \cdot A \cdot e^{\lambda t} + \frac{d}{m} \cdot \lambda \cdot A \cdot e^{\lambda t} + \frac{k}{m} \cdot \lambda \cdot A \cdot e^{\lambda(t - T_v)} + \frac{c}{m} \cdot A \cdot e^{\lambda t} = 0, \\ \lambda^2 \cdot A \cdot e^{\lambda t} + \frac{d}{m} \cdot \lambda \cdot A \cdot e^{\lambda t} + \frac{k}{m} \cdot \lambda \cdot A \cdot e^{-\lambda T_v} \cdot e^{\lambda t} + \frac{c}{m} \cdot A \cdot e^{\lambda t} = 0. \end{aligned} \right\} \tag{9}$$

Zu dem Reglerglied tritt also der Faktor $e^{-\lambda T_v}$ hinzu, sonst unterscheidet sich die Gleichung nicht von der für die einfache harmonische Schwingung. Der Faktor $e^{-\lambda T_v}$ ist aber nicht von t abhängig, sondern nur von den für die Maschine gegebenen Eigenschaften. Die Gleichung stellt also eine Differentialgleichung zweiter Ordnung mit konstanten Koeffizienten dar, und ihre Lösung ergibt sich aus der charakteristischen Gleichung:

$$\lambda^2 + \frac{d}{m}\lambda + \frac{k}{m}\lambda \cdot e^{-\lambda T_v} + \frac{c}{m} = 0. \tag{10}$$

Diese charakteristische Gleichung für λ allerdings ist keine algebraische Gleichung mehr, sondern eine transzendente, sie kann daher nur durch Näherungsverfahren oder auf graphischem Wege gelöst werden. Sind aber die Wurzeln dieser Gleichung gefunden, so stellt die aus ihnen gebildete Exponentialfunktion eine genaue Lösung der Differentialgleichung (7'') dar.

Vor Inangriffnahme der Lösung der charakteristischen Gl. (10) führen wir zur besseren Übersicht noch einige Abkürzungen ein, und zwar:

$$\lambda \cdot \sqrt{\frac{m}{c}} = z, \qquad \frac{d}{\sqrt{mc}} = \delta, \qquad \frac{k}{\sqrt{mc}} = \varkappa, \qquad T_v \cdot \sqrt{\frac{c}{m}} = v, \tag{11}$$

dann vereinfacht sich Gl. (10) zu:

$$\boxed{z + \frac{1}{z} + \delta + \varkappa e^{-vz} = 0} \tag{12}$$

und die Wurzeln dieser Gleichung müssen bestimmt werden.

Dabei ist $j\sqrt{\frac{c}{m}}$ die Wurzel für die ungedämpfte und ungeregelte Maschine, aus der sich für diesen Zustand die Schwingungsdauer T_0 ergibt zu:

$$T_0 = 2\pi \cdot \sqrt{\frac{m}{c}}.$$

Es ist somit:

$$\lambda = \frac{2\pi z}{T_0}, \qquad v = 2\pi \cdot \frac{T_v}{T_0}, \qquad \delta = \frac{d}{m} \cdot \frac{T_0}{2\pi}, \qquad \varkappa = \frac{k}{m} \cdot \frac{T_0}{2\pi}. \qquad (13)$$

Die Wurzeln z der Gl. (12) sind komplexe Zahlen, und zwar bilden stets zwei konjugiert komplexe Werte ein Wurzelpaar zu den gegebenen Koeffizienten, denn setzt man $z = x + j \cdot y$ und spaltet in reellen und imaginären Teil:

$$x + jy + \frac{1}{x+jy} + \delta + \varkappa e^{-vx}(\cos vy - j\sin vy) = 0\,,$$

$$\left.\begin{aligned} x + \frac{x}{x^2+y^2} + \delta + \varkappa e^{-vx}\cos(vy) = 0 = \xi(x,y)\,, \\[2mm] y - \frac{y}{x^2+y^2} - \varkappa e^{-vx}\sin(vy) = 0 = \eta(x,y)\,, \end{aligned}\right\} \qquad \begin{aligned}(12a)\\[4mm](12b)\end{aligned}$$

so sieht man, daß die Gleichungen unabhängig vom Vorzeichen von y sind.

Graphische Lösung für einen Sonderfall.

Die charakteristische Gl. (12) besitzt wie jede transzendente Gleichung unendlich viele Wurzeln. Um zunächst einen Überblick zu erhalten, wird die Gleichung einmal für einen Sonderfall graphisch gelöst, und zwar ist als Beispiel gewählt: $v = \pi$, $\varkappa = 0,5$, $\delta = 0,5$. Zu diesem Zwecke sind die Gl. (12a) und (12b) als Kurven graphisch ermittelt und in Bild 2 aufgezeichnet worden. Die Schnittpunkte der beiden Kurven ergeben die Wurzeln der Gl. (12), wobei der Schnittpunkt $z = 0$ auszunehmen ist, denn dies ist ein singulärer Punkt und $z = 0$ erfüllt die Gl. (12) nicht. Als Wurzeln ergeben sich:

eine negative reelle Wurzel z_0,

ein Hauptwurzelpaar $z_1 = 0 \pm j \cdot 1$, dessen reeller Teil in diesem Sonderfall verschwindet,

die höheren Wurzelpaare z_2, z_3, $\ldots$ mit negativem reellen Teil.

Ausschlaggebend für den Ablauf des gesamten Schwingungsvorganges ist allein das Hauptwurzelpaar z_1 mit dem größten reellen Teil. Die Wurzel z_0 bestimmt, wie sich zeigen wird, in erster Linie den Ausgleichsvorgang, und der Einfluß der höheren Wurzeln ist überhaupt vernachlässigbar klein. Das Hauptwurzelpaar z_1 wird daher für alle praktisch in Frage kommenden Bereiche von v, $\varkappa$ und δ untersucht.

Der imaginäre Teil von z gibt unmittelbar das Verhältnis der tatsächlichen Schwingungsdauer T zur Schwingungsdauer T_0 der ungedämpften und ungeregelten Maschine an, während der reelle Teil von z die

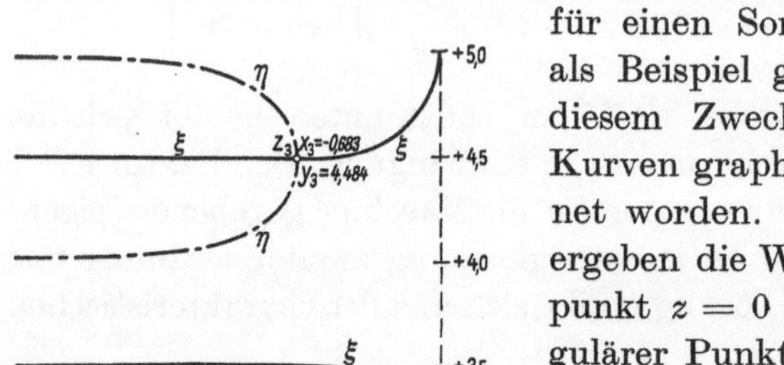

Bild 2. Graphische Lösung der charakteristischen Gleichung $z + \dfrac{1}{z} + \delta + \varkappa e^{-vz} = 0$ für $\delta = 0,5!$ $\varkappa = 0,5!$ $v = \pi!$

Dämpfung bestimmt, und zwar bedeutet negativer reeller Teil negativen reellen Exponenten von e, d. h. abnehmende Schwingungsweiten; positiver reeller Teil von z dagegen positiven reellen Exponenten von e, also zunehmende Schwingungsweiten, d. h. Anfachung.

Der Untersuchungsbereich für die einzelnen Größen ist so gewählt, wie er in praktisch ausgeführten Fällen vorkommen kann: für δ und $\varkappa$ ist der Bereich von 0 bis 0,5 untersucht, das entspricht einer Neigung der Dämpfungs- und Reglerkennlinie von etwa 2,5% oder mehr, also einem Drehzahlabfall von wenigstens 2,5% zwischen Leerlauf und Vollast. Die Reglerverzögerungszeit ist zwischen 0 und 5/4 der ungedämpften und ungeregelten Eigenschwingungszeit T_0 untersucht.

Das Hauptwurzelpaar der charakteristischen Gleichung.

Die Lösung der transzendenten charakteristischen Gl. (12) kann nicht geschlossen durchgeführt werden, sondern muß auf dem Wege der Reihenentwicklung geschehen, und zwar ergeben sich Potenzreihen mit komplexen Gliedern.

Ansatz a.

Da sich für die ungedämpfte und ungeregelte Maschine die Lösung $z_1 = \pm j$ ergibt, liegt der Ansatz nahe:

$$z_1 = j + w, \tag{14}$$

wobei in eine Potenzreihe von w entwickelt wird. Durch Einsetzen in Gl. (12) und Potenzreihenentwicklung ergibt sich:

$$j + w + \frac{-j + w}{1 + w^2} + \delta + \varkappa e^{-v(j+w)} = 0,$$

$$\delta + j + w - j\{1 - w^2 + w^4 \cdots\} + w\{1 - w^2 + w^4 \cdots\} + \varkappa e^{-jv}\left\{1 - \frac{vw}{1!} + \frac{v^2 w^2}{2!} - \frac{v^3 w^3}{3!} + \frac{v^4 w^4}{4!} \cdots\right\} = 0,$$

$$w\{2 - \varkappa v e^{-jv}\} = -\delta - \varkappa e^{-jv} + w^2\left\{-j - \varkappa \frac{v^2}{2!} e^{-jv}\right\} + w^3\left\{+1 + \varkappa \frac{v^3}{3!} e^{-jv}\right\} + w^4\left\{+j - \varkappa \frac{v^4}{4!} e^{-jv}\right\} \cdots$$

$$w = \frac{+\varkappa + \delta e^{jv}}{\varkappa v - 2 e^{jv}} + w^2 \frac{+\varkappa \frac{v^2}{2!} + j e^{jv}}{\varkappa v - 2 e^{jv}} + w^3 \frac{-\varkappa \frac{v^3}{3!} - e^{+jv}}{\varkappa v - 2 e^{jv}} + w^4 \frac{+\varkappa \frac{v^4}{4!} - j e^{jv}}{\varkappa v - 2 e^{jv}} \cdots \tag{15}$$

Aus dieser Reihe kann durch Reihenumkehr eine Reihe für w gewonnen werden. Schreiben wir für Gl. (15) abgekürzt:

$$w = a + b_2 w^2 + b_3 w^3 + b_4 w^4 \ldots, \tag{16}$$

und setzen eine Reihe nach Potenzen von a für w an:

$$w = a + c_2 a^2 + c_3 a^3 + c_4 a^4 \ldots, \tag{17}$$

so ergibt sich durch Einsetzen von Gl. (17) in Gl. (16) und Vergleich der Koeffizienten von gleichhohen Potenzen von a:

$$\left.\begin{aligned}
c_2 &= b_2, \\
c_3 &= 2b_2^2 + b_3, \\
c_4 &= 5b_2^3 + 5b_2 b_3 + b_4, \\
&\cdots \cdots \cdots \cdots
\end{aligned}\right\} \tag{18}$$

und damit sind die Koeffizienten der Reihe (17) für w bestimmt, so daß w numerisch berechnet werden kann. In den ursprünglichen Ausdrücken ist die Reihe nicht nochmals angegeben, da sie nichts Neues bietet und die Formeln eine wesentliche Vereinfachung nicht zulassen.

Für $v = 0$ wird die Reihe (15) zu:

$$w = -\frac{\varkappa + \delta}{2} - j\,\frac{1}{2}\,w^2 + \frac{1}{2}\,w^3 + j\,\frac{1}{2}\,w^4 = \cdots,$$

also ergibt sich Reihe (17) zu:

$$w = -\frac{\varkappa + \delta}{2} - j\,\frac{1}{2}\left(\frac{\varkappa + \delta}{2}\right)^2 - j\,\frac{1}{8}\left(\frac{\varkappa + \delta}{2}\right)^4 \cdots,$$

$$z_1 = -\frac{\varkappa + \delta}{2} \pm j\left\{1 - \frac{1}{2}\left(\frac{\varkappa + \delta}{2}\right)^2 - \frac{1}{8}\left(\frac{\varkappa + \delta}{2}\right)^4 \cdots\right\},$$

$$z_1 = -\frac{\varkappa + \delta}{2} \pm j\,\sqrt{1 - \left(\frac{\varkappa + \delta}{2}\right)^2}\,.$$

Die unverzögerte Reglerwirkung dient also unmittelbar in voller Größe der Verstärkung der Dämpfung, als Dämpfungsfaktor ist anstatt $\delta/2$ bei ungeregelter Maschine allein jetzt durch die Regelung der Faktor $\varkappa + \delta/2$ wirksam.

Ein weiterer bemerkenswerter Sonderfall ergibt sich für $v = \pi$, also für $T_v = \tfrac{1}{2}T_0$, und zwar für $\varkappa = \delta$. Für diesen wird in Reihe (15) das konstante Glied $a = 0$, infolgedessen ergibt sich aus Gl. (17):

$$w = 0, \quad \text{also} \quad z_1 = \pm j.$$

Bei einer Reglerverzögerungszeit von $T_v = \tfrac{1}{2}T_0$ hebt also die Reglerwirkung eine gleichgroße Dämpfung gerade auf, die Maschine wird entdämpft und schwingt mit gleichbleibender Schwingungsweite. Ist die Reglerwirkung $\varkappa$ bei dieser Verzögerungszeit größer als die Dämpfung δ, so tritt sogar Anfachung ein, die den Parallelbetrieb unmöglich macht.

Die Reihe (17) erweist sich für kleine Werte von v als sehr gut konvergent und ist zur Berechnung der in den folgenden Bildern dargestellten Lösung bis zu $v = \tfrac{5}{4}\pi$ benutzt worden. Für größere Werte von v dagegen konvergiert sie immer weniger gut und wird schließlich divergent; für $v = 2\pi$ und $\varkappa = \dfrac{1}{\pi}$ z. B. wird der gemeinsame Nenner zu 0. Die entwickelte Reihe ist für diese Bereiche von v unbrauchbar.

Ansatz b.

Für die in der ersten Reihenentwicklung wegen zu schwacher Konvergenz nicht mehr erfaßbaren Werte wird ein zweiter Ansatz gemacht:

$$z_1 = j \cdot e^{jw} = j \cdot \cos w - \sin w. \tag{19}$$

Durch Einsetzen in Gl. (12) und Reihenentwicklung nach $\sin w$ ergibt sich:

$$j \cos w - \sin w - j \cos w - \sin w + \delta + \varkappa \cdot e^{-jv\cos w + v\sin w} = 0,$$

$$\frac{2\sin w - \delta}{\varkappa} = e^{-jv\cos w + v\sin w}.$$

Durch Übergang zum natürlichen Logarithmus auf beiden Seiten wird:

$$v \sin w - j \, v \cos w = \ln\left\{-\frac{\delta}{\varkappa}\left(1 - \frac{2}{\delta}\sin w\right)\right\},$$

$$v \sin w - j \, v (1 - \sin^2 w)^{\frac{1}{2}} = \ln\left(-\frac{\delta}{\varkappa}\right) + \ln\left(1 - \frac{2}{\delta}\sin w\right),$$

$$v \sin w - j \, v\left\{1 - \frac{1}{2}\sin^2 w - \frac{1}{8}\sin^4 w \ldots\right\} =$$

$$= \ln\left(-\frac{\delta}{\varkappa}\right) - \frac{2\sin w}{\delta} - \frac{1}{2}\left(\frac{2\sin w}{\delta}\right)^2 - \frac{1}{3}\left(\frac{2\sin w}{\delta}\right)^3 - \frac{1}{4}\left(\frac{2\sin w}{\delta}\right)^4 \cdots,$$

$$\frac{\sin w}{\delta}(2 + \delta v) = \ln\left(-\frac{\delta}{\varkappa}\right) + j\,v + \frac{\sin^2 w}{\delta^2}\left(-\frac{4}{2} - j\,v\,\frac{\delta^2}{2}\right) + \frac{\sin^3 w}{\delta^3}\left(-\frac{8}{3}\right) + \frac{\sin^4 w}{\delta^4}\left(-\frac{16}{4} - j\,v\,\frac{\delta^4}{8}\right) \cdots.$$

Im konstanten Glied tritt hier der natürliche Logarithmus einer negativen Zahl auf, dieser hat als Imaginärteil ein ungerades ganzzahliges Vielfaches von $j \cdot \pi$. Wir wählen als Hauptwert:

$$\ln\left(-\frac{\delta}{\varkappa}\right) = \ln\frac{\delta}{\varkappa} - j\,\pi$$

und können dann zeigen, daß die gewonnene Reihe mit der im ersten Ansatz gefundenen im gemeinsamen Konvergenzbereich übereinstimmt. Damit wird:

$$\frac{\sin w}{\delta} = \frac{\ln\dfrac{\delta}{\varkappa} + j(v - \pi)}{2 + v\delta} + \left(\frac{\sin w}{\delta}\right)^2 \cdot \frac{-\dfrac{4}{2} - j\,v\,\dfrac{\delta^2}{2}}{2 + v\delta} + \left(\frac{\sin w}{\delta}\right)^3 \frac{-\dfrac{8}{3}}{2 + v\delta} + \left(\frac{\sin w}{\delta}\right)^4 \cdot \frac{-\dfrac{16}{4} - j\,v\,\dfrac{\delta^4}{8}}{2 + v\delta} \cdots. \quad (20)$$

Aus dieser Reihenentwicklung folgt wieder durch Reihenumkehr die Reihe für $\dfrac{\sin w}{\delta}$

in Potenzen von $\dfrac{\ln\dfrac{\delta}{\varkappa} + j(v - \pi)}{2 + v\delta}$, wie aus Gl. (16) bis Gl. (18) hervorgeht.

Für $v = \pi$ und $\delta = \varkappa$ folgt hier wieder:

$$\frac{\sin w}{\delta} = 0, \quad \text{also} \quad z_1 = \pm j,$$

genau wie beim ersten Ansatz. Damit ist der Beweis erbracht, daß der Hauptwert $\ln\left(-\dfrac{\delta}{\varkappa}\right) = \ln\dfrac{\delta}{\varkappa} - j \cdot \pi$ richtig gewählt ist, denn die nach dem zweiten Ansatz gefundenen Lösungen z_1 stellen die analytische Fortsetzung der Lösungen des ersten Ansatzes dar.

Für $v = 0$ ergibt Reihe (20):

$$\frac{\sin w}{\delta} = \frac{\ln\dfrac{\delta}{\varkappa} - j\,\pi}{2} + \left(\frac{\sin w}{\delta}\right)^2 \cdot \frac{-2}{2} + \left(\frac{\sin w}{\delta}\right)^3 \cdot \frac{-8}{6} + \left(\frac{\sin w}{\delta}\right)^4 \cdot \frac{-4}{2} \cdots,$$

woraus durch Reihenumkehr folgt:

$$\frac{\sin w}{\delta} = \frac{1}{2}\ln\left(-\frac{\delta}{\varkappa}\right) - \frac{1}{4}\ln^2\left(-\frac{\delta}{\varkappa}\right) + \frac{1}{12}\ln^3\left(-\frac{\delta}{\varkappa}\right) - \frac{1}{48}\ln^4\left(-\frac{\delta}{\varkappa}\right) \cdots$$

$$= \frac{1}{2}\cdot\left\{1 - \left[1 - \frac{\ln\dfrac{-\delta}{\varkappa}}{1!} + \frac{\ln^2\dfrac{-\delta}{\varkappa}}{2!} - \frac{\ln^3\dfrac{-\delta}{\varkappa}}{3!} + \frac{\ln^4\dfrac{-\delta}{\varkappa}}{4!} \cdots\right]\right\},$$

$$\frac{\sin w}{\delta} = \frac{1}{2}\left\{1 - e^{-\ln\frac{-\delta}{\varkappa}}\right\} = \frac{1}{2}\left(1 + \frac{\varkappa}{\delta}\right),$$

$$\sin w = \frac{\varkappa + \delta}{2}, \quad z_1 = -\frac{\varkappa + \delta}{2} \pm j\sqrt{1 - \left(\frac{\varkappa + \delta}{2}\right)^2},$$

genau wie beim Ansatz 1 also eine Unterstützung der Dämpfung durch den unverzögerten Regler.

Die Reihenentwicklung (20) erweist sich als konvergent und brauchbar für größere Verzögerungszeiten bis etwa $v = 2\pi$, also $T_v = T_0$, allerdings nur für größere Werte von $\varkappa$ und δ, während sie wegen des logarithmischen Gliedes für sehr kleine Werte von $\varkappa$ und δ versagt.

Ansatz c.

Zur vollständigen Lösung der charakteristischen Gl. (12) für alle praktisch in Frage kommenden Gebiete muß daher noch ein dritter Ansatz gemacht werden. Da sich die Konvergenz der sich ergebenden Reihe zunächst nicht übersehen läßt, führen wir zunächst eine Hilfsgröße φ ein, die dann nachträglich so bestimmt werden kann, daß möglichst gute Konvergenz eintritt, und setzen:

$$z_1 = j \cdot e^{j(w+\varphi)} = j \cdot \cos(w+\varphi) - \sin(w+\varphi). \tag{21}$$

Dann ergibt die Gl. (12):

$$j\,e^{j(w+\varphi)} - j\,e^{-j(w+\varphi)} + \delta + \varkappa\,e^{-jv e^{j(w+\varphi)}} = 0\,,$$

also die Reihenentwicklung der beiden ersten Glieder nach Potenzen von w nach Neuordnung der Glieder:

$$\frac{\sin\varphi - \dfrac{\delta}{2}}{\dfrac{\varkappa}{2}} \cdot \left\{ 1 + \frac{w}{1!}\frac{\cos\varphi}{\sin\varphi - \dfrac{\delta}{2}} - \frac{w^2}{2!}\frac{\sin\varphi}{\sin\varphi - \dfrac{\delta}{2}} - \frac{w^3}{3!}\frac{\cos\varphi}{\sin\varphi - \dfrac{\delta}{2}} + \frac{w^4}{4!}\frac{\sin\varphi}{\sin\varphi - \dfrac{\delta}{2}} \cdots \right\} = e^{-jv e^{j(w+\varphi)}}.$$

Bei Übergang zum natürlichen Logarithmus auf beiden Seiten folgt:

$$\ln\frac{\sin\varphi - \dfrac{\delta}{2}}{\dfrac{\varkappa}{2}} + \ln\left\{ 1 + \frac{w}{1!}\frac{\cos\varphi}{\sin\varphi - \dfrac{\delta}{2}} - \frac{w^2}{2!}\frac{\sin\varphi}{\sin\varphi - \dfrac{\delta}{2}} - \frac{w^3}{3!}\frac{\cos\varphi}{\sin\varphi - \dfrac{\delta}{2}} + \frac{w^4}{4!}\frac{\sin\varphi}{\sin\varphi - \dfrac{\delta}{2}} \cdots \right\} = -j\,v\,e^{j\varphi} \cdot e^{jw}.$$

Weitere Reihenentwicklung der w enthaltenden Glieder und Neuordnung ergibt die Reihe für w:

$$
\begin{aligned}
& w\left\{ \frac{\cos\varphi}{\sin\varphi - \dfrac{\delta}{2}} - v\,e^{j\varphi} \right\} = \left\{ \ln\frac{\varkappa/2}{\sin\varphi - \dfrac{\delta}{2}} - j\,v\,e^{j\varphi} \right\} \\[2ex]
& + w^2\left\{ +\frac{1}{2}\frac{\sin\varphi}{\sin\varphi - \dfrac{\delta}{2}} + \frac{1}{2}\frac{\cos^2\varphi}{\left(\sin\varphi - \dfrac{\delta}{2}\right)^2} + \frac{1}{2}j\,v\,e^{j\varphi} \right\} \\[2ex]
& + w^3\left\{ +\frac{1}{6}\frac{\cos\varphi}{\sin\varphi - \dfrac{\delta}{2}} - \frac{1}{2}\frac{\sin\varphi\cos\varphi}{\left(\sin\varphi - \dfrac{\delta}{2}\right)^2} - \frac{1}{3}\frac{\cos^3\varphi}{\left(\sin\varphi - \dfrac{\delta}{2}\right)^3} - \frac{1}{6}v\,e^{j\varphi} \right\} \\[2ex]
& + w^4\left\{ -\frac{1}{24}\frac{\sin\varphi}{\left(\sin\varphi - \dfrac{\delta}{2}\right)} + \frac{1}{24}\cdot\frac{3\sin^2\varphi - 4\cos^2\varphi}{\left(\sin\varphi - \dfrac{\delta}{2}\right)^2} + \frac{1}{2}\frac{\sin\varphi\cos^2\varphi}{\left(\sin\varphi - \dfrac{\delta}{2}\right)^3} + \frac{1}{4}\frac{\cos^4\varphi}{\left(\sin\varphi - \dfrac{\delta}{2}\right)^4} - \frac{1}{24}j\,v\,e^{j\varphi} \right\} \\[2ex]
& \cdots \cdots \cdots \cdots
\end{aligned} \tag{22}
$$

Aus dieser Reihe kann wiederum nach Gl. (16) bis Gl. (18) die Reihe für w durch Reihenumkehr gebildet werden.

Die Hilfsgröße φ ist hierin noch zur freien Verfügung, über sie muß so bestimmt werden, daß die Reihe für w möglichst gut konvergiert. Dies ist z. B. für $v = 2\pi$ möglich, wenn man $\sin\varphi = -\frac{1}{3}$, $\cos\varphi = +0{,}943$ setzt. Dann tritt allerdings wiederum der natürliche Logarithmus einer negativen Zahl auf, und man muß sich durch Anschluß an die vorher berechneten Werte davon überzeugen, daß durch richtige Wahl des imaginären Teiles die analytische Fortsetzung des richtigen Zweiges gefunden wird. In diesem Falle ist:

$$\ln \frac{\varkappa/2}{\sin\varphi - \frac{\delta}{2}} = \ln \frac{\varkappa}{2} - \ln\left(\sin\varphi - \frac{\delta}{2}\right) = \ln \frac{\varkappa}{2} - \left\{\ln\left(\frac{\delta}{2} - \sin\varphi\right) - j\pi\right\} = \ln \frac{\varkappa/2}{\frac{\delta}{2} - \sin\varphi} + j\pi$$

der Wert für den richtigen Anschluß, wie die Nachrechnung ergibt:

Für $v = \pi$ setzen wir $\varphi = 0$, dann ergibt sich aus Gl. (22):

$$w\left\{-\frac{2}{\delta} - v\right\} = \ln\left(-\frac{\varkappa}{\delta}\right) - jv + w^2\left\{\frac{2}{\delta^2} + \frac{1}{2}jv\right\} \cdots,$$

also für $\varkappa = \delta$:

$$w\left\{-\frac{2}{\delta} - v\right\} = 0 + j\pi - j\pi + w^2 \ldots,$$

mithin
$$a = 0 \quad \text{und} \quad w = 0, \quad z_1 = \pm j,$$

wie in den früheren Fällen auch, womit die Richtigkeit der Wahl des Logarithmus der negativen Zahl erwiesen ist.

Für $v = 0$ ergibt die Wahl:

$$\sin\varphi = +\frac{\varkappa + \delta}{2}, \qquad \cos\varphi = +\sqrt{1 - \left(\frac{\varkappa + \delta}{2}\right)^2}$$

die einfachste Lösung, denn diese Werte machen die Reihe (22) zu:

$$w\left\{\frac{\sqrt{1 - \left(\frac{\varkappa + \delta}{2}\right)^2}}{\varkappa/2}\right\} = \ln \frac{\varkappa}{\varkappa} + w^2 \ldots,$$

ergeben also:

$$w = 0, \qquad z_1 = j\,e^{j(w + \varphi)} = -\frac{\varkappa + \delta}{2} \pm j\sqrt{1 - \left(\frac{\varkappa + \delta}{2}\right)^2},$$

wie auch bei den vorhergehenden Ansätzen.

Mit den drei beschriebenen Ansätzen ist die charakteristische Gl. (12) für alle praktisch in Frage kommenden Bereiche von δ, $\varkappa$ und v lösbar, und damit ist Dauer und Dämpfung der Schwingung für alle diese Fälle bestimmt. In den Bildern 3 bis 5 sind die Werte von z_1 in der Gaußschen komplexen Zahlenebene dargestellt, und zwar in den Bildern 3a bis 3i für jeweils festgehaltene Reglerverzögerungszeit T_v bzw. v; in den Bildern 4a bis 4f für festgehaltenen Dämpfungsfaktor δ und in den Bildern 5a bis 5e für festgehaltenen Reglerfaktor $\varkappa$.

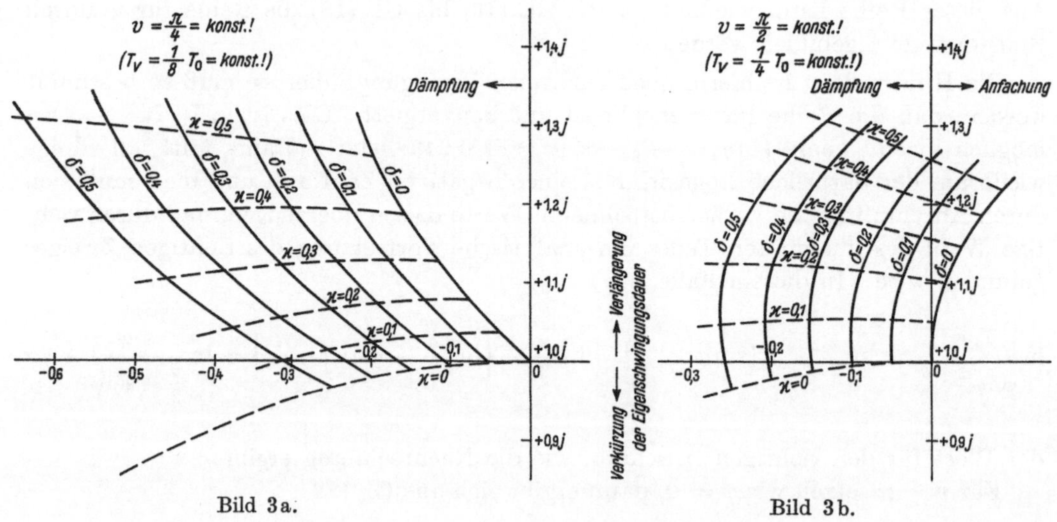

Bild 3a.   Bild 3b.

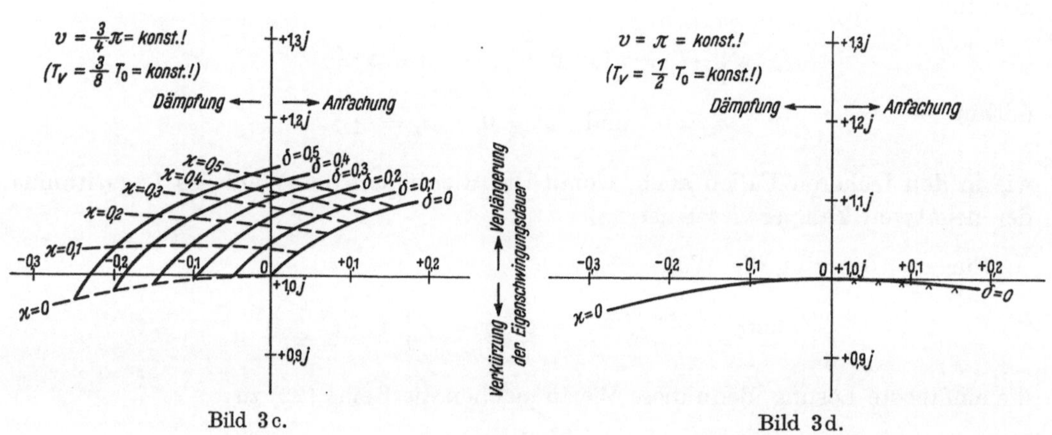

Bild 3c.   Bild 3d.

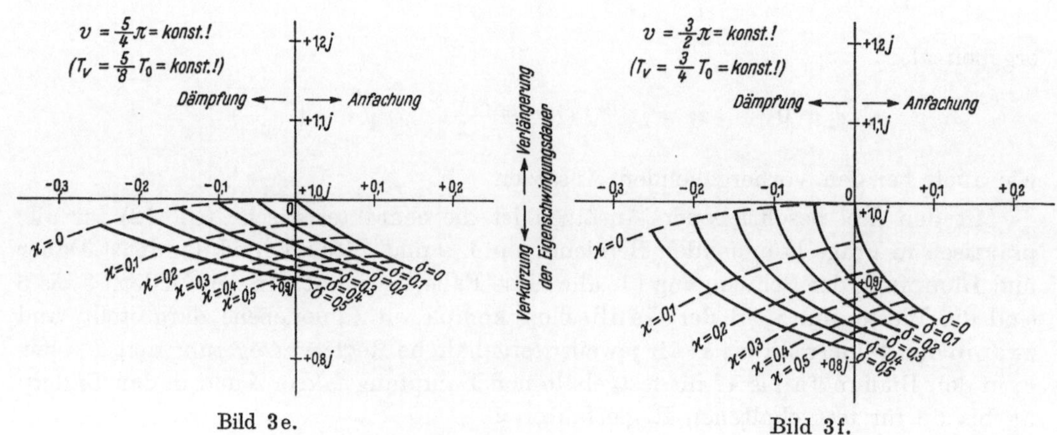

Bild 3e.   Bild 3f.

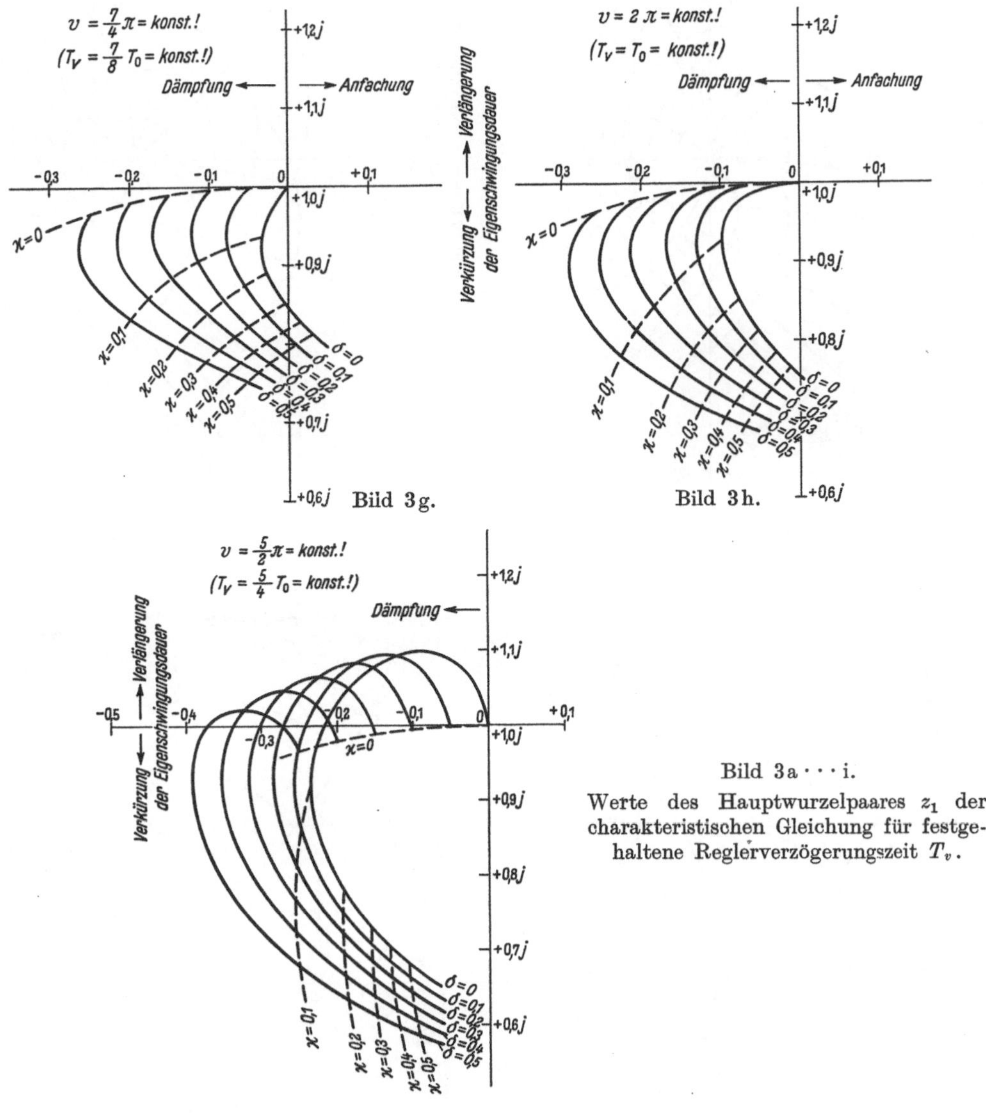

Bild 3 g.

Bild 3 h.

Bild 3 i.

Bild 3 a · · · i.
Werte des Hauptwurzelpaares z_1 der charakteristischen Gleichung für festgehaltene Reglerverzögerungszeit T_v.

Die Bilder zeigen mit zunehmender Reglerverzögerung v zunächst ein Anwachsen der Eigenschwingungsdauer, später, in der Umgebung von $v = \pi$, bei wenig veränderter Eigenschwingungsdauer eine Neigung zur Anfachung, und von da ab eine immer weiter fortschreitende Verkürzung der Eigenschwingungsdauer bei wieder zunehmender Dämpfung.

Im Bild 3 d fallen die einzelnen Kurven so eng zusammen, daß nur die beiden Grenzkurven für $x = 0$ und $\delta = 0$ dargestellt werden konnten.

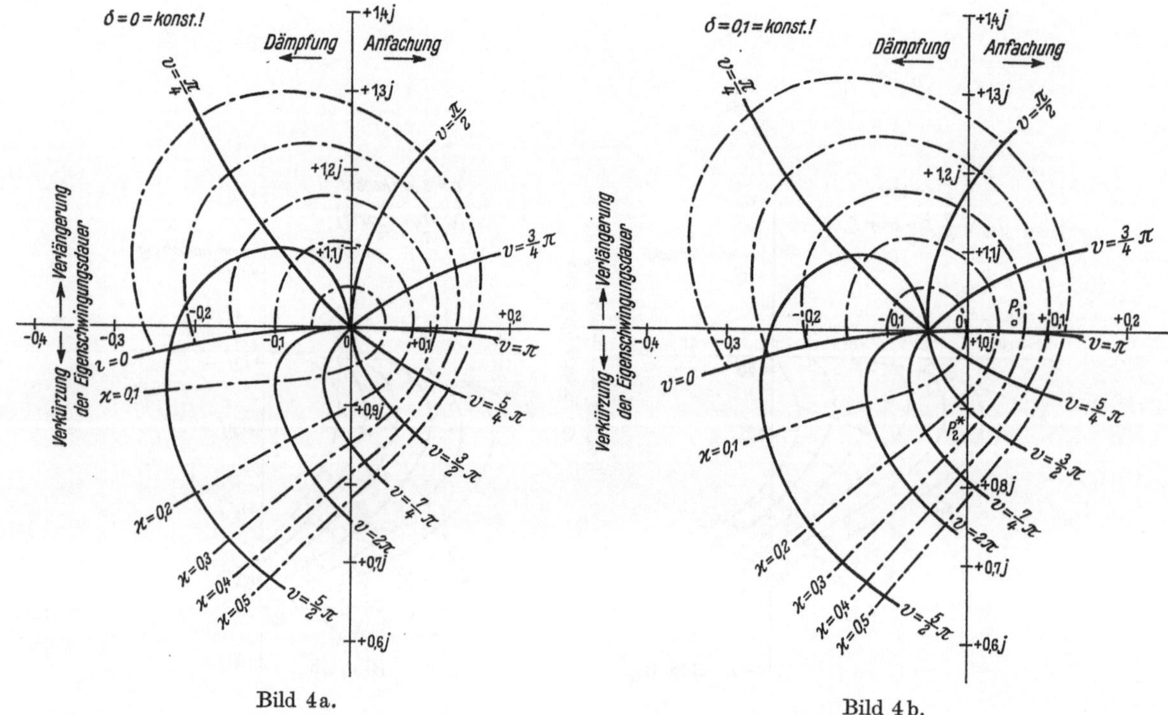

Bild 4a.   Bild 4b.

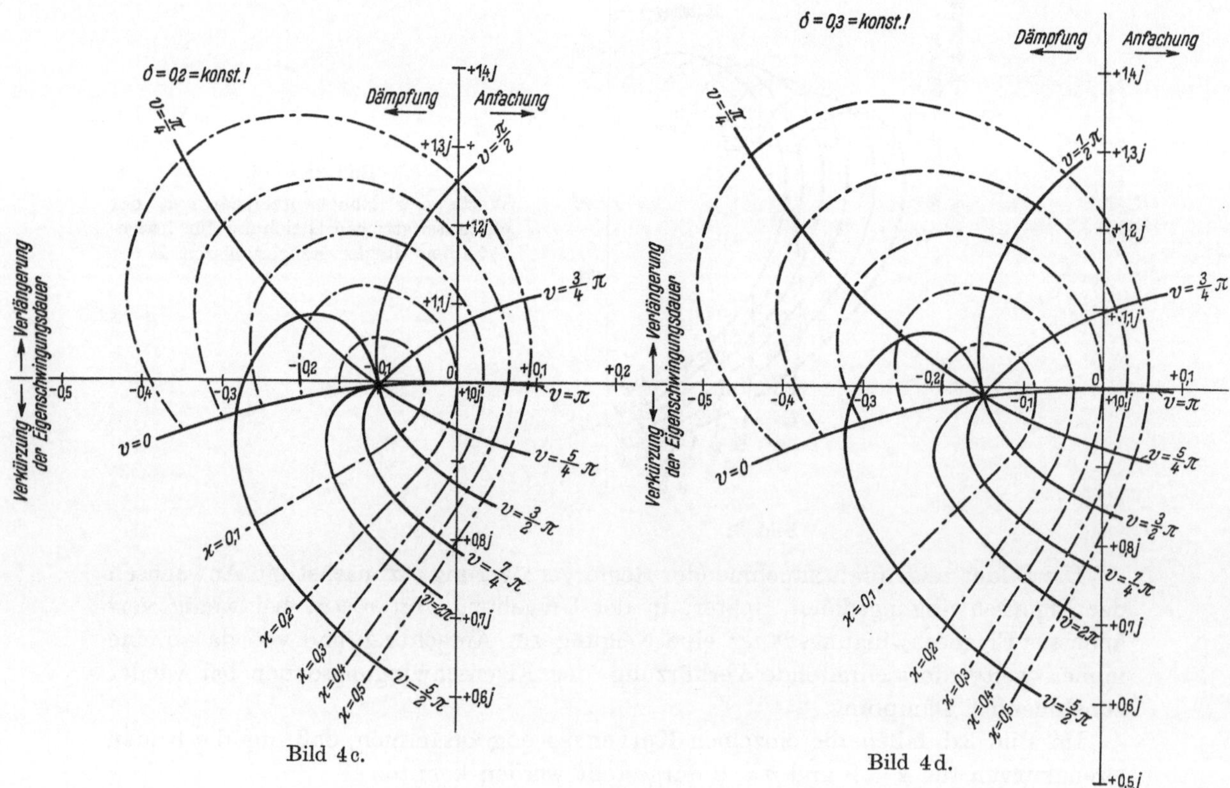

Bild 4c.   Bild 4d.

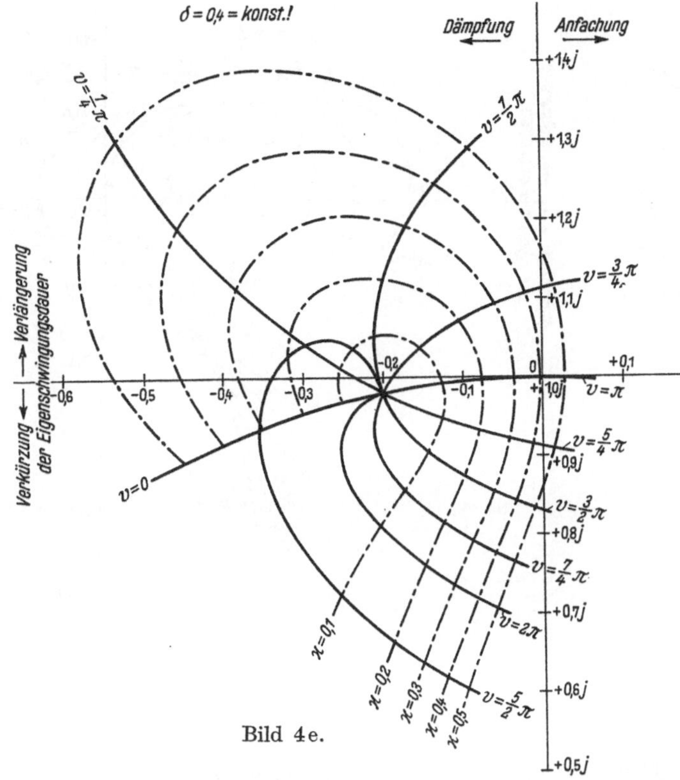

Bild 4e.

Bild 4a · · · f.
Werte des Hauptwurzelpaares z_1
der charakteristischen Gleichung
für festgehaltenen Dämpfungsfaktor δ.

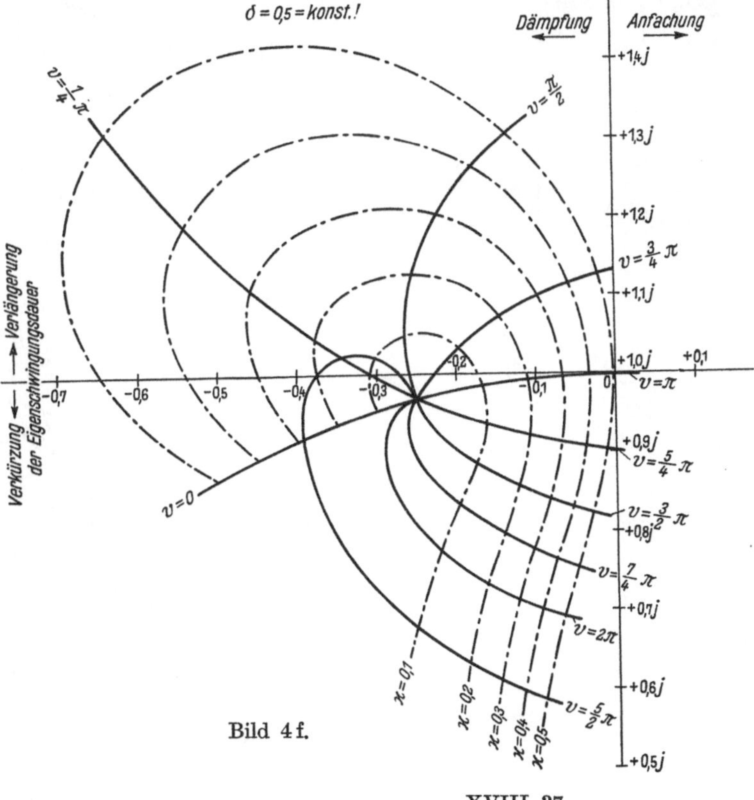

Bild 4f.

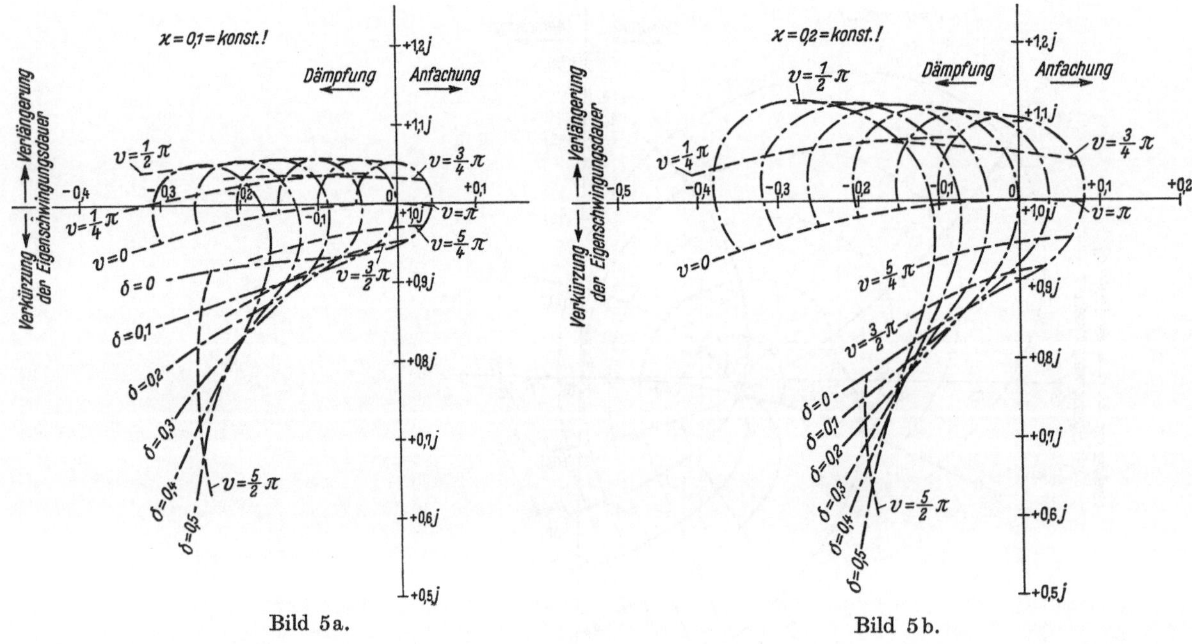

Bild 5a.

Bild 5b.

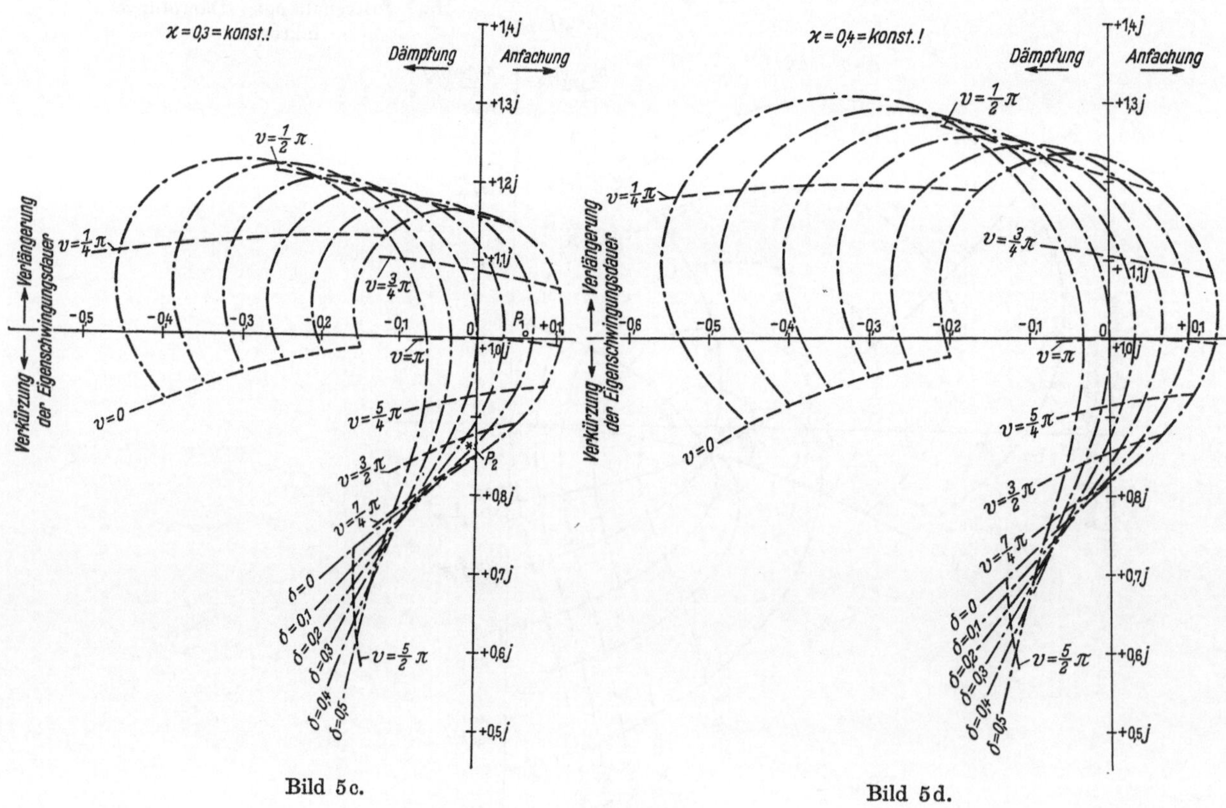

Bild 5c.

Bild 5d.

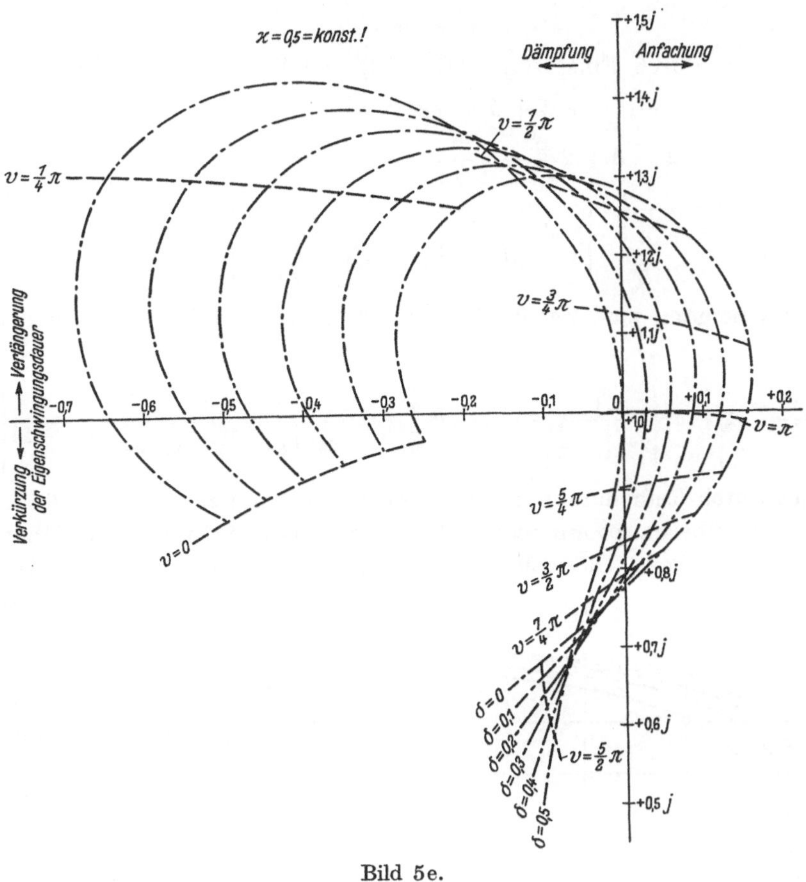

Bild 5e.

Bild 5a · · · e. Werte des Hauptwurzelpaares z_1 der charakteristischen Gleichung für festgehaltenen Reglerfaktor $\varkappa$.

Aus den Bildern 5 ergibt sich, daß kleine Reglerfaktoren $\varkappa$ nur verhältnismäßig geringe Änderungen in den Schwingungseigenschaften der Synchronmaschinen bedingen, mit wachsenden Reglerfaktoren nimmt aber der Einfluß zu und erreicht schließlich ganz beträchtliche Werte.

Die einzelnen berechneten Werte der Wurzeln z_1 machen keinen Anspruch auf sehr große Genauigkeit, genügen aber völlig, um den Einfluß der Reglerverzögerung auf den Parallelbetrieb von Synchronmaschinen für alle praktisch vorkommenden Bereiche zu übersehen.

Die übrigen Wurzeln der charakteristischen Gleichung.

Für die Wurzel z_0 wird der Ansatz gewählt:

$$z_0 = -e^x, \tag{23}$$

dann ergibt sich durch Einsetzen in Gl. (12) und Reihenentwicklung:

$$-e^x - e^{-x} + \delta + \varkappa\, e^{+ve^x} = 0,$$

$$2 - \delta + 2\frac{x^2}{2!} + 2\frac{x^4}{4!} \cdots = \varkappa \cdot e^{+ve^x},$$

$$\frac{1-\dfrac{\delta}{2}}{\dfrac{\varkappa}{2}} \cdot \left\{ 1 + \frac{x^2}{2!\left(1-\dfrac{\delta}{2}\right)} + \frac{x^4}{4!\left(1-\dfrac{\delta}{2}\right)} \cdots \right\} = e^{+ve^x},$$

also durch Übergang zum natürlichen Logarithmus und Neuordnung der Glieder:

$$x = \left\{ \frac{\ln\dfrac{1-\dfrac{\delta}{2}}{\varkappa/2}}{v} - 1 \right\} + x^2\left\{ \frac{1}{2v\left(1-\dfrac{\delta}{2}\right)} - \frac{1}{2} \right\} - x^3\frac{1}{6} + x^4\left\{ \frac{1}{24v\left(1-\dfrac{\delta}{2}\right)} - \frac{1}{4v\left(1-\dfrac{\delta}{2}\right)^2} - \frac{1}{24} \right\} \cdots, \tag{24}$$

woraus sich durch Reihenumkehr wie früher x und damit z_0 berechnen läßt. In dieser Reihe kommen überhaupt nur reelle Glieder vor, als Logarithmus ist daher der reelle Hauptwert zu wählen. Die sich so ergebenden Werte von z_0 sind in Abhängigkeit von v für verschiedene $\varkappa$ in Bild 6 für $\delta = 0$ aufgezeichnet. Der Einfluß von δ auf z_0 erweist sich, besonders für größere Werte von v, als sehr gering. Das Bild 6 zeigt, daß die Wurzel z_0 stets einen negativen reellen Wert hat, also auf die Selbsterregung ohne Einfluß ist.

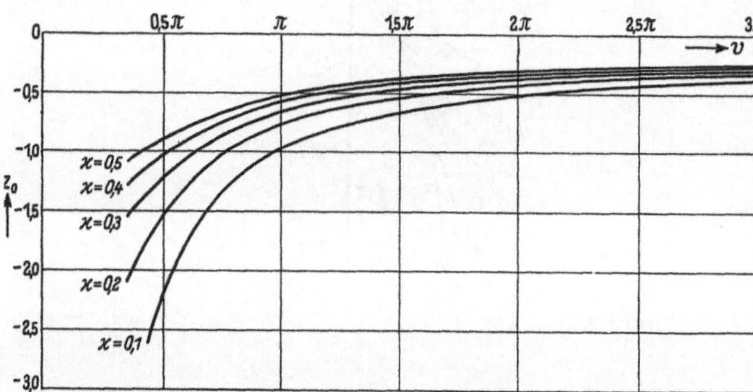

Bild 6. Wurzel z_0 der charakteristischen Gleichung:
$$z + \frac{1}{z} + \delta + \varkappa e^{-vz} = 0. \quad (\delta = 0!)$$

Zur Abschätzung der höheren Wurzeln der charakteristischen Gleichung dient folgende Überlegung: aus der graphischen Lösung in Bild 2 für einen Sonderfall ersieht man allgemein, daß die Wurzeln als Schnittpunkte der ξ und η-Kurven auftreten. Für größere Werte von z können aber die Wurzeln der charakteristischen Gl. (12) nur wenig von denen der einfacheren Gleichung:

$$z + \delta + \varkappa \cdot e^{-vz} = 0 \tag{25}$$

abweichen, denn der Kehrwert $1/z$ spielt mit wachsendem z eine immer kleinere Rolle. Aus der vereinfachten Gl. (25) folgt aber für $z = x + j \cdot y$ und Trennung in reellen und imaginären Teil:

$$\xi(x, y) = x + \delta + \varkappa e^{-vx}\cos(vy) = 0, \tag{25a}$$

$$\eta(x, y) = y \qquad - \varkappa e^{-vx}\sin(vy) = 0, \tag{25b}$$

und diese Kurven schneiden sich sehr nahe bei den Ordinaten $v \cdot y = 2,5\,\pi$; $4,5\,\pi$; $6,5\,\pi$; ..., für die $\sin(v \cdot y) = +1$ ist.

Wir erhalten daher mit wachsender Ordnungszahl immer besser angenäherte Werte für diese höheren Wurzeln, wenn wir diese Ordinaten in die Gl. (25b) einsetzen, und zwar sind diese Werte unabhängig von δ:

$$y_2 = \pm 2,5 \cdot \frac{\pi}{v}, \qquad x_2 = -\frac{1}{v}\ln\frac{2,5\,\pi}{\varkappa v},$$

$$y_3 = \pm 4,5 \cdot \frac{\pi}{v}, \qquad x_3 = -\frac{1}{v}\ln\frac{4,5\,\pi}{\varkappa v},$$

$$y_4 = \pm 6,5 \cdot \frac{\pi}{v}, \qquad x_4 = -\frac{1}{v}\ln\frac{6,5\,\pi}{\varkappa v},$$

Aus den rechts angeschriebenen Abszissenwerten geht gleichzeitig hervor, daß die Abszissen aller höheren Wurzeln stets negativ sind, solange $\varkappa v < 2,5\,\pi$ ist, solange also für $\varkappa \leqq 0,5$: $v \leqq 5\,\pi$, also $T_v \leqq \frac{5}{2}\,T_0$ ist. $\varkappa = 0,5$ entspricht aber für übliche Synchronmaschinen einem Abfall der Drehzahlkennlinie zwischen Leerlauf und Vollast von nur etwa 2,5%, stellt also schon einen stark wirkenden Regler dar. Damit ist der Beweis erbracht, daß für alle praktisch vorkommenden Fälle die höheren Wurzeln der Gleichung eine gedämpfte, abklingende Schwingung liefern.

Das Stabilitätskennzeichen.

Mit der Kenntnis der Wurzeln der charakteristischen Gleichung ist auch die Frage nach der Stabilität der Schwingungen beantwortet. Weder die Wurzel z_0, noch die höheren Wurzeln z_2, z_3, ... können einen positiven reellen Teil besitzen, von ihnen aus ist also eine Anfachung von Schwingungen nicht möglich. Allein die Hauptwurzel z_1 ist für den Schwingungsverlauf ausschlaggebend, denn ihr reeller Teil kann wohl ins Positive wachsen, besonders in der Umgebung von $T_v = \frac{1}{2}\,T_0$.

In den Bildern 3 bis 5 sind als Ordinaten die rein imaginären Teile von z_1 aufgetragen, wobei der ungedämpften und ungeregelten Synchronmaschine der Wert $z_1 = \pm j$ entspricht. Die Ordinate gibt also unmittelbar das Maß der Veränderung der Eigenschwingungsdauer durch Dämpfung und Reglerwirkung an. Man sieht, daß in praktisch vorkommenden Fällen die Änderung der Eigenschwingungsdauer durch die verzögerte Reglerwirkung ganz beträchtlich ist: Die aufgezeichneten Bilder umfassen den Bereich von etwa 0,6 j bis 1,5 j, d. h. eine Veränderung der Eigenschwingungsdauer von -40% bzw. $+50\%$, wobei die stärkste Schwingungsverlängerung bei etwa $T_v = {}^1/_4\,T_0$ auftritt.

Als Abszissen sind die reellen Teile von z_1 aufgetragen, die das Abklingen oder Anwachsen der Schwingungsweiten bestimmen. Negative reelle Teile bedeuten dabei gedämpftes Abklingen der Schwingungsweiten, positive reelle Teile dagegen bedeuten ein immer weiteres Anwachsen der Schwingungsweiten, also eine Schwingungsanfachung. Man sieht aus den Bildern, daß besonders in der Nähe von $T_v = {}^1/_2\,T_0$ für kleine Dämpfungen δ und große Reglerwirkungen $\varkappa$ die Gefahr der Schwingungsanfachung besteht, wie auch die in der Praxis vorgekommenen Fälle zeigen. Zur Gewährleistung eines stabilen Parallelbetriebes muß also für die Reglerverzögerungszeit dieser kritische Bereich vermieden werden, so daß keine Entdämpfung durch die verzögerte Reglerwirkung eintreten kann.

In Bild 4b und 5c sind je zwei Punkte P_1 und P_2 eingetragen, die sich auf einen in der Praxis aufgetretenen Fall beziehen. Der Punkt P_1 entspricht dem ursprünglichen Betrieb, in dem Schwingungsanfachung eintrat, der Punkt P_2 dem Betrieb mit geändertem Regler, wobei der Generator gerade noch stabil läuft.

Die Frage nach den Bedingungen, unter denen Anfachung von Schwingungen eintritt, die praktisch das Hauptinteresse beansprucht, ist durch die Bilder 3 bis 5 für alle praktisch vorkommenden Bereiche beantwortet.

Der Verlauf der freien Schwingung.

Zur vollständigen Lösung der Schwingungsaufgabe gehört noch die Beschreibung der freien und der erzwungenen Schwingungen, die allerdings nur einen physikalischen Sinn hat, wenn der reelle Teil des Hauptwurzelpaares z_1 negativ ist. Beide Aufgaben bieten nach Lösung der charakteristischen Gleichung keine Schwierigkeiten mehr.

Die Bestimmung der Schwingungsweiten der auf die einzelnen Wurzeln entfallenden Anteile erfolgt am einfachsten durch Operatorenrechnung. Die Differentialgleichung (7''):

$$\frac{d^2\alpha}{dt^2} + \frac{d}{m}\frac{d\alpha}{dt} + \frac{\varkappa}{m}\cdot\left[\frac{d\alpha}{dt}\right]_{t-T_v} + \frac{c}{m}\,\alpha = 0 \tag{7''}$$

geht für die neue unabhängige Veränderliche:

$$\vartheta = \sqrt{\frac{c}{m}}\cdot t \tag{26}$$

über in:

$$\frac{d^2\alpha}{d\vartheta^2} + \delta\,\frac{d\alpha}{d\vartheta} + \varkappa\cdot\left[\frac{d\alpha}{d\vartheta}\right]_{\vartheta-v} + \alpha = 0 . \tag{27}$$

Unter der Voraussetzung, daß sie durch eine Reihe von Exponentialfunktionen erfüllt wird, kann man schreiben:

$$\frac{d^2\alpha}{d\vartheta^2} + \delta\,\frac{d\alpha}{d\vartheta} + \varkappa\,e^{-vz}\,\frac{d\alpha}{d\vartheta} + \alpha = 0 . \tag{27'}$$

Wendet man auf jedes Glied dieser Gleichung die Laplacesche Transformation:

$$p\int_0^\infty e^{-p\,\vartheta}\,\alpha_{(\vartheta)}\,d\vartheta$$

an, so wird:

$$\mathfrak{L}(\alpha) = f_{(p)} ,$$
$$\mathfrak{L}\left(\frac{d\alpha}{d\vartheta}\right) = -p\,\alpha_{(o)} + p\,f_{(p)} , \quad \mathfrak{L}\left[\frac{d\alpha}{d\vartheta}\right]_{\vartheta-v} = e^{-pv}\,(-p\,\alpha_{(o)} + p\,f_{(p)}) ,$$
$$\mathfrak{L}\left(\frac{d^2\alpha}{d\vartheta^2}\right) = -p\,\alpha'_{(o)} - p^2\,\alpha_{(o)} + p^2\,f_{(p)} ,$$

wo $\alpha_{(o)}$ und $\alpha'_{(o)}$ die gegebenen Anfangswerte von Schwingungsweite und Geschwindigkeit sind. Die Operatorengleichung lautet dann:

$$-p\,\alpha'_{(o)} - p^2\,\alpha_{(o)} + p^2\,f_{(p)} - \delta p\,\alpha_{(o)} + \delta p\,f_{(p)} - \varkappa p\,e^{-pv}\alpha_{(o)} + \varkappa p\,e^{-pv}f_{(p)} + f_{(p)} = 0 ,$$
$$f_{(p)} = \frac{p\,\alpha'_{(o)} + (p^2 + \delta p + \varkappa p\,e^{-pv})\,\alpha_{(o)}}{p^2 + \delta p + \varkappa p\,e^{-pv} + 1} = \frac{F(p)}{G(p)} . \tag{28}$$

Geht man wieder zum Oberbereich zurück, so wird:

$$\alpha_{(\vartheta)} = \frac{1}{2\pi j}\int_{-j\infty}^{+j\infty}\frac{F_{(p)}}{p\cdot G_{(p)}}\,e^{p\,\vartheta}\,dp = \frac{1}{2\pi j}\cdot\int_{-j\infty}^{+j\infty}\frac{\alpha'_{(o)} + (p + \delta + \varkappa\,e^{-pv})\,\alpha_{(o)}}{p^2 + \delta p + \varkappa p\,e^{-pv} + 1}\,e^{p\,\vartheta}\,dp . \tag{29}$$

Nach dem Heavisideschen Entwicklungssatz ist, wenn z_i die Wurzeln von $G_{(p)} = 0$ sind:

$$\alpha_{(\vartheta)} = \sum_{i=0}^{\infty}\frac{F(z_i)}{z_i\cdot G'(z_i)}\,e^{z_i\,\vartheta} ,$$

$$\alpha_{(\vartheta)} = \sum_{i=0}^{\infty}\frac{\alpha'_{(o)} + (z_i + \delta + \varkappa\,e^{-vz_i})\,\alpha_{(o)}}{2\,z_i + \delta + \varkappa\,e^{-vz_i}(1 - v\,z_i)}\cdot e^{z_i\,\vartheta} , \tag{30}$$

und damit sind die Schwingungsweiten der einzelnen Glieder für gegebene Anfangsbedingungen $\alpha_{(o)}$ und $\alpha'_{(o)}$ bestimmt.

Für das früher gewählte Zahlenbeispiel ($v = \pi$, $\delta = 0,5$, $\varkappa = 0,5$) und plötzliches Lastabschalten ($\alpha_{(o)} = 1$, $\alpha'_{(o)} = 0$) ergibt sich der in Bild 7 aufgezeichnete
Ausschwingvorgang. Man sieht, daß die Hauptwurzel z_1 den Schwingungsvorgang

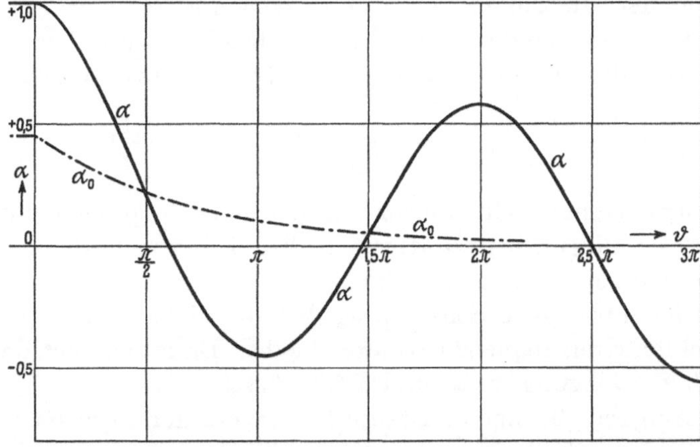

Bild 7. Einschwingvorgang einer Synchronmaschine mit konstanter Reglerverzögerung bei plötzlichem
Lastabschalten. $\delta = 0,5!$ $\varkappa = 0,5!$ $v = \pi!$

vollständig beherrscht, die Wurzel z_0 liefert den exponentiell abklingenden Übergangsteil, und die höheren Wurzeln spielen überhaupt keine Rolle mehr. Die zweite
Schwingung α_2 hat z. B. nur noch eine Schwingungsweite von 2,5%, die dritte α_3 von
0,6% des Anfangswertes, und außerdem klingen sie noch sehr rasch exponentiell ab.

Die erzwungenen Schwingungen.

Für erzwungene Schwingungen, die mit gegebener Kreisfrequenz v erregt werden,
gilt die Differentialgleichung:

$$\frac{d^2\alpha}{d\vartheta^2} + \delta\frac{d\alpha}{d\vartheta} + \varkappa\left[\frac{d\alpha}{d\vartheta}\right]_{\vartheta-v} + \alpha = C\,e^{v\,\vartheta}, \qquad (31)$$

und die Operatorengleichung lautet, da:

$$\mathfrak{L}(e^{v\,\vartheta}) = \frac{p}{p-v}:$$

$$-p\alpha'_{(o)} - p^2\alpha_{(o)} + p^2 f_{(p)} - \delta p\alpha_{(o)} + \delta f_{(p)} - \varkappa p e^{-pv}\alpha_{(o)} + \varkappa p e^{-pv} f_{(p)} + f_{(p)} = \frac{Cp}{p-v},$$

$$f_{(p)} = \frac{p\alpha'_{(o)} + (p^2 + \delta p + \varkappa p e^{-pv})\,\alpha_{(o)} + \dfrac{Cp}{p-v}}{p^2 + \delta p + \varkappa p e^{-pv} + 1} = \frac{F_1(p)}{G_1(p)}, \qquad (32)$$

durch Übergang zum Oberbereich folgt:

$$\alpha_{(\vartheta)} = \frac{1}{2\pi j}\cdot\int_{-j\infty}^{+j\infty}\frac{F_1(p)}{p\cdot G_1(p)}\,e^{p\,\vartheta}\,dp,$$

$$\alpha_{(\vartheta)} = \frac{1}{2\pi j}\cdot\int_{-j\infty}^{+j\infty}\frac{F(p)}{p\cdot G(p)}\,e^{p\,\vartheta}\,dp + \frac{1}{2\pi j}\cdot\int_{-j\infty}^{+j\infty}\frac{C}{(p-v)(p^2 + \delta p + \varkappa p e^{-pv} + 1)}\,e^{p\,\vartheta}\,dp.$$

Das erste Glied ist identisch mit Gl. (29) und stellt wieder den bereits berechneten
Ausgleichsvorgang für die freie Schwingung dar, es braucht daher nicht von neuem

behandelt zu werden. Das zweite Glied dagegen ist von der Schwingungserregung hervorgerufen, bei Ausführung der Differentationen im Nenner wird:

$$\frac{F_1(p)}{p \cdot G_1'(p)} = \frac{C}{(p - v)(2p + \delta + \varkappa e^{-pv} - \varkappa pve^{-pv}) + (p^2 + \delta p + \varkappa pe^{-pv} + 1)} \cdot \tag{33}$$

Der Heavisidesche Entwicklungssatz liefert wieder die einzelnen Schwingungen für alle Wurzeln der ursprünglichen Nennergleichung $G_1(p) = (p - v)(p^2 + \delta p + \varkappa pe^{-pv} + 1)$, d. h. also für alle z_i und für v. Für alle z_i wird aber der zweite Teil des Nenners von Gl. (33) zu 0, für v dagegen der erste Teil. Es ergibt sich also:

$$\alpha_e(\vartheta) = \sum_{i=0}^{\infty} \frac{C}{(z_i - v)(2z_i + \delta + \varkappa e^{-vz_i} - \varkappa vz_i e^{-vz_i})} \cdot e^{z_i\vartheta} + \frac{C}{v^2 + \delta v + \varkappa ve^{-vv} + 1} \cdot e^{v\vartheta} \cdot \tag{34}$$

Die erste Summe rechts stellt wieder Ausgleichsschwingungen mit den Eigenfrequenzen z_i dar, sie klingen bei negativem reellen Teil von z_i ab und ergeben den Einschwingvorgang in die erzwungene Schwingung. Das zweite Glied rechts dagegen stellt die eigentliche erzwungene Schwingung dar, die nicht mehr abklingt, sondern mit der aufgedrückten Kreisfrequenz v erhalten bleibt. Damit ist auch die erzwungene Schwingung nach Schwingungsweite und Phase bestimmt.

Damit ist die Aufgabe, die eine konstante Reglerverzögerung beim Parallelbetrieb von Synchronmaschinen stellt, in voller Allgemeinheit gelöst.

Zusammenfassung.

Parallelarbeitende Synchronmaschinensätze, deren Kraftmaschinenregler nur mittelbar mit einer gewissen Verzögerung arbeiten, geben bisweilen durch angefachte Schwingungen zu Betriebsstörungen Anlaß, wie verschiedene Fälle in der Praxis zeigen. Die Stabilitätsbedingungen solcher Anordnungen werden untersucht; es ergibt sich, daß die Dämpfung den Reglereinfluß überwiegen muß, wenn die Reglerverzögerungszeit gewisse kritische Werte annimmt. Auch für den Ausgleichsvorgang und für die erzwungenen Schwingungen eines Systems mit konstanter Reglerverzögerungszeit ergibt sich gleichzeitig die vollständige Lösung.

Schrifttum über selbsterregte Schwingungen von Synchronmaschinen.

1. A. Föppl: Das Pendeln parallelgeschalteter Maschinen. ETZ **23** (1902) S. 59.

2. K. W. Wagner: Über dauernde freie Pendelungen bei Wechselstrommaschinen. Elektrotechn. u. Masch.-Bau **26** (1908) S. 686.

3. L. Dreyfus: Einführung in die Theorie der selbsterregten Schwingungen synchroner Maschinen. Elektrotechn. u. Masch.-Bau **29** (1911) S. 323.

4. W. Rogowski: Selbsterregte Schwingungen von Synchronmaschinen. Archiv Elektrotechn. **3** (1915) S. 150.

5. F. Reinhardt: Selbsterregte Schwingungen beim Parallelbetrieb von Synchronmaschinen. Siemens-Z. **5** (1925) S. 431.

6. M. Schenkel: Die Beeinflussung des Parallelbetriebes von Generatoren mit Kolbenmaschinenantrieb durch die Regler der Antriebsmaschinen. Wiss. Veröff. Siemens **IX**, 1 (1930) S. 187.

7. Th. Bödefeld: Die Eigenschwingung der Synchronmaschine. Elektrotechn. u. Masch.-Bau **48** (1930) S. 689.

Das Belastungsschaubild des allgemeinen Transformators.

Von **Wilhelm Scheuring**.

Mit 4 Bildern.

Mitteilung aus den Prüf- und Versuchsfeldern des Nürnberger Werkes der Siemens-Schuckertwerke AG zu Nürnberg.

Eingegangen am 15. Juli 1938.

Den allgemeinen, sekundär mit einer beliebigen Impedanz $\mathfrak{Z}_{2b}$ belasteten Transformator kann man bei Vernachlässigung der Eisenverluste durch die in Bild 1 gezeichnete Schaltung darstellen. Dieses Ersatzbild kann weiter vereinfacht werden, indem man die Schaltung zurückführt auf die Parallelschaltung der konstanten Leerlaufimpedanz $\mathfrak{Z}_0$ und einer Ersatzimpedanz $\mathfrak{Z}_h$ (Bild 2). Der Primärstrom erscheint dann als Differenz des Leerlaufstromes $\dot{I}_{10}$ und des Ersatzstromes $\dot{I}_h$[1]):

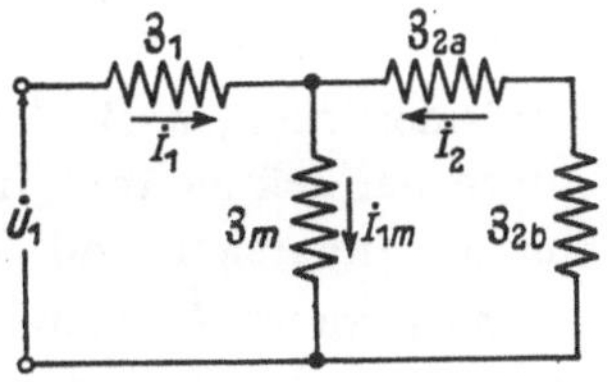

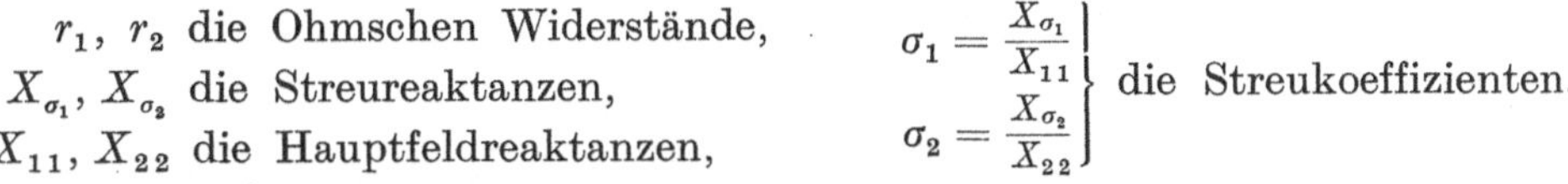

Bild 1. Ersatzbild des allgemeinen Transformators.

wobei

$$\dot{I}_1 = \dot{I}_{10} - \dot{I}_h, \tag{1}$$

$$\dot{I}_{10} = - \frac{\dot{U}_1}{\mathfrak{Z}_0} \tag{2}$$

und

$$\dot{I}_h = \frac{\dot{U}_1}{\mathfrak{Z}_h}. \tag{3}$$

Die sekundären Impedanzen in Bild 1 sollen zusammengezogen werden:

$$\mathfrak{Z}_{2a} + \mathfrak{Z}_{2b} = \mathfrak{Z}_2. \tag{4}$$

Im Leerlauf ist $\mathfrak{Z}_2 = \infty$, also

$$\mathfrak{Z}_0 = \mathfrak{Z}_1 + \mathfrak{Z}_m. \tag{5}$$

Setzt man die Schaltungen Bild 1 und 2 gleich und berücksichtigt Gl. (5), so erhält man

$$\mathfrak{Z}_1 + \frac{\mathfrak{Z}_m \cdot \mathfrak{Z}_2}{\mathfrak{Z}_m + \mathfrak{Z}_2} = \frac{(\mathfrak{Z}_1 + \mathfrak{Z}_m) \cdot \mathfrak{Z}_h}{\mathfrak{Z}_1 + \mathfrak{Z}_m + \mathfrak{Z}_h}. \tag{6}$$

Löst man diese Gleichung nach $\mathfrak{Z}_h$ auf, so ergibt sich

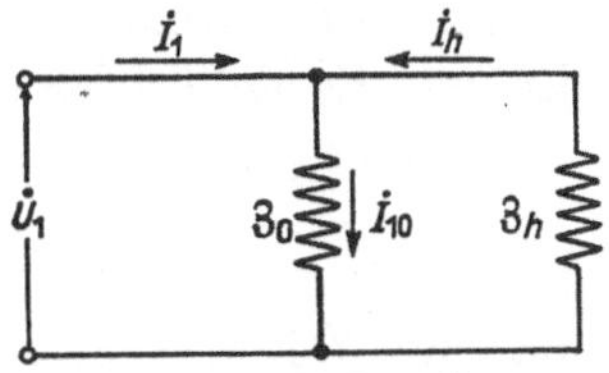

Bild 2. Vereinfachtes Ersatzbild des allgemeinen Transformators.

$$\begin{aligned}
\mathfrak{Z}_h &= \mathfrak{Z}_1 \left(\frac{\mathfrak{Z}_1 + \mathfrak{Z}_m}{\mathfrak{Z}_m}\right) + \mathfrak{Z}_2 \left(\frac{\mathfrak{Z}_1 + \mathfrak{Z}_m}{\mathfrak{Z}_m}\right)^2 \\
&= \left[\frac{\mathfrak{Z}_1 \cdot \mathfrak{Z}_m}{\mathfrak{Z}_1 + \mathfrak{Z}_m} + \mathfrak{Z}_2\right]\left(\frac{\mathfrak{Z}_1 + \mathfrak{Z}_m}{\mathfrak{Z}_m}\right)^2.
\end{aligned} \tag{7}$$

Es bedeute[2]):

r_1, r_2 die Ohmschen Widerstände,

X_{σ_1}, X_{σ_2} die Streureaktanzen,

X_{11}, X_{22} die Hauptfeldreaktanzen,

$$\left.\begin{aligned}\sigma_1 &= \frac{X_{\sigma_1}}{X_{11}} \\[4pt] \sigma_2 &= \frac{X_{\sigma_2}}{X_{22}}\end{aligned}\right\} \text{die Streukoeffizienten.}$$

---

[1]) Zeitvektoren werden durch einen aufgesetzten Punkt, komplexe Zahlen durch deutsche, ihre Absolutbeträge durch lateinische Buchstaben bezeichnet.

[2]) Sämtliche sekundären Größen sind umgerechnet auf die primäre Phasen- und Windungszahl.

Damit ist die Leerlaufimpedanz:

$$\mathfrak{Z}_0 = r_1 + jX_{11}(1 + \sigma_1). \tag{8}$$

Für $\mathfrak{Z}_h$ ergibt sich nach einigen Umstellungen:

$$\mathfrak{Z}_h = \left\{ r_1 + j\left[X_{\sigma_1}(1 + \sigma_1) + \frac{r_1^2}{X_{11}} \right] + m \cdot \mathfrak{Z}_2 \right\} e^{j2\nu}. \tag{9}$$

Hierin ist:

$$m = (1 + \sigma_1)^2 + \left(\frac{r_1}{X_{11}}\right)^2. \tag{10}$$

$$\operatorname{tg} \nu = -\frac{r_1}{X_{11}(1 + \sigma_1)}. \tag{11}$$

Der sekundäre Strom $\dot{I}_2$ (bezogen auf die primäre Phasen- und Windungszahl) ist dem Ersatzstrom $\dot{I}_h$ proportional:

$$\dot{I}_2 = \dot{I}_h \cdot \sqrt{m} \cdot e^{j\nu}. \tag{12}$$

Die von der Primär- auf die Sekundärseite übertragene Leistung ist:

$$N_{12} = N_1 - I_1^2 \cdot r_1 = I_2^2 \cdot Z_{2r},$$

wenn man mit Z_{2r} die reelle Komponente von $\mathfrak{Z}_2$ bezeichnet. Mit Gl. (3) und (12) ergibt sich:

$$N_{12} = U_1 \frac{m \cdot Z_{2r}}{Z_h} \cdot I_h. \tag{13}$$

Darin ist Z_h der Absolutbetrag von $\mathfrak{Z}_h$.

Es sei nun die sekundäre Impedanz eine beliebige komplexe Funktion einer Veränderlichen, z. B. der Schlüpfung s. Dann läßt sich nach Gl. (1) aus der Ortskurve der sekundären Impedanz in einfacher und übersichtlicher Weise durch einmalige Inversion und Verschiebung des Koordinatensystems die Ortskurve des Primärstromes $\dot{I}_1$ entwickeln. In Bild 3 ist im System X_1, Y_1, Ursprung O_1, die Ortskurve der Impedanz $m \cdot \mathfrak{Z}_2$ eingetragen. Es ist $\overline{O_1 P_1} = m \cdot \mathfrak{Z}_2$. Um $\mathfrak{Z}_h$ zu erhalten, ist nach Gl. (9) der Ursprung um $-\left[r_1 + j\left(X_{\sigma_1}(1 + \sigma_1) + \frac{r_1^2}{X_{11}} \right) \right]$ von O_1 nach O_2 zu verschieben und das Koordinatensystem um den Winkel -2ν zu verdrehen. Es stellt dann $\overline{O_2 P_1}$, bezogen auf X_2, Y_2, die Hilfsimpedanz $\mathfrak{Z}_h$ dar. Durch Inversion in bezug auf O_2 erhält man nach Gl. (3) in $\overline{O_2 P}$ den Ersatzstrom $\dot{I}_h$. Verschiebt man noch nach Gl. (2) den Ursprung um $-\dot{I}_{10} = \frac{\dot{U}_1}{\mathfrak{Z}_0}$ von O_2 nach O, so hat man mit $\overline{OP}$ den Primärstrom $\dot{I}_1$ gefunden.

Die Leistung N_{12}, die bei Drehfeldmaschinen die sog. Drehfeldleistung darstellt, also dem Drehmoment proportional ist, läßt sich durch eine Leistungslinie im Diagramm abbilden. In praktischen Fällen wird man zweckmäßig die Impedanzkurve im gleichen Quadranten wie die Stromkurve, also gespiegelt an der Y_2-Achse zeichnen (in Bild 3 mit Strich bezeichnet). Es ist dann:

$$\overline{PN} = I_h \cdot \frac{m \cdot Z_{2r}}{Z_h},$$

also nach Gl. (13)

$$N_{12} = U_1 \cdot \overline{PN}. \tag{14}$$

Man kann hiernach zu jeder Stromkurve mit Hilfe der Impedanzkurve die Leistungslinie für N_{12} zeichnen. Die Abstände der Kurvenpunkte P von der Leistungslinie sind parallel der Achse Y_1' zu messen und in Ampere einzusetzen.

Die Bestimmung des Stromschaubildes durch einmalige Inversion einer Ersatz-impedanz und Addition des Leerlaufstromes läßt sich für alle Schaltungen, für die das Ersatzbild Bild 1 gilt, anwenden. Diese Darstellungsart zeigt in übersichtlicher Weise den Einfluß der Konstanten der Schaltung auf die Gestalt des Schaubildes, also den Zusammenhang zwischen Maschineneigenschaften und Konstanten.

Für die normale Asynchronmaschine mit kurzgeschlossenem Läufer ist die Impedanzkurve eine Gerade, die Inversion ein Kreis[1]). Für die Kaskadenschaltung zweier Asynchronmaschinen ist für die sekundäre Impedanz einzusetzen die Summe

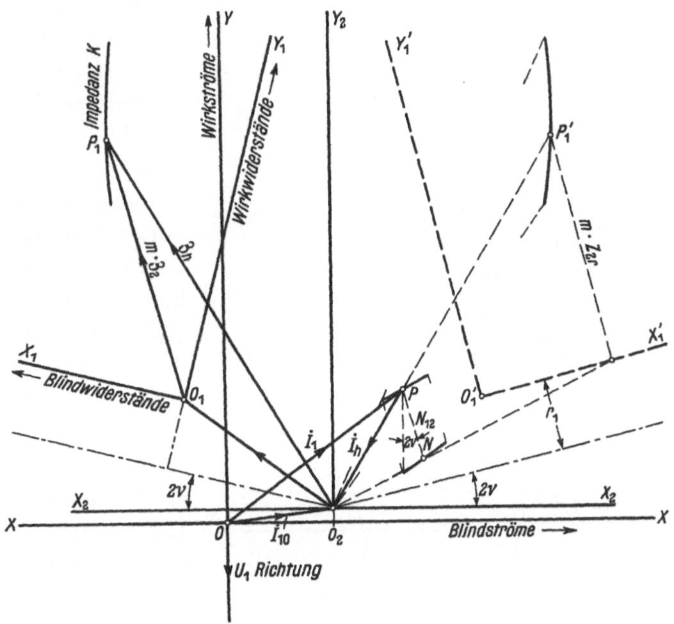

Bild 3.   Ermittlung des Primärstromes unter Zugrundelegung des vereinfachten Ersatzbildes nach Bild 2.

der sekundären Impedanz der Vordermaschine und die Gesamtimpedanz der Hintermaschine, so daß sich als Impedanzkurve die Summe einer Geraden und eines Kreises, d. i. eine zirkulare Kubik, ergibt. Die Inversion ist eine bizirkulare Quartik mit Selbstschnitt, die bekannte Stromkurve der Kaskadenschaltung[2]). Für den Doppelkäfigläufermotor erhält man ebenfalls als Impedanzkurve eine Kubik, als Stromkurve eine Quartik[3]). Für den mehrphasigen Nebenschlußkommutatormotor ergeben sich wieder Gerade und Kreis[4]).

Als Beispiel, bei dem die Einfachheit der Darstellungsart besonders deutlich wird, sei in Bild 4 die Stromkurve der Asynchronmaschine mit Kappschem Vibrator

---

[1]) Das Kreisschaubild der Asynchronmaschine wurde zuerst von H. Kafka auf diese Art dargestellt. [H. Kafka: Das genaue Kreisdiagramm der Asynchronmaschine. Arch. Elektrotechn. 9 (1921) S. 405 — Zur Konstruktion des genauen Kreisdiagramms. Arch. Elektrotechn. 18 (1927) S. 677.]

[2]) Arnold-la Cour: Die Wechselstromtechnik Bd. V, I. Teil: Die Induktionsmaschinen (1909) S. 484f.

[3]) M. Krondl: Das Arbeitsdiagramm des Boucherot-Motors. Elektrotechn. u. Masch.-Bau 49 (1931) S. 161.

[4]) Arnold-la Cour: Die Wechselstromtechnik. Bd. V, II. Teil: Wechselstrom-Kommutatormaschinen (1912) S. 80f. — Hier ist von Arnold-la Cour für die Ableitung des Stromschaubildes bereits eine Zerlegung des Primärstromes in Leerlauf- und Ersatzstrom vorgenommen.

entwickelt. Man kann bekanntlich die Wirkung des Vibrators durch eine in den Rotorstromkreis eingeschaltete Kapazität c ersetzen[1]). Für $\mathfrak{Z}_2$ erhält man damit:

$$\mathfrak{Z}_2 = j\,X_{\sigma_2} + \frac{r_2}{s} - j\,\frac{X_c}{s^2}. \tag{15}$$

Hierin ist X_c der Blindwiderstand des Kondensators bei Netzfrequenz.

Gl. (15) ist die Vektorgleichung einer Parabel[2]). In Bild 4 ist ZZ die gespiegelte Parabel $m \cdot \mathfrak{Z}_2$, bezogen auf das System X_1', Y_1'. Durch Inversion in bezug auf Punkt O_2 und Verschiebung des Ursprunges von O_2 nach O um $-\dot{I}_{10}$ erhält man die Ortskurve des Primärstromes, eine bizirkulare Quartik mit Rückkehrpunkt[3]). Die Bezeichnungen von Bild 4 entsprechen denen von Bild 3, so daß alle dortigen Erläuterungen auch hier gelten. Der Summand $(r_1/X_{11})^2$ in Gl. (10) kann in den meisten praktischen Fällen wegen seiner Kleinheit vernachlässigt werden. In Bild 4 ist auch die Drehmomentenlinie eingetragen, und zwar der Übersichtlichkeit halber nur für den oberen Teil der Quartik, also nur für positive Schlüpfungen. Die Drehmomente sind den Strecken $\overline{PN}$ proportional. Die Scheiteltangente TT der Parabel ZZ ist die Impedanzgerade der Asynchronmaschine ohne Vibrator (genauer bei unerregtem Vibrator). Die Inversion von TT ist das Kreisdiagramm K_1 mit der Drehmomentengeraden $P_0 P_\infty$. Die Quartik und der Kreis haben die Punkte P_0 und P_∞ gemeinsam[4]).

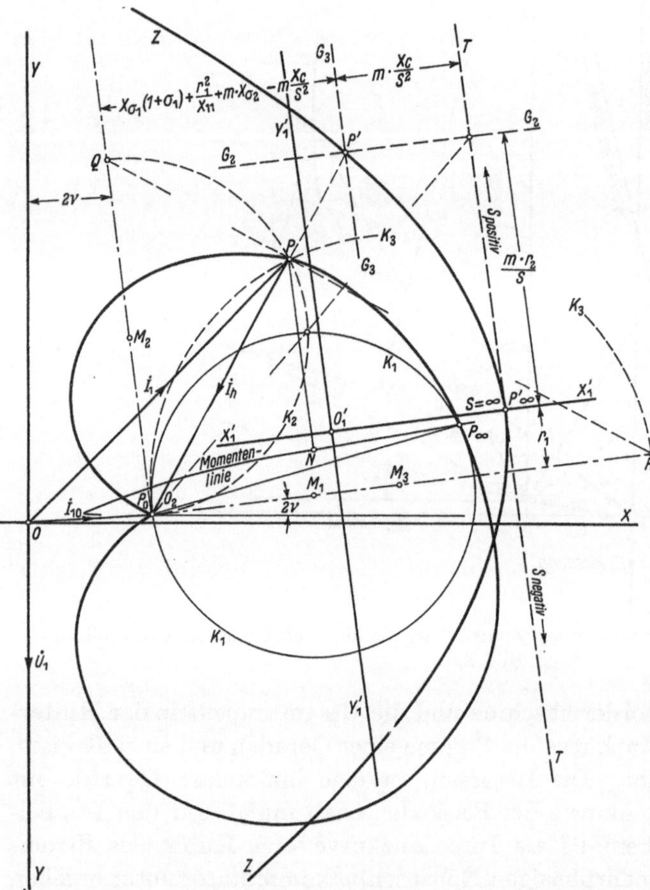

Bild 4. Ermittlung der Ortskurve des Primärstromes der Asynchronmaschine mit Kappschem Vibrator.

Man kann die Punkte der Quartik auch noch auf eine andere Art finden. Die Punkte P' des Impedanzdiagramms sind die Schnittpunkte von zwei Geraden $G_2 G_2$

[1]) H. Düll: Die Theorie des Kappschen Vibrators. Arch. Elektrotechn. **11** (1922) S. 51f. — Die übrigen elektromotorischen Kräfte des Vibratorankers lassen sich durch entsprechende Erhöhung der sekundären Konstanten der Asynchronmaschine berücksichtigen.

[2]) O. Bloch: Ortskurven der Wechselstromtechnik, Zürich (1917) S. 54.

[3]) O. Bloch: Ortskurven der Wechselstromtechnik, Zürich (1917), S. 76.

[4]) Für das Bild 4 wurde mit Rücksicht auf die Deutlichkeit der Zeichnung der Primärwiderstand und der Leerlaufstrom anormal groß angenommen.

und $G_3 G_3$ parallel den Achsen X_1' und Y_1'. Die Punkte P der Quartik müssen die Schnittpunkte der Inversionen dieser Geraden, also der Kreise K_2 und K_3 sein. Nach den Gesetzen der Inversion müssen sich K_2 und K_3 im Zentrum O_2 und im Punkt P senkrecht schneiden. Die Halbmesser beider Kreise sind, wie sich sofort aus dem Bilde ergibt:

$$R_2 = \frac{1}{2} \, \frac{U_1}{r_1 + \dfrac{m \cdot r_2}{s}}, \tag{16}$$

$$R_3 = \frac{1}{2} \, \frac{U_1}{X_{\sigma_1}(1 + \sigma_1) + \dfrac{r_1^2}{X_{11}} + m \, X_{\sigma_2} - \dfrac{m \, X_c}{s^2}}. \tag{17}$$

Ihre Mittelpunkte liegen auf Parallelen zu X_1' und Y_1' durch O_2. (Der Kreis K_2 schneidet Kreis K_1 und die Quartik in Punkten gleicher Schlüpfung.) Man erhält demnach Kurvenpunkte auch, indem man auf $P_0 M_2$ abträgt $\overline{P_0 Q} = 2 R_2$ und auf $P_0 M_3$ $\overline{P_0 R} = 2 R_3$, die Senkrechte von P_0 auf $Q R$ ergibt dann den Kurvenpunkt P. Diese Konstruktion läßt sich besonders vorteilhaft für kleine Schlüpfungen, wo die Impedanz groß und die Inversion deshalb schwierig wird, anwenden. Eine weitere Vervollständigung des Diagramms geht über den Rahmen dieser Arbeit hinaus.

Aus diesem in einfacher Weise zu gewinnenden Stromschaubild lassen sich die charakteristischen Eigenschaften des Kappschen Vibrators in übersichtlicher Weise ablesen. Auch der Einfluß der Veränderung der Grundkonstanten der Asynchronmaschine usw. läßt sich direkt verfolgen. Analytisch würden sich diese Erkenntnisse nur auf Grund sehr umfangreicher und umständlicher Rechnungen gewinnen lassen. Ebenso vorteilhaft ist die Anwendung des Verfahrens in den oben als Beispiel aufgeführten Schaltungen.

Zusammenfassung.

Für den Fall, daß die sekundäre Impedanz des allgemeinen Transformators eine beliebige Funktion einer Veränderlichen, z. B. einer Schlüpfung ist, wird ein allgemein gültiges Verfahren zur Ermittlung des Stromschaubildes angegeben. Dies ist häufig viel einfacher als andere Verfahren und läßt in übersichtlicher Weise den Einfluß der Grundkonstanten der Schaltung auf die Gestalt des Stromschaubildes und damit auf die Eigenschaften der Schaltung erkennen. Durch Ausstattung mit Leistungslinien können Drehmomente usw. direkt abgelesen werden. Als Beispiel wird das Stromschaubild des Kappschen Vibrators entwickelt.

Stromrichterbelastung von Generatoren und Drehstromnetzen in vektorieller Darstellung.

Von **Erwin Kübler.**

Mit 16 Bildern.
Mitteilung aus der Abteilung Industrie der Siemens-Schuckertwerke AG
zu Siemensstadt.
Eingegangen am 17. November 1938.

Inhaltsübersicht.

I. Einleitung.

Infolge der breiten Einführung des Stromrichters in chemischen Rohstoffanlagen und Anlagen der verarbeitenden Industrie mehren sich die Fälle, wo die Stromrichterleistung einen wesentlichen Anteil der Gesamtleistung des Netzes und der speisenden Generatoren ausmacht. Da der Stromrichter ein nicht linearer Drehstromverbraucher ist, so treten Rückwirkungen auf, die beim Entwurf der Anlagen bereits berücksichtigt werden müssen. Insbesondere interessiert die zu erwartende Oberwellenbelastung der Generatoren und des Netzes. Hierüber wurde im Fachschrifttum bereits mehrfach berichtet; jedoch ist es nicht immer gelungen, die Verhältnisse zahlenmäßig befriedigend zu klären. Im folgenden sollen nun diese beiden Fragen einheitlich in einer vektoriellen Darstellung behandelt werden, welche außer einem guten Einblick in die physikalischen Vorgänge auch noch eine zahlenmäßig genügend genaue Erfassung ermöglicht. Beispielsweise läßt sich mit dieser vektoriellen Darstellung die elektrische Beanspruchung der Dämpferwicklung von Generatoren mit Stromrichterbelastung summarisch übersehen, ohne daß man dabei auf die einzelnen Oberwellen einzugehen braucht. In den letzten Jahren sind ferner bei der Inbetriebnahme von Großstromrichteranlagen in den speisenden Hochspannungsnetzen vereinzelt Schwierigkeiten aufgetreten, dadurch daß infolge von Resonanzzuständen des Netzes für bestimmte Stromrichteroberwellen die Netzspannung verzerrt wurde. Man kann in verhältnismäßig einfacher Weise die Lage

der Resonanzfrequenzen vorausberechnen und durch Beseitigen der Stromoberwellen innerhalb dieses Bereiches die Verzerrung der Netzspannung zum Verschwinden bringen. Über diese beiden Fragen „Ermittlung der Resonanzfrequenzen eines
Netzes" und „Verfahren zur Beseitigung von störenden Oberwellen" ist bereits ausführlich berichtet worden[1,2]. Damals sind jedoch die Fragen nach der Größe der
Spannungsoberwellen sowie nach der Rückwirkung auf den Stromrichterbetrieb
offen geblieben, welche nunmehr mit Hilfe der vektoriellen Darstellung beantwortet werden können.

II. Vektordiagramm des Stromrichtertransformators.

Strom und Spannung eines Drehstromnetzes haben allgemein Sinusform, wenn
sowohl die übertragene Wirkleistung als auch die Blindleistung konstant sind. Dies
ist praktisch immer der Fall bei Anschluß von Motoren, wo die konstante Wirkleistung durch Drehmoment und Drehzahl und die konstante Blindleistung durch
den Erregungszustand der Maschine bestimmt sind. Elektrische Durchflutung und
magnetischer Induktionsfluß sind hierbei konstant und haben eine feste räumliche
Lage zueinander. Bei einer Stromrichterbelastung jedoch sind Wirk- und Blindleistung einer periodischen Schwankung unterworfen, deren Hauptfrequenz ein
Mehrfaches der Netzfrequenz beträgt. Im Drehstromnetz müssen daher Oberwellen
auftreten, und zwar offenbar im
Strom, sofern die Leistung der
Stromrichteranlage klein ist gegen
die Leistungsfähigkeit des Netzes,
und man annehmen kann, daß die
Drehstromspannung unverändert
in ihrer ursprünglichen Kurvenform erhalten bleibt.

Bei vollkommen geglättetem
Gleichstrom I_g erkennt man die
periodische Schwankung der über-

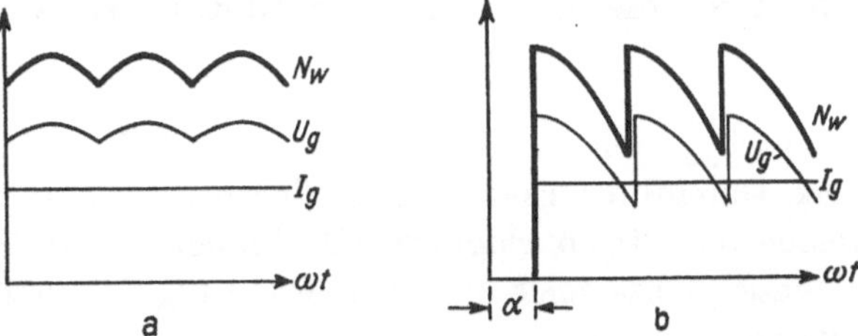

Bild 1. Zeitlicher Verlauf der übertragenen Wirkleistung
$N_w = U_g I_g$ einer Stromrichteranlage.

a) ohne Gittersteuerung, b) mit Gittersteuerung.

tragenen Wirkleistung $N_w = U_g I_g$ aus dem Verlauf der vom Stromrichter ab-
gegebenen Gleichspannung (Kathode-Transformatorsternpunkt) U_g, welche nach
Bild 1 aus zeitlich aneinandergereihten Teilen von Wechselspannungen gebildet
wird. Beim ungesteuerten Stromrichter kommen hierfür die Spannungskuppen in
Frage, während bei Gittersteuerung Flankenstücke für die Gleichspannung verwendet werden. Dazu kommt noch eine periodische Schwankung der Blindleistung,
welche bei der üblichen Kernausführung des Stromrichtertransformators nicht leicht
erkennbar ist, jedoch beim Stromrichtertransformator in Maschinenform, ähnlich
einem Drehtransformator, im Zusammenwirken des magnetischen Drehfeldes Φ mit
der Primärdurchflutung Θ_p augenfällig in Erscheinung tritt[3]). In Bild 2 sind diese
Verhältnisse für eine 2polige Ausführung des Transformators mit Hilfe eines räumlichen Vektordiagrammes näher erläutert.

---

[1]) L. Lebrecht: Stromrichterbelastung der Hochspannungsnetze, ETZ **56** (1935) S. 957···960,
987···990.

[2]) W. Leukert und E. Kübler: Oberwellenbelastung von Drehstromnetzen durch Stromrichter.
Elektrotechn. u. Masch.-Bau **54** (1936) S. 37···44, 52···55.

[3]) E. Kübler: Oberwellengrundgesetze der Stromrichtertechnik in physikalischer Ableitung,
Elektrotechn. u. Masch.-Bau **55** (1937) S. 457···461.

4*

1. Räumliches Vektordiagramm.

Die Wicklungen der 3 Primärphasen seien als Drehstromwicklungen um den Winkel $2\,\pi/3$ räumlich gegeneinander versetzt über den Umfang angeordnet. Der räumliche Winkelabstand der p Sekundärphasen voneinander beträgt entsprechend $\beta = 2\,\pi/p$. Dabei entspricht dem Winkel π eine Polteilung τ. Das Wicklungskupfer der einzelnen Phasen sei beispielsweise durch geeignete Sehnung der Spulen sinusförmig über den Umfang verteilt, so daß jede Wicklungshälfte über eine ganze Polteilung ausgebreitet ist. Die einzelnen Phasen werden durch die mittleren Leiter einer ihrer Wicklungshälften gekennzeichnet, und zwar die Primärphasen durch p_1, p_2, p_3 und die Sekundärphasen durch s_1, s_2, $\ldots s_p$. Über die gegenseitige Lage der Primär- und Sekundärwicklung besteht jedoch keinerlei Vorschrift.

Bei dieser Wicklungsverteilung muß jede stromführende Phase für sich allein einen räumlich sinusförmig verteilten Strombelag A_{p1}, A_{p2}, A_{p3} bzw. A_{s1}, $\ldots A_{sp}$ liefern. Dieselbe Verteilung muß sich dann auch für die primär- und sekundärseitigen Summenstrombeläge A_p bzw. A_s einstellen. Bei der gewählten Wicklungsverteilung können somit überhaupt nur sinusförmige Strombelagverteilungen vorkommen, vollkommen unabhängig vom zeitlichen Verlauf der Phasenströme.

Sinusförmige Strombelagverteilungen kann man in bekannter Weise durch Vektoren darstellen, deren Größe durch den gesamten Strom einer Strombelaghalbwelle, d. h. durch die elektrische Durchflutung einer Polteilung, gegeben ist:

$$\Theta = \frac{2}{\pi}\,A_{\max}\tau, \tag{1}$$

wobei $A_{\max}$ den räumlichen Höchstwert des Strombelages bedeutet. Die Richtung eines Durchflutungsvektors ist durch die Achse einer gedachten Wicklung gegeben, welche der Strombelaghalbwelle immer zugeordnet werden kann. Der Vektorpfeil in dieser Achse zeigt immer in Richtung der magnetisierenden Wirkung der Durchflutung.

Die primären und sekundären Durchflutungen des Stromrichtertransformators seien wie folgt benannt:

    a) die Gesamtdurchflutungen: primär Θ_p, sekundär Θ_s,

    b) die Phasendurchflutungen: primär Θ_{p1}, Θ_{p2}, Θ_{p3} und sekundär Θ_{s1}, $\ldots \Theta_{sp}$.

In Bild 2 ist eine Transformatorausführung mit primär 3 und sekundär 6 Phasen gewählt worden. Dieser Transformator sei nun an ein Drehstromnetz mit konstanter Spannung angeschlossen. Wie bei jeder anderen Drehstrommaschine, so wird auch hier ein magnetisches Drehfeld Φ erzeugt, das in Bild 2 nach Größe und Richtung durch den Vektor Φ dargestellt ist. Für die vorliegenden Verhältnisse ist es zweckmäßig, daß man sich den Induktionsfluß Φ wie bei einem Einankerumformer im Raum stillstehend denkt und dafür die Primär- und Sekundärwicklung mit der synchronen Drehzahl n_s gegen den Induktionsfluß umlaufend annimmt.

Bei Stromrichterbelastung führt nun im Gegensatz zum gewöhnlichen Drehstromtransformator jeweils nur eine Sekundärphase Strom, und zwar Gleichstrom, während die anderen Sekundärphasen gleichzeitig stromlos sind. Die Einschaltdauer einer Sekundärphase während einer Netzperiode beträgt im theoretischen Grenzfalle ohne Überlappung der Anodenströme $\beta = 2\,\pi/p$, gemessen in elektrischen Graden. Während dieser Zeit werden die Wicklungen infolge der synchronen Drehgeschwindigkeit um denselben Winkel gedreht. Die konstante Sekundärdurchflutung Θ_s des Transformators, welche von der stromführenden Phase allein gebildet wird, steht daher im Raum nicht still, wie dies beim gewöhnlichen Leistungstransformator mit umlaufenden Wicklungen der Fall wäre, sondern sie dreht sich mit synchroner Winkelgeschwindigkeit um den Brennwinkel β gegen den Induktionsfluß. Dasselbe gilt für die entgegengesetzt gleichgroße Summen-Primärdurchflutung Θ_p, welche infolge der transformatorischen Wirkung sich einstellen muß. Dabei sei die kleine Magnetisierungsdurchflutung, die zur Erzeugung des Induktionsflusses notwendig ist, vernachlässigt. Beim Erlöschen der Anode verschwinden dann im theoretischen Fall die beiden einander kompensierenden Durchflutungen Θ_s und Θ_p augenblicklich und erscheinen zeitlich unmittelbar anschließend beim Zünden der nächsten Phase in der Ausgangslage wieder, um den schraffierten Sektor von neuem zu bestreichen.

Damit ist das räumliche Vektordiagramm des Stromrichtertransformators in seinen Grundzügen festgelegt. Die Unterscheidung von den Verhältnissen des gewöhnlichen Drehstromtransformators liegt darin, daß die Durchflutungen hier keine

feste Lage zum Induktionsfluß haben, sondern daß hierfür ein gewisser Ungenauigkeitsbereich besteht.

Bild 2a gilt für Stromrichterbetrieb ohne Gittersteuerung. Die Lage des schraffierten Sektors ist dadurch bestimmt, daß jede Sekundärphase um den Winkel $\beta/2$ vor dem Spannungshöchstwert gezündet wird. Man sieht, wie zu Beginn der Brennzeit einer Anode eine stark entmagnetisierende Komponente der Primärdurchflutung Θ_p in Richtung der

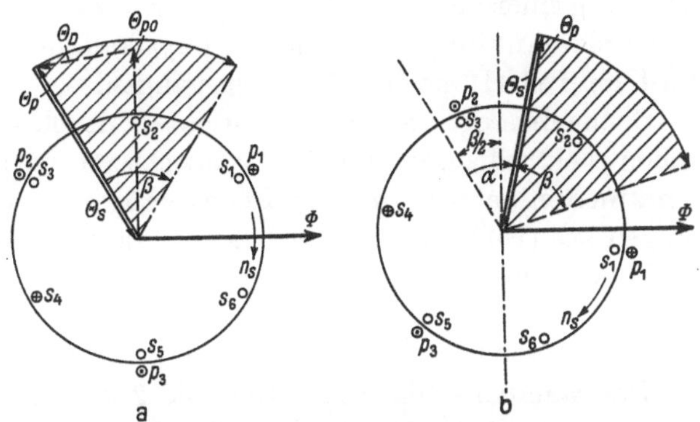

Bild 2. Räumliches Vektordiagramm eines 6 phasigen Stromrichtertransformators (Drehfeldtype).

a) ohne Gittersteuerung, b) mit Gittersteuerung.

Induktionsflußachse und am Ende der Einschaltzeit der Phase eine gleichgroße magnetisierende Komponente vorhanden sind, während in der Mitte der Brennzeit die magnetisierende Wirkung null ist. Dasselbe Spiel wiederholt sich bei jeder anderen Sekundärphase, so daß damit eine periodische Schwankung der magnetisierenden Wirkung, d. h. eine periodische Schwankung der Blindleistung, festgestellt werden kann.

Die eingangs erwähnte Wirkleistungsschwankung kommt auch im Diagramm von Bild 2a in einer Schwankung der Wirkdurchflutung Θ_w zum Ausdruck, d. i. die Komponente der Primärdurchflutung in Richtung senkrecht zum Induktionsfluß. Das Produkt $\Phi\Theta_w$ ist nämlich ein Maß für das Drehmoment und bei der synchronen Drehgeschwindigkeit gleichzeitig ein Maß für die übertragene Wirkleistung. Eine Schwankung der Wirkleistung bedeutet daher eine verhältnisgleiche Schwankung von Θ_w, da der zweite Faktor des Produktes für die Leistung, der Induktionsfluß, konstant ist. Nach Bild 1 andererseits ist die Wirkleistung verhältnisgleich der Gleichspannung. Bei vollkommen geglättetem Gleichstrom stimmt somit der zeitliche Verlauf von Θ_w mit dem Verlauf der Gleichspannung U_g überein.

In das räumliche Diagramm von Bild 2a kann man noch den Vektor Θ_{p0} einzeichnen, welcher der Drehstromgrundwelle des Primärstroms zugeordnet ist. Diese Durchflutung kommt offenbar für die mittlere Wirkleistungsübertragung in Frage.

Der Vektor Θ_{p0} hat eine feste Lage zum Induktionsfluß und eine konstante Länge; seine Richtung ist durch die mittlere Lage des Vektors Θ_p gekennzeichnet. Θ_{p0} ist eine Wirkdurchflutung, welche der mittleren Wirkleistung N_{wm}, d. h. der mittleren Gleichspannung U_{gm} verhältnisgleich sein muß. Es ist:

$$\Theta_{p0} \approx N_{wm} \approx U_{gm}.$$

Andererseits gilt für den Höchstwert der Wirkdurchflutung:

$$\Theta_{w\max} = \Theta_p \approx N_{w\max} \approx U_{g\max}.$$

Für den Betrag von Θ_{p0} ergibt sich somit:

$$\Theta_{p0} = \frac{U_{gm}}{U_{g\max}} \, \Theta_p = \frac{\sin \pi/p}{\pi/p} \, \Theta_p. \tag{2}$$

Den Vektor Θ_{p0} kann man rein formal durch den Vektor Θ_D zum Summenvektor Θ_p ergänzen. Der Endpunkt dieses Vektors Θ_D beschreibt während der Einschaltung einer Sekundärphase genau den gleichen Kreisbogen wie der Endpunkt der Primärdurchflutung Θ_p. Auf die physikalische Bedeutung dieser Durchflutung Θ_D wird im Teil III noch näher eingegangen.

Spannungsregelung des Stromrichters durch Gittersteuerung wirkt sich im räumlichen Vektordiagramm des Stromrichtertransformators in einer Verdrehung des schraffierten Sektors um den Zündverzögerungswinkel α im Umlaufsinn der Wicklungen aus (Bild 2b), denn bei sonst gleichen Verhältnissen werden die Sekundärwicklungen lediglich um den elektrischen Winkel α später gezündet.

2. Primär- und Sekundärstrom des Stromrichtertransformators.

Das räumliche Diagramm von Bild 2 ist geeignet, um daraus den zeitlichen Verlauf der einzelnen Primärphasendurchflutungen bzw. des Primärstromes zu entnehmen, und ferner kann man daraus einfache Beziehungen für den Effektivwert des Primärstromes I_p und des Sekundärstromes I_s ableiten.

Die Primärdurchflutung Θ_p wird aus der Summe der 3 Phasendurchflutungen Θ_{p1}, Θ_{p2} und Θ_{p3} gebildet, von denen jede für sich, wie bereits erwähnt, eine sinusförmige Strombelagverteilung darstellt. Da die Summendurchflutung Θ_p während der Brennzeit einer Sekundärphase konstant ist und in bezug auf die Wicklungen stillsteht, so müssen auch die Primär-Phasendurchflutungen und damit die primären Phasenströme während dieser Zeit konstant sein. Solche zeitlich konstanten Stromverteilungen kommen während einer Netzperiode p mal vor. Eine Netzperiode des primären Phasenstromes muß sich somit aus so vielen Teilen konstanten Ordinatenwertes, d. h. aus so vielen horizontalen Stücken zusammensetzen, als der Transformator Sekundärphasen besitzt.

Die Augenblickswerte der Phasendurchflutungen müssen nun verhältnisgleich dem Summenstrombelag an den Stellen der Phasenmitten p_1, p_2, p_3 sein, denn nur unter dieser Bedingung hat die Summenstrombelagwelle die verlangte räumliche Lage. In Bild 3a sind die Wicklungs- und Strombelagverhältnisse der Primärseite des Transformators von Bild 2a in der Abwicklung dargestellt. Der Primärdurchflutung Θ_p von Bild 2a ist die Strombelagwelle A_p in Bild 3a zugeordnet. Die Phasenmitte p_1 befindet sich offenbar an der Stelle des Summenstrombelaghöchstwertes $A_{p\max}$ und p_2, p_3 liegen an den Stellen $-1/2A_{p\max}$. Nachdem die Wicklungen sich um den Brennwinkel β weitergedreht haben und Θ_p, d. h. die Strombelagwelle A_p, in der Ausgangslage wieder erscheint, liegen jetzt die Phasenmitten p_1 und p_3 bei

$+1/2 A_{p\,\max}$ und p_2 bei $-A_{p\,\max}$. Aus diesen insgesamt 6 Augenblickswerten des Summenstrombelages kann man sofort den typischen Verlauf des Primärstromes für einen 6 phasigen Stromrichter zeichnen, da jede Phase zeitlich aufeinanderfolgend einen diesen Strombelagswerten verhältnisgleichen Strom führen muß (Bild 3b). Es bleibt nunmehr übrig, die Beträge der einzelnen Augenblickswerte des Primärstromes von Bild 3b zu ermitteln, und zwar genügt die Berechnung eines dieser Werte, da alle übrigen dann sich aus den geometrischen Verhältnissen des Kurvenverlaufes ergeben. Unter Beachtung der sinusförmigen Verteilung der einzelnen Phasendurchflutungen kann man aus Bild 3a für die Stelle des Summenstrombelags $A_{p\,\max}$, d. h. zufällig für die Stelle der Phasenmitte p_1 anschreiben:

$$A_{p\,\max} = A_{p\,1\,\max} + \tfrac{1}{2} A_{p\,2\,\max} + \tfrac{1}{2} A_{p\,3\,\max}$$

$$= A_{p\,1\,\max} + \left(\frac{1}{2}\right)^2 A_{p\,1\,\max} + \left(\frac{1}{2}\right)^2 A_{p\,1\,\max} = \frac{3}{2}\, A_{p\,1\,\max} = \frac{3}{2} \cdot \frac{w_p \pi}{\tau\,2}\, I_{p\,1\,\max}\,.$$

Da ferner

$$A_{p\,\max} = A_{s\,\max} = w_s I_g \frac{\pi}{\tau\,2}\,,$$

so ist

$$I_{p\,1\,\max} = \frac{2\,w_s\,I_g}{3\,w_p}\,, \qquad (3)$$

wobei w_p und w_s die Windungszahlen der Primär- und Sekundärphasen bedeuten. In gleicher Weise kann man für jede andere gegenseitige Lage der Primär-

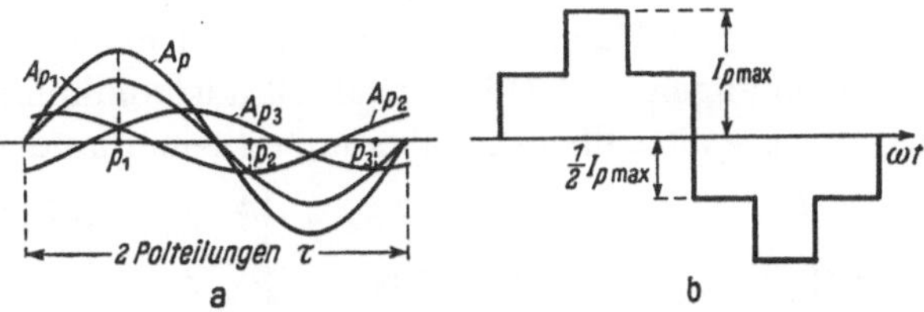

Bild 3. a) Strombelagverteilungen der Primärwicklung am Umfang des 6 phasigen Stromrichtertransformators (Drehfeldtype). b) zeitlicher Verlauf des Primärstromes.

und Sekundärwicklungen den tatsächlichen Verlauf des Primärstromes ermitteln.

Für die Berechnung des Effektivwertes des Primärstromes ist die Kenntnis des zeitlichen Verlaufs nicht notwendig. Es ist unwesentlich, daß in Bild 2 die Primärdurchflutung Θ_p der Eigenart des Stromrichters entsprechend eine drehende Bewegung ausführt, wichtig ist vielmehr die Feststellung, daß Θ_p räumlich sinusförmig über den Umfang verteilt und bei konstantem Gleichstrom dem Betrag nach konstant ist. Dies bedeutet konstante primäre Wicklungsverluste und damit konstanten effektiven Primärstrom unabhängig von der Phasenzahl. Man erhält ein allgemeines Ergebnis, wenn man, wie bei jeder anderen Drehstromverteilung, für irgendeinen Augenblick den quadratischen Mittelwert der 3 Phasenströme bildet. Aus Bild 2a und 3a liest man beispielsweise ab:

$$I_p = \sqrt{\left[I_{p\,1\,\max}^2 + \left(\frac{1}{2} I_{p\,2\,\max}\right)^2 + \left(\frac{1}{2} I_{p\,3\,\max}\right)^2\right]\frac{1}{3}} = \frac{1}{\sqrt{2}}\, I_{p\,1\,\max}\,,$$

$$I_p = \frac{\sqrt{2}\,w_s}{3\,w_p}\, I_g\,. \qquad (4)$$

Der Effektivwert des Sekundärstromes errechnet sich bekannterweise aus Gleichstrom und Einschaltdauer zu:

$$I_s = I_g/\sqrt{p}\,. \qquad (5)$$

3. Zeitliches Vektordiagramm.

Die zeitliche Schwankung der Wirk- und Blindleistung, d. h. die gesamten Oberwellenverhältnisse einer Stromrichteranlage, lassen sich gewissermaßen implizite im zeitlichen Vektordiagramm des Stromrichtertransformators darstellen. Dieses wird in einfacher Weise aus dem räumlichen Diagramm von Bild 2 abgeleitet, dadurch, daß man den Induktionsflußvektor durch einen Vektor U_p für die Phasenspannung ersetzt, der gegen ersteren um 90° phasenverschoben ist. Ferner muß man die Durchflutungsvektoren Θ_p und Θ_s umbenennen in die Ströme I_p und I_s. Weiterhin kann man noch den Magnetisierungsstrom I_m einführen.

Bild 4 zeigt Vektordiagramme für einen 3-, 6- und 12phasigen Stromrichtertransformator und für einen gewöhnlichen Drehstromtransformator. Zum Unterschied vom gewöhnlichen Transformatordiagramm hat hier der Vektor für den Sekundärstrom I_s keine feste Richtung, sondern er beschreibt mit der Drehgeschwindigkeit der Zeitlinie einen Winkel, welcher der Anodenbrenndauer bzw. der Phasenzahl entspricht, um dann augenblicklich zu verschwinden und beim Zünden der nächsten Phase in der Ausgangslage wieder zu erscheinen. Einen ähnlichen Sektor beschreibt auch der Primärstrom I_p, da das Stromdreieck I_p, I_s, I_m geschlossen sein muß. In Bild 4 ist augenfällig dargestellt, wie mit wachsender Phasenzahl der schraffierte Stromsektor, d. h. der Ungenauigkeitsbereich für I_s und I_p immer kleiner wird und das Diagramm sich dem normalen Transformatordiagramm nähert. Die Schwankungen der Wirk- und Blindstromkomponente des Primärstromes werden bei wachsender Phasenzahl immer kleiner und gleichzeitig erhöht sich ihre Hauptfrequenz. Die bekannte Tatsache, daß bei wachsender Phasenzahl der Primärstrom einer Stromrichteranlage sich immer mehr der gewünschten Sinusform nähert, findet so ihren Ausdruck in einer immer besseren Annäherung des Transformatordiagrammes, an die beim gewöhnlichen Drehstromtransformator übliche Form.

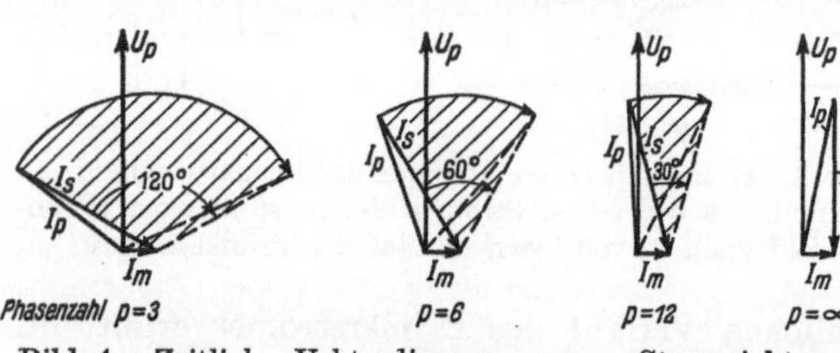

Bild 4. Zeitliche Vektordiagramme von Stromrichtertransformatoren der Phasenzahlen $p = 3$, 6, 12 und ∞.

Spannungsregelung durch Gittersteuerung wirkt sich im zeitlichen Vektordiagramm ebenfalls in einer Verdrehung des schraffierten Sektors um den Zündverzögerungswinkel α im Sinne der Wicklungsumlaufrichtung, d. h. im Sinne einer Phasennacheilung gegen die Spannung U_p aus.

4. Vektordiagramm bei ohmscher Belastung des Stromrichtertransformators.

Bei rein ohmscher Belastung des ungesteuerten Stromrichters bleibt der Öffnungswinkel β des Stromsektors bestehen, da die Anodenbrenndauer erhalten bleibt. Die Größe der Sekundärdurchflutung und damit die Größe der kompensierenden Primärdurchflutung während der Brennzeit einer Sekundärphase sind jedoch veränderlich. Für diese beiden Durchflutungen gilt bei Vernachlässigung der Magnetisierungsdurchflutung offenbar dieselbe Beziehung wie für den Gleichstrom I_g, der während der Brennzeit der Phase gleichzeitig den Sekundärstrom des Transformators darstellt:

$$I_g = I_{g\,max} \sin \omega t$$

$$\text{für} \quad \omega t = \frac{\pi}{2} - \frac{\pi}{p} \quad \text{bis} \quad \frac{\pi}{2} + \frac{\pi}{p},$$

$$\Theta_s = \Theta_p = \Theta_{p\,max} \sin \omega t. \tag{6}$$

Diese Beziehung (6) bedeutet für die vektorielle Darstellung von Bild 5, daß der Endpunkt des nach wie vor mit synchroner Winkelgeschwindigkeit sich drehenden Vektors Θ_p einen Kreisbogen beschreibt, der nunmehr einem Kreis mit dem Durchmesser $\Theta_{p\,max}$ zugehört. Dabei ist zu beachten, daß während der Drehung die Größe von Θ_p sich ändert.

Auch bei diesem Belastungsfall wirkt sich die Gittersteuerung in einer Verdrehung des schraffierten Sektors um den Zündverzögerungswinkel α aus (Bild 5b). Der geometrische Ort für den Endpunkt des Vektors Θ_p, d. i. der erwähnte Kreis mit dem Durchmesser $\Theta_{p\,max}$, bleibt dabei in seiner räumlichen Lage erhalten. Im übrigen wird auf die Verhältnisse bei ohmscher Belastung nicht näher eingegangen, da diesem Belastungsfall nur geringe praktische Bedeutung zukommt.

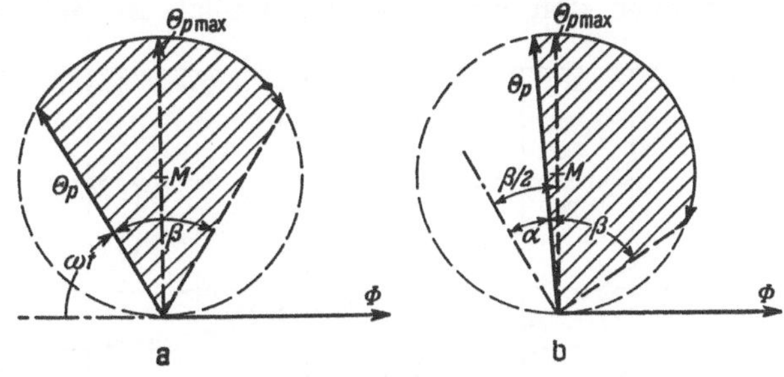

Bild 5. Vektordiagramm eines Stromrichtertransformators mit ohmscher Belastung.
a) ohne Gittersteuerung, b) mit Gittersteuerung.

5. Diagramm des Stromrichtertransformators bei Berücksichtigung der Anodenstromüberlappung.

Die in Bild 2 und 4 gegebenen räumlichen und zeitlichen Diagramme gelten nur für den Fall einer unendlich kleinen Kommutierungszeit der Anodenströme. In Wirklichkeit ist es nicht möglich, daß der Vektor Θ_p sprunghaft aus der Endlage in die Anfangslage zurückgeht, sondern es muß ein stetiger Übergang vorhanden sein, d. h. der Endpunkt des Vektors Θ_p muß eine geschlossene Kurve beschreiben. Dieser stetige Übergang stellt sich infolge einer zeitlichen Überlappung der Anodenströme auch tatsächlich ein.

Beim ungesteuerten Stromrichter beträgt die in elektrischen Graden gemessene Überlappungszeit u_0 in praktischen Fällen etwa 20 bis 30°, während sie bei gittergesteuerten Stromrichtern kleiner ist. Der zeitliche Verlauf der Anodenströme während der Überlappungszeit ist für den üblichen Fall eines vollkommen geglätteten Gleichstromes bekannt. Es handelt sich dabei nach Bild 6 um Teile der sekundären Phasen-Stoßkurzschlußströme von $u°$ Breite. Nach Bild 6 kann man anschreiben:

a) für den Gleichstrom

$$I_g = I_{k\,max}(\cos\alpha - \cos(\alpha + u)), \qquad (7)$$

b) für den Strom der erlöschenden Anode

$$I_{s1} = \frac{\cos(\alpha + \omega t) - \cos(\alpha + u)}{\cos\alpha - \cos(\alpha + u)}\, I_g, \qquad (8)$$

c) für den Strom der zündenden Anode

$$I_{s2} = \left(1 - \frac{\cos(\alpha + \omega t) - \cos(\alpha + u)}{\cos\alpha - \cos(\alpha + u)}\right) I_g. \qquad (9)$$

Ferner ist die Abhängigkeit der Überlappung u von der Anfangsüberlappung u_0 und vom Zündverzögerungswinkel α bei gittergesteuerten Anlagen bekannt, eine Beziehung, die man auch aus Bild 6 ablesen kann:

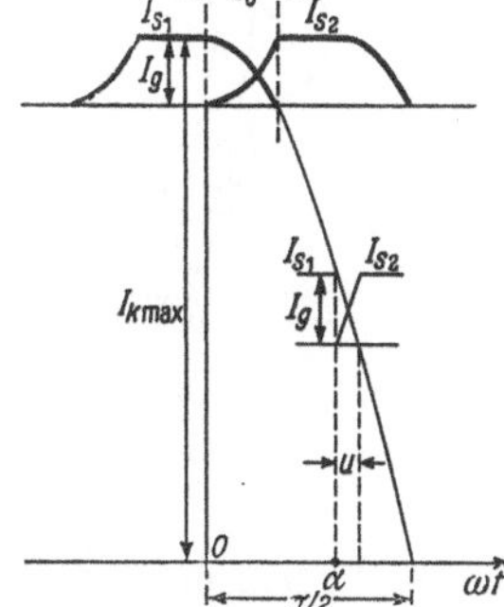

Bild 6. Anodenstromverlauf während der Überlappungszeit.

$$\cos(\alpha + u) = \cos\alpha + \cos u_0 - 1. \qquad (10)$$

In Bild 7 ist die Abhängigkeit $u = f(u_0, \alpha)$ kurvenmäßig aufgetragen.

Mit diesen Beziehungen (8), (9) und (10) kann man bei bekannter Anfangsüberlappung u_0 für verschiedene Zeitpunkte des Überlappungsbereiches die Größe der Ströme in den beiden augenblicklich in Betrieb befindlichen Sekundärphasen er-

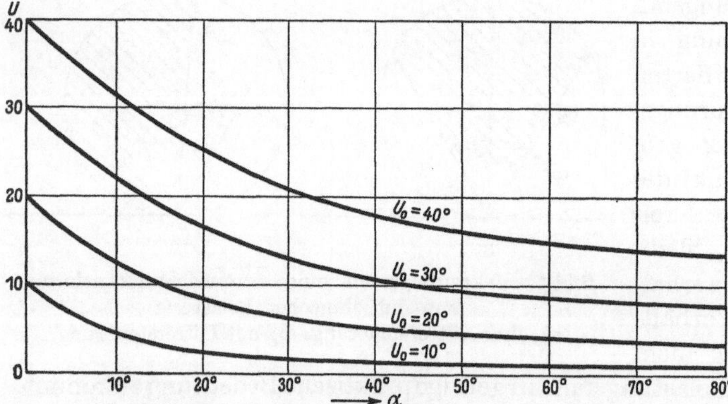

Bild 7. Abhängigkeit des Überlappungswinkels u von der Anfangsüberlappung u_0 und dem Zündverzögerungswinkel α.

mitteln und im räumlichen Diagramm durch vektorielle Addition dieser Sekundärdurchflutungen Θ_{s1} und Θ_{s2} die primäre Summendurchflutung Θ_p bilden. In Bild 8 sind diese Verhältnisse für den Transformator einer 6phasigen Stromrichteranlage ohne Gittersteuerung bei einem Überlappungswinkel der Anodenströme von u_0 = 20° dargestellt. Der Summenvektor Θ_p wurde aus den Einzelvektoren Θ_{s1} und Θ_{s2} für die Überlappungszeit in Abständen von 5° el ermittelt und gezeichnet. Dabei ist zu beachten, daß die Durchflutungsvektoren Θ_{s1} und Θ_{s2} einen Winkel von $2\pi/p = 60°$ bilden, da sie zwei räumlich aufeinanderfolgenden Sekundärphasen angehören.

Wie erwartet, liegen die Endpunkte des Vektors Θ_p nunmehr auf einer geschlossenen Kurve, welche offenbar den Kreisbogen von A bis B von der Winkelöffnung $\beta - u$

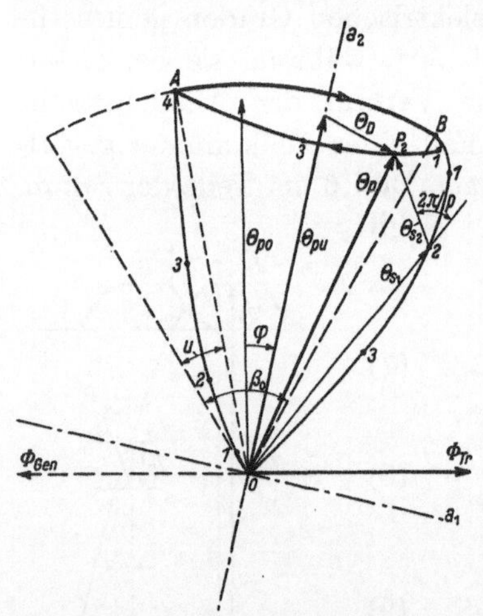

Bild 8. Räumliches Vektordiagramm eines 6phasigen Stromrichtertransformators bei Berücksichtigung der Anodenstromüberlappung.

mit dem theoretischen Verlauf von Bild 2 gemeinsam hat. Dieses Kurvenstück wird mit der synchronen Drehgeschwindigkeit durchlaufen, während für den übrigen größeren Teil der Kurve von B über P_2 nach A nur die kurze Zeit von $u°$ elektrisch zur Verfügung steht. Der Endpunkt der einzelnen Sekundärphasendurchflutungen durchläuft dagegen die Kurve $OABO$.

Man erkennt ferner, daß der Öffnungswinkel des von Θ_p überstrichenen Sektors wesentlich kleiner geworden ist als im theoretischen Fall von Bild 2 und daß auf diese Weise die Verkleinerung der Primärstromoberwellen durch Anodenstromüberlappung im Diagramm qualitativ zum Ausdruck kommt. Außerdem erscheint der Stromsektor im Sinne einer Nacheilung um einen bestimmten Betrag gedreht. Überlappung der Anodenströme bedeutet somit auch eine Verschlechterung des Leistungsfaktors $\cos\varphi$.

Für die nachfolgende Untersuchung über die Beanspruchung der Dämpferwicklung von Generatoren mit Stromrichterbelastung ist es wichtig, die Größe und Phasenlage des Vektors Θ_{pu} der Primärstromgrundwelle zu kennen. Für die Phasenverschiebung der Grundwelle des Primärstroms ist die Beziehung bekannt:

$$\operatorname{tg}\varphi = \frac{u - \sin u \cos(2\alpha + u)}{\cos^2\alpha - \cos^2(\alpha + u)}.\tag{11}$$

Für die Größe der Primärstromgrundwelle bzw. Durchflutungsgrundwelle Θ_{pu} kann man mit genügender Genauigkeit anschreiben:

$$\Theta_{pu} = \frac{\sin u/2}{u/2} \cdot \Theta_{p0},\tag{12}$$

wobei nach Beziehung (2)

$$\Theta_{p0} = \frac{\sin \pi/p}{\pi/p}\,\Theta_p.$$

Die Beziehung (12) gilt genau für geradlinige Kommutierung, d. h. für trapezförmigen Verlauf der Anodenströme, eine Bedingung, die bei Gittersteuerung praktisch erfüllt ist. Für den in Bild 8 dargestellten Fall für einen Überlappungswinkel von $u = 20°$ ergibt sich nach den Beziehungen (11) und (12) beispielsweise:

$$\varphi = 13°20',\quad \Theta_{pu} = 0{,}955 \cdot 0{,}99\,\Theta_p = 0{,}945\,\Theta_p.$$

III. Beanspruchung der Dämpferwicklung von Generatoren mit Stromrichterbelastung[1]).

Die beiden räumlichen Diagramme für die Primärdurchflutung von Stromrichtertransformatoren Bild 2 und 8 kann man ohne weiteres auf den speisenden Generator übertragen. Um den Vergleich vollkommen zu wahren, sollen die Erregerpole, d. h. der Induktionsfluß Φ_{Gen} des Generators feststehend gewählt sein. Bei Annahme eines streuungslosen Generators sind gegenüber den Verhältnissen des Transformators entweder die Richtungen der Durchflutungsvektoren oder die Richtung des Induktionsflusses umzukehren.

Es ist bekannt, daß lediglich die im Raum stillstehende Grundwelle der Primärdurchflutung Θ_{p0} bzw. Θ_{pu} mit der Erregerdurchflutung ein Arbeitsverhältnis eingeht. Sämtliche Abweichungen Θ_D der tatsächlichen Primärdurchflutung Θ_p von der Grundwelle Θ_{p0} bzw. Θ_{pu} haben in der Dämpferwicklung und in den massiven Eisenteilen des Polrades entsprechende Gegendurchflutungen zur Folge. Bei Turbogeneratoren mit Trommelläufer ist die Dämpferdurchflutung nach Größe und Verteilung praktisch genau gleich Θ_D. Der Endpunkt des Vektors Θ_D durchläuft denselben Kreisbogen (Bild 2) bzw. bei Berücksichtigung der Anodenstromüberlappung dieselbe geschlossene Kurve (Bild 8) wie der Endpunkt des Vektors Θ_p. Aus diesen beiden vektoriellen Darstellungen sieht man, daß Θ_D und damit die Dämpferdurchflutung praktisch eine Wechseldurchflutung $p$facher Hauptfrequenz in Richtung a_1 senkrecht zum Vektor Θ_{p0} bzw. Θ_{pu} der Grundwelle bildet. Außerdem enthält Θ_D noch eine kleine Wechseldurchflutungskomponente gleicher Hauptfrequenz in Richtung a_2 der Grundwelle Θ_{p0}. Die Dämpferdurchflutung bzw. der Dämpferstrombelag sind in jedem Augenblick sinusförmig über den Umfang verteilt. Der zeitliche Verlauf jedoch, mit der die Höhe der Strombelagwelle sich ändert, ist nicht sinusförmig.

Bei Stromrichterbelastung des Generators ohne Gittersteuerung bildet sich, wie Bild 2 und 8 zeigen, die Wechseldurchflutung der Dämpferwicklung ungefähr in Richtung des Induktionsflusses aus. Für diesen Fall müssen die Dämpferstäbe ungefähr in der neutralen Zone oder in der Pollücke massiert angeordnet werden,

---

[1]) R. Pohl: Belastbarkeit von Generatoren bei Betrieb auf Stromrichter, Elektrotechn. u. Masch.-Bau **53** (1935) S. 193 · · · 196.

und ihre Dichte kann nach den Polmitten hin abnehmen. Diesem Belastungsfall des Generators mit einer Stromrichteranlage ohne Gittersteuerung kommt jedoch geringe praktische Bedeutung zu.

Viel wichtiger ist der Belastungsfall des Generators durch eine gittergesteuerte Stromrichteranlage. Wie bereits erwähnt, wirkt sich die Gittersteuerung in einer Drehung des Stromsektors und der Durchflutungsgrundwelle Θ_{p0} bzw. Θ_{pu} aus. Dies bedeutet, daß auch die Achse der Dämpferwechseldurchflutung sich um denselben Winkel dreht. Die Dämpferwicklung muß daher so ausgelegt sein, daß der räumliche Höchstwert der sinusförmig verteilten Dämpferdurchflutung an jeder Stelle des Umfanges dauernd bestehen kann. Die Dämpferwicklung muß infolgedessen über den ganzen Umfang gleichartig ausgebildet und mit geschlossenen Ringverbindungen zu beiden Seiten der Maschine versehen werden. Der Querschnitt

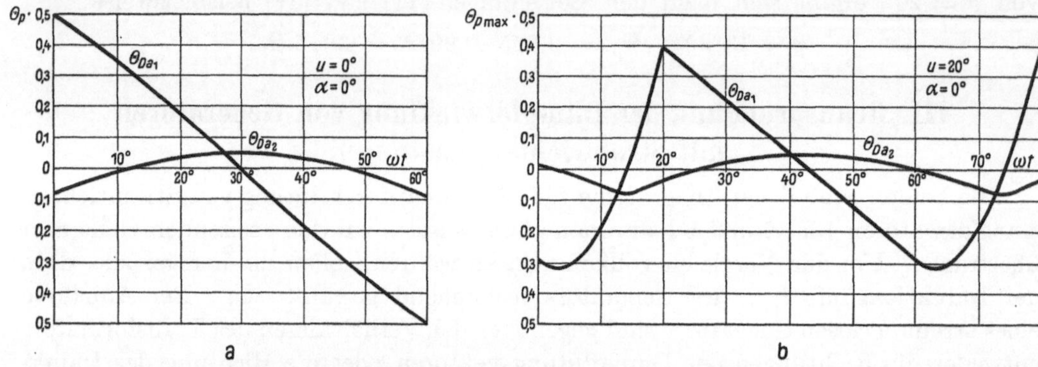

Bild 9. Zeitlicher Verlauf der Dämpferdurchflutung eines Drehstromgenerators mit 6phasiger Stromrichterbelastung in Richtung der beiden Hauptachsen a_1 und a_2.
a) bei Anodenstromüberlappung $u = 0°$,   b) bei Anodenstromüberlappung $u = 20°$.

der Dämpferstäbe ist aus Erwärmungsgründen für den räumlichen Strombelaghöchstwert der sinusförmig über die Polteilung verteilten effektiven Dämpferdurchflutung zu bemessen.

Nach diesen allgemeinen Überlegungen interessiert jetzt nur noch der zeitliche Effektivwert des Dämpferstrombelages A_D an der Stelle des räumlichen Höchstwertes, um den Querschnitt der Dämpferstäbe richtig wählen zu können.

In Bild 9 ist für 6phasige Stromrichterbelastung bei $u = 0°$ der zeitliche Verlauf der räumlich immer sinusförmig verteilten Dämpferdurchflutung in Richtung der beiden genannten Hauptachsen a_1, a_2 dargestellt. Man erhält diesen Verlauf durch Projektion des mit gleichförmiger Geschwindigkeit umlaufenden Vektors Θ_p auf die beiden Hauptachsen. Der Verlauf von Θ_{Da1} wird durch die 60° breite Flanke einer Sinuslinie mit Nulldurchgang in der Mitte dargestellt und ebenso Θ_{Da2} der Form nach durch die 60° breite Kuppe.

Für die Bemessung der Dämpferwicklung bei Belastung des Generators mit gittergesteuerten Stromrichtern interessiert lediglich die größere Wechseldurchflutung Θ_{Da1}. Θ_{Da2} kann vernachlässigt werden. Bei Phasenzahlen von $p = 6$ an aufwärts ist der zeitliche Verlauf von Θ_{Da1} vom Wert $\Theta_p \sin \pi/p$ bis $-\Theta_p \sin \pi/p$ praktisch geradlinig. Man kann daher für den Effektivwert allgemein anschreiben:

$$\Theta_{Da\,1\,\text{eff}} = \frac{\Theta_p}{\sqrt{3}} \sin \frac{\pi}{p}. \tag{13}$$

Führt man in der Beziehung (13) an Stelle der Durchflutungen die zugeordneten Strombeläge ein, so erhält man

$$A_D = \frac{A_{p\,max}}{\sqrt{3}} \sin \frac{\pi}{p} = \sqrt{\frac{2}{3}} \sin \frac{\pi}{p} A_{p\,eff}, \tag{14}$$

wobei $A_{p\,eff}$ den effektiven Ständerstrombelag darstellt. Die folgende kleine Zahlentafel gibt einen Überblick über die Dämpferstrombelagwerte A_D bei Turbogeneratoren für verschiedene Phasenzahlen im theoretischen Falle ohne Berücksichtigung der Anodenstromüberlappung:

$$p = \quad 6 \quad 12 \quad 24 \text{ Phasen,}$$
$$A_D = 41 \quad 21 \quad 10{,}7\% \text{ von } A_{s\,eff}.$$

Mit Hilfe der vektoriellen Darstellung kann man auch den Einfluß der Anodenstromüberlappung auf den Dämpferstrombelag beliebig genau berücksichtigen. In

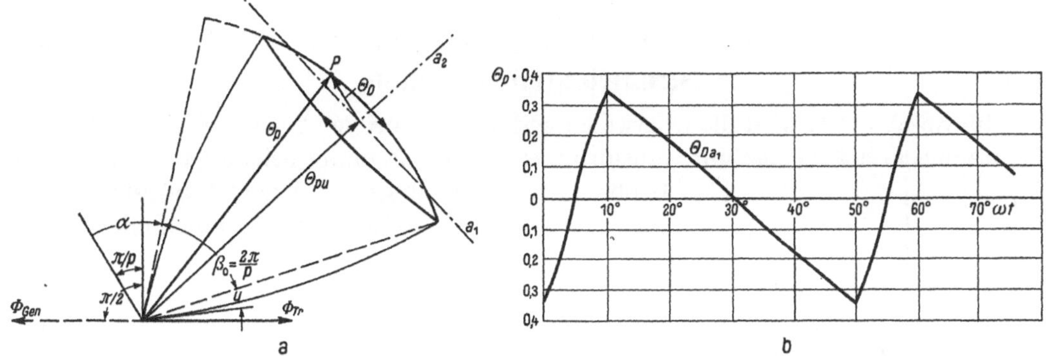

Bild 10. a) Primärdiagramm und b) zeitlicher Verlauf der Dämpferdurchflutung in Richtung der Hauptachse a_1 eines Drehstromgenerators mit 6phasiger Stromrichterbelastung bei geradliniger Kommutierung der Anodenströme.

Bild 9b ist der zeitliche Verlauf der Dämpferdurchflutung in Richtung der beiden Hauptachsen unter Berücksichtigung einer Anodenstromüberlappung von $u = 20°$ für 6phasige Stromrichterbelastung des Generators ohne Gittersteuerung dargestellt. Man erhält diesen zeitlichen Verlauf aus Bild 8 ebenfalls durch Projektion von Θ_D auf die beiden Hauptachsen a_1 und a_2.

Bei gittergesteuerten Stromrichteranlagen kommutiert der Anodenstrom praktisch linear. Nach Bild 10a verkleinert sich die Öffnung des Stromsektors in diesem Fall genau um den Überlappungswinkel u. Man kann daher bei gittergesteuerten Stromrichteranlagen unter Berücksichtigung der Anodenstromüberlappung für den Dämpferstrombelag A_D mit genügender Genauigkeit allgemein anschreiben:

$$\boxed{A_D = \sqrt{\frac{2}{3}} \sin \left(\frac{\pi}{p} - \frac{u}{2} \right) A_{s\,eff}.} \tag{15}$$

Für eine bei gittergesteuerten Stromrichteranlagen in praktischen Fällen vorhandene Anodenstromüberlappung von $u = 10°$ ergeben sich nach Gl. (15) folgende Dämpferstrombelagwerte der speisenden Turbogeneratoren:

$$p = \quad 6 \quad\quad 12 \quad\quad 24 \text{ Phasen,}$$
$$A_D = 34{,}5 \quad 14{,}2 \quad 3{,}6\% \text{ von } A_{s\,eff}.$$

Mit der zuletzt genannten Beziehung (15) kann man den Einfluß der Oberwellenströme einer Stromrichteranlage auf die Dämpferwicklung des speisenden Turbogenerators in außerordentlich einfacher Weise summarisch berücksichtigen, ohne daß man dabei auf Frequenz, Größe und Phasenlage der einzelnen Oberwellenströme einzugehen braucht. Der hohen Frequenz der Dämpferströme muß lediglich durch eine entsprechend frequenzunabhängige Ausbildung der Dämpferwicklung Rechnung getragen werden, d. h. die Höhe der Dämpferstäbe ist möglichst klein zu wählen.

Es ist nicht Aufgabe der vorliegenden Arbeit, die durch die Stromrichterbelastung verursachte Ständerdurchflutung Θ_D auch auf die Dämpferwicklung an Schenkelpolgeneratoren abzubilden. Es möge genügen, den Unterschied zwischen Stromrichterbelastung und gewöhnlicher Drehstrombelastung in einer nach Lage, Verteilung und zeitlichem Verlauf beliebig genau zu ermittelnden Ständerdurchflutung Θ_D erkannt und gefunden zu haben.

IV. Spannungsverzerrung in Hochspannungsnetzen bei Resonanz mit Stromrichteroberwellen.

Im Abschnitt II sind die Oberwellenverhältnisse auf der Primärseite einer Stromrichteranlage bei Betrieb mit sinusförmiger Primärspannung behandelt worden. Für Größe I_ν und Ordnungszahl ν der Primärstromoberwellen bestehen die bekannten Gesetzmäßigkeiten:

$$I_\nu = \frac{1}{\nu} I_1, \qquad (16)$$

$$\nu = n\,p \pm 1, \qquad (17)$$

wobei p die Phasenzahl des Stromrichters, n ganze Zahlen 1, 2, 3 ... und I_1 den Effektivwert des Stromes der Grundfrequenz bedeuten.

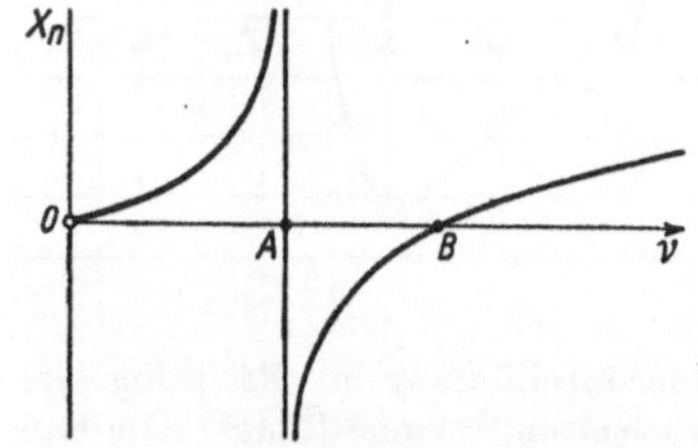

Bild 11. Netzwiderstand (Blindwiderstand/Phase) in Abhängigkeit von der Frequenz bzw. von der Oberwellenordnungszahl.

Die Oberwellen im Primärstrom können sich im allgemeinen nicht in dem nach den Beziehungen (16) und (17) theoretisch verlangten Betrag ausbilden, da der Widerstand des speisenden Drehstromnetzes in bezug auf die Stromrichteranlage endliche Beträge hat und somit die Bedingung sinusförmiger Primärspannung nicht gehalten werden kann. Insonderheit kann bei Drehstrom-Hochspannungsnetzen mit Netzkonstanten gemischter Art — Induktivität, Kapazität und ohmscher Widerstand — der Widerstand einer Netzphase, bezogen auf die Stromrichtersammelschiene, für bestimmte Frequenzen außerordentlich hohe Werte annehmen und an diesen Stellen sprunghaft sein Vorzeichen ändern. Für andere Frequenzen wieder kann der Widerstand praktisch null sein. Über diese Verhältnisse gibt unter Vernachlässigung des ohmschen Widerstandes die Netzwiderstandskurve Bild 11 Auskunft, welche den Blindwiderstand X_n einer Netzphase in bezug auf die Stromrichter-Sammelschiene in Abhängigkeit von der Frequenz bzw. von der Oberwellenordnungszahl darstellt. Positive Werte bedeuten induktiven und negative Werte kapazitiven Widerstand. Bei den Frequenzen, bei denen der Netzwiderstand null ist (Punkt B) ist ein Schaltzustand des Netzes für Spannungsresonanz vorhanden, der sich wie eine Reihenschaltung von Induktivität und Kapazität auswirkt $\left(\nu\,\omega L = \frac{1}{\nu\,\omega C}\right)$. Bei den Frequenzen dagegen, für welche der Blindwiderstand unendlich groß ist und sein Vorzeichen wechselt (Punkt A), liegt ein Schaltzustand des

Netzes für Stromresonanz vor, der in der Wirkung einer Parallelschaltung von Induktivität und Kapazität $\left(v\,\omega\,L = \dfrac{1}{v\,\omega\,C}\right)$ gleichkommt.

Bei Anschluß von Stromrichteranlagen an das Drehstromnetz ist der Fall der Spannungsresonanz für eine bestimmte Oberwelle ungefährlich. Das Netz stellt für die betreffende Stromoberwelle einen Kurzschluß dar, so daß sie sich in ihrer vorgeschriebenen Größe ungehindert ausbilden kann, ohne daß dabei eine nennenswerte Oberwellenspannung an der Stromrichter-Sammelschiene auftritt. Unangenehm dagegen kann der Fall der Stromresonanz werden, sofern die Resonanzfrequenz mit einer Stromoberwelle der Stromrichteranlage zusammenfällt. Infolge des praktisch unendlichen Netzwiderstandes kann sich nunmehr die Oberwelle im Primärstrom nicht mehr ausbilden und muß in entsprechender Weise in der Primärspannung wieder erscheinen[1]). Das Netz stellt für diese Oberwelle gewissermaßen einen Sperrkreis dar.

Um eine Vorstellung darüber zu bekommen, welche Spannungsverzerrung auf der Primärseite einer Stromrichteranlage im Grenzfall möglich ist, soll der Fall behandelt werden, daß für sämtliche Oberwellen der Stromrichteranlage im Netz Stromresonanz besteht. In der Praxis kann dieser Zustand annäherungsweise auftreten, wenn Resonanz für die hauptsächlichsten Oberwellen niedriger Ordnungszahl vorhanden ist.

1. Anodenstrom und Gleichstrom.

Bei Resonanz für sämtliche Oberwellen kann sich offenbar keine einzige Oberwelle im Primärstrom ausbilden, da, wie bereits erwähnt, das Netz für jede Oberwelle einen Sperrkreis bildet. Der Primärstrom muß daher frei von Oberwellen, d. h. rein sinusförmig sein. Es liegt infolgedessen der zweite Grenzfall für den Betrieb einer Stromrichteranlage vor, wo nunmehr die Sinusform des Primärstroms vorgeschrieben ist, während dies üblicherweise für die Primärspannung zutrifft. Es wird nach der Form des Anodenstromes, des Gleichstromes und der Primärspannung gefragt.

Die Beantwortung dieser Fragen erfolgt über das räumliche Vektordiagramm des Stromrichtertransformators für die neuen Betriebsverhältnisse. Es liege derselbe Transformator in Maschinenform mit synchronumlaufenden Wicklungen vor, wie in Abschnitt II beschrieben. Für das räumliche Vektordiagramm bedeutet rein sinusförmiger Primärdrehstrom, daß der Vektor der gesamten Primärdurchflutung Θ_p im Raum nunmehr stillsteht. Infolgedessen muß auch der Vektor der gesamten Sekundärdurchflutung Θ_s im Raum stillstehen. Es kann nun nicht mehr, wie bei gewöhnlichem Stromrichterbetrieb, nur eine einzige Sekundärphase Strom führen, da sich sonst infolge der Umlaufgeschwindigkeit der Wicklungen eine drehende Bewegung der Sekundärdurchflutung einstellen würde. Es müssen offenbar mindestens 2 Sekundärphasen gleichzeitig in der durch die Ventilwirkung vorgeschriebenen Richtung Strom führen, derart, daß der Summenvektor der beiden mit synchroner Drehgeschwindigkeit umlaufenden Sekundärdurchflutungen dauernd den konstanten Betrag und die konstante Richtung von $-\Theta_p$ hat, sofern man den Magnetisierungsstrom vernachlässigt. In Bild 12 sind die Verhältnisse wieder für einen 6phasigen Stromrichter dargestellt. Die beiden Sekundärdurchflutungen Θ_{s1}

---

[1]) K. Aymanns: Der Einfluß der Netzkapazitäten auf die Stromoberwellen in Gleichrichteranlagen. ETZ **58** (1937) S. 499 · · · 503, 535 · · · 537.

und Θ_{s2} sind räumlich um 60° gegeneinander versetzt. Es ist leicht einzusehen, daß der Eckpunkt A des Durchflutungsdreiecks Θ_{s1}, Θ_{s2}, Θ_p sich auf zwei Kreisbögen mit dem Öffnungswinkel 120° bewegen muß, da der Winkel $\gamma = 120°$ und die gegenüberliegende Dreieckseite Θ_p konstant sind. Nach den Regeln der Trigonometrie kann man mit den Bezeichnungen von Bild 12 anschreiben:

$$\Theta_{s1} = \frac{\Theta_p}{\sin 2\pi/p} \cdot \sin(2\pi/p - \omega t), \tag{18}$$

$$\Theta_{s2} = \frac{\Theta_p}{\sin 2\pi/p} \cdot \sin \omega t, \tag{19}$$

$$\Theta_g = \Theta_{s1} + \Theta_{s2} = \frac{\Theta_p}{\sin 2\pi/p} \cdot \cos(\omega t - \pi/p) \quad \text{von } \omega t = 0 \text{ bis } 2\pi/p,$$

$$I_g = \frac{3}{2} \cdot \frac{\cos(\omega t - \pi/p)}{\sin 2\pi/p} \cdot \frac{w_p}{w_s} I_{p1\,max}$$

$$= \frac{3}{\sqrt{2}} \cdot \frac{\cos(\omega t - \pi/p)}{\sin 2\pi/p} \cdot \frac{w_p}{w_s} I_p. \tag{20}$$

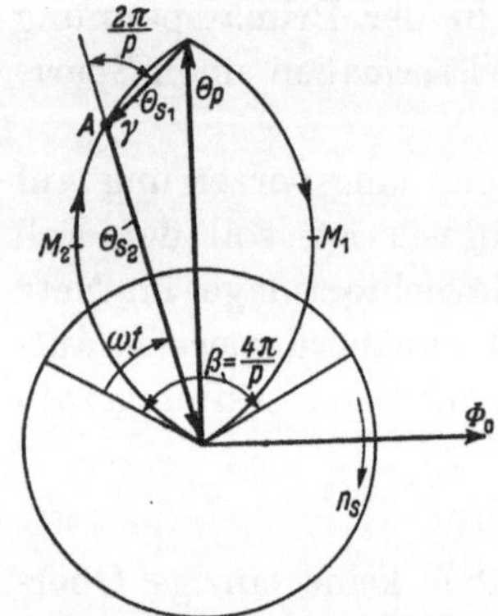

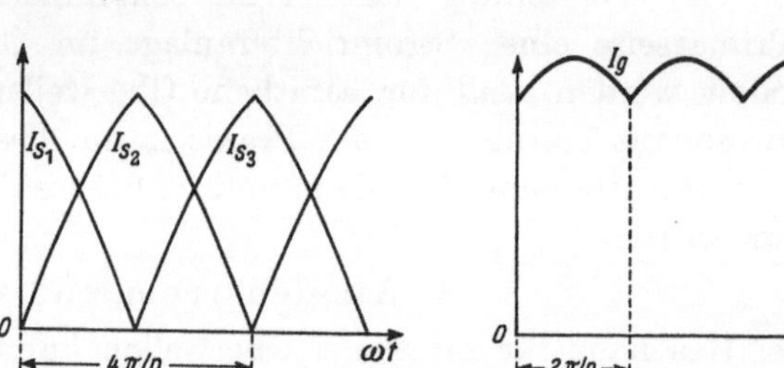

Bild 12. Räumliches Vektordiagramm eines 6 phasigen Stromrichtertransformators bei sinusförmigem Primärstrom.

Bild 13. Zeitlicher Verlauf von Anodenstrom I_a und Gleichstrom I_g bei Betrieb einer 6 phasigen Stromrichteranlage mit sinusförmigem Primärstrom.

Die Beziehungen (18), (19) und (20) für den zeitlichen Verlauf der Phasendurchflutungen bzw. der Anodenströme und des Gleichstromes sind im Bild 13 dargestellt.

Aus Bild 12 und 13 und aus den Beziehungen (18), (19) und (20) kann man folgende bemerkenswerte Feststellungen ablesen:

1. Die Vektoren Θ_{s1} und Θ_{s2} der sekundären Phasendurchflutungen bzw. der Anodenströme bestreichen einen Sektor mit der Öffnung $4\pi/p$, d. h. die Anodenbrenndauer hat sich gegenüber den Verhältnissen des normalen Stromrichterbetriebes verdoppelt und es brennen daher immer 2 Anoden gleichzeitig.

2. Der Anoden- bzw. Phasenstrom hat nicht mehr die übliche Rechteckform, sondern er wird, wie Bild 13 zeigt, aus den Flanken zweier Sinuslinien gebildet. Dies bedeutet günstigere Betriebsbedingungen für das Stromrichtergefäß dadurch, daß nunmehr der Strom in jeder Entladungsstrecke auf natürlichem Wege ausgeht und erst anschließend die nächste Phase gezündet wird.

3. Die Gleichstromabgabe der Anlage ist offenbar verhältnisgleich der algebraischen Summe von Θ_{s1} und Θ_{s2}. Bei vollkommener Stromresonanz ist, wie man aus der Beziehung (20) und aus Bild 13 erkennt, die Form des Gleichstromes erzwungen unabhängig von etwa vorhandenen Induktivitäten auf der Gleichstromseite. Der Gleichstrom besteht aus zeitlich aneinandergereihten $2\pi/p$ breiten Kuppen von sinusförmigen netzfrequenten Strömen. Im vorliegenden Beispiel des 6-Phasenstromrichters lautet die Beziehung zwischen Gleichstrommittelwert I_g und Effektivwert des Anodenstromes $I_{a\,eff}$:

$$I_{a\,eff} = 0{,}325\, I_g. \tag{21}$$

4. Bei Gittersteuerung der Anlage muß die Form des Gleichstromes erhalten bleiben. Die Gittersteuerung wirkt sich im Diagramm von Bild 12 lediglich in einer Verdrehung der Primärdurchflutung Θ_p im Sinne einer Phasenverspätung, d. h. im Sinne des Umlaufes der Wicklungen aus, ohne daß die Form der Sekundärdurchflutungen dadurch beeinflußt werden kann.

5. Die Wirkung etwa vorhandener eisengeschlossener Saugdrosselspulen muß infolge magnetischer Übersättigung verlorengehen, da die Gleichstromdurchflutungen der beiden Spulenhälften einander nicht mehr kompensieren.

2. Anodenspannung und Primärspannung.

Im vorhergehenden Abschnitt ist ausgeführt worden, daß bei vollkommener Stromresonanz unabhängig von der Größe der Induktivität auf der Gleichstromseite eine wellige Form des Gleichstromes erzwungen wird. Man ist somit nicht mehr in der Lage, den Gleichstrom mit Hilfe der Induktivität auf der Gleichstromseite zu glätten, sondern die letztere kann sich jetzt nur schädlich auswirken. Die Oberwellen im Gleichstrom erzeugen entsprechende Spannungen an der Glättungsinduktivität, die sich der ohmschen Spannung oder der EMK auf der Gleichstromseite überlagern. Es ergibt sich damit eine starke Welligkeit der Anodenspannung und in entsprechender Übersetzung eine Welligkeit der Primärspannung. Wenn in der Praxis beim Betrieb von Großelektrolyseanlagen mit Stromrichtern sich verschiedentlich starke Verzerrungen der Primärspannung bemerkbar gemacht haben, so hat dies primär seinen Grund in Resonanzzuständen des Primärnetzes für bestimmte Stromrichteroberwellen. Die Größe dieser Spannungsverzerrung ist im wesentlichen bestimmt durch die verhältnismäßig große Induktivität auf der Gleichstromseite, welche dort notwendigerweise infolge der langen Bäderschleifen vorhanden ist.

Es soll nunmehr die Form der Anodenspannung und der Primärspannung für das Beispiel des 6-Phasenstromrichters für folgende 4 Betriebsarten bestimmt werden:

    a) Ohmsche Belastung,

    b) Betrieb der Anlage auf reine Gegenspannung,

    c) Betrieb der Anlage auf Gegenspannung und Induktivität,

    d) Betrieb der Anlage auf ohmschen Widerstand und Induktivität.

Der Fall d entspricht praktisch den Belastungsverhältnissen einer Stromrichteranlage für Schmelzflußelektrolysen (Aluminiumerzeugung), während Belastungsart c bei wäßrigen Elektrolysen (Wasserstoff- und Chlorherstellung) und bei Anlagen für den Betrieb von Gleichstrommaschinen vorhanden ist. Die Belastungsfälle a und b haben geringere praktische Bedeutung.

Da nach den Ergebnissen des vorhergehenden Abschnittes immer 2 benachbarte Sekundärphasen gleichzeitig Strom führen, so sind sowohl deren Anfänge über den Lichtbogen des Gefäßes als auch deren Enden über den Transformator-Sternpunkt zwangsweise potentialgleich gemacht. Die in den beiden Wicklungen induzierten Spannungen müssen infolgedessen während der gemeinsamen Einschaltzeit zwangsweise gleich groß und in Phase miteinander sein. Andererseits ist die Form der Phasenspannung U_s während der Einschaltzeit durch den Verlauf der Gleichspannung gegeben. Bei ohmscher Belastung stimmt die Form der Phasenspannung während der Einschaltzeit mit dem Verlauf des Gleichstromes überein; sie besteht nach Bild 14a ebenso wie der Gleichstrom aus 2 zeitlich aneinander gereihten 60° breiten Kuppen sinusförmiger netzfrequenter Spannungen. Bei Betrieb der Anlage auf konstante

Gegenspannung, beispielsweise auf eine Batterie, ist die Phasenspannung während der Einschaltzeit konstant gleich der Gegenspannung (Bild 14b). Bei Betrieb der Anlage auf Gegenspannung und Induktivität und bei Belastung auf ohmschen Widerstand und Induktivität, Betriebsfälle, wie sie bei Stromrichteranlagen für Gleichstrommaschinen und Elektrolyseanlagen vorkommen, erfordert der Stromdurchgang durch die Induktivität noch eine zusätzliche Spannung zu der Gegenspannung bzw. ohmschen Spannung, so daß die in Bild 14c und d gegebenen Formen der Phasenspannungen sich einstellen. Entsprechend der Welligkeit des Gleichstromes besteht diese zusätzliche Spannung aus zwei 60° breiten Flanken einer netzfrequenten sinusförmigen Spannung. Damit ist die Form der Sekundärspannung des Transformators für den Bereich der Einschaltzeit, d.h. für 120° el, bekannt.

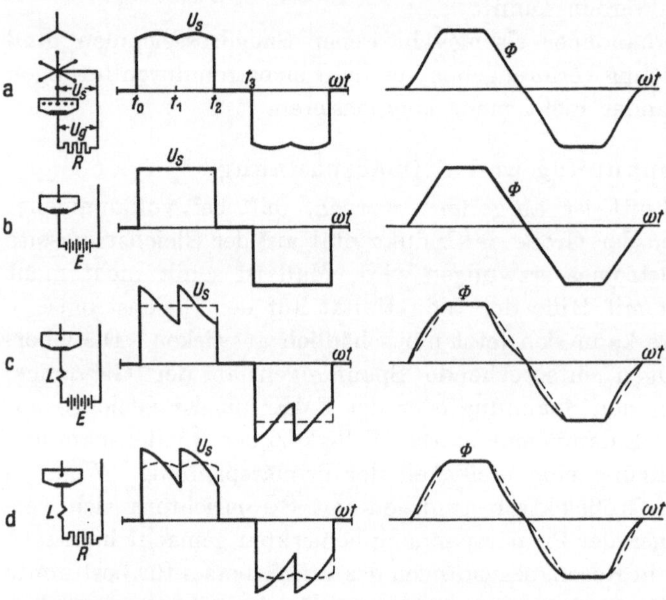

Bild 14. Anodenspannung U_s und Induktionsfluß Φ des Stromrichtertransformators für vier Belastungsarten.

Bei der gewählten Transformatorform können die in den beiden gleichzeitig stromführenden Phasen induzierten Spannungen physikalisch keine elektromotorischen Kräfte der Bewegung sein, sondern müssen solche der Ruhe darstellen. Sie können nicht von einem Drehfeld induziert werden, denn bei Bewegung des zwangsweise sinusförmig verteilten Induktionsflusses gegen die Wicklungen müßte dann notwendigerweise infolge der räumlichen Versetzung eine Phasenverschiebung zwischen den induzierten Spannungen und somit eine Verschiedenheit der gleichzeitigen Spannungswerte auftreten. Phasengleich, wie verlangt, können die beiden räumlich nebeneinander liegenden Wicklungen nur durch einen Wechselfluß induziert werden, der während der Einschaltzeit in Richtung der gemeinsamen Spulenachse verläuft. Für die folgende Ermittlung des zeitlichen Verlaufes des Induktionsflusses und der fehlenden Stücke der Sekundärspannung ist es zweckmäßig, wenn man sich den Transformator ruhend denkt.

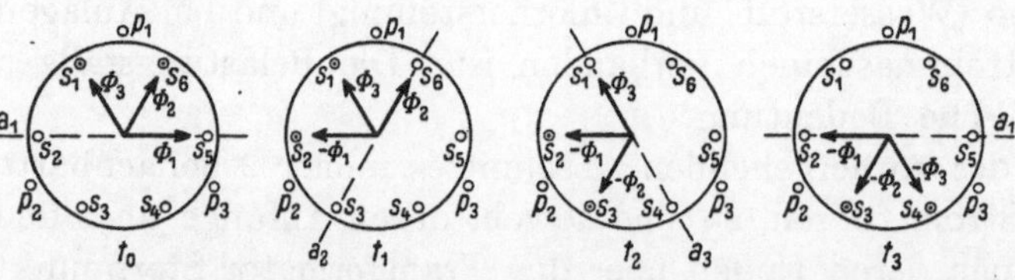

Bild 15. Induktionsflußverlauf im 6 phasigen Stromrichtertransformator bei sinusförmigem Primärstrom, Augenblicksverteilungen zu den Zeitpunkten t_0, t_1, t_2, t_3 des Bildes 14a.

In Bild 15 sind 4 Induktionsflußverteilungen dargestellt, welche zu den in Bild 14a markierten um $^1/_6$ Periode auseinanderliegenden 4 Zeitpunkten t_1, t_2, t_3 gehören. Sie vermitteln einen guten Eindruck von der im ganzen genommen doch drehenden

Magnetisierung im Transformator. Die 6 Sekundärphasen seien durch eine Seite ihrer mittleren Windungen s_1, s_2 ... s_6 und ebenso entsprechend die 3 Primärphasen p_1, p_2, p_3 gekennzeichnet. Es ist bereits bekannt, daß die Sekundärphasen während $^1/_3$ Periode Strom führen, und zwar möge in Bild 15 zum Zeitpunkt $t_0 = 0°$ die Phase s_1 eben in Betrieb kommen, während die Phase s_6 bereits $^1/_6$ Periode lang Strom führt. Zu diesem Zeitpunkt t_0 sei ein Induktionsfluß vorhanden, der in den 3 eingezeichneten Richtungen a_1, a_2, a_3 drei gleich große Komponenten Φ_1, Φ_2, Φ_3 aufweise. In der Zeit von $t_0 = 0°$ bis $t_1 = 60°$ el findet nun in Richtung der gemeinsamen Wicklungsachse a_1 der beiden stromführenden Phasen s_1 und s_6 eine zeitliche Änderung des Induktionsflusses von $+\Phi_1$ auf $-\Phi_1$ statt, welche in den beiden Wicklungen die nach Bild 14 vorgeschriebenen Teilspannungen induziert. Die beiden anderen Induktionsflüsse Φ_2 und Φ_3 bleiben während dieser Zeit konstant. Zur Zeit $t_1 = 60°$ sind somit die drei Induktionsflußkomponenten $-\Phi_1$, Φ_2, Φ_3 vorhanden. In der zweiten Hälfte der Einschaltung von s_1, in der Zeit von $t_1 = 60°$ bis $t_2 = 120°$, ist an Stelle von s_6 die Phase s_2 gleichzeitig in Betrieb mit Phase s_1, so daß nunmehr die Induktionsflußänderung in Richtung der Achse a_2, in gleicher Weise wie vorher, von $+\Phi_2$ auf $-\Phi_2$ erfolgen muß, während diesmal $-\Phi_1$ und Φ_3 konstant bleiben. Für den Zeitpunkt $t_2 = 120°$ ergibt sich daher die Induktionsflußverteilung $-\Phi_1$, $-\Phi_2$, Φ_3. Im letzten Drittel der Halbperiode von U_{s1}, in der Zeit von $t_2 = 120°$ bis $t_3 = 180°$ sind die Phasen s_2 und s_3 in Betrieb, und es erfolgt jetzt in Richtung der Achse a_3 die Induktionsflußänderung von $+\Phi_3$ auf $-\Phi_3$, so daß im Zeitpunkt t_3 die Induktionsverteilung $-\Phi_1$, $-\Phi_2$, $-\Phi_3$ besteht. Die von der letzten Induktionsflußänderung in s_1 induzierte Spannung ist null, da sie in Richtung der Windungsebene von s_1 erfolgt. Für die zweite Halbperiode der Phasenspannung U_{s1} erhält man denselben Spannungsverlauf, wie für die erste, jedoch mit negativem Vorzeichen der Augenblickswerte. Somit ist für eine ganze Periode die Form der sekundären Phasenspannung und der Induktionsflußverlauf ermittelt. In Bild 14 ist der gesamte zeitliche Verlauf von U_{s1} für die erwähnten vier Belastungsfälle des Stromrichters eingetragen.

Es ist notwendig, sich auch ein Bild darüber zu verschaffen, wie die eben beschriebenen magnetischen Verhältnisse sich bei der tatsächlichen Ausführung des Mehrschenkel-Transformators gestalten. In Bild 14 ist daher außer dem Spannungsverlauf von U_{s1} noch der zeitliche Verlauf des Induktionsflusses Φ im Kern eines Sechsphasen-Stromrichter-Transformators gegeben, der den nebenstehenden Formen der Phasenspannungen zugeordnet ist. Es handelt sich dabei um die Differentialkurven der Spannungskurve. Wie man sieht, ist der ursprüngliche sinusförmige zeitliche Verlauf des Induktionsflusses ungefähr in eine trapezförmige Kurve verformt worden.

Nun kann man die Form der Primärspannung bestimmen, denn die Primärwicklung wird von derselben Induktionsflußänderung beeinflußt wie die Sekundärwicklung. Aus Bild 15 ersieht man, daß bei der gewählten Wicklungsanordnung während des ersten Drittels der Halbperiode von U_{s1} in der Zeit von t_0 bis t_1 die Induktionsflußänderung dauernd in Richtung der Windungsachse von p_1 erfolgt. Die induzierte Spannung U_{p1} hat in diesem Zeitabschnitt daher dieselbe Form wie U_{s1}. U_{p1} ist jedoch im Verhältnis $1/\cos 30°$ größer als U_{s1}, da die Windungsachse der Phasen p_1 und die Achse des sich ändernden Induktionsflusses zusammenfallen, während die Flußverkettung der Phase s_1 schlechter ist und ihre Windungsachse einen Winkel von $30°$ gegen die Flußrichtung bildet. Während des zweiten Drittels der Halbperiode in der Zeit von t_1 bis t_2 bilden Windungsachse von p_1 und Richtung des sich ändernden Induktionsflusses einen Winkel von $60°$; die induzierte Spannung U_{p1} hat dieselbe Form wie im ersten Drittel, nur sind die Augenblickswerte U_{p1} halb so groß. Im letzten Drittel der Halbperiode schließlich beträgt der Winkel zwischen Windungsachse und Flußrichtung $-60°$, so daß die induzierte Spannung U_{p1} nunmehr die negativen Werte gegenüber den Verhältnissen beim zweiten Drittel der Halbperiode aufweist. Damit ist die Form der primären Phasenspannungen abgeleitet, wie sie in Bild 16 für die 4 Belastungsfälle dargestellt sind. In Bild 16 sind ferner noch der Vollständigkeit halber die entsprechenden Spannungskurven für Zwölfphasen-Stromrichteranlagen gezeichnet.

Aus Bild 16 entnimmt man die wesentliche Feststellung, daß bei den beiden ersten Betriebsarten der Stromrichteranlage bei ohmscher Belastung und bei Betrieb auf reine Gegenspannung mit sinusförmigem Primärstrom die Form der notwendigen Primärspannung übereinstimmt mit der Primärstromform bei Speisung der Anlage mit sinusförmiger Spannung. Im dritten und vierten Betriebsfall bei zusätzlicher Anwesenheit von Induktivität auf der Gleichstromseite findet eine zusätzliche Verzerrung der

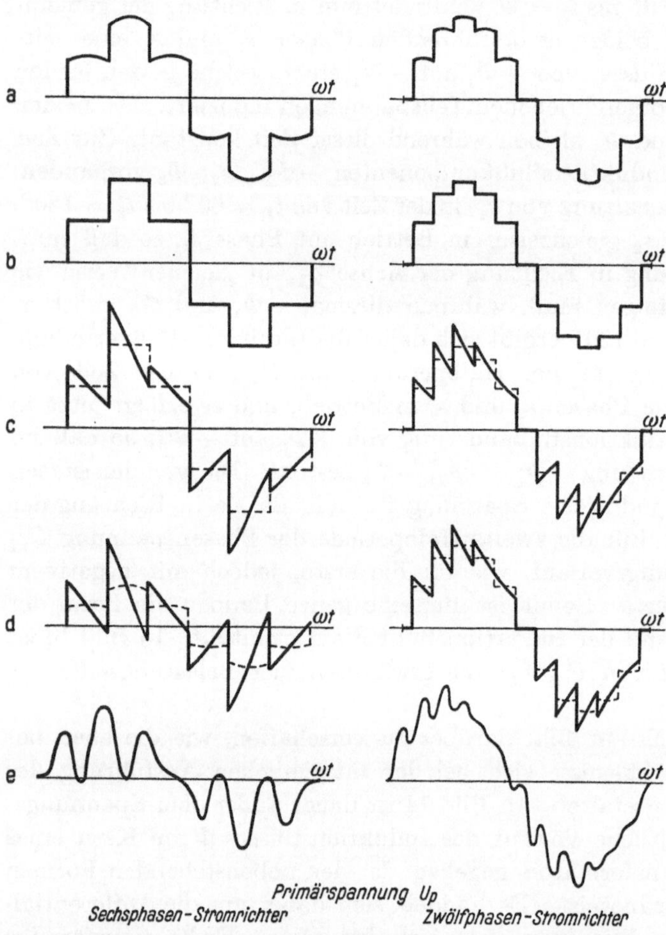

Bild 16. Primärspannung bei Stromresonanz für sämtliche Oberwellen von 6- und 12-Phasen-Stromrichteranlagen für die 4 Belastungsarten des Bildes 14 und zum Vergleich zwei Spannungsoszillogramme.

Netzspannung statt, welche die in Hochspannungsnetzen verschiedentlich beobachteten Formen der Resonanzspannung zur Folge hat. Zum Vergleich sind in Bild 16 noch zwei Oszillogramme der verzerrten Netzspannung einer 6- und einer 12-Phasen-Stromrichteranlage für Elektrolysezwecke gegeben, bei welchen Stromresonanz im Bereich des ersten Oberwellenpaares vorhanden war. Die Ähnlichkeit der Oszillogramme mit den theoretischen Kurven Bild 16c und d ist bemerkenswert.

3. Berechnungsformeln für die Oberwellen der Primärspannung bei vollkommener Stromresonanz.

Es bleibt nunmehr die Aufgabe, die Primärspannungskurven Bild 16a $\cdots$ d nach der Fourierschen Reihe zu zerlegen und die einzelnen Oberwellen nach Größe und Ordnungszahl von der Grundwelle abzutrennen. Das Ergebnis dieser Kurvenzerlegung ist in einer Formeltafel zusammengefaßt, in welcher für die 4 grundsätzlichen Belastungsfälle für 6- und 12-Phasen-Stromrichteranlagen die Berechnungsformeln für die Grundwelle und Oberwelle sowie für das Verhältnis Oberwelle/Grundwelle gegeben sind. Wie bei der Ableitung der Spannungskurven bereits mehrfach zum Ausdruck gebracht wurde, ist bei vollkommener Stromresonanz die Form der

Formeltafel zur Berechnung von Drehstrom-Spannungsoberwellen bei Stromresonanz des Netzes mit Stromrichteroberwellen für 4 Belastungsarten von 6- und 12 phasen-Stromrichteranlagen.

Phasenzahl	$p = 6$			
Belastungsart	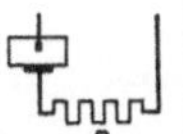 (R)	 (E=Ug)	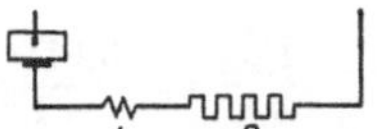 (L, R)	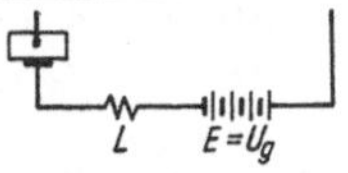 (L, E=Ug)
Grundwelle $U_1 = \ddot{u} \times$	$0{,}78\,U_g$	$0{,}78\,U_g$	$\dfrac{1}{\sqrt{2}}\sqrt{(0{,}11\,\omega L I_g)^2 + (1{,}1\,U_g)^2}$	
Oberwellen $U_\nu = \ddot{u} \times$ $(\nu = np - 1)$	$\dfrac{0{,}71\,U_g}{\nu - 1}$	$\dfrac{0{,}78\,U_g}{\nu}$	$\dfrac{1}{\nu - 1}\sqrt{\dfrac{(\omega L I_g)^2 + U_g^2}{2}}$	$\dfrac{1}{\sqrt{2}}\sqrt{\left(\dfrac{\omega L I_g}{\nu - 1}\right)^2 + \left(\dfrac{1{,}1\,U_g}{\nu}\right)^2}$
Oberwellen $U_\nu = \ddot{u} \times$ $(\nu = np + 1)$	$\dfrac{0{,}71\,U_g}{\nu + 1}$	$\dfrac{0{,}78\,U_g}{\nu}$	$\dfrac{1}{\nu + 1}\sqrt{\dfrac{(\omega L I_g)^2 + U_g^2}{2}}$	$\dfrac{1}{\sqrt{2}}\sqrt{\left(\dfrac{\omega L I_g}{\nu + 1}\right)^2 + \left(\dfrac{1{,}1\,U_g}{\nu}\right)^2}$
$\dfrac{U_\nu}{U_1} =$ $(\nu = np - 1)$	$\dfrac{0{,}91}{\nu - 1}$	$\dfrac{1}{\nu}$	$\dfrac{1}{\nu - 1}\sqrt{\dfrac{(\omega L I_g)^2 + U_g^2}{(0{,}11\,\omega L I_g)^2 + (1{,}1\,U_g)^2}}$	$\sqrt{\dfrac{\left(\dfrac{\omega L I_g}{\nu - 1}\right)^2 + \left(\dfrac{1{,}1\,U_g}{\nu}\right)^2}{(0{,}11\,\omega L I_g)^2 + (1{,}1\,U_g)^2}}$
$\dfrac{U_\nu}{U_1} =$ $(\nu = np + 1)$	$\dfrac{0{,}91}{\nu + 1}$	$\dfrac{1}{\nu}$	$\dfrac{1}{\nu + 1}\sqrt{\dfrac{(\omega L I_g)^2 + U_g^2}{(0{,}11\,\omega L I_g)^2 + (1{,}1\,U_g)^2}}$	$\sqrt{\dfrac{\left(\dfrac{\omega L I_g}{\nu + 1}\right)^2 + \left(\dfrac{1{,}1\,U_g}{\nu}\right)^2}{(0{,}11\,\omega L I_g)^2 + (1{,}1\,U_g)^2}}$
Phasenzahl	$p = 12$			
Belastungsart	 (R)	 (E=Ug)	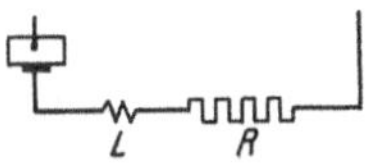 (L, R)	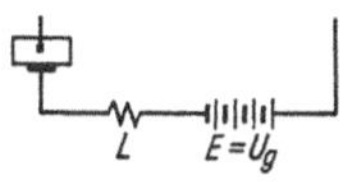 (L, E=Ug)
Grundwelle $U_1 = \ddot{u} \times$	$0{,}72\,U_g$		$\sqrt{(0{,}016\,\omega L I_g)^2 + (0{,}72\,U_g)^2} \cong 0{,}72\,U_g$	
Oberwellen $U_\nu = \ddot{u} \times$ $(\nu = np - 1)$	$\dfrac{0{,}66\,U_g}{\nu - 1}$	$\dfrac{0{,}72\,U_g}{\nu}$	$\dfrac{1}{(\nu - 1)\sqrt{2}}\sqrt{(\omega L I_g)^2 + (0{,}93\,U_g)^2}$	$\dfrac{1}{\sqrt{2}}\sqrt{\left(\dfrac{\omega L I_g}{\nu - 1}\right)^2 + \left(\dfrac{1{,}02\,U_g}{\nu}\right)^2}$
Oberwellen $U_\nu = \ddot{u} \times$ $(\nu = np + 1)$	$\dfrac{0{,}66\,U_g}{\nu + 1}$	$\dfrac{0{,}72\,U_g}{\nu}$	$\dfrac{1}{(\nu + 1)\sqrt{2}}\sqrt{(\omega L I_g)^2 + (0{,}93\,U_g)^2}$	$\dfrac{1}{\sqrt{2}}\sqrt{\left(\dfrac{\omega L I_g}{\nu + 1}\right)^2 + \left(\dfrac{1{,}02\,U_g}{\nu}\right)^2}$
$\dfrac{U_\nu}{U_1} =$ $(\nu = np - 1)$	$\dfrac{0{,}91}{\nu - 1}$	$\dfrac{1}{\nu}$	$\dfrac{1}{\nu - 1} \cdot \dfrac{\sqrt{(\omega L I_g)^2 + (0{,}93\,U_g)^2}}{1{,}02\,U_g}$	$\dfrac{1}{1{,}02\,U_g}\sqrt{\left(\dfrac{\omega L I_g}{\nu - 1}\right)^2 + \left(\dfrac{1{,}02\,U_g}{\nu}\right)^2}$
$\dfrac{U_\nu}{U_1} =$ $(\nu = np + 1)$	$\dfrac{0{,}91}{\nu + 1}$	$\dfrac{1}{\nu}$	$\dfrac{1}{\nu + 1} \cdot \dfrac{\sqrt{(\omega L I_g)^2 + (0{,}93\,U_g)^2}}{1{,}02\,U_g}$	$\dfrac{1}{1{,}02\,U_g}\sqrt{\left(\dfrac{\omega L I_g}{\nu + 1}\right)^2 + \left(\dfrac{1{,}02\,U_g}{\nu}\right)^2}$

Primärspannung lediglich durch die Verhältnisse auf der Gleichstromseite bestimmt. Die Beziehungen für die Primärspannungen enthalten daher nur die charakteristischen Größen der Gleichstromseite U_g, I_g und L_g. Die mathematische Durchführung der Kurvenzerlegung wird hier nicht wiedergegeben; es handelt sich hierbei um längere Ausrechnungen, welche nach vorgegebenem Schema sorgfältig ausgeführt werden müssen, aber im übrigen keinerlei Schwierigkeiten bieten.

Die Primärspannungskurven für die beiden ersten Belastungsfälle — ohmsche Belastung und Betrieb auf reine Gegenspannung — stimmen, wie bereits erwähnt, mit den Stromkurven bei Betrieb der Anlage mit sinusförmiger Spannung überein, und es können die hierfür bestehenden bekannten Oberwellen-Gesetzmäßigkeiten sofort übertragen bzw. leicht ergänzt werden. Für Ordnungszahl $v = n\,p \pm 1$ und Oberwellenverhältnis U_v/U_1 ergeben sich die folgenden Beziehungen:

1. bei ohmscher Belastung:

   a) für $v = n\,p - 1$:

$$\frac{U_{vR}}{U_1} = \frac{0{,}91}{v - 1}\,,$$

   b) für $v = n\,p + 1$:

$$\frac{U_{vR}}{U_1} = \frac{0{,}91}{v + 1}\,.$$

2. bei Betrieb auf Gegenspannung:

$$\frac{U_{vE}}{U_1} = \frac{1}{v}\,.$$

Die Primärspannungskurven für die Belastungsfälle 3 und 4 setzen sich je aus 2 Teilen zusammen; einmal aus dem bereits bekannten Spannungsanteil für den ohmschen Widerstand U_{vR} bzw. für die konstante Gegenspannung U_{vE} und zum anderen aus dem Spannungsanteil U_{vL} für die Gleichstrominduktivität. Die Kurvenzerlegung ergibt hierfür einen Grundwellenanteil und Oberwellen von derselben Ordnungszahl wie für die übrigen Spannungen. Die Höchstwerte der Oberwellen errechnen sich allgemein nach den Beziehungen:

   a) für $v = n\,p - 1$;

$$U_{vL\,\mathrm{max}} = \frac{\omega L I_g \ddot{u}}{v - 1}\,,$$

   b) für $v = n\,p + 1$;

$$U_{vL\,\mathrm{max}} = \frac{\omega L I_g \ddot{u}}{v + 1}\,.$$

Für den Grundwellenanteil U_{1L} der Primärspannung ergibt sich:

$$\text{für } p = 6:\ U_{L1} = \omega L I_g \cdot 0{,}11,$$

$$\text{für } p = 12:\ U_{L1} = \omega L I_g \cdot 0{,}023.$$

Es bedeuten dabei ω die Netzkreisfrequenz, I_g den Gleichstrommittelwert und $\ddot{u}$ das Übersetzungsverhältnis w_p/w_s.

Bei der Berechnung der Summen-Oberwellen ist besonders zu beachten, daß die Oberwellenanteile für die Gleichstrominduktivität U_{vL} um $90°$ phasenverschoben sind gegenüber den Spannungsanteilen U_{vR} bzw. U_{vE}.

Für die Abschätzung der Größe der möglichen Spannungsoberwellen bei Strom-resonanz sind in der Formeltafel besonders die beiden letzten Reihen mit den An-gaben für das Verhältnis Oberwelle/Grundwelle wichtig. Man darf diese Angaben wahrscheinlich auch für den Fall anwenden, daß nur für eine Oberwelle bzw. für ein Oberwellenpaar Stromresonanz besteht. Die errechneten Oberwellenbeträge stellen Grenzwerte dar, die in Wirklichkeit infolge der ohmschen Dämpfung nicht ganz erreicht werden. Trotz dieser Einschränkung ist ein wesentlicher Fortschritt erreicht, da man in der Lage ist, wenigstens den Grenzwert der Spannungs-oberwellen bei Resonanzzuständen des Netzes anzugeben und man ferner die Rück-wirkung auf den Stromrichterbetrieb übersehen kann.

Wesentlich ist die Feststellung, daß außer abschätzbaren zusätzlichen Verlusten im transformatorischen Teil die Spannungsverzerrung bei Resonanz keinen schäd-lichen Einfluß auf den Betrieb der Stromrichteranlage ausübt. Wenn auch die Form des Anodenstromes und der Anodenspannung sich verändert, so erfolgt doch die Stromübergabe von einer Anode zur nächsten in derselben Regelmäßigeit, wie bei Betrieb mit sinusförmiger Spannung.

Während der kurzen Anfahrperiode von chemischen Stromrichteranlagen mit Nennstrom bei verminderter Spannung ist die Spannungsverzerrung größer als bei Betrieb mit voller Spannung. Die durch die Gleichstrominduktivität bestimmten Spannungsoberwellen bleiben in ihrer Größe erhalten, während die Grundwelle herabgeregelt wird; das Verhältnis Oberwellen/Grundwelle wird also größer.

Die tatsächlichen Betriebsbedingungen für eine Stromrichteranlage liegen allge-mein zwischen den in den Abschnitten II und IV der vorliegenden Abhandlung dargestellten Grenzfällen:

1. Betrieb mit sinusförmiger Primärspannung; Primärstromkurve treppenförmig; Stromoberwellen nach den Beziehungen (16) und (17) auf Seite 62. Diese Grenz-bedingung ist an und für sich bereits bekannt; es ist hier nur eine neue Darstellung gewählt worden.

2. Betrieb mit sinusförmigem Primärstrom; Primärspannung treppenförmig; Spannungsoberwellen siehe Formeltafel.

Zusammenfassung.

In der vorstehenden Abhandlung werden zunächst die Oberwellenverhältnisse von Stromrichteranlagen durch ein räumliches und zeitliches Vektordiagramm des Stromrichtertransformators beschrieben. Mit Hilfe dieser vektoriellen Darstellung läßt sich die elektrische Beanspruchung der Dämpferwicklung von Generatoren mit Stromrichterbelastung summarisch übersehen, ohne daß man dabei auf die einzelnen Oberwellen selbst einzugehen braucht. Es zeigt sich, daß die Dämpferwicklung hauptsächlich durch eine Wechseldurchflutung belastet wird, deren Achse beim ungesteuerten Stromrichter ungefähr in Richtung der Polachse verläuft. Bei Gitter-steuerung dreht sich die Achse der Wechseldurchflutung um einen der Zündver-zögerung entsprechenden Winkel. Für die Größe des Dämpfer-Strombelages wird eine einfache Beziehung angegeben. In einem weiteren Abschnitt wird die Span-nungsverzerrung in Hochspannungsnetzen bei Resonanz mit Stromrichterober-wellen und deren Rückwirkung auf den Stromrichterbetrieb ebenfalls vektoriell behandelt. Es wird der Grenzfall untersucht, daß für sämtliche Stromrichteroberwellen im speisenden Netz Stromresonanz, d. h. Sperrung für die Oberwellenströme vorhanden ist. Die Untersuchung erstreckt sich daher auf den Fall des Betriebes einer Stromrichteranlage mit sinusförmigem Primärstrom. Die Art der Belastung auf der Gleichstromseite hat einen maßgebenden Einfluß auf die Form der Primärspannung. Insbesondere wurde festgestellt, daß die üblicherweise zum Zwecke der Glättung des Stromes auf der Gleichstromseite eingeschaltete oder natürlicherweise vorhandene Induktivität im Falle von Stromresonanz spannungsverzerrend auf die Primärseite zurückwirkt. In einer Formeltafel sind die Spannungsoberwellen für 4 Belastungsfälle von Stromrichteranlagen für 6- und 12-phasige Ausführung ermittelt. Die vollkommene Stromresonanz auf der Primärseite ergibt ferner eine Verdoppelung der Anodenbrenndauer gegenüber den Verhältnissen bei Betrieb der Anlage mit sinusförmiger Spannung, jedoch wird der eigentliche Stromrichterbetrieb hierdurch nicht gestört.

Über Verschleiß und Reibung in Schleifkontakten, besonders zwischen Kohlebürsten und Kupferringen.

Von **Ragnar Holm, H. Paul Fink, Friedrich Güldenpfennig** und **Hermann Körner.**

Mit 8 Bildern.

Mitteilung aus dem Forschungslaboratorium I der Siemens-Werke zu Siemensstadt.

Eingegangen am 13. Juli 1938.

Inhaltsübersicht.

A. Allgemeines.

1. Einleitung und Bezeichnungen.

Da die Bürsten auf elektrischen Maschinen oft in hohem Maße verschleißen, ist es wichtig, über die Ursachen und den Betrag dieses Verschleißes Bescheid zu wissen. Erst wenn unter ausreichend bekannten Umständen der Verschleiß berechnet werden kann, hat man die Gewähr, daß man die wirkenden Umstände richtig zu beurteilen vermag.

Der am meisten störende Verschleiß beruht auf dem Funken der Bürsten; dieser Anteil konnte allerdings erst nach gründlicher Untersuchung des sonstigen Verschleißes richtig bestimmt werden. Nur eine ebenso gründliche Untersuchung konnte über die schmierende Wirkung der Feuchtigkeit und des Graphits genügend Auskunft geben. Auch für spätere Untersuchungen über das Springen der Bürsten (eine Ursache des Funkens) brauchen wir eine ebenso gründliche Kenntnis über die Wirkung der Schmierhäute.

Es gibt schon einige sehr anregende einleitende Untersuchungen auf diesem Gebiet von V. P. Hessler[1] sowie von R. M. Baker und G. W. Hewitt[2]. Diese

---

[1] V. P. Hessler: Iowa State College **34**, Nr 25 (1935) — Electr. Engng. **54** (1935) S. 1050; **56**, (1937) S. 8.

[2] R. M. Baker u. G. W. Hewitt: Electr. J. **33** (1936) S. 287 — Electr. Engng. **56** (1937) 123.

Verfasser haben aber die verschiedenen mitspielenden Veränderlichen immerhin nicht genügend getrennt; vor allen Dingen haben sie den rein mechanischen Verschleiß und die Stoffverdampfung durch den Funken nicht streng genug auseinandergehalten. Wir haben uns deshalb die Aufgabe gestellt, die Wirkung der einzelnen Veränderlichen genauer zu verfolgen, und konnten so auch zu einer viel genaueren Beschreibung der betreffenden physikalischen Vorgänge gelangen. Die Reinheit unserer Messungen zeigt sich unter anderem in der starken Verkleinerung der Streuung der Meßergebnisse.

Einige Hauptergebnisse seien schon einleitend angeführt, weil sie dazu beitragen, das Folgende übersichtlicher zu machen. Reine kristallinische Metalloberflächen haften aneinander, als ob sie in den Berührungspunkten verschweißt wären, und bei gegenseitiger Verschiebung erleiden diese Flächen einen sehr starken Verschleiß. Nun gleiten aber in der Praxis nie reine kristallinische Metallflächen aufeinander, sondern die Gleitflächen sind stets von Fremdschichten bedeckt, die mehr oder weniger gut als Schmierung dienen. Demzufolge ist alles, was man über Verschleiß und Reibung kennt, die ganzen Coulombschen Reibungsgesetze einbegriffen, wesentlich auf die erwähnten Schmierschichten zurückzuführen. Daß so klare Gesetzmäßigkeiten wie die von Coulomb und auch einige, die wir hier unten kennenlernen, zustande kommen können, bedeutet, daß die erwähnten Fremdschichten in einer gewissen normalen Atmosphäre gut wiederhergestellt werden. Allerdings kennt jeder, der über die Reibung gearbeitet hat, häufige Ausnahmen, und auch wir werden es im folgenden mit verschiedenen Ausnahmen zu tun haben.

Eine besondere Rolle als Schmierschicht, abgesehen von Tränkmitteln der Bürsten, spielen im folgenden 1. Graphitschichten, 2. Wasserhäute[1]) und 3. gewisse „fettähnliche" Schichten, die sich aus Schwebestoffen der Luft auf dem Metall absetzen. Diese fettähnlichen Schichten werden, nach der Reibung zu urteilen, dann besonders gleichmäßig, wenn die betreffende Metalloberfläche mit einem Wattebausch abgerieben wird, der mit Alkohol oder Petroläther getränkt worden ist. Bei langem Stehen in reichlichen Mengen dieser Flüssigkeiten wird aber die betreffende Schicht von der Metalloberfläche weggelöst; aus diesem Grunde nennen wir eine solche Schicht „fettähnlich".

Auf den ersten Blick mag es vielleicht etwas sonderbar erscheinen, daß eine Wasserhaut durch die Bürste nicht ganz und gar weggekratzt wird. Dieser Umstand erscheint uns allerdings weniger befremdend, nachdem wir die Erfahrung gemacht haben, daß eine solche Wasserhaut sogar die unerhörte Beanspruchung in einem schlagenden und reibenden Kontakt Eisen gegen Eisen aushält[2]), vgl. § 4. Die dem Metall am nächsten sitzende Lage der Wasserhaut haftet eben äußerst fest. Immerhin werden solche Schmierschichten unter der Bürste ab und zu verletzt[3]), und gerade darauf beruht es, daß ein mechanischer Verschleiß zustande kommt. Er kann

---

[1]) Die Bedeutung dieser Wasserhäute bezüglich des Haftens ruhender Kontakte und der Reibung in Schleifkontakten ist schon oft hervorgehoben worden, siehe z. B. R. Holm, F. Güldenpfennig, E. Holm u. R. Störmer: Wiss. Veröff. Siemens **X**, 4 (1931) S. 20; R. Holm u. B. Kirschstein: Z. techn. Phys. **16** (1935) S. 488, auch Z. Phys. **36** (1935) S. 882; R. Holm u. B. Kirschstein: Wiss. Veröff. Siemens **XV**, 1 (1936) S. 122. In dieser letzten Arbeit stehen noch einige weitere Schrifttumshinweise, wozu wir noch hinzufügen: S. Werncke: Diss. Dresden (1934).

[2]) Vgl. F. Frey: Die Zerstörung einer adsorbierten Sperrschicht durch Druck. Phys. Z. **37** (1936) S. 213.

[3]) Eine leicht lesbare Übersicht über die Wirkung schmierender Schichten gibt H. Burstin: Petroleum **34** Nr 23 (1938) S. 1. In dieser Arbeit befinden sich auch weitere Schrifttumsangaben.

darauf beruhen, daß an bloßgelegten Stellen rein metallische Reibung zustande kommt; aber es gibt ebenfalls Anzeichen dafür, daß in Kontakten, wo sich sicher nur die Fremdschichten berühren, bei der Verletzung jener auch Metall mitgerissen wird, weil die Verbindung Fremdschicht-Metall von derselben Festigkeit wie das Metall ist. Neben diesem Verschleiß kommt hier nur die Verdampfung des Werkstoffes in dem Funken unter der Bürste in Frage, und diese Verdampfung ist nach den Gesetzen berechenbar, die wir schon in früheren Arbeiten über die Stoffwanderung in Abhebekontakten erforscht haben.

Für die Größe des Verschleißes ist der mittlere Grad der Verletzung der Schmierschicht verantwortlich. In welchem Maße nun aber die Schmierschicht verletzt wird, das hängt teils davon ab, wie gut sie haften kann (hängt also von der festen Oberflächenschicht, etwa Oxyd, ab), teils auch davon, wie leicht sie sich erholen kann. Die Wasserhaut kann sich z. B. in feuchter Luft besser erholen als in verhältnismäßig trockener, und die Lamellennuten eines Kollektors bilden gewissermaßen eine Art Vorratskammer für die Schmierstoffe, aus denen die Schmierschichten sich bei Bedarf Ersatz für verletzte Stellen holen können, vgl. § 14.

Die Reibung und der mechanische Verschleiß gehen durchaus nicht immer parallel. Die Reibungsarbeit ist nämlich nur in Sonderfällen eine Verschleiß- oder Verformungsarbeit. Meistens ist sie wesentlich eine Gleit- oder Scherungsarbeit, welche sehr wohl ohne irgendeine dauernde Veränderung der gegeneinander schleifenden (scherenden) Flächen denkbar wäre[1]. Die Reibungszahl fällt nun um so größer aus, je größer unter sonst ähnlichen Umständen die wirkliche Berührungsfläche ist, vgl. § 14. Wenn aber eine Vergrößerung der Berührungsfläche dazu führt, daß die Schmierschicht dicker wird, dann kann dies auch eine Abnahme der Reibung und des Verschleißes zur Folge haben.

Der Graphit schmiert, wie bereits erwähnt, auch gut, aber offenbar nur dann, wenn die Graphitschuppen mit ihren bevorzugten Kristallitflächen (001-Ebenen) in der Schleiffläche liegen. Geraten diese Schuppen hochkant zur Schleiffläche, so wird der Verschleiß groß, vgl. § 14.

Bezeichnungen.

G	Verschleiß.
s	Schleifweg.
P	Kontaktkraft.
v	Umfangsgeschwindigkeit.
f	relative Feuchtigkeit in Bruchteilen der Sättigung, so daß z. B. $f = 0{,}3$ eine Feuchtigkeit von 30 % bedeutet.
I	Stromstärke.
E	EMK.
e	Kontaktspannung, bei Berechnungen oft gleich 1 V angenommen.
R	Widerstand.
L	Induktivität.
t	Zeit.
T, (Θ)	Funkenlebensdauer, siehe § 10.
T_s	zu der Funkendauer sich addierende Schwebezeit einer Bürste, siehe Zahlentafel (12 a).

---

[1] Vgl. R. Holm: Wiss. Veröff. Siemens **XVII**, 4 (1938) S. 38.

q durch einen Kontaktfunken geflossene Elektrizitätsmenge.

Q ganze, durch eine Anzahl (N) Funken geflossene Elektrizitätsmenge.

U_0 Spannung des kürzesten Bogens.

ϱ Dichte.

p Druck.

ϑ Temperatur.

F eingeschliffene Fläche.

δ mittlere Dicke einer abgeschliffenen Schicht in kristallographischen Atom-
          schichtdicken.

b Breite einer wirklichen Berührungsfläche.

ν Anzahl Teilflächen einer wirklichen Berührungsfläche.

M, A, Γ Stoffkonstanten des Verschleißes, siehe besonders bei Formel (5a).

μ Reibungszahl.

Die Indizes a und k verweisen auf Anode bzw. Kathode.

2. Meßtechnisches.

Das Bild (2a) zeigt eine grundsätzliche Anordnung, um gleichzeitig die Reibung und den Verschleiß der Bürsten zu messen. Der Bürstenhalter wird von einem Hebel H getragen, dessen an der Skala S ablesbare Drehung gegen die Kraft einer Spiralfeder F die Berechnung der Reibkraft gestattet.

Der Bürstenhalter ist im Bilde (2a) gewissermaßen symbolisch angedeutet. In Wirklichkeit haben wir fast immer, einer Anregung von H. Gerdien folgend, Bürstenhalter mit Parallelführung der Bürste verwendet, so wie es grundsätzlich das Bild (2b) zeigt. Die auf diesem Bilde angedeutete, nach vorn geneigte Stellung des Bürstenhalters ist stark übertrieben.

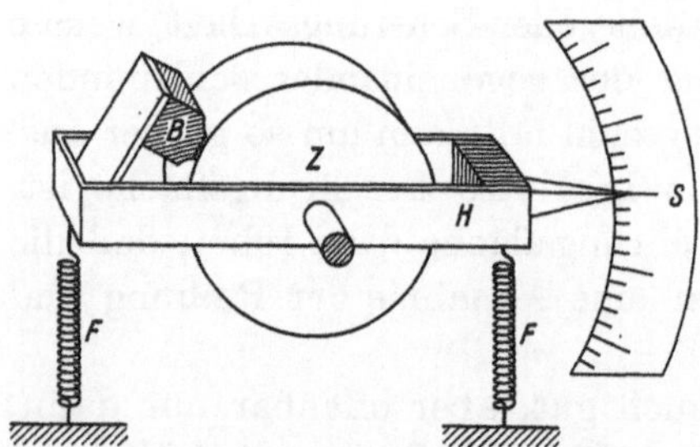

Bild (2a). Apparat für Verschleiß- und Reibungsmessungen, schematisch.
Z Ring, B Bürste.

In Wirklichkeit kam wohl höchstens 1° Abweichung von der senkrechten Stellung in Frage. Meistens wurden auch 'zwei symmetrisch zum Schleifring angebrachte Bürstenhalter verwendet, um den einseitigen Achsendruck zu vermeiden.

Der Verschleiß der Bürsten kann natürlich, wie es sonst meistens geschieht, durch Wägung nach Austrocknung der Bürste festgestellt werden. Viel genauer aber ist die von uns verwendete und im Bilde (2a) angedeutete Anordnung. Die Bürste bekommt dabei am Rande Facetten, an deren Änderung der Verschleiß mikroskopisch feststellbar wird. Allerdings verwendeten wir eine viel kleinere Neigung der Facetten gegen die Schleiffläche, als im Bilde gezeichnet, nämlich nur 10°.

Für Versuche im Vakuum und ähnliche kamen natürlich auch starke Änderungen der beschriebenen Meßanordnung vor.

Bild (2b). Bürstenhalter mit Parallelführung der Bürste.

Bei dem größten Teil unserer Messungen kam es darauf an, jeden Funken zu vermeiden. Zu diesem Zwecke haben wir gleichzeitig drei Vorbeugungsmaßregeln eingehalten. Erstens war für ein ruhiges Laufen der Bürsten auf gut abgedrehten Ringen gesorgt; auch wurde die Umfangsgeschwindigkeit nie über gewisse zum Zittern der Bürsten führende Beträge gesteigert. Zweitens war für eine praktische Induktionsfreiheit des Stromkreises gesorgt (Schniewind-Gitter als Widerstände, verdrillte Leitungen). Drittens verwendeten wir eine elektromotorische Kraft (z. B. 8 V), die beträchtlich unterhalb der Funkenspannung (≈ 15 bis 25 V) lag.

Auch bei vielen Versuchen mit funkender Bürste wurde die kleine EMK verwendet, wenn es nämlich darauf ankam, die funkenerzeugende Wirkung einer Induktivität allein zu untersuchen, vgl. § 9.

3. Maße für den Verschleiß und für die Reibung.

Um den Verschleiß zu kennzeichnen, verwenden wir zwei Maße. Erstens können wir ihn mit dem Schleifweg s, der Kontaktkraft P, der Feuchtigkeit f, der Umfangsgeschwindigkeit (Schleifgeschwindigkeit) v und gegebenenfalls mit der Stromstärke I in Verbindung bringen und ihn dementsprechend je Einheit des Schleifweges angeben, und zwar am besten bezogen auf die Kontaktkraft $P = 0,5$ kg, die rel. Feuchtigkeit $f = 0,5 = 50\%$, die Umfangsgeschwindigkeit $v = 10$ m/s und die Stromstärke $I = 10$ A.

Zweitens drücken wir den Verschleiß G auch in Atomschichten aus. Es gilt

$$G = b \cdot s \cdot \delta, \tag{3a}$$

wo b die mittlere Breite der wirklichen Berührungsfläche, s den Schleifweg und δ eine Dicke bedeuten. Die aus dieser Gl. (3a) berechnete Dicke δ wird in Atomschichten ausgedrückt und gibt uns dann die betreffende Meßzahl. Als Dicke einer Atomschicht setzen wir an: für Graphit 3,4 Å (= dem Abstand zwischen einer 001- und einer 002-Ebene), für Kupfergraphit[1]) 2,5 Å; weiter für Kupfer 1,8 Å und für Eisen 1,44 Å, d. h. die halben Gitterkonstanten.

Die Reibung kennzeichnen wir durch die Reibungszahl μ bei der schleifenden Bewegung[2]). Wir setzen also die Coulombschen Reibungsgesetze voraus. Kontrollversuche bestätigten, daß dies zulässig ist. An frisch in der Luft gesäuberten (fein geschmirgelten und mit Alkohol abgewaschenen), also ähnlich beschaffenen Oberflächen fanden wir für Kontakte Graphitbürste gegen Graphitring und Graphitbürste gegen Kupferring

$$\mu = 0,21 \pm 0,03$$

innerhalb der folgenden Grenzen:

$$0,75 < P < 400 \text{ g},$$

und
$$0,05 < F < 2 \text{ mm}^2 \text{ mit } P \approx 1 \text{ g}$$
$$15 < F < 400 \text{ mm}^2 \text{ mit } P \approx 100 \text{ bis } 1000 \text{ g},$$
$$0,15 < v < 9 \text{ m/s},$$

wo wieder P die Kontaktkraft, F die eingeschliffene Fläche und v die Schleifgeschwindigkeit bedeuten.

B. Verschleiß.

4. Einige Sonderfälle des Verschleißes.

I. Eisen gegen Eisen. Der verwendete Apparat ist im Bilde (4a) veranschaulicht. Ein Weicheisendraht D ist um die an einer Kreisscheibe befestigten Stahlstifte ss

---

[1]) Kupfergraphit ist ein metallkeramisch behandeltes Kupfer-Graphit-Gemenge.

[2]) Die Reibungszahl μ ist gleich $\dfrac{\text{Reibungskraft}}{\text{Kontaktkraft}}$.

straff gespannt. Bei der Drehung der Scheibe schleifen die scharf abgebogenen Stellen des Drahtes gegen die Kontaktplatte E, welche auch aus Weicheisen besteht. Die Feder F erzeugt den Kontaktdruck.

Das Meßergebnis zeigt die Bedeutung des Wasserdampfes. In ausreichend trockener Luft war nämlich der Verschleiß sehr groß, rund 500 Atomschichten, und bei auf 200°C erhöhter Temperatur sogar noch 3mal größer. Bei großer Feuchtigkeit dagegen wurde der Verschleiß besonders bei langsamer Bewegung klein von der Größenordnung einer Atomschicht. Überraschenderweise zeigte sich bei gegebener Schleifgeschwindigkeit eine ziemlich scharfe Grenze zwischen den Feuchtigkeitsgebieten mit großem und kleinem Verschleiß. Diese Grenze lag bei 200 U/min bei 67 % rel. Feuchtigkeit und bei 2 U/min bei 40 % rel. Feuchtigkeit. Diese Wanderung der Feuchtigkeitsgrenze erklärt sich dadurch, daß die schmierende Wasserhaut sich um so leichter (also schon bei kleinerem Feuchtigkeitsgehalt der Luft) erholen kann, je längere Zeit zwischen zwei Berührungen Draht gegen Kontaktplatte vergeht.

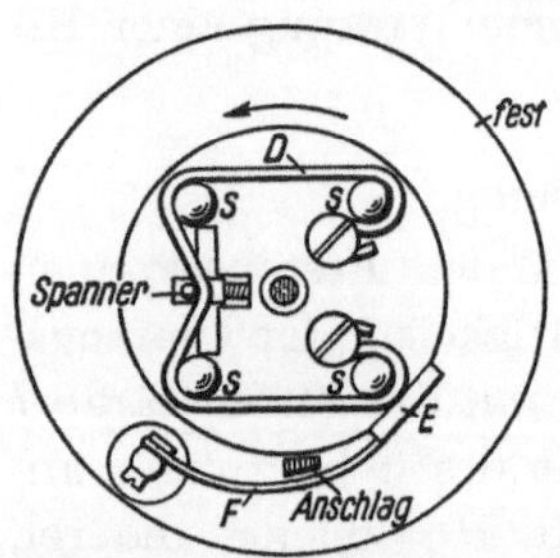

Bild (4a). Apparat für Verschleißuntersuchungen, Eisen gegen Eisen.

Die Schleifstellen des Drahtes befanden sich im Abstand 1,7 cm von dem Drehpunkt der Scheibe. Die Schleifbahn auf dem Kontaktstück E hatte eine Länge von 1 cm. Wenn also die Scheibe 200 U/min machte, so war der gesamte Schleifweg 800 cm/min. Der zugehörige Verschleiß in gewöhnlicher Luft sowie in Trockenheit lag zwischen 0,2 und 0,6 mg/min (von Messung zu Messung unregelmäßig schwankend) und war bis auf 10 % genau gleich viel am Draht und am Kontaktstück. Die Kontaktkraft war dabei ungefähr 100 g. Eine Erhöhung der Kontaktkraft auf 200 g vergrößerte den Verschleiß mit einem Faktor 2 bis 2,5.

Die wirkliche Berührungsfläche dürfte wohl meistens in etwa 3 Teilflächen aufgeteilt gewesen sein[1]), und die Gesamtbreite betrug bei 100 g Kontaktdruck etwa 0,1 mm. Auf Grund dieser Angaben berechnet sich die obige Atomschichtenzahl des Verschleißes.

II. Graphit gegen Graphit. Ein eingeschliffener Kontakt, Graphit gegen Graphit, bei dem also die Oberflächen der beiden Kontaktglieder durch in der Schleiffläche ausgerichtete Graphitschuppen[2]) ausgeglättet worden sind, verschleißt äußerst wenig.

Zahlentafel (4c). Bürstenverschleiß, wenn sowohl Ring wie Bürste aus weichem Graphit bestehen. $P \approx 0,6$ kg, Luft bei Zimmertemperatur.

s km	f	G mm³	M in 10^{-4} mm³	A
12 260	0,5	0,12	$0,08 \pm 0,03$	0,5 bis 1
14 320	0	0,17	$0,11 \pm 0,02$	0,5 bis 1
17 560	0,93	0	0 bis 0,02	

Meßergebnisse sind in der Zahlentafel (4c) zusammengestellt. Die maßgebenden Zahlenwerte von M sind mit Hilfe der folgenden Formel (4b) erhalten[3]). Die eingeschliffene Fläche war dabei von der Größenordnung 0,2 cm².

$$G = M \cdot \frac{s}{\text{km}} \cdot \frac{P}{0,5\ \text{kg}} + A \cdot \frac{s}{\text{km}} \cdot \frac{I}{10\ A} . \tag{4b}$$

---

[1]) Vgl. R. Holm: Wiss. Veröff. Siemens **XVII**, 4 (1938) S. 43.

[2]) Eine derartige Orientierung der Graphitschuppen auf Kupferringen hat F. Trendelenburg im Forschungslaboratorium I der Siemenswerke mit Hilfe der Elektronenbeugung festgestellt. Vgl. auch G. Schmaltz: Technische Oberflächenkunde, Berlin (1936), besonders S. 210.

[3]) Vgl. Formel (5a).

Der Verschleiß ist wesentlich derselbe in gewöhnlicher Luft und bei Trockenheit, wo allein der Graphit für die Schmierung verantwortlich ist. In mit Feuchtigkeit gesättigter Luft vermag die Wasserhaut sich auf dem Graphit zu halten und setzt den mechanischen Verschleiß noch um eine halbe Zehnerpotenz herab.

Benutzt man die Formel (4b) für die obigen Verschleißmessungen an Eisen in trockener Luft, so ergibt sich $M = 31\ \mathrm{mm^3}$. Es ist interessant, hiermit andersartige Verschleißmessungen von W. Bondi[1]) zu vergleichen. Dieser hat den Verschleiß zwischen gegeneinander rollenden und dabei etwas schlüpfenden Stahlrädern gemessen. Aus seinen Bildern 89 und 90 berechnen wir, wenn s der Schleifweg ist, $M = 0{,}32\ \mathrm{mm^3}$, also etwa ebenso viel, wie wir an unserem schlagenden Eisenkontakt in feuchter Luft messen, und 1000mal mehr, als wir mit Elektrographit gegen Kupfer finden, vgl. § 5. Recht interessant ist W. Bondis Befund, daß der Verschleiß, der zuerst proportional zur Druckkraft wächst, mit dem Quadrat dieser Kraft in die Höhe geht, wenn die Druckkraft eine gewisse Grenze übersteigt.

5. Funkenlos laufende Graphitbürsten gegen Ringe oder Kollektoren aus Kupfer. Die Zusammenfassung der Meßergebnisse an der Bürste.

Der Bürstenverschleiß hängt von einer großen Anzahl Veränderlicher ab, nämlich Bürstenart, Ring, Schleifweg s, Druckkraft P auf der Bürste, Umfangsgeschwindigkeit v, Temperatur ϑ, Feuchtigkeit f, Größe der Berührungsfläche F, Stromstärke I und Stromrichtung, Einschleifzustand und sonstige Vorbehandlung von Bürste oder Ring. Es würde nicht viel nützen, z. B. verschiedene Bürsten nur auf einem Koordinatenpunkt zu vergleichen. Dies wird bald deutlich werden. Wir mußten uns deshalb der großen Mühe unterziehen, die Messungen so reichhaltig zu gestalten, daß der Einfluß aller dieser Veränderlichen einigermaßen klar wurde. Es sind Hunderte von Messungen mit jeder Bürstensorte ausgeführt worden, wobei die Dauer der einzelnen Messung zwischen 2 Tagen und $^1/_4$ Jahr lag. Natürlich liefen viele Versuche gleichzeitig. Es kommt selbstverständlich nicht in Frage, alle Meßergebnisse hier ausführlich anzugeben. Nach Anführung einer Anzahl Messungen werden wir die Versuche im wesentlichen auf gewisse mittlere Zustände zurückführen und dann in leicht vergleichbarer Form besprechen. Um diese Zurückführung vornehmen zu können, ist es erforderlich, die Abhängigkeit des Verschleißes von den Veränderlichen formelmäßig darzustellen. Sollten diese Formeln allerdings sämtliche Beobachtungen erfassen, so würden sie äußerst umständlich werden. Unsere Erfahrungen führten uns deshalb zu bestimmten Vereinfachungen. Es zeigte sich, daß ein gewisser Bereich der Veränderlichen eine besonders einfache Formel zuläßt. In diesem Bereich ist z. B. der Verschleiß der Bürste unabhängig von der Größe der Berührungsfläche, von der Tränkung der Bürste und auch davon, ob die Bürste gegen einen Ring oder einen Kollektor schleift. In diesem Bereich gestalten sich auch viele wichtige Prüfungen der Bürsten besonders leicht. Wir nennen ihn deshalb den Normalbereich der Veränderlichen und behandeln das, was außerhalb liegt, als Sonderfälle. Soweit diese Sonderfälle gut bestimmbar und wiedererhaltbar sind, bilden sie mit der für das Normalgebiet passenden Formel (5a) zusammen das System, wodurch wir die Verschleißerscheinungen

---

[1]) W. Bondi: Beiträge zum Abnutzungsproblem. Berlin (1927).

übersichtlich darstellen können. Für das Normalgebiet hat sich die folgende Formel (5a) weitgehend bewährt:

$$G = M \cdot \underbrace{\frac{s}{\mathrm{km}} \cdot \frac{\varphi_1(P)}{\varphi_1(0{,}5\ \mathrm{kg})} \cdot \frac{\varphi_2(f)}{\varphi_2(0{,}5)} \cdot \frac{\varphi_3(v)}{\varphi_3(10\ \mathrm{m/s})}}_{\text{mechanischer Verschleiß}} +$$

$$+ \underbrace{A \cdot \frac{s}{\mathrm{km}} \cdot \left(\frac{v}{10\ \mathrm{m/s}}\right)^{-\alpha} \cdot \left(\frac{P}{0{,}5\ \mathrm{kg}}\right)^{\beta} \cdot \left(\frac{I}{10\ \mathrm{A}}\right)^{\gamma} \cdot \frac{\psi(f)}{\psi(0{,}5)}}_{\text{zusätzlicher Verschleiß durch Strom}} + \underbrace{\Gamma \cdot Q/\mathrm{C}}_{\substack{\text{zus. Verschleiß} \\ \text{durch Funken}}} \quad (5\,\mathrm{a})$$

Das erste Glied auf der rechten Seite der Gl. (5a) gibt den Bürstenverschleiß ohne Strom an. Der Strom ändert die Festigkeit der schmierenden Häute und veranlaßt deshalb eine Änderung des Verschleißes. Diese Änderung drücken wir durch das zusätzliche zweite Glied aus, obwohl physikalisch kein echter Überlagerungsvorgang vorliegt. Dies hat sich gut bewährt. Das dritte vom Funken herrührende Glied wird erst in § 9 näher behandelt. Die Formel (5a) ohne das letzte Glied ist so gebaut, daß sie die einfache Form:

$$\frac{G}{s} = M + A$$

annimmt, wenn $P = 0{,}5$ kg, $f = 0{,}5$ (entsprechend 50% rel. Feuchtigkeit), $v = 10$ m/s und $I = 10$ A ist. Diese Werte stellen für unsere Untersuchungen eine Art Normalzustand dar. Wieweit man von einem Normalbereich, innerhalb dessen die Formel (5a) gültig bleibt, in der Umgebung dieses Normalzustandes sprechen kann, werden wir später feststellen.

Die Werkstoffe der Bürste und des Ringes sind durch die Werkstoffkonstanten M und A, durch die Gestalt der Funktionen φ und ψ sowie durch die Exponenten α, β und γ berücksichtigt.

Um eine Vorstellung von der Art der Einzelmessungen und von dem Genauigkeitsgrad zu geben, zeigen wir die Zahlentafeln (5c) bis (5f), welche einen großen Teil der Ergebnisse unserer Messungen an Elektrographitbürsten enthalten.

Die Zahlengleichungen (5c I), (5c II) und (5c III) stellen besondere Formen der Gl. (5a) für den Verschleiß der hier untersuchten Bürsten dar, und zwar: Ohne Strombelastung:

$$G = M \cdot s \cdot \frac{P + 1{,}7\,P^2}{0{,}925} \cdot \frac{1{,}05 - f^2}{0{,}8} \cdot \frac{1 + \dfrac{v}{2}}{6}. \qquad (5\mathrm{c\ I})$$

Bürste negativ:

$$G = M \cdot s \cdot \frac{P + 1{,}7\,P^2}{0{,}925} \cdot \frac{1{,}05 - f^2}{0{,}8} \cdot \frac{1 + \dfrac{v}{2}}{6} + A \cdot s \cdot \frac{I}{10} \cdot \frac{10}{v} \cdot \frac{P}{0{,}5}. \qquad (5\mathrm{c\ II})$$

Bürste positiv:

$$G = M \cdot s \cdot \frac{P + 1{,}7\,P^2}{0{,}925} \cdot \frac{1{,}05 - f^2}{0{,}8} \cdot \frac{1 + \dfrac{v}{2}}{6} + A_1 \cdot s. \qquad (5\mathrm{c\ III})$$

Besprechung der Zahlentafeln (5c) bis (5f). Zunächst bemerken wir, daß der Verschleiß frischer Kontakte viel größer ist als derjenige, welcher sich im Laufe des Einschleifens einstellt, vgl. Nr. 1 bis 5, 36 bis 42 sowie 60 und 61. Vergleicht man aber nur in normaler Atmosphäre gut eingelaufene Kontakte, so stimmen die aus den Einzelmessungen berechneten Werkstoffbeiwerte M bzw. A erstaunlich gut überein; es sind eben Messungen im Normalbereich. Die Ausnahmen sind leicht

Zahlentafel (5c). Verschleißmessungen ohne Strom.

Nr.	Bürstensorte	Ringart	P kg	v m/s	t h	s km	ϑ °C	f	Schleiffläche Länge mm	Schleiffläche Breite mm	G mm³	M in 10^{-4} mm³	Bemerkungen[1]
1	E 149	Ring	0,49	18,4	24,0	1574	24	0,55	1,5	10	1,76	6,7	
						20 h eingeschliffen, dann:							
2	E 149	Ring	0,49	18,4	45,0	2967	24	0,55	3,0	10	1,21	2,65	
						Nicht eingeschliffen:							
3	E 149	Ring	0,47	15,0	23,5	1270	20	0,4	2,0	10	5,12	28	Schleifbahn in H_2 [erzeugt
						Bahn poliert:							
4	E 149	Ring	0,31	12,5	90,0	4080	20	0,55	2,8	10	0,505	2,14	
5	E 149	Ring	0,48	13,2	93,0	4387	20	0,48	2,5	10	1,63	3,04	
						Etwa 90 h eingeschliffen, dann:							
6	E 149	Koll.	0,5	24,1	46,0	3989	21	0,42	9,3	12	3,0	3,5	Doppelfläche[2]
7	E 149	Koll.	0,5	24,1	46,0	3989	21	0,42	4,3	12	3,05	3,55	
						Läuft etwa 200 h mit kleinerer Geschwindigkeit weiter, dann:							
8	E 149	Koll.	0,5	24,7	95,0	8456	21	0,5	10,4	12	5,61	3,25	Doppelfläche
9	E 149	Koll.	0,5	24,7	95,0	8456	21	0,5	5,3	12	5,68	3,3	
						Eingeschliffen, dann:							
10	E 149	Koll.	0,5	4,75	211	3610	28,5	0,43	9,7	12	0,777	3,15	Doppelfläche
11	E 149	Koll.	0,5	4,75	211	3610	28,5	0,43	4,7	12	0,718	2,9	
12	E 149	Koll.	0,5	4,75	211	3610	28,5	0,43	5,0	12	0,68	2,75	Doppelfläche
13	E 149	Koll.	0,5	4,75	211	3610	28,5	0,43	2,3	12	0,688	2,75	
						Läuft 95 h weiter, dann:							
14	E 149	Koll.	0,5	4,9	304	5389	27	0,40	5,9	12	1,22	3,15	Doppelfläche
15	E 149	Ring	0,3	12,6	174	7895	19	0,40	4,1	10	1,63	3,15	
						100 h eingeschliffen, dann:							
16	E 149	Ring	0,3	24,3	44,0	3854	19	0,40	4,2	10	1,39	3,05	
17	E 149	Koll.	0,88	11,2	25,0	1014	28	0,50	4,4	12	0,86	3,3	
18	E 149	Koll.	0,5	21,8	404	30166	20	0,50	13	12	7	1,2	
						600 h eingeschliffen, dann:							
19	E 149	Koll.	0,65	24,0	795	68500	20	0,50	5,6	16	45	2,1	
						600 h eingeschliffen, dann:							
20	E 149	Koll.	0,65	24,0	500	43300	20	0,50	16	4,2	42	3,0	
						Läuft weiter:							
21	E 149	Koll.	0,65	24,0	500	43300	20	0,50	16	4,2	37	2,64	
						1100 h eingeschliffen, dann:							
22	E 149	Koll.	0,65	24,0	265	22800	20	0,50	16	16	4	0,55	
						600 h eingeschliffen, dann:							
23	E 149	Koll.	0,65	24,0	500	43300	20	0,50	15	15	10,6	0,77	
						Läuft weiter:							
24	E 149	Koll.	0,65	24,0	500	43300	20	0,50	15	15	5,3	0,38	
25	E 149	Ring	0,2	8,6	468	14400	19	0,46	6,9	10	0,5	0,13	Doppelfläche
26	E 149 NJ	Koll.	0,92	11,2	25,0	1014	28	0,50	3,6	12	1,03	3,6	
						100 h eingeschliffen, dann:							
27	E 149 NJ	Ring	0,3	24,3	44,0	3854	19	0,40	4,0	10	1,29	2,83	
28	E 149 NJ	Ring	0,2	8,6	468	14400	19	0,46	6,0	10	0,4	0,1	
						In Feuchtigkeit eingeschliffen, dann:							
29	E 149 NJ	Ring	0,4	8,84	275	8740	30	0,93	4,1	10	0,49	2,9	
30	E 149 NJ	Ring	0,67	8,5	192	5875	30	0,93	3,35	10	0,79	4,2	
						In Trockenheit eingeschliffen, dann:							
31	E 149	Ring	0,49	9,57	16,4	566	30	0	3,8	10	11,8	190	Bürste vorgetrocknet
32	E 149	Ring	0,46	9,6	17,2	595	35	0	4,3	10	10	150	Bürste vorgetrocknet
33	E 149	Ring	0,50	12,0	121	5210	55	0	1,0	10	0,75	0,2	Bürste vorgetrocknet
34	E 149 NJ	Ring	0,55	9,4	71,0	2425	35	(0)	1,9	10	1,0	2,9	
35	E 149 NJ	Ring	0,55	9,3	75,0	250	35	0	3,4	10	5,0	142	Bürste vorgetrocknet

[1] Wenn bei einer Meßreihe nichts Besonderes angegeben wird, so handelt es sich um einen in normaler Atmosphäre gut eingeschliffenen Zustand des Ringes und der Bürste mit einfacher Fläche.

[2] Die Schleiffläche der Bürste wurde geschlitzt, um Luftstauungen zwischen Bürste und Ring zu vermeiden.

Zahlentafel (5d). Verschleißmessungen mit kathodischer Bürste.

Nr.	Bürstensorte	Ring-art	I (A)	U (V)	P (kg)	v (m/s)	t (h)	s (km)	ϑ (°C)	f	Schleiffläche Länge (mm)	Schleiffläche Breite (mm)	G (m³)	M	A (in 10^{-4} mm³)	Bemerkungen[1]
	18 h eingeschliffen, dann:															
36	E 149	Ring	10	1,3	0,5	8,8	7,5	238	23	0,50	2,7	10	0,99	3,2	34	
	Läuft weiter:															
37	E 149	Ring	10	1,3	0,5	8,8	15,5	491	23	0,50	3,2	10	1,435	3,2	23	
	Läuft 26,5 h weiter, dann:															
38	E 149	Ring	10	1,3	0,5	8,6	41,5	1281	23	0,55	4,5	10	2,32	3,2	13	
	Läuft weiter:															
39	E 149	Ring	10	1,3	0,5	8,54	72,0	2214	24	0,60	5,4	10	2,40	3,2	7,2	Doppelfläche[2]
	Läuft weiter:															
40	E 149	Ring	10	1,3	0,5	8,66	70,0	2182	25	0,60	5,9	10	2,39	3,2	7,4	Doppelfläche
	Eingeschliffen, dann:															
41	E 149	Koll.	10	1,5	0,5	4,32	236	3670	25	0,50	7,8	12	5,7	3,2	6,0	Doppelfläche
	Läuft weiter:															
42	E 149	Koll.	10	1,5	0,5	3,85	214	2972	28	0,47	9,1	12	4,9	3,2	5,7	Doppelfläche
43	E 149	Koll.	10	1,6	0,5	4,93	304	5389	27	0,40	8,2	12	9,5	3,2	7,5	Doppelfläche
44	E 149	Koll.	10	1,5	0,5	4,93	304	5389	27	0,40	5,3	12	8,0	3,2	6,2	
45	E 149	Koll.	10	1,1	0,45	5,4	92,0	1800	19	0,30	4,3	12	2,45	3,2	6,9	
46	E 149	Ring	10	1,2	0,36	7,5	136	3600	20	0,50	2,8	10	4,5	3,2	9,6	
47	E 149	Koll.	5	0,9	1,0	7,5	75,5	2030	20	0,40	7,0	12	5,63	3,2	14,5	hat gelegentlich schwach gefunkt
48	E 149	Koll.	5	1,9	0,92	4,9	77,0	1356	25	0,50	4,5	12	2,65	3,2	7,9	
49	E 149	Koll.	20	1,2	1,0	3,73	96,0	1290	18	0,47	6,0	12	13,1	3,2	9,1	
50	E 149	Koll.	8	—	0,65	24	500	43300	20	0,50	5,0	12	47	2,64	5,3	
51	E 149	Koll.	8	—	0,65	24	1133	98000	20	0,50	16	20	37	0,4	5,8	
52	E 149	Ring	10	1,4	1,0	6,7	45,0	1088	40	0,93	2,4	10	0,52	3,2	3,6	
53	E 149	Ring	10	1,4	1,0	6,4	71,0	1629	50	0,93	2,85	10	0,99	3,2	6,0	
54	E 149	Ring	7	—	0,56	9,5	48,0	1642	35	0	2,0	10	1,52	3,2	5,5	
55	E 149 NJ	Ring	7	—	0,55	8,9	20,0	641	50	0	3,0	10	7,55	85	0 ?	Bürste vorgetrocknet
56	E 149 NJ	Koll.	5	1,1	0,45	3,73	96,0	1290	18	0,47	4,3	12	1,94	3,2	11,3	
57	E 149 NJ	Koll.	5	1,9	0,92	4,9	77,0	1356	25	0,50	4,0	12	2,03	3,2	5,5	
58	E 149 NJ	Koll.	10	1,2	0,92	3,84	143	1980	19	0,45	3,0	12	4,32	3,2	8,7	
59	E 149 NJ	Ring	10	1,4	0,4	5,94	116	2490	35	0,85	3,5	10	3,67	3,2	10,5	

Zahlentafel (5e). Verschleißmessungen mit anodischer Bürste.

Nr.	Bürstensorte	Ring-art	I (A)	U (V)	P (kg)	v (m/s)	t (h)	s (km)	ϑ (°C)	f	Schleiffläche Länge (mm)	Schleiffläche Breite (mm)	G (mm³)	M	A_1 (in 10^{-4} mm³)	Bemerkungen[1]
	89 h ohne Strom eingelaufen, dann:															
60	E 149	Ring	8,8	—	0,455	11,8	46,5	2086	25	0,50	3,7	10	1,02	3,2	+ 1,68	
	Läuft weiter:															
61	E 149	Ring	8,6	—	0,455	11,8	40,5	1720	24	0,50	3,9	10	0,49	3,2	— 0,36	
62	E 149	Koll.	5	0,9	1,0	7,5	75,0	2030	20	0,40	6,2	12	1,57	3,2	— 0,41	
63	E 149	Ring	10	1,0	0,36	7,5	133	3600	20	0,50	2,0	10	0,58	3,2	+ 0,022	
64	E 149 NJ	Koll.	25	1,3	1,0	3,0	140	1490	20	0,50	4,9	12	0,245	3,2	— 2,25	
65	E 149 NJ	Ring	5	—	0,5	18,8	143	9732	20	0,50	1,6	10	3,2	3,2	— 2,26	
66	E 149 NJ	Ring	7	—	0,5	8,8	45,0	1422	60	0	1,7	10	0,50	3,0	—	
67	E 149 NJ	Ring	7	—	0,5	8,7	40,0	1256	60	0	1,3	10	0,17	1,2	0 ?	Bürste vorgetrocknet
68	E 149 NJ	Ring	7	—	0,5	8,6	52,0	1613	50	0	2,3	10	2,35	12,6	0 ?	Bürste vorgetrocknet

[1] Siehe Fußnote 1 bei Zahlentafel (5c).
[2] Siehe Fußnote 2 bei Zahlentafel (5c).

Zahlentafel (5f). Sonderfälle.
Berechnung wie für die Tafel (5d).

Nr.	Bürstensorte	Ringart	Polung der Bürste	I A	U V	P kg	v m/s	t h	s km	ϑ °C	f	Schleiffläche Länge mm	Breite mm	G mm³	M in 10^{-4} mm³	A bzw. A_1	Bemerkungen[1]
69	E 149	Koll.	—	10	1,8	0,45	4,3	—	1483	20	0,45	3,6	12	2,54	11,6	5,5	} in derselben Bahn
70	E 149	Koll.	0	—	—	0,45	4,3	—	1483	20	0,45	4,0	12	0,84	11,6	—	
71	E 149 NJ	Koll.	—	10	1,8	0,45	4,3	—	1483	20	0,45	3,7	12	2,47	11,6	5,3	} in derselben Bahn
72	E 149 NJ	Koll.	0	—	—	0,45	4,3	—	1483	20	0,45	2,7	12	0,83	11,6	—	

Berechnet nur mit M-Glied, also ohne Berücksichtigung des Stromes.

Nr.	Bürstensorte	Ringart	Polung der Bürste	I A	U V	P kg	v m/s	t h	s km	ϑ °C	f	Schleiffläche Länge mm	Breite mm	G mm³	M in 10^{-4} mm³	A bzw. A_1	Bemerkungen[1]
73	E 149 NJ	Ring	—	7	—	0,5	8,0	13	374	22	0,30	2,6	10	1,3	35	—	} in derselben Bahn
74	E 149 NJ	Ring	0	—	—	0,5	8,0	13	374	22	0,30	2,6	10	1,65	44	—	
75	E 149 NJ	Ring	—	7	—	0,5	9,4	35,8	1198	25	0,27	3,3	10	7,1	51	—	} in derselben Bahn — Trockenperiode Mai 1938
76	E 149 NJ	Ring	0	—	—	0,5	9,0	18,6	608	28	0,30	2,5	10	4,96	74	—	
77	E 149 MJ	Ring	—	7	—	0,5	8,9	39,1	1259	28	0,28	2,5	10	3,2	23	—	
78	E 149 MJ	Ring	0	—	—	0,5	9,6	9,3	323	28	0,30	1,0	10	0,41	11	—	

mathematisch angebbar, wie wir bald finden werden. Das ist ein Zeichen dafür, daß teils die Formel (5a) gut, teils der Bürstenwerkstoff sehr einheitlich gewesen ist.

Fast alle A-Werte sind unter Zugrundelegung von $M = 3{,}2 \cdot 10^{-4}$ berechnet worden, da dieser M-Wert ein guter Mittelwert für die hauptsächlich in Frage kommenden Umstände ist.

Es ist interessant, daß dieses M unabhängig davon ist, ob die Bürste gegen einen Ring oder gegen einen Kollektor läuft. Besonders im ersten Fall muß durch Schlitzen der Bürste allerdings dafür gesorgt werden, daß keine störende Luftstauung unter der Bürste zustande kommt, vgl. § 15. Es ist auch auffallend, daß wir hier keinen sicheren Unterschied zwischen der getränkten Bürste E 149 und der ungetränkten E 149 NJ feststellen konnten.

Schließlich beachte man auch die weitgehend klare Unabhängigkeit des M und des A von der Größe und Form der eingeschliffenen Fläche F bzw. von deren Aufteilung in zwei hintereinander laufende Teilflächen, vgl. Nr. 6 bis 15, 20, 21 und 39 bis 46. Die Größe und Form der Fläche geht auch gar nicht in die Formel (5a) ein. Die Zahlentafeln (5c) und (5d) bestätigen die Unabhängigkeit des Verschleißes von der eingeschliffenen Fläche F zwischen den Flächengrenzen 0,23 und 1,25 cm², und zwar spielt es keine ausschlaggebende Rolle, ob die Längsrichtung der Fläche in der Schleifrichtung (z. B. Nr. 20 und 21) oder senkrecht dazu (z. B. Nr. 11 bis 16 und 19) liegt. Führt man den in der Technik üblichen Begriff des auf die ganze eingeschliffene Fläche bezogenen spezifischen Druckes[2] ein, so ist die Unabhängigkeit der M- und A-Werte von dem spezifischen Druck etwa zwischen den Grenzen 2,2 und 0,4 kg/cm² bestätigt worden, jedenfalls wenn die Umfangsgeschwindigkeit v größer als 3,5 m/s bleibt.

Damit haben wir nun einige Grenzen des Normalbereiches der Elektrographitbürsten angegeben[3]. Die vollständige Definition würde folgendermaßen lauten: Zum Normalbereich gehört ein gut eingeschliffener Zustand, Zimmerluft ohne besondere Beimengungen außer der Feuchtigkeit, d. h. eine relative Feuchtigkeit

---

[1]) Siehe Fußnote 1 bei Zahlentafel (5c).

[2]) Der größte Teil der eingeschliffenen Fläche hat ja in Wirklichkeit keine Berührung. Der Druck in der wirklichen Berührungsfläche ist um etwa 3 Zehnerpotenzen größer als der auf die ganze eingeschliffene Fläche bezogene Druck, vgl. R. Holm: Wiss. Veröff. Siemens XVII, 4 (1938) S. 43.

[3]) Etwa dieselbe Ausdehnung scheint das Normalgebiet der Metallgraphitbürsten zu haben.

— XVIII, 83 —   6*

$0 < f < 1$, ein spezifischer Druck $p > 0,35\,\text{kg/cm}^2$ und eine Umlaufgeschwindigkeit $(40\,\text{m/s} >)\,v > 3\,\text{m/s}$. Die untere Grenze 0 für f gilt allerdings nur, solange es sich nicht um sehr lange oder sonst stark vorgetrocknete Bürsten und Apparate handelt.

Außerhalb der eben bezeichneten Grenzen messen wir Abweichungen von der Formel (5a) und kommen so zu den Sonderfällen. Wenn z. B. der so wie eben definierte spezifische Druck p etwa $0,35\,\text{kg/cm}^2$ unterschreitet, während die Umfangsgeschwindigkeit v größer als $8\,\text{m/s}$ bleibt und Bürste und Ring so gut eingeschliffen sind, daß die typische glatte Brünierung auf dem Ring deutlich ist, dann wird der mechanische Verschleiß viel kleiner als im allgemeinen nach der Zahlentafel (5c). Wir maßen an der Graphitbürste E 149 bei einem spezifischen Druck von 0,25 bis $0,32\,\text{kg/cm}^2$ Verschleiße mit $M = 0,13 \cdot 10^{-4}$ bis $1,2 \cdot 10^{-4}$ anstatt $M = 3,2 \cdot 10^{-4}$ im normalen Gebiet, vgl. Nr. 18, 19, 22 bis 25 und 28. Ähnliche Messungen liegen auch mit der Graphitbürste H 7 B vor. Dagegen ändert sich der durch den Strom bedingte Beiwert A mit dem spez. Druck nicht, vgl. Nr. 50 und 51.

Eine andere Abweichung von der Formel (5a) entsteht bei sehr kleiner Umfangsgeschwindigkeit v. Wir haben mit $v = 0,7$ bis $0,8\,\text{m/s}$ bei p von der Größenordnung $1\,\text{kg/cm}^2$ einen 5- bis 10fach größeren Verschleiß gemessen als normal.

Für die eben erwähnte Abweichung vom normalen Fall ist die folgende Erklärung naheliegend: Die schmierende Haut unter der Bürste benimmt sich in gewissem Maße so, als ob sie den Gesetzen der Flüssigkeitsreibung unterliegt. Sie wird dünn und verletzbar, wenn die Umfangsgeschwindigkeit v zu klein wird. Bei irgendeinem gegebenen Wert von v nimmt sie an Dicke zu, wenn die Kontaktkraft abnimmt. Nun ist bei gewöhnlich vorkommenden p-Werten eine ausgezeichnete Hautdicke vorhanden, die noch ganz unter dem Einfluß der Anziehung der festen Kontaktglieder steht und deswegen besonders zäh ist[1]). Wenn p so klein wird, daß die Hautdicke über dieses Maß steigen kann, so muß eine Unstetigkeit in Erscheinung treten. Bei dickerer Schmierschicht ist ein größerer Teil der eingeschliffenen Fläche als wesentlich lasttragend zu bezeichnen. Es ist möglich, daß ein solcher Übergang von dünnster zu etwas dickerer Schmierschicht für die ziemlich plötzliche mechanische Verschleißverminderung verantwortlich ist, die wir beobachten, wenn der sogenannte spezifische Druck die Grenze von etwa $0,35\,\text{kg/cm}^2$ unterschreitet.

Es könnte die Frage gestellt werden, ob für den Sonderfall des kleinen spezifischen Druckes nicht mehr ins einzelne gehende Angaben als oben am Platze gewesen wären. Dazu bemerken wir, daß dieser günstige Sonderfall nur verhältnismäßig selten so in der Praxis verwirklicht ist, daß er da eine Rolle spielt, und daß wir vor allen Dingen die gröberen Störungen untersuchen müssen. Es sei auch daran erinnert, daß dieser Sonderfall wegen der Kleinheit des zugehörigen Verschleißes außerordentlich zeitraubende Messungen verlangt.

Ein weiterer, von der Zahlentafel (5c) belegter Sonderfall ist der folgende. Die durch die Funktion φ_2 definierte Abhängigkeit von der Feuchtigkeit gilt nicht bis zur äußersten Trockenheit. Wenn man bei hoher Temperatur die Bürsten und auch den sonstigen Apparat gründlich vortrocknet, so mißt man nachher bei kleiner Feuchtigkeit gewöhnlich einen unvergleichlich größeren Verschleiß, als er der Funk-

---

[1]) Siehe F. H. Rolt u. H. Barrell: Proc. Roy. Soc., London **116** (1927) S. 401.

tion φ_2 entspricht. Der Verschleiß kann auf etwa das 50fache steigen[1]), vgl. Nr. 31, 32, 35 und 55 in den Zahlentafeln (5c) und (5d) sowie die Spalte $f \equiv 0$ in der Zahlentafel (6a). Es kann allerdings auch geschehen, besonders wenn die Bürstenbahn sehr schwarz und glatt aussieht, daß der Verschleiß in dieser höchsten Trockenheit besonders klein wird, vgl. Nr. 33 und 67. Als Erklärung für diese Eigentümlichkeit vermuten wir das Folgende: Wenn die Bürstenbahn eine sehr gute Graphitschmierung erhalten hat, so kann es geschehen, daß diese sich auch ohne Wasser gut auf dem Kupfer hält. Dann bleibt der Verschleiß abnorm klein. Im allgemeinen ist aber die Graphitschmierung mangelhaft, und wenn dann auch die Wasserhautschmierung infolge der Trockenheit wegbleibt, so geraten vermutlich gelegentlich Graphitschuppen hochkant und verletzen die Graphitschicht des anderen Kontaktgliedes. Die Schmierung versagt, und der Verschleiß geht stark in die Höhe. Wenn einmal der sehr große Verschleiß auftritt, dann scheint die Ringoberfläche sich so zu ändern, daß nachher die Schmierschicht (vermutlich Wasser) weniger gut haftet. Möglicherweise handelt es sich um eine Reibungsoxydation der Kupferoberfläche. Die Veränderung zeigt sich darin, daß ein vergrößerter Verschleiß nachher auch in gewöhnlicher oder sogar in feuchter Luft auftritt, der erst nach Tagen wieder in den gewöhnlichen Verschleiß übergeht.

Die starke Trockenperiode im Mai 1938 gab uns Gelegenheit, einen vergrößerten Verschleiß in Zimmerluft zu messen, vgl. Nr. 73 bis 78 in der Zahlentafel (5f). Dabei machten wir die Entdeckung, daß die in der Trockenheit hauptsächlich wirkenden Schmierschichten unter der negativen Graphitbürste fester haften als unter den unbelasteten oder unter der positiven Bürste. In normaler Atmosphäre entsteht ja der kleinste Verschleiß unter der positiven Bürste.

Es sei besonders hervorgehoben, daß diese Messungen deutliche Vorzüge der Bürstentränkung zeigen, indem die getränkte Bürste E 149 MJ nur etwa $^1/_4$ soviel in der Trockenheit verschleißt wie die ungetränkte Bürste E 149 NJ, vgl. Nr. 77 und 78 mit 73 bis 76 in der Zahlentafel (5f).

Wenn zwei verschieden strombelastete Bürsten in derselben Bahn laufen, so beeinflussen sie beide diese Bahn auf dem Ring. Dabei nähern die Verschleiße sich gegenseitig, wie schon V. P. Hessler[2]) beobachtet hat. In der Zahlentafel (5f) sind auch einige Messungen eingetragen mit einer stromführenden negativen und einer stromlosen Bürste in derselben Bahn. Die Messungen 69 bis 72 gehören zu normalen Verhältnissen. Man sieht, daß die stromlose Bürste einen vergrößerten Verschleiß (großes M) aufweist, während zu der stromführenden Bürste eine verhältnismäßig kleine Konstante A gehört. In der Trockenperiode, vgl. Nr. 73 bis 76, tritt die Eigentümlichkeit auf, daß die negative Bürste einen kleineren Verschleiß als die stromlose erleidet. Sie drückt den Verschleiß der stromlosen Bürste um etwa 30 % herunter.

6. Vergleich verschiedener Bürsten hinsichtlich ihres Verschleißes gegen Kupfer in Luft.

Im vorigen Paragraphen haben wir gesehen, wie es hinsichtlich der Formel (5a) einen normalen Bereich der Veränderlichen gibt, in dem die Elektrographitbürste durch die in die Formel eingehenden Beiwerte und Funktionen gut charakterisiert werden kann. Ähnliches gilt auch für andere Bürsten, so daß im normalen Bereich die

---

[1]) Daß Graphit- und Kupferkohlebürsten bei dauernd sehr trockener Witterung zu verheerendem Verschleiß kommen können, ist heute allgemein bekannt, siehe z. B. J. W. Dobson: Electr. J. **32** (1935) S. 527, und Bericht hierüber in der ETZ **57** (1936) S. 391; R. M. Baker: Electr. Engng. **55** (1936) S. 94, sowie E. F. Bracken: Electr. Wld. **102** (1933) S. 410.

[2]) V. P. Hessler: Electr. Engng. **56** (1937) S. 8.

86 Ragnar Holm, H. Paul Fink, Friedrich Güldenpfennig und Hermann Körner.

Bürsten leicht und übersichtlich miteinander verglichen werden können. Ein solcher Vergleich wird durch die Zahlentafel (6a) verwirklicht. Unter den Angaben dieser Tafel stehen auch einige Meßergebnisse von zwei anderen Forschern. Allerdings sind deren Messungen nicht so vollständig, daß die Umrechnung gemäß der Gl. (5a) mit Sicherheit ausgeführt werden darf; daher die Einklammerung verschiedener Zahlen. Überhaupt deuten die gewisse Zahlen umgebenden Klammern und auch Striche statt Zahlen auf Unsicherheit oder gar gänzlichen Mangel an zugehörigen Messungen hin. Der Faktor $\left(\dfrac{v}{10\,\mathrm{m/s}}\right)^{-\alpha}$ hinter A verdient eine besondere Beachtung. Wenn nämlich sein Exponent $\alpha = 1$ ist, so wird aus $s = v \cdot t$ das v entfernt, so daß nur t zurückbleibt; d. h. die Zeit und nicht der Weg wird dann für den Zusatzverschleiß infolge des Stromes verantwortlich.

Zahlentafel (6a). Normalbereich.

$$G = M \cdot \frac{s}{\mathrm{km}} \cdot \frac{\varphi_1(P)}{\varphi_1(0,5\,\mathrm{kg})} \cdot \frac{\varphi_2(f)}{\varphi_2(0,5)} \cdot \frac{\varphi_3(v)}{\varphi_3(10\,\mathrm{m/s})} + A \cdot \frac{s}{\mathrm{km}} \cdot \left(\frac{v}{10\,\mathrm{m/s}}\right)^{-\alpha} \cdot \left(\frac{P}{0,5\,\mathrm{kg}}\right)^{\beta} \cdot \left(\frac{I}{10\,\mathrm{A}}\right)^{\gamma} \cdot \frac{\psi(f)}{\psi(0,5)}$$

Beobachter	Bürstensorte	M $10^{-4}\,\mathrm{mm}^3$	$\varphi_1(P)$	$\varphi_2(f)$	$\varphi_2(f)$[1] für $f \equiv 0$	$\varphi_3(v)$	Polung der Bürste	A $10^{-4}\,\mathrm{mm}^3$	α	β	γ	$\psi(f)$
1. Graphitbürsten.												
FL I	E 149 und	3,2	$P+1,7\,P^2$	$1,05 - f^2$	50	$1+\dfrac{v}{2}$	−	7,5	1	1	1	1
	E 149 NJ						+	<0	−	−	−	−
	Dieselben in H_2 u. N_2	0,25 bis 2					−	6,5				
FL I	E 147	4,0	$P+0,7\,P^2$	$1,05 - f^2$		$1+\dfrac{v}{4}$	−	5	1	1	0,5	$\sqrt{2f+0,1}$
							+	(0)	−	−	−	−
FL I	H 7 B	8	P	$1,05 - f^2$	50	$1+\dfrac{v}{12}$	−	20	(0)	1	0,5	$>f$
							+	(-4)	−	−	−	−
Baker[2]	El. Graphit in Luft	(5)	$(P+P^2)$	(1)		(1)	−	50	(1)	(0,5)	(1)	(1)
							+	15	−	−	−	−
Baker[2]	El. Graphit in H_2	(1)					−	2	(1)	(0,5)	(1)	(1)
							+	0	−	−	−	−
Baker[2]	El. Graphit in O_2					. 100 mal mehr als in Luft						
Hessler[3]	El. Graphit	4	(P)	(1)		(1)	−	20	(0,5)	(0)	(1)	$(2f+0,1)$
							+	<0	−	−	−	−
2. Harte Bürsten.												
FL I	K III	16,5	$P+0,5\,P^2$	$1,05 - f^2$	60	1	−	13	0	1	0,5	(1)
							+	<0	−	−	−	−
3. Metallgraphitbürsten.												
FL I	M 510	100	P	$1-0{,}75\sqrt{f}$	8	(1)	−	<0	−	−	−	−
							+	90	(0)	1	0,8	$1-0,8\sqrt{f}$
	M 510 in H_2	70	P^2	$1-0,36f$		(1)	−	(15)				
	M 510[4]	45±10	(P)	−		−	−	45±10	−	(1)	(1)	−
Hessler[3]		130	(P)	(1)			−	0	−	−	−	−
							+	120	0	(1)	1	−

[1]) φ_2 macht also im Punkte $f \equiv 0$ einen Sprung aus seinem sonstigen Verlaufe heraus.

[2]) R. M. Baker und G. W. Hewitt: Electr. J. **33** (1936), 287, besonders Fig. 2.

[3]) V. P. Hessler: Jowa State College **XXXIV**, Nr. 25 (1935), und Electr. Engng. **54** (1935), 1050 sowie **56** (1937), 8.

[4]) Die Metallgraphitbürste lief hier gegen einen Stahlring.

Wir betrachten hierin zuerst den Verschleiß ohne Strom. Die M-Werte der Elektrographitbürsten unterscheiden sich nur wenig voneinander. Um mehr als eine Zehnerpotenz höher liegen die Werte für Metallgraphitbürsten. Hohe Feuchtigkeit vermindert überall den Verschleiß. Die Abhängigkeit von der Umlaufgeschwindigkeit ist klein; die Abhängigkeit von der Kontaktkraft ist recht groß und ändert sich auffallend von einer Bürstensorte zur andern.

Nun betrachten wir den Einfluß des Stromes auf den Verschleiß. Dabei fällt zuerst eine Eigentümlichkeit auf. Die Elektrographitbürsten verschleißen sehr wenig, wenn sie positiv sind, sogar weniger als ohne Strom (die Konstante A wird negativ). Die abweichenden Ergebnisse von R. M. Baker mit großen A-Werten könnten daher kommen, daß er vielleicht das Funken nicht ganz vermieden hat. Es besteht allerdings auch die Möglichkeit, daß seine Bürsten andere Eigenschaften als die unsrigen hatten. Wir haben einige ähnlich abweichende Bürsten zur Prüfung erhalten, die Ergebnisse aber in die Tafeln nicht mit aufgenommen.

Wenn aber die Elektrographitbürsten negativ sind, so verschleißen sie mehr als ohne Strom. Diese eigentümliche Polarität führen wir auf die Wirkung der schmierenden Häute zurück. Solche haften offenbar normalerweise besser auf der oxydierten (brünierten) Kupferoberfläche als auf dem Graphit und besser, wenn sie die negativen Enden ihrer polaren Molekeln gegen das Kupfer gerichtet haben. Je besser sie aber haften, desto besser schützen sie natürlich gegen den Verschleiß. Demgemäß entsteht die günstigste Orientierung der Molekeln in der Schmierhaut sowie der kleinste Verschleiß unter der positiven Bürste, während die Häute unter der negativen Bürste schlechter haften als ohne Strom und deswegen auch weniger gegen Verschleiß schützen können. Vermutlich sind es besonders Wasserhäute, welche unter der positiven Graphitbürste besser als sonst haften. Bei großer Trockenheit sind nämlich die Schmierschichten anders beschaffen und haften besser unter der negativen Bürste als unter einer stromlosen, vgl. Nr. 73 bis 78.

Unter den Metallgraphitbürsten wird der Verschleiß größer, wenn die Bürste positiv ist, und besonders klein, wenn die Bürste negativ ist.

Es wurde schon die Vermutung ausgesprochen, daß die Schmierschichten verschieden gut haften, je nachdem ob die Metalloberfläche rein oder oxydiert ist. Auch dürfte der Sauerstoff der umgebenden Atmosphäre eine gewisse auflockernde Wirkung auf die geriebene Metalloberfläche ausüben, Reibungsoxydation. Somit wird es verständlich, daß der Verschleiß verkleinert wird, wenn der Sauerstoff ausgeschlossen wird, so wie besonders bei R. M. Bakers Untersuchungen in Wasserstoff. R. M. Baker hat dabei an strombelasteten Bürsten einen noch kleineren Verschleiß gemessen als wir. In reiner Sauerstoffatmosphäre hat R. M. Baker einen sehr großen Verschleiß gemessen; nur ist es nicht klargelegt, in welchem Maße dieser eine Folge der veränderten Reibung und des damit zusammenhängenden Springens und möglichen Funkens der Bürste war. Allerdings hat Baker einige Bürsten parallel gehabt, wodurch natürlich die Funkengefahr stark gemildert wird.

7. Schleifringe aus anderen Werkstoffen als Kupfer.

Wir haben bisher die Bürstenverschleißmengen wenig auf andere Ringstoffe als Kupfer ausgedehnt. Einige Messungen mit Eisenringen streuten sehr. Sie können immerhin zusammengefaßt werden, wenn mit der einfachen Formel (7a) gerechnet wird:

$$\frac{G}{\mathrm{mm}^3} = \frac{s}{\mathrm{km}} \cdot \frac{P}{0,5\,\mathrm{kg}} \cdot \left[M + A \cdot \frac{I}{10\,\mathrm{A}}\right]. \tag{7a}$$

Mit den Bürsten E 149 und 149 NJ fanden wir zwei bevorzugte M-Werte, nämlich $M \approx 4 \cdot 10^{-4}$ auf glatter Politur besonders in Stickstoff, sonst $M = (30 \pm 10) \cdot 10^{-4}$. Der Wert für A lag sowohl bei der positiven als auch bei der negativen Bürste zwischen $10 \cdot 10^{-4}$ und $50 \cdot 10^{-4}$. Ähnliche Größenordnungen dieser Werkstoffbeiwerte ergaben sich auch bei den harten K III-Bürsten. Mit der Metallgraphitbürste M 510 maßen wir etwa $M = 60 \cdot 10^{-4}$ und bei der negativen Bürste ein ähnliches A.

Der Fall Kohlebürste gegen Kohlering wurde schon in § 4 behandelt.

8. Der Verschleiß des Ringes bei funkenlosem Lauf.

Den Ringverschleiß haben wir mit einer Art Fühlhebel mit Spiegelablesung gemessen. Ebenso wie den Bürstenverschleiß geben wir auch den Ringverschleiß in mm³ an und erhalten Zahlen derselben Größenordnung bzw. um eine Größenordnung geringer als bei der Bürste. Da aber das betreffende Volumen auf den ganzen Ringumfang verteilt ist, so ist die Tiefe der Schleifspur natürlich äußerst klein. Die Berechnung des Ringverschleißes geschieht mit einer den Messungen angepaßten Genauigkeit nach der Formel (8a):

$$\frac{G}{\mathrm{mm}^3} = \frac{s}{\mathrm{km}} \cdot \frac{P}{0,5\,\mathrm{kg}} \cdot \left(M_r + A_r \cdot \sqrt{\frac{I}{10\,\mathrm{A}}}\right), \tag{8a}$$

und die Ergebnisse, die auf etwa 30% genau wiedererhaltbar sind, sind in der nebenstehenden Zahlentafel (8b) zusammengestellt.

R. M. Baker und G. W. Hewitt[2] messen einen mindestens um eine Zehnerpotenz größeren Ringverschleiß, als er sich nach der nebenstehenden Zahlentafel (8b) ergibt.

Zahlentafel (8b).
Verschleiß von Kupferringen
bei funkenlosem Lauf.

Bürstenart	Polung der Bürste	M_r	A_r
		in 10^{-4} mm³	
E 149 NJ	0	0,4	—
E 149 NJ	+	0,4	(0,2)
E 149 NJ	—	0,4	4 ± 2
K III	0	1,7	—
K III	+	1,7	klein
K III	—	1,7	15 ± 5
M 510	0	etwa 100[1]	—
M 510	+	„ 100	> 0
M 510	—	„ 100	< 0

9. Einleitendes über die Untersuchungen des Verschleißes bei funkender Bürste[3].

In Untersuchungen über die Werkstoffwanderung von Abhebekontakten beim Ausschalten haben wir[4] gefunden, daß der Stoffverlust der Kathode proportional der Kathodenfallenergie des Funkens ist. Wenn also der Kathodenfall gleich U_0, die Stromstärke durch den Funken gleich i und die Lebensdauer des Funkens gleich T gesetzt wird, so ist der Stoffverlust der Kathode je Funke:

$$G = \chi \cdot \int_0^T U_0 \cdot i \cdot dt. \tag{9a}$$

χ und U_0 zeigen sich als hauptsächlich vom Kathodenstoff und von der Atmosphäre abhängige Werkstoffbeiwerte.

---

[1]) Bei Trockenheit bis zu 8mal soviel.

[2]) R. M. Baker u. G. W. Hewitt: Electr. Engng. **56** (1937) S. 126.

[3]) Bei allen hier durchgeführten Messungen mit funkender Bürste war die Bedingung erfüllt, daß die Funken auf dem Kollektor oder Ring ziemlich gleichmäßig verteilt waren, so daß keine Fleckenbildung auftrat.

[4]) R. Holm, F. Güldenpfennig u. R. Störmer: Wiss. Veröff. Siemens **XIV**, 1 (1935) S. 30. — R. Holm u. F. Güldenpfennig: ebenda **XIV**, 3 (1935) S. 53; **XVI**, 1 (1937) S. 81.

Wir hatten erwartet, daß der Verschleiß der Kathode infolge des Funkens durch die Beziehung (9a) wesentlich erfaßt wird. Ein kleinerer Teil des Verschleißes der funkenden Bürste kann natürlich auf einer Vergrößerung des mechanischen Verschleißes infolge Verletzung der Schmierhäute beruhen. Bezüglich der Anode ist es schwerer, den Vorgang vorauszusagen. Diese Erwartungen haben sich gut bestätigt.

Wenn wir χ und U_0 zu einer Konstanten zusammenfassen und je Funken $\int_0^T i \cdot dt = q$ setzen, so können wir den Kathodenverschleiß unter der funkenden Bürste bei einer Anzahl Funken folgendermaßen ausdrücken:

$$G = \Gamma \cdot \sum q + G_m, \qquad (9\,\mathrm{b})$$

wo das letzte Glied G_m den mechanischen Verschleiß, etwa der Formel (5a) entsprechend oder größer, darstellt. Die Summierung der q geschieht über alle mitwirkenden Funken. Wenn hier G in mm³ und q in C gemessen werden, so besteht der folgende Zusammenhang mit der in den oben erwähnten Stoffwanderungsabhandlungen benutzten Konstanten γ:

$$\gamma = \varrho \cdot \Gamma, \qquad (9\,\mathrm{c})$$

wo ϱ die Dichte des betreffenden Kathodenstoffs ist. Die Indizes k und a (z. B. Γ_k) verweisen im folgenden auf die Kathode bzw. Anode.

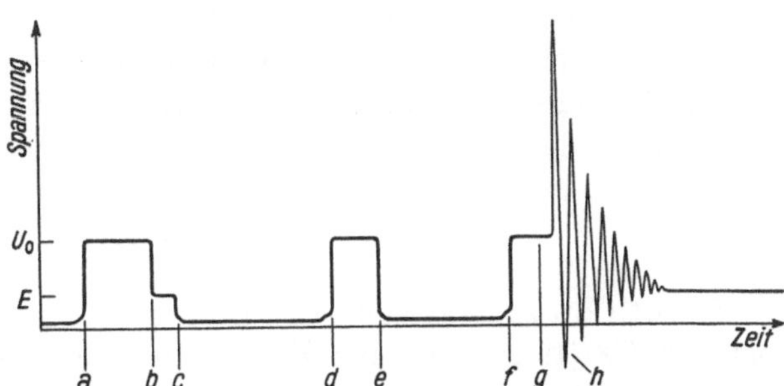

Bild (9d). Vorrichtung zur Untersuchung des Bürstenfunkens auf einem Kollektor.

Wir vergleichen nun im folgenden Verschleißmessungen an funkenden Bürsten mit Stoffverlustmessungen an ausschaltenden Abhebekontakten. Die hier in Frage kommenden Messungen an funkenden Bürsten wurden hauptsächlich mit einer Schaltanordnung ausgeführt, die im Bilde (9d) veranschaulicht ist. Jede zweite Lamelle des Kollektors war mit der Achse A verbunden; die übrigen Lamellen waren isoliert. Die mit E bezeichnete EMK wurde im allgemeinen so klein gewählt (z. B. $E = 8$ V), daß sie keinen Bogen erzeugen konnte. Die trotzdem beim Springen der Bürste oder bei ihrem Abgleiten auf eine isolierte Lamelle entstehenden Bogenfunken lebten von der in der Induktivität L aufgespeicherten elektromagnetischen Energie. Ihre Spannung war also wesentlich eine Induktionsspannung. Zuweilen benutzten wir allerdings auch eine größere EMK, die ausreichte, um den Bogen während der ganzen Schwebezeit der Bürste brennend zu halten.

Bild (9e). Oszillogramm des Bürstenfunkens, im Prinzip.
a Bürste springt, Bogen zündet. b Bogen löscht. c Bürste macht wieder Kontakt. d Bürste springt, Bogen zündet. e Bürste macht Kontakt, Bogen löscht. f Bogen zündet. g Bürste gleitet auf die isolierte Lamelle. h Bogen löscht und die Energie der Selbstinduktion schwingt aus.

Auf dem Bild (9d) bedeutet KO einen Kathodenstrahloszillographen, welcher zu der Zeit als Abszisse die Spannung als Ordinate aufzeichnete. Das Bild (9e) zeigt nun ein solches Oszillogramm bei kleinem E im Prinzip, und das Bild (9f) zeigt wirkliche Oszillogramme. Auf dem Bilde (9e) ist der Spannungsverlauf bei einigen verschiedenen Funken vermerkt. Der erste Funke gehört zu einem Sprung der Bürste, der länger als der Funke dauert, so daß eine bogenfreie Schwebezeit der Bürste sich mit der konstanten Elektrodenspannung E kenntlich macht; dann kommt ein so kurzer Sprung, daß der Funke durch den Rückfall der Bürste gelöscht wird. Zuletzt sehen wir einen Abgleitbogen, der löscht, bevor die Induktionsenergie verzehrt worden ist. Diese Energie schwingt zum Schluß in dem unterbrochenen Stromkreis aus. Die Spannung E kommt zum Vorschein, sobald die Bürste nicht stromdurchflossen ist, also auch wenn die Bürste auf einer isolierten Lamelle gleitet. Es

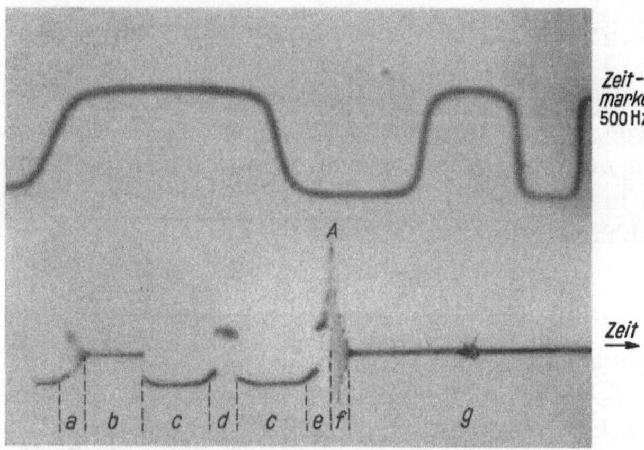

Bild (9 f). Wirkliche Oszillogramme des Bürstenfunkens. *a* Bürste funkt. *b* Bürste schwebt. *c* Bürste berührt eine stromführende Lamelle. *d* Bürstensprung mit Bogen. *e* Bürste funkt. *A* Ablauf von einer stromführenden Lamelle. *f* Übriggebliebene Induktionsenergie schwingt aus. *g* Bürste auf isolierter Lamelle.

muß bemerkt werden, daß eine Vorstufe des Bogens mit niedriger Spannung von 1 bis 3 V in Erscheinung tritt. Auf diese Vorstufe haben schon W. Betteridge und J. A. Laird[1]) aufmerksam gemacht. Eine zuverlässige Beschreibung der zugrunde liegenden Erscheinung und Theorie derselben steht allerdings noch aus.

Aus solchen Oszillogrammen, wie den oben angegebenen, bestimmt sich U_0, T sowie Anzahl und Art der Funken. Die Stromstärke i dagegen müssen wir berechnen.

Die wirklichen Oszillogramme zeigten manchmal eine Eigentümlichkeit, welche auf dem Bilde (9e) nicht angedeutet wurde. Nach dem Löschen eines Abgleitbogens ging nämlich die Spannung in Stufen in die Höhe. Offenbar zündeten hier Entladungen, welche Zwischenformen zwischen dem Bogen und der Glimmentladung bilden, vgl. (9f).

10. Berechnung von i und q bei funkender Bürste.

Für den Stromkreis nach Bild (9d) gilt während der Lebensdauer des Bogens die folgende Gl. (10a), wo e die Kontaktspannung im anliegenden Schleifkontakt bedeutet (≈ 1 V).

$$E - L \cdot \frac{di(t)}{dt} - U_0 = R \cdot i(t)$$

mit der Anfangsbedingung:

$$i(0) = \frac{E - e}{R}. \tag{10a}$$

Die Lösung dieser Gleichung lautet:

$$i(t) = \frac{E - U_0}{R} + \frac{U_0 - e}{R} \cdot e^{-\frac{t}{\tau}},$$

wo

$$\tau = \frac{L}{R} \text{ ist.} \tag{10b}$$

---

[1]) W. Betteridge u. J. A. Laird: J. Instn. electr. Engrs. **82** (1938) S. 625.

Man beachte, daß der Bogen eine gewisse Mindeststromstärke verlangt, und daß die Lösung Gl.(10b) nur für größere Ströme als diesen Grenzstrom gültig ist. Auf Grund von Gl. (10b) berechnen wir:

$$q(T) = \int_0^T i\,dt = \frac{E - U_0}{R}\cdot T + \frac{(U_0 - e)\cdot L}{R^2}\cdot\left(1 - e^{-\frac{T}{\tau}}\right). \qquad (10\,\mathrm{c})$$

Nun denken wir uns im Mittel n Sprünge der Bürste je stromführende Lamelle und N Abgleitungen der Bürste von Lamellen. Die mittlere Lebensdauer der zu den Bürstensprüngen gehörigen Bögen sei T und die mittlere Lebensdauer des Abgleitbogens Θ. Dann ist offenbar die gesamte Bogendauer während des Versuches $N\cdot(\Theta + nT)$, und die gesamte durch den Bogen geflossene Elektrizitätsmenge wird:

$$Q = N\cdot[q(\Theta) + nq(T)]. \qquad (10\,\mathrm{d})$$

Bemerkung zu der Formel (10d). Bei großem E wird häufig der Abgleitfunke in eine Reihe von Einzelfunken aufgelöst. Diese kommen offenbar durch Bogenlöschung und Neuzündung bei kleinen Überspannungen zustande. Die Formel (10d) nimmt auf diese Aufteilung keine Rücksicht. Sie braucht es auch nicht, weil die Löschpausen so kurz sind, daß die verschiedenen Funken zusammen nur als eine Entladung der Induktivität wirken.

11. Die zum Vergleich mit dem Bürstenkontakt ausgeführten Messungen an Abhebekontakten.

Der Schaltkreis enthält nur eine EMK von der Größe E, einen Ohmschen Widerstand R (Schniewind-Gitter) und zwei Kontakte, den einen zum Ein-, den anderen zum Ausschalten. Das eine Kontaktglied bestand dabei immer aus Kupfer, das andere aus Graphit. Die Messungen betreffen nur den Ausschaltkontakt. Eine Anzahl Schaltungen, etwa 1 bis $2\cdot10^5$, wurde ausgeführt. Der Verschleiß der Kontaktglieder wurde durch Wägung bestimmt. In der folgenden Zahlentafel (11c) sind alle Angaben auf 10^5-Schaltungen umgerechnet. Die Verschleißvolumina G wurden unter Berücksichtigung der Dichte 1,6 des Graphits und 8,9 des Kupfers berechnet. Q, in C gemessen, bezeichnet die ganze, während der 10^5 Schaltungen durch den Bogen geflossene Elektrizitätsmenge. Sie wurde auf Grund von Stichproben-Oszillogrammen berechnet, welche Strom und Zeit gaben. Zwei solche Oszillogramme sind im Bild (11a) dargestellt. Sie tragen oben eine Zeitmarke, 500 Hz; unten ist die Nullinie. Die Oszillogramme fangen mit dem Kurzschlußstrom an. Beim Bogenzünden sinkt der Strom um eine gewisse Stufe, und während der Bogen immer länger wird, sinkt der Strom allmählich weiter, bis der Bogen löscht und die Stromkurve auf die Nullinie zurückschnellt.

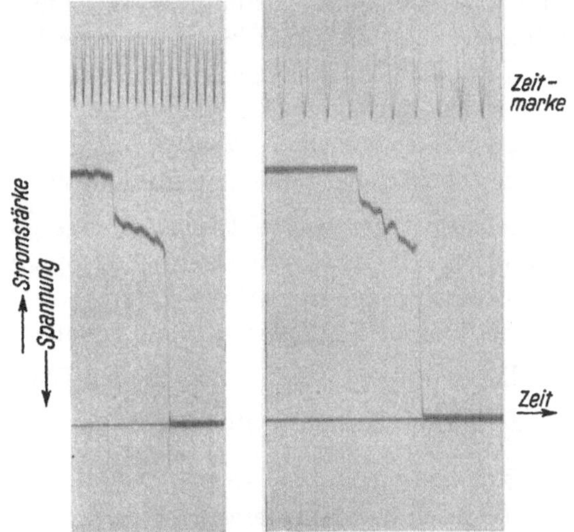

Bild (11a). Strom-Zeit-Oszillogramme von Bogenzündungen in Abhebekontakten.

Wir wissen aus früheren Messungen[1]), daß der Verschleiß G proportional zu Q ist, also:

$$G = \Gamma \cdot Q, \tag{11b}$$

vgl. auch Gl. (9b). Die dortige Indizesbezeichnung wird auch hier verwendet.

Zahlentafel (11c). Verschleißmessungen an Ausschaltkontakten in Luft.

E	R	v	f	Mittl. Bogenstrom	$t_{\text{beob.}}$	Q	G_a	G_k	Verlustbeiwerte	
									Graphit Γ_k	Kupfer Γ_a
V	Ω	cm/s		A	ms	C	mm³	mm³		
1. E 149 NJ − gegen Cu +; $U_0 = 15{,}4$ V.										
108	74,5	16,5	0,50	1,03	(12)	1236	0,014	12	0,01	0,0001
108	108	14	0,30	0,55	5	276	0,14²)	6,5	0,023	−0,0005
109	54,5	6,6	0,38	1,17	21	2460	0,10	36	0,015	0,00004
2. E 149 NJ + gegen Cu −; $U_0 = 14{,}5$ V.										
108	74,5	15,7	0,48	1,15	16	1845	8,3	0,105	0,0045	0,00006
110	110	8,84	0,33	0,83	3	250	1,2	0,076	0,005	0,0003
109	54,5	6,6	0,38	1,23	34	4175	34,6	0,30	0,008	0,00007
3. M 510 − gegen Cu +³); $U_0 = 15$ V.										
108	90	6,3	klein	0,9	21,5	1950	8,7	7,9	0,0044	0,004
4. M 510 + gegen Cu −; $U_0 = 13$ V.										
108	108	6,3	0,30	0,814	7,3	594	2,1	1,2	0,0035	0,0020
108	72	6,3	0,30	1,13	14	1582	9,3	4,4	0,0059	0,0028

12. Meßergebnisse mit funkenden Bürsten.

Die Ergebnisse der Verschleißmessungen an funkenden Bürsten sind in der Zahlentafel (12a) zusammengestellt. Diese Tafel enthält nicht wie die Zahlentafel (5c) die Kilometerzahl, die aber leicht zu berechnen. ist. Jede Lamelle einschließlich Nut hatte nämlich eine Länge von 3,5 cm, so daß der Abstand zwischen den Anfängen zweier stromführenden Lamellen 7 cm betrug. Demnach ist die jeweilige Anzahl Umfangskilometer gleich $N \cdot 7 \cdot 10^{-5}$.

In der letzten Spalte der Zahlentafel (12a) stehen die Werte der Größe $\dfrac{L \cdot I^2}{2\,U_0}$. Sie geben die größte Elektrizitätsmenge an, welche die jeweilige elektromagnetische Energie der Induktionsspule mit der Spannung U_0 durch den Bogen liefern könnte, wenn nämlich die Stromstärke des Bogens kontinuierlich bis auf 0 herabsinken könnte. Die bei kleiner EMK tatsächlich gelieferte Elektrizitätsmenge q ist immer kleiner, nämlich rund $0{,}8 \cdot \dfrac{L \cdot I^2}{2\,U_0}$. Bei großer EMK dagegen, welche selbst den Bogen aufrechterhalten kann, ist die durch den Bogen geschickte Elektrizitätsmenge größer als $\dfrac{L \cdot I^2}{2\,U_0}$.

Mit besonderem Interesse erwarteten wir die Messungen der Schwebezeiten der Bürstensprünge. Wir vermuteten, daß sie unabhängig von der Stärke des erfolgten Funkens sein würden. Bei gewisser Umfangsgeschwindigkeit v sollte demgemäß die Zeit $T + T_s$[4]) unabhängig von $L \cdot I^2$ sein. Die Messungen bestätigten diese Vermutung aber nicht, sondern die Zeit $T + T_s$ ist bei gegebener Bürstenpolung etwa

---

[1]) Vgl. Fußnote 4 auf S. 88.   ²) Stoffgewinn der Anode.

³) Die Messungen mit negativer Kupfergraphitbürste mußten in Stickstoff geschehen, weil in Luft die Kontaktglieder sich bald mit Oxydschichten überzogen, die den elektrischen Kontakt zu stark störten.

⁴) Hierin bedeutet T die Lebezeit eines Bogens und T_s die zusätzliche Schwebezeit der Bürste.

Zahlentafel (12a). Messungen an funkenden Bürsten auf einem Kollektor.

Nr.	Bürsten-polung	E V	L 10^{-4}H	R Ω	P kg	v m/s	n	N	U_0[1] V	T ms	Θ ms	T_s ms	q_{Lam} 10^{-4}C	q_{End}	Q C	G mm³	Γ mm³/C	$\dfrac{L \cdot I^2}{2\,U_0}$ 10^{-4}C
\multicolumn{19}{c}{1. Elektrographitbürste E 149 NJ.}
1	—	8,8	12	2,2	0,46	21,0	3,2	$5{,}60 \cdot 10^6$	23	0,110	0,09	0 bis 0,10	2,83	2,50	6420	43,5	0,0068	4,16
2	—	8,1	12	2,2	0,36	6,4	0	$6{,}90 \cdot 10^6$	23	0	0,17	0	—	3,16	2140	38,2	0,0178	3,54
3	—	103	12	60,5	0,36	15,6	1,6	$1{,}21 \cdot 10^6$	23	0,170	0,20	0	2,32	2,70	772	13,3	0,0172	0,76
4	—	110	12	134,0	0,46	22,2	2,6	$13{,}20 \cdot 10^6$	23	0,077	0,17	0	0,51	1,12	3200	70,2	0,0220	0,18
5	—	7,6	4,47	1,14	0,36	22,5	2,6	$5{,}63 \cdot 10^6$	23	0,074	0,09	0 bis 0,15	3,05	3,40	6300	48,0	0,0076	4,32
6	—	8,0	4,47	5,9	0,35	24,5	0,7	$11{,}30 \cdot 10^6$	23	0,029	0,02	0,02	0,16	0,15	290	13,0	0,0448	0,18
7	+	7,9	12	2,2	0,46	22,5	1,7	$2{,}70 \cdot 10^6$	14,5	0,078	0,16	0,02	2,14	3,70	1980	5,8	0,0029	5,34
8	+	108	12	60,5	0,46	23,0	2,2	$2{,}35 \cdot 10^6$	14,5	0,110	0,12	0	1,74	1,90	1350	4,6	0,0034	1,32
9	+	112	12	138	0,46	22,6	3,1	$14{,}80 \cdot 10^6$	14,5	0,136	0,06	0	0,97	0,43	5100	25,0	0,0049	0,27
10	+	7,7	4,47	1,14	0,35	22,5	0,77	$13{,}60 \cdot 10^6$	14,5	0,080	0,13	0,03	3,77	5,36	11220	28,0	0,0025	7,02
11	+	8,3	4,47	5,9	0,35	25,1	1,5	$14{,}20 \cdot 10^6$	14,5	0,037	0,03	0	0,28	0,25	951	3,65	0,0038	0,31
\multicolumn{19}{c}{2. Metallgraphitbürste M 510.}
12	—	8,1	12	2,0	0,41	24,3	2,0	$8{,}64 \cdot 10^6$	14	0,077	0,098	0,26	2,42	2,98	6760	33,0	0,0049	7,00
13	—	105	4,47	29,2	0,41	17,9	5,7	$3{,}16 \cdot 10^6$	14	0,08	0,24	0	2,56	7,55	7070	59,6	0,0084	2,06
14	+	7,6	4,47	1,62	0,41	24,2	1,9	$5{,}00 \cdot 10^6$	12	0,11	0,15	0,27	3,17	3,71	4870	19,0	0,0039	4,10
15	+	108	4,47	98,0	0,41	22,5	4,5	$8{,}92 \cdot 10^6$	12	0,082	0,073	0	0,81	0,72	3900	21,4	0,0055	0,23
\multicolumn{19}{c}{3. Kupferverdampfung an der ablaufenden Lamellenkante unter einer Graphitbürste.}
16	+	9,4	12	5,5	0,57	15,7		$4{,}30 \cdot 10^6$	14,5					0,97	420	0,5	0,0012	1,25

In Zeile 16 trägt die Spalte n den Zusatz: Durchgänge einer Lamelle.

proportional zu $\sqrt{L \cdot I^2}$ bei kleiner EMK und verhältnismäßig groß bei großer EMK. Offenbar trägt der im Bogen entwickelte Dampf dazu bei, daß die Bürste länger schwebt. Dies ist eine Erscheinung, die wir schon von Abhebekontakten kennen[2].

Was nun die Genauigkeit anbelangt, so ist ja die Streuung in der Zahlentafel (12a) beträchtlich. Es ist sogar möglich, daß diese Streuung zum Teil eine besondere physikalische Bedeutung hat, die uns gegenwärtig allerdings noch unerklärt bleibt.

Der Verschleiß eines Kollektors infolge der Funken setzt sich zusammen aus einem gleichmäßig auf die ganze Schleiffläche verteilten Betrag und einer Verdampfung an der ablaufenden Lamellenkante, welche hier zu einer Facettenbildung führt. Über die Größenordnung des gleichmäßigen Verschleißes gibt u. a. die Zahlentafel (12b) einige Angaben. Eine Messung der Verdampfung an der ablaufenden kathodischen Lamellenkante ist unter Nr. 16 in der Zahlentafel (12a) angegeben. Das betreffende $\Gamma = 0{,}0012$ ist größer als die für Kupfer geltenden Γ-Werte der Tafel (12b).

Schließlich kommen wir zu dem Vergleich mit der Zahlentafel (11c). Wenn mit Mittelwerten gerechnet wird, so ergibt sich die folgende Zahlentafel (12b).

Bezüglich der Bürsten ist die Übereinstimmung zwischen Abhebekontakten und Schleifkontakten überraschend genau, denn laut der Formel (9b) wäre ja zu erwarten, daß zu dem Verdampfungsverschleiß sich ein merkbarer Reibungsverschleiß addiert. Nun messen wir mit den Abhebekontakten nur den Verdampfungsverschleiß und könnten also bei den Schleifkontakten einen etwas größeren Verschleiß erwarten. Dieser tritt aber nicht auf. Jedenfalls lassen ihn die Messungen nicht klar genug hervortreten.

---

[1] Ähnliche U_0-Werte mißt J. Liska: ETZ **30** (1909) S. 82.

[2] Vgl. R. Holm, F. Güldenpfennig u. R. Störmer: Wiss. Veröff. Siemens **XIV**, 1 (1935), § 4, S. 34.

Im Gegensatz zu dem Bürstenverschleiß ist aber der Verschleiß der Kupfer-
elektrode im Abhebe- und im Schleifkontakt sehr verschieden.

Zahlentafel (12b). Γ-Werte für den Verschleiß infolge Funkens.

Kontaktart	Elektrographit	Polung	Kupfer	Polung
Abhebekontakt	0,016	—	0,0002	+
Schleifkontakt	0,016	—	0,001	+
Abhebekontakt	0,0058	+	0,00015	—
Schleifkontakt	0,0035	+	—	—
	Metallgraphit			
Abhebekontakt	0,0044	—	0,004	+
Schleifkontakt	0,0065	—	< 0,00005	+
Abhebekontakt	0,0047	+	0,0025	—
Schleifkontakt	0,0047	+	0,0001	—

Anmerkung: Wenn der Stromkreis induktionsfrei ist, so kann kein Bogen zünden,
vorausgesetzt, daß die EMK genügend klein ist, z. B. nicht mehr als 8 V beträgt.
Wenn aber die Bürste zittert, so können immerhin in den Unterbrechungsaugen-
blicken Glühtemperaturen in den letzten Kontaktstellen erzeugt werden, die den
Verschleiß irgendwie vergrößern. Unter solchen Umständen haben wir auch einen
vergrößerten Verschleiß gefunden, dem nach der Formel (5a) z. B. $A = 40 \cdot 10^{-4}$
entspricht.

13. Vergleich der Verschleißmessungen.

Einen sehr anschaulichen Vergleich unserer Verschleißmessungen gibt die Verwendung des Atomschichtmaßes nach § 3. Die Genauigkeit der betreffenden Maßzahl
δ ist, wie die Formel (3a) zeigt, wesentlich dadurch bestimmt, wie genau die wirkliche Breite b der Berührungsfläche geschätzt worden ist. Wegen der Art solcher
Schätzungen verweisen wir auf eine Arbeit von R. Holm[1]); hier begnügen wir uns

Zahlentafel (13a).
Verschleiß in Atomschichten unter den normalen Versuchsumständen[2]).

Bürsten-sorte	Ringart	Bürsten-polung	v	b cm	Verschleiß ohne Funken	
					der Bürste	des Ringes
E 149	Kupfer	0	8	0,06	0,0016	0,0004
E 149	Kupfer	—	8	0,06	0,005	0,004
K III	Kupfer	0	8	0,04	0,01	0,0013
K III	Kupfer	—	8	0,04	0,02	0,011
M 510	Kupfer	0	8	0,07	0,06	0,1
M 510	Kupfer	+	8	0,07	0,11	(0,12)
E 149	E 149	0	8	0,06	0,00005 bis 0,00003	(0,00005)
Eisen	Eisen	0	3	0,01	500	500

Verschleiß infolge funkender Bürste bei 2 Funken von
10^{-4} s Dauer und 1 A je cm Umfangsweg.

E 149	Kupfer	—	1[3])	0,03	2	0,1
E 149	Kupfer	+	1	0,03	0,7	0,1
M 510	Kupfer	—	1	0,03	4,5	6
M 510	Kupfer	+	1	0,03	4	4

[1]) Vgl. R. Holm: Wiss. Veröff. Siemens **XVII**, 4 (1938) S. 43.

[2]) $P = 0,5$ kg, $f = 0,5$, $v = 10$ m/s, $I = 10$ A. Bei den Versuchen Eisen gegen Eisen war $P = 0,1$ kg
und $v = 1$ m/s.

[3]) Der Bogen brennt nur an einer Stelle.

damit, die Gesamtbreite b und die Anzahl der Teilflächen der wirklichen Berührungsfläche in der Zahlentafel (13a) anzugeben, wobei wir erwähnen müssen, daß die Genauigkeit etwa 20 % beträgt.

Diese Zahlentafel zeigt sehr große Unterschiede. Während im Kontakt Graphit gegen Graphit nur jedes 20000. bis 30000. berührte Atom mitgerissen wird, greift der Verschleiß im Kontakt Eisen gegen Eisen bei Trockenheit 500 Atome tief, d. h. hier werden ganze Stücke des Kontaktstoffes herausgerissen.

C. Reibung.
14. Die allgemeinen Ergebnisse der Reibungsmessungen.

Wie schon in § 3 angegeben wurde, kennzeichnen wir unsere Reibungsmessungen wie üblich durch die Reibungszahl μ, d. h. wir rechnen mit den Coulombschen Gesetzen. Über die Prüfung dieser Gesetze im Falle jungfräulicher Kontakte für ein beträchtliches in Frage kommendes Gebiet der Veränderlichen siehe § 3.

Die in diesem § 3 angegebenen Werte von etwa $\mu = 0,2$ erhält man sehr häufig bei frisch gereinigten Kontakten, wobei die Reinigung z. B. in Schmirgeln und Abwaschen mit Alkohol besteht, aber doch nicht so aufzufassen ist, als ob alle Fremdhäute verschwinden. Eine solche Art von Reinigung führt im Gegenteil zu einer Fremdhaut, die besonders häufig an den verschiedensten Werkstoffen auftritt. Langes Einlaufen eines Schleifkontaktes führt meistens zu größeren μ-Werten.

Wir erinnern daran, daß die Reibungsarbeit im allgemeinen weniger eine Verformungsarbeit als hauptsächlich eine Gleit- oder Scherungsarbeit ist[1]), die unter sonst unveränderten Umständen mit zunehmender wirklicher Berührungsfläche wachsen muß (für die wirkliche Berührungsfläche gilt Coulombs Gesetz nicht). Solche gleichbleibenden Umstände erhält man am besten mit einem Kontakt Graphit gegen Graphit, in dem ja keine störende Oxydation stattfindet und das Wasser auch schlecht haftet. Derartige Kontakte ergeben zu Anfang meistens $\mu \approx 0,2$, aber in dem Maße wie der Kontakt sich einschleift, wächst μ allmählich durch Stunden und Tage auf 0,35 bis 0,45 an[2]), wobei die Stärke und Richtung des Stromes fast gleichgültig ist. Im Vakuum erreichten wir sogar höhere μ-Werte als 0,5.

Wenn das eine Kontaktglied ein Metall ist, so wissen wir aus Messungen der elektrischen Leitfähigkeit und aus den oben geschilderten Untersuchungen des Verschleißes, daß Fremdschichten auf dem Metall sitzen, welche maßgeblich einwirken. Diese Fremdschichten sind je nach der Feuchtigkeit und der sonstigen Art der Atmosphäre etwas verschieden. Sie haften, wie wir oben gesehen haben, je nach der Stromrichtung verschieden stark. Getränkte Bürsten erzeugen außerdem bei hoher Temperatur besondere Schmierschichten. Es kommt unter Umständen hinzu, daß unter der Bürste Luftstauungen oder Saugwirkungen die wirksame Kontaktkraft ändern. Alles in allem hat man komplizierte Verhältnisse zu erwarten.

Mit ungetränkten Elektrographitbürsten, z. B. E 149 NJ, maßen wir[3]) ziemlich unabhängig von der Luftfeuchtigkeit, wenn diese zwischen 30 und 90 % lag, bei $v = 5$ bis 30 m/s, $P = 0,6$ kg und einer Schleiffläche von etwa 10×10 mm² gegen

---

[1]) Vgl. R. Holm: Wiss. Veröff. Siemens **XVII**, 4 (1938) S. 38.

[2]) Bei dieser größten Reibung hat der Kontakt eine Neigung zum Zittern, und wenn dies auftritt, geht μ wieder auf kleinere Werte zurück.

[3]) Die Schleiffläche war hier geschlitzt, vgl. § 15.

einen gut abgedrehten Kupferring bzw. Kollektor im Dauerzustand, also mit einer während mehrerer Tage eingeschliffenen Bürste[1]):

	gegen Ring	gegen Kollektor
ohne Strom	$\mu = 0{,}30 \pm 0{,}02$	$0{,}175 \pm 0{,}005$
mit 5 bis 30 A und positiver Bürste .	$\mu = 0{,}17 \pm 0{,}03$	$0{,}16 \ \pm 0{,}01$
mit 5 bis 30 A und negativer Bürste .	$\mu = 0{,}25 \pm 0{,}02$	$0{,}17 \ \pm 0{,}02$

In Trockenheit gehen diese Werte in die Höhe und erreichen gegen den Ring z. B. $\mu = 0{,}46$. Es ist interessant, daß eine ganze Meßreihe anders ausfiel, weil sie in einem Raum ausgeführt wurde, in dem viel geraucht wurde. Dabei ergaben sich gegen den Ring ohne Strom $\mu = 0{,}36$, mit positiver Bürste $\mu = 0{,}29$ und mit negativer Bürste $\mu = 0{,}26$. Wenn man Tabakrauch gegen den Schleifkontakt bläst, so erhält man noch größere Werte für μ, eine Erscheinung, die schon S. W. Glass[2]) geschildert hat.

Etwa dasselbe wie für die ungetränkten gilt auch für die mit Paraffin getränkten Bürsten, so lange ihre Temperatur niedrig ist und die Paraffinmasse demgemäß fest bleibt. Wenn aber die Temperatur der getränkten Bürste so hoch steigt, daß das schmierende Paraffin flüssig wird, so vermindert sich die Reibung. Die besonders kleinen μ-Werte von der Größenordnung $\mu = 0{,}1$ oder kleiner, so wie man sie aus der Praxis kennt, beruhen in den von uns untersuchten Fällen hauptsächlich auf dieser Schmierung. In derselben Richtung wirkt allerdings gelegentlich auch eine Luftstauung unter der Bürste. Wir werden den nächsten Paragraphen der Wirkung des Paraffins und der Luftstauung besonders widmen.

Nun seien einige die Reibung vergrößernde Umstände erwähnt. Wenn die Bürste funkt, dann kann die Graphitschmierung versagen, und die Schuppen stellen sich wohl teilweise hochkant. An einer funkenden Bürste haben wir Werte bis zu $\mu = 0{,}7$ gemessen.

Einige Graphitschuppen scheinen auch gerne umzukippen, wenn die Drehrichtung geändert wird. Durch eine solche Umkehr der Drehrichtung haben wir Vergrößerungen des μ um etwa 20 % erreicht. Vor allen Dingen sind es Graphitschuppen an dem ablaufenden Rande der Bürste, die sich bei der Umkehr der Drehrichtung ungünstig stellen. Wenn nämlich vorher dieser Rand vorsichtig abgewischt wird, so bleibt die störende Wirkung nach der Umkehr aus.

Vermutlich sind es auch hochkant sitzende Schuppen, welche die Reibung erhöhen, wenn der Schleifring scharf einsetzende Vertiefungen wie z. B. kleine Lunkerlöcher besitzt. Dagegen scheinen die Nuten von Kommutatoren meistens so abgerundet zu sein, daß sie weder die Reibung noch den Verschleiß vergrößern. Es kommt im Gegenteil auf dem Kommutator eine Verminderung der Reibung zustande, wohl weil aus den Nuten bei Bedarf Stoff für die Schmierschichten herauskriecht. Mit den geschilderten Erscheinungen ist wahrscheinlich auch die oben beschriebene Vergrößerung der Reibung verwandt, welche durch Tabakrauch erzeugt wird.

Von der Reibungsvergrößerung durch eine Umkehr der Drehrichtung und von der Rauchbehandlung erholt sich der Schleifkontakt meistens schon in wenigen Minuten, wohl weil inzwischen die Graphitschuppen wieder ausgerichtet werden.

---

[1]) Weil der Ring sich äußerst langsam einschleift, so vergrößert sich die Berührungsfläche, und auch μ hier nicht mehr merkbar.

[2]) S. W. Glass: Iron Steel Engr. **XIV** (1937) S. 39.

Die Reibung von Metallgraphitbürsten haben wir vorläufig nur gegen einen Stahlring untersucht, und zwar mit folgendem Ergebnis:

$$\text{ohne Strom} \ldots \ldots \ldots \ldots \mu = 0{,}20$$
$$\text{mit 7 A und positiver Bürste} \ . \ . \ \mu = 0{,}15$$
$$\text{mit 7 A und negativer Bürste} \ . \ . \ \mu = 0{,}22.$$

Alles in allem hängt die Reibung der Bürsten von sehr vielen, zum Teil recht tückischen Umständen ab, so daß man nur mit Vorsicht aus einzelnen Prüfungen allgemeinere Schlüsse ziehen darf.

15. Die Reibungsverminderung durch flüssig gewordenes Tränkungsmittel der Bürsten bzw. durch Luftstauung unter der Bürste.

Teils in ungetränkte Elektrographitbürsten E 149 NJ, teils in getränkte der Marke E 149 MJ wurden je ein Heizkörper und ein Thermoelement eingebaut. Während die Bürsten einen starken Strom beförderten und außer durch diesen mittels der Heizkörper erwärmt wurden, wurden die Reibung, die Kontaktspannung sowie mit

Hilfe der Thermoelemente die mittlere Bürstentemperatur gemessen, und zwar bei verschiedenen Umfangsgeschwindigkeiten v. Die Meßergebnisse der Reibungsmessungen sind in das Bild (15a) eingetragen. Wir sehen, daß die Reibungskurven für getränkte Bürsten deutliche Mindestwerte bei μ von der Größenordnung 0,1 bis 0,15 haben[1]). Die Reibung der ungetränkten Bürsten ist dagegen von der Temperatur wesentlich unabhängig.

Die Mindestwerte der

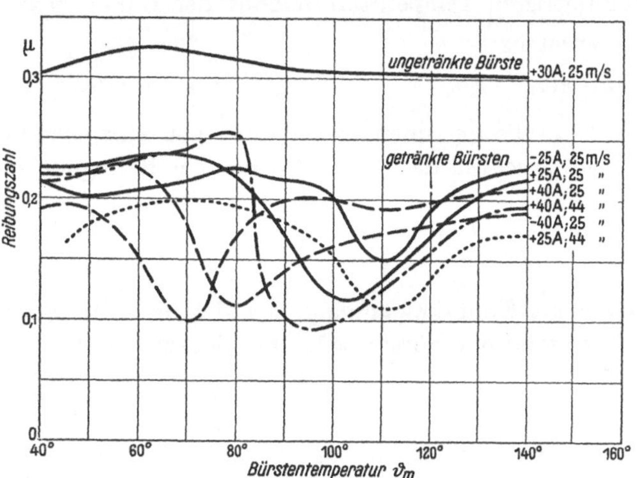

Bild (15a). Verlauf der Reibungszahl einer Elektrographitbürste in Abhängigkeit von der Temperatur.

Kurven dürften sich in folgender Weise erklären: Sobald in der Schleiffläche etwa die Schmelztemperatur des Tränkungsmittels, Paraffin, erreicht worden ist, dringt das Paraffin in den Kontakt hinein und setzt dort die Reibungszahl auf den kleinen Betrag $\mu \approx 0{,}1$ herab. Gleichzeitig damit geht die Kontaktspannung um rund 40 % in die Höhe, wohl infolge des Übergangswiderstandes der Schmierschicht. Diese Erklärung gründet sich darauf, daß eine Berechnung für alle Messungen etwa die Schmelztemperatur des Paraffins in der Schleiffläche ergibt. Diese Berechnung kann allerdings nur grob annähernd werden, besonders weil die Wirkung der Fremdschicht im Kontakt nicht streng anzugeben ist. Diese Fremdschicht leistet einen Widerstand gegen den Strom, der von derselben Größenordnung wie der Ausbreitungswiderstand in der Bürste ist. Die Fremdschicht sitzt fest auf dem Kupfer, und zwischen ihr und der Bürste befindet sich die Schleiffläche.

---

[1]) Die starke Temperaturabhängigkeit der Reibung bei Bürstentemperaturen in der Nähe von 100° C hat zuerst Glass beschrieben [siehe S. W. Glass: Iron Steel Engr. **14** (1937) S. 39]. Diese Abhängigkeit ist aber nicht, wie Glass zu glauben scheint, eine allgemeine Reibungserscheinung der Bürsten, sondern sie ist fast ausschließlich eine Wirkung der Bürstentränkung.

Wir unterscheiden fünf maßgebende Temperaturen:

1. Die mit dem Thermoelement gemessene mittlere Temperatur ϑ_m der Bürste.

2. Die Temperatur ϑ_0 in der Schleiffläche, die im stromlosen Kontakt aber bei unverändertem ϑ_m herrschen würde.

3. Die Temperaturerhöhung ϑ_1 in der Schleiffläche infolge der Stromwärme im Kontaktwiderstand.

4. Die mittlere Temperatur ϑ_{Cu} des Kupfers, die wir hier gleich der Zimmertemperatur $20°$ C setzen.

5. Die höchste Temperaturerhöhung Θ, die im Stromausbreitungsgebiet der Bürste infolge der Stromwärme entsteht.

Grob annähernd setzen wir:

Erstens:
$$\vartheta_0 = \frac{\vartheta_m - \vartheta_{Cu}}{3} + \vartheta_{Cu} = \frac{\vartheta_m}{3} + 13,4 \,,$$

d. h. abgesehen von der Stromwärme wird die Temperaturerhöhung im Kontakt $1/3$ der mittleren Temperaturerhöhung der Bürste dem Kupfer gegenüber;

zweitens: $\qquad\qquad \vartheta_1 = \tfrac{2}{3}\Theta \,.$ [1]

Nun ist: $\qquad\qquad \Theta = \psi \cdot \Theta(\infty) \,,$

wo $\Theta(\infty)$ die im ruhenden Kontakt sich einstellende Übertemperatur bedeutet und ψ den Bruchteil davon angibt, der bei Bewegung des Kontaktes wirklich zustande kommt.

Annähernd ist [2]:
$$\Theta(\infty) = \frac{V^2}{8\lambda\varrho} \,,$$

wo V die Kontaktspannung, λ und ϱ die Wärmeleitfähigkeit bzw. den spezifischen Widerstand der Bürste bedeuten. Ebenso ist [2]:

$$\psi \approx 0,7 \cdot \frac{\lambda}{c} \cdot \left(\frac{1,5}{a}\right)^2 \cdot t \,,$$

wo c die spezifische Wärme der Kohle je cm³ und a der mittlere Halbmesser einer Teilfläche der augenblicklichen Berührungsfläche ist, und t die Stromdauer bedeutet, welche zu der wirklichen Temperaturerhöhung Θ in der heißesten Zone führen würde, wenn der Kontakt still stände. In dem Produkt $\psi \cdot \Theta(\infty)$ fällt λ fort. Durch Einsetzen von $\varrho = 4,3 \cdot 10^{-3}$ Ohm · cm, $c = 1,33$ Joule/cm³, $a = 4 \cdot 10^{-3}$ cm [3]) und $t = \dfrac{3a}{v}$ s (also diejenige Zeit, in der ein Punkt der Bürstenoberfläche die Strecke 3a durchläuft, somit eine Zeit, die für den bewegten Kontakt der oben definierten Stromdauer t entspricht) ergibt sich:

$$\Theta = 255 \frac{\text{m/s}}{v}\left(\frac{V}{\text{V}}\right)^2 \text{Grad} \,.$$

Die berechneten Kontakttemperaturen $(\vartheta_0 + \vartheta_1)$ sind untereinander auffallend gleich und stimmen größenordnungsgemäß mit der Schmelztemperatur des Tränkungsmittels überein. Die Berechnung führt insofern zu einer Bestätigung der ausgesprochenen Vermutung. Nur die letzte Messung bildet eine Ausnahme und weicht von den übrigen stark ab. Vermutlich beruht das abweichende Verhalten der Bürste in diesem

---

[1] Dies folgt aus Berechnungen derselben Art wie bei R. Holm u. R. Störmer: Wiss. Veröff. Siemens **XII,** 1 (1933) S. 61.

[2] Vgl. R. Holm: Arch. Elektrotechn. **29** (1935) S. 207.

[3] Vgl. R. Holm: Wiss. Veröff. Siemens **XVII,** 4 (1938) S. 46.

Fall darauf, daß die Bürste sehr lange geheizt und das Tränkungsmittel nahe der Berührungsfläche weitgehend verbraucht worden war. Der hohe Grad der Übereinstimmung der Kontakttemperaturen unter sich dürfte wohl etwas zufällig sein.

Von der grob annähernden Berechnung darf nämlich nicht mehr verlangt werden, als daß sie zeigt, daß die Abweichungen der Mindestwerte voneinander im Bilde (15a) durch die Theorie in richtigem Sinne gemildert werden, und daß ungefähr die Schmelztemperatur des Tränkungsmittels herauskommt.

Zahlentafel (15b). Temperaturen in Bürsten bei der Mindestreibung. $P = 700$ g.

| Bürsten-polung | Kontakt-spannung V bei Mindestreibung | I | v | Θ | ϑ_m | Kontakt-temperatur $\vartheta_0 + \vartheta_1$ |
	V	A	m/s	°C	°C	°C
$+$	1,35	25	25	18,5	105	61
$+$	1,9	40	25	37	70	61
$+$	1,35	25	44	11	112	57
$+$	1,9	40	44	21	95	59
$-$	1,25	25	25	16	111	61
$-$	2,45	40	25	61	80	81

Daß nun die Mindestwerte der Reibung bei positiven und negativen Bürsten verschieden hoch ausfallen, dürfte wohl damit erklärt sein, daß die Schmierschichtmolekeln, so wie sie unter der positiven Bürste ausgerichtet werden, besser an dem Ring haften als unter der negativen Bürste.

Die geschilderte Schmierwirkung der Tränkung ist nach unseren Messungen auf Kollektoren noch ausgeprägter als auf Ringen[1]), wohl weil die Nuten gewisse Sammelstellen für die Schmierung darstellen.

Die im vorigen Paragraphen erwähnte Luftstauung unter der Bürste bildet sich vor allen Dingen auf Ringen und nur in kleinem Maße auf Kollektoren aus. Man kann sie messen, wenn die Bürste mit einem in der Schleiffläche mündenden Loch versehen wird, von dem eine Schlauchleitung zu einem Manometer führt. Die Lochwandung muß dabei allerdings mit Schellack abgedichtet werden. Wir haben auf diese Weise bis zu 100 Torr Staudruck festgestellt. Stine[2]) hat schon vor längerer Zeit derartige Überdrucke (bis zu 35 Torr) unter der Bürste gemessen. Ein solcher Überdruck kommt offenbar in folgender Weise zustande: In jedem Augenblick hat die Einschleiffläche nur in kleinen Teilflächen eine wirkliche Berührung. Zwischen diesen Teilflächen lassen Bürste und Ring Hohlräume übrig, die mit einer gewissen Luftmenge gefüllt sind, aber natürlich nicht immer mit derselben. An der auflaufenden Bürstenkante wird nämlich Luft vom Ring her hineingeschoben, und an der ablaufenden Kante wird Luft hinausbefördert. Nun setzen sich aber die kleinen Verschleißteilchen auf der Bürste überwiegend in der Nähe der ablaufenden Kante ab. Sie erschweren die Hinausbeförderung der Luft, während die Hineinbeförderung glatt von statten geht, und bedingen also eine Luftstauung. Dreht man die Laufrichtung um, so kommt die Luft leichter hinaus als hinein, genau wie in Gaedes „Molekularpumpe". Dann entsteht unter der Bürste ein Unterdruck von etwa derselben Größe wie der vorherige Überdruck. Mit der Zeit wandert allerdings der Verschleißstaub zurück, und die Saugwirkung verschwindet. Nach tagelangem Laufen baut sich schließlich die Schleiffläche um, und der normale Staudruck stellt sich auch für diese Drehrichtung ein.

Die Luftstauung trägt einen Teil der Kontaktkraft. Schon hierdurch wird die Reibungskraft dem Coulombschen Gesetz gemäß vermindert. Aber wohl nicht die ganze Verminderung kommt so zustande, sondern es kommt hinzu, daß die wirk-

---

[1]) Vgl. J. Liska: Diss. Karlsruhe (1908).
[2]) W. E. Stine: Brush friction greatly affected by contact air pressure. Electr. Wld. 88 (1926) S. 67.

samen Schmierschichten, mögen sie nun aus Luft oder Wasser bestehen, dicker als sonst werden und darum nach den Gesetzen der Flüssigkeitsreibung kleinere Reibungskräfte bedingen.

Damit die geschilderte Luftstauung zustande kommt, ist eine gewisse zusammenhängende tangentiale Länge der Schleiffläche erforderlich. Bei Umfangsgeschwindigkeiten von der Größenordnung 5 bis 10 m/s wird die Stauung belanglos, wenn die erwähnte Länge kleiner als 4 mm ist. Wir haben durch Schlitzen der Bürsten bei Bedarf dafür gesorgt, daß keine größeren zusammenhängenden Längen als 4 mm vorkamen, und haben dadurch die störende Luftstauung vermieden. Auf normalen Kollektoren erfüllen die Nuten die Aufgabe der erwähnten Schlitze, so daß da nach unserer Erfahrung die Staudrucke kaum mehr als einige Torr erreichen.

Zusammenfassung.

Der Verschleiß und die Reibung in Kontakten zwischen Kohlebürsten und Ringen oder Kollektoren hauptsächlich aus Kupfer werden in ihrer Abhängigkeit von verschiedenen Veränderlichen gemessen, vor allen Dingen von Druck, Umfangsgeschwindigkeit, Luftfeuchtigkeit und Strombelastung. Die Meßergebnisse zeigen sich weitgehend gut wiedererhaltbar und können mit Hilfe von Formeln übersichtlich dargestellt werden. Die tatsächliche Kleinheit des Verschleißes wie auch der Reibung ist wesentlich durch Fremdschichten auf dem Ring bedingt. Die Atmosphäre (Wasserdampf, Schwebestoffe, auch Sauerstoff) und der elektrische Strom beeinflussen unmittelbar hauptsächlich diese Schichten.

Der größte Teil des Bürsten-, Ring- und Kollektorverschleißes in der Praxis beruht auf der Verdampfung der Elektroden in dem bogenartigen Funken unter der Bürste. Wenn die Anzahl der jeweiligen Funken, ihre Lebensdauer und ihre Stromstärken bekannt sind, so ergibt sich die zugehörige kathodische Verdampfung einfach als das Produkt der durch den Funken geflossenen Elektrizitätsmenge mit einem dem Metall und der Atmosphäre zugeordneten Stoffbeiwert.

Über den Entladeverzug in festen Isolierstoffen.

Von **Robert Strigel.**

Mit 22 Bildern.

Mitteilung aus dem Dynamowerk der Siemens-Schuckertwerke AG
zu Siemensstadt.

Eingegangen am 6. September 1938.

Inhaltsübersicht.

Der Durchschlag fester Isolierstoffe ist sowohl für statische als auch für Stoßspannungen nur wenig erforscht. Dies liegt einmal an den experimentellen Schwierigkeiten, die sich bei festen Isolierstoffen der Durchführung einer großen Reihe von Einzelversuchen unter einwandfrei gleichwertigen Bedingungen entgegenstellen. Die bisher vorliegenden Arbeiten, die noch heute als grundlegend angesehen werden, beruhen zum Teil auf Funkenstreckenmessungen[1]; nur neuere Arbeiten verwenden den Kathodenstrahloszillographen als Meßmittel[2]. Sie geben aber noch kein zusammenhängendes Bild über den Stoßdurchschlag fester Körper, da sie mit Ausnahme der ältesten Arbeit von R. Jost sich in erster Linie mit dem Stoßdurchschlag nur weniger Stoffe befassen; es seien in diesem Zusammenhang die Untersuchungen von K. Draeger und W. Furkert genannt. Oder aber sie befassen sich mit Einzelproblemen, die mit der Physik des Stoßdurchschlags zusammenhängen, wie dies bei den Arbeiten von L. Inge und A. Walther der Fall ist. Die vorliegende Arbeit will nun nicht allein für eine große Reihe von festen Isolierstoffen den Stoßdurchschlag untersuchen, sondern auch die Stoßfestigkeit dieser Stoffe in Beziehung bringen mit dem Stoßdurchschlag in atmosphärischer Luft und in flüssigen Isolierstoffen.

---

[1] R. Jost: Arch. Elektrotechn. **23** (1929) S. 305. — K. Draeger: Arch. Elektrotechn. **26** (1932) S. 597. — L. Inge u. A. Walther: Arch. Elektrotechn. **34** (1930) S. 259.

[2] L. Inge u. A. Walther: Arch. Elektrotechn. **28** (1934) S. 729. — W. Furkert: Mitt. d. Porzellanfabrik Ph. Rosenthal u. Co. AG, H. 19 (1933) S. 1. — F. Lehmhaus: Arch. Elektrotechn. **32** (1938) S. 281.

A. Meßanordnung.

Als Stoßspannungsquelle diente ein 2 stufiger Hochspannungsgenerator, der als Kapazitätseinheit Kondensatoren von 0,142 µF für 100-kV-Gleichspannung besaß, seine resultierende Kapazität betrug also 0,071 µF, seine höchste Stoßspannung 200 kV.

Die Zeitmessung erfolgte mit dem Zeittransformator[1]). Für Einstellung und Ankopplung des Zeittransformatorkondensators an den Hochspannungsstoßgenerator gelten dieselben Überlegungen, die schon anläßlich einer früheren Veröffentlichung angestellt wurden[2]). Dem Prüfkörper war eine Kapazität von 0,236 µF parallelgeschaltet, so daß man im Stoßgenerator mit einem Dämpfungswiderstand von etwa 100 Ω auskam und im Aufladekreis des Zeittransformators noch Auflade- und Entladezeitkonstanten von 23,6 ns erreichen konnte.

Die vom Registrierschreiber des Zeittransformators aufgezeichneten Zeiten sind nicht ohne weiteres als Maß für die tatsächlichen Verzögerungszeiten anzusehen; sie bedürfen noch einer Korrektur. Der Zeittransformatorkreis arbeitet mit einer gewissen Vorspannung, die verhindern soll, daß der in diesem Kreis liegende Speicherkondensator noch Ladung erhält, wenn der Prüfkörper, dessen Entladeverzug gemessen werden soll, schon durchschlagen ist. Die Höhe dieser Vorspannung läßt sich aus dem Teilerverhältnis des Widerstandsspannungsteilers leicht auf Hochspannung umrechnen. Der Schreiber zeichnet nun diejenige Zeit auf, die zwischen dem Augenblick, in dem die Stoßspannung während ihres Anstiegs die auf Hochspannung umgerechnete Vorspannung überschreitet, und dem Durchschlagszeitpunkt verstreicht. Ihr muß also noch die Zeit, die zwischen dem Beginn des Spannungsanstiegs und dem Erreichen der Vorspannung liegt, hinzugezählt werden.

Aus Gründen, die bei der Beschreibung der Versuchsergebnisse näher ausgeführt werden, wird im Rahmen dieser Arbeit unter Entladeverzugszeit die Zeit verstanden, die zwischen dem Beginn des Stoßspannungsanstiegs und dem Spannungszusammenbruch liegt.

Als Elektroden wurden einmal Plattenelektroden aus Kupfer verwendet von 3,5 und 7,5 cm Durchmesser, deren Ränder der Feldlinie $\varphi = 120°$ angepaßt waren[3]). Mit diesen Elektroden wurden in Öl eingebettete Versuchsproben untersucht. Dann aber wurden auch Profilelektroden, die der Feldlinie $\varphi = 90°$ entsprechen, mit einem ebenen Durchmesser von 1,0 cm verwendet, die in Pizein, dem pulverisiertes Rutil beigemischt war, eingegossen worden sind. In beiden Fällen wurde erreicht bzw. angenähert erfüllt, daß

$$E_{d2} \geqq \frac{\varepsilon_1}{\varepsilon_2} E_{d1}$$

wurde, also die für diesen Fall notwendige Bedingung zur Unterdrückung der Randfeldstärkenerhöhung eingehalten wurde[4]). In dieser Beziehung bedeuten E_{d1} die Durchbruchsfeldstärke des Prüfkörpers und E_{d2} diejenige des Isoliermittels, ε_1 die Dielektrizitätskonstante des Prüfkörpers und ε_2 diejenige des Isoliermittels.

---

[1]) M. Steenbeck u. R. Strigel: Arch. Elektrotechn. 26 (1932) S. 831. — R. Strigel: Z. Instrumentenkde. 57 (1937) S. 65.

[2]) R. Strigel: Wiss. Veröff. Siemens XV, 3 (1936) S. 1.

[3]) W. Rogowski u. H. Rengier: Arch. Elektrotechn. 16 (1926) S. 73. — H. Rengier: Arch. Elektrotechn. 16 (1926) S. 76.

[4]) R. Strigel: Arch. techn. Messen J. 831-3, März 1935.

B. Die Bestimmung der statischen Durchschlagsspannung bei Gleich- und Wechselspannung.

Auf ihre Durchschlagsfestigkeit wurden untersucht:

1. Preßspan in Luft, trocken und paraffiert,
2. Rollenpreßspan, ölgetränkt,
3. Nitrozellulosefilm in Luft,
4. Glimmerblättchen in Luft und in einem Azeton-Xylol-Gemisch,
5. Resistit in Öl,
6. Porzellan in Öl,
7. Glas in Öl.

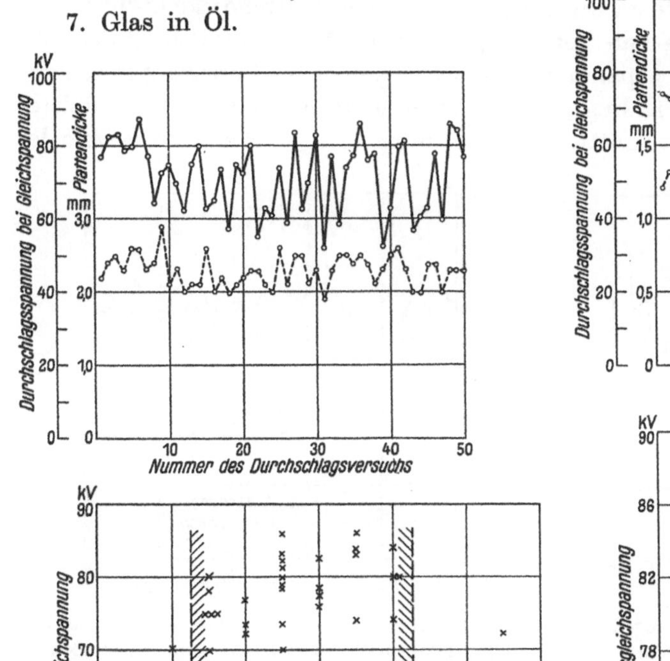

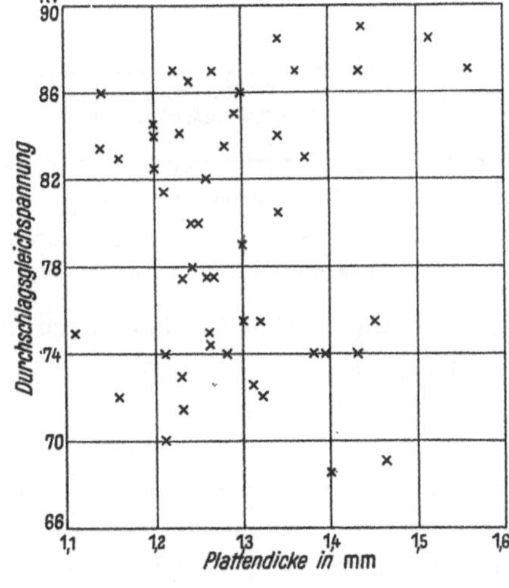

Bild 1. Zusammenhang zwischen den Schwankungen der statischen Durchbruchsgleichspannung und denen der Plattendicke bei Porzellan.

Bild 2. Zusammenhang zwischen den Schwankungen der statischen Durchbruchsspannung und denen der Plattendicke bei Glas.

Glas ist als amorpher Körper anzusehen, dessen Zustand mit dem einer unterkühlten Flüssigkeit Ähnlichkeit hat. Glimmer hat Kristall-, Porzellan kristalline Struktur. Resistit ist ein geschichteter Isolierstoff; er besteht aus Glimmerblättchen, die mit Schellack auf Papier aufgeklebt sind; die einzelnen Lagen dieses Papiers werden aufeinandergestapelt warm gepreßt. Preßspan ist ein Faserstoff, Nitrozellulose ein rein organischer Stoff. Es gelangten also Isolierstoffe der verschiedenartigsten Struktur zur Untersuchung.

Eine außerordentliche Schwierigkeit lag namentlich bei Porzellan und Gläsern darin, einigermaßen gleich dicke Versuchsproben zu erhalten: so wurden Porzellanplatten von 2,5 mm Dicke in Auftrag gegeben; die fertiggestellten Plattendicken schwankten zwischen 1,8 und 2,9 mm trotz nachträglich geschliffener Plattenflächen. Ein nachträgliches weiteres Abschleifen der Platten kam jedoch bei der großen Versuchszahl nicht in Frage. Trägt man jedoch über der Plattendicke die jeweilige Durchschlagsspannung auf, so erkennt man, daß die Streuung in der Durchschlagsspannung diejenige der Plattendicke bei weitem überwiegt. Dies ist in Bild 1 für die Probeplatten aus Porzellan, in Bild 2 für diejenigen aus Glas gezeigt.

Sowohl die Durchschlagswerte als auch die Werte für die Plattendicke ordnen sich einigermaßen nach einer Gaußschen Verteilung um einen Mittelwert; so ergibt sich in gleichförmigem Feld der Gleichspannungsdurchschlagswert für Porzellanplatten zu 70,5 kV mit einer mittleren Abweichung $\pm$ 9,5 kV; sie beträgt also $\pm$ 13 %. Die mittlere Plattendicke ist 2,3 mm bei einer mittleren Abweichung von $\pm$ 9,5 %. Die maximale

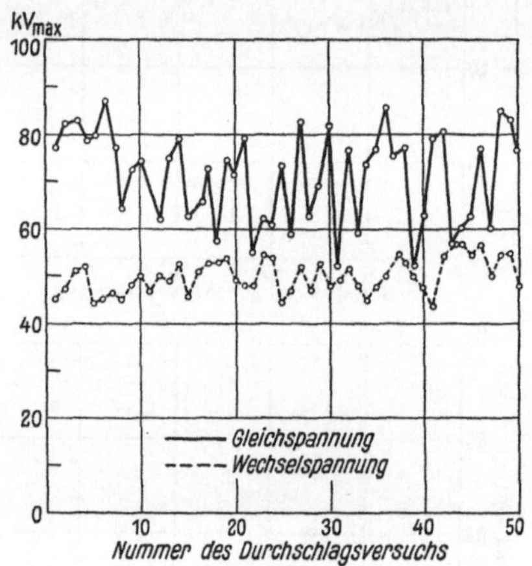

Bild 3. Gleich- und Wechselspannungsdurchschlagsschwankungen bei Porzellan.   Bild 4. Gleich- und Wechselspannungsdurchschlagsschwankungen bei ölgetränktem Preßspan.

Abweichung beträgt für den Durchschlagswert $+$ 22 % und $-$ 26 %, für die Plattendicke $+$ 26 % und $-$ 22 %. Es sei noch bemerkt, daß bei den Stoßversuchen mit Porzellan die Platten, die dünner als 2,1 mm und dicker als 2,6 mm waren, ausgeschieden wurden.

Ähnlich liegen die Zahlen für Glas; der Mittelwert für Durchbruchsspannung beträgt 79,7 kV bei einer mittleren Abweichung von 8,5 kV, also von 10,7 %. Der niedrigste gemessene Durchschlagswert war 68,5 kV, lag demnach 13,9 % unter dem Mittel, der höchste war 89,5 kV, das sind 13,5 % über dem Mittel. Die Glasplatten hatten im Mittel eine Dicke von 1,29 mm bei einer mittleren Abweichung von 0,09 mm, also $\pm$ 7 %. Die größte gemessene Plattendicke war 1,51 mm, weicht somit $+$ 17 % vom Mittelwert ab, die kleinste gemessene Dicke war 1,11 mm, das sind $-$ 16 % unter dem Mittel.

Weiter wurden, wie ja bereits bekannt[1]), erhebliche Unterschiede zwischen den Durchschlagswerten bei Gleich- und Wechselspannung gefunden: Der Durchschlagswert bei Wechselspannung beträgt nur einen Bruchteil desjenigen bei Gleichspannung, wie Bild 3 für Porzellan und Bild 4 für ölgetränkten Preßspan erkennen läßt. Die Streuung der Durchschlagswerte ist bei Wechselspannung geringer als bei Gleich-

---

[1]) R. Jost: a. a. O.

spannung, wie die nachstehenden Werte und mittleren Abweichungen für Porzellanplatten im gleichförmigen Feld zeigen:

$$\text{Gleichspannung} \quad 70,5 \text{ kV} \pm 13,5\%,$$
$$\text{Wechselspannung} \quad 49,9 \text{ kV} \pm 7,3\%.$$

Auch im ungleichförmigen Feld wurden wesentlich geringere Streuungen festgestellt als im gleichförmigen Feld, wie aus dem folgenden Beispiel für Glas hervorgeht:

$$\text{gleichförmiges Feld} \quad 79,7 \text{ kV}; \pm 10,7\% \text{ mittlere Abweichung,}$$
$$\text{negative Spitze — positive Platte } 92,0 \text{ kV}; \pm 3,5\% \text{ mittlere Abweichung,}$$
$$\text{positive Spitze — negative Platte } 92,0 \text{ kV}; \pm 2,5\% \text{ mittlere Abweichung.}$$

In der Zahlentafel 1 sind für die verschiedenen untersuchten Isolierstoffe in den gewählten Einbettmitteln bei verschiedenen Elektrodenanordnungen die Durchschlagswerte für den Gleich- und Wechselspannungsdurchschlag eingetragen, mit Ausnahme von Rollenpreßspan in Öl, auf den noch besonders eingegangen werden soll. Es sei darauf hingewiesen, daß die Wahl einer Elektrode nach der Äquipotentialfläche $\varphi = 90°$ mit einem Halbmesser von 1,0 cm bei Einbettung in ein Rutil-Pizeingemisch noch nicht unbedingt ein gleichförmiges Feld verbürgt. Um die Feldabweichungen möglichst niedrig zu halten, wurde diesen Elektroden eine ebene Platte gegenübergestellt. Es zeigte sich jedoch, daß es für die Höhe der statischen Durchbruchsspannung nicht gleichgültig ist, ob die Platte oder die profilierte Elektrode geerdet ist; bei geerdeter profilierter Elektrode wurden höhere Werte der Durchschlagsspannung erhalten als bei geerdeter Plattenelektrode.

Bei ölgetränktem Rollenpreßspan ist nicht allein das feste Isoliermittel für die Höhe der statischen Durchschlagsspannung maßgebend, sondern auch der jeweilige Isolationszustand des Tränköls. Die Aufbereitung des Rollenpreßspans geschah derart, daß zunächst ein Preßspanstreifen von 10 cm Breite und 5 m Länge unter Vakuum entgast und dann Öl mit einer Temperatur von 80° C durch ein Filter aus Jenaer Glas in das Vakuum eingesaugt worden ist[1]). Auch die verwendeten Elektroden wurden diesem Aufbereitungsprozeß unterworfen. Der Preßspanstreifen wurde zwischen den Elektroden hindurchgeführt und nach jedem erfolgten Durchschlag weiterbewegt.

Ferner spielte bei diesen Versuchen mit Rollenpreßspan eine allmähliche Alterung der Elektroden und des Öls eine Rolle; so zeigte eine wie oben beschrieben aufbereitete Rolle folgende Durchschlagswerte:

zu Anfang 70,2 kV bei Gleich- und 33,4 kV bei Wechselspannung,
nach 25 Stoßdurchschlägen 61,2 kV bei Gleichspannung,
nach 75 Stoßdurchschlägen 55,3 kV bei Gleichspannung.

Innerhalb zweier Tage erholte sich dieses Öl etwas; es wurden dann 56,6 kV als Gleichspannungsdurchschlagswert gemessen. Diese Verschlechterung ist in der Hauptsache wohl auf die fortschreitende Verschmutzung der Elektrodenoberfläche durch die starke Verkohlung des Preßspans beim Stoßdurchschlag zurückzuführen. Beim statischen Durchschlag dagegen ändert sich nach 250 Durchschlägen der Gleichspannungsdurchschlagswert nur von 58 auf 55 kV, wobei allerdings zu bemerken ist, daß der Ausgangswert dieser Öl-Preßspanprobe wesentlich niedriger lag.

In Zahlentafel 2 ist ein Vergleich gezogen zwischen der in der vorliegenden Arbeit ermittelten durchschnittlichen Überhöhung des Durchschlagswertes bei Gleich-

---

[1]) Siehe auch R. Strigel: Wiss. Veröff. Siemens **XVI**, 1 (1937) S. 38.

Zahlentafel 1. Zusammenstellung der Werte der statischen Durchbruchsspannungen.

Isolierstoff	Einbettmittel	Elektrodenanordnung		Elektrodenabstand in mm	Durchschlagswert bei		U_g/U_w
		Schaltung	Bezeichnung		Gleichspannung U_g kV	Wechselspannung U_w kV	
Preßspan, roh	Luft		gleichf. $\varphi = 90°$	0,3	10,1	4,37	2,3
				0,5	15,8	5,87	2,7
				0,7	19,4	7,76	2,5
			in Pizein	0,3	—	4,64	—
				0,5	—	6,13	—
				0,7	—	8,35	—
			ungleichf. $\alpha = 15°$ in Luft		12,5	5,0	2,5
			ungleichf. $\alpha = 15°$ in Pizein	0,3	12,9	5,1	2,5
			ungleichf. $\alpha = 15°$ in Luft		11,7	5,2	2,3
Preßspan, paraffiniert	Luft		gleichf. $\varphi = 90°$ in Pizein		13,5	4,95	2,7
					—	4,95	—
			ungleichf. $\alpha = 15°$ in Luft	0,3	16,0	6,87	2,3
			ungleichf. $\alpha = 15°$ in Pizein		16,1	6,38	2,5
Nitrozellulosefilm	Luft		gleichf. $\varphi = 90°$ in Pizein		15,6	9,3	1,7
			ungleichf. $\alpha = 15°$ in Luft	0,05	15,0	8,9	1,7
			ungleichf. $\alpha = 15°$ in Pizein		12,4	6,6	1,7
Glimmerscheiben	12% Azeton in Xylol		gleichf. $\varphi = 90°$		20,6	10,3	2,0
	Luft		gleichf. $\varphi = 90°$ in Pizein	0,03	21,0	—	—
Resistit	Öl		gleichf. $\varphi = 120°$		58,0	48,6	1,19
			ungleichf. $\varphi = 120°$		62,4	43,8	1,42
			$\alpha = 15°$	0,5	66,4	43,8	1,53
			ungleichf. $\alpha = 15°$		67,8	43,5	1,56
Tafelglas (Tempax)	Öl		gleichf. $\varphi = 120°$		79,7	36,0	2,21
			ungleichf. $\varphi = 120°$	1,29	92	—	—
			$\varphi = 120°$ $\alpha = 15°$		92	—	—
Porzellan	Öl		gleichf. $\varphi = 120°$		70,5	49,9	1,41
			ungleichf.		93	61,0	1,53
			$\varphi = 120°$ $\alpha = 15°$	2,35	90	67,8	1,33
			ungleichf. $\alpha = 15°$		91,0	68,0	1,34

φ Äquipotentialfläche, nach der die Elektrode geformt ist.
α Spitzenwinkel der verwendeten Spitzenelektrode.

Zahlentafel 2. Durchschnittliche Überhöhung des Durchschlagswertes bei Gleichspannung über derjenigen bei Wechselspannung.

Isolierstoff	Gleichförmiges Feld		Ungleichförmiges Feld
	R. Jost	R. Strigel	R. Strigel
Glimmer	4,5fach	2,0fach	—
Mikanit	2,0fach	—	—
Resistit	—	1,19fach	1,42 · · · 1,56fach
Preßspan in Luft	1,9fach	2,3 · · · 2,7fach	2,3 · · · 2,5fach
Preßspan paraffiniert in Luft	—	2,7fach	2,3 · · · 2,5fach
Rollenpreßspan in Öl	—	2,1fach	—
Pertinax in Öl	2,5fach	—	—
Excelsiorleinen in Luft	1,9fach	—	—
Excelsiorleinen in Öl	2,5fach	—	—
Nitrozellulosefilm	—	1,7fach	1,7fach
Glas	2,5fach	2,2fach	—
Porzellan	1,3fach	1,41fach	1,33 · · · 1,41fach
Hartgummi	2,64fach	—	—

spannung über denjenigen bei Wechselspannung und denen, die von R. Jost angegeben worden sind. Die Unterschiede sind bei Glimmer und Preßspan sehr erheblich, während bei Glas und Porzellan die Übereinstimmung gut ist. Diese Überhöhung des Durchschlagswertes bei Gleichspannung über denjenigen bei Wechselspannung läßt darauf schließen, daß beim statischen Durchschlag Wärmeentwicklung schon wesentlich beteiligt ist[1]; der Unterschied zwischen Gleich- und Wechseldurchschlagsspannung erklärt sich damit auch zwanglos als Folge zusätzlicher Wärmeentwicklung im Isolierstoff, hervorgerufen durch die bei Wechselspannung auftretenden dielektrischen Verluste[2].

Ferner war noch zu untersuchen, inwieweit durch die gewählten Elektrodenanordnungen tatsächlich ein gleichförmiges Feld zwischen den Elektroden erreicht wurde. Schon bei der Besprechung der Zahlentafel 1 wurde darauf hingewiesen, daß die Gleichförmigkeit des Feldes bei profilierten Elektroden $\varphi = 90°$, die in ein

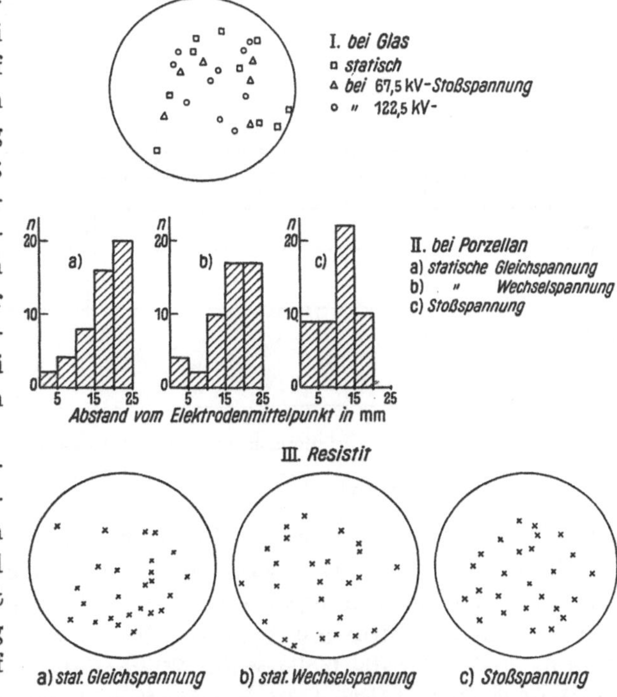

Bild 5. Verteilung der Durchschläge unter der profilierten Elektrode $\varphi = 120°$ bei statischer und bei Stoßspannung.

Rutil-Pizeingemisch eingegossen waren, nur sehr teilweise erfüllt waren. Besser war sie erfüllt bei derselben Elektrodenform, wenn als Füllmittel ein Gemisch aus Xylol mit

---

[1] Siehe auch K. Draeger: a. a. O.

[2] Siehe auch R. Vieweg: Elektrotechnische Isolierstoffe, Berlin (1937).

12 % Azeton verwendet wurde[1]), am weitgehendsten jedoch für die profilierte Elektrode $\varphi = 120°$ mit dem Füllmittel Öl, wie Bild 5 für Glas, Porzellan und Resistit zeigt. In keinem einzigen der dargestellten Fälle kann gesagt werden, daß Randdurchschläge überwiegen.

C. Der Stoßdurchschlag.

I. Die Verteilungskurve des Entladeverzugs.

Nimmt man an festen Isolierstoffen eine große Anzahl von Einzelstoßdurchschlägen vor und mißt dabei die Entladeverzugszeiten, so kann man eine Verteilungskurve des Entladeverzugs aufzeichnen. Man trägt die gemessenen Entladeverzugszeiten dabei zweckmäßig so auf, daß als Ordinate die jeweilige Anzahl n_t aller der

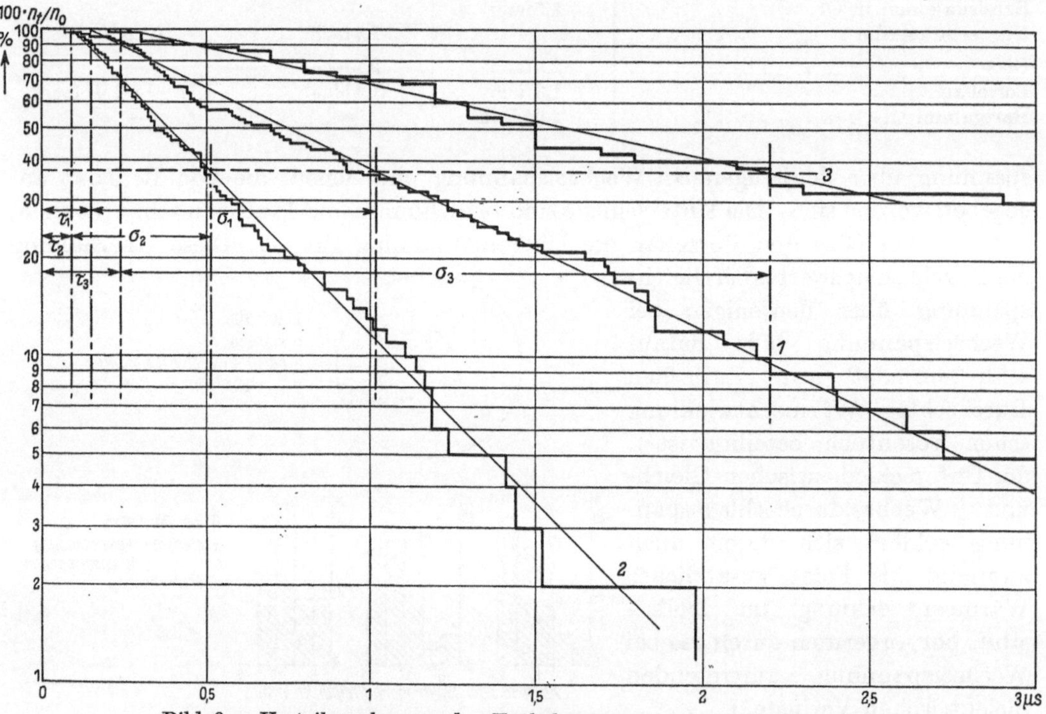

Bild 6a. Verteilungskurven des Entladeverzugs in festen Isolierstoffen.

1 Nitrozellulose, 0,05 mm dick, Stoßspannung 18,3 kV; *2* Preßspan, paraffiniert, 0,3 mm dick, Stoßspannung 20,0 kV; *3* Glimmerplättchen 0,3 mm dick, Stoßspannung 20,0 kV je 100 Einzelversuche.

Einzelversuche bezogen auf die Gesamtzahl n_0 aller ausgeführten Versuche gewählt ist, die bei der gewählten Abszissenzeit t noch nicht durchschlagen waren. n_t/n_0 wird dabei überdies noch in logarithmischem Meßsystem aufgetragen. Solche Verteilungskurven, die sorgfältig mit sauberen Elektroden aufgenommen worden sind, gibt Bild 6a und b für die Isolierstoffe Nitrozellulose, Preßspan, Glimmer, Glas, Porzellan und Resistit wieder. Sie lassen erkennen, daß zunächst einmal ein bestimmter Zeitabschnitt verstrichen sein muß, bis überhaupt ein Durchschlag möglich ist, und daß nach diesem Zeitabschnitt die Anzahl n_t der Versuche, die bei der dazugehörigen Abszissenzeit t noch nicht zum Durchschlag geführt haben, treppenförmig abnimmt. Diese Treppenkurve kann bei dem gewählten logarithmischen Spannungsmaßstab durch eine Gerade gemittelt werden.

[1]) Siehe auch R. Strigel: Arch. techn. Mess. J. 831—3 (1935).

Man erhält somit bei festen Isolierstoffen dieselbe Verteilungskurve des Entladeverzugs, wie sie früher bei atmosphärischer Luft[1]) und bei Isolierölen[2]) gefunden worden ist. Der Entladeverzug in festen Isolierstoffen kann also ebenfalls wieder eingeteilt werden in zwei Zeitabschnitte: in die eigentliche Aufbauzeit τ, die zugleich den kürzest möglichen Entladeverzugswert darstellt, der nur unter günstigsten Bedingungen erreicht wird, und dann in die zusätzliche Streuzeit, deren Mittelwert mit σ bezeichnet werden soll. Die Verteilungskurve läßt sich wieder darstellen durch die zuerst von M. v. Laue[3]) angegebene Beziehung[4])

$$n_t = n_0 \cdot \varepsilon^{-\frac{1}{\sigma}(t-\tau)}, \qquad \text{wobei} \qquad t \geqq \tau.$$

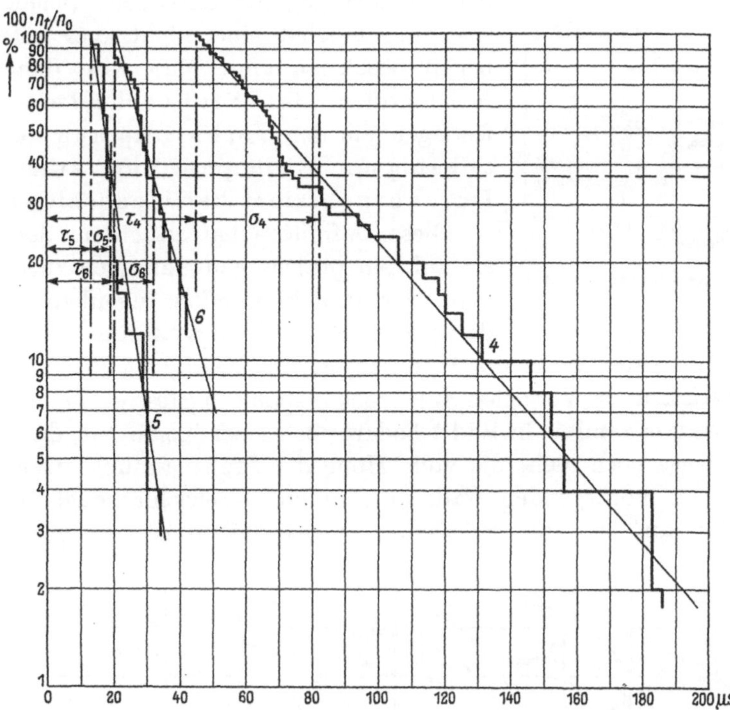

Bild 6b. Verteilungskurven des Entladeverzugs in festen Isolierstoffen.

4 Glasscheiben, 1,3 mm stark, 50 Versuche, Stoßspannung 81 kV; *5* Porzellanscheiben, 2,5 mm stark, 25 Versuche, Stoßspannung 114 kV; *6* Resistit, 0,5 mm stark, 25 Versuche, Stoßspannung 68 kV.

Die Verteilungskurven, die in Bild 6a und b wiedergegeben sind, wurden an den verschiedensten Isolierstoffen — an amorphen Körpern, an kristallisierten und kristallinen Stoffen, an geschichteten Isolierstoffen und an Faserstoffen — gewonnen. Die Stoßspannungen lagen zwischen 18,3 kV und 114 kV. Verteilungskurven, die demselben Gesetz unterworfen sind, erhält man auch bei Stoßdurchschlagsversuchen im ungleichförmigen Feld. Man kann also allgemein sagen, daß der Stoßdurchschlag in festen Isolierkörpern durch das gleiche Verteilungsgesetz bestimmt ist wie derjenige in gasförmigen und flüssigen Isolierstoffen.

[1]) R. Strigel: Wiss. Veröff. Siemens **XI**, 1 (1932) S. 52.
[2]) R. Strigel: Arch. Elektrotechn. **28** (1934) S. 671.
[3]) M. v. Laue: Ann. Phys. **76** (1925) S. 261.
[4]) R. Strigel: Wiss. Veröff. Siemens **XV**, 3 (1936) S. 1.

Es sei noch bemerkt, daß die im folgenden angegebenen Meßpunkte stets einer solchen Verteilungskurve, die aus 50 Einzelversuchen ermittelt wurde, entnommen sind, daß sie also nicht als Einzelwerte zu werten sind, sondern als das Ergebnis einer ganzen Versuchsreihe.

II. Die Spannungsabhängigkeit des Entladeverzugs.

a) Das Stoßverhältnis.

Bild 7 zeigt die Spannungsabhängigkeit der Aufbauzeit τ für Glas in Öl im gleichförmigen Feld. Außerdem sind in dieses Bild die Werte des Gleich- und Wechselspannungsdurchschlagmittelwertes eingetragen. Man erkennt, daß Stoßdurchschläge noch unterhalb der mittleren Gleichdurchschlagsspannung möglich sind, nicht aber unter derjenigen bei Wechselspannung. Man wird daher bei festen Isolierstoffen das Stoßverhältnis zweckmäßig festlegen als das Verhältnis aus der Höhe der angelegten Stoßspannung zum statischen Durchbruchswert bei Wechselspannung.

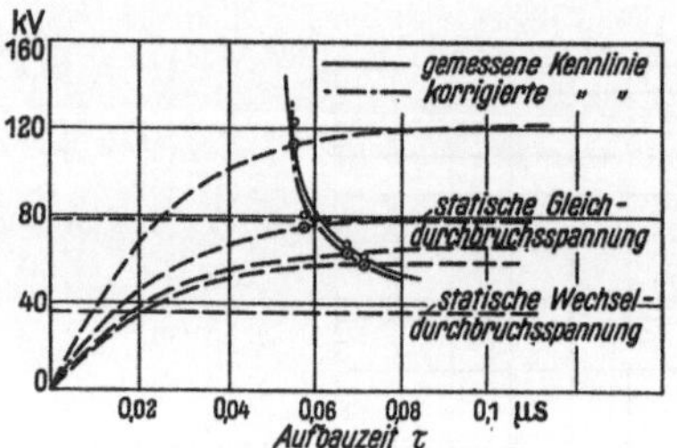

Bild 7. Spannungsabhängigkeit der Aufbauzeit τ für Glas.

Diese Definition hat außerdem den Vorteil, daß sie auf den praktischen Gebrauch zugeschnitten ist; denn den projektierenden Ingenieur interessiert im derzeitigen Entwicklungsstadium unserer Hochspannungstechnik in erster Linie die Wechselspannungsfestigkeit der Isolierstoffe und deren Stoßfestigkeit im Vergleich zur Wechselspannungsfestigkeit.

Die gemessene Kennlinie in Bild 7 bedarf noch einer Korrektur, da im Augenblick des Durchschlages noch nicht die volle Höhe der Stoßspannung erreicht ist. Diese Korrektur ist im vorliegenden Fall, in dem im Durchschlagsaugenblick die Stoßspannung schon auf 95 % des Höchstwertes angestiegen ist, nur geringfügig.

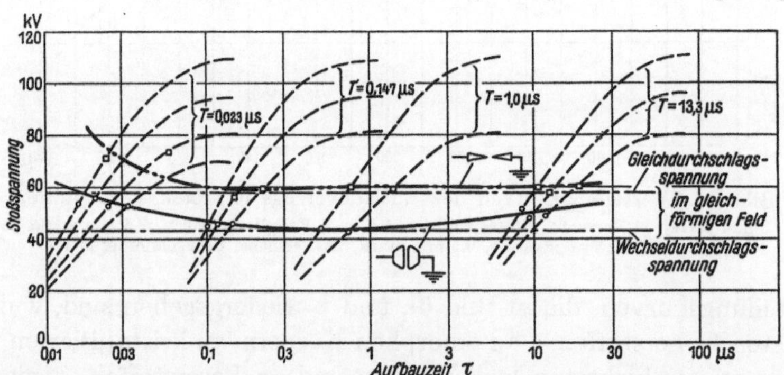

Bild 8. Einfluß des Spannungsanstiegs auf den Entladeverzug in Resistit.

b) Der Einfluß der Wellensteilheit auf den Entladeverzug.

Eine Folgerung aus der Tatsache, daß die Wechselspannungsfestigkeit für den Stoßdurchschlag bei festen Isolierstoffen maßgebend ist, liegt darin, daß die Stoßdurchschlagsspannung abhängig sein muß vom Anstieg der Stoßspannung[1]). Denn je langsamer der Stoßspannungsanstieg erfolgt, um so mehr nähert sich die Be-

---

[1]) Siehe auch N. Semenoff u. A. Walther: Die physikalischen Grundlagen der elektrischen Festigkeitslehre, Berlin (1928) und F. Lehmhaus, a. a. O.

anspruchung durch eine Stoßwelle mit sehr langem Rücken derjenigen bei Gleichspannung.

In Bild 8 wurde bei 4 verschiedenen Anstiegszeitkonstanten (T = 0,023 µs, 0,147 µs, 1,0 µs und 13,3 µs) und verschiedenen Höchstwerten (69 kV, 81 kV, 95 kV und 109 kV) der Stoßspannung für das Platten- und für das Spitzenfeld der Spannungswert des Stoßdurchschlages ermittelt. Dabei zeigt sich, daß die Stoßdurchschlagsspannung zunächst mit zunehmenden Anstiegszeitkonstanten der Stoßwelle abnimmt, die statische Gleichdurchschlagsspannung unterschreitet, sich aber bei der größten zur Anwendung gekommenen Anstiegszeitkonstanten allmählich wieder dem Gleichspannungsdurchschlagswert nähert.

Es sei noch erwähnt, daß die Elektrodenfläche auf die Aufbauzeit im Fall des Stoßdurchschlags in der Wellenstirn einen, wenn auch schwachen Einfluß auf die Aufbauzeit hat, wie Bild 9 zeigt, bei dem die Elektrodenfläche im Verhältnis 1 : 6,25 : 12,25 geändert wurde.

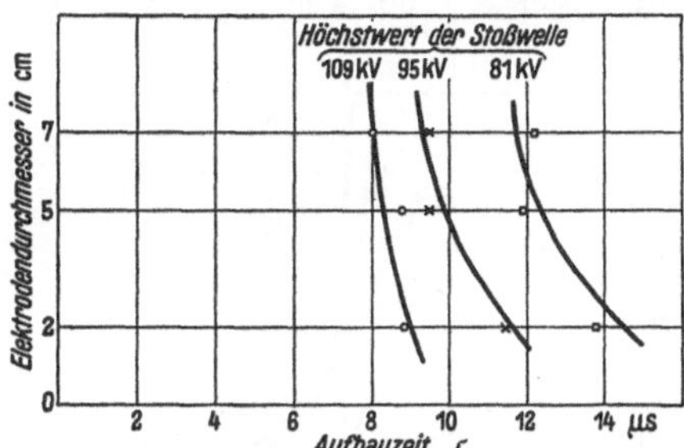

Bild 9. Einfluß der Elektrodengröße auf den Entladeverzug in Resistit (Anstiegszeitkonstante der Welle 13,3 µs).

Die Tatsache, daß sehr häufig der Stoßdurchschlag noch im Anstieg der Stoßwelle erfolgt, ferner die unterschiedliche Höhe des Durchschlags bei Gleich- und Wechselspannung, lassen es zweckmäßig erscheinen, den Entladeverzug, wie ja auch schon eingangs dieser Arbeit erwähnt, so zu definieren, daß unter ihm die Zeit verstanden wird, die zwischen dem Beginn des Stoßspannungsanstiegs und dem Eintreten des Stoßdurchschlags verstreicht. Diese Definition ermöglicht, sich im Verein mit der Anstiegszeitkonstante der Stoßwelle sofort ein Bild zu machen über die zeitliche Lage der Durchschlagspunkte im Stoßwellenablauf. Außerdem ist dadurch die Umrechnung des Stoßverhältnisses von der Bezugsbasis des Wechselspannungsdurchschlags auf diejenige des Gleichspannungsdurchschlags leichter durchzuführen.

c) Die Spannungsabhängigkeit bei verschiedenen Isolierstoffen.

1. Glas. Der Einfluß der verschiedenen Feldanordnungen auf den Entladeverzug von Glasplatten in Transformatorenöl geht aus Bild 10 und 11 hervor. In Bild 10 ist, abhängig von der Höhe der Stoßspannung, die Aufbauzeit, in Bild 11 die Streuzeit aufgetragen für die Anordnungen: Platte gegen Platte (profilierte Elektrode φ = 120° mit 5 cm Durchmesser), Spitze gegen Spitze, geerdete Plattenelektrode gegen negative Spitze und negative Plattenelektrode gegen geerdete Spitze. Das zunächst auffallendste Ergebnis dieser Versuche sind die geringfügigen Unterschiede in den Kennlinien der Anordnungen des gleichförmigen und des ungleichförmigen Feldes. In den Kennlinien für die Aufbauzeit ist noch der Gang zu erkennen, der demjenigen der Kennlinien für die Aufbauzeit in Luft und Öl entspricht; die Kennlinie mit der kleinsten Aufbauzeit ist dem gleichförmigen Feld, diejenige mit der größten Aufbauzeit ist dem Spitzenfeld zugeordnet. So beträgt z. B. bei 150 kV Stoßspannung die Aufbauzeit 54 ns im gleichförmigen, gegenüber 72 ns im ungleichförmigen Felde; durch die ungleichförmige Feldanordnung ist also die Aufbauzeit nur um das 1,33fache vergrößert worden. Erst bei Stoßspannungen unter 90 kV wird der Unterschied in den Kennlinien größer; er beträgt bei 80 kV das 2,34fache,

bei 60 kV etwa das 9fache. Die beiden Anordnungen, bei denen eine Spitze einer
Platte gegenübersteht, unterscheiden sich in ihren Kennlinien nur wenig voneinander,
sie liegen etwa in der Mitte der beiden anderen Elektrodenanordnungen.

Die statistischen Streuzeiten der 4 Elektrodenanordnungen sind nur wenig voneinander verschieden und im übrigen außerordentlich niedrig. Die Streuzeit bei den
Elektrodenanordnungen Spitze-Spitze liegt bei hohen Stoßspannungen sogar noch
niedriger als bei Plattenelektroden.

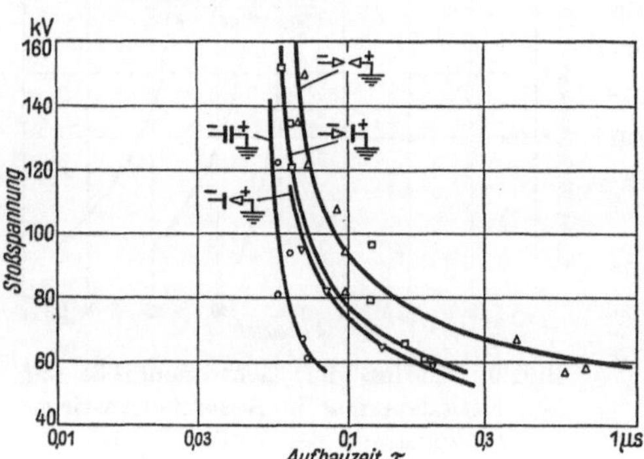

Bild 10. Spannungsabhängigkeit der Aufbauzeit τ für Glas.

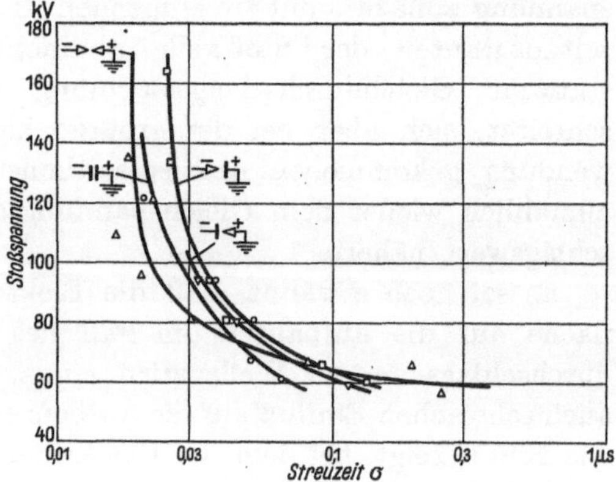

Bild 11. Spannungsabhängigkeit der statistischen
Streuzeit σ für Glas.

Bild 12 gibt einen Vergleich zwischen den in dieser Arbeit für das gleichförmige
Feld ermittelten Kennlinien mit den von R. Jost[1]) und von L. Inge und A. Walther[2]) gemessenen, soweit sie von den genannten Autoren ebenfalls in einer einigermaßen gleichförmigen Feldanordnung und mit Transformatorenöl als Füllflüssigkeit
ermittelt wurden.

Die Kurven 1 ··· 4, die der Arbeit von R. Jost entnommen sind, zeigen, daß
bei niedrigen Werten der Aufbauzeit, also bei höheren Werten des Stoßverhältnisses,
die Aufbauzeit mit der Plattendicke stark ansteigt, bei niedrigen Werten dagegen von
ihr ziemlich unabhängig ist. Die Kurven 1 ··· 4 wurden an einer Abschneidewanderwellenleitung gewonnen, ohne Kontrolle des Spannungsverlaufes mit dem Kathodenstrahloszillographen; die gemessenen Werte liegen daher wohl für kurze Aufbauzeiten
(unter 0,03 μs) zu niedrig. Die Kurven 6 und 7, die von L. Inge und A. Walther veröffentlicht sind, passen sich gut den Kurven 3 und 4 an, die bei denselben Plattendicken aufgenommen wurden; auch für sie gilt derselbe Einwand wie gegen die
Kurven 1 ··· 4.

2. Porzellan. An Porzellanproben wurde lediglich die Aufbauzeit im gleichförmigen
Feld (profilierte Elektroden $\varphi = 120°$) bei Verwendung von Öl als Füllflüssigkeit
abhängig vom Stoßverhältnis bestimmt; die ermittelten Meßwerte sind in Bild 13
aufgetragen. Die Aufbauzeit von Porzellan liegt, auf gleiche Werte des Stoßverhältnisses bezogen, niedriger als diejenige von Glas. In das Bild sind außerdem noch von
R. Jost[1]) ermittelte Meßkurven an Porzellanplatten von 1 mm Stärke eingetragen,
die bei verschiedenen Füllstoffen aufgenommen sind. Seine Messungen sind wieder
an einer Abschneidewanderwellenleitung gewonnen. Seine Kennlinien schneiden die
im Rahmen der vorliegenden Arbeit gemessene zweimal, jedoch läßt sich schlecht
ein Vergleich ziehen, da die Probeplatte der Jostschen Versuche weniger als halb so

---

[1]) R. Jost: a. a. O.   [2]) L. Inge u. A. Walther: a. a. O.

stark waren als die der vorliegenden Arbeit. Aus den Jostschen Versuchen geht auch hervor, daß der Füllstoff erheblichen Einfluß auf die Aufbauzeit des Entlade-

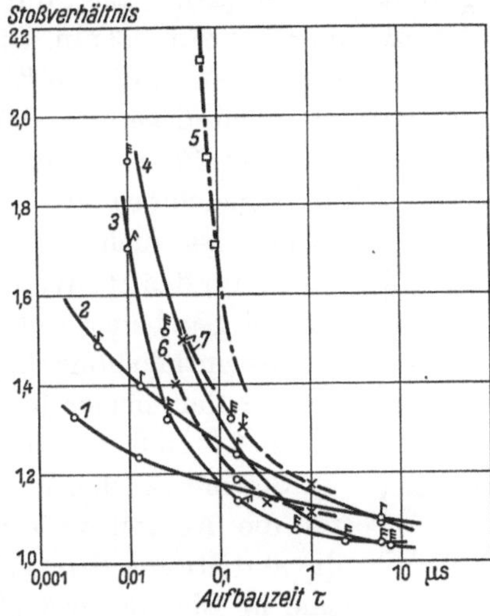

Bild 12. Abhängigkeit der Aufbauzeit für Glas in Transformatorenöl im gleichförmigen Feld bei verschiedener Schichtdicke.

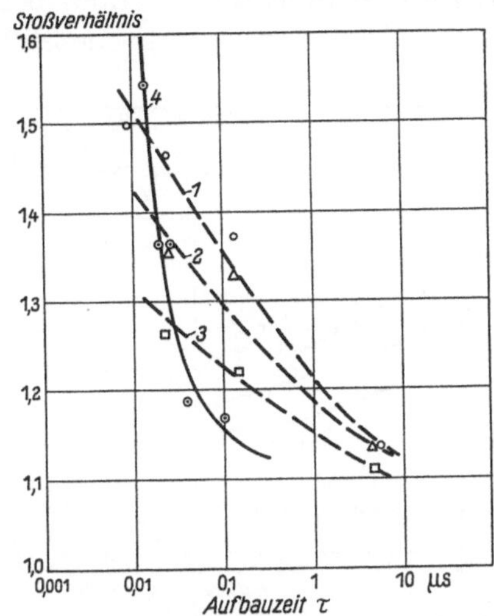

Bild 13. Abhängigkeit der Aufbauzeit für Porzellan vom Stoßverhältnis im gleichförmigen Feld.

Kurve	Beobachter	Schicht-dicke mm	Wechseldurch-schlagsspannung kV$_{max}$
1		0,3	13,9
2		0,6	20,6
3	R. Jost	1,0	27,3
4		2,0	44,0
5	R. Strigel	1,25	36,0
6	L. Inge	1,0	37,0
7	u. A. Walther	2,0	46,0

Kurve	Beobachter	Dicke mm	Füllmat.	Wechseldurch-schlagsspannung kV$_{max}$
1			Öl	30
2	R. Jost	1	Azeton	30
3			Luft	26,8
4	R. Strigel	2,3	Öl	50

verzugs haben kann. So werden von Jost die höchsten Werte der Aufbauzeit erhalten, wenn er seine Probeplatten in Öl untersucht; bei Azeton, das eine größere Leitfähigkeit besitzt, also auch die Bildung von Raum- und Oberflächenladungen in der Nähe der Elektrodenränder begünstigt, liegen die Meßwerte bereits niedriger, am niedrigsten jedoch bei Luft als Füllstoff, bei der die Ausbildung von Randentladungen am leichtesten ist. Demnach kann man annehmen, daß die durch den Füllstoff bedingten Unterschiede in den Kennlinien der Aufbauzeit sich auf Randstörungen des Elektrodenfeldes zurückführen lassen.

3. **Glimmer.** In Bild 14 ist die Aufbauzeit τ und die statistische Streuzeit σ abhängig von der Höhe der Stoßspannung für 0,03 mm dicke Glimmerblättchen im

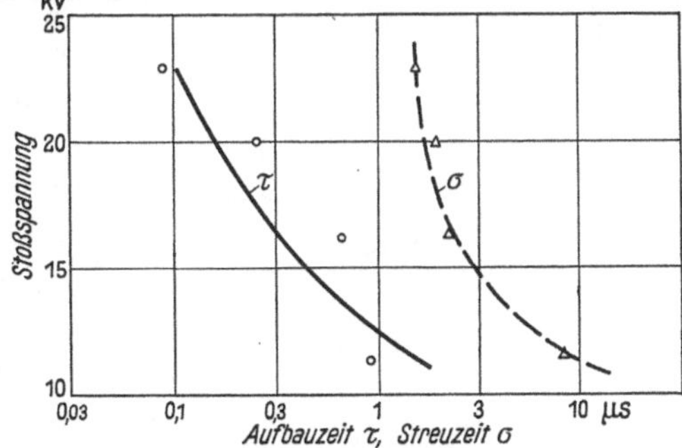

Bild 14. Abhängigkeit der Aufbauzeit τ und Streuzeit σ für 0,3 mm starken Glimmerscheiben von der angelegten Stoßspannung im gleichförmigen Feld.

Felde einer profilierten Elektrode ($\varphi = 90°$, 10 mm Durchmesser) aufgetragen; Elektroden und Glimmerblättchen waren dabei in ein Xylol-Azetongemisch eingebettet. Diese hohen Streuzeiten σ sind wohl auf die außerordentliche Dünne der Glimmerblättchen zurückzuführen.

4. Nitrozellulosefilm. In Bild 15 ist, abhängig vom Stoßverhältnis, die Aufbauzeit τ und die mittlere statistische Streuzeit σ für Nitrozellulosefilm von 0,3 mm Dicke

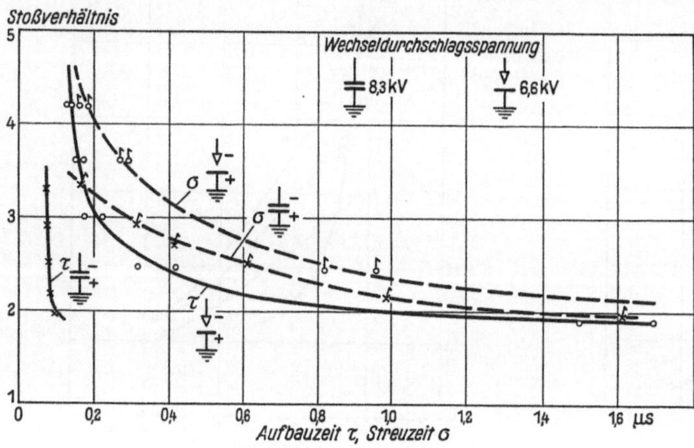

Bild 15. Aufbauzeit τ und Streuzeit σ für Nitrozellulosefilm von 0,3 mm Dicke.

angegeben. Aufbauzeit und Streuzeit liegen im gleichförmigen Feld niedriger als im ungleichförmigen. Auffallend ist auch, daß die Werte für das Stoßverhältnis bei gegebener Aufbauzeit wesentlich höher liegen als bei den bisher behandelten festen Isolierstoffen.

Sowohl bei den Werten für die Aufbauzeit τ und die statistische Streuzeit σ sind in Bild 15 zwei Meßpunkte angegeben: der rechte Meßpunkt bezieht sich auf eine jeweils in Pizein eingebettete, der linke auf eine in Luft angeordnete Spitzenelektrode. Der statische Durchschlagswert bei Wechselspannung liegt bei lediglich in Luft angeordneter Spitzenelektrode um 26 % höher als wenn die Elektrode in Pizein eingebettet ist. Einigermaßen zur Deckung lassen sich die Kennlinien nur bringen, wenn man auch die Kennlinie bei einer in freier Luft angeordneten

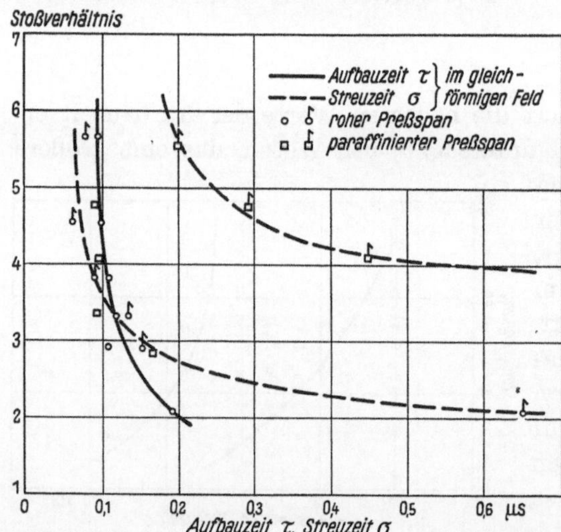

Bild 16. Aufbauzeit τ und Streuzeit σ abhängig vom Stoßverhältnis für rohen und paraffinierten Preßspan von 0,3 mm Dicke.

Spitze auf den Wechseldurchschlagswert für eine in Pizein eingebettete Spitze bezieht. Diese Bezugswahl ist nicht willkürlich, sondern folgerichtig: Der Unterschied in der Höhe der statischen Durchschlagsspannungen der beiden verschiedenen Elektrodenanordnungen kann dem Umstand zugeschrieben werden, daß die Luft infolge der hohen Feldstärke an der Spitzenelektrode ionisiert wird und dadurch eine leitende Hülle um die Spitzenelektrode bildet, die die Ungleichförmigkeit des Feldes erheblich verringert und so die statische Durchschlagsspannung derjenigen des gleichförmigen Feldes annähert. Im Pizein dagegen sind keine Entladungen möglich, es kann sich keine Raumladung bilden, die ursprüngliche Spitzenfeldstärke bleibt erhalten. Beim Stoßdurchschlag jedoch kann sich in der kurzen Zeit, die zwischen dem Anlegen der Spannung bis zum Durchschlag verstreicht, die schützende Ionisierungshülle um die in Luft angeordnete Spitze noch nicht ausbilden, so daß man also beim Stoßdurchschlag nur die statische Durchschlagsspannung der in Pizein eingebetteten Elektrode als Bezugswert nehmen kann[1]).

5. Preßspan in Luft. Bild 16 enthält die Abhängigkeit der Aufbauzeit τ und der Streuzeit σ vom Stoßverhältnis für rohen und paraffinierten Preßspan von 0,3 mm Dicke im gleichförmigen Feld: Paraffinierung hat nur Einfluß auf die statistische Streuzeit σ, nicht aber auf die Aufbauzeit τ.

In Bild 17 ist die Abhängigkeit der Aufbauzeit τ und der Streuzeit σ vom Stoßverhältnis für rohen Preßspan in gleichförmigem Feld bei verschiedener Dicke der Probestücke aufgetragen. Die Versuche wurden durchgeführt für die Dicken 0,3; 0,5 und 0,7 mm. Während die Dicke der Versuchsstücke ohne Einfluß auf die Größe der statistischen Streuzeit σ ist, steigt die Aufbauzeit beim Übergang von Preßspan von 0,3 mm auf solchen von 0,5 mm erheblich an; jedoch ergibt eine weitere Steigerung der Dicke auf 0,7 mm keine Erhöhung der Aufbauzeit mehr. Dieses Ergebnis steht im Gegensatz zu Versuchen von R. Jost[2]), der findet, daß die Abhängigkeit der Aufbauzeit vom Stoßverhältnis etwa geradlinig mit der Dicke des Preßspans zunimmt. Hingegen steht es im Einklang mit Versuchen über den Stoßdurchschlag in atmosphärischer Luft[3]) und in Öl[4]), bei denen sich ähnliche Erscheinungen ergeben haben.

Der Einfluß der Elektrodenanordnungen auf die Aufbauzeit der Stoßentladung in Preßspan von 0,3 mm Dicke geht aus Bild 18 hervor. Spitzenelektroden erhöhen die Aufbauzeit; diese Erhöhung ist stärker, wenn die Spitze anodische Elektrode ist.

Während bei den zunächst besprochenen Isolierstoffen Glas, Porzellan und Glimmer, also Isolierstoffen mit Kristall- bzw. kristal-

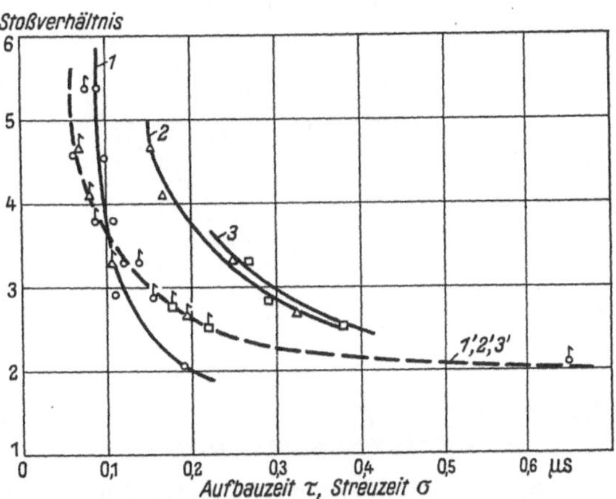

Bild 17. Aufbauzeit τ und Streuzeit σ abhängig vom Stoßverhältnis für rohen Preßspan verschiedener Dicke im gleichförmigen Feld.

Kurve	Dicke mm	Wechseldurchschlagspannung kV$_{max}$
1 1'	0,3	4,37
2 2'	0,5	5,87
3 3'	0,7	8,75

Kurven 1, 2 und 3 Aufbauzeit τ
Kurven 1, 2 und 3' Streuzeit σ

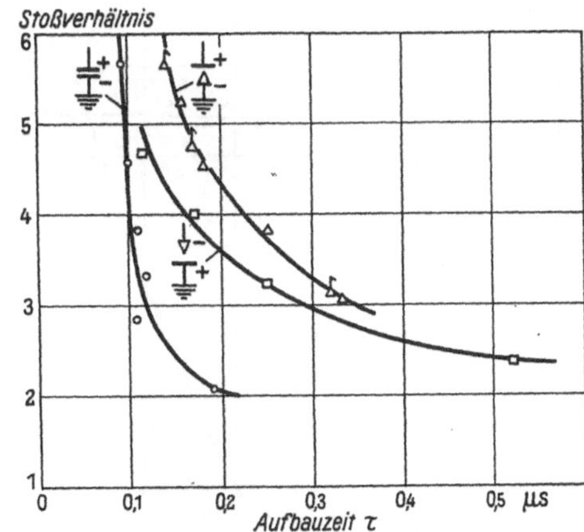

Bild 18. Aufbauzeit τ abhängig vom Stoßverhältnis für 0,8 mm dickem, rohem Preßspan bei verschiedenen Elektrodenanordnungen.

---

[1]) Man muß daher auch die Auffassung von N. Semenoff u. A. Walther [Die physikalischen Grundlagen der elektrischen Festigkeitslehre, Berlin (1928) S. 126] ablehnen, die die in Luft ermittelten Durchschlagswerte als Stoffgrößen ansehen wollen.
[2]) R. Jost: a. a. O.   [3]) R. Strigel: a. a. O.
[4]) R. Strigel: a. a. O. u. Wiss. Veröff. Siemens **XVII**, 1 (1938) S. 38.

liner Struktur, schon bei Stoßverhältnissen von 1,2 die Aufbauzeiten oft weit unter 1 μs liegen, ändert sich dieses Bild sowohl bei Nitrozellulose, als auch bei Preßspan. Stoßdurchschläge treten bei Verzögerungszeiten von 1 μs erst bei Stoßverhältnissen, die 2,0 und mehr betragen, auf: einer Aufbauzeit von 0,1 μs entspricht bei Preßspan von 0,3 mm Dicke ein Stoßverhältnis von 4,5.

Wie die bereits mehrfach erwähnten Versuche von R. Jost zeigen, treten solch hohe Stoßverhältniswerte auch bei Pertinax in Öl und bei Excelsiorleinen in Öl auf. Es handelt sich also offenbar um eine allgemeine Eigenschaft faserhaltiger Isolierstoffe. R. Jost hat seine Versuche ausgedehnt bis zur Beanspruchungsdauer von 100 s, dabei verwendet er von 1 s an Wechselspannungsbeanspruchungen. Seine Versuche führte er, wie ja auch schon früher erwähnt, ohne Kontrolle mit dem Kathodenstrahloszillographen an einer Wanderwellenabschneideleitung durch, so daß seine Werte bei sehr kurzzeitigen Beanspruchungen nur vorsichtig zu werten sind. Aber immerhin zeigen seine Versuche, daß die Festigkeit von Faserstoffen im Beanspruchungsbereich zwischen 1 μs und 0,1 s sich nicht ändert, und daß bei Beanspruchungsdauern über 1 s plötzlich ein starker Abfall des Stoßverhältnisses

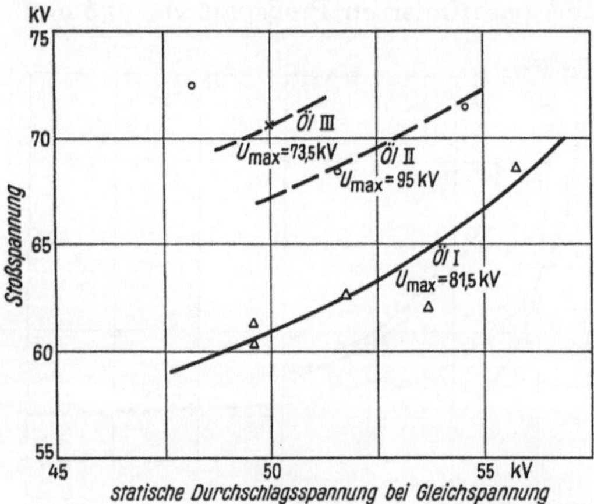

Bild 19. Zusammenhang zwischen der Durchschlagsspannung bei Gleich- und Stoßspannung bei Proben aus Rollenpreßspan in Öl (Preßspandicke 0,3 mm).

eintritt. Dieser Abfall erfolgt ähnlich, wie er z. B. bei einer Temperatur von mehreren hundert Grad in Steinsalzkristallen beim Übergang vom elektrischen zum Wärmedurchschlag eintritt[1]). Man kann also annehmen, daß man es bei faserhaltigen Isolierstoffen schon bei gewöhnlichen Temperaturen mit einem Wärmedurchschlag zu tun hat, und daß bei ihnen erst bei Beanspruchungen, die unter 0,1 μs liegen, ein elektrischer Durchschlag eintritt. Würde man diese Werte des elektrischen Durchschlags der Stoßfestigkeitsbetrachtung zugrunde legen, so käme man auf ähnlich niedere Werte des Stoßverhältnisses, wie sie bei Glas, Porzellan und Glimmer gefunden wurden.

6. Rollenpreßspan in Öl. Die Versuche an Rollenpreßspan in Öl von einer Dicke von 0,3 mm haben lediglich orientierenden Charakter, sie wurden auch nur auf Durchschläge in der Stirn der Stoßwelle beschränkt. Bild 19 gibt den Zusammen-

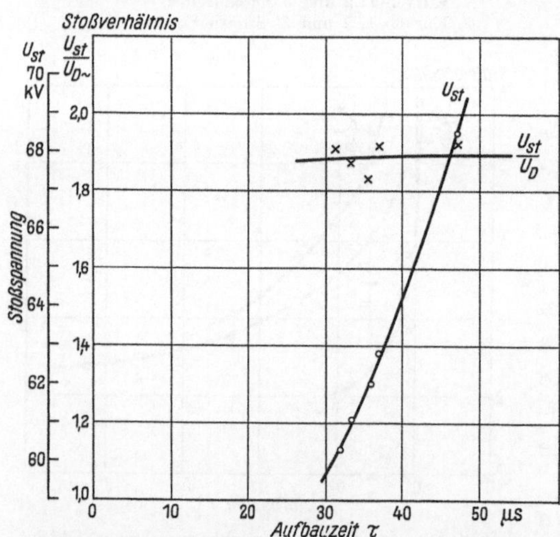

Bild 20. Zusammenhang zwischen Aufbauzeit τ und Höhe der Stoßspannung bzw. des Stoßverhältnisses bei Rollenpreßspan 0,3 mm dick (Öl I).

[1]) Siehe z. B. A. v. Hippel: Ergebn. exakt. Naturw. **14** (1935) S. 79.

hang wieder zwischen dem Gleichspannungsdurchschlagswert und demjenigen bei angelegter Stoßspannung; zwischen beiden ist einigermaßen Proportionalität vorhanden, wenn auch die einzelnen Versuchsreihen, die bei verschieden hoher Stoßspannung durchgeführt sind, sehr unterschiedliche Verhältnisse ergeben. Bild 20 zeigt ferner noch den Zusammenhang zwischen Aufbauzeit τ und der Höhe der Stoßspannung bzw. des Stoßverhältnisses: da der Durchschlag in der Stirn erfolgt, entspricht der Abnahme der statischen Festigkeit und damit der Höhe der Stoßspannung auch eine Abnahme der Aufbauzeit τ. Aus der Proportionalität zwischen statischer und Stoßdurchschlagsspannung (s. Bild 19) folgt, daß die Versuche alle bei einem gegebenen Stoßverhältnis durchgeführt wurden, daß also auch ein und demselben Stoßverhältnis durchaus verschiedene Werte der Aufbauzeit zugeordnet sind.

D. Die Stoßfestigkeit fester Isolierstoffe.

Für die Stoßfestigkeit eines Isolators ist in erster Linie die Aufbauzeit der Stoßentladung maßgebend; denn sie stellt ja zugleich auch den kürzest möglichen Entladeverzugswert dar. Die mittlere statistische Streuzeit spielt dagegen nur eine Rolle,

wenn eine Aussage gemacht werden soll, ob eine gegebene Entladestrecke mit Sicherheit früher anspricht als eine zweite.

Die mittlere statistische Streuzeit des Entladeverzugs in festen Isolierstoffen ist im Vergleich zu derjenigen in Öl[1]) sehr gering und liegt sogar meist noch unter derjenigen von Luftentladungsstrecken[2]). Man kann sich daher bei einer Betrachtung der Stoßfestigkeit fester Isolierstoffe auf eine Betrachtung der Aufbauzeiten beschränken.

Bild 21 gibt einen Vergleich der Stoßfestigkeit fester Isolierstoffe mit derjenigen

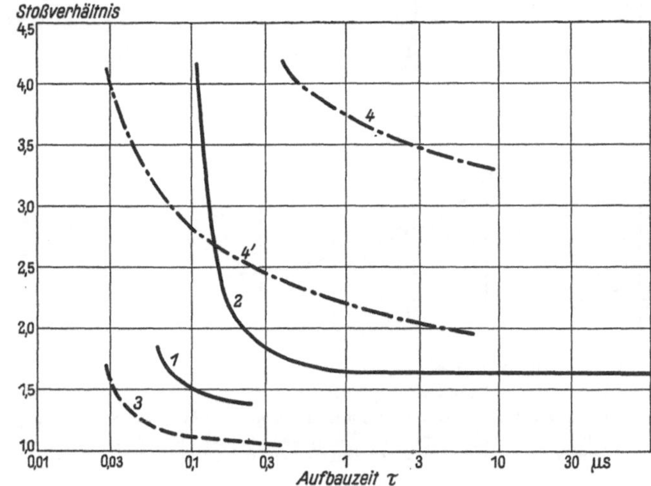

Bild 21. Die Stoßfestigkeit fester Isolierstoffe im gleichförmigen Feld.

1 Porzellan von 2,3 mm Dicke. *2* Preßspan von 0,3 mm Dicke. *3* Luftschicht von 100 mm Dicke. *4* Ölschicht von 0,3 mm Dicke, statische Ölfestigkeit 100 kV/cm. *5* Ölschicht von 0,3 mm Dicke, statische Ölfestigkeit 300 kV/cm.

von Luft und Isolierölen. Aufgetragen ist abhängig von der Aufbauzeit τ, das Stoßverhältnis dieser Isoliermaterialien. Als Beispiel für die Aufbauzeitkennlinien fester Isolierstoffe wurden Porzellan von 2,3 mm Dicke und Preßspan von 0,3 mm Dicke gewählt, also je eine Kennlinie für kristalline und für faserhaltige Isolierstoffe. Die Aufbauzeiten liegen für die Gruppe der faserhaltigen Isolierstoffe, wie bereits früher ausgeführt, erheblich niedriger als für diejenige der kristallinen Isolierstoffe. Der Grund ist in der gewählten Definition des Stoßverhältnisses als Verhältnis der angelegten Stoßspannung zum Wechselspannungsdurchschlagswert. Für die Gruppe

---

[1]) R. Strigel: Wiss. Veröff. Siemens **XVI**, 1 (1937) S. 38 u. **XVII**, 1 (1938) S. 38.
[2]) R. Strigel: ETZ **59** (1938) S. 31.

der kristallinen Isolierstoffe ist der Wechselspannungsdurchschlag als ein elektrischer, für faserhaltige Isolierstoffe dagegen als Wärmedurchschlag anzusehen. Bild 21 läßt nun erkennen, daß die Kennlinie für Luft noch weit unterhalb der beiden Kennlinien für die festen Isolierstoffe verläuft, daß also feste Isolierstoffe stoßfester sind als Luftüberschlagsstrecken. Anders liegen jedoch die Verhältnisse, wenn man Ölisolation mit fester Isolation vergleicht. Die in Bild 21 eingetragenen Kennlinien beziehen sich auf Öle mit der statischen Festigkeit von 300 kV/cm und 100 kV/cm bei einer Schlagweite zwischen den Elektroden von 0,3 mm. Diese kleine Schlagweite wurde ausgewählt, weil bei ihr das grundsätzliche gegenseitige Verhalten der beiden Isolierstoffarten am deutlichsten zutage tritt. Auch ändert sich bei größeren Schlagweiten die Stoßfestigkeitskennlinie von Öl nur derart, daß die Kennlinien für Öl hoher statischer Durchschlagsfestigkeit und diejenigen bei niedrigerer Durchschlagsfestigkeit näher zusammenrücken, also die Unterschiede weniger ausgeprägt werden. Zunächst ergibt sich, daß Ölisolation auf jeden Fall stoßfester ist als Isolation aus kristallinen Isolierstoffen. Jedoch gibt es ein Gebiet, in dem faserhaltige Isolierstoffe stoßfester werden als Öl hoher statischer Festigkeit: es liegt bei sehr kurzen Aufbauzeiten, im Beispiel des Bildes 21 bei Aufbauzeiten unter 0,1 μs.

Auch in ungleichförmigem Feld sind die Kennlinien der verschiedenen Isolierstoffe ähnlich zueinander geordnet: faserhaltige Isolierstoffe werden für kurzzeitig auftretende Überspannungen stoßfester als Öl. In Bild 22 ist die Aufbauzeit für Luft im Spitzenfeld im Schlagweiten-

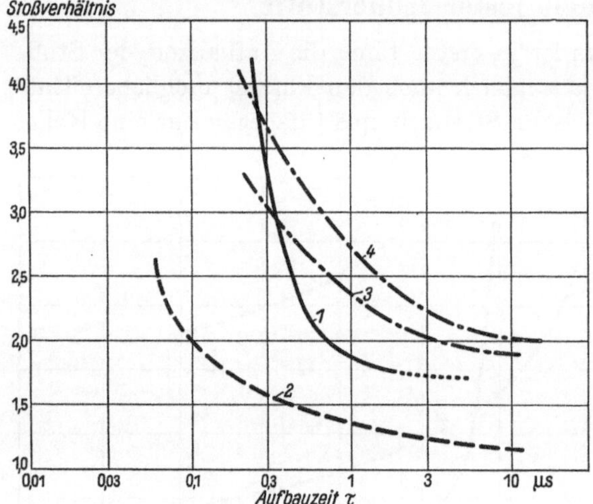

Bild 22. Die Stoßfestigkeit fester Isolierstoffe im ungleichförmigen Feld.

1 Preßspan von 0,3 mm Dicke. *2* Luftschicht von 120 mm Dicke. *3* Öl von 0,3 mm Dicke, statische Ölfestigkeit 300 kV/cm. *4* Öl von 0,3 mm Dicke, statische Ölfestigkeit 100 kV/cm.

bereich 1 ⋯ 12 cm und diejenige von Öl für 300 kV$_{max}$ und 100 kV$_{max}$ statische Festigkeit bei 0,3 mm Schlagweite mit derjenigen von Preßspan in einer Stärke von 0,3 mm verglichen. Die beiden Ölkennlinien rücken wesentlich dichter zusammen als im gleichförmigen Feld, da ja im ungleichförmigen Feld Verunreinigungen des Öles nur noch wenig Einfluß auf die Stoßfestigkeit haben.

Ein Vergleich der Bilder 21 und 22 zeigt aber auch, daß die Stoßfestigkeit fester Isolierstoffe kristalliner Natur bei gleichförmiger Feldbeanspruchung niedriger ist als für eine Spitzenanordnung in Luft. Hingegen sind gleichförmig mit Stoß beanspruchte faserhaltige Isolierstoffe stoßfester als eine Spitzenanordnung in Luft.

Zusammenfassung.

Der Entladeverzug für Preßspan in Luft, trocken, paraffiniert und ölgetränkt, für Nitrozellulosefilm in Luft, für Glimmerblättchen in Luft und Azeton-Xylolgemisch, für Resistit, Porzellan und Glas in Öl wurde in einem möglichst gleichförmigen und in ungleichförmigem Feld mit dem Zeittransformator untersucht. Die Verteilungskurve des Entladeverzugs ist denselben statistischen Gesetzmäßigkeiten unterworfen wie in Luft und in flüssigen Isolierstoffen. Hinsichtlich der Spannungsabhängigkeit des Entladeverzugs kann man 2 Gruppen fester Isolierstoffe unterscheiden. Während bei Isolierstoffen mit Kristall- bzw. kristalliner Struktur schon bei Stoßverhältnissen (Stoßverhältnis = angelegte Stoßspannung zu statischer Durchschlagswechselspannung) von 1,2 die Aufbauzeiten des Durchschlags oft weit unter 1 µs liegen, treten bei faserhaltigen Isolierstoffen derartig kurze Aufbauzeiten erst bei Stoßverhältnissen über 2,0 auf. In gleichförmigem und in ungleichförmigem Feld liegt die Stoßfestigkeit fester Isolierstoffe im allgemeinen zwischen der von Luft- und Ölisolation; lediglich bei Entladeverzugszeiten unter 0,1 µs überschreitet die Kennlinie für die Stoßfestigkeit faserhaltiger Isolierstoffe diejenige von Öl hoher statischer Durchschlagsfestigkeit. Andererseits aber zeigt sich Luft in ungleichförmigen Feldanordnungen stoßfester als feste Isolierstoffe kristalliner Natur bei gleichförmiger Feldbeanspruchung.

Wissenschaftliche Veröffentlichungen aus den Siemens-Werken

XVIII. Band

Zweites Heft (abgeschlossen am 16. Februar 1939)

Mit 72 Bildern

Unter Mitwirkung von

Fritz Bath, Rudolf Bingel, Elisabeth Brandenburger, Artur Büchner, Heinrich von Buol, Robert Fellinger, Hans Gerdien, Friedr. Heintzenberg, Gustav Hertz, Ragnar Holm, Kurt Illig, Bernhard Kirschstein, Heinrich Klarmann, Karl Küpfmüller, Fritz Lüschen, Hans Ferdinand Mayer, Ludwig Merz, Werner Nagel, Hans Neumann, Hans Niepel, Hans Poleck, Manfred Schleicher, Walter Schottky, Richard Schwenn, Hermann von Siemens, Eberhard Spenke, Rudolf Störmer, Richard Swinne, Julius Wallot, Paul Wiegand

herausgegeben von der

Zentralstelle für wissenschaftlich-technische Forschungsarbeiten der Siemens-Werke

Berlin

Verlag von Julius Springer

1939

ISBN-13: 978-3-642-98858-5   e-ISBN-13: 978-3-642-99673-3
DOI: 10.1007/978-3-642-99673-3

Vorwort.

Die ersten vier Arbeiten des vorliegenden zweiten Heftes des XVIII. Bandes der Wissenschaftlichen Veröffentlichungen aus den Siemens-Werken befassen sich mit Fragen der Meßtechnik. Zuerst beschreibt H. Poleck „Ein neues Gleichstrom-Meßverfahren zur Bestimmung des Ortes eines alladrigen Isolationsfehlers". Anschließend behandelt derselbe Verfasser „Eine neue Kapazitäts- und Verlustfaktor-Meßbrücke für Niederfrequenz mit Hand- und Selbstabgleich" unter Angabe von Aufbaueinzelheiten und Entwicklung der genauen Theorie dieser Schaltung.

Es berichten dann L. Merz und H. Niepel über „Messung kleiner Ströme und Spannungen und kleiner Längenänderungen mit dem bolometrischen Kompensator", der in der Meß- und Regeltechnik sehr verschiedene Aufgaben lösen kann. In der letzten meßtechnischen Mitteilung beschreibt H. Neumann ein „Magnetometer mit astatischem System im homogenen Spulenfeld", besonders geeignet für die Messung geringer Koerzitivkräfte an kleinen Proben.

Die nun folgenden vier Arbeiten betreffen verschiedene Fragen von physikalischem Belang. R. Störmer berechnet „Die Induktivität eines Siebkontaktes"; dann bringt E. Spenke einen umfassenden theoretischen Beitrag „Zur korpuskularen Behandlungsweise des thermischen Rauschens elektrischer Widerstände" mit Hilfe der Fourier-Zerlegung eines unabhängigen Einzelvorganges. Hiernach messen R. Holm und B. Kirschstein „Die Reibung von Nickel auf Nickel im Vakuum" und schließen daraus auf eine hohe Schubfestigkeit in der Berührungsfläche. Endlich findet H. Klarmann im „Beitrag zum Gleichrichtungssinn an Halbleitern", daß die diesen betreffende Regel unseres Mitarbeiters W. Schottky in mehreren neuen Fällen bestätigt wird.

Die beiden letzten Mitteilungen dieses Heftes befassen sich mit Isolierstoffen. A. Büchner behandelt hauptsächlich rechnerisch „Das Mischkörperproblem in der Kondensatorentechnik". Endlich berichten am Schluß des Heftes W. Nagel und E. Brandenburger über ein neues Untersuchungsverfahren im Beitrag „Die titrimetrische Bestimmung der Wasserdurchlässigkeit von Isolierstoffen".

Berlin-Siemensstadt, im Mai 1939.

Zentralstelle für wissenschaftlich-technische
Forschungsarbeiten der Siemens-Werke.

Inhaltsübersicht.

Anfragen, die den Inhalt dieses Heftes betreffen, sind zu richten an die Zentralstelle für wissenschaftlich-technische Forschungsarbeiten der Siemens-Werke, Berlin-Siemensstadt, Verwaltungsgebäude.

Ein neues Gleichstrom-Meßverfahren zur Bestimmung des Ortes eines alladrigen Isolationsfehlers.

Von **Hans Poleck**.

Mit 4 Bildern.

Mitteilung aus dem Wernerwerk M der Siemens & Halske AG zu Siemensstadt.

Eingegangen am 29. Juni 1938.

Bekannte Methoden.

Es sind bisher 2 Gleichstrom-Meßschaltungen bekannt, mit denen der Ort eines „alladrigen" Isolationsfehlers, d. h. einer beliebigen Kombination von allen möglichen Kurzschlüssen und Erdschlüssen eines Leitungssystems, unter bestimmten Voraussetzungen ermittelt werden kann. Prinzipiell darf bei allen Gleichstrom-Widerstandsmessungen kein Leiter innerhalb der Meßschaltung eine vollständige oder unvollständige Unterbrechung besitzen.

Die eine von W. Graf[1]) angegebene Methode beruht auf einer Stromverhältnis-Messung. Nach Bild 1a sind die Stationen M_1 und M_2 z. B. durch ein vieradriges Kabel verbunden, das am Fehlerort F zwischen den Adern *1—2*; *2—3*; *3—4* die Kurzschluß-Fehlerwiderstände r_1; r_2; r_3 aufweisen möge. An der Meßstelle M_1 ist eine Stromquelle an die Adern *1* und *4*, ein empfindlicher Strommesser (Widerstand R_g) an die Adern *2* und *3*, und an der Meßstelle M_2 ein gleicher Strommesser gegebenenfalls in Reihe mit einem Zusatzwiderstand R_Z angeschlossen. Ein Teil des Batteriestromes i durchfließt den Fehlerwiderstand r_2, dessen Spannung die Teilströme i_I links von F und i_{II} rechts von F in den Adern *1* und *2* zur Folge hat. Bei konstantem und gleichem bezogenem Streckenwiderstand r_0 (Ω/m) aller Kabeladern — was im folgenden der Einfachheit halber immer vorausgesetzt sein soll — ergibt sich für $R_Z = 0$ die relative Fehlerortentfernung zu:

$$l_F = \frac{r_I}{r_I + r_{II}} = \frac{i_{II} - 0{,}5 \cdot R_g \cdot (i_I - i_{II}) : (r_I + r_{II})}{i_I + i_{II}}; \qquad (1\,\text{a})$$

oder, wenn R_Z so eingestellt wird, daß $i_I = i_{II}$ ist:

$$l_F = 0{,}5 - 0{,}25 \cdot R_Z : (r_I + r_{II}). \qquad (1\,\text{b})$$

Das Verfahren ist nur anwendbar, wenn mindestens 4 Leiter vorhanden sind, von denen allerdings eine Batteriezuleitung auch durch Erde ersetzt sein kann. Außerdem muß zwischen den Instrumentzuleitungen (*2*; *3*) und den Batteriezuleitungen (*1*; *4*) mindestens je ein Isolationsfehler (*1—2*) und (*3—4*) bestehen; der Kurz-

---

[1]) W. Graf: Telegr.- u. Fernspr.-Techn. **23** (1934) S. 203 $\cdots$ 207.

schluß (oder auch Doppelerdschluß) der Leiter *2* und *3* darf nicht vollkommen, d. h. widerstandsfrei sein. Das hauptsächlich für Schwachstromkabel entwickelte Meßverfahren ist prinzipiell auch bei Drehstromkabeln benutzbar. Polarisationsspannungen in der Fehlerbrücke beeinflussen die Meßgenauigkeit nicht, höchstens die Meßsicherheit, da sie Schwankungen der Meßströme hervorrufen können, die ja gleichzeitig an zwei verschiedenen Orten abgelesen werden müssen. Bei vieladrigen Kabeln könnte man allerdings ein gesundes Adernpaar als Zuleitung des Meßstromes i_{II} von M_2 nach M_1 benutzen und außerdem noch mit einem Differenzstrommesser nach dem Verfahren der Gl. (1b) arbeiten.

Die andere, von K. Küpfmüller[1]) angegebene Methode beruht auf zwei zeitlich nacheinander erfolgenden Widerstandsverhältnis-Messungen an einem

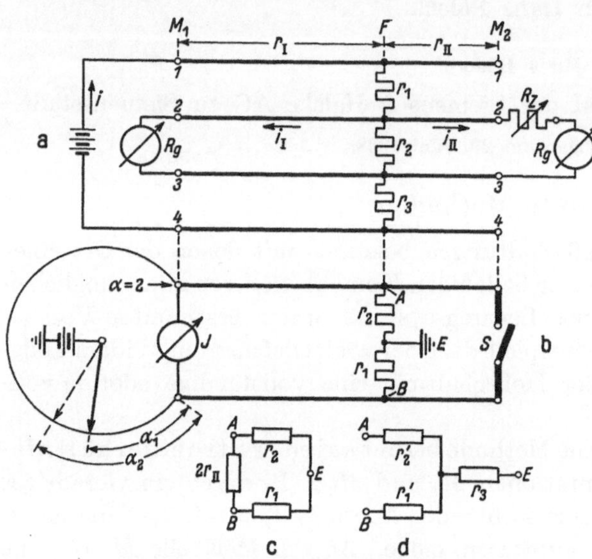

Bild 1. Bekannte Meßverfahren.

a Stromverhältnis-Messung nach Graf. *b* Doppelte Widerstandsverhältnis-Messung nach Küpfmüller. *c, d* Dreieck-Stern-Umwandlung bei geschlossenem Schalter *S*. *M* Leitungsenden; *F* Fehlerort; r_I, r_{II} Leiterwiderstände; r_1, r_2, r_3 Fehlerwiderstände.

Leitungsende bei offenem und kurzgeschlossenem anderem Leitungsende. Nach Bild 1b wird an 2 Leiter, die am Fehlerort F z. B. einen Doppelerdschluß mit den Fehlerwiderständen r_1 und r_2 aufweisen, am Meßort M_1 am Schleifdraht mit einer linearen Teilung $\alpha = 0 \cdots 2{,}0$ angeschlossen, dessen Abgriff über eine Batterie geerdet ist; natürlich ist an Stelle des Schleifdrahtes auch ein Stromteiler verwendbar, der aus einem festen und einem veränderlichen Widerstand besteht. Wenn das am Schleifdraht angeschlossene Instrument J bei offenem Schalter S und einer Einstellung α_1 und hernach bei geschlossenem Schalter S und einer Einstellung α_2 Null zeigt, so bestehen folgende Gleichungen:

$$\alpha_1 = \frac{r_I + r_1}{2r_I + r_1 + r_2}; \qquad (2\,\mathrm{a}) \qquad \alpha_2 = \frac{r_I + r_1'}{2r_I + r_1' + r_2'} . \qquad (2\,\mathrm{b})$$

Die Größen r_1' und r_2' ergeben sich durch Umwandlung des Dreiecks A—B—E mit den Widerständen: $2r_{II}$, r_1, r_2 in einen gleichwertigen Stern mit den Widerständen:

$$r_1' = \frac{2r_{II} \cdot r_1}{2r_{II} + r_1 + r_2}; \quad r_2' = \frac{2r_{II} \cdot r_2}{2r_{II} + r_1 + r_2}; \quad r_1' : r_2' = r_1 : r_2 .$$

Der dritte Widerstand r_3 liegt vor der Batterie und ist für das Meßergebnis ohne Bedeutung. Wenn die Summe der Fehlerwiderstände $(r_1 + r_2)$ genügend groß gegen den doppelten Leiterwiderstand $(2r_I$ und $2r_{II})$ ist, kann näherungsweise gesetzt werden:

$$\alpha_1 \approx \frac{r_1}{r_1 + r_2}; \quad r_1' = 2r_{II} \cdot \frac{r_1}{r_1 + r_2}; \quad r_2' = 2r_{II} \cdot \frac{r_2}{r_1 + r_2},$$

---

[1]) K. Küpfmüller: Telegr.- u. Fernspr.-Techn. **14** (1925) S. 234 $\cdots$ 238.

woraus sich die relative Fehlerortentfernung ergibt:

$$l_F = \frac{r_I}{r_I + r_{II}} = \frac{\alpha_2 - \alpha_1}{1 - \alpha_1}. \tag{3}$$

Für $\alpha_1 = 1$ bzw. $r_1 = r_2$ liefert die Gl. (3) den unbestimmten Ausdruck: $0 : 0$, da $\alpha_1 = \alpha_2$ wird. Die Fehlerwiderstände dürfen also nicht gleich groß sein; je weniger sie voneinander verschieden sind, um so ungenauer wird das Meßergebnis. Da zwei zeitlich aufeinander folgende Messungen bzw. Abgleichungen notwendig sind, dürfen sich die Fehlerwiderstände währenddessen nicht ändern. Allerdings kann man bei beobachteten Schwankungen einen mehrfachen wechselseitigen Abgleich vornehmen, wobei die Meßwertpaare α_1 und α_2 getrennt in Abhängigkeit von der Uhrzeit ermittelt und gleichzeitige Meßwerte α_1, α_2 zur Auswertung herangezogen werden. Besitzen aber die Fehlerbrücken eingeprägte Polarisationsspannungen, so ist deren Einfluß auch bei diesem Verfahren nicht zu vermeiden, da die Strombelastung der Fehlerwiderstände bei offenem und kurzgeschlossenem Leitungsende sehr verschieden sein kann. Außer den selbstverständlichen Bedingungen, daß keine der beiden Meßadern durch Erde ersetzbar ist, und zwischen den Fehlerpunkten A und B kein widerstandsfreier Kurzschluß vorliegt, bestehen bezüglich der Fehlerart keine weiteren Voraussetzungen.

Neue Brückenschaltung mit Doppelverhältnis-Abgleich.

Wirkungsweise. Die neue Meßschaltung Bild 2a stellt formell eine Erweiterung der Schaltung nach Bild 1b insofern da, als zwischen einen Leiter- und Schleifdrahtanschluß ein Meßwiderstand R eingeschaltet ist. Dieser muß an den Leiter angeschlossen werden, der den größeren Fehlerwiderstand gegen die Batterierückleitung aufweist; es muß also hier $r_2 > r_1$ sein. Außer dem Nullinstrument J_1 am Meßort M_1 möge zunächst ein gleichartiges J_2 am offenen Schalter S am Ende M_2 angeschlossen sein. Stellt man nun gleichzeitig den Schleifdraht (α) und den Meßwiderstand (R) so ein, daß beide Instrumente J_1 und J_2 Null zeigen, so besteht zwischen den Punkten A und B am Fehlerort F keine Spannung. Wenn aber $U_F = 0$ ist, können wir uns in meßtechnischer Hinsicht die Punkte A und B miteinander verbunden und geerdet denken. Aus dieser Tatsache folgt die einfache Gleichung:

$$\frac{\alpha}{2 - \alpha} = \frac{r_I}{r_I + R} \quad \text{oder} \quad r_I = R : \frac{2(1 - \alpha)}{\alpha}, \tag{4}$$

oder die Fehlerortentfernung $l_I = r_I : r_0$, wenn r_0 den Widerstand der Längeneinheit bedeutet. Das Widerstandsdreieck A—B—E am Fehlerort mit den Werten: r_1, r_2, r_3 (s. Bild 2b) läßt sich in den gleichwertigen Stern mit den Widerständen $r_1'; r_2'; r_4$ umwandeln, von denen r_1' und r_2' gegeben sind als

$$r_1' = \frac{r_3 \cdot r_1}{r_1 + r_2 + r_3} \quad \text{und} \quad r_2' = \frac{r_3 \cdot r_2}{r_1 + r_2 + r_3} \tag{5}$$

und r_4 als Batterie-Vorwiderstand auftritt. Infolge J_1 und $J_2 = 0$ wird das einfache Verhältnis der Gl. (4) zu einem Doppelverhältnis, nämlich:

$$\frac{\alpha}{2 - \alpha} = \frac{r_I}{r_I + R} = \frac{r_1'}{r_2'} \quad \text{d. h.} \quad \alpha = 2 \frac{r_1'}{r_1' + r_2'}. \tag{6}$$

Die Schleifdrahteinstellung ist demnach eine Funktion des für die Messung wirksamen Fehlerwiderstandverhältnisses $r_1' : r_2'$. Die Bedingungen für die Anwendbarkeit

1*

dieses Meßverfahrens sind:

$$1)\ r_1 \neq r_2; \quad 2)\ r_1;\ r_2;\ r_3 > 0 < \infty.$$

Die Fehlerwiderstände gegen die Batterierückleitung müssen also auch bei dieser Methode ungleich groß sein, dürfen aber sonst jeden endlichen Wert annehmen. Außerdem haben in den Fehlerbrücken eingeprägte Polarisationsspannungen keinerlei Einfluß auf das Meßergebnis.

Nun läßt sich praktisch das Instrument J_2 durch einen gegebenenfalls selbsttätig arbeitenden Schalter S ersetzen, so daß eine zusätzliche Meß- oder Sprechverbindung zwischen M_1 und M_2 nicht notwendig ist, da die Betätigung des Schalters S die Nullanzeige von J_1 so lange beeinflußt, als U_F noch nicht gleich Null ist. Bei offenem Schalter S war der wirksame „Fehlerwiderstand" im unteren Brückenzweig: r_1', im oberen: r_2'; bei geschlossenem Schalter S wird das Schaltbild Bild 2c zu Bild 2d, einer Widerstandskombination, die in einen gleichwertigen Stern Bild 2e verwandelt werden kann. Dieser enthält die in den Brückenzweigen wirksamen Fehlerwiderstände r_1'' und r_2'' als

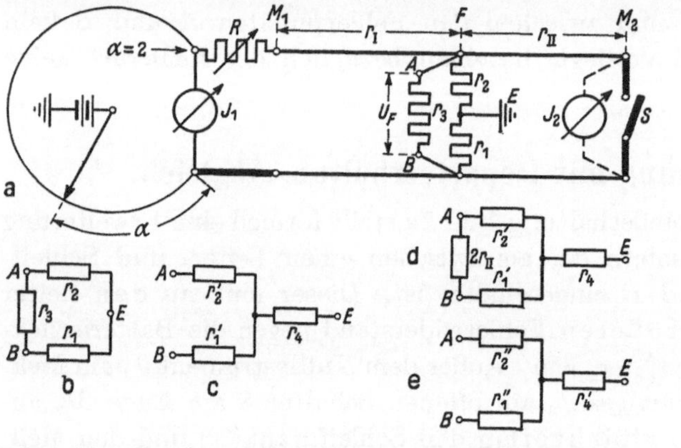

$$\text{und} \qquad \left. \begin{aligned} r_1'' &= \frac{2\,r_{II}\cdot r_1'}{2\,r_{II} + r_1' + r_2'} \\[2ex] r_2'' &= \frac{2\,r_{II}\cdot r_2'}{2\,r_{II} + r_1' + r_2'}. \end{aligned} \right\} \qquad (7)$$

Nach Gl. (5) und (7) ist also

$$r_1'' : r_1' = r_2'' : r_2'$$

und

$$r_1'' < r_1'; \quad r_2'' < r_2'.$$

Abgleichkonvergenz. Der praktische Abgleich der Meßschaltung läßt sich wechselseitig so durchführen, daß zunächst bei $R = 0$ und offenem Schalter S die Schleifdrahteinstellung α so gewählt wird, daß das Instrument $J_1 = 0$ zeigt; dann wird bei geschlossenem Schalter S der Widerstand R eingestellt, bis $J_1 = 0$ ist. Darauf wird wieder bei offenem Schalter S der Schleifdraht nachgestellt, bis $J_1 = 0$ ist usw., bis schließlich bei der Endeinstellung von α und R bei offenem und geschlossenem Schalter S das Instrument stromlos bleibt. Um die Schnelligkeit dieses Abgleichverfahrens bzw. die Abgleichkonvergenz und auch die Genauigkeit abzuschätzen, wollen wir die Bedingungsgleichungen für den angegebenen wechselseitigen Abgleich aufstellen, bei dem eine Konstanz der Fehlerwiderstände vorausgesetzt werden soll. Wir sehen die nach Gl. (5) definierten Größen r_1' und r_2' als maßgebende Fehlerwiderstände an und wählen folgende Abkürzungen:

$$K_1 = \frac{r_1'}{r_I}; \quad K_2 = \frac{r_2'}{r_1'} > 1; \quad K_3 = \frac{r_1''}{r_1'} = 1 : \left[1 + \frac{r_I}{r_{II}}\cdot\frac{K_1}{2}(1 + K_2)\right] < 1. \qquad (8)$$

Weiter setzen wir je eine Hilfsfunktion von α und R fest:

$$x = 2\,\frac{(1-\alpha)}{\alpha} \quad \text{und} \quad y = \frac{R}{r_I}. \qquad (9)$$

Bild 2. Neue Brückenschaltung mit Doppelverhältnis-Messung. *a* Meßprinzip; Abgleich von α und R bis $J_1 = J_2 = 0$. Instrument 2 durch Schalter S ersetzbar. *b, c* Dreieck-Stern-Umwandlung bei offnem Schalter S; *d, e* bei geschlossenem Schalter S.

Damit erhalten wir die beiden linearen Bedingungsgleichungen zwischen x und y für $J_1 = 0$.

$$x_o = \frac{K_1(K_2 - 1) + y_0}{1 + K_1} \quad\text{aus}\quad \frac{\alpha}{2 - \alpha} = \frac{r_I + r_1'}{r_I + r_2' + R} \quad\text{für } S \text{ geschlossen;} \qquad (10)$$

$$x_g = \frac{K_1 \cdot K_3(K_2 - 1) + y_0}{1 + K_1 \cdot K_3} \quad\text{aus}\quad \frac{\alpha}{2 - \alpha} = \frac{r_I + r_1''}{r_I + r_2'' + R} \quad\text{für } S \text{ offen.} \qquad (11)$$

Die Indizes o und g geben dabei die Schalterstellung: offen oder geschlossen an. Die Gl. (10) und (11) werden in einem rechtwinkligen Koordinatenkreuz mit den Hilfsfunktionen x als Abszisse und y als Ordinate auf Bild 3 durch die beiden Geraden o und g dargestellt, wobei o für offenen, g für geschlossenen Schalter S gilt. Das vorher angegebene Abgleichverfahren zeigt die gestrichelte Zickzacklinie, die im Punkt 0 bei $x_o = x_{ao}$ und $y_o = 0$ beginnt, zum Punkt 1 bei $x_g = x_{ao}$ und $y_g = y_1$ weiter zum Punkt 2 bei $x_o = x_{ao} + x_1$ und $y_o = y_1$ usw. führt und bei $x_o = x_g = x_\infty$ und $y_o = y_g = y_\infty$ endet. Nach theoretisch unendlichen vielen Abgleichschritten, d. h. beim Totalabgleich, wird nach Gl. (9) bzw. (4)

$$x_\infty = y_\infty . \qquad (12)$$

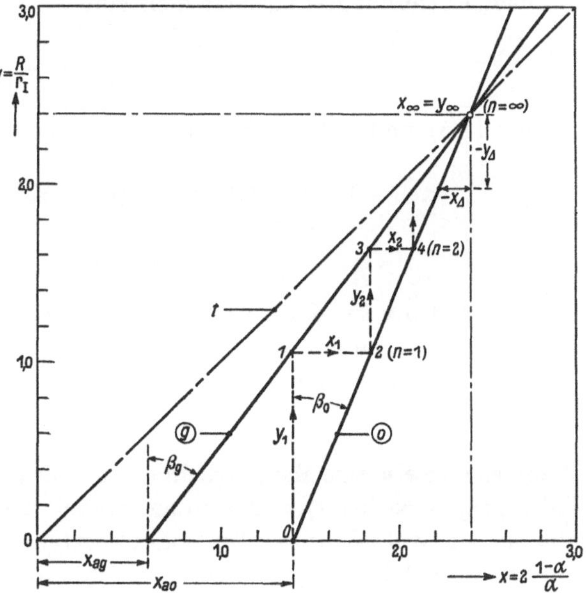

Die Neigung der beiden Geraden ergibt sich aus den Gl. (10) und (11) als

$$\operatorname{tg}\beta_o = 1 : (1 + K_1) \quad\text{und}$$
$$\operatorname{tg}\beta_g = 1 : (1 + K_1 K_3). \qquad (13)$$

Aus Bild 3 ist leicht herzuleiten:

Bild 3.   Darstellung des wechselseitigen schrittweisen Abgleiches.

x Funktion der Schleifdrahteinstellung, y Funktion des Meßwiderstandes R. Gerade o für offnen Schalter, Gerade g für geschlossenen Schalter, Gerade t für Totalabgleich, gestrichelte Zickzacklinie: $0–1–2–3–4$ usw. schrittweiser Abgleich ($x_\infty = y_\infty$); x_Δ und y_Δ Restfehler.

$$\frac{y_2}{y_1} = \frac{y_{n+1}}{y_n} = \frac{x_2}{x_1} = \frac{x_{n+1}}{x_n} = \frac{\operatorname{tg}\beta_o}{\operatorname{tg}\beta_g} = \frac{1 + K_1 K_3}{1 + K_1} = \varkappa.$$

$$x_{ao} = \frac{K_1(K_2 - 1)}{1 + K_1} \quad\text{und}\quad x_{ag} = \frac{K_1 K_3(K_2 - 1)}{1 + K_1 \cdot K_3}.$$

$$y_1 = (x_{ao} - x_{ag}) \operatorname{ctg}\beta_g; \quad \frac{y_1}{y_\infty} = K_1 \frac{1 - K_3}{1 + K_1}.$$

$$x_1 = y_1 \cdot \operatorname{tg}\beta_o; \quad \frac{x_1}{x_\infty} = K_1 \cdot \frac{1 - K_3}{(1 + K_1)^2}.$$

$$y_\Delta = y_\infty - (y_1 + y_2 + \cdots y_n) \quad\text{und}$$

$$x_\Delta = x_\infty - x_{ao} - (x_1 + x_2 + \cdots + x_n).$$

$$\left.\begin{array}{c}\\\\\\\\\\\\\end{array}\right\} \qquad (14)$$

n bedeutet die Zahl der Abgleichschritte; z. B. ist beim Punkt 3 in der x-Richtung $n = 1$, in der y-Richtung $n = 2$. Mit Einführung der Größe $\varkappa$ nach Gl. (14) werden die relativen Abgleichfehler f_y in der y-Richtung und f_x in der x-Richtung:

$$-f_y = \frac{y_\Delta}{y_\infty} = 1 - \frac{y_1}{y_\infty}(1 + \varkappa + \varkappa^2 + \cdots \varkappa^{n-1}) = \varkappa^n;$$
$$-f_x = \frac{x_\Delta}{x_\infty} = \frac{x_\infty - x_{a0}}{x_\infty} - \frac{x_1}{x_\infty}(1 + \varkappa + \varkappa^2 + \cdots \varkappa^{n-1}) = \frac{\varkappa^n}{1 + K_1}. \tag{15}$$

Da die Bestimmungsgleichung für den gesuchten Leiterwiderstand r_I nach den Gl. (9) und (12) mit: $y_\infty = R_\infty : r_I$ auch: $r_I = R_\infty : x_\infty$ angeschrieben werden kann, bedeuten die Abgleichfehler f_y — bzw. $f_R = f_y$ auf R_∞ bei $r_I = $ konst. bezogen — und f_x einen Entfernungs-Abgleichfehler von

$$f_l = \frac{1 + f_y}{1 + f_x} - 1 = - \frac{K_1 \cdot \varkappa^n}{1 + K_1 - \varkappa^n}. \tag{16}$$

Nach Gl. (8) und (14) ergibt sich die „Konvergenzziffer" $\varkappa$:

$$\varkappa = \frac{1 + \dfrac{r_I}{r_{II}} \cdot \dfrac{K_1}{2}(1 + K_2) : (1 + K_1)}{1 + \dfrac{r_I}{r_{II}} \cdot \dfrac{K_1}{2}(1 + K_2)} \geqq \frac{1}{1 + K_1}. \tag{17}$$

Je kleiner also $\varkappa$ ist, desto weniger Abgleichschritte n sind notwendig, um einen bestimmten Entfernungsabgleich bis auf einen Fehler von z. B. $f_l = -0,001$ zu erzielen. Aus Gl. (16) ergibt sich:

$$n = \frac{\lg[-f_l(1 + K_1)] - \lg[K_1 - f_l]}{\lg \varkappa}. \tag{18}$$

Wenn eine zweiseitige Meßmöglichkeit in Betracht gezogen wird, kann im günstigsten Fall $r_I : r_{II} = \infty$ bei $r_{II} = 0$ werden, wobei nach Gl. (17) $\varkappa = \varkappa_0 = 1 : (1 + K_1)$ und unabhängig von K_2 wird. Im ungünstigsten Fall wird dann $r_I : r_{II} = 1$ und $\varkappa = \varkappa_0$ nur im Grenzfall $K_2 = \infty$. Die Abgleichkonvergenz wird also um so besser:

1. je größer K_1, das Verhältnis des kleineren Fehlerwiderstandes r_1' zum Leiterwiderstand r_I, ist,

2. je größer $r_I : r_{II}$ ist, d. h. je mehr der Leitungsfehler nach dem entfernten Ende zu liegt,

3. je größer K_2, das Verhältnis des größeren (r_2') zum kleineren (r_1') Fehlerwiderstand, ist.

Die nachfolgende Zahlentafel 1 gibt für einen Entfernungs-Abgleichfehler von $f_l = -0,001$ die abgerundete Abgleichschrittzahl n in Abhängigkeit von K_1 und K_2

Zahlentafel 1. Abhängigkeit der Abgleichschrittzahl n von K_1 und K_2 für $r_I : r_{II} = 1$.

	$K_2 = 1$	$K_2 = 2$	$K_2 = 10$	$K_2 = 100$	$K_2 = \infty$
$K_1 = 0,001$	>1000	>1000	>1000	>1000	700
$K_1 = 0,01$	>1000	>1000	>1000	720	240
$K_1 = 0,1$	550	380	138	57	47
$K_1 = 1,0$	22	17	11	9	9
$K_1 = 10$	4	4	3	3	3
$K_1 = 100$	2	2	2	2	2
$K_1 = 1000$	1	1	1	1	1

bei $r_I : r_{II} = 1$ an; aus Gl. (17) ist ersichtlich, daß eine Vergrößerung von $(1 + K_2)$ oder von $r_{II} : r_I$ den gleichen Einfluß auf n hat. Die Zahlentafel zeigt, daß die Konvergenz für $K_1 \geqq 1$ gut ist. Wenn die Fehlerwiderstände nicht konstant sind, wird n natürlich größer sein, und der Abgleich erfordert etwas Übung. Im übrigen wird man bei merkbar schlechter Konvergenz nicht in der angegebenen Weise genau Schritt für Schritt verfahren, sondern gleich größere Verstellschritte z. B. auf dem Schleifdraht (α) vornehmen, um schneller zum Ziel zu gelangen.

　　Meßgenauigkeit. Die Genauigkeit der Fehlerortbestimmung beim Totalabgleich ist von der Genauigkeit des Meßwiderstandes R und der Schleifdrahteinstellung [vgl. Gl. (4)], außerdem natürlich bei nur einseitiger Messung von der genauen Kenntnis des Widerstandes r_0 je Längeneinheit abhängig. Ein relativer Fehler f_R in R geht linear, ein relativer Fehler f_α in α geht als $f_\alpha : (1-\alpha)$ ein. Für $f \ll 1$ ergibt sich also ein Entfernungsmeßfehler:

$$\text{oder nach Gl. (6) und (8)} \qquad \left. \begin{aligned} f_l &= f_R + f_\alpha : (1-\alpha), \\ f_l &= f_R + f_\alpha \cdot \frac{K_2+1}{K_2-1}. \end{aligned} \right\} \qquad (19)$$

Je mehr sich also K_2 dem Wert 1 nähert, d. h. je weniger sich die beiden Fehlerwiderstände r_1' und r_2' unterscheiden, desto mehr macht sich ein Fehler im Widerstands-

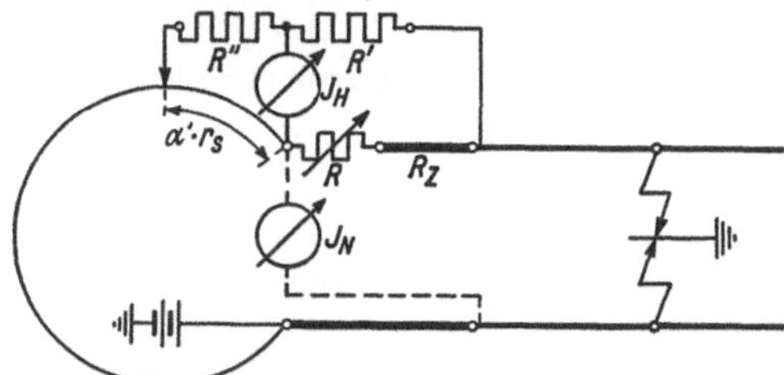

Bild 4. Hilfsschaltung für die Messung des Zuleitungswiderstandes R_Z. Das Instrument als J_H mit R' und R'' in der Hilfsbrücke, als J_N in der Meßschaltung.

verhältnis α bemerkbar. So ist z. B. bei $K_2 = 2$ und $f_R = f_\alpha = 0,1\%$ mit einem Fehler f_l von $0,4\%$ im ungünstigsten Fall zu rechnen. Ist R sehr klein — was besonders bei Starkstromkabeln vorkommen kann —, so muß der Widerstand der Zuleitung zu R berücksichtigt werden. Das kann nun einfach und genau mittels einer Hilfsschaltung nach Bild 4 erfolgen. Der Meßwiderstand R einschließlich des Zuleitungswiderstandes R_Z befindet sich in einer Brückenschaltung mit den Festwiderständen R' und R'' und einem einstellbaren Teil des Schleifdrahtes: $\alpha' \cdot r_s$. Bei Stromlosigkeit des Instrumentes J gilt: $R + R_Z = \alpha' \cdot r_s \cdot [R' : R'']$. Die Widerstände R' und R'' und ihr Verhältnis $R'' : R'$ werden so hoch gewählt, daß der Übergangswiderstand am Schleifkontakt keinen Einfluß hat, und der Meßwert am Schleifdraht genau ablesbar ist. Läßt sich R nicht mehr mit genügender Genauigkeit einstellen, so mißt man zweckmäßig $R + R_Z$ auf diese Weise und setzt den gemessenen Summenwert in die Bestimmungsgleichung (4) ein, andernfalls stellt man $R = 0$ ein und mißt R_Z einschließlich des Restwiderstandes von R. Der Widerstand der unteren Zuleitung zum Schleifdraht geht mit dem gestrichelt angedeuteten Anschluß des Nullinstrumentes beim Hauptabgleich nicht in die Messung ein, wenn man den Schleifdrahtwiderstand r_s genügend hochohmig wählt, was schon aus Empfindlichkeits- und Genauigkeitsgründen zu empfehlen ist. Man wird überhaupt einen eigentlichen

„Schleifdraht" nur zur Feineinstellung und beiderseits zu- und abschaltbare Widerstandsdekaden zur Haupteinstellung benutzen. Ein solcher stetiger Stromteiler hat außerdem den Vorteil, daß seine lineare Teilung bei der Ermittlung einadriger Fehler nach der Methode von Murray[1]) mit $R = 0$ und Verbindung der Leiterenden bei M_2 der Fehlerortentfernung direkt verhältnisgleich ist.

Zusammenfassung.

Nach einer Erklärung des Prinzips und des Anwendungsbereiches zweier bekannter Meßverfahren wird ein neuartiges Brückenverfahren beschrieben, das auf dem einmaligen Abgleich eines Doppelverhältnisses infolge zweier Nullbedingungen beruht, und bei dem das eine Nullinstrument durch einen Schalter ersetzt werden kann. Der für die neue Methode zulässige Bereich der Fehlerwiderstandsgrößen ist praktisch unbeschränkt; Polarisationsspannungen innerhalb der Fehlerbrücken haben keinen Einfluß. Die Konvergenzbedingungen für einen schrittweise vorgeschriebenen Abgleich werden untersucht und Genauigkeitsgrenzen angegeben. Nach besonderen Richtlinien und mittels einer Hilfsschaltung kann der Einfluß von Zuleitungen vermieden bzw. sicher berücksichtigt werden.

---

[1]) M. Schleicher: Die moderne Selektivschutztechnik und die Methoden zur Fehlerortung in Hochspannungsanlagen. S. 377 · · · 379. Berlin (1936).

Eine neue Kapazitäts- und Verlustfaktor-Meßbrücke für Niederfrequenz mit Hand- und Selbstabgleich.

Von **Hans Poleck**.

Mit 12 Bildern.
Mitteilung aus dem Wernerwerk M der Siemens & Halske AG zu Siemensstadt.
Eingegangen am 21. November 1938.

Aufgabe.

Nachdem der praktische Wert der Verlustfaktor-Messung als zerstörungsfreie Prüfmethode für Dielektrika allgemein erkannt, und besonders die Zweckmäßigkeit einer Registrierung in Abhängigkeit von der Zeit, der Höhe der Spannungs- oder Temperaturbeanspruchung auf Grund vielseitiger Untersuchungen erwiesen ist, ergab sich das Bedürfnis der Praxis nach einer universell verwendbaren Meß- und Registriereinrichtung, die den modernen Anforderungen einer technischen Isolierstoffprüfung genügt. Das Ziel war daher nicht etwa, ein extrem genaues Meßverfahren für einen großen Frequenzbereich zu entwickeln, sondern die Aufgabe bestand darin, ein serienmäßig herstellbares Gerät für technische Frequenzen, insbesondere 50 Hz, zu schaffen, das bei zweipolig isolierbaren und einpolig geerdeten Prüflingen wahlweise eine schnelle und bequeme Messung von Einzelwerten oder selbsttätige Aufzeichnung in Tintenschrift mit ausreichender Genauigkeit ermöglicht.

In meßtechnischer Hinsicht ist der erforderliche Spannungs-, Strom- und Meßbereich von Kapazität und Verlustfaktor sowie die wünschenswerte Empfindlichkeit und Genauigkeit eines solchen technischen Gerätes recht beachtlich. Es werden Prüfspannungen von 50 V und weniger bis zu 500 kV angewendet, wobei Ströme von einigen μA bis zu Größen von 100 A und mehr vorkommen. Dementsprechend können die Meßobjekte bei höchsten Spannungen Kapazitätswerte von einigen pF und bei Niederspannung bis zu einigen 100 μF besitzen. Der Verlustfaktor, d. h. das Verhältnis von Wirkstrom zum Blindstrom des Prüflings, liegt im möglichen Bereich von $10^{-5} \cdots 1$. Die unsererseits angestrebte Meßgenauigkeit im Kapazitätswert von $\pm 0,1\%$ und im Verlustfaktor von $\pm 10^{-4}$ bzw. 1% des Meßbereiches dürfte für technische Zwecke und auch die meisten wissenschaftlichen Untersuchungen vollständig ausreichen, da genauere Meßwerte besonders des Verlustfaktors wegen seiner Abhängigkeit von äußeren Einflüssen kaum reproduzierbar sind. Für die Bestimmung extrem kleiner Verlustwinkel wird man natürlich besondere Meßeinrichtungen benutzen, die nur auf verschwindend kleine Winkelfehler hin entwickelt sind, und deren beschränkte Verwendung in Einzelfällen auch Meßspezialisten überlassen werden muß.

Von einem technischen Universalgerät verlangt man vor allem eine leichte und fehlersichere Bedienbarkeit sowie direkte Ablesung der Meßwerte. Dabei sollen

Rechnungen auf Summen- und Differenzbildung oder Multiplikation mit den Ziffern 1, 2, 5 mal einer Zehnerpotenz beschränkt bleiben. Berechnungen nach Formeln führen leicht zu Fehlern und sind zeitraubend, da die Rechnungsgenauigkeit größer als die Meßgenauigkeit sein muß, und hierbei z. B. der normale Rechenschieber kaum eine Fehlergrenze von 0,3 % sichert. Außerdem verlangt eine übersichtliche Registrierung lineare Skalen, d. h. einen linearen Zusammenhang zwischen Einstellung bzw. Ausschlag und Meßwert. Da wir nun einerseits die Kapazität (C) und den Verlustfaktor $(\mathrm{tg}\,\delta)$ des Prüflings als Einzelwerte direkt messen und andererseits die prozentuale Kapazitätsänderung (ΔC) und den Verlustleitwert (ϱ) bzw. den auf $\Delta C = 0$ reduzierten Verlustfaktor $\mathrm{tg}\,\delta_0$ aufschreiben wollen, sind nur solche Meßschaltungen für uns brauchbar, die einfache lineare, voneinander unabhängige Meßfunktionen wie $M_1 \cdot m_1 = C$; $M_2 \cdot m_2 = \mathrm{tg}\,\delta$; $M_3 \cdot m_3 = \Delta C$; $M_4 \cdot m_4 = \varrho$ liefern, wobei M Ablesewerte und m Meßbereichkonstante sind. In Rücksicht auf einen absichtlich beschränkten Schaltungsausbau und ein vorgegebenes bewährtes Prinzip [4] der Registriereinrichtung sind die vorgenannten Meßfunktionen zum Teil nur unter bestimmten Dimensionierungs- und Arbeitsbedingungen der Meßschaltung hinreichend genau realisierbar.

Das Meßprinzip für zweipolig isolierbare Prüflinge.

Die Schering-Brücke.

Wegen der angestrebten hohen Genauigkeit wurde eine Brückenschaltung gewählt, die das Grundprinzip der bekannten und für Verlustwinkelmessungen viel benutzten Schering-Brücke [2] enthält. Bei dieser wird nach Bild 1 der Prüfling von der Kapazität C_2 und einem Verlustwiderstand r_V (in Reihenschaltung angenommen) mit der Kapazität C_1 eines möglichst verlustfreien Normalkondensators mittels der beiden Meßwiderstände r_2 und r_1 verglichen; zu r_1 ist noch eine Kapazität C_V parallelgeschaltet. Der Indikatorstrom I_0 verschwindet unter den beiden Bedingungen:

$$\left.\begin{array}{l} C_2 = C_1 \cdot \dfrac{r_1}{r_2} \quad \text{und} \\[2mm] \mathrm{tg}\,\delta_2 = r_V \cdot \omega\, C_2 = r_1 \cdot \omega\, C_V. \end{array}\right\} \quad (1)$$

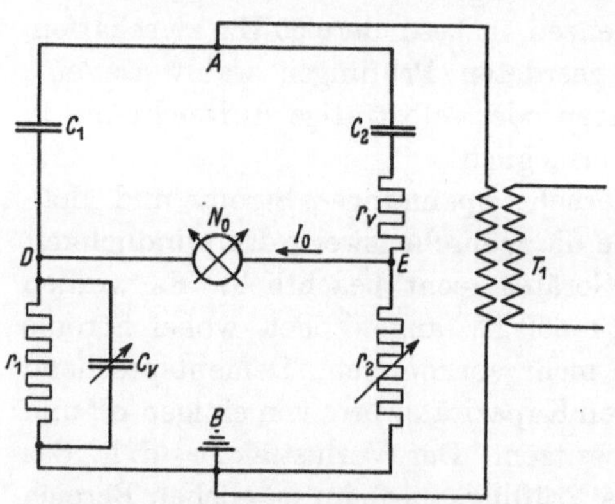

Bild 1. Prinzip der Schering-Brücke. T_1 Spannungserzeuger. N_0 Vibrationsgalvanometer. C_2 mittels r_2 und $r_V \cdot \omega\, C_2 = \mathrm{tg}\,\delta_2$ mittels C_V bei (r_1 konstant) meßbar.

Die Kapazität C_2 wird mit dem veränderlichen Widerstand r_2, der Verlustwinkel mit dem Kondensator C_V abgeglichen. Der Widerstand r_1 bleibt während des Abgleichvorganges konstant, damit an der Größe von C_V der Verlustfaktor $\mathrm{tg}\,\delta_2$ direkt abgelesen werden kann. Da die gemessene Kapazität C_2 dem Kehrwert des Widerstandes r_2 proportional ist, muß C_2 berechnet werden.

Bei großem Verlustfaktor ist es für die Angabe des Kapazitätswertes C_2 nicht gleichgültig, ob im Ersatzschaltbild eine Reihenschaltung von Kapazität und Verlustwiderstand wie in Bild 1 oder eine Nebenschaltung von Kapazität und Verlustleitwert angenommen wird. Die wahre Ersatzschaltung eines Prüflings kann sehr komplizierter Natur sein und sich dem ersten oder zweiten Fall nähern, so daß an sich meßtechnisch beide Annahmen berechtigt sind. Da aber in den meisten Fällen die Änderung der Prüflingseigenschaften in Abhängigkeit von der Spannung interessiert, erscheint es doch sinnvoller, dem Prüfling eine Kapazität mit nebengeschaltetem Verlustleitwert zuzuordnen, weil die Verlustleistung dann gleich dem Spannungsquadrat mal dem Verlustleitwert ist. Der Kapazitätswert der Reihenschaltung C_R verhält sich zu dem der Nebenschaltung C_N wie $1 + \mathrm{tg}^2\delta$; der Unterschied wird 0,1 % bei $\mathrm{tg}\,\delta = 0,0315$.

Die Kombination von Meßbrücke und Kompensator [5].

Da unsere Registriereinrichtung für die Kapazitätsänderung ΔC_2 und den Verlustleitwert ϱ_2 je einen Spannungsteiler als Abgleichelemente erfordert, müssen solche auch für den Handabgleich in der Brücke vorgesehen werden und durch jene ersetzbar sein. Die neue Meßschaltung Bild 2 ist nun eine Vereinigung einer Brücke mit einem komplexen Kompensator. Ein Umspanner T_1 speist die Brückenhälften 1 und 2 mit den Strömen I_1 und I_2. Der Prüfling enthält die Kapazität C_2 und den Verlustleitwert ϱ_2; sein Strom I_2 erzeugt auf dem in groben Stufen regelbaren Meßwiderstand r_2 die Zweigspannung U_{BE}. Der Strom I_1 der anderen Hälfte fließt durch den Normalkondensator mit seiner Kapazität C_1 und seinem Verlustleitwert ϱ_1 und erzeugt auf dem Teil: $\alpha \cdot r_1$ des stetig veränderlichen Meßwiderstandes r_1 die Zweigspannung U_{BD}. Diese liefert den Zweigstrom I_K für die Kompensatoren K_ε, K_β und K_γ, welche die einstellbaren Spannungen U_1, U_2, U_3 abgeben.

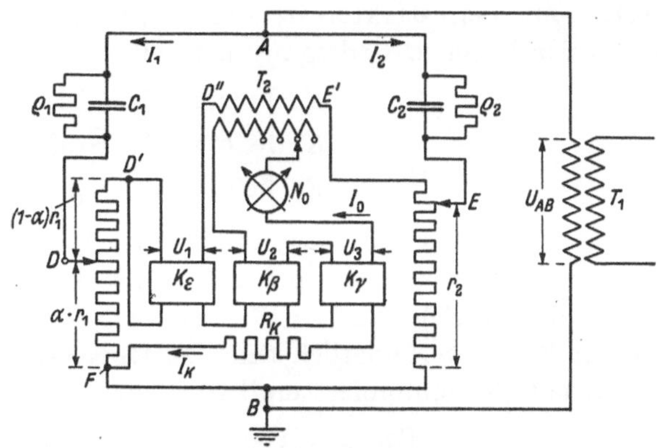

Bild 2. Kombination von Meßbrücke mit Kompensator. Im Meßkreis 1 liegt das Normal C_1, ϱ_1 und der Meßwiderstand r_1 als Stromteiler (Einstellung α), der die drei Kompensatoren K_ε, K_β, K_γ speist. Der Meßkreis 2 enthält den Prüfling: C_2, ϱ_2 und den Meßwiderstand r_2. ε Einstellung für den Verlustwinkel des Normals, β Einstellung für ΔC_2, γ Einstellung für den Verlustfaktor $\mathrm{tg}\,\delta_2$ des Prüflings, dessen Kapazität C_2 mittels α und r_2 abgeglichen wird.

Um das Arbeitsprinzip der Meßeinrichtung klar darstellen zu können, wollen wir zunächst eine Reihe von Voraussetzungen und einschränkenden Annahmen für die Dimensionierung machen, deren Einfluß wir später im Verlauf einer genauen theoretischen Behandlung der Meßschaltung untersuchen werden.

a) Der Magnetisierungsstrom sämtlicher Wandler ist infolge Verwendung eines idealen Eisens vernachlässigbar klein.

b) Sämtliche Schaltelemente sind stromunabhängig.

c) Der Verlustfaktor des Normalkondensators ist kleiner als 10^{-3}. $\qquad$ (2)

d) Der Widerstand R_K des Kompensatorkreises ist unendlich groß gegen r_1.

e) Die Zweigspannungen U_{BE} und U_{BD} sind verschwindend klein gegen die Gesamtspannung U_{AB}.

Auf Grund von 2d und 2a ist $U_{BD} = U_{BD'}$ und $U_{BE} = U_{BE'}$. Die Diagonalspannung $\mathfrak{U}_{E'D''}$ ist also gleich: $(\mathfrak{J}_1 \cdot \alpha \cdot r_1 + \mathfrak{U}_1 - \mathfrak{J}_2 \cdot r_2)$ und wird über den Wandler T_2, der das einstellbare Übersetzungsverhältnis m besitzt, mit der vektoriellen Summe der Kompensatorspannungen $(\mathfrak{U}_2 + \mathfrak{U}_3)$ verglichen. Die Einstellung von $\mathfrak{U}_1$ wird nur von Hand in der Brücke vorgenommen und dient zum Ausgleich des Verlustwinkels δ_1 des Normalkondensators C_1, während die Einstellungen $\mathfrak{U}_2$ und $\mathfrak{U}_3$ für $\varDelta C_2$ und ϱ_2 wahlweise von Hand in der Brücke und selbsttätig von der Registriereinrichtung vorgenommen werden. Für Stromlosigkeit $I_0 = 0$ des Nullindikators N_0 gilt also die Beziehung:

$$(\mathfrak{J}_1 \, \alpha \, r_1 + \mathfrak{U}_1 - \mathfrak{J}_2 \cdot r_2)\, m = \mathfrak{U}_2 + \mathfrak{U}_3 . \tag{3}$$

Auf Grund der Voraussetzung 2e erhalten wir das Stromverhältnis:

$$\frac{\mathfrak{J}_1}{\mathfrak{J}_2} = \frac{\varrho_1 + j\,\omega C_1}{\varrho_2 + j\,\omega C_2} = \frac{\varrho_1 + j\,\xi_1}{\varrho_2 + j\,\xi_2} . \tag{4}$$

Da die Meßeinrichtung für eine bestimmte Frequenz verwendet wird, kürzen wir ωC immer mit ξ als Blindleitwert ab und verstehen unter ϱ den zugeordneten Wirkleitwert. Der Verlustfaktor ist dann $\operatorname{tg}\delta = \varrho : \xi$. Für die Kompensatorspannungen setzen wir folgende Bedingungen fest:

$$\left. \begin{aligned} K_\varepsilon \text{ liefert: } \mathfrak{U}_1 &= \mathfrak{J}_1 \cdot \alpha \cdot r_1 \cdot j\,\varepsilon, \\ K_\beta \text{ liefert: } \mathfrak{U}_2 &= -\mathfrak{J}_1 \cdot \alpha \cdot r_1 \cdot \beta, \\ K_\gamma \text{ liefert: } \mathfrak{U}_3 &= \mathfrak{J}_1 \cdot \alpha \cdot r_1 \cdot j\,\gamma. \end{aligned} \right\} \tag{5}$$

Hierin bedeuten α die Einstellung bzw. Ablesung für die Kapazität C_2, β für die Kapazitätsänderung $\varDelta C_2$ und γ für $\operatorname{tg}\delta_2$ bzw. ϱ_2. Die Einstellgrößen α und β, γ mögen im Bereich von $\alpha = 0 \cdots 1$, $\beta = -0,005 \cdots +0,005$, $\gamma = 0 \cdots 0,01$ stetig und ε in Stufen veränderlich sein. Die Übersetzung m liegt im Bereich von $0,01 \cdots 1,0$. Gl. (5) mit (3) kombiniert ergibt:

$$[\mathfrak{J}_1 \cdot \alpha \, r_1 (1 + j\,\varepsilon) - \mathfrak{J}_2 \cdot r_2]\, m = \mathfrak{J}_1 \, \alpha \, r_1 (j\,\gamma - \beta) . \tag{6}$$

Setzen wir nunmehr noch Gl. (4) in (6) ein, so erhalten wir nach Trennung der reellen und imaginären Glieder die beiden Bestimmungsgleichungen für den gesuchten Wirk- und Blindleitwert des Prüflings:

$$\left. \begin{aligned} \varrho_2 &= \alpha \, \frac{r_1}{r_2} \cdot \xi_1 \left[\frac{\gamma}{m} + \frac{\beta}{m} \cdot \frac{\varrho_1}{\xi_1} + \frac{\varrho_1}{\xi_1} - \varepsilon \right]; \quad \xi_1 = \omega\, C_1, \\ \xi_2 &= \alpha \, \frac{r_1}{r_2} \cdot \xi_1 \left[1 + \frac{\beta}{m} - \frac{\gamma}{m} \, \frac{\varrho_1}{\xi_1} + \left(\frac{\varrho_1}{\xi_1} \right)^2 \right]; \quad \xi_2 = \omega\, C_2 = \omega\, C_{20}(1 + \varDelta C_2). \end{aligned} \right\} \tag{7}$$

Unter der Voraussetzung, daß

$$\frac{\beta}{m}\,\mathrm{max} = \pm 0,5; \quad \frac{\gamma}{m}\,\mathrm{max} = 1,0 \quad \frac{\beta}{m} \leqq \frac{\gamma}{m} \tag{8}$$

ist, ergeben sich aus Gl. (7) die beiden Gleichungspaare 9 und 10, wenn $\varepsilon = \varrho_1 : \xi_1 = \operatorname{tg}\delta_1$ gewählt wird, und die Fehlerglieder mit dem Faktor: $\varrho_1 : \xi_1$ vorläufig unberücksichtigt bleiben.

$$C_2 \approx \alpha \, \frac{r_1}{r_2}\, C_1 \quad \text{und} \quad \operatorname{tg}\delta_2 = \frac{\varrho_2}{\omega\, C_2} \approx \frac{\gamma}{m} \quad \text{für} \quad \beta = 0; \quad \varDelta C_2 = 0 . \tag{9}$$

$$\varDelta C_2 \approx \frac{\beta}{m} \quad \text{und} \quad \varrho_2 \approx \alpha \, \frac{r_1}{r_2} \cdot \omega\, C_1 \cdot \frac{\gamma}{m} \quad \text{bzw.} \quad \operatorname{tg}\delta_{20} = \frac{\varrho_2}{\omega\, C_{20}} = \frac{\gamma}{m} \tag{10}$$

$$\text{für } \alpha,\, r_2,\, C_{20} \text{ konstant.}$$

Die Gl. (9) gilt für Handabgleich, wo die Kapazität C_2 mittels der Einstellung von α und r_2 bei $\beta = 0$ und $\operatorname{tg}\delta_2$ mittels der Einstellung γ und m gemessen wird. Die Gl. (10)

gilt für die Registrierung, bei welcher der Selbstabgleich mittels der Einstellgrößen β und γ erfolgt, wobei α und r_2 konstant bleibt. Die tatsächliche Kapazität des Prüflings ist in diesem Falle also $C_2 = C_{20}(1 + \Delta C_2)$; γ/m bedeutet den auf den vorabgeglichenen Wert C_{20} reduzierten Verlustfaktor $\mathrm{tg}\,\delta_{20}$.

Das Meßprinzip für einpolig geerdete Prüflinge.

Bei einpolig geerdeten Prüflingen kann nicht mehr der Brückenspeisepunkt B (Bild 2), sondern muß der Diagonalpunkt E (Bild 3) geerdet werden. Zum rechten oberen Brückenzweig ist dann die Erdkapazität C_2' des Punktes A mit ihrem Verlustleitwert ϱ_2', zum rechten unteren Brückenzweig die Erdkapazität C_2'' mit ihrem Verlustleitwert ϱ_2'' parallelgeschaltet. Diese Größen sind hauptsächlich von dem Aufbau des Transformators T_1 bedingt. Denken wir uns zunächst die Größen ϱ_2'' und C_2'' sowie die Schaltelemente (r_3, L_3, C_3) als nicht vorhanden, so könnte man die für

Bild 2 festgelegte Meßmethode in erweiterter Form so ausführen, daß man die Größen C_2' und ϱ_2' bei abgeschaltetem Prüfling [8] mißt und sie von den bei zugeschaltetem Prüfling erzielten Meßwerten C_{II}' und ϱ_{II}' abzieht, was jedoch unbequem ist und für die Bestimmung des Verlustfaktors eine Rechnung erfordert, da $\mathrm{tg}\,\delta_2 = \dfrac{\varrho_{II}' - \varrho_2'}{\omega(C_{II}' - C_2')}$ ist.

Diese Berechnung läßt sich aber durch einen Vorabgleich mit zwei neuen, in den linken unteren Brückenzweig (Bild 3) eingefügten Abgleichelementen, und zwar einen veränderlichen Wirkwiderstand r_0 und kapazitiven Blindwiderstand $x_0 = 1/\omega C_0$

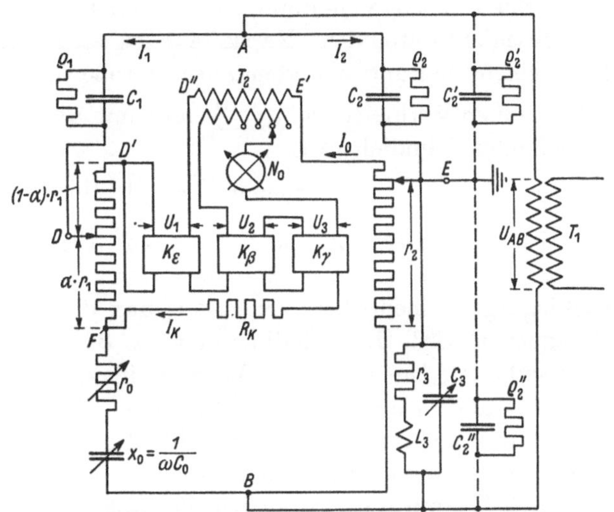

Bild 3. Die Meßschaltung für einpolig geerdete Prüflinge. Kapazitätsausgleich (r_3, L_3, C_3) für die Erdkapazität C_2'' des Umspanners T_1 und der Zuleitung zum Prüfling. Vorabgleich von C_2' und ϱ_2' mittels r_0 und x_0 im Meßkreis 1.

vermeiden. Wir können nun leicht mit den Voraussetzungen (2) eine der Gl. (6) ähnliche Bedingungsgleichung für Stromlosigkeit $(I_0 = 0)$ des Nullindikators N_0 aufstellen, wollen aber der Einfachheit halber hier außerdem einen verlustfreien Normalkondensator annehmen, also:

$$\varrho_1 = 0\,;\quad \varepsilon = 0\,;\quad U_1 = 0\,,\tag{11}$$

$$[\mathfrak{J}_1\,\alpha\,r_1 + \mathfrak{J}_1(r_0 - j\,x_0) - \mathfrak{J}_2 \cdot r_2]\,m = \mathfrak{J}_1\,\alpha\,r_1(j\,\gamma - \beta)\,.\tag{12}$$

Das Stromverhältnis $\mathfrak{J}_1 : \mathfrak{J}_2$ ergibt sich abweichend von Gl. (4) zu:

$$\frac{\mathfrak{J}_1}{\mathfrak{J}_2} = \frac{j\,\xi_1}{\varrho_2 + \varrho_2' + j(\xi_2 + \xi_2')}\,;\quad \xi_1 = \omega C_1,\quad \xi_2 = \omega C_2,\quad \xi_2' = \omega C_2'\,.\tag{13}$$

Setzen wir Gl. (13) in (12) ein, so erhalten wir nach Trennung der reellen und imaginären Glieder:

$$\left.\begin{aligned}
\alpha\,\frac{r_1}{r_2}\,\xi_1\,\frac{\gamma}{m} + \frac{x_0}{r_2}\,\xi_1 &= \varrho_2 + \varrho_2'\,;\\[2mm]
\alpha\,\frac{r_1}{r_2}\,\xi_1\left(1 + \frac{\beta}{m}\right) + \frac{r_0}{r_2}\,\xi_1 &= \xi_2 + \xi_2'\,.
\end{aligned}\right\}\tag{14}$$

Wir gleichen nun zuerst bei abgeschaltetem Prüfling, d. h. $\varrho_2 = 0$; $\xi_2 = 0$ und $\alpha = 0$ mittels der Elemente r_0 und x_0 die Brücke ab, schalten dann den Prüfling zu, lassen r_2, r_0 und x_0 konstant und gleichen jetzt mittels α und γ ab. Dann war nach Gl. (14) beim ersten Abgleich:

$$\frac{x_0}{r_2} \cdot \xi_1 = \frac{C_1}{C_0} \cdot \frac{1}{r_2} = \varrho_2'; \quad \frac{r_0}{r_2} \cdot \xi_1 = \xi_2' \quad \text{d. h.} \quad \frac{r_0}{r_2} \cdot C_1 = C_2'. \tag{15}$$

Demzufolge erhalten wir für den zweiten Abgleich die gleiche Bedingung wie für zweipolig isolierte Prüflinge, d. h. die Bestimmungsgleichungen (9) und (10) für C_2, $\operatorname{tg}\delta_2$, $\varDelta C_2$ und ϱ_2.

Wenden wir uns nun dem Einfluß von ϱ_2'' und C_2'' des rechten unteren Brückenzweiges zu. Hier braucht ϱ_2'' nicht berücksichtigt zu werden, wenn $\varrho_2'' \cdot r_2 \ll 1$ ist. Der kapazitive Blindleitwert $\xi_2' = \omega C_2'$ hätte aber einen unzulässigen Fehlwinkel: $r_2 \cdot \xi_2'$ für den Meßwiderstand r_2 zur Folge und wird bei unserer Schaltung nach Bild 3 durch einen nebengeschalteten induktiven Blindleitwert gleicher Größe kompensiert. Dies geschieht durch den „Kapazitätsausgleich" mittels der Kombination (r_3, L_3, C_3). Die Reihenschaltung der konstanten Größen r_3 und Induktivität l_3 der Drossel L_3 besitzt einen Wirkleitwert $\varrho_3 \approx \dfrac{1}{r_3}$ und mit der einstellbaren Kapazität C_3 einen resultierenden Blindleitwert:

$$\xi_3 \approx \omega\left(C_3 - \frac{l_3}{r_3^2}\right) \quad \text{für} \quad r_3 : \omega l_3 \ll 1. \tag{16}$$

Die richtige Einstellung von C_3, die unabhängig von der Größe von r_2 gilt, wird bei $r_0 = 0$ und $x_0 = 0$, d. h. bei Verbindung der Punkte B und F dadurch gefunden, daß bei irgendeinem Wert von $r_2 \leqq r_2\max$ die Brücke mit den Einstellungen α und γ abgeglichen wird. Dann halbiert man z. B. α und r_2 und wird, falls C_3 nicht richtig eingestellt ist, einen anderen Wert γ einstellen müssen. Nunmehr verdoppelt man wieder α und r_2 und stellt nur C_3 nach. Dann halbiert man α und r_2 wieder und stellt nur γ nach usw. Man verstellt also bei großen r_2-Werten C_3 und bei kleinen r_2-Werten γ, wobei die beiden r_2-Werte immer die gleichen bleiben sollen. Ist bei beiden r_2-Werten die Brücke bei gleichbleibender C_3- und γ-Einstellung im Gleichgewicht, d. h. $I_0 = 0$, so ist C_3 richtig eingestellt. Das Verfahren geht um so rascher, je mehr die r_2-Werte voneinander verschieden sind. Stehen sie z. B. im Verhältnis $3 : 1$, so wird die Differenz zwischen Soll- und Istwert von C_3 bei jeder Nachstellung jeweils auf ein Drittel verringert. Dieser Kompensationskreis (r_3, L_3, C_3) ist in die Brücke eingebaut und auf Bild 2 nur der besseren Übersicht wegen fortgelassen.

Aufbaueinzelheiten der Meßschaltung.

Der komplexe Kompensator [7].

Der Kompensator besteht nach Bild 2 und 3 aus 3 Teilen: K_ε, K_β und K_γ, deren Schaltung Bild 4 zeigt. Die Einstellung von ε zur Kompensation eines Verlustwinkels δ_1 des Normalkondensators C_1 geschieht stufenweise an der Anzapfdrossel L_1, deren Spannung $\mathfrak{U}_{D'D''} = \mathfrak{U}_1$ senkrecht auf dem Kompensatorenstrom $\mathfrak{J}_K$ steht. Die Einstellung β für $\varDelta C_2$ erfolgt auf dem stetig regelbaren Spannungsteiler S_β, dem über den Stromwandler T_3 ein Strom $\mathfrak{J}_\beta \| \mathfrak{J}_K$ zugeführt wird. Die Einstellung γ für $\operatorname{tg}\delta_2$ erfolgt auf dem stetig regelbaren Spannungsteiler S_γ, der über eine Widerstandskombination Z_2 an die Sekundärwicklung der Drossel L_2 angeschlossen ist. Z_2 ist so bemessen, daß die Spannung auf S_γ bzw. der Strom $\mathfrak{J}_\gamma \perp \mathfrak{J}_K$ ist. Die Kombination

Z_1 ist so bemessen, daß $\mathfrak{J}_K$ genau in Phase mit $\mathfrak{J}_1$ ist. Der Diagonalwandler T_2 besitzt auf der Kompensatorseite einige Anzapfungen zur Wahl des Übersetzungsverhältnisses m; gleichzeitig mit diesen wird eine passende Windungszahl des Anpassungswandlers T_4 für das Vibrationsgalvanometer N_0 eingestellt. Der Leerlaufwiderstand des Diagonalwandlers T_2 zwischen D'' und E' muß hinreichend groß gegen: $(r_1 + r_{2\,\mathrm{max}})$ sein, was sich bei kleinen Abmessungen nur mit Verwendung von hochpermeablem Nickeleisen erreichen läßt; ein großer Teil des Magnetisierungsstromes kann außerdem noch durch einen nebengeschalteten Kondensator C_T kompensiert werden. Auch für die eisenhaltigen Drosseln L_1 und L_2 und den Wandler T_3 wird zweckmäßig Nickeleisen verwendet, um eine genügend kleine Stromabhängigkeit bzw. kleine Fehler zu sichern. Bemerkenswert ist noch, daß der ganze Kompensatorkreis infolge rein magnetischer Kopplung [10] mit der Brückenschaltung auf Erdpotential gebracht ist, wodurch das Problem der Schirmung und Entstörung wesentlich leichter gelöst werden kann.

Bemessungsangaben. 12 Anzapfungen von L_1; damit $\delta_1 = 0 \cdots 12 \cdot 10^{-4}$ auf $\pm 0,5 \cdot 10^{-4}$ einstellbar. Skalenbereich von $\beta = -0,005 \cdots +0,005$, von $\gamma = 0 \cdots 0,01$. $m = 1,0$; $0,5$; $0,2$; $0,1$; $0,05$; $0,01$. Damit ergeben sich die Meßbereiche für ΔC_2 von $-0,5 \cdots +0,5\%$; $-1,0 \cdots +1\%$; $-2,5 \cdots +2,5\%$; $-5 \cdots +5\%$; $-10 \cdots +10\%$ und $-50 \cdots +50\%$ und für $\mathrm{tg}\,\delta_2$ von $0 \cdots 1\%$; $0 \cdots 2\%$; $0 \cdots 5\%$; $0 \cdots 10\%$; $0 \cdots 20\%$; $0 \cdots 100\%$. Die Meßbereiche von ΔC_2 und $\mathrm{tg}\,\delta_2$ in der angegebenen Reihenfolge sind der Einfachheit halber zwangsläufig miteinander verbunden; z. B. $\Delta C_2 = -50 \cdots +50\%$ und $\mathrm{tg}\,\delta_2 = 0 \cdots 100\%$. Der Widerstand R_K des ganzen Kreises zwischen F und D'

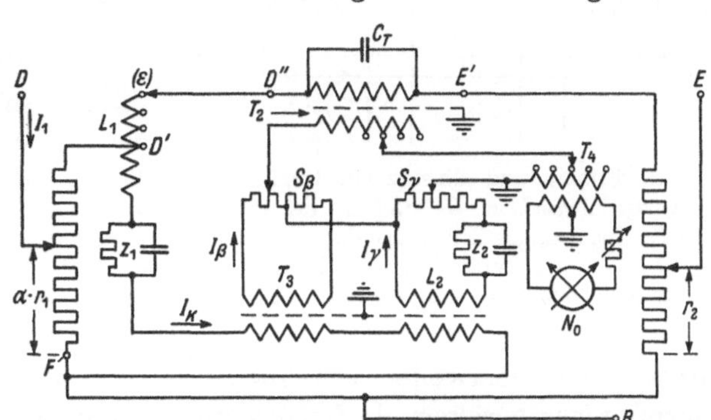

Bild 4. Die Schaltung des Kompensatorkreises. L_1 mit Anzapfungen für Einstellung von ε (Verlustwinkel δ_1 des Normals). Spannungsteiler S_β und S_γ für Einstellung von β für ΔC_2 und γ für $\mathrm{tg}\,\delta_2$. $\mathfrak{J}_K \parallel \mathfrak{J}_1$; $\mathfrak{J}_\beta \parallel \mathfrak{J}_1$; $\mathfrak{J}_\gamma \perp \mathfrak{J}_1$. T_2 Diagonalwandler. T_4 Anpassungswandler für das Vibrationsgalvanometer N_0.

beträgt genau $100000\ \Omega$; I_K ist höchstens 2% von I_1. Die Spannungen von S_β und S_γ betragen genau 1% der Spannung $U_{FD'}$.

Die Nebenschaltung des Kompensators zum Meßwiderstand r_1 im Meßkreis 1 hat den großen Vorteil vor der direkten Reihenschaltung [5] mit dem Normalkondensator, daß die verlangte lineare Abhängigkeit des Kompensatorstromes von der Einstellung α des Meßwiderstandes r_1 einfach zu bewerkstelligen ist, und unerwünschte zusätzliche Verlustwiderstände vor dem Normal C_1 praktisch vermieden werden können.

Prinzip und Einsatz der Registrierung [6].

Die in der Brücke vorgesehenen Spannungsteiler S_β und S_γ (Bild 4) können mittels Umschaltung durch die gleichartigen der beiden Schreiber (Bild 5) ersetzt werden. S_β besitzt hier entsprechend den praktischen Erfahrungen eine seitlich liegende Anzapfung, so daß sich der β-Bereich von $-0,002 \cdots +0,008$ erstreckt. Jeder mit einer Schreibfeder gekuppelte Spannungsteiler kann von dem ihm zugeordneten „Nullmotor" M_1 bzw. M_2 verstellt werden. Die Stromspulen W_I der beiden als Motoren benutzten Induktionszählertriebwerke liegen im Ausgang eines Verstärkers V_0, dessen Eingang an Stelle des Nullindikators geschaltet ist. Die Spannungsspulen W_{II} sind an zwei um $90°$ phasenverschobene Spannungen eines Phasenschiebers angeschlossen, der so eingestellt wird, daß $\mathfrak{J}' \perp \mathfrak{J}_\beta$ und $\mathfrak{J}'' \perp \mathfrak{J}_\gamma$ steht. Da das Drehmoment der Nullmotoren proportional dem Produkt beider Spulenströme und dem Sinus ihrer Phasenverschiebung ist, kann M_1 nur bei einer mit $\mathfrak{J}_\beta$ gleichphasigen und M_2 nur bei einer mit $\mathfrak{J}_\gamma$ gleichphasigen Spannungsdifferenz $\varDelta\mathfrak{U}_0$ anlaufen, so daß der selbsttätige Kompensator eine ausgezeichnete Abgleichkonvergenz [3] besitzt. Der innere Widerstand des Verstärkereinganges Z_V ist reell und an den größten möglichen Widerstand Z_B des Kompensator-Brücken-Kreises angepaßt, der auch

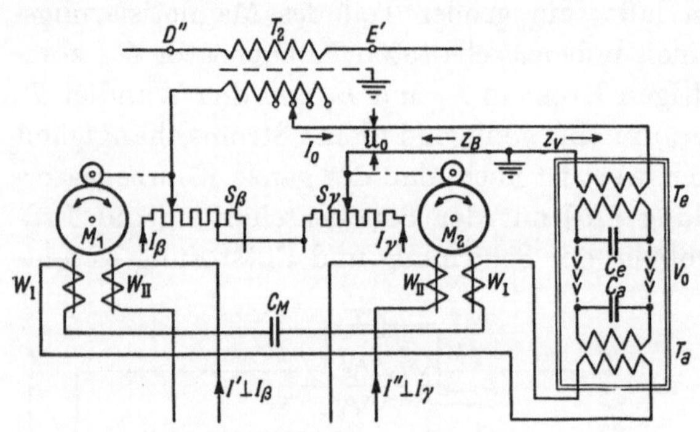

Bild 5. Prinzip und Einsatz der Registriereinrichtung. T_2 Diagonalwandler. S_β und S_γ der Brücke entsprechende Spannungsteiler (Einstellung β für $\varDelta C_2$ und γ für $\mathrm{tg}\,\delta_{20}$). V_0 Verstärker. M Zählertriebwerke für Verstellung der mit Schreibfedern gekuppelten Spannungsteiler.

nahezu reell bleibt, wenn $r_1 \cdot \omega\, C_1$ (Bild 2 und 3) klein gegen 1 ist. Daher wird während des Einstellvorganges $\mathfrak{J}_0$ immer nahezu in Phase mit $\mathfrak{U}_0$ sein und verschwindet natürlich nach erfolgter Einstellung. Die Verstärkungsziffer von V_0 geht in die Meßgenauigkeit nicht ein, nur die Phasenlage zwischen Eingangs- und Ausgangsstrom von V_0 muß aus Konvergenzgründen einigermaßen erhalten bleiben.

Die Resonanzschaltung der Ein- und Ausgangswandler T_e und T_a mit C_e und C_a sowie der Stromspulen W_I mit C_M dämpfen die in I_0 enthaltenen Oberwellen erheblich, so daß die Grundwellenselektivität des Nullmotors nicht geringer als die des Vibrationsgalvanometers ist, wenn der Oberwellengehalt der Spannungen des Phasenschiebers einige Prozent nicht übersteigt. Notfalls kann natürlich vor den Verstärkereingang ein Tiefpaß geschaltet werden. Der Papierablauf der Registrierapparate ist normalerweise zeitproportional.

Der Meßwiderstand r_1.

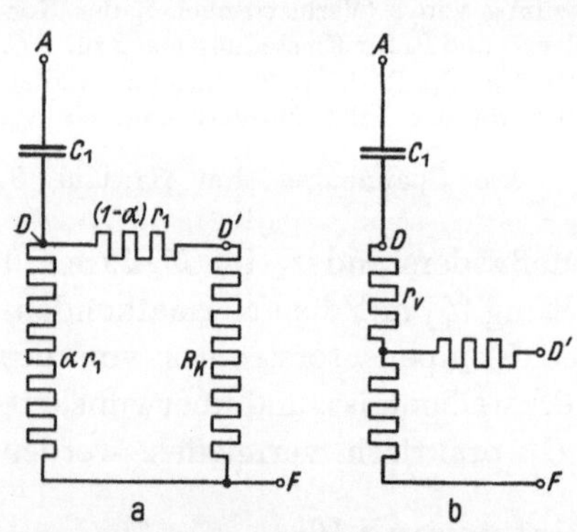

Bild 6. Fehlereinfluß der Stromteilerschaltung nach Bild 2 $\cdots$ 4.

a) Dreieckschaltung der beiden Teile des Meßwiderstandes r_1 mit dem Widerstand R_K des Kompensatorkreises. b) Dreieckschaltung a in Sternschaltung b verwandelt. r_V = scheinbarer Verlustwiderstand vor dem Normalkondensator C_1; $r_{V\,max}$ bei $\alpha_f' = 0{,}055$.

Die in Bild 2 $\cdots$ 4 gezeichnete Ausführung des Meßwiderstandes r_1 führt bei einem endlichen Verhältnis $r_1 : R_K$ in der Bestimmung eines sehr kleinen Verlustfaktors zu einem Fehler. Bild 6a zeigt deutlicher, daß die Spannung $U_{FD'} < U_{FD}$ ist. Verwandelt man nämlich das Widerstandsdreieck $F\!-\!D\!-\!D'$ in einen gleichwertigen Stern (Bild 6b), so ergibt sich in dieser Ersatzschaltung ein scheinbarer Verlustwiderstand r_V vor der Normalkapazität C_1 zu:

$$r_V = \alpha\,(1-\alpha)\,r_1\,(r_1 : R_K) \quad \text{und}$$

$$r_{V\,max} = 0{,}25 \cdot r_1\,(r_1 : R_K). \tag{17}$$

Dieser Fehler läßt sich durch die Anordnung nach Bild 7a dadurch verkleinern, daß die Stromteilerschaltung zwischen H und D' nur einen Bruchteil c_r des einstellbaren Höchstwertes vom Meßwiderstand „r_1" zwischen F und D' umfaßt. Vor diesem Stromteiler mit dem Gesamtwiderstand: $c_r \cdot r_1'$ liegt ein stufenweise regelbarer Vorwiderstand: $\alpha_I \cdot r_1 \cdot p$, mit dessen Einstellung $\alpha_I = 0 \cdots 1,0$ der Nebenschluß R' zum Stromteiler selbsttätig mit verändert wird; die Einstellung des Stromteilers sei $\alpha_I' = 0 \cdots c_1$. Das Widerstandsdreieck $H-D'-D$ läßt sich in den gleichwertigen Stern (Bild 7b) umwandeln, wobei:

$$q = \frac{R'}{c_r \cdot r_1' + R'} \quad \text{und} \quad r_{1\,\text{max}}'' = \frac{1}{4} \frac{(c_r \cdot r_1')^2}{c_r \cdot r_1' + R'} \quad \text{ist.} \tag{18}$$

Die Anordnung soll nun folgenden Bedingungen mit $\alpha = \alpha_I + \alpha_I'$ genügen:

a) Der Widerstand der Gesamtschaltung (Bild 7a, 7b) zwischen den Punkten D und F für $\alpha_I' = c_r$, d. h. auch zwischen den Punkten D' und F soll gleich: $(\alpha_I + c_r) \cdot r_1$ sein, d. h.

$$(\alpha_I + c_r)\, r_1 = \frac{(c_r \cdot r_1' \cdot q + \alpha_I \cdot r_1 \cdot p)\, R_K}{c_r \cdot r_1' \cdot q + \alpha_I \cdot r_1 \cdot p + R_K}. \tag{19}$$

b) Der Vorwiderstand zwischen F und H soll sich zum Widerstand zwischen H und D' (Bild 7b) wie $\alpha_I : c_r$ verhalten, d. h.

$$r_1' \cdot q = r_1 \cdot p. \tag{20}$$

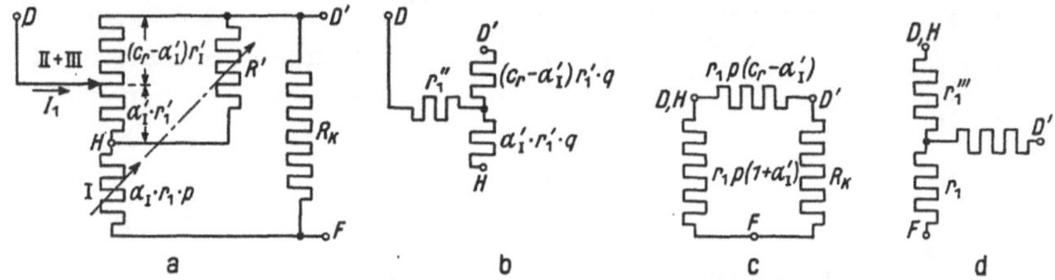

Bild 7. Verbesserte Schaltung des Meßwiderstandes r_1.

a) Dem Stromteiler r_1' mit Vorwiderstand ($\alpha_I \cdot r_1 \cdot p$) ist der Kompensatorkreis R_K nebengeschaltet. Nebenschluß R' zum Stromteiler abhängig von α_I. b) Dreieckschaltung der beiden Teile des Stromteilers mit dem Nebenschluß R' in einen Stern verwandelt. r_1' scheinbarer Verlustwiderstand des Normals. c) Dreieckschaltung der beiden Teile des gesamten Meßwiderstandes $(1 + c_r) r_1 \cdot p$ mit dem Widerstand R_K. d) Dreieckschaltung c in eine Sternschaltung transformiert. r_1''' scheinbarer Verlustwiderstand des Normals. Der Höchstwert: $r_1' + r_1''$ liegt bei $\alpha_I = 1$ und $\alpha_I' = 0$.

Sind die Bedingungen a) und b) erfüllt, so ist auch

$$U_{FD'} = I_1 \cdot r_1 (\alpha_I + \alpha_I') = I_1 \cdot r_1 \cdot \alpha.$$

c) Für $\alpha_{I\,\text{max}} = 1$ soll $R' = \infty$ werden.

$$q = 1 \quad \text{für} \quad \alpha_I = 1. \tag{21}$$

Kürzen wir $r_1 : R_K = c_K$ ab und setzen Gl. (20) in (19) ein, so erhalten wir:

$$p = \frac{1}{1 - c_K(\alpha_I + c_r)}. \tag{22}$$

Ferner ergibt sich durch Einsetzen von Gl. (20) und (21) in (19):

$$r_1' = \frac{r_1}{1 - (1 + c_r)\, c_K}. \tag{23}$$

Schließlich können wir R' aus Gl. (18) mit Verwendung der Gl. (20), (22), (23) berechnen:

$$R' = \frac{c_r \cdot r_1}{c_K(1 - \alpha_I)}. \tag{24}$$

Bei $\alpha_I = 1$ geht die Schaltung 7c in 7d über. Verwandeln wir das Dreieck $F-D-D'$ (Bild 7c) in einen gleichwertigen Stern (Bild 7d), so ergibt sich r_1''' auch als zusätzlicher scheinbarer Verlustwiderstand vor C_1. Dessen aus $r_1'' + r_1'''$ resultierende Größe besitzt ihren Höchstwert r_1''' bei $\alpha_I = 1$ und $\alpha_I' = 0$.

$$r_{1\,\mathrm{max}}''' = \frac{c_r \cdot r_1 \cdot p^2 c_K}{1 + (1 + c_r)\, p \cdot c_K}. \tag{25}$$

Bemessungsangaben. Wir wählen nun $r_1 = 2000\,\Omega$, $c_K = 0{,}02$, $c_r = 0{,}11$ und teilen nach Bild 8a den gesamten Meßwiderstand in die Vorwiderstands-Dekade I, der ein Schleifdraht S_1 vorgeschaltet ist, und die beiden Stromteiler-Dekaden II und III auf. Die Nennwerte der Dekaden sind: $0 \cdots 2000\,\Omega$ für I, $0 \cdots 200\,\Omega$ für II, $0 \cdots 20\,\Omega$ für III und $0 \cdots 2\,\Omega$ für die als Schleifdraht ausgebildete Dekade IV. Der Widerstand $0{,}11 \cdot r_1'$ wird $225{,}0\,\Omega$; der Faktor p steigt von $1{,}0022$ bei $\alpha_I = 0$ bis $1{,}0227$ bei $\alpha_I = 1$. Die zugeordneten R'-Werte steigen dabei von $11\,000\,\Omega$ bis ∞ an. $r_{1\,\mathrm{max}}'''$ beträgt nach Gl. (25) etwa $4{,}6\,\Omega$. Mit Rücksicht hierauf soll das Verhältnis $\alpha \cdot r_1 \cdot \omega C_2$ nicht größer als $0{,}035$ bzw. die Normalkapazität C_1 bei 50 Hz nicht größer als $0{,}05\,\mu\mathrm{F}$ sein, wobei C_1 einen zusätzlichen Verlustwinkel $\delta_1 = r_{1\,\mathrm{max}}''' \cdot \omega C_1 = 0{,}72 \cdot 10^{-4}$ erhält. Mit $\alpha \cdot r_{1\,\mathrm{max}} = 2220\,\Omega$ würde die Schaltung 6a bei gleichem Aufwand an Widerstandselementen einen Verlustwinkel von $\delta_1 = 1{,}93 \cdot 10^{-4}$ zur Folge haben. Der Widerstand des Schleifdrahtes S_1 müßte streng genommen in Abhängigkeit vom Faktor p zwischen $\alpha_I = 0 \cdots 1$ um 2% geändert werden, was aber praktisch unnötig ist, wenn man nur mit $\alpha > 0{,}01$ arbeitet.

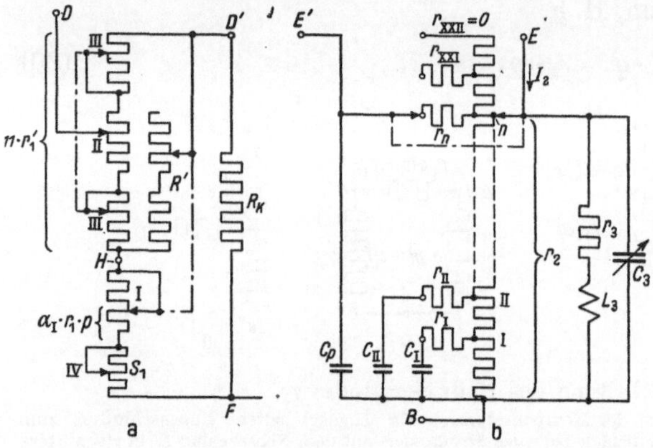

Bild 8. Praktische Ausführung der Meßwiderstände r_1 und r_2.

a) Meßwiderstand r_1 mit den Dekaden $I \cdots IV$. b) Meßwiderstand r_2 mit 22 Stufen. Spannungsteiler (C_I, C_{II} und C_p mit $r_I \cdots r_{XXI}$) zur Kompensation des Fehlwinkels der r_2-Stufen. (r_3, L_3, C_3) Kapazitätsausgleich.

Natürlich darf der in der Schaltung jeweils wirksame Teil des Meßwiderstandes r_1 keinen größeren Winkelfehler als etwa $2 \cdot 10^{-5}$ haben, was bei den verwendeten, gering belasteten kleinen Widerstandsspulen zu erreichen ist, wenn man auf möglichst geringe Schaltkapazität zwischen den Punkten D und F achtet.

Der Meßwiderstand r_2.

Beim Aufbau des Meßwiderstandes r_2, der vom Prüflingsstrom I_1 durchflossen wird, mußten besondere Maßnahmen nach Bild 8b getroffen werden, um unzulässig hohe Fehlwinkel der einzelnen Widerstandsstufen (z. B. $I \cdots XXII$) zu vermeiden. Da die Strombelastung der Stufen um so höher ist, je kleiner der Widerstandsbetrag ist, sind die Abmessungen und der Aufbau der Einzelstufen natürlich sehr verschieden. Die geringste Störanfälligkeit besitzen bifilar gewickelte Spulen, die aber bei hohen Widerstandswerten einen kapazitiven, bei niederen einen induktiven Fehlwinkel aufweisen. Nun braucht aber nicht der Widerstand selbst winkelfehlerfrei zu sein, sondern seine benutzte Spannung: $\mathfrak{U}_{BE'}$ soll genau mit dem Prüflingsstrom $\mathfrak{J}_2$ phasengleich sein. Dies kann durch Anordnung von Spannungsteilern erreicht werden, die jeder Stufe nebengeschaltet und für jede Stufe gesondert abgeglichen werden. Von diesen, aus den Widerständen $r_I \cdots r_{XXI}$ und den Kapazitäten C_I, C_{II} usw. und C_p bestehenden Spannungsteilern wird der jeder Stufe zugeordnete Widerstand so gewählt, daß $\mathfrak{U}_{BE'} \| \mathfrak{J}_2$ ist. Der Justierwiderstand der Stufe XXII, nämlich r_{XXII} ist Null. Der kapazitive Fehlwinkel von $r_{2\,\mathrm{max}}$ wird von selbst bei der Vornahme des „Kapazitätsausgleiches" (Kreis: r_3, L_3, C_3) beseitigt. Bei $n = XXII$ können die Punkte B und E ohne weiteres an einen äußeren winkelfreien Nebenschluß angeschlossen werden. Auf Bild 9a sind die Schaltelemente des Spannungsteilers allgemein mit r' und C' und die Induktivität der eingeschalteten Meßwiderstandsstufen mit l_2 bezeichnet. Verwandeln wir das Widerstandsdreieck: B—E'—E in den entsprechenden Stern nach Bild 9b, so ergibt sich mit Vernachlässigung von ωl_2 gegen $1/\omega C'$:

$$\Re_2 = r_2 \frac{1 + j\dfrac{\omega l_2}{r_2}}{1 + (r_2 + r')\,\omega C'}\,; \qquad \Re_2 = r_2 \quad \text{für} \quad \frac{\omega l_2}{r_2} = (r_2 + r')\,\omega C'\,; \tag{26}$$

$$\Re_2' = j\,r' \cdot r_2 \cdot \omega C' = j\,\omega l_2 \cdot \frac{r'}{r_2 + r'}\,. \tag{27}$$

Nach Gl. (27) und Bild 9b ist also der Kapazität C_2 eine Induktivität l_2 vorgeschaltet, wenn $r_2 : r' \ll 1$ ist. Der Kapazitätsmeßfehler beträgt demnach: $\omega^2 l_2 C_2$.

Bemessungsangaben. Die Nennwerte von r_2 sind in 22 Stufen von 0,1; 0,2; 0,4; 0,5; 0,8; 1,0 $\cdots$ 2000 Ω einstellbar. Die Stufen mit den Ziffern 1, 2, 4 sind die C_1-Werte mit der Anfangsziffer 1, die Stufen mit den Ziffern 2, 4, 8 für C_1-Werte mit der Anfangsziffer 2, und die Stufen 1, 2, 5 für C_1-Werte mit der Anfangsziffer 5 vorgesehen, damit die Prüflingskapazität nach Gl. (9) aus der Einstellung α mal $(r_1 : r_2)$ mal C_1 (z. B. = 100 oder 2000 oder 50000 pF) leicht abgelesen werden kann. Die tatsächlichen Widerstände der Stufen sind in Rücksicht auf den parallelliegenden konstanten Wirkleitwert

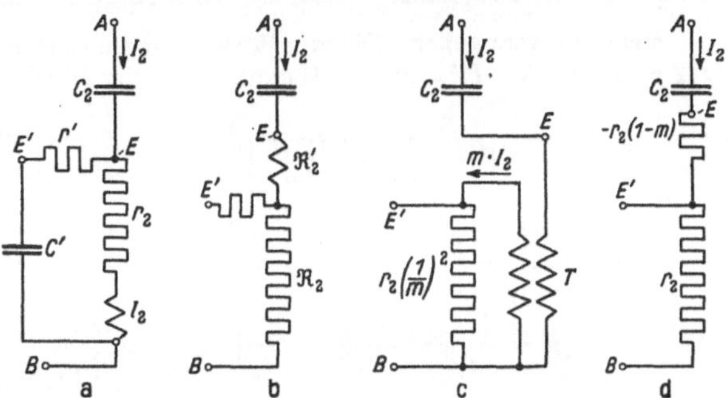

Bild 9. Fehlereinfluß der Schaltung 8b auf die Kapazitätsmessung und von Wandlern an Stelle von Nebenschlüssen auf die Verlustwinkelmessung.

a) Kompensation von induktiven Fehlwinkeln mit Spannungsteiler (r', C'). b) Ersatzschaltbild für a; Einfluß: C_2 scheinbar größer. c) Meßwiderstand r_2 über Stromwandler im Meßkreis 2 angeschlossen. d) Ersatzschaltbild für c; Einfluß: $\operatorname{tg}\delta_2$ scheinbar kleiner.

$\varrho_3 = 1/r_3 = 50\ \mu\text{S}$ vom Kapazitätsausgleich $(C_3 = 0 \cdots 8000\ \text{pF})$ etwas höher gewählt. Der Höchststrom beträgt für $r_2 = 2000\ \Omega$ etwa 30 mA, für $r_2 = 0{,}1\ \Omega$ etwa 30 A. Der Winkelfehler der 0,1 Ohm-Stufe ist einschließlich Schalter und Zuleitungen etwa $3 \cdot 10^{-3}$, zu dessen Kompensation nach bekannter Art mit einem Parallelkondensator etwa 100 μF notwendig wären. Dagegen betragen bei den hier vorgesehenen Spannungsteilern die Kapazitätswerte nur: $C_p = 1000$ pF für die Stufen $I \cdots XXII$, $C_I = 5000$ pF, $C_{II} = 2000$ pF, C_{III} und C_{IV} (im Bild fortgelassen) je 1000 pF; r_n beträgt höchstens 2000 Ω. Der aus der Gl. (27) berechenbare Kapazitätsmeßfehler $\omega^2 l_2 C_2$ wird für $\omega l_2 = 3 \cdot 10^{-4}\ \Omega$ der 0,1 Ohm-Stufe bei dem Grenzwert von $\alpha \cdot r_1 \cdot \omega C_1 \approx r_2 \cdot \omega C_2 \approx 0{,}035$ nur 0,01 %.

Wenn man an Stelle eines solchen äußeren Nebenschlusses einen Stromwandler zwecks Erniedrigung des Leistungsverbrauches nehmen wollte, würde diese Maßnahme auch einen scheinbaren zusätzlichen Verlustwinkel für den Normalkondensator C_1 bedeuten. Übersetzt man nämlich nach Bild 9c den Prüflingsstrom $\Im_2$ auf einen kleineren Wert: $m \cdot \Im_2$, so muß r_2 um $(1/m)^2$ größer gewählt werden, und es ist bei einem idealen Wandler ohne inneren Spannungsabfall die Spannung $\mathfrak{U}_{BE} \lesseqgtr \mathfrak{U}_{BE'} = m \cdot \mathfrak{U}_{BE}$, d. h., wir haben hier den entgegengesetzten Fall, wie er im Meßkreis 1 nach Bild 6a besprochen wurde, wo $U_{FD} \gtreqless U_{FD'}$ war. Das Ersatzschaltbild 9d ist mit 9c identisch. C_2 erhält einen scheinbaren negativen (bzw. C_1 einen entsprechend positiven) Verlustwiderstand: $r_2(1 - m)$; bei kleiner Übersetzung m wird also ein Winkelfehler für C_1 von nahezu $r_2 \cdot \omega C_2 \approx r_1 \cdot \omega C_1$ vorgetäuscht, der bei unserem festgelegten Grenzwert von $r_1 \cdot \omega C_1$ mit 0,035 also $3{,}5 \cdot 10^{-3}$ werden könnte. Da der Höchstwert von $r_1 \omega C_1$ gerade für große Kondensatoren mit niederer Prüfspannung in Frage kommt, wo große Prüflingsströme auftreten, sind Stromwandler in der Brückenschaltung nicht zu empfehlen, zumal Winkelfehler unter $1 \cdot 10^{-4}$ schwer, bei Nebenschlüssen aber z. B. mit Hilfe von Kondensatoren oder Spannungsteilern nach Bild 9a leicht zu erreichen sind.

2*

Der Zusatzwiderstand für den Vorabgleich.

Die Messung einpolig geerdeter Prüflinge erfordert nach Bild 3 im Meßkreis 1 (linke Brückenhälfte) einen veränderlichen komplexen Widerstand $(r_0 - jx_0)$. Nach Gl. (15) wird mit r_0 die Kapazität C_2' und mit x_0 der Wirkleitwert ϱ_2' vorabgeglichen. Da $\operatorname{tg}\delta_2' = \varrho_2' : \xi_2'$ normalerweise zwischen 0 und 0,1 schwankt, kann der zum Abgleich für ϱ_2' benötigte kapazitive Widerstand x_0 sehr klein werden. Die schalttechnische Ausführung des Zusatzwiderstandes zeigt Bild 10. Dieser besteht aus 4 Wirkwiderstands -und 4 Blindwiderstandsdekaden. Der Blindwiderstand der 4 gleich großen Kondensatoren C_0' wird mittels der Stromwandler $T_I \cdots T_{IV}$ mit entsprechend gewählten Übersetzungsverhältnissen und Anzapfungen auf die benötigten Werte übersetzt. Vor den Anzapfungen $1 \cdots 10$ dieser Wandler liegen Zusatzwiderstände r_Z, die so bemessen sind, daß die Wirkwiderstände der Anschlüsse $1 \cdots 10$ der Blindwiderstandsdekaden $I \cdots IV$ konstant sind, damit tatsächlich nur der Blindwiderstand geändert wird und der Abgleich der Brücke leicht bewerkstelligt werden kann; beim Blindwiderstand Null ist andererseits aber auch der Wirkwiderstand Null.

Bemessungsangaben. Die vier Wirkwiderstandsdekaden sind: $I = 0 \cdots 1000\,\Omega$; $II = 0 \cdots 100\,\Omega$; $III = 0 \cdots 10\,\Omega$; $IV = 0 \cdots 1\,\Omega$ stetig. Die vier Blindwiderstandsdekaden betragen: $I = 0 \cdots 100\,\Omega$;

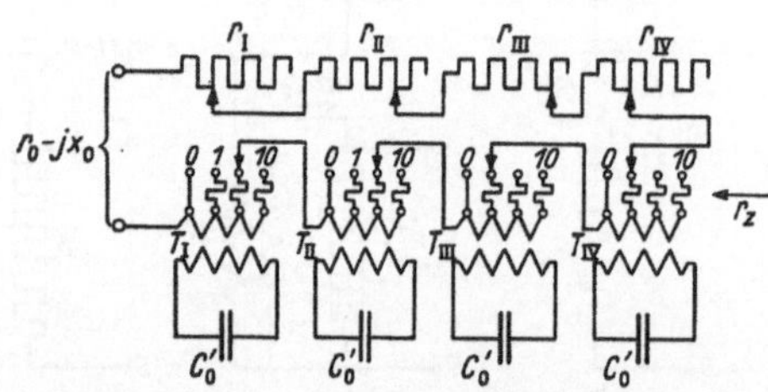

$II = 0 \cdots 10\,\Omega$; $III = 0 \cdots 1\,\Omega$; $IV = 0 \cdots 0{,}1\,\Omega$; deren Wirkwiderstände sind: 100; 10; 1; 0,1 Ω. Bei einer solchen Bemessung darf der Verlustfaktor $\operatorname{tg}\delta_2' = \varrho_2' : \xi_2' = x_0 : r_0$ höchstens 0,1 sein; andernfalls wären kleinere Kapazitätswerte $C_0' = 3$ oder $2\,\mu\mathrm{F}$ zu wählen. Die Wandler $T_I \cdots T_{IV}$ sind auch mit Nickeleisenblech ausgestattet, um kleine Übersetzungsfehler bei kleinen Abmessungen zu erzielen.

Bild 10. Aufbau des Zusatzwiderstandes für den Vorabgleich. $r_I \cdots r_{IV}$ Wirkwiderstandsdekaden. $T_I \cdots T_{IV}$ Stromwandler der Blindwiderstandsdekaden. r_Z Ausgleichwiderstände.

Die Schirmung der Meßschaltung.

Unter Schirmung sei hier die Beseitigung unerwünschter induktiver oder kapazitiver Kopplungen innerhalb der Meßbrücke oder der Schutz gegen äußere elektromagnetische oder elektrostatische Wechselfelder verstanden. Magnetische Kopplungen werden am sichersten durch Kapselung von störanfälligen Drosseln und Wandlern in geeigneten Gehäusen aus magnetisch gut leitendem Werkstoff, wie Nickeleisen (Mumetall) vermieden. Das verwendete Vibrationsgalvanometer der Schleifentype wird praktisch von Störfeldern nicht beeinflußt. Natürlich wird man eine hochempfindliche Meßbrücke niemals äußeren starken Streufeldern aussetzen. Die Schirmung gegen äußere elektrostatische Felder ist verhältnismäßig einfach, die innere statische „Mehrfachschirmung" [10] erforderte jedoch in unserem Fall einige besondere Maßnahmen.

Bild 11 zeigt das Prinzip der Schirmung der vollständigen Meßschaltung nach Bild 3; der besseren Übersicht wegen sind aber in Bild 11 der auf Erdpotential gebrachte Kompensatorsekundärkreis (Bild 4, 5) und der Kapazitätsausgleich (r_3, L_3, C_3) weggelassen, und die Meßwiderstände r_1 und r_2 vereinfacht dargestellt.

Das Grundprinzip der Schirmung ist, zwischen den Punkten D und F bzw. D und B möglichst jede vermeidbare Teilkapazität auszuschalten bzw. sie künstlich zwischen die Punkte $D \rightarrow E \rightarrow B$ oder $D'' \rightarrow E \rightarrow B$ oder $E' \rightarrow E \rightarrow B$ aufzuteilen, da ihr Einfluß zwischen $D \rightarrow E$, $D'' \rightarrow E$ und $E' \rightarrow E$ zu vernachlässigen ist, und die resultierende Teilkapazität C_S zwischen $E \rightarrow B$ mit dem hier vorgesehenen Kapazitätsausgleich (vgl. Bild 3 und 8 b) kompensiert werden kann. Die Zuführung vom Punkt D zum Normalkondensator C_1 soll aus einem Kabel mit äußerem geerdeten Bleimantel und einem isolierten Innenschirm bestehen, der an den Punkt E angeschlossen ist. Die Kapazität C_9 zwischen Leiter und Innenschirm liegt also zwischen den Punkten $D \rightarrow E$. Die Kapazität C_{12} zwischen Innen- und Außenschirm der Drossel L_1 (Verlustwinkelausgleich) liegt zwischen $D'' \rightarrow E$. Die Kapazität C_{13} zwischen Innen- und Außenschirm des Diagonalwandlers T_2 liegt zwischen $E' \rightarrow E$. Die Schirmkästen des Meßwiderstandes r_1 einschließlich des Zusatzwiderstandes (r_0, x_0) und des Meßwiderstandes r_2 einschließlich der Spannungsteiler (r', C') liegen am Punkt B. Die

Kapazität C_{16} zwischen den Innen- und Außenschirmen der Wandler T_3 und T_4 des Kompensationskreises liegt zwischen den Punkten $F \rightarrow B$. Das isolierte Gehäuse des Normalkondensators C_1 ist mit dem Punkt B verbunden. Die Zuführung zum Prüfling geschieht mit einem gewöhnlichen Bleimantelkabel.

Die resultierende Kapazität C_S zwischen E und B ist nun je nach der Erdung des Punktes B oder E (durch den Schalter S_E angedeutet) verschieden groß. Ist B geerdet, so sind die Kapazitäten C_6, C_{15}, C_{16}, C_{17}, C_{18} kurzgeschlossen, und C_S wird gleich: $C_3 + C_8 + C_{10} + C_{11} + C_{14}$. Die Kapazitäten C_4 und C_7 liegen zwischen $A \rightarrow B$ und haben keinen Einfluß. Ist dagegen Punkt E geerdet, so sind die Kapazitäten: C_3, C_8, C_{10}, C_{11}, C_{14} kurzgeschlossen, und C_S ist gleich: $C_6 + C_{15} + C_{17} + C_{18}$. C_{16} liegt zwischen $F \rightarrow B$ und hat keinen Einfluß, da r_0 und x_0 nur eingestellt, aber nicht ab-

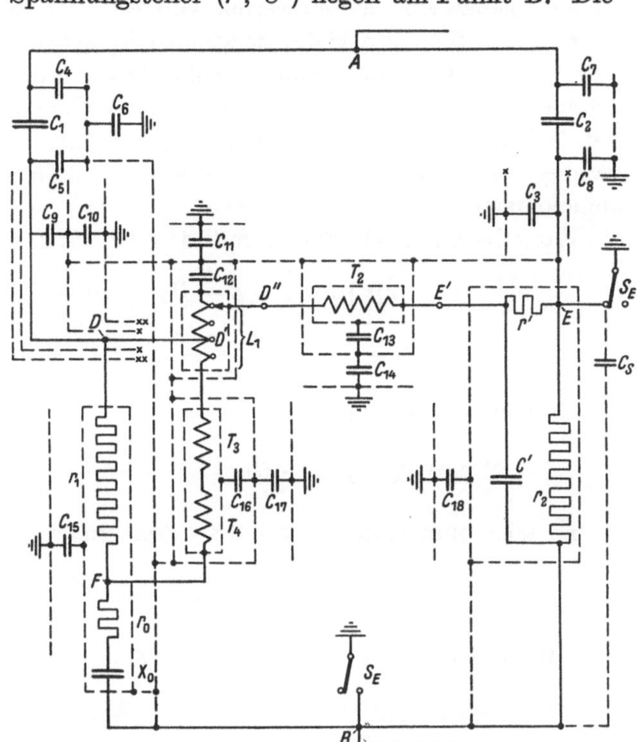

Bild 11. Elektrostatische Schirmung der Meßschaltung. Schirmkapazitäten $C_3 \cdots C_{18}$. Bei Erdung von E (angedeutet durch Schalter S_4) ist $C_S = C_6 + C_{15} + C_{17} + C_{18}$, bei Erdung von B ist $C_S = C_3 + C_8 + C_{10} + C_{11} + C_{14}$. C_S wird durch den nicht eingezeichneten Kapazitätsausgleich (Bild 3) kompensiert. r_1 und r_2 sind vereinfacht dargestellt. Der Kompensator-Sekundärkreis (Bild 4) fehlt.

gelesen werden. C_4 liegt zwischen $A \rightarrow B$ und hat daher keinen Einfluß; C_7 rechnet zum Prüfling. Die Kapazität C_5 der Niederspannungsklemme des Normalkondensators C_1 liegt immer parallel zum Meßwiderstand r_1, d. h. genauer zwischen $D \rightarrow B$ und muß daher klein gehalten sein. Das Gehäuse von C_1 kann auch geerdet werden; dann ist C_6 kurzgeschlossen. Bei Erdung des Punktes E liegt C_5 zwischen $D \rightarrow E$, und C_4 wird durch den Vorabgleich eliminiert. Die Teilkapazitäten C_9 und C_{12} liegen nahezu parallel zum Diagonalwandler T_2. Rechnen wir für $C_9 + C_{12}$ höchstens 1500 pF zwischen den Punkten $D \rightarrow E$, was einem 20 m langen kapazitätsarmen Kabel (C_9) entspricht, so entsteht bei $r_1 + r_{2\max} \approx 4000\ \Omega$ und 50 Hz ein Winkelfehler von

0,002 in der Übertragung der Diagonalspannung $\mathfrak{U}_{D''E'}$, der sich bei der Messung von kleinen Verlustwinkeln überhaupt nicht bemerkbar macht.

Genauere Theorie der Meßschaltung.

Wir hatten die Abgleichbedingungen bzw. Arbeitsgleichungen der Meßschaltung nach Bild 2 und 3 als Gl. (9) und (10) mit dem Vorabgleich Gl. (15) der besseren Übersicht wegen unter Vernachlässigung verschiedener Fehlereinflüsse aufgestellt. Die unter (2) angegebenen Voraussetzungen a, b, c lassen wir gelten, da sie hinreichend genau eingehalten werden können. Der Einfluß von (d) ist in dem Abschnitt über den Aufbau des Meßwiderstandes r_1 getrennt untersucht worden, so daß wir hier $r_1 : R_K = 0$ setzen können. Außerdem wurde dort die Voraussetzung (2e) aufgehoben, aber ein Grenzverhältnis: $\alpha \cdot r_1 \cdot \omega C_1 = 0{,}035$ festgelegt. Die Voraussetzung [Gl. (8)] sei der Arbeitsweise der Registrierung entsprechend beibehalten; der Einfachheit halber wird aber $m = 1$ gesetzt und daher $\beta = -0{,}2 \cdots +0{,}8$ und $\gamma = 0 \cdots 1$ angenommen.

Wir erhalten nach Bild 3 mit den Gl. (5) die Abgleichbedingung:

$$\mathfrak{J}_1[\alpha r_1(1 + \beta - j[\gamma - \varepsilon]) + r_0 - jx_0] = \mathfrak{J}_2 \cdot r_2. \tag{28}$$

$$\mathfrak{J}_1 : \mathfrak{J}_2 = \left[\frac{1}{\varrho_2 + \varrho_2' + j(\xi_2 + \xi_2')} + r_2\right] : \left[\frac{1}{\varrho_1 + j\xi_1} + \alpha r_1 + r_0 + jx_0\right]. \tag{29}$$

Gl. (29) in (28) eingesetzt ergibt:

$$\varrho_2 + \varrho_2' + j(\xi_2 + \xi_2') = \frac{\varrho_1 + j\xi_1}{r_2} \frac{\alpha \cdot r_1[1 + \beta - j(\gamma - \varepsilon)] + r_0 + jx_0}{1 - \alpha r_1[\varrho_1 + j\xi_1] \cdot [\beta - j(\gamma - \varepsilon)]}. \tag{30}$$

Es seien nun folgende Abkürzungen eingeführt:

$$\frac{\varrho_1}{\omega C_1} = \frac{\varrho_1}{\xi_1} = K_1; \quad r_1 \cdot \omega C_1 = r_1\xi_1 = K_2; \quad \frac{C_2'}{C_2} = \frac{\xi_2'}{\xi_2} = K_3; \quad \frac{\varrho_2'}{\omega C_2'} = \frac{\varrho_2'}{\xi_2'} = K_4. \tag{31}$$

Mit Einsatz $\varepsilon = K_1$ und der Abkürzung K_2 geht Gl. (30) über in:

$$\begin{aligned}\varrho_2 + \varrho_2' + j(\xi_2 + \xi_2') = \frac{K_2}{r_2}\Big\{&\alpha(\gamma + K_1\beta) + \frac{x_0 + K_1 r_0}{r_1} \\ &+ j\Big[\alpha(1 + \beta) - K_1\alpha(\gamma - K_1) + \frac{r_0 - K_1 x_0}{r_1}\Big]\Big\} \cdot \{1 + F_1 + jF_2\}.\end{aligned} \tag{32}$$

Hierin bedeutet:

$$1 : [1 + F_1 + jF_2] = 1 - \alpha K_2[\gamma - K_1(1 - \beta) + j(\beta - K_1[\gamma - K_1])]. \tag{33}$$

Die Fehlergrößen F_1 und F_2 ergeben sich durch Reihenentwicklung als:

$$\begin{aligned}F_1 &\approx \alpha K_2[\gamma - K_1(1 - \beta)] + \alpha^2 K_2^2(\gamma^2 - \beta^2); \\ F_2 &\approx \alpha K_2[\beta - K_1\gamma] + 2\alpha^2 K_2^2\gamma\beta.\end{aligned} \tag{34}$$

In den Gl. (34) ist die Reihenentwicklung nach den quadratischen Gliedern $\alpha^2 K_2^2$ abgebrochen. Bis zu einem Höchstwert $\alpha K_2 = 0{,}035$ sind F_1 und F_2 auf 0,5 % genau wiedergegeben. In erster Annäherung ist also F_1 etwa gleich $\alpha K_2\gamma$ und F_2 etwa gleich $\alpha K_2\beta$. Beim Vorabgleich von ϱ_2' und ξ_2' wird $\alpha = 0$ bei $\varrho_2 = \xi_2 = 0$ eingestellt, infolgedessen ist dabei $F_1 = F_2 = 0$ und:

$$\varrho_2' + j\xi_2' = \frac{K_2}{r_2}\left[\frac{x_0 + K_1 r_0}{r_1} + j\frac{r_0 - K_1 x_0}{r_1}\right]. \tag{35}$$

Wird diese Gl. (35) in (32) mit Berücksichtigung von Gl. (31) eingesetzt, so resultieren die Bestimmungsgleichungen für ϱ_2 und ξ_2.

$$\varrho_2 = \frac{K_2}{r_2}\Big[\alpha(\gamma + K_1\beta)\Big] + F_1\Big[\frac{K_2}{r_2}\alpha(\gamma + K_1\beta) + \varrho_2'\Big] - F_2\Big[\frac{K_2}{r_2}(\alpha[1+\beta] - K_1\alpha[\gamma - K_1]) + \xi_2'\Big];$$

$$\xi_2 = \frac{K_2}{r_2}\Big[\alpha(1+\beta) - K_1\alpha(\gamma - K_1)\Big] + F_1\Big[\frac{K_2}{r_2}(\alpha[1+\beta] - K_1\alpha[\gamma - K_1]) + \xi_2'\Big]$$

$$+ F_2\Big[\frac{K_2}{r_2}\alpha(\gamma + K_1\beta) + \varrho_2'\Big]. \tag{36}$$

Hier können wir in den Klammerfaktoren von F_1 und F_2 die Größen: $K_1\beta$ und $K_1\alpha(\gamma - K_1)$ vernachlässigen, da sie nicht größer als $1,1 \cdot 10^{-3}$ werden können. Nunmehr ergeben sich die Endgleichungen:

$$\frac{K_2}{r_2}\alpha\gamma = \varrho_2\frac{1 - K_3\frac{\xi_2}{\varrho_2}(K_4F_1 - F_2)}{1 + \frac{K_1\beta}{\gamma} + F_1 - F_2\cdot\frac{1+\beta}{\gamma}} = \varrho_2(1 + F_\varrho);$$

$$\frac{K_2}{r_2}\alpha(1+\beta) = \xi_2\frac{1 - K_3(F_1 + K_4F_2)}{1 - \frac{K_1\gamma}{1+\beta} + F_1 + F_2\frac{\gamma}{1+\beta}} = \xi_2(1 + F_c). \tag{37}$$

Die theoretischen Meßfehler F_ϱ im Verlustleitwert und F_C in der Kapazität lassen sich vereinfacht darstellen, wenn sie bzw. ihre Summanden klein gegen 1,0 sind, wobei dann auch $\varrho_2 : \xi_2 \approx \gamma : (1+\beta)$ und der Fehler im Verlustfaktor $F_\delta \approx F_\varrho - F_C$ gesetzt werden kann. Aus Gl. (37) ergeben sich:

$$F_C \approx + \frac{K_1\gamma}{1+\beta} - F_1 - F_2\frac{\gamma}{1+\beta} - K_3(F_1 + K_4F_2);$$

$$F_\varrho \approx - \frac{K_1\beta}{\gamma} - F_1 + F_2\frac{1+\beta}{\gamma} - K_3\frac{1+\beta}{\gamma}(K_4F_1 - F_2);$$

$$F_\delta \approx F_\varrho - F_C. \tag{38}$$

Handabgleich bei zweipolig isolierten Prüflingen.

Beim Handabgleich wird die Kompensatoreinstellung $\beta = 0$ für $\Delta C_2 = 0$ gewählt, die Kapazität mit α und r_2 und der Verlustfaktor tg δ_2 mittels der Kompensatoreinstellung γ gemessen. Da $C_2' = \varrho_2' = 0$, d. h. nach Gl. (31) auch $K_3 = 0$ ist, wird:

$$F_C \approx K_1\gamma - F_1 - F_2\gamma; \quad F_\delta \approx - K_1\gamma + F_2\Big(\gamma + \frac{1}{\gamma}\Big). \tag{39}$$

Nach Gl. (34) ist hierin:

$$F_1 \approx \alpha K_2\gamma(1 + \alpha K_2\gamma) - K_1\alpha K_2; \quad F_2 = - \alpha K_2K_1\gamma. \tag{40}$$

In Zahlentafel 1 sind F_C und F_δ als relative Meßfehler in Abhängigkeit vom tg δ_2 des Prüflings bei einem Verlustwinkel des Normalkondensators: $K_1 = 0$ und 10^{-3} für den Grenzwert: $\alpha K_2 = 0,035$, d. h. z. B. für $\alpha r_1 = 2220\,\Omega$ und $C_1 = 0,05\,\mu\text{F}$ bei 50 Hz zusammengestellt. F_C' und F_δ' sind Zusatzfehler, die von $K_1 = 10^{-3}$ allein herrühren. Außerdem ist noch infolge der Schaltung von r_1 [s. Gl. (25)] mit einem Absolutfehler von höchstens $-0,72 \cdot 10^{-4}$ im Verlustfaktor zu rechnen. Nach Zahlentafel 1 wird die Kapazität bis zu einem Wert von tg $\delta_2 \approx 0,03$ auf 0,1 % genau gemessen; dieser Fehler wächst auf 3,5 % bei tg $\delta_2 = 1$. Das hat aber kaum eine Bedeutung, da bei $C_1 = 0,05\,\mu\text{F}$ nämlich $C_2 > 0,05\,\mu\text{F}$ sein muß und solche Kondensatoren kaum einen

Verlustfaktor von 0,03 besitzen. Schon wegen der beiden verschiedenen Ersatzschaltungen der Kapazität mit einem Verlustwiderstand oder -leitwert ist jene bei größerem Verlustwinkel keine exakt definierbare Größe.

Zahlentafel 1. Theoretische Meßfehler bei Handabgleich zweipolig isolierter Prüflinge ($10^{-2} = 1\%$ vom Meßwert).

F_C, F_δ totale Meßfehler der Kapazität und des Verlustfaktors, F'_C, F'_δ Zusatzfehler infolge K_1 allein. $\alpha K_2 = 0,035$.

$\mathrm{tg}\,\delta_2$	10^{-4}	10^{-3}	10^{-2}	10^{-1}	
$F_C =$	$-3,5 \cdot 10^{-6}$	$-3,5 \cdot 10^{-5}$	$-3,5 \cdot 10^{-4}$	$-3,5 \cdot 10^{-3}$	$K_1 = 0$
$F'_C =$	$+3,5 \cdot 10^{-5}$	$+3,6 \cdot 10^{-5}$	$+5,0 \cdot 10^{-5}$	$+1,4 \cdot 10^{-4}$	$K_1 = 10^{-3}$
$F_C =$	$+3,2 \cdot 10^{-5}$	$+1,0 \cdot 10^{-6}$	$-3,0 \cdot 10^{-4}$	$-3,4 \cdot 10^{-3}$	$K_1 = 10^{-3}$
$F_\delta =$	0	0	0	0	$K_1 = 0$
$F'_\delta =$	$-3,5 \cdot 10^{-5}$	$-3,6 \cdot 10^{-5}$	$-4,5 \cdot 10^{-5}$	$-1,4 \cdot 10^{-4}$	$K_1 = 10^{-3}$

Handabgleich bei einpolig geerdeten Prüflingen.

Durch den Vorabgleich bei geerdeten Prüflingen (s. Bild 3) müssen wir seiner Unvollkommenheit wegen mit den Zusatzfehlergrößen der Gl. (38) rechnen, die dem Faktor $K_3 = C'_2 : C_2$ proportional sind. In Zahlentafel 2 sind F_C und F_δ wieder als relative Meßfehler in Abhängigkeit vom $\mathrm{tg}\,\delta_2$ des Prüflings bei $K_1 = 0$ und 10^{-3} für den Grenzwert $\alpha K_2 = 0,035$ für $K_3 = 0,1$ und das Verlustverhältnis $K_4 = \varrho'_2 : \omega C'_2$ verzeichnet; F'_C und F'_δ rühren auch hier allein von K_1 her. Der gesamte Meßfehler ergibt sich jeweils aus der Summe von F_C und F_δ in Zahlentafel 1 und 2.

Zahlentafel 2. Theoretische Zusatzfehler bei Handabgleich einpolig geerdeter Prüflinge ($10^{-2} = 1\%$ vom Meßwert).

F_C, F'_C, F_δ, F'_δ haben die gleiche Bedeutung wie in Zahlentafel 1; $\alpha K_2 = 0,035$; $K_3 = K_4 = 0,1$.

$\mathrm{tg}\,\delta_2$	10^{-4}	10^{-3}	10^{-2}	10^{-1}	
$F_C =$	$-3,5 \cdot 10^{-7}$	$+3,5 \cdot 10^{-6}$	$-3,5 \cdot 10^{-5}$	$-3,5 \cdot 10^{-4}$	$K_1 = 0$
$F'_C =$	$+3,5 \cdot 10^{-6}$	$-3,5 \cdot 10^{-6}$	$+3,5 \cdot 10^{-6}$	$+3,5 \cdot 10^{-6}$	$K_1 = 10^{-3}$
$F_C =$	$+3,1 \cdot 10^{-6}$	≈ 0	$-3,1 \cdot 10^{-5}$	$-3,5 \cdot 10^{-6}$	$K_1 = 10^{-3}$
$F_\delta =$	$-3,5 \cdot 10^{-4}$	$-3,5 \cdot 10^{-4}$	$-3,2 \cdot 10^{-4}$	≈ 0	$K_1 = 0$
$F'_\delta =$	$+3,5 \cdot 10^{-3}$	$+3,5 \cdot 10^{-4}$	$+2,8 \cdot 10^{-5}$	$-3,5 \cdot 10^{-6}$	$K_1 = 10^{-3}$
$F_\delta =$	$+3,1 \cdot 10^{-3}$	≈ 0	$-2,9 \cdot 10^{-4}$	$-3,5 \cdot 10^{-6}$	$K_1 = 10^{-3}$

Für besonders genaue Messungen kann in ungünstigen Fällen nach Bild 12 im Vergleich zu Bild 3 die Erdkapazität C'_2 durch eine schwach von Erde isolierte Aufstellung des Brückenumspanners erheblich verkleinert werden, da der Hauptanteil von C'_2 hier als C'''_2 unwirksam wird; außerdem wird auch gewöhnlich C''_2 kleiner.

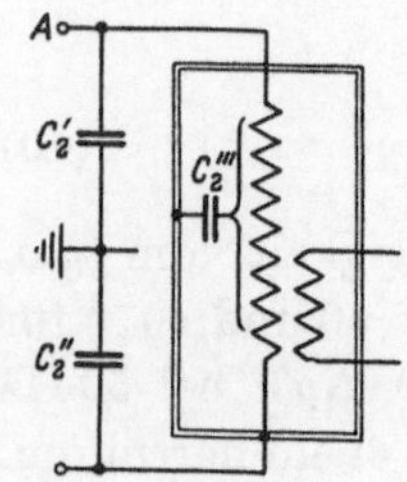

Bild 12. Isolierte Aufstellung des Brückenspeisewandlers. Die Erdkapazitäten C'_2 und C''_2 können erheblich verkleinert werden.

Selbstabgleich bei zweipolig isolierten Prüflingen.

Beim Selbstabgleich (Registrierung) wird von $\beta = 0$ bzw. $\varDelta C_2 = 0$ ausgegangen. Die Kapazität C_{20} ist vorher mittels α und r_2 abgeglichen. Solange $\varDelta C_2 = 0$ bleibt, gibt γ den direkten Verlustfaktor $\mathrm{tg}\,\delta_2$ an. Ändert sich nun C_2 auf $C_{20}(1 + \varDelta C_2)$, so wird diese Änderung selbsttätig mit $\beta = \varDelta C_2$ abgeglichen. Die Einstellung γ ist dann auch dem Verlustfaktor proportional, wenn dieser auf die beim Selbstabgleich unveränderliche Größe C_{20} bezogen wird. Da nun die Skala für γ bei der Registrierung zweckmäßig in Verlustfaktor und nicht in Verlustleitwert geeicht ist, rechnen wir nicht mit dem Fehler F_ϱ, sondern F_δ. Außerdem müssen wir den Fehler F_C, der sich auf C_2 bezog, beim Selbstabgleich durch $F_{\varDelta C}$ für $\varDelta C_2$ ersetzen. $F_{\varDelta C}$ und F_δ sind hier gegeben durch:

$$F_{\varDelta C} \approx (F_C - F_{C0})\frac{1+\beta}{\beta}\,; \quad F_\delta \approx F_\varrho - F_{C0}, \tag{41}$$

wobei F_{C0} sich aus Gl. (38) mit $\beta = 0$ ergibt.

Zahlentafel 3 zeigt die relativen Meßfehler $F_{\varDelta C}$ und F_δ beim Höchstwert $\alpha K_2 = 0{,}035$ in Abhängigkeit von verschiedenen Werten tg δ_2 und $\varDelta C_2$. Der besseren Übersicht wegen ist hier $K_1 = 0$ gesetzt. F_δ ist in Zahlentafel 3 größer als in Zahlentafel 1, da eine Einstellung $(-\beta)$ prinzipiell einen gleichartigen Fehler hervorruft wie die Schaltung von r_1 nach Bild 6a.

Zahlentafel 3. Theoretische Meßfehler bei Selbstabgleich zweipolig isolierter Prüflinge ($10^{-2} = 1\%$ vom Meßwert).

$F_{\varDelta C}$ Meßfehler in der Kapazitätsänderung, F_δ Meßfehler im Verlustfaktor tg δ_{20}, $\alpha K_2 = 0{,}035$; $K_1 = 0$; $K_3 = K_4 = 0{,}1$.

tg δ_2	10^{-4}	10^{-3}	10^{-2}	10^{-1}	
$F_{\varDelta C}$	$-3{,}4 \cdot 10^{-6}$	$-3{,}5 \cdot 10^{-5}$	$-3{,}5 \cdot 10^{-4}$	$-3{,}5 \cdot 10^{-3}$	$\varDelta C_2 = 10^{-4}$
F_δ	$+3{,}5 \cdot 10^{-2}$	$+3{,}5 \cdot 10^{-3}$	$+3{,}5 \cdot 10^{-4}$	$+3{,}5 \cdot 10^{-5}$	
$F_{\varDelta C}$	—	$-3{,}4 \cdot 10^{-5}$	$-3{,}5 \cdot 10^{-4}$	$-3{,}5 \cdot 10^{-3}$	$\varDelta C_2 = 10^{-3}$
F_δ	—	$+3{,}5 \cdot 10^{-2}$	$+3{,}5 \cdot 10^{-3}$	$+3{,}5 \cdot 10^{-4}$	
$F_{\varDelta C}$	—	—	$-3{,}4 \cdot 10^{-4}$	$-3{,}5 \cdot 10^{-3}$	$\varDelta C_2 = 10^{-2}$
F_δ	—	—	$+3{,}5 \cdot 10^{-2}$	$+3{,}5 \cdot 10^{-3}$	
$F_{\varDelta C}$	—	—	—	$-3{,}4 \cdot 10^{-3}$	$\varDelta C_2 = 10^{-1}$
F_δ	—	—	—	$+3{,}5 \cdot 10^{-2}$	

Selbstabgleich bei einpolig geerdeten Prüflingen.

Die Zusatzfehler $F_{\varDelta C}$ und F_δ bei geerdeten Prüflingen gibt Zahlentafel 4 ähnlich Zahlentafel 2 für $K_3 = K_4 = 0{,}1$; $\alpha K_2 = 0{,}035$; $K_1 = 0$ bei verschiedener Größe von tg δ_2 und $\varDelta C_2$ an. Der gesamte Meßfehler ergibt sich auch hier jeweils aus der Summe von $F_{\varDelta C}$ und F_δ in Zahlentafel 3 und 4.

Zahlentafel 4. Theoretische Zusatzfehler bei Selbstabgleich einpolig geerdeter Prüflinge ($10^{-2} = 1\%$ vom Meßwert).

$F_{\varDelta C}$ und F_δ haben gleiche Bedeutung wie in Zahlentafel 3. $\alpha K_2 = 0{,}035$; $K_1 = 0$; $K_3 = K_4 = 0{,}1$.

tg δ_2	10^{-4}	10^{-3}	10^{-2}	10^{-1}	
$F_{\varDelta C}$	$-3{,}5 \cdot 10^{-4}$	$-3{,}5 \cdot 10^{-4}$	$-3{,}5 \cdot 10^{-4}$	$-3{,}5 \cdot 10^{-4}$	$\varDelta C_2 = 10^{-4}$
F_δ	$+3{,}2 \cdot 10^{-3}$	$+3{,}5 \cdot 10^{-6}$	$-2{,}8 \cdot 10^{-4}$	$+3{,}5 \cdot 10^{-6}$	
$F_{\varDelta C}$	—	$-3{,}5 \cdot 10^{-4}$	$-3{,}5 \cdot 10^{-4}$	$-3{,}5 \cdot 10^{-4}$	$\varDelta C_2 = 10^{-3}$
F_δ	—	$+3{,}2 \cdot 10^{-3}$	$+3{,}5 \cdot 10^{-5}$	$+3{,}5 \cdot 10^{-5}$	
$F_{\varDelta C}$	—	—	$-3{,}5 \cdot 10^{-4}$	$-3{,}5 \cdot 10^{-4}$	$\varDelta C_2 = 10^{-2}$
F_δ	—	—	$+3{,}2 \cdot 10^{-3}$	$+3{,}5 \cdot 10^{-4}$	
$F_{\varDelta C}$	—	—	—	$-3{,}7 \cdot 10^{-4}$	$\varDelta C_2 = 10^{-1}$
F_δ	—	—	—	$+3{,}5 \cdot 10^{-3}$	

Praktische Eigenschaften der Meßschaltung.

Meßbereiche.

Bei 50 Hz ist die größte verwendbare Normalkapazität $C_1 = 50\,000$ pF. Da nach den Gl. (9) und (10) die Prüflingskapazität $C_2 = \alpha \frac{r_1}{r_2} C_1$ und $r_1 = 2000\ \Omega$, r_2 von $0{,}1 \cdots 2000\ \Omega$ veränderlich ist, und α im Bereich von $0{,}05 \cdots 1{,}11$ verwendet werden kann, sind solche Prüflinge meßbar, deren Kapazität $C_2 \approx (0{,}05 \cdots 20\,000) \cdot C_1$ ist. Das bedeutet $C_{2\,\mathrm{max}} = 1000\ \mu\mathrm{F}$ bei einem Höchststrom von 30 A. Der Verlustfaktor und die Kapazitätsänderung läßt sich jeweils in 6 Meßbereichen: 0,01; 0,02; 0,05; 0,1; 0,2; 1,0 bestimmen.

Empfindlichkeit.

Als Nullindikator wird ein Schleifen-Vibrationsgalvanometer von $7\ \Omega$ Widerstand verwendet, dessen Stromempfindlichkeit bei 50 Hz 0,2 μA für 1 mm Ausschlag ist. Die „Abgleichempfindlichkeit" der Meßbrücke, d. h. der von einer Kapazitätsänderung von $1 \cdot 10^{-4}$ hervorgerufene Ausschlag des Indikators beträgt 1 mm bei $\alpha = 1$, $C_1 = 50\,000$ pF und 20 V Brückenspannung (oder $C_1 = 100$ pF und 10 kV usw.). Unter den gleichen Verhältnissen läßt sich der Verlustfaktor auf $1 \cdot 10^{-4}$ absolut abgleichen. Da sich die Empfindlichkeit mit einem störungsfreien Batterieverstärker noch auf das 200fache steigern läßt, kann man also bei einem Normal von $C_1 = 100$ pF mit nur 50 V arbeiten. Die Registriereinrichtung arbeitet schon bei den halben oben angegebenen Werten, z. B. 100 pF und 7,5 kV einwandfrei.

Die Konvergenz [9] des Handabgleichs (mit phasenunabhängigem Nullindikator) ist die bestmögliche, da sich die zu den Einstellelementen α, β, r_2 und γ gehörigen „Ortskurven der Brückendeterminante" infolge des nahezu reellen inneren Brücken- und Indikatorwiderstandes senkrecht schneiden. Die Konvergenz [3] des Selbstabgleiches (mit phasenabhängigem Nullindikator) ist vergleichsweise noch besser — „doppelt absolut" —, da die Phasenlage des „Richtvektorpaares" gegenüber der Brückenspeisespannung festgelegt werden kann.

Frequenzabhängigkeit.

Da die Brücke für eine Nennfrequenz bestimmt ist, so braucht man nur mit den praktischen Frequenzschwankungen zu rechnen. Die Kompensationsspannung U_3 (Bild 3) bzw. die von der Drossel L_2 (Bild 4) gelieferte Spannung nimmt proportional mit der Frequenz zu, d. h. bei 1 % Frequenzerhöhung wird γ um 1 % tiefer eingestellt werden bzw. tg δ_2 um 1 % zu klein gemessen, wie dies auch bei der Schering-Brücke (Bild 1) der Fall ist. Der Kapazitätsausgleich (r_3, L_3, C_3) nach Gl. (16) ist praktisch ebenso wie die Fehlwinkelkompensation von r_2 [Gl. (26)] und der Vorabgleich nach Gl. (15) frequenzunabhängig.

Praktische Meßgenauigkeit.

Die theoretisch erreichbare Genauigkeit ist in den Zahlentafeln $1 \cdots 4$ angegeben und gilt wohlgemerkt für den ungünstigsten Grenzwert $\alpha \cdot r_1 \cdot \omega C_1 = \alpha K_2 = 0{,}035$. Fast alle Fehlergrößen (bis auf F'_C und F'_δ, Zahlentafel 1) sind proportional αK_2. Die Zusatzfehler infolge des Vorabgleiches sind außerdem proportional dem Verhältnis K_3 der zu kompensierenden Erdkapazität C'_2, zur Prüflingskapazität C_2. Man muß also darauf achten, daß C'_2 nicht zu groß wird. Die eingangs aufgestellten Genauigkeitsanforderungen können auch praktisch erfüllt werden. Der Selbstabgleich ist etwas ungenauer als der Handabgleich. Fehler infolge eines Verlustwinkels des Normals oder der Kapazität längerer Zuleitungen zum Normal oder Prüfling sind grundsätzlich ausgeschlossen.

Über die praktische Ausführung der Meßbrücke, des Verstärkers und der Registriereinrichtung sowie der Sicherheitseinrichtungen für die Brücke und den Nullindikator wird später in der Siemens-Zeitschrift noch berichtet.

Zusammenfassung.

Es wird eine neue genaue technische Kapazitäts- und Verlustfaktormeßbrücke beschrieben, die eine Kombination einer Brückenschaltung nach dem Schering-Prinzip mit einem komplexen Kompensator darstellt. Die Meßschaltung ermöglicht die Untersuchung zweipolig isolierter und einpolig geerdeter Prüflinge bei Hand- und Selbstabgleich (Registrierung). Nach einer Erklärung der prinzipiellen Zusammenhänge wird der Aufbau des Kompensators, der Meßwiderstände, des Zusatzwiderstandes und Kapazitätsausgleiches zur Kompensation der Erdkapazität und auch die Schirmung der Meßeinrichtung aufgezeigt. Die entwickelte genaue Theorie der Meßschaltung ermöglicht eine Berechnung der Meßfehler. Schließlich werden noch Angaben über Meßbereiche, Empfindlichkeit und praktische Meßgenauigkeit gemacht.

Schrifttum.

1. J. Krönert: Meßbrücken und Kompensatoren. Bd. I. München (1935).

2. A. Palm: Schering-Meßbrücken. Arch. techn. Messen J 921—3 (Sept. 1932).

3. H. Poleck: Mechanisiertes Abgleichverfahren für Wechselstrom-Meßbrücken bei Verwendung phasenabhängiger Nullindikatoren. Arch. Elektrotechn. 28 (1934) S. 492 · · · 506.

4. W. Geyger: Selbsttätige Abgleichung von komplexen Kompensations- und Brückenschaltungen mit phasenabhängigen Nullmotoren. Arch. Elektrotechn. 29 (1935) S. 842 · · · 850.

5. W. Geyger: Über die Verwendung des C-tg δ-Schreibers in Verbindung mit der Scheringmeßbrücke. Arch. Elektrotechn. 31 (1937) S. 115 · · · 123.

6. W. Geyger: Kapazitäts- und Verlustfaktor-Meßbrücke mit selbsttätiger Abgleichung. Arch. techn. Messen J 924—1 (Aug. 1936).

7. W. Geyger: Über die Verwendung sekundär belasteter Lufttransformatoren bei Wechselstromkompensationsmessungen. Arch. Elektrotechn. 15 (1925) S. 84.

8. E. Bormann u. J. Seiler: Dielektrische Verlustmessungen an einem verlegten Hochspannungskabel. ETZ 46 (1925) S. 114 · · · 115.

9. K. Küpfmüller: Über die Konvergenz der Brückenmeßverfahren. Elektrotechn. u. Masch.-Bau 51 (1933) S. 1 · · · 5.

10. K. Küpfmüller: Über eine technische Hochfrequenzmeßbrücke. Elektr. Nachr.-Techn. 2 (1925) S. 263 · · · 270.

Messung kleiner Ströme und Spannungen
und kleiner Längenänderungen
mit dem bolometrischen Kompensator.

Von **Ludwig Merz** und **Hans Niepel**.

Mit 24 Bildern.

Mitteilung aus dem Wernerwerk M der Siemens & Halske AG zu Siemensstadt.

Eingegangen am 20. Juni 1938.

Die meßtechnischen Aufgaben des Gleichstromverstärkers und des elektrischen Mikrometers sind so verschiedenartig, daß es bei der ersten Betrachtung unmöglich erscheint, beide Aufgaben auf die gleiche Weise mit gleichartigen Bauelementen zu lösen. Wie hier aber gezeigt wird, kann das Düsenbolometer für beide Aufgaben eingesetzt werden.

Im Anfang dieser Entwicklung steht nicht der Bolometerverstärker, der in den letzten Jahren zu einem betriebssicheren Meßgerät gestaltet werden konnte [1], sondern die Abtastung mechanischer Bewegungen. A. Köpsel [2] hat zuerst 1905 versucht, die Abkühlung von Hitzdrähten mechanisch zu steuern und die dadurch bedingte Widerstandsänderung in einer Wheatstone-Brücke auszuwerten. Entscheidend gefördert wurde das mechanische Bolometer durch die Arbeiten von H. Sell [3], der die Hitzdrähte in Form von Bolometerwendeln mit einem Membran-Blaswerk zum Düsenbolometer vereinigte.

Das Düsenbolometer.

Ein derartiges Düsenbolometer ist in Bild 1 dargestellt. Bild 2 zeigt schematisch eine Anordnung, wie sie zuerst zur Abtastung kleiner Bewegungen verwendet wurde.

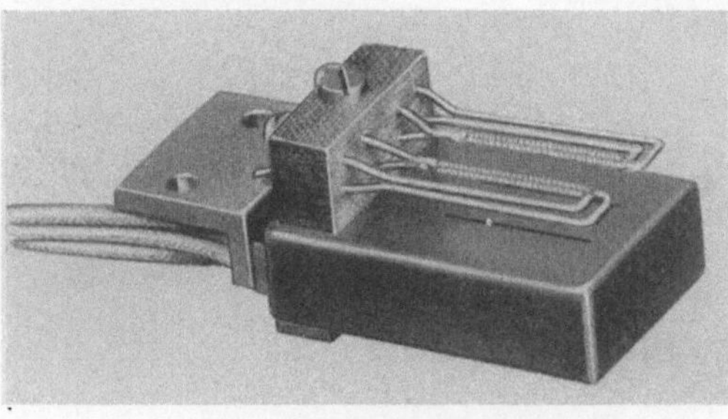

Bild 1. Düsenbolometer.

Der Magnet M wird mit gleichgerichtetem Wechselstrom erregt und bringt die einseitig eingespannte Blattfeder F zum Schwingen. Dadurch wird das über der Blattfeder liegende Luftpolster periodisch gespannt und entspannt. Aus den Schlitzdüsen S treten während der Druckphase scharf begrenzte Luftströme aus, welche auf die Bolometerwendeln B gerichtet sind. Diese sind derart zu einer Brücke vereinigt, daß zwei benachbart angeordnete Wendeln im gleichen Sinne wirkende gegenüberliegende Brückenzweige bilden. Zwischen den Wendeln B und den Schlitzdüsen S ist verschiebbar eine Steuerfahne A angeordnet, welche vom Taststift T bewegt wird. Bei kleinen Bewegungen der Steuerfahne wird die Bolometerbrücke verstimmt, der von ihr abgegebene Strom I kann an einem Tintenschreiber angezeigt werden oder ein Relais betätigen. Bei einer Hebelübersetzung von 1 : 1 und Registrierung am Tintenschreiber wurde mit einer derartig einfachen Anordnung eine 3000fache Vergrößerung des Tastweges erreicht. Dabei war der Weg der Steuerfahne nur 45 μ. Überaus gering sind die notwendigen Tastdrucke. Sie betragen nur wenige Gramm. Ein derartiger Taster wurde zuerst von H. Sell [4] gebaut.

Der Schritt vom unmittelbar gesteuerten Taster zum Gleichstromverstärker war nicht mehr groß. Die Steuerfahne A wurde am Zeiger eines Drehspulinstrumentes angebracht. Bei kleinen Ausschlägen des Steuerinstrumentes wird die Bolometerbrücke verstimmt. Der Diagonalstrom kann an einem robusten Instrument angezeigt werden.

Den älteren Anordnungen, dem Mikrotaster und dem Gleichstromverstärker, war der Grundgedanke gemeinsam, kleine Verschiebungen eines Zeigers stark vergrößert abzubilden. Bestechend war hier das einfache Prinzip, der kleine Aufwand, das Fehlen jeder der Abnutzung unterworfenen Teile; groß waren aber zunächst die Schwierigkeiten, zu eichbaren technischen Geräten zu gelangen.

Bei den unmittelbaren Vergrößerungen von Ausschlägen stellten sich Temperaturfehler ein. Es störte die starke Spannungsabhängigkeit der Bolometerbrücke und der Pumpe. Genügend lineare Abbildungen der kleinen Be-

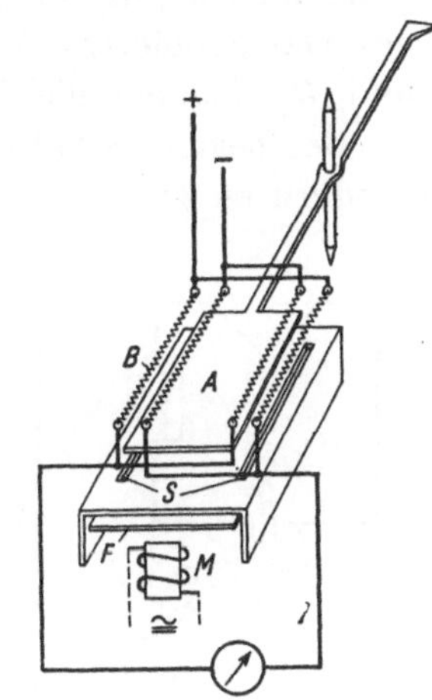

Bild 2. Düsenbolometer zur Abtastung kleiner Bewegungen.

T Taststift; B Bolometerwendel; A Steuerfahne; F Blattfeder; M Erregermagnet; S Schlitzdüsen.

wegungen waren nur durch genaueste Fertigung mühsam zu erreichen, noch schwieriger zu halten. Bei den im folgenden dargestellten Anordnungen ist deshalb an die Stelle der Ausschlagsvergrößerung ein neuer Grundgedanke getreten: bei dem Gleichstromverstärker die elektrische Kompensation, bei dem Mikrotaster die mechanische Kompensation, der Vergleich zweier Kräfte.

I. Kompensation als Vergleich mechanischer und elektrischer Kräfte.

a) Elektrische Kompensation.

Allen neuzeitlichen Verstärkern auf der Grundlage des Düsenbolometers ist eine Kompensationsschaltung übergeordnet mit der Aufgabe, die Genauigkeit der Verstärkeranordnung zu überwachen und zu sichern. Zwei Schaltungen werden verwendet: die Spannungskompensationsschaltung, geeignet zur Messung von Spannungen (Bild 3), und die Saugschaltung (Bild 4), geeignet zur Strommessung.

Die Wirkungsweise dieser Schaltungen tritt am klarsten in Erscheinung, wenn die Voraussetzung gemacht wird, daß das Regelgalvanometer völlig richtkraftlos sei. Das Drehmoment der Stromzuführungen, Reibungs- und Äquilibrierfehler, seien also zunächst als vernachlässigbar klein betrachtet. Das Galvanometer G bewegt sich dann ähnlich wie ein Gleichstrommotor, sobald an seinen Klemmen eine Spannung liegt. Schaltet man beispielsweise im Bild 3 die zu messende Spannung u_x an die Eingangsklemmen, so setzt sich das Steuergalvanometer in Bewegung, beeinflußt die Luftströme, die Brücke wird verstimmt, der verstärkte Strom beginnt zu fließen. Dieser ruft im Widerstand R_n einen Spannungsabfall hervor, der, vom Galvanometer aus betrachtet, der zu messenden Spannung entgegengeschaltet ist. Das richtkraftlose Steuergalvanometer bewegt sich dann so lange, bis seine Klemmenspannung zu Null geworden ist, und dies tritt in dem Augenblick ein, wo der Spannungsabfall am Widerstand R_n der zu messenden Spannung gleich geworden ist. Ganz ähnlich ist die Wirkungsweise der Saugschaltung. Hier wird die Klemmenspannung des Galvanometers zu Null, wenn die Spannungsabfälle an den Widerständen R_n und R_v einander gleich geworden sind.

Bei beiden Schaltungen wird nicht mehr ein Ausschlag vergrößert abgebildet, sondern es wird ein Vergleich zweier elektromotorischer Kräfte durchgeführt. Der Ausschlag des Steuergalvanometers selbst ist für die Messung belanglos geworden und kann je nach den vorliegenden Bedingungen die verschiedensten Werte erreichen. Die Verstärkung selbst ist nur noch bestimmt durch die Größe der Normalwiderstände.

Es gilt für die Kompensationsschaltung

$$I = \frac{u_x}{R_n}, \qquad (1)$$

für die Saugschaltung

$$I = i_x \cdot \frac{R_n + R_v}{R_n}. \qquad (2)$$

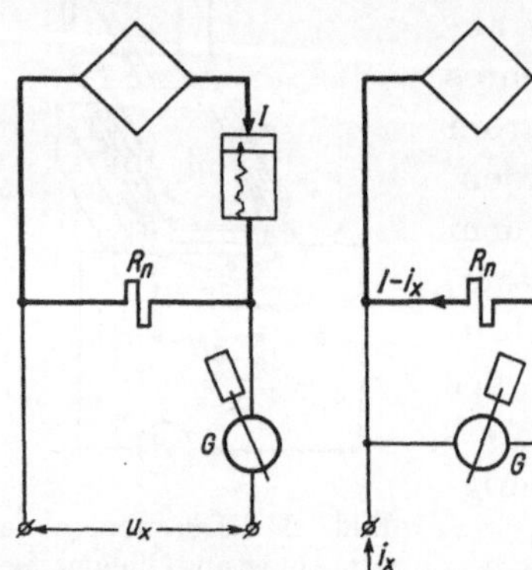

Bild 3. Bolometerverstärker in Kompensationsschaltung.

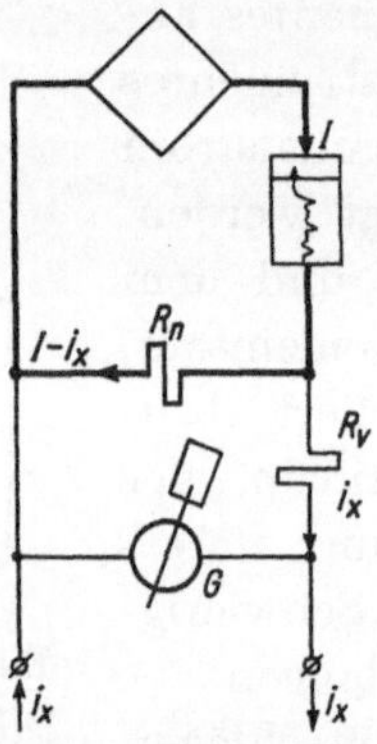

Bild 4. Bolometerverstärker in Saugschaltung.

b) Mechanische Kompensation.

Der Vergleich elektromotorischer Kräfte kennzeichnet den bolometrischen Gleichstromverstärker. Für manche Zwecke wird aber auch im Bolometerverstärker ein Vergleich mechanischer Kräfte oder Drehmomente durchgeführt, immer dann, wenn eine galvanische Kopplung zwischen Eingang und Ausgang des Verstärkers unerwünscht ist.

Im Bild 5 ist das Rähmchen des Steuergalvanometers nach Art eines Differentialgalvanometers ausgeführt, also in zwei elektrisch getrennte Wicklungen aufgelöst. Wird der zu verstärkende Strom i_x über die eine Rähmchenhälfte geschickt, so wird ein Drehmoment erzeugt, welches den Amperewindungen im Rähmchen proportional ist. Das Steuergalvanometer setzt sich in Bewegung, verstimmt die Bolometerbrücke und löst den verstärkten Strom I aus. Ein Teil dieses Stromes erzeugt in der zweiten Rähmchenhälfte ein Gegendrehmoment, das Regelgalvanometer kommt erst in dem Augenblick zur Ruhe, wenn die beiden Drehmomente sich die Waage halten:

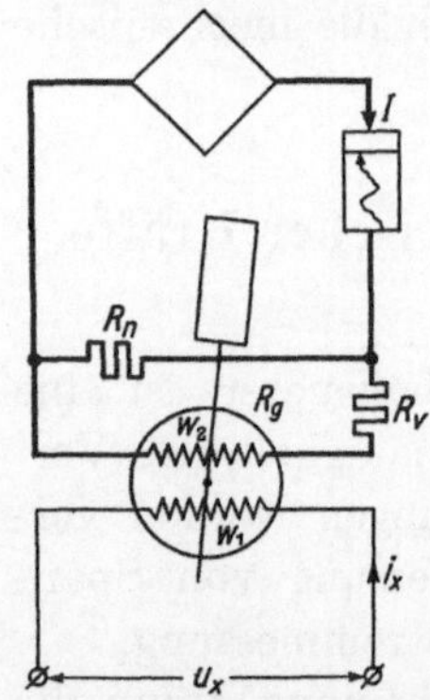

Bild 5. Bolometerverstärker mit Differentialgalvanometer, mechanische Kompensation.

$$I = i_x \cdot \frac{w_1}{w_2} \cdot \frac{R_n + R_v + R_g}{R_n}. \qquad (3)$$

Die mechanische Kompensation wird auch bei der neuen bolometrischen Meßlehre durchgeführt. Das Prinzip des Kräftevergleichs macht es notwendig, daß hier die zu messende Längenänderung zuerst in eine Kraft verwandelt wird. Dies geschieht mit Hilfe einer Feder. Bild 6 zeigt die Anordnung einer derartigen kompensierten Meßlehre. Der mit dem Werkstück in Berührung stehende Taststift ist in Federbändern reibungsfrei parallel geführt und überträgt die zu messende Bewegung auf die Meßfeder, welche an dem Rähmchen eines Steuergalvanometers befestigt ist. Eine Gegenfeder in symmetrischer Anordnung dient zur Nullpunktsregulierung. Die Galvanometerspule ist im Feld eines Magneten drehbar gelagert und trägt an ihrem

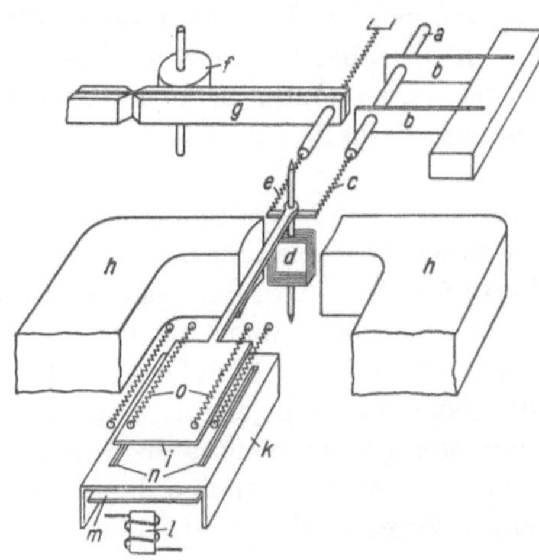

Bild 6. Bolometrische Meßlehre in Kompensationsschaltung.
a Taststift, *b* Federbänder, *c* Meßfedern, *d* Steuergalvanometer, *e* Gegenfeder, *f* Exzenter, *g* Hebel mit Federbandgelenk, *h* Magnet, *i* Steuerfahne, *k* Winderzeuger, *l* Blasmagnet, *m* Blattfeder, *n* Schlitzdüsen, *o* Bolometerwendeln.

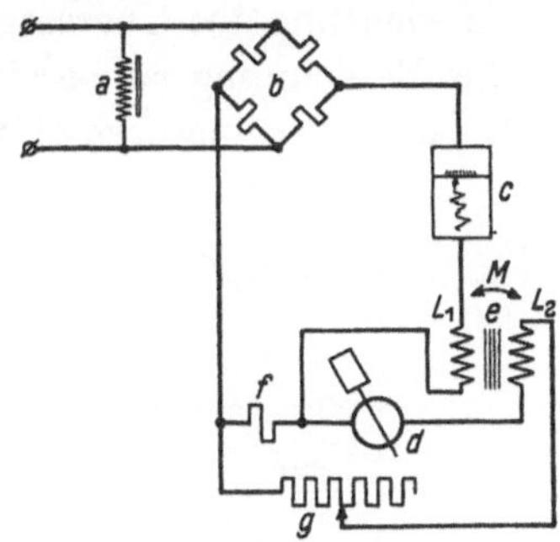

Bild 7. Schaltbild zur bolometrischen Meßlehre.
a Winderzeuger, *b* Bolometerbrücke, *c* Tintenschreiber, *d* Steuergalvanometer, *e* Dämpfungsdrossel, *f* Widerstand R_n, *g* Vorwiderstand R_v.

Zeiger die Steuerfahne, welche in das Düsenbolometer eintaucht. Die Schaltung geht aus Bild 7 hervor. Die Steuerfahne wird sich so lange bewegen, bis das elektrische Drehmoment möglichst gleich dem mechanischen, vom Taststift erzeugten Drehmoment geworden ist. Der mit Tintenschreiber angezeigte Strom ist damit proportional dem zum Vergleich gelangenden Drehmoment und somit auch proportional der Bewegung. Das Anzeige-Instrument kann in Längeneinheiten geeicht werden.

II. Die meßtechnischen Grenzen des bolometrischen Kompensators.

a) Übersetzung und Übersetzungsfehler.

Es wurde bisher angenommen, daß außer den zur Auswiegung gelangenden elektromotorischen und mechanischen Kräften im Steuergalvanometer keine anderen Kräfte wirksam sind. Tatsächlich sind zusätzliche Stördrehmomente nicht vernachlässigbar. Sie treten auf als Rückwirkung der Luftströme auf die Zeigerfahne und als Drehmoment der Feder, die zur Stromführung oder zur Umwandlung der Bewegung in eine Kraft dient. Dies hat zur Folge, daß die von der kompensierten Bolometeranordnung gelieferten Ströme kleiner ausfallen, als die Gleichungen (1) bis (3) angeben. Es ist deshalb notwendig, diese Gleichungen durch ein Fehlerglied f zu berichtigen. Die vollständigen Gleichungen erlauben eine anschauliche Deutung des meßtechnischen Vorganges im Kompensator. Unsere Anordnungen werden damit vergleichbar mit den Meßwandlern der Wechselstromtechnik. Die Gleichungen sind von der Form

$$I = X \cdot \ddot{u} \cdot (1 - f). \tag{4}$$

Dabei ist I der gelieferte Sekundärstrom, X die zu messende Größe, $ü$ ist das Übersetzungsverhältnis des Meßumformers, entsprechend dem Verhältnis der Windungszahlen bei Meßwandlern, und f ist schließlich als Übersetzungsfehler des Meßumformers zu deuten.

Der Übersetzungsfehler f bestimmt die wichtigsten Eigenschaften der Anordnung, vor allem die Genauigkeit. Alle Einflüsse schwankender Hilfsspannungen, Alterung der Bolometerwendeln und Pumpen, gehen nicht in voller Größe in die Übersetzung, sondern nur in die Übersetzungsfehler ein. Sie werden dadurch zu Fehlern 2. Ordnung. Kompensierte Bolometeranordnungen sind deshalb um so genauer, je kleiner der Übersetzungsfehler ist.

Die Bedeutung des Übersetzungsfehlers f in der Theorie des Bolometerverstärkers und seine Berechnung ist bereits an anderer Stelle behandelt worden [5]. Während sich bei guten Bolometerverstärkern die Werte für den Übersetzungsfehler zwischen 1 und 3 % bewegen, muß man bei der bolometrischen Meßlehre größere Werte zulassen. Der Übersetzungsfehler ist nämlich in diesem Falle nicht nur in mehr oder weniger vermeidbarer Störgröße begründet, sondern eine notwendige Folge der Umwandlung eines Weges in eine Kraft über eine Feder.

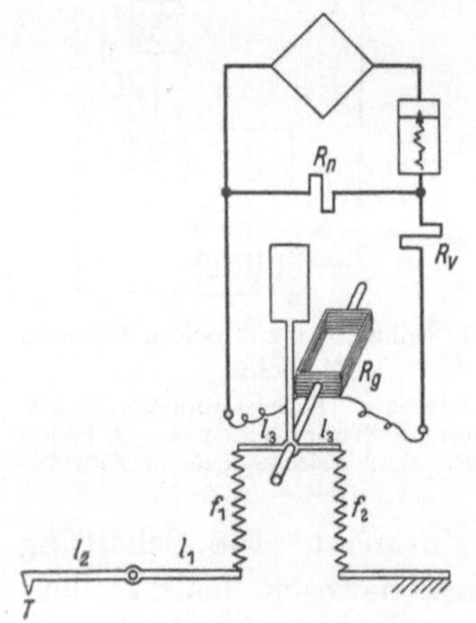

Bild 8. Bolometrische Meßlehre in Kompensationsschaltung, Prinzipschaltbild.

f_1 Meßfeder; f_2 Kompensationsfeder; l_1, l_2 Tasthebel; R_g Rähmchenwiderstand; R_n, R_v Normalwiderstand.

b) Berechnung der Übersetzung und des Übersetzungsfehlers bei der bolometrischen Meßlehre.

Im Bild 8 bedeutet

f_1 die Meßfeder zur Umwandlung des Weges in eine Kraft, angelenkt an das Rähmchen R_g am Hebelarm l_3;

f_2 eine Gegenfeder zur Vermeidung von Temperaturfehlern, von den gleichen Abmessungen wie die Meßfeder und über den gleichen Hebelarm l_3 auf das Rähmchen wirkend.

Die Meßfeder f_1 wird vom Taststift T über eine Hebelübersetzung l_1, l_2 gespannt.

Die in dem Steuermeßwerk wirksamen Drehmomente sind:

1. das Drehmoment der Meßfeder M_{d1};
2. das Drehmoment der Gegenfeder M_{d2};
3. das elektrische Drehmoment des verstärkten Stromes in der Drehspule M_{d3}.

Das mechanisch wirksame Drehmoment ist

$$M_{d1} - M_{d2} = M_d.$$

Ihm hält das elektrisch erzeugte Drehmoment M_{d3} das Gleichgewicht.

Bewegt man den Taststift T um den zu messenden Betrag Δl nach oben, so ergibt sich am Rähmchen ein mechanisches Drehmoment von der Größe

$$M_d = c_f \cdot \Delta l \cdot \frac{l_1 \cdot l_3}{l_2} - 2 c_f \cdot \gamma \cdot l_3^2. \tag{5}$$

Dabei ist c_f die Federkonstante der Meß- bzw. Gegenfeder, γ der zur Auslösung des verstärkten Stromes notwendige Ausschlag des Meßwerkes.

Das elektrisch erzeugte Drehmoment kann geschrieben werden:

$$M_{d3} = k \cdot w \cdot I. \tag{6}$$

In der Konstanten k ist dabei enthalten die Stärke des Magneten und die Stromteilung durch die Widerstände R_n und R_v. Aus Gl. (5) und (6) ergibt sich

$$I = \Delta l \cdot \frac{c_f}{k \cdot w} \cdot \frac{l_1 \cdot l_3}{l_2} - \frac{2\,c_f \cdot \gamma \cdot l_3^2}{k \cdot w}. \tag{7}$$

Zweckmäßig wird diese Gleichung auf die Normalform nach Gl. (4) gebracht

$$I = \Delta l \cdot \ddot{u} \cdot (1 - f). \tag{8}$$

Damit ergibt sich

$$\ddot{u} = \frac{c_f}{k \cdot w} \cdot \frac{l_1 \cdot l_3}{l_2} \tag{9}$$

und

$$f = \frac{2 \cdot \gamma \cdot l_3}{\Delta l} \cdot \frac{l_2}{l_1}. \tag{10}$$

Es ergeben sich die Folgerungen:

1. Die Hebelübersetzung, soweit sie mechanisch einwandfrei ausführbar ist, erhöht die Gesamtübersetzung $\ddot{u}$ und wirkt sich günstig auf den Übersetzungsfehler f aus.

2. Die Federkonstante der Übertragungsfedern beeinflußt lediglich die Übersetzung, nicht aber den Übersetzungsfehler. Man kann deshalb bei gegebener Übersetzung mit verhältnismäßig starken Federn arbeiten.

3. Der Übersetzungsfehler und damit die Genauigkeit der Anzeige wird wesentlich beeinflußt durch das Verhältnis des Rähmchenweges $\gamma \cdot l_3$ zum Meßweg Δl.

Beispiel. Eine bolometrische Meßlehre soll für den Meßbereich 50 μ ausgeführt werden. Der gelieferte Sekundärstrom sei 15 mA. Die mechanische Übersetzung l_1/l_2 sei zu 5, der Hebelarm l_3 zu 3 mm gewählt. Zur Aussteuerung der Bolometerbrücke auf 15 mA genügt ein Ausschlag des Meßwerkes von 0,6 Winkelgrad entsprechend $\gamma = 1,1 \cdot 10^{-3}$ (im Bogenmaß). Damit ergibt sich der Übersetzungsfehler zu $f = 8,8\%$.

c) Die Regelschwingungen des bolometrischen Kompensators und ihre Unterdrückung.

Will man aus einer Bolometerbrücke Leistungen entnehmen, die zum Betriebe von Relais und Tintenschreibern ausreichen, so muß für eine gute Abführung der in den Wendeln entwickelten Wärme gesorgt werden. Hohe Leistungsabgabe macht starke Luftströme erforderlich, welche ein Drehmoment auf die Zeigerfahne ausüben, das einer mechanischen Feder von etwa 30 mgcm/90° entspricht. Um die schädlichen Rückwirkungen des Stördrehmomentes auf Genauigkeit und Nullpunktsicherheit möglichst klein zu halten, ist man gezwungen, das im Verstärker wirksame Gesamtdrehmoment möglichst hoch zu treiben. Gute Bolometeranordnungen zeichnen sich deshalb durch hohes elektrisch erzeugtes Drehmoment (bis 5 gcm) aus. Es war zu erwarten, daß es schwierig sein mußte, kleine Meßwerke mit so hohem Drehmoment elektrisch zu dämpfen. Darüber hinaus traten aber bei den ersten Ausführungen unaufhörliche Pendelschwingungen auf, welche die Messung unmöglich machten. Dieses Verhalten wird verständlich, wenn man die Kompensatoren vom Standpunkt der Regelung betrachtet. Man erkennt dann im Bolometerverstärker und in der bolometrischen Meßlehre eine Regeleinrichtung, und zwar eine Temperaturregelung im kleinen. Es ist auch aus der Praxis der Temperaturregelung bekannt, daß derartige Anordnungen ins Pendeln kommen, wenn die Laufzeit des

Reglers klein ist gegenüber der Zeitkonstanten der regulierten Größe. Das trifft auch für unsere Anordnungen zu. Die Bolometerwendeln sind mit thermischer Trägheit belastet, die durch eine Zeitkonstante von $50 \cdots 100$ ms beschrieben werden kann. Das steuernde Galvanometer ist dagegen infolge seines hohen Drehmomentes sehr schnell geworden. Mit dieser Erkenntnis ergeben sich auch die Mittel zur Unterdrückung der Regelschwingungen, so die Einführung des Differentialquotienten der geregelten Größe in dem Steuerstromkreis. Die Bilder 7, 9 und 10 zeigen Beispiele der differenzierenden Rückführung, die Bilder 9 und 10 für den Bolometerverstärker, Bild 7 für die Meßlehre. An dem letzten Beispiel soll die Wirkungsweise der Rückführung kurz erläutert werden.

Jeder Erwärmungsvorgang wird in erster Näherung durch die folgende Differentialgleichung beschrieben

$$Q = A\left(\vartheta + \frac{C}{A} \cdot \frac{d\vartheta}{dt}\right). \qquad (11)$$

Dabei ist Q die sekundlich zugeführte Wärmemenge, A das Wärmeableitungsvermögen, C die Wärmekapazität und ϑ die Temperatur. Das Verhältnis C/A bezeichnet man als Zeitkonstante des Erwärmungsvorganges.

Bei der Verstimmung der Bolometerbrücke handelt es sich um die Steuerung eines thermischen Vorganges. Es wird hier zwar nicht die zugeführte Wärmemenge, sondern das Ableitvermögen der Wendeln beeinflußt; in erster Näherung wird man aber trotzdem ein der Gl. (11) ähnliches Verhalten für die Steuerung des Diagonalstromes I durch den Ausschlag des Galvanometers γ fordern können.

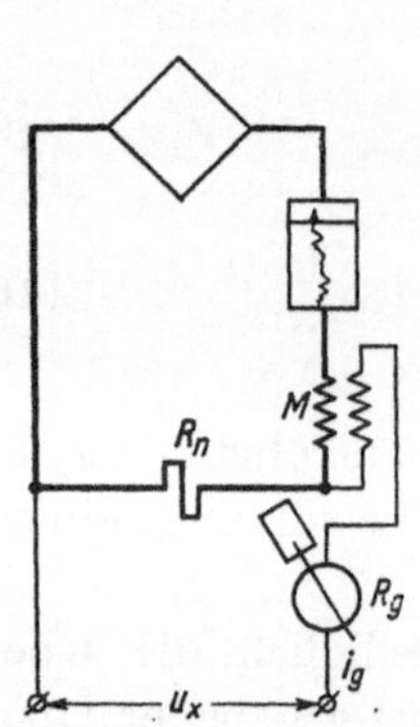
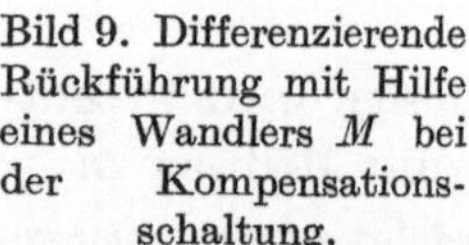

Bild 9. Differenzierende Rückführung mit Hilfe eines Wandlers M bei der Kompensationsschaltung.

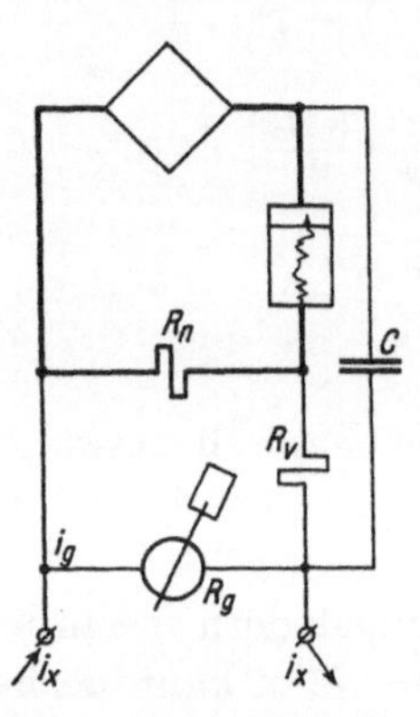

Bild 10. Differenzierende Rückführung mit Hilfe eines Kondensators C bei der Saugschaltung.

$$\gamma = \frac{I}{s} \cdot (1 + p \cdot T). \qquad (12)$$

Ausschlag γ und angezeigte Stromstärke I sind durch die Steilheit der Steuerung s miteinander verknüpft. T bedeutet „die Zeitkonstante der Bolometerwendeln", p ist der Operator d/dt. Man muß sich dabei bewußt sein, daß streng von einer Zeitkonstante nicht gesprochen werden kann, da die eine Bestimmungsgröße der Zeitkonstanten, nämlich das Wärmeableitvermögen A, keineswegs eine Konstante ist. Wir deuten deshalb den Faktor T als Zeitkonstante jener Exponentiallinie, die sich der tatsächlichen Erwärmungskurve möglichst gut anschmiegt. Wie bereits erwähnt, bewegt sich T in der Praxis zwischen 50 und 100 ms. In dem Faktor T sollen im folgenden auch zusätzliche Trägheitsursachen (Ankerrückwirkung des Anzeigeinstrumentes, primäre Selbstinduktion des Wandlers) einbegriffen sein. Die Stromverteilung des Bildes 7 ist leicht zu errechnen. Es gilt

$$I = i_g\left(\frac{R_n + R_v + R_g}{R_n} \cdot \frac{1}{1 + p \cdot T_1} + \frac{p \cdot T_2}{1 + p \cdot T_1}\right). \qquad (13)$$

Dabei ist T_1 die Zeitkonstante der differenzierenden Rückführung $T_1 = M/R_n$. Die Zeitkonstante der differenzierenden Rückführung ist also bestimmt durch die Wechselinduktion M und den Normalwiderstand R_n. T_2 ist eine zweite Zeitkonstante, gegeben aus der Selbstinduktion der Sekundärwicklung L_2 und dem Widerstand R_n

$$T_2 = \frac{L_2}{R_n}.\tag{14}$$

In der Gl. (13) läßt sich der Strom I durch den erzeugenden Ausschlag γ ersetzen

$$\gamma = i_g \cdot \frac{1}{s} \cdot \left(\frac{R_n + R_v + R_g}{R_n} \cdot \frac{1 + p \cdot T}{1 + p \cdot T_1} + \frac{p \cdot T_2(1 + p \cdot T)}{1 + p \cdot T_1}\right).\tag{15}$$

Wählt man nun $T_1 = T$, was durch Bemessung des Wandlers leicht zu erreichen ist, so ergibt sich

$$\gamma = i_g \cdot \frac{1}{s} \cdot \frac{R_n + R_v + R_g}{R_n} \cdot \left(1 + \frac{p \cdot T_2 \cdot R_n}{R_n + R_v + R_g}\right).\tag{16}$$

In der Praxis wählt man die primäre und sekundäre Windungszahl des Rückführungswandlers gleich groß. Dann ist

$$T_2 = T_1 = T.\tag{17}$$

Durch Vergleich der Beziehungen (12) und (16) erkennt man, daß es tatsächlich gelungen ist, die Auswirkung der thermischen Trägheit auf das Steuermeßwerk entscheidend herabzusetzen. War die Zeitkonstante ohne Rückführungswandler T, so gelingt es mit Hilfe des Wandlers, den Wert $T \cdot \dfrac{R_n}{R_n + R_v + R_g}$ zu erreichen. Nun wird auch der Sinn der Stromteilung durch die Widerstände R_n, R_v und R_g offenbar. Die Wirkung der thermischen Trägheit läßt sich nur so weit herabsetzen, als die Stromteilung durchgeführt wird. Bei einer Zeitkonstanten der Bolometerwendeln von 100 ms und einer Stromteilung $I/i_g = 20$, ist die Auswirkung der thermischen Trägheit auf das Meßwerk durch eine Zeitkonstante von 5 ms zu kennzeichnen. Die Größe des erforderlichen Rückführungswandlers errechnet sich aus der Bedingung, daß die Zeitkonstante der Bolometerwendeln möglichst gleich sein soll der Rückführungszeitkonstanten T_1

$$M = R_n \cdot T.\tag{18}$$

Beträgt also die Zeitkonstante der Bolometer etwa 100 ms und wählt man den Widerstand R_n zu 5 Ω, so muß die Wechselinduktion des Wandlers

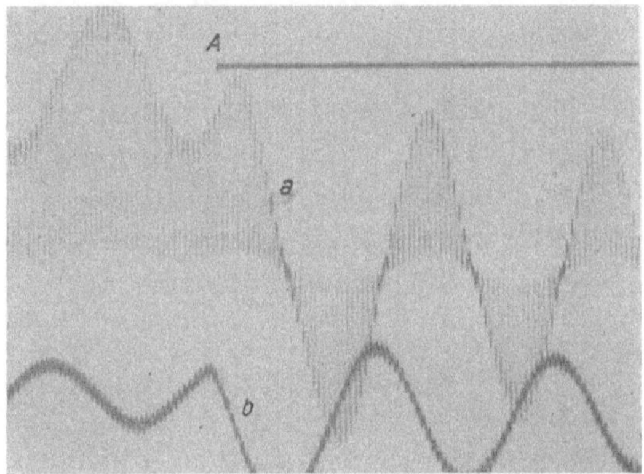

Bild 11. Wirkung der differenzierenden Rückführung, Wandler zu klein.

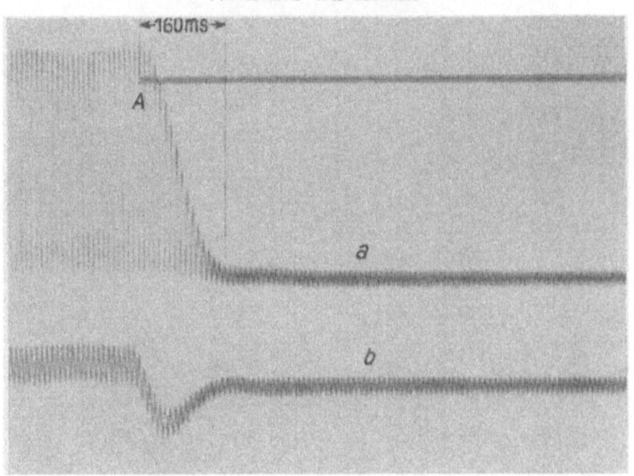

Bild 12. Wirkung der differenzierenden Rückführung, Wandler richtig bemessen.

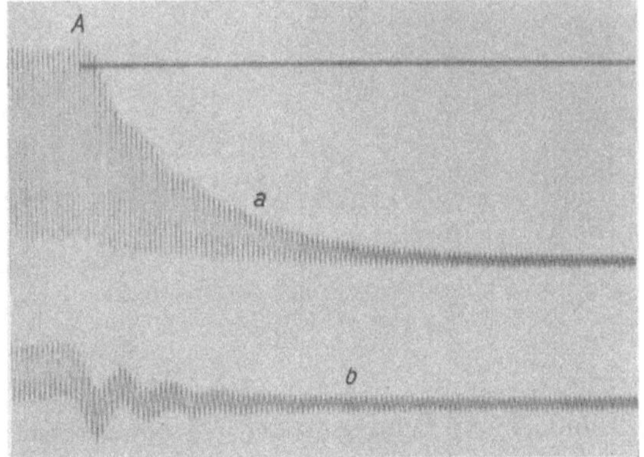

Bild 13. Wirkung der differenzierenden Rückführung, Wandler zu groß.

3*

etwa 0,5 H betragen. Auch für die Umschaltung der Meßbereiche ist diese Beziehung wichtig. Hat man sich für einen bestimmten Wert der Wechselinduktion M entschieden, so ist damit umgekehrt der Widerstand R_n festgelegt. Die Umschaltung der Meßbereiche kann nicht mehr durch den Widerstand R_n vorgenommen werden. In der Praxis benutzt man deshalb zur Meßbereichumschaltung nur den Widerstand R_v. Die Bilder 11, 12 und 13 zeigen die Wirkung der Wandlerrückführung an einem Bolometerverstärker nach Schaltung Bild 9.

III. Praktische Ausführung und Anwendung der Geräte.

a) Bolometerverstärker.

Bild 14 zeigt die Ansicht des neuen Bolometerverstärkers. Durch günstige Bemessung der Elemente konnten die Abmessungen so klein gehalten werden, daß der Einbau in einen handelsüblichen Tintenschreiber ermöglicht wurde (Bild 15).

Bild 14. Zwergbolometerverstärker.

In den letzten Jahren ist der Bolometerverstärker vielfach bei schwierigen meßtechnischen Aufgaben eingesetzt worden, deren Lösung jetzt mit überaus geringem Aufwand gelang. Das Anwendungsgebiet ist dabei in erster Linie die Betriebsmessung kleiner Spannungen und Ströme im Bereich der mV und μA gewesen. Der galvanisch gekoppelte Röhrenverstärker hatte es nicht erreicht, sich dieses Gebiet zu erobern, da er äußeren Einflüssen zu stark unterworfen war. Der Bolometerverstärker zeigte dagegen Unempfindlichkeit gegen Spannungsschwankungen von $\pm 10\%$, keinerlei Alterung, angebbare Genauigkeit, geringen Verbrauch, Schnelligkeit und Stetigkeit der Aufzeichnung.

Die Thermoumformer der Hochfrequenzmeßtechnik und die Wechselstrommeßbrücke vermögen nur eine Leistung von einigen μW an das Anzeigegerät abzugeben, so daß die Aufzeichnung nur über Punktschreiber geschehen konnte. Rasch veränderliche Vorgänge verlangen aber stetige Anzeige in Tintenschrift. Dies gilt beispielsweise auch für die Aufzeichnung des Propellerschubs von Seeschiffen durch die magneto-elastische

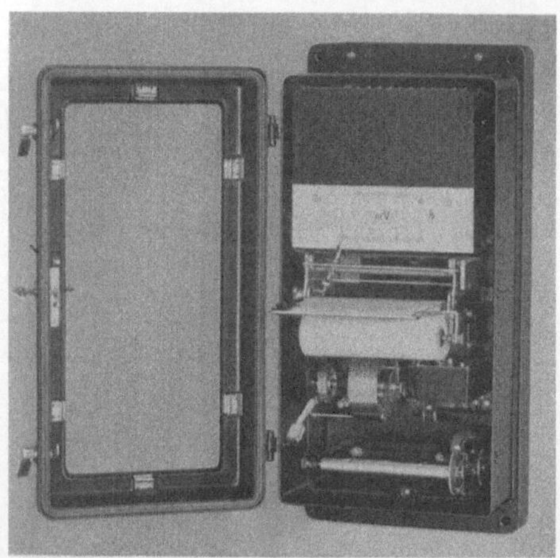

Bild 15. Tintenschreiber mit eingebautem Bolometerverstärker.

Druckmessung. Bild 16 gibt einen Ausschnitt eines über Bolometerschreiber aufgezeichneten Schubschaubildes bei schwerer See.

Eine beachtenswerte Ausführung des Bolometerschreibers ist der Multizetschreiber. Schaltet man in den Rähmchenkreis eines Vielfachinstrumentes einen

Bolometerverstärker, so wird die Anzeige des Instrumentes nicht gestört, da der Verbrauch des Verstärkers infolge der eingebauten Kompensationsschaltung überaus gering ist. Zugleich wird der Rähmchenstrom des Vielfachinstrumentes verstärkt

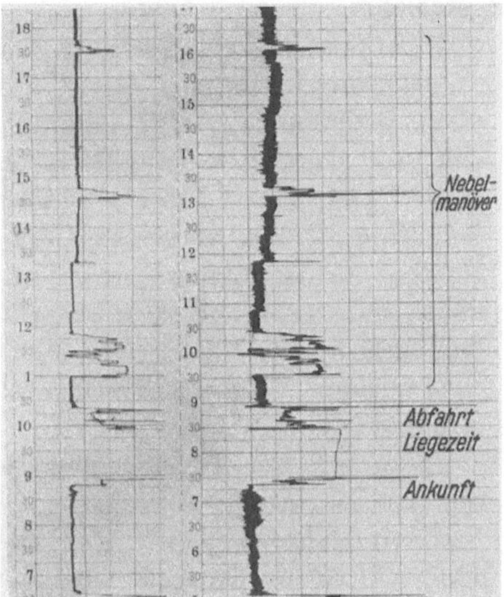

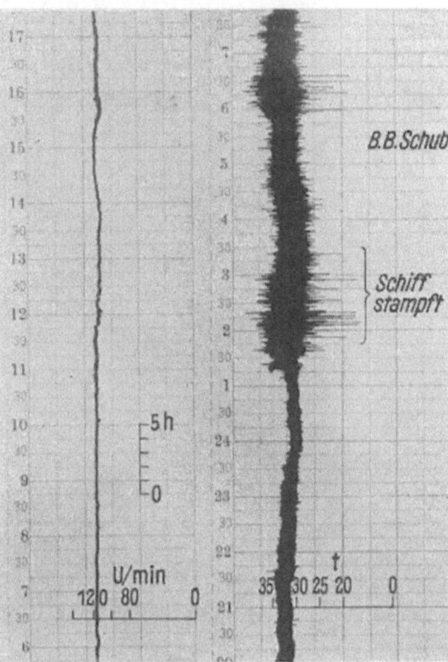

Bild 16. Messung des Propellerschubs vom Seeschiff über magneto-elastische Druckdosen und Bolometerverstärker.

und am Tintenschreiber aufgezeichnet. Es ist auf diese Weise gelungen, einen Tintenschreiber für Gleich- und Wechselstrom mit insgesamt 24 Meßbereichen zu schaffen. Besonders geeignet hat sich der Bolometerverstärker für die zahlreichen Sonderaufgaben der wärmetechnischen Regelung und Messung erwiesen. Seine Ausgangs-

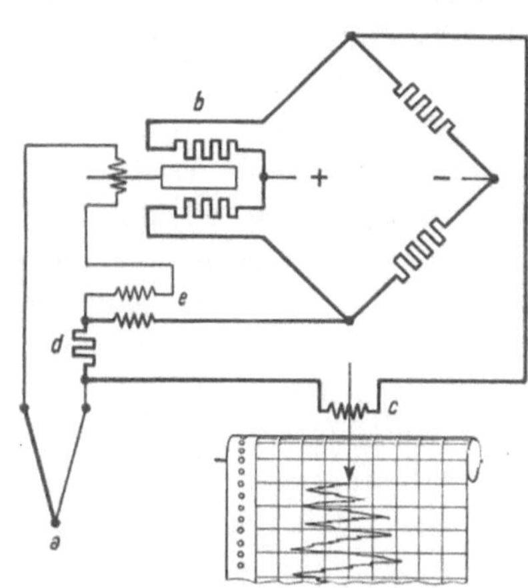

Bild 17. Grundschaltung eines Schnellschreibers mit Bolometerverstärker.

a Thermoelement, b Bolometer, c Meßwerk, d Kompensationswiderstand, e Elastische Rückführung.

Bild 18. Ausschnitt aus einem Temperatur-Schaubild, aufgezeichnet von einem Schnellschreiber mit Bolometerverstärker an einer Walzenstraße.

leistung von 30 mW reicht aus, große Stromtore zu steuern und die Steuermeßwerke von Öldruckreglern zu betätigen. Bei der Messung von Thermospannungen erfolgt bei dem hohen Betriebswiderstand des Verstärkers (6 mV, 1000 Ω) die Messung fast stromlos und damit unabhängig vom Widerstand der Zuleitung. Bild 17 zeigt die

Schaltung eines Schnellschreibers zur Aufzeichnung von Thermospannungen. Ein Beispiel für ein Temperaturdiagramm gebe Bild 18.

b) Bolometrische Meßlehre.

Eine praktische Ausführungsform der Meßlehre für eine Schleifmaschinensteuerung zeigt Bild 19. Die Durchführung des Tastbolzens durch das Gehäuse ist wasserdicht ausgeführt. Der Drehknopf am Gehäuse dient der Nullpunktseinstellung. Die Zubehörteile, elektrische Schaltung, Meßbereichumschalter und Relais, sind in einem besonderen Gehäuse untergebracht. Der ausgeführte Meßbereich ist 150 μ. Die Meßlehre wird aus dem Netz mit 220 V Wechselstrom gespeist.

Während der Bolometerverstärker bei den genannten Anwendungsgebieten seit Jahren erprobt ist, ist die Entwicklung der kompensierten Meßlehre erst in dem letzten Jahr zum Abschluß gelangt. Die folgenden Ausführungen sollen einen kurzen Überblick geben über die Aufgaben, die sich zunächst dem neuen Gerät bieten. Daneben sollen aber auch die ersten Ergebnisse auf dem Gebiete der Oberflächentastung besprochen werden.

Die Herstellung austauschbarer Teile bedingt eine weitgehende Anwendung von Meßvorrichtungen. Bei der Serienprüfung wendet man vorzugsweise die Toleranzmessung an, bei der das Meßgerät die Abweichungen vom Sollmaß anzeigt. Zu einer wirtschaftlichen Fertigung gelangt man, wenn der Meßvorgang gleichzeitig mit dem Arbeitsvorgang läuft. Dadurch wird das Meßgerät Bestandteil der Werkzeugmaschine und das Meßorgan steht während der Bearbeitung in dauernder Berührung mit dem Werkstück. Ist das Meßgerät ein elektrisches Gerät, so wird man neben der einfachen Anzeige der Meßgröße mit Hilfe von Relais zur automatischen Steuerung der Werkzeugmaschine übergehen. Der Mikrotaster ist besonders für die Maßüberwachung während des Fabrikationsganges bestimmt. Er sortiert automatisch

Bild 19. Bolometrische Meßlehre mit Schaltkasten für Steuerungen.

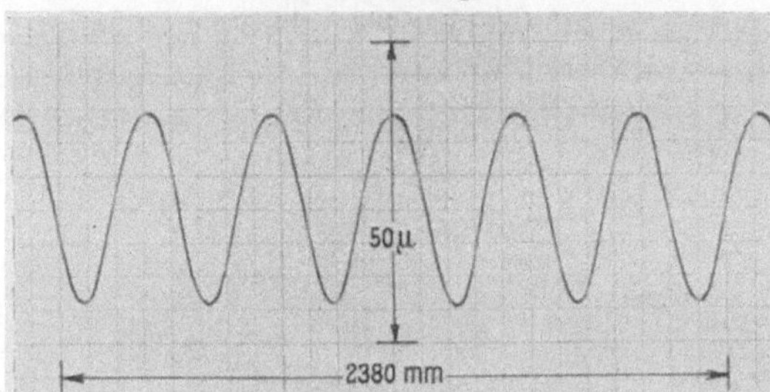

Bild 20. Oberflächenabtastung, Schlag einer umlaufenden Welle.

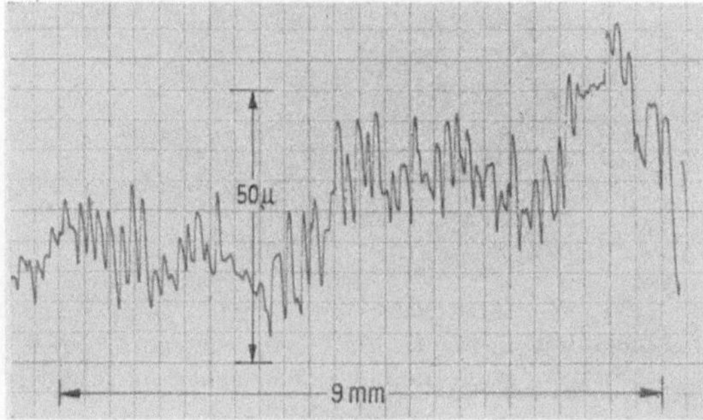

Bild 21. Oberflächenabtastung, grobe Drehriefen an einer Stirnfläche.

Prüflinge in Richtige, zu Große und zu Kleine. An einer Plan- oder Rundschleifmaschine, die der Massenfertigung dient, tastet er das Werkstück ab und schaltet vor Erreichung des Sollmaßes über einen einstellbaren Vorkontakt den Vorschub der Schleifscheibe aus. Durch das Ausfeuern der Schleifscheibe wird das Sollmaß

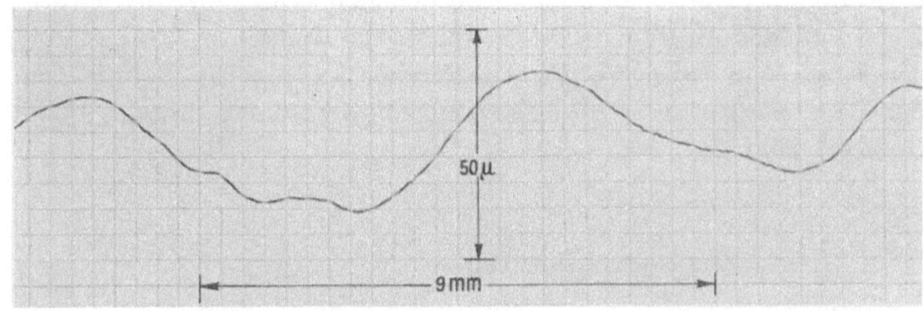
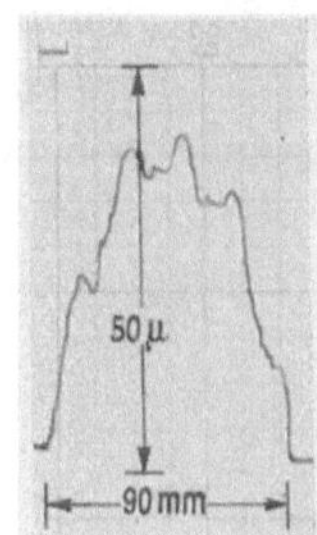

Bild 22. Oberflächenabtastung, Oberfläche von Rohglas mit Walzenprägung.

Bild 23. Oberflächenabtastung, Maschinenglas, leicht gewölbt, mit am Glas unsichtbaren Walzenfehlern.

langsam erreicht und über einen zweiten Kontakt die Maschine stillgesetzt. Mit dieser Steuerung werden bei Massenfertigung auf Rundschleifmaschinen Genauigkeiten von $\pm 1\,\mu$ erreicht.

Ferner dient die bolometrische Meßlehre zur Steuerung von Drehbänken, Stoßmaschinen und Kopierfräsmaschinen [6]. In Verbindung mit einem elektrischen

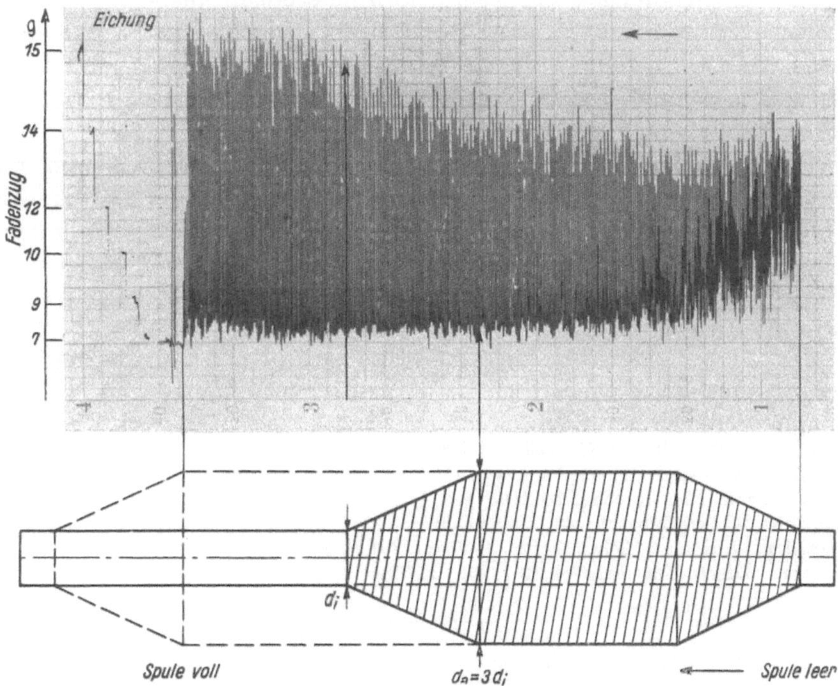

Bild 24. Fadenzugverlauf an einer Ringspindel in Abhängigkeit vom Füllungsgrad und Aufwindedurchmesser der Garnspule.

Registrierapparat wird mit Hilfe der Meßlehre die bei Dauerstandsprüfung auftretende Dehnung in Tintenschrift aufgezeichnet. Weitere Anwendungsgebiete sind die laufende Überwachung von Drahtdurchmessern [7] und die Toleranzaufzeichnung von Zahnradprofilkurven. Einige Beispiele für die Abtastung von Oberflächen geben die Bilder 20 · · · 23. In Bild 20 wurde der Schlag einer umlaufenden Welle mit einem Tintenschreiber aufgezeichnet. Bild 21 zeigt Drehriefen an einer grob gedrehten Stirnfläche. Die Oberfläche von Rohglas mit Walzprägung gibt einen Kurvenzug nach Bild 22. Die Abtastung der Oberfläche von Maschinenglas zeigt Bild 23. Neben der gewölbten Oberfläche zeigen sich deutlich Walzfehler des Fabrikationsprozesses. Auch zur Messung von Kräften findet die Meßlehre Anwendung, beispielsweise bei der Fadenzugmessung in der Textilindustrie [8]. Ein Beispiel für die Aufzeichnung des Fadenzugverlaufes an einer Ringspinnmaschine mit der bolometrischen Meßlehre zeigt Bild 24.

Zusammenfassung.

Die älteren Bolometeranordnungen zur Verstärkung kleiner Spannungen und Ströme wie auch zur Messung kleiner Längenänderungen waren stark von Spannungs- und Temperaturschwankungen abhängig. Bei den neuen Bolometeranordnungen ist deshalb ein neuer Grundgedanke an die Stelle der unmittelbaren Ausschlagsvergrößerung getreten, der Gedanke der elektrischen und mechanischen Kompensation, des Vergleichs elektromotorischer und mechanischer Kräfte.

Die neuen Anordnungen zeichnen sich durch angebbare Genauigkeit und Unabhängigkeit von Spannungs- und Temperaturänderungen aus.

Es ist eine Eigentümlichkeit der selbsttätigen Kompensatoren, daß der Kompensationszustand nicht völlig durchgeführt wird. Die Abweichungen vom idealen Kompensationszustand werden als Übersetzungsfehler bezeichnet. Sie begrenzen den ausführbaren Meßbereich.

Die lästigen Regelschwankungen der bolometrischen Kompensatoren sind eine Folge des thermisch verzögerten Verstärkungsvorganges. Sie werden durch Einführung der ersten Ableitung des Ausgangsstromes in den Steuerstromkreis unterdrückt. An Beispielen wird gezeigt, daß zahlreiche Aufgaben der Meß- und Regeltechnik mit Hilfe der neuen bolometrischen Kompensatoren mit geringem Aufwand zur Lösung geführt werden können.

Schrifttum.

1. ATM Z 64-2 (1937).
2. A. Köpsel: DRP. 196023.
3. H. Sell: Z. techn. Physik **13** (1932) S. 320.
4. H. Sell: Schleif- und Poliertechnik **14** (1937) S. 98.
5. L. Merz: Arch. Elektrotechn. **31** (1937) S. 1.
6. R. Soßna: Werkzeugmasch. **42** (1938) S. 97.
7. K. Dahl u. J. Kern: Elektrotechn. Z. **57** (1936) S. 1425.
8. F. Oertel: Dtsch. Textilwirtsch. **3** (1936) S. 52.

Magnetometer mit astatischem System im homogenen Spulenfeld.

Von **Hans Neumann**.

Mit 1 Bild.

Mitteilung aus der Abteilung für Elektrochemie der Siemens & Halske AG
zu Siemensstadt.

Eingegangen am 16. Februar 1939.

Das Magnetometerverfahren hat den Vorzug, daß mit ihm absolute magnetische
Messungen möglich sind; es weist aber auch eine Reihe von Mängeln auf, die seine
praktische Anwendung oft beeinträchtigen, ja mitunter in Frage stellen können.
Eine sehr störende Eigenschaft ist die große Empfindlichkeit gegen Schwankungen
des Erdfeldes und überhaupt gegen magnetische Streufelder. Diese Empfindlichkeit
läßt sich durch Verwendung eines astatischen Systems von Magnetnadeln oder
stromdurchflossenen Drehspulen [1][1] zum größten Teil beheben, wenn auch die
Astasierung schwierig und bei großer Empfindlichkeit nur durch besondere Kunst-
griffe zu erreichen ist [1, 2].

Ein weiterer, oft noch wichtigerer Übelstand besteht in der Schwierigkeit der
Einstellung der Kompensation für die Feldspule durch eine zweite gegenpolig geschaltete Feldspule in der ersten Gaußschen Hauptlage. Diese Schwierigkeit macht
sich besonders bei der Messung relativ kleiner Proben bemerkbar, d. h. bei solchen
Proben, deren magnetisches Moment verglichen mit dem der Feldspule klein ist;
und zwar können dies sowohl Proben von relativ kleinem Volumen als auch von
kleiner Permeabilität sein. Da das Verhältnis der magnetischen Momente von Feldspule zu Probe oft den Faktor 100, ja bis zu 10 000 erreichen kann, so ist es einleuchtend, daß die Wirkung der die Probe enthaltenden Feldspule auf das Magnetometergehänge durch die zweite Spule mit außerordentlicher Genauigkeit abgeglichen werden
muß, damit nicht die Nullpunktsverschiebung infolge einer unvollkommenen Kompensation die Größenordnung des von der Probe herrührenden Ausschlages erreicht.

Außer der Abstandseinstellung der beiden Feldspulen ist es ferner noch der
Winkelfehler der Feldspulen, der zu Störungen Anlaß gibt, d. h. der Fehler, der
durch eine nicht parallele Lage der magnetischen Achsen der beiden Feldspulen
hervorgerufen wird [1, 3]. Dieser Fehler ist bei astatischen Magnetometern besonders
groß, da hier der durch die Winkelstellung der Feldspulen erzeugte zusätzliche Feld-
vektor nur auf die eine Magnetnadel einwirkt und somit die Astasierung verändert,

---

[1] Die eingeklammerten schrägen Zahlen [1] beziehen sich auf das Schrifttum am Schluß der Arbeit.

während beim gewöhnlichen Magnetometer mit einer einzigen Nadel nur die Empfindlichkeit geändert wird.

Besonders schwierig wird die Messung an kleinen Proben von großem Entmagnetisierungsfaktor bei gleichzeitig kleiner Koerzitivkraft $\mathfrak{H}_c$, die wegen ihrer kleinen scheinbaren Remanenz einen sehr kleinen Ausschlag im Magnetometer hervorrufen. Infolgedessen ist man gezwungen, so nahe mit der Probe an das Magnetometersystem
heranzugehen, wie es mit Rücksicht auf die magnetische Beeinflussung der Probe
durch die Nadel noch möglich ist; durch den damit verbundenen geringen Abstand
der beiden Feldspulen wird aber wiederum der Feldgradient am Ort der Magnetometernadel besonders groß; man beobachtet häufig bei nicht sehr genauer Kompensation Translationsbewegungen des Magnetometergehänges in dem inhomogenen
Feld, so daß die Genauigkeit der $\mathfrak{H}_c$-Messung hierdurch stark beeinträchtigt wird.

Läßt sich auch diese Schwierigkeit bei einem Kompensationsmagnetometer durch
Verwendung einer langen durchgehenden Feldspule beseitigen, deren magnetisches
Moment durch ein auf die obere Nadel wirkendes Gegenfeld aufgehoben wird [1], so erfordert dieses Verfahren doch immerhin einen größeren technischen Aufwand. Im folgenden soll daher ein Magnetometerverfahren beschrieben werden, das ebenfalls diese Nachteile der schwierigen Kompensation nicht besitzt, das aber einfach im Aufbau und in der Anwendung ist. Es kann bei jedem astatischen Magnetometer angewendet werden, soweit es die räumlichen Verhältnisse zulassen. Das Verfahren besteht darin, den Abstand „l" des astatischen Systems, das aus Magnetnadeln oder stromdurchflossenen Drehspulen a und b (s. Bild 1) bestehen kann, im Verhältnis zum Durchmesser der Feldspule, die sowohl durch eine große Zylinderspule S_1 als auch zwei Helmholtz-Gaugain-Spulen S_2 und S_3 gebildet werden kann, so klein

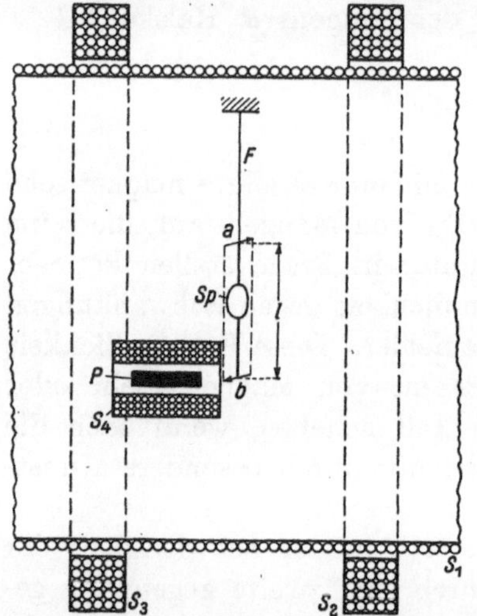

Bild 1. Magnetometer mit astatischem
System im homogenen Spulenfeld.

zu machen, daß sich das Magnetometergehänge in dem homogenen Feldbereich der
Spule befindet. Es empfiehlt sich, den Abstand der beiden Magnetometernadeln
des Gehänges nicht größer als etwa den halben Halbmesser der Helmholtz-
Gaugain-Spulen zu wählen.

Eine Justierung kann in Richtung der magnetischen Achse der Feldspule mit
Hilfe eines Schlittens und in Richtung ihres Halbmessers mit Hilfe von Stellschrauben
(waagerecht und senkrecht) leicht erfolgen. Bei genügender Astasierung und richtiger Einstellung in den homogenen Feldbereich kann dann auf das Magnetometergehänge kein Drehmoment ausgeübt werden. Dies ist einleuchtend, da bei dieser
Anordnung der Feldgradient, der auf die Nullpunktsänderung bei eingeschaltetem
Strom von Einfluß ist, erheblich geringer ist als bei der sonst üblichen Gegenschaltung
der Feldspulen.

Besondere Vorteile bietet diese Anordnung, wenn es sich nur darum handelt,
die Koerzitivkraft zu messen. Da zur Entmagnetisierung der Probe für die $\mathfrak{H}_c$-Messung erheblich kleinere Felder gebraucht werden als zur Magnetisierung [4], so wird

die Nullkompensation aus diesem Grunde noch besonders einfach. Bei sehr kleinen Proben von sehr niedriger Koerzitivkraft, wie z. B. bei Relaisankern aus hochwertigen Eisen-Nickel-Legierungen, welche Koerzitivkräfte bis herab zu 0,04 Ö und weniger aufweisen können, ist es vorteilhaft, ein astatisches Magnetometersystem mit kleinem Abstand zu verwenden, das dann bequem in jeder größeren Feldspule untergebracht werden kann. Zur Ersparnis an Wicklungskupfer bei der Bemessung der Feldspule ist es weiter möglich, die Entmagnetisierungsspulen S_1 bzw. S_2 und S_3 nur mit wenig Draht zu bewickeln und zur Aufmagnetisierung der Probe eine weitere kleinere Feldspule S_4, die nur wenig größer als die Probe P ist, zu verwenden; diese Magnetisierungsspule S_4, die dann eine größere Spulenkonstante zur Erreichung der notwendigen Magnetisierungsfelder erhalten muß, wird bei der eigentlichen $\mathfrak{H}_c$-Messung ausgeschaltet. Da bei diesem Magnetometer genau so wie bei den übrigen Magnetometern der Feldspuleneinfluß aufgehoben ist, so wird auch hier der $_3\mathfrak{H}_c$-Wert gemessen [4, 5].

Das beschriebene Verfahren wurde bei $\mathfrak{H}_c$-Messungen an mehreren Magnetometern mit Erfolg erprobt. Als Beispiel werden Messungen an einem astatischen Kompensationsmagnetometer nach O. v. Auwers[1]) angegeben. Das Magnetometergehänge besteht aus zwei 0,8 mm starken und 250 mm langen Drähten aus einer Eisen-Nickel-Kupfer-Dauermagnetlegierung [6], die eine hohe Koerzitivkraft und hohe Remanenz besaß. Diese Drähte waren entsprechend wie bei dem Magnetometer von Haupt [7] parallel zueinander in einem geringen Abstand (10 mm) senkrecht angeordnet, so daß auf diese Weise eine weitgehende Astasierung erreicht wurde. Der Ausschlag des am Faden F aufgehängten Magnetometersystems konnte am Spiegel Sp abgelesen werden. Die Kompensationsspule für den durch die Probe bewirkten Ausschlag ist in der Zeichnung fortgelassen worden. An Stelle der sonst üblichen beiden Feldspulen in Gegenschaltung wurden nun zwei Helmholtz-Gaugain-Spulen von 100 cm Durchmesser und 50 cm Abstand mit je 3 Windungen verwendet, deren richtige Einstellung relativ zum Magnetometergehänge aus den erwähnten Gründen sehr einfach war. Die Anordnung entsprach also grundsätzlich der im Bilde 1 gezeichneten. Nach Magnetisierung der Probe durch die Magnetisierungsspule S_4, wobei das Feld wegen der kleinen Koerzitivkräfte der verwendeten Proben langsam ausgeschaltet werden mußte [4], wurde das entmagnetisierende Feld in den Helmholtz-Gaugain-Spulen eingeschaltet, bis der Magnetometerausschlag auf Null zurückgegangen und damit der $_3\mathfrak{H}_c$-Wert erreicht war. An einer Probe aus Holzkohleeisen von den Abmessungen $6 \times 6 \times 100$ mm³ wurde auf diese Weise eine Koerzitivkraft von 0,78 Ö bei einem Probenabstand von 85 mm (zwischen Probenende und Systemmitte) gemessen.

Die Übereinstimmung mit dem im gleichen Magnetometer (aber bei in der üblichen Form angeordneten Feldspulen in Gegenschaltung) gemessenen $\mathfrak{H}_c$-Wert von 0,81 Ö sowie mit dem im Koerzimeter [8] gemessenen $\mathfrak{H}_c$-Wert von 0,82 Ö ist somit recht gut.

An einem weiteren Stab aus Permalloy C von den Abmessungen $6 \times 12 \times 80$ mm³ wurde in 22 mm Abstand ein $\mathfrak{H}_c$-Wert von 0,053 Ö gemessen, während das Koerzimeter hier einen solchen von 0,054 Ö ergab. Auch hier ist die Übereinstimmung mit anderen bekannten Verfahren als gut zu bezeichnen.

---

¹) Für die Überlassung des Magnetometers für diese Versuche bin ich Herrn Dr. O. v. Auwers, Zentrallaboratorium des Wernerwerkes der Siemens & Halske AG, zu Dank verpflichtet.

Zusammenfassung.

Es wird ein Magnetometer beschrieben, das den Feldspuleneinfluß besonders bequem aufzuheben gestattet. Das Magnetometer verwendet ein astatisches Gehänge von Nadeln bzw. Drehspulen, die beide in dem homogenen Bereich einer einzigen Feldspule angeordnet sind, so daß auf das ganze Gehänge kein Drehmoment ausgeübt wird.

Das Magnetometer ist besonders für die Messung niedriger Koerzitivkräfte an kleinen Proben geeignet.

Schrifttum.

1. H. Gerdien u. H. Neumann: Über ein astatisches Kompensationsmagnetometer. Wiss. Veröff. Siemens **XI**, 2 (1932) S. 12 · · · 24.

2. E. Gumlich: Eine Astasierungsvorrichtung für Magnetometer. Verh. dtsch. phys. Ges. **16** (1914) S. 406ff. — W. Nernst: Astatisches Magnetsystem für störungsfreie Galvanometer und Magnetometer. DRP. 408613 vom 7. 6. 1923.

3. Th. Erhard: Eine Fehlerquelle bei magnetometrischen Messungen. Ann. Physik (4) **9** (1902) S. 724.

4. H. Neumann: Messung der Koerzitivkraft. Arch. techn. Messen V 957—1 (1939).

5. H. Neumann: Messung der Koerzitivkraft. Arch. techn. Messen V 957—2 (1939).

6. H. Neumann, A. Büchner u. H. Reinboth: Mechanisch weiche Dauermagnetlegierungen aus Kupfer, Nickel und Eisen. Z. Metallkde. **29** (1937) S. 173 · · · 185.

7. E. Haupt: Störungsfreies Magnetometer für Eisenuntersuchung. ETZ **28** (1907) S. 1069.

8. H. Neumann: Das Koerzimeter. Arch. techn. Messen J. 66—3 (1935).

Die Induktivität eines Siebkontaktes.

Von **Rudolf Störmer.**

Mit 6 Bildern.

Mitteilung aus dem Forschungslaboratorium I der Siemens-Werke zu Siemensstadt.

Eingegangen am 15. November 1938.

Einleitung.

Haben 2 Metallstücke nur durch eine sehr kleine Berührungsfläche eine elektrisch leitende Verbindung, so setzt ein solcher Kontakt dem Strom einen Widerstand entgegen, den R. Holm[1]) in Analogie zum Widerstande, den ein Lochsieb einem durch dasselbe hindurchgepreßten Wasserstrom leistet, Siebwiderstand und den Kontakt als solchen Siebkontakt genannt hat.

Bei einem derartigen Kontakt drängen sich an der Kontaktstelle die Stromlinien stark zusammen, und für die Verwendung von Kontakten in der Hochfrequenztechnik ist es daher von Bedeutung, zu wissen, ob infolgedessen eine zu berücksichtigende Induktivität auftritt oder nicht, da sich gegebenenfalls die Konstruktion eines Kontaktes danach richten müßte.

Auf Anregung von Herrn Dr. R. Holm wurde deshalb die folgende rechnerische Untersuchung der Siebkontaktinduktivität unternommen.

Hauptteil.

In Bild (1) ist ein solcher Kontakt im Querschnitt mit dem ungefähren Verlauf der Stromlinien dargestellt.

Um das Problem der Berechnung zugänglich zu machen, werden gewisse Vereinfachungen gemacht, indem als Berührungsfläche ähnlich wie bei der annähernden Berechnung des Siebwiderstandes nicht eine kleine Kreis-, sondern eine kleine Kugelfläche vom Halbmesser a angenommen wird. Der innerhalb der kleinen Kugel befindliche Teil bleibt also bei der Berechnung zunächst unberücksichtigt. Konvergiert a gegen Null, so fällt der Unterschied zwischen kugelförmiger und kreisflächenhafter Berührung fort.

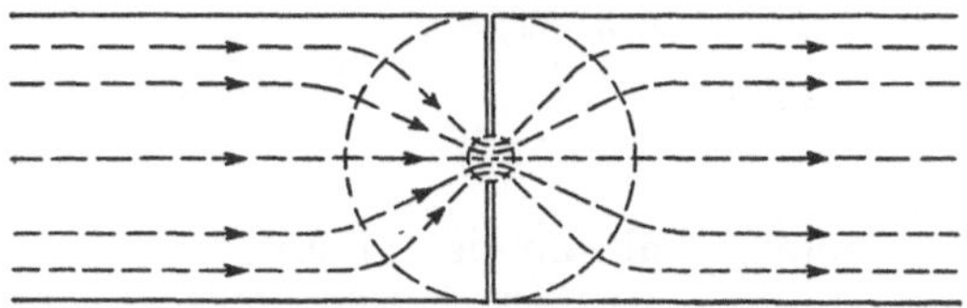

Bild 1.   Annähernder Verlauf der Stromlinien in einem Siebkontakt.

Ebenso nehmen wir als äußere Begrenzung eine Kugelfläche vom Halbmesser R an, so daß bei der Berechnung nur der Teil der Stromlinien berücksichtigt wird, die von der Berührungsfläche aus

---

[1]) Über die Definition eines Siebkontaktes siehe R. Holm: Über metallische Kontaktwiderstände. Wiss. Veröff. Siemens **VII**, 2 (1929) S. 219.

nahezu radial verlaufen. Bild (2) stellt den der Berechnung zugrunde liegenden idealisierten Kontakt dar.

Die Induktivität eines einzelnen Stromkreises wird nun bekanntlich ausgedrückt durch das doppelte Volumenintegral[1]

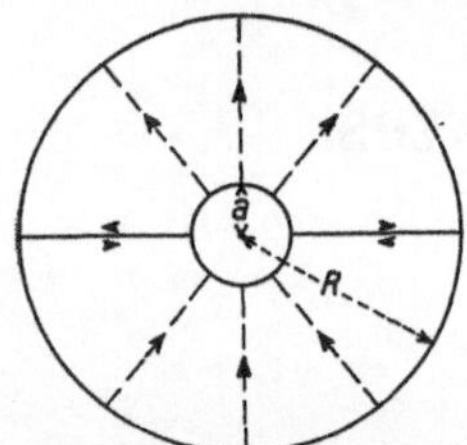

$$L = \frac{\mu\,\mu_0}{4\,\pi\,I^2} \int^r \int^r \frac{dv_1 \cdot dv_2}{r_{12}}\,(j_1\,j_2)\,, \quad \frac{\mu_0}{4\,\pi} = 1 \cdot \mathrm{nH/cm} = 10^{-9}\,\mathrm{H/cm}. \quad (1)$$
$$\mu = \text{reiner Zahlenwert}$$

Hierbei bezeichnen dv_1 und dv_2 zwei im Abstand r_{12} voneinander befindliche Volumendifferentiale des Stromkreises, j_1 und j_2 die Vektoren der Stromdichte an diesen Stellen und I den Gesamtstrom.

Bild 2. Idealisierter Kontakt, welcher der Berechnung zugrunde liegt.

· Um diese Formel auf den Siebkontakt anzuwenden, führt man ein rechtwinkliges Koordinatensystem ein. Der Nullpunkt möge mit dem Mittelpunkt der Kugel, und die xy-Ebene mit der Berührungsebene des Kontaktes zusammenfallen. Nennt man nun den Winkel, den ein Radiusvektor $\mathfrak{r}_1$ mit der positiven z-Achse bildet, φ, und den Winkel der Projektion dieses Vektors auf die xy-Ebene mit der positiven x-Achse ξ, und ψ und η die entsprechenden Winkel eines zweiten Vektors $\mathfrak{r}_2$, so lautet die Formel (1), auf die **obere Halbkugelschale** angewendet:

$$L_{11} = \frac{\mu\,\mu_0}{16\,\pi^3} \int\limits_a^R \int\limits_a^R \int\limits_0^{\pi/2} \int\limits_0^{\pi/2} \int\limits_0^{2\pi} \int\limits_0^{2\pi} \frac{[\cos\varphi\,\cos\psi + \sin\varphi\,\sin\psi\,\cos(\eta-\xi)]\,\sin\varphi\,\sin\psi\,dr_1\,dr_2\,d\varphi\,d\psi\,d\xi\,d\eta}{\sqrt{r_1^2 + r_2^2 - 2r_1 r_2[\cos\varphi\,\cos\psi + \sin\varphi\,\sin\psi\,\cos(\eta-\xi)]}}. \quad (2)$$

Hierbei ist die Integration über ξ und η von 0 bis 2π, über φ und ψ von 0 bis $\pi/2$ und über r_1 und r_2 von a bis R zu erstrecken. Dabei bedeutet a den Halbmesser der kleinen Kugelberührungsfläche und R den Halbmesser der äußeren Kugelfläche.

Für die Selbstinduktion L_{22} der **unteren Kugelschale** erhält man denselben Wert (2). Der Ausdruck für die Einwirkung der Stromfäden der oberen auf die der unteren Kugelschale und umgekehrt lautet ähnlich. Er ist:

$$M_{12} = -\frac{\mu\,\mu_0}{8\,\pi^3} \int\limits_a^R \int\limits_a^R \int\limits_0^{\pi/2} \int\limits_{\pi/2}^{\pi} \int\limits_0^{2\pi} \int\limits_0^{2\pi} \frac{[\cos\varphi\,\cos\psi + \sin\varphi\,\sin\psi\,\cos(\eta-\xi)]\,\sin\varphi\,\sin\psi\,dr_1\,dr_2\,d\varphi\,d\psi\,d\xi\,d\eta}{\sqrt{r_1^2 + r_2^2 - 2r_1 r_2[\cos\varphi\,\cos\psi + \sin\varphi\,\sin\psi\,\cos(\eta-\xi)]}}. \quad (3)$$

Setzt man in Formel (3) $\psi = \psi' + \pi/2$, so wird:

$$M_{12} = \frac{\mu_0\,\mu}{8\,\pi^3} \int\limits_a^R \int\limits_a^R \int\limits_0^{\pi/2} \int\limits_0^{\pi/2} \int\limits_0^{2\pi} \int\limits_0^{2\pi} \frac{[\cos\varphi\,\sin\psi' - \sin\varphi\,\cos\psi'\,\cos(\eta-\xi)]\,\sin\varphi\,\cos\psi'\,dr_1\,dr_2\,d\varphi\,d\psi'\,d\xi\,d\eta}{\sqrt{r_1^2 + r_2^2 - 2r_1 r_2[-\cos\varphi\,\sin\psi' + \sin\varphi\,\cos\psi'\,\cos(\eta-\xi)]}}. \quad (4)$$

Die Selbstinduktion des ganzen Siebkontaktes ist also:

$$L = L_{11} + L_{22} + M_{12} = 2L_{11} + M_{12}. \quad (5)$$

Die Integration über η oder ξ bei den Formeln (2) und (4) ist ohne weiteres partiell auszuführen, wenn man berücksichtigt, daß für den Integranden F, als Funktion von ξ und η betrachtet, die Beziehung gilt:

$$\frac{\partial F}{\partial \xi} = -\frac{\partial F}{\partial \eta}. \quad (6)$$

---

[1] R. Becker: Theorie der Elektrizität. Bd. **I.** Leipzig u. Berlin (1933) S. 165 u. folg.

Die Integration ergibt:

$$\int_0^{2\pi}\int_0^{2\pi} F\, d\xi\, d\eta = \left[\xi \int_0^{2\pi} F\, d\eta\right] - \int_0^{2\pi}\int_0^{2\pi} \xi\, \frac{\partial F}{\partial \xi}\, d\eta\, d\xi = 2\pi \int_0^{2\pi} F\, d\eta + \int_0^{2\pi}\int_0^{2\pi} \xi\, d\xi\, \frac{\partial F}{\partial \eta}\, d\eta$$

$$= 2\pi \int_0^{2\pi} F\, d\eta + \int_0^{2\pi} \xi\, d\xi\, [F]_0^{2\pi} = 2\pi \int_0^{2\pi} F\, d\eta . \tag{7}$$

$[F]_0^{2\pi}$ wird gleich Null, da F in bezug auf η eine periodische Funktion mit der Periode 2π ist.

Formeln (2) und (4) lauten nun, wenn man in (4) statt ψ' wieder ψ setzt:

$$L_{11} = \frac{\mu_0\,\mu}{8\,\pi^2} \int_a^R \int_a^R \int_0^{\pi/2} \int_0^{\pi/2} \int_0^{2\pi} \frac{(\cos\varphi\cos\psi + \sin\varphi\sin\psi\cos\eta)\sin\varphi\sin\psi\, dr_1\, dr_2\, d\varphi\, d\psi\, d\eta}{\sqrt{r_1^2 + r_2^2 - 2r_1 r_2(\cos\varphi\cos\psi + \sin\varphi\sin\psi\cos\eta)}} , \tag{8a}$$

$$M_{12} = \frac{\mu_0\,\mu}{4\,\pi^2} \int_a^R \int_a^R \int_0^{\pi/2} \int_0^{\pi/2} \int_0^{2\pi} \frac{(\cos\varphi\sin\psi - \sin\varphi\cos\psi\cos\eta)\sin\varphi\cos\psi\, dr_1\, dr_2\, d\varphi\, d\psi\, d\eta}{\sqrt{r_1^2 + r_2^2 - 2r_1 r_2(-\cos\varphi\sin\psi + \sin\varphi\cos\psi\cos\eta)}} . \tag{8b}$$

Die Integration über η ist ohne weiteres möglich und führt zu vollständigen elliptischen Integralen erster und zweiter Gattung. Die weitere rechnerische Behandlung der Aufgabe würde sich aber durch Ausführung dieser Integration sehr schwierig bzw. unmöglich gestalten.

Man nimmt deswegen zweckmäßig für den Nenner des Integranden eine Abschätzung vor. Berücksichtigt man, daß

$$\cos\eta = 2\cos^2\frac{\eta}{2} - 1 = 1 - 2\sin^2\frac{\eta}{2}$$

ist, so wird

$$\sqrt{r_1^2 + r_2^2 - 2r_1 r_2 \cos(\varphi - \psi)} < \sqrt{r_1^2 + r_2^2 - 2r_1 r_2(\cos\varphi\cos\psi + \sin\varphi\sin\psi\cos\eta)}$$
$$< \sqrt{r_1^2 + r_2^2 - 2r_1 r_2 \cos(\varphi + \psi)} ,$$
$$\sqrt{r_1^2 + r_2^2 - 2r_1 r_2 \sin(\varphi - \psi)} < \sqrt{r_1^2 + r_2^2 - 2r_1 r_2(-\cos\varphi\sin\psi + \sin\varphi\cos\psi\cos\eta)}$$
$$< \sqrt{r_1^2 + r_2^2 - 2r_1 r_2 \sin(\varphi + \psi)} . \tag{9}$$

Bezeichnet man zur Abkürzung den Zähler von (7a)

$$(\cos\varphi\cos\psi + \sin\varphi\sin\psi\cos\eta)\sin\varphi\sin\psi$$

mit $A + B\cos\eta$ und den Zähler von (7b)

$$(\cos\varphi\sin\psi - \sin\varphi\cos\psi\cos\eta)\sin\varphi\cos\psi$$

mit $A - C\cos\eta$, so erhält man unter Benutzung der Beziehungen (9) folgende Ungleichungen für (8a) und (8b)

$$\frac{\mu_0\,\mu}{8\,\pi^2} \int_a^R \int_a^R \int_0^{\pi/2} \int_0^{\pi/2} \int_0^{2\pi} \frac{(A + B\cos\eta)\, dr_1\, dr_2\, d\varphi\, d\psi\, d\eta}{\sqrt{r_1^2 + r_2^2 - 2r_1 r_2 \cos(\varphi - \psi)}} > L_{11} > \frac{\mu_0\,\mu}{8\,\pi^2} \int_a^R \int_a^R \int_0^{\pi/2} \int_0^{\pi/2} \int_0^{2\pi} \frac{(A + B\cos\eta)\, dr_1\, dr_2\, d\varphi\, d\psi\, d\eta}{\sqrt{r_1^2 + r_2^2 - 2r_1 r_2 \cos(\varphi + \psi)}} , \tag{10a}$$

$$\frac{\mu_0\,\mu}{4\,\pi^2} \int_a^R \int_a^R \int_0^{\pi/2} \int_0^{\pi/2} \int_0^{2\pi} \frac{(A - C\cos\eta)\, dr_1\, dr_2\, d\varphi\, d\psi\, d\eta}{\sqrt{r_1^2 + r_2^2 - 2r_1 r_2 \sin(\varphi - \psi)}} > M_{12} > \frac{\mu_0\,\mu}{4\,\pi^2} \int_a^R \int_a^R \int_0^{\pi/2} \int_0^{\pi/2} \int_0^{2\pi} \frac{(A - C\cos\eta)\, dr_1\, dr_2\, d\varphi\, d\psi\, d\eta}{\sqrt{r_1^2 + r_2^2 + 2r_1 r_2 \sin(\varphi + \psi)}} . \tag{10b}$$

Durch Integration nach η folgt hieraus:

$$\frac{\mu_0\,\mu}{4\,\pi}\int\limits_a^R\int\limits_a^R\int\limits_0^{\pi/2}\int\limits_0^{\pi/2}\frac{A\,dr_1\,dr_2\,d\varphi\,d\psi}{\sqrt{r_1^2+r_2^2-2r_1r_2\cos(\varphi-\psi)}} > L_{12} > \frac{\mu_0\,\mu}{4\,\pi}\int\limits_a^R\int\limits_a^R\int\limits_0^{\pi/2}\int\limits_0^{\pi/2}\frac{A\,dr_1\,dr_2\,d\varphi\,d\psi}{\sqrt{r_1^2+r_2^2-2r_1r_2\cos(\varphi+\psi)}}\,, \quad (11\,\mathrm{a})$$

$$\frac{\mu_0\,\mu}{2\,\pi}\int\limits_a^R\int\limits_a^R\int\limits_0^{\pi/2}\int\limits_0^{\pi/2}\frac{A\,dr_1\,dr_2\,d\varphi\,d\psi}{\sqrt{r_1^2+r_2^2-2\,r_1r_2\sin(\varphi-\psi)}} > M_{12} > \frac{\mu_0\,\mu}{2\,\pi}\int\limits_a^R\int\limits_a^R\int\limits_0^{\pi/2}\int\limits_0^{\pi/2}\frac{A\,dr_1\,dr_2\,d\varphi\,d\psi}{\sqrt{r_1^2+r_2^2+2\,r_1r_2\sin(\varphi+\psi)}}\,. \quad (11\,\mathrm{b})$$

Berücksichtigt man nun, daß

$$A = \sin\varphi\,\cos\varphi\,\sin\psi\,\cos\psi = \tfrac{1}{8}\left[\cos 2\,(\varphi-\psi) - \cos 2\,(\varphi+\psi)\right]$$

ist, so haben alle in den Ungleichungen (11 a) und (11 b) vorkommenden Teilintegrale die Form:

$$\int\limits_0^{\pi/2}\int\limits_0^{\pi/2}\Phi(\varphi\pm\psi)\,d\varphi\,d\psi\,, \quad\quad (12\,\mathrm{a})$$

$$\int\limits_0^{\pi/2}\int\limits_0^{\pi/2}X(\varphi\pm\psi)\cos 2\,(\varphi\mp\psi)\,d\varphi\,d\psi\,, \quad\quad (12\,\mathrm{b})$$

wenn man zunächst die Integration nach r_1 und r_2 außer acht läßt. Ferner gilt ähnlich wie bei Formel (6)

$$\frac{\partial\Phi}{\partial\varphi} = \pm\frac{\partial\Phi}{\partial\psi} \quad\text{und}\quad \frac{\partial X}{\partial\varphi} = \pm\frac{\partial X}{\partial\psi}\,. \quad\quad (13)$$

Hierdurch wird es möglich, über eine der Größen φ oder ψ partiell zu integrieren. Die Integration der Funktion Φ ergibt sich wie bei der Gleichung (7). Für das Integral (12 b) wird beispielsweise:

$$\left.\begin{aligned}
&\int\limits_0^{\pi/2}\int\limits_0^{\pi/2}X(\varphi-\psi)\cos 2\,(\varphi+\psi)\,d\varphi\,d\psi\\[2ex]
&= \frac{1}{2}\int\limits_0^{\pi/2}d\psi\,[X\sin 2\,(\varphi+\psi)]_{\varphi=0}^{\varphi=\pi/2} - \frac{1}{2}\int\limits_0^{\pi/2}\int\limits_0^{\pi/2}\sin 2\,(\varphi+\psi)\frac{\partial X}{\partial\varphi}\,d\varphi\,d\psi\\[2ex]
&= \frac{1}{2}\int\limits_0^{\pi/2}d\psi\,[X\sin 2\,(\varphi+\psi)]_{\varphi=0}^{\varphi=\pi/2} + \frac{1}{2}\int\limits_0^{\pi/2}\int\limits_0^{\pi/2}\sin 2\,(\varphi+\psi)\frac{\partial X}{\partial\psi}\,d\psi\,d\varphi\\[2ex]
&= \frac{1}{2}\int\limits_0^{\pi/2}d\psi\,[X\sin 2\,(\varphi+\psi)]_{\varphi=0}^{\varphi=\pi/2} + \frac{1}{2}\int\limits_0^{\pi/2}d\varphi\,[\sin 2\,(\varphi+\psi)\,X]_{\psi=0}^{\psi=\pi/2} - \int\limits_0^{\pi/2}\int\limits_0^{\pi/2}X\cos 2\,(\varphi+\psi)\,d\varphi\,d\psi\,,\\[2ex]
&2\int\limits_0^{\pi/2}\int\limits_0^{\pi/2}X(\varphi-\psi)\cos 2\,(\varphi+\psi)\,d\varphi\,d\psi = \frac{1}{2}\int\limits_0^{\pi/2}d\psi\,[X\sin 2\,(\varphi+\psi)]_{\varphi=0}^{\varphi=\pi/2} + \frac{1}{2}\int\limits_0^{\pi/2}d\varphi\,[X\sin 2\,(\varphi+\psi)]_{\psi=0}^{\psi=\pi/2}\,.
\end{aligned}\right\} \quad (14)$$

Im Anhang sind alle vorkommenden Teilintegrale ausgerechnet zusammengestellt. Durch passende Substitutionen läßt sich stets erreichen, daß der Nenner des Integranden $\sqrt{r_1^2+r_2^2-2\,r_1r_2\cos\varphi}$ wird.

Unter Benutzung dieser Integrale nehmen die Ungleichungen (11a) und (11b) folgende Gestalt an:

$$\frac{\mu_0\,\mu}{32\,\pi}\int\limits_a^R\int\limits_a^R\int\limits_0^{\pi/2}\frac{[(\pi-2\varphi)\cos 2\varphi+\sin 2\varphi]\,dr_1\,dr_2\,d\varphi}{\sqrt{r_1^2+r_2^2-2r_1r_2\cos\varphi}}$$

$$>L_{11}>\frac{\mu_0\,\mu}{64}\int\limits_a^R\int\limits_a^R\int\limits_0^{\pi/2}\frac{[\sin 2\varphi-2\varphi\cos 2\varphi]\,dr_1\,dr_2\,d\varphi}{\sqrt{r_1^2+r_2^2-2r_1r_2\cos\varphi}}+\frac{\mu_0\,\mu}{64}\int\limits_a^R\int\limits_a^R\int\limits_{\pi/2}^{\pi}\frac{[2(\varphi-\pi)\cos 2\varphi-\sin 2\varphi]\,dr_1\,dr_2\,d\varphi}{\sqrt{r_1^2+r_2^2-2r_1r_2\cos\varphi}},$$

$$\left.\begin{aligned}&\frac{\mu_0\,\mu}{32\,\pi}\int\limits_a^R\int\limits_a^R\int\limits_0^{\pi/2}\frac{\sin 2\varphi-2\varphi\cos 2\varphi]\,dr_1\,dr_2\,d\varphi}{\sqrt{r_1^2+r_2^2-2r_1r_2\cos\varphi}}+\frac{\mu_0\,\mu}{32\,\pi}\int\limits_a^R\int\limits_a^R\int\limits_{\pi/2}^{\pi}\frac{[2(\varphi-\pi)\cos 2\varphi-\sin 2\varphi]\,dr_1\,dr_2\,d\varphi}{\sqrt{r_1^2+r_2^2-2r_1r_2\cos\varphi}}\\[2mm]&\qquad\qquad>M_{12}>\frac{\mu_0\,\mu}{16\,\pi}\int\limits_a^R\int\limits_a^R\int\limits_{\pi/2}^{\pi}\frac{[(2\varphi-\pi)\cos 2\varphi-\sin 2\varphi]\,dr_1\,dr_2\,d\varphi}{\sqrt{r_1^2+r_2^2-2r_1r_2\cos\varphi}}.\end{aligned}\right\}\quad(15)$$

Die weitere Integration nach φ ist nur teilweise möglich. Es ist deshalb zweckmäßig, diese insgesamt graphisch oder nach einer Näherungsmethode vorzunehmen. Zunächst bleibt noch die Integration über r_1 und r_2 übrig. Betrachtet man das Integral

$$\int\limits_a^R\int\limits_a^R F\,dr_1\,dr_2=\int\limits_a^R\int\limits_a^R\frac{dr_1\,dr_2}{\sqrt{r_1^2+r_2^2-2r_1r_2\cos\varphi}},$$

so gilt für den Integranden F die Beziehung:

$$F=-r_1\frac{\partial F}{\partial r_1}-r_2\frac{\partial F}{\partial r_2}.\qquad(16)$$

Daraus folgt:

$$\int\limits_a^R\int\limits_a^R F\,dr_1\,dr_2=\int\limits_a^R dr_1\,[F\,r_2]_{r_2=a}^{r_2=R}-\int\limits_a^R\int\limits_a^R r_2\frac{\partial F}{\partial r_2}\,dr_1\,dr_2,$$

$$\int\limits_a^R\int\limits_a^R F\,dr_1\,dr_2=\int\limits_a^R dr_2\,[F\,r_1]_{r_1=a}^{r_1=R}-\int\limits_a^R\int\limits_a^R r_1\frac{\partial F}{\partial r_1}\,dr_1\,dr_2,$$

$$\left.\begin{aligned}\int\limits_a^R\int\limits_a^R F\,dr_1\,dr_2&=\int\limits_a^R dr_1\,[F\,r_2]_{r_2=a}^{r_2=R}+\int\limits_a^R dr_2\,[F\,r_1]_{r_1=a}^{r_1=R}=2\int\limits_a^R dr_1\,[F\,r_2]_{r_2=a}^{r_2=R}\\[2mm]&=2\int\limits_a^R dr_1\left[\frac{R}{\sqrt{r_1^2+R^2-2r_1R\cos\varphi}}-\frac{a}{\sqrt{r_1^2+a^2-2r_1a\cos\varphi}}\right].\end{aligned}\right\}\quad(17)$$

Diese Integrale lassen sich leicht durch die Substitution $z=\dfrac{r_1-R\cos\varphi}{R\sin\varphi}$ bzw. $z=\dfrac{r_1-a\cos\varphi}{a\sin\varphi}$ integrieren. Man erhält, wenn das Verhältnis $\dfrac{a}{R}=\lambda$ ist:

$$\left.\begin{aligned}\int\limits_a^R\int\limits_a^R F\,dr_1\,dr_2&=2R\left[\text{ar Sin}\frac{1-\cos\varphi}{\sin\varphi}-\text{ar Sin}\frac{\lambda-\cos\varphi}{\sin\varphi}+\lambda\left(\text{ar Sin}\frac{1-\cos\varphi}{\sin\varphi}-\text{ar Sin}\frac{1-\lambda\cos\varphi}{\lambda\sin\varphi}\right)\right]\\[2mm]&=2R\cdot\Psi(\lambda,\varphi).\end{aligned}\right\}\quad(18)$$

In Bild (3) ist diese Funktion für verschiedene Werte von λ dargestellt. Für $\varphi = 0$ wird $\Psi(\lambda, 0)$ unendlich, jedoch behält das Integral $\int\limits_0^\varphi \Psi \cdot d\varphi$ einen durchaus

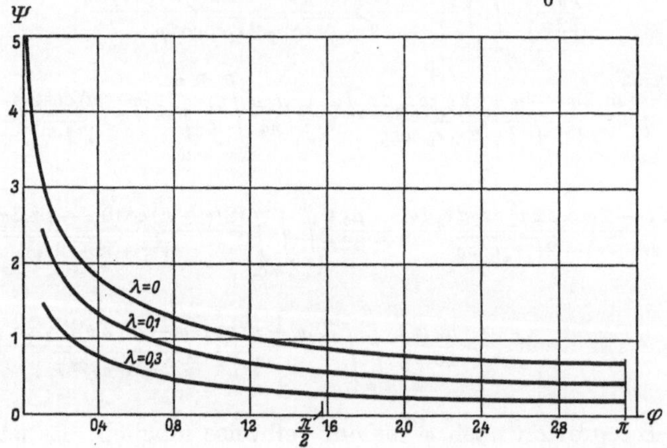

Bild 3. Verlauf der Funktion $\Psi(\lambda, \varphi)$ mit $\lambda = \dfrac{a}{R}$ als Parameter.

endlichen Wert. Für wachsende Werte von φ wird zunächst Ψ schnell, dann immer langsamer kleiner. Für $\varphi = \pi$ hat Ψ den Wert:

$$\Psi(\lambda, \pi) = \ln\frac{2}{1-\lambda} + \lambda\ln\frac{2\lambda}{1+\lambda} \,. \tag{19}$$

Für verschwindendes λ findet man durch eine einfache Umformung

$$\Psi(0, \varphi) = \ln\frac{1 + \sin\dfrac{\varphi}{2}}{\sin\dfrac{\varphi}{2}} \,. \tag{20}$$

Als Schlußergebnis erhält man folgende Ungleichungen:

$$\left.\begin{aligned}
&\frac{\mu\mu_0}{16\pi}R\int\limits_0^{\pi/2}\Psi\cdot[(\pi-2\varphi)\cos 2\varphi+\sin 2\varphi]\,d\varphi > L_{11} > \frac{\mu\mu_0}{32\pi}R\int\limits_0^{\pi/2}\Psi\cdot[\sin 2\varphi-2\varphi\cos 2\varphi]\,d\varphi \\[2mm]
&+\frac{\mu\mu_0}{32\pi}R\int\limits_{\pi/2}^{\pi}\Psi\cdot[2(\varphi-\pi)\cos 2\varphi-\sin 2\varphi]\,d\varphi, \qquad \frac{\mu\mu_0}{16\pi}R\int\limits_0^{\pi/2}\Psi\cdot[\sin 2\varphi-2\varphi\cos 2\varphi]\,d\varphi \\[2mm]
&+\frac{\mu\mu_0}{16\pi}R\int\limits_{\pi/2}^{\pi}\Psi\cdot[2(\varphi-\pi)\cos 2\varphi-\sin 2\varphi]\,d\varphi > M_{12} > -\frac{\mu\mu_0}{8\pi}\int\limits_{\pi/2}^{\pi}\Psi\cdot[(\pi-2\varphi)\cos 2\varphi+\sin 2\varphi]\,d\varphi.
\end{aligned}\right\} \tag{21}$$

Diese Formeln wurden mit Hilfe der Simpsonschen Regel ausgewertet. Lediglich der Anfangsteil des Integrals $\int\limits_0^{\pi/2}\Psi\cdot[(\pi-2\varphi)\cos 2\varphi+\sin 2\varphi]\,d\varphi$ wurde integriert, indem bis zu dem Werte $\varphi = 0{,}1$ $\sin\varphi = \varphi$ und $\cos\varphi = 1$ bzw. $1 - \dfrac{\varphi^2}{2}$ gesetzt wurde. Das Ergebnis dieser Rechnungen ist für $R = 1\,\mathrm{cm}$ in Bild (4) in Abhängigkeit von λ dargestellt, wobei nach Formel (5) die einzelnen Integrale zusammengefaßt wurden.

Die obere Kurve stellt die obere, die untere die untere Grenze für die Induktivität L des Siebkontaktes dar.

Im Falle der flächenhaften Berührung, wie sie in Wirklichkeit stattfindet, sind die Stromlinien am Rande der Fläche besonders stark zusammengedrängt. Im selben Sinne wirkt der Hauteffekt. Die Verteilung der Stromlinien hat etwa einen Verlauf, wie er in Bild (5) angedeutet ist.

Dieser Verlauf der Stromlinien wirkt aber verkleinernd auf die Induktivität, wie man leicht sehen kann, wenn man den extremsten Fall annimmt, daß nämlich die Stromlinien vollkommen am Rande verlaufen, wie Bild (6) zeigt. In diesem Falle wird die Induktivität gleich Null, da die umschlossene Fläche gleich Null ist (Bild 6).

Falls a und damit $\lambda = \dfrac{a}{R}$ gegen Null konvergiert, spielt es keine Rolle mehr, ob man von einer flächenhaften oder von einer kugelflächigen Berührung spricht. In diesem Falle ergeben beide Berührungsarten gleiche Ergebnisse.

Bei Berücksichtigung der Kurven des Bildes (4) folgt also, daß die Induktivität L eines einzelnen Siebkontaktes stets kleiner als

$$\frac{3{,}12\,\mu \cdot \mu_0}{4\,\pi}\, R = 3{,}12\,\mu \left(\frac{R}{\mathrm{cm}}\right) \mathrm{nH}$$

und wenn a/R sehr klein wird, größer als

$$\frac{1{,}59\,\mu \cdot \mu_0}{4\,\pi}\, R = 1{,}59\,\mu \left(\frac{R}{\mathrm{cm}}\right) \mathrm{nH} \quad \text{ist.}$$

Für ein Verhältnis $\dfrac{a}{R} = 0{,}1$ wird, wenn $R = 1\,\mathrm{cm}$ und $\mu = 1$ ist,

$$1{,}01\,\mathrm{nH} < L < 2{,}22\,\mathrm{nH}\,.$$

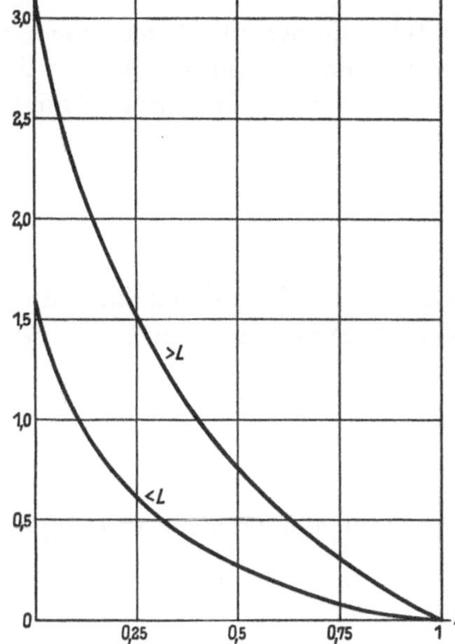

Bild 4. Obere und untere Grenze für die Induktivität L in Abhängigkeit von $\lambda = \dfrac{a}{R}$ für $\mu = 1$ und $R = 1\,\mathrm{cm}$.

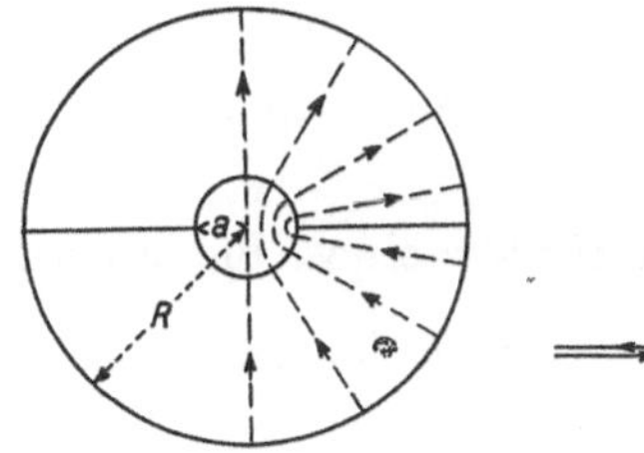

Bild 5. Zusammendrängung der Stromlinien am Rande des Kontakts.

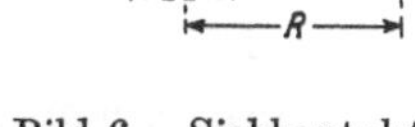

Bild 6. Siebkontakt zweier unendlich dünner Platten.

Für die Induktivität eines Drahtes von der Länge $l = 2\,\mathrm{cm}$ und einem entsprechenden Durchmesser $2a = 0{,}2\,\mathrm{cm}$ wird vergleichsweise

$$L = \frac{\mu_0}{2\,\pi}\, l \left[\ln \frac{2l}{a} - 0{,}75\right] = \frac{2l}{\mathrm{cm}} \left[\ln \frac{2l}{a} - 0{,}75\right] \mathrm{nH} = 11{,}75\,\mathrm{nH}\,.$$

Um zu zeigen, bei welchen Frequenzen ν sich die Siebkontaktinduktivität schon bemerkbar macht, vergleichen wir den durch sie hervorgerufenen induktiven mit dem Ohmschen Ausbreitungswiderstand W eines fremdschichtenfreien Kontaktes und berechnen, für welche Frequenzen beide gleich groß werden. Angenommen ist, daß das Verhältnis $\dfrac{a}{R}$ sehr klein ist, so daß wir als obere Grenze für die Siebkontakt-

4*

induktivität den Wert $L = 3{,}12\,\mu \cdot \left(\dfrac{R}{\mathrm{cm}}\right)\mathrm{nH}$ benutzen können. Dann wird

$$\omega L = 2\pi\nu \cdot 3{,}12\,\mu \left(\frac{R}{\mathrm{cm}}\right)\mathrm{nH} = W = \frac{\varrho}{2a}\,,$$

wenn ϱ der spezifische Widerstand des Kontaktmetalles ist.

Daraus folgt:

$$\nu = \frac{\varrho}{3{,}12\,\mu\,\mu_0 a \cdot R} = 0{,}255\,\frac{\varrho}{\Omega\,\mathrm{mm^2/m} \cdot a/\mathrm{mm} \cdot R/\mathrm{mm^2}}\,\mathrm{MHz}\,. \tag{22}$$

Für eine Relais mit Kontakten aus Silber und einem Kontaktdruck von 100 g ist etwa:

$$a = 0{,}025\,\mathrm{mm}, \quad R = 5\,\mathrm{mm}, \quad \frac{a}{R} = 5 \cdot 10^{-3}, \quad \varrho = 0{,}016\,\Omega\,\frac{\mathrm{mm^2}}{\mathrm{m}}, \quad \mu = 1\,.$$

Hieraus folgt:

$$\nu = 0{,}255\,\frac{0{,}016}{0{,}025 \cdot 5}\,\mathrm{MHz} = 32{,}6\,\mathrm{kHz}\,.$$

Bei einem Wert der Frequenz ν, der zwischen 32,6 und 65 kHz liegt, wird also bei einem sauberen Kontakt der induktive Widerstand bereits gleich dem Ohmschen Ausbreitungswiderstand.

In Wirklichkeit sind die praktisch benutzten Kontakte immer mit Fremdschichten überzogen, und ihr Ohmscher Widerstand ist deshalb bedeutend größer als der des reinen Kontaktes, so daß im allgemeinen die Kontaktinduktivität zu vernachlässigen ist, vorausgesetzt, daß μ nicht sehr groß wird.

Zusammenfassung.

1. Es wird unter gewissen vereinfachenden Annahmen eine obere und eine untere Grenze für die Größe der Induktivität eines Siebkontaktes berechnet und graphisch dargestellt.

2. Bei verschwindender Größe der Berührungsfläche bleibt die Induktivität des Siebkontaktes endlich im Gegensatz zu der eines Drahtes mit verschwindendem Durchmesser.

3. Die Induktivität eines Siebkontaktes bleibt stets kleiner als $3{,}12\,\mu\left(\dfrac{R}{\mathrm{cm}}\right)\mathrm{nH}$ $\approx \pi \cdot \mu\left(\dfrac{R}{\mathrm{cm}}\right)\mathrm{nH}$, wenn R der Halbmesser der äußeren Ausdehnung des Kontaktes in cm ist.

4. An einem Beispiel wird der durch die Siebkontaktinduktivität bewirkte induktive Widerstand mit dem Ohmschen Ausbreitungswiderstand eines fremdschichtenfreien Kontaktes verglichen und gezeigt, daß beide schon bei relativ niedrigen Frequenzen gleich groß werden.

Anhang.

Zusammenstellung der ausgerechneten Teilintegrale.

$$1.\quad \int_0^{\pi/2}\int_0^{\pi/2} \frac{\cos 2(\varphi - \psi)\,d\varphi\,d\psi}{\sqrt{r_1^2 + r_2^2 - 2r_1 r_2 \cos(\varphi - \psi)}} = \int_0^{\pi/2} \frac{(\pi - 2\varphi)\cos 2\varphi\,d\varphi}{\sqrt{r_1^2 + r_2^2 - 2r_1 r_2 \cos\varphi}}\,.$$

$$2.\quad \int_0^{\pi/2}\int_0^{\pi/2} \frac{\cos 2(\varphi + \psi)\,d\varphi\,d\psi}{\sqrt{r_1^2 + r_2^2 - 2r_1 r_2 \cos(\varphi - \psi)}} = -\int_0^{\pi/2} \frac{\sin 2\varphi\,d\varphi}{\sqrt{r_1^2 + r_2^2 - 2r_1 r_2 \cos\varphi}}\,.$$

$$3. \quad \int_0^{\pi/2}\!\!\int_0^{\pi/2} \frac{\cos 2(\varphi-\psi)\,d\varphi\,d\psi}{\sqrt{r_1^2+r_2^2-2r_1r_2\cos(\varphi+\psi)}} = \frac{1}{2}\int_0^{\pi/2} \frac{\sin 2\varphi\,d\varphi}{\sqrt{r_1^2+r_2^2-2r_1r_2\cos\varphi}} - \frac{1}{2}\int_{\pi/2}^{\pi} \frac{\sin 2\varphi\,d\varphi}{\sqrt{r_1^2+r_2^2-2r_1r_2\cos\varphi}} \,.$$

$$4. \quad \int_0^{\pi/2}\!\!\int_0^{\pi/2} \frac{\cos 2(\varphi+\psi)\,d\varphi\,d\psi}{\sqrt{r_1^2+r_2^2-2r_1r_2\cos(\varphi+\psi)}} = \int_0^{\pi/2} \frac{\varphi\cos 2\varphi\,d\varphi}{\sqrt{r_1^2+r_2^2-2r_1r_2\cos\varphi}} + \int_{\pi/2}^{\pi} \frac{(\pi-\varphi)\cos 2\varphi\,d\varphi}{\sqrt{r_1^2+r_2^2-2r_1r_2\cos\varphi}} \,.$$

$$5. \quad \int_0^{\pi/2}\!\!\int_0^{\pi/2} \frac{\cos 2(\varphi-\psi)\,d\varphi\,d\psi}{\sqrt{r_1^2+r_2^2-2r_1r_2\sin(\varphi-\psi)}} = -\int_0^{\pi/2} \frac{\varphi\cos 2\varphi\,d\varphi}{\sqrt{r_1^2+r_2^2-2r_1r_2\cos\varphi}} + \int_{\pi/2}^{\pi} \frac{(\varphi-\pi)\cos 2\varphi\,d\varphi}{\sqrt{r_1^2+r_3^2-2r_1r_2\cos\varphi}} \,.$$

$$6. \quad \int_0^{\pi/2}\!\!\int_0^{\pi/2} \frac{\cos 2(\varphi+\psi)\,d\varphi\,d\psi}{\sqrt{r_1^2+r_2^2-2r_1r_2\sin(\varphi-\psi)}} = -\frac{1}{2}\int_0^{\pi/2} \frac{\sin 2\varphi\,d\varphi}{\sqrt{r_1^2+r_2^2-2r_1r_2\cos\varphi}} + \frac{1}{2}\int_{\pi/2}^{\pi} \frac{\sin 2\varphi\,d\varphi}{\sqrt{r_1^2+r_2^2-2r_1r_2\cos\varphi}} \,.$$

$$7. \quad \int_0^{\pi/2}\!\!\int_0^{\pi/2} \frac{\cos 2(\varphi-\psi)\,d\varphi\,d\psi}{\sqrt{r_1^2+r_2^2+2r_1r_2\sin(\varphi+\psi)}} = -\int_{\pi/2}^{\pi} \frac{\sin 2\varphi\,d\varphi}{\sqrt{r_1^2+r_2^2-2r_1r_2\cos\varphi}} \,.$$

$$8. \quad \int_0^{\pi/2}\!\!\int_0^{\pi/2} \frac{\cos 2(\varphi+\psi)\,d\varphi\,d\psi}{\sqrt{r_1^2+r_2^2+2r_1r_2\sin(\varphi+\psi)}} = \int_{\pi/2}^{\pi} \frac{(\pi-2\varphi)\cos 2\varphi\,d\varphi}{\sqrt{r_1^2+r_2^2-2r_1r_2\cos\varphi}} \,.$$

Zur korpuskularen Behandlungsweise des thermischen Rauschens elektrischer Widerstände.

Von **Eberhard Spenke**.

Mit 2 Bildern.

Mitteilung aus dem Zentrallaboratorium des Wernerwerkes der Siemens & Halske AG zu Siemensstadt.

Eingegangen am 10. Februar 1939.

Einleitung.

Während in der Theorie des Schroteffektes lange Zeit zunächst nur der korpuskulare Standpunkt vertreten wurde und erst in letzter Zeit sich eine Verschmelzung mit thermodynamischen Betrachtungen anbahnt[1]), ist beim thermischen Rauschen von elektrischen Leitern mit ohmscher Widerstandskomponente die Entwicklung gerade umgekehrt verlaufen. Die schon frühzeitig in Angriff genommene thermodynamische Behandlung dieses Widerstandsrauschens[2]) wurde bekanntlich im Jahre 1928 durch Auffindung der Nyquist-Formel[3]) $\overline{\mathfrak{E}^2} = 4kTR$ abgeschlossen. Erst acht Jahre später hat sich J. Bernamont[4]) mit der Frage beschäftigt, welche Elementarvorgänge eigentlich diesem Rauscheffekt zugrunde liegen; er sieht die Ursache des thermischen Widerstandsrauschens in den einzelnen Stromstößen, die durch die ungeordnet hin und her fliegenden Leitungselektronen hervorgerufen werden, und zeigt, wie sich von diesem Standpunkt aus die Nyquist-Formel gewinnen läßt. Endlich hat C. J. Bakker[5]) ohne Ableitung eine auch für hohe Frequenzen gültige Formel für das mittlere Schwankungsquadrat je Frequenzeinheit angegeben. Die vorliegende Arbeit sieht ihre Aufgabe zunächst darin, die korpuskulare Betrachtungsweise des thermischen Widerstandsrauschens mit primitiveren mathematischen Methoden als Bernamont durchzuführen — vielleicht unter Preisgabe höchster mathematischer Strenge. Weiter werden die Laufzeiteffekte der Elektronen in die Betrachtung einbezogen. Es zeigt sich, daß der ohmsche Widerstand dieselbe Frequenzabhängigkeit wie das mittlere Quadrat des Spannungseffektivwertes („Rauschquadrat") aufweist, so daß bei Verwendung des Widerstandswertes bei der betrach-

[1]) W. Schottky: Z. Physik **104** (1936) S. 248; Wiss. Veröff. Siemens **XVI**, 2 (1937) S. 1.

[2]) A. Einstein: Ann. Physik (IV) **22** (1907) S. 569. — L. De Haas-Lorentz: Die Brownsche Bewegung und verwandte Erscheinungen. Dissert. (1912). Deutsche Übersetzung Braunschweig (1913), Sammlung „Die Wissenschaft" Bd. 52.

[3]) H. Nyquist: Physic. Rev. **32** (1928) S. 110.

[4]) J. Bernamont: Diss. Paris (1936); Ann. Phys. Paris **7** (1937) S. 71.

[5]) C. J. Bakker: VI. Assemblée Générale de L'Union Radio Scientifique Internationale, Bericht Nr. 67 (1938) S. 6.

teten Frequenz die Formel für das mittlere Rauschquadrat ihre Form auch für hohe Frequenzen beibehält, während bei Verwendung des Widerstandswertes für die Frequenz Null ein frequenzabhängiger Faktor hinzuzufügen ist, für den sich im Fall Maxwellscher Geschwindigkeitsverteilung und geschwindigkeitsunabhängiger mittlerer freier Weglänge der Bakkersche Wert ergibt. Schließlich werden einige Schwierigkeiten besprochen, die entstehen, wenn die freien Wege eines Elektrons als unabhängige Elementarakte betrachtet werden.

Wir beginnen mit einer kurzen Darstellung der korpuskularen Deutung des thermischen Rauschens und der benutzten mathematischen Methode, der „Fourier-Zerlegung des unabhängigen Einzelvorganges" (Abschn. I), die in Abschn. II auf ein sehr einfaches Modell, ein Elektronengas mit einheitlicher Geschwindigkeit v und einheitlicher freier Weglänge Λ, angewendet wird. Wir werden dabei von vornherein die Beschränkung auf tiefe Frequenzen fallen lassen, um beim Übergang zu einem verbesserten Modell, dem Elektronengas mit verteilten freien Weglängen und verteilten Geschwindigkeiten (Abschn. III), unser Interesse ganz auf die hier auftretenden Mittelungsfragen richten zu können. Der Schlußabschnitt IV bringt eine physikalische Kritik der vorgetragenen Überlegungen.

I. Die korpuskulare Deutung des thermischen Rauschens und die Methode der Fourier-Zerlegung eines unabhängigen Einzelvorganges.

Gegeben sei ein stabförmiger elektrischer Leiter mit der Länge L, dem Querschnitt Q und der absoluten Temperatur T. Je cm³ enthalte er N freie Elektronen, deren Temperaturbewegung man sich in der Elektronentheorie der Leitfähigkeit als eine Aufeinanderfolge von einzelnen freien Wegen vorzustellen pflegt, bei denen das Elektron keinen anderen Kraftwirkungen unterliegt als etwaigen makroskopischen äußeren Feldern. Die einzelnen freien Wege werden begrenzt durch Zusammenstöße mit irgendwelchen Stoßpartnern, die im Gasentladungsplasma von schweren und deshalb relativ unbeweglichen Ionen gebildet werden, in Metallen und Halbleitern jedoch Wärmewellen eines Gitters oder widerstandserhöhende Störstellen im Gitterbau sind. Bei der Zurücklegung eines freien Weges ruft nun jedes Elektron in einem äußeren, an den Leiter angeschlossenen Stromkreis einen Stromimpuls hervor, wodurch sich in dem äußeren Stromkreis insgesamt ein unregelmäßiger Schwankungsstrom mit dem Mittelwert 0 ergibt, der kurz als „das thermische Rauschen" des betrachteten Leiters bezeichnet wird. Dieser Schwankungsstrom ist natürlich noch von der Größe des äußeren Widerstandes abhängig. Eine für den betrachteten Leiter allein charakteristische Größe bekommt man, wenn man dem äußeren Widerstand den Wert Null erteilt. Man berechnet auf diese Weise die Kurzschlußergiebigkeit einer das thermische Rauschen hervorbringenden Ersatzstromquelle, als deren parallelgeschalteter innerer Widerstand der Widerstand des betrachteten Leiters anzusetzen ist. Dieses Vorgehen bringt den Vorteil mit sich, daß die Stromschwankungen im äußeren Stromkreis keine Spannungsschwankungen an den Enden des betrachteten Leiters und damit keine zusätzlichen makroskopischen Felder hervorrufen. Nach den am Anfang dieses Abschnittes geschilderten Vorstellungen der Elektronentheorie der Leitfähigkeit ist dann die Zurücklegung eines freien Weges durch ein Elektron ein unabhängiger Elementarvorgang, und wir können die Methode der Fourier-Zerlegung des Einzelvorganges anwenden.

Diese besteht in folgender Überlegung. Während einer Zeit $\mathfrak{T}$, mit der wir später zur Grenze ∞ übergehen werden, erfolgt eine große Anzahl (M) von einzelnen, voneinander unabhängigen Stromimpulsen $I_1(t) \ldots I_p(t) \ldots I_M(t)$. Wegen der gegenseitigen Unabhängigkeit dieser Impulse ist für den zeitlichen Einsatzpunkt t_{0p} irgendeines beliebigen, beispielsweise des $p$ten Impulses, jeder Wert zwischen 0 und $\mathfrak{T}$ gleich wahrscheinlich. Stellt man $I_p(t)$ während der Zeit von 0 bis $\mathfrak{T}$ durch eine Fourier-Reihe mit den Frequenzen

$$\omega_\alpha = \frac{2\pi}{\mathfrak{T}}\,\alpha \qquad \alpha = 0,\ \pm 1,\ \pm 2, \cdots$$

dar, so sind also für die Phase $\psi_p(\omega_\alpha)$ jedes Fourier-Koeffizienten

$$c_p(\omega_\alpha) = |c_p|\,\mathrm{e}^{j\psi_p}$$

alle Werte zwischen 0 und 2π gleich wahrscheinlich[1]). Setzt man jetzt den gesamten Schwankungsstrom $I_{ges}(t)$ aus den einzelnen Impulsen $I_1(t) \ldots I_M(t)$ zusammen und greift dabei eine beliebige, aber feste Frequenz ω_α heraus, so ergibt sich für die Fourier-Komponente von $I_{ges}(t)$

$$C_{ges}(\omega_\alpha)\,\mathrm{e}^{j\omega_\alpha t} = [c_1(\omega_\alpha) + \cdots + c_p(\omega_\alpha) + \cdots + c_M(\omega_\alpha)]\,\mathrm{e}^{j\omega_\alpha t}.$$

In der komplexen Ebene sind also M Vektoren $c_1 \ldots c_M$ mit bekannten absoluten Beträgen, aber, wie eben nachgewiesen wurde, mit beliebigen und gänzlich unregelmäßig verteilten Winkeln $\psi_1 \ldots \psi_M$ gegen die reelle Achse zu addieren. Eine einfache Verallgemeinerung des cos-Satzes sagt aus, daß

$$|C_{ges}|^2 = \begin{cases} |c_1|^2 + \cdots + |c_p|^2 + \cdots + |c_M|^2 \\ +2|c_1|\cdot|c_2|\cos(\psi_1-\psi_2) + 2|c_1|\cdot|c_3|\cos(\psi_1-\psi_3) + \cdots + 2|c_1|\cdot|c_M|\cos(\psi_1-\psi_M) \\ \qquad +2|c_2|\cdot|c_3|\cos(\psi_2-\psi_3) + \cdots + 2|c_2|\cdot|c_M|\cos(\psi_2-\psi_M) \\ \qquad\qquad +\cdots+\ \cdot\quad\cdot\quad\cdot\quad\cdot\quad\cdot\quad\cdot \\ \qquad\qquad\qquad\qquad +2|c_{M-1}|\cdot|c_M|\cos(\psi_{M-1}-\psi_M) \end{cases}$$

ist. Bei einer Mittelbildung über die einzelnen Winkel $\psi_1 \ldots \psi_M$ fallen alle cos-Terme weg, und es ergibt sich der entscheidende Satz[2]):

$$|C_{ges}|^2 = |c_1|^2 + \cdots + |c_M|^2.$$

Um von hier auf das gewünschte mittlere Quadrat des Effektivwertes von I_{ges} zu kommen, ist noch eine Reihe von Faktoren hinzuzufügen. Erstens stellt nicht $|C_{ges}(\omega_\alpha)|$, sondern $2|C_{ges}(\omega_\alpha)|$ die Amplitude der harmonischen Komponente mit der Frequenz ω_α dar, da in einer komplex geschriebenen Fourier-Reihe $\displaystyle\sum_{\alpha=-\infty}^{\alpha=+\infty} C_{ges}(\omega_\alpha)\,\mathrm{e}^{j\omega_\alpha t}$ zwei Glieder mit derselben Frequenz $\dfrac{2\pi}{\mathfrak{T}}\cdot|\alpha|$ vorkommen[3]). Weiter ist beim Übergang auf das Frequenzintervall 1, also auf das Kreisfrequenzintervall 2π, das ja die $\mathfrak{T}$ Fourier-Komponenten

$$\omega_{\alpha+1} = \frac{2\pi}{\mathfrak{T}}(\alpha+1),\ldots,\quad \omega_{\alpha+\mathfrak{T}} = \frac{2\pi}{\mathfrak{T}}(\alpha+\mathfrak{T}) = \omega_\alpha + 2\pi$$

---

[1]) Aus der weiter unten angeführten bekannten Formel (1,2) für einen Fourier-Koeffizienten $c_p(\omega_\alpha)$ ist nämlich ohne weiteres ersichtlich, daß eine zeitliche Verschiebung des Impulses $I_p(t)$ um Δt_{0p} die Fourier-Koeffizienten $c_p(\omega_\alpha)$ um einen Faktor $\mathrm{e}^{-j\omega_\alpha\cdot\Delta t_{0p}}$ ändert.

[2]) Den geschilderten anschaulichen Beweis mit Hilfe des cos-Satzes verdanke ich Herrn M. Steenbeck.

[3]) Ausführlicher siehe E. Spenke: Wiss. Veröff. Siemens **XVI**, 3 (1937) S. 129.

enthält, der Faktor $\mathfrak{T}$ hinzuzufügen[1]). Verwenden wir schließlich an Stelle des **Amplitudenquadrates** das halb so große mittlere **Effektivwertquadrat** je Frequenzintervall 1, so erhalten wir

$$\overline{\mathfrak{J}^2} = 2\,\mathfrak{T} \sum_{p=1}^{p=M} |c_p(\omega)|^2, \tag{1, 1}$$

wobei in bekannter Weise

$$c_p(\omega) = \frac{1}{\mathfrak{T}} \int_0^{\mathfrak{T}} I_p(t)\, e^{-j\omega t}\, dt \tag{1, 2}$$

ist. (1, 1) und (1, 2) stellen den mathematischen Extrakt der Methode der **Fourier**-Zerlegung des unabhängigen Einzelvorganges dar, wobei (1, 1) die sehr einfache Vorschrift dafür ist, wie man von der **Fourier**-Zerlegung (1, 2) des unabhängigen Einzelvorganges $I_p(t)$ zum mittleren Effektivwertquadrat je Frequenzintervall 1 kommt.

II. Isotropes Elektronengas mit einheitlicher Geschwindigkeit v und einheitlicher freier Weglänge Λ.

Wir wenden diese Rechenvorschriften zunächst auf ein ganz primitives Modell der Elektronentheorie an, nämlich auf ein isotropes Elektronengas mit einheitlicher freier Weglänge Λ und einheitlicher Geschwindigkeit $v = \sqrt{\dfrac{3\,kT}{m}}$. Die kinetische Energie eines Elektrons hat also den Äquipartitionswert $\dfrac{m v^2}{2} = \dfrac{3}{2}\,kT$. Die einzelnen Stromstöße dauern dann alle gleich lange $\left(t_{\ddot{u}} = \dfrac{\Lambda}{v}\right)$ und zeigen im einzelnen folgenden zeitlichen Verlauf:

$$I(t) = \begin{cases} 0 & \text{für} & 0 < t < t_{0\,p}\,, \\[4pt] \dfrac{e}{L}\,v\cos\vartheta & \text{für} & t_{0\,p} < t < t_{0\,p} + t_{\ddot{u}}\,, \\[4pt] 0 & \text{für} & t_{0\,p} + t_{\ddot{u}} < t < \mathfrak{T}\,, \end{cases} \tag{2, 1}$$

denn ein Elektron, das sich unter einem Winkel ϑ gegen die Achse des Leiters mit der Geschwindigkeit v bewegt, erzeugt im äußeren Stromkreis den Strom $\dfrac{e}{L} \cdot v \cdot \cos\vartheta$ [2]). Durch Einsetzen von (2, 1) in (1, 2) und Durchführung der Integration ergibt sich:

$$|c_p(\omega)| = \frac{1}{\mathfrak{T}}\,\frac{e}{L}\,v\cos\vartheta \left| \frac{1 - e^{-j\omega t_{\ddot{u}}}}{j\omega} \cdot e^{-j\omega t_{0\,p}} \right| = \frac{1}{\mathfrak{T}}\,\frac{e}{L}\,\Lambda\cos\vartheta \frac{\sqrt{2\,(1 - \cos\omega t_{\ddot{u}})}}{\omega\,t_{\ddot{u}}}. \tag{2, 2}$$

Da jeder freie Weg in der Zeit $t_{\ddot{u}}$ zurückgelegt wird, machen die $L \cdot Q \cdot N$ Elektronen des gesamten Leiters während der Zeit $\mathfrak{T}$ $\dfrac{\mathfrak{T}}{t_{\ddot{u}}} \cdot L\,Q\,N$ freie Wege, von denen wegen der vorausgesetzten Isotropie der Bruchteil $\dfrac{2\pi\sin\vartheta\,d\vartheta}{4\pi}$ unter einem Winkel zwischen ϑ und $\vartheta + d\vartheta$ gegen die Achse des Leiters erfolgt. Diese freien Wege liefern also alle denselben Wert (2, 2) von $|c_p(\omega)|$ und die in (1, 1) vorgeschriebene Summation über p ist daher in folgender Weise auszuführen:

$$\overline{\mathfrak{J}^2} = 2\,\mathfrak{T} \int_{\vartheta=0}^{\vartheta=\pi} \frac{1}{\mathfrak{T}^2}\,\frac{e^2}{L^2}\,\Lambda^2 \cos^2\vartheta \cdot \frac{2\,(1 - \cos\omega t_{\ddot{u}})}{(\omega\,t_{\ddot{u}})^2} \cdot \frac{\mathfrak{T}}{t_{\ddot{u}}} \cdot L\,Q\,N \cdot \frac{2\pi\sin\vartheta\,d\vartheta}{4\pi}\,.$$

$$\overline{\mathfrak{J}^2} = \frac{Q}{L}\,N\,e^2\Lambda \cdot \frac{2\,(1 - \cos\omega t_{\ddot{u}})}{(\omega\,t_{\ddot{u}})^2} \cdot \frac{2}{3}\,v\,. \tag{2, 3}$$

---

[1]) Siehe z. B. E. **Spenke**: a. a. O. S. 130 unten.
[2]) Siehe z. B. A. v. **Engel** u. M. **Steenbeck**: Elektrische Gasentladungen. Bd. I. Berlin (1932) S. 150.

Betrachten wir zur Orientierung zunächst den Fall tiefer Frequenzen $\omega t_{\ddot{u}} \ll 2\pi$

$$\overline{\mathfrak{J}^2} = \frac{Q}{L}\, N\, e^2\, \varLambda \cdot \frac{2}{3}\, v \,. \tag{2,4}$$

Mit dem bekannten[1]) Wert für die elektrische Leitfähigkeit

$$\sigma = \frac{N e^2 \varLambda}{2\,m\,v}\,, \tag{2,5}$$

der für ein solches Elektronengas mit einheitlicher freier Weglänge $\varLambda$ und einheitlicher Geschwindigkeit v gilt, folgt

$$\overline{\mathfrak{J}^2} = \frac{Q}{L}\, \sigma\, 4\, \frac{m\,v^2}{3}\,,$$

was mit dem Äquipartitionswert $\frac{m}{2} v^2 = \frac{3}{2} kT$ und dem ohmschen Widerstand $R = \frac{L}{Q} \cdot \frac{1}{\sigma}$ des betrachteten Leiters

$$\overline{\mathfrak{J}^2} = \frac{4\,k\,T}{R} \tag{2,6}$$

also die Formel von Nyquist ergibt.

Wie gestaltet sich nun der Verlauf der Rechnung, falls wir von der Beschränkung auf tiefe Frequenzen absehen? Wir dürfen uns dann nicht damit begnügen, die volle Formel (2, 3) an Stelle ihres Grenzwertes (2, 4) für $\omega t_{\ddot{u}} \rightarrow 0$ zu benutzen. Vielmehr werden die Laufzeiteffekte der Elektronen sich auch in dem Ausdruck (2, 5) für die Leitfähigkeit bemerkbar machen, der ja dadurch abgeleitet wird, daß man die zusätzlichen Geschwindigkeiten ermittelt, die den Elektronen während eines freien Weges durch ein konstantes makroskopisches Feld erteilt werden. Hier ist also jetzt zu untersuchen, welche Zusatzgeschwindigkeiten $v^{(1)}$ den Elektronen durch ein Wechselfeld $\mathfrak{F} \cdot \mathrm{e}^{j\omega t}$ erteilt werden. Eine Integration der Newtonschen Gleichung

$$m\, \dot{v}_x = e\, \mathfrak{F} \cdot \mathrm{e}^{j\omega t}$$

beantwortet diese Frage mit der Gleichung:

$$v_x = v_x^{(0)} + v_x^{(1)} = v \cos\vartheta + \frac{e}{m}\, \mathfrak{F} \left(\frac{\mathrm{e}^{j\omega t}}{j\omega} - \frac{\mathrm{e}^{j\omega t_{0p}}}{j\omega} \right).$$

Um auf die Leitfähigkeit zu kommen, ermitteln wir zunächst die Anzahl derjenigen Elektronen, die eine Richtung zwischen ϑ und $\vartheta + d\vartheta$ gegen die Achse des Leiters und damit gegen die Richtung des Feldes haben und die zu einer Zeit zwischen t_{0p} und $t_{0p} + dt_{0p}$ zu ihrem letzten freien Wege gestartet sind. Sie ist

$$NQL \cdot \frac{2\pi \sin\vartheta\, d\vartheta}{4\pi} \cdot \frac{dt_{0p}}{t_{\ddot{u}}}\,,$$

denn der Faktor $2\pi \sin\vartheta\, d\vartheta / 4\pi$ erklärt sich durch die vorausgesetzte Isotropie und der Faktor $dt_{0p}/t_{\ddot{u}}$ dadurch, daß jedes Zeitelement dt_{0p} gleichwahrscheinlich ist, weiter aber innerhalb eines Zeitintervalles der Länge $t_{\ddot{u}}$ jedes Elektron genau einmal zu einem neuen freien Wege gestartet sein muß. Weiter liefert ein Elektron mit der Geschwindigkeitskomponente v_x in der Richtung der Achse des Leiters im äußeren Stromkreis den Strom $e \cdot v_x / L$[2]). Alle Elektronen zusammen liefern also im Zeitmoment t den Strom

$$\mathfrak{J}(t) = NQL \cdot \int\limits_{t_{0p}=t-t\ddot{u}}^{t_{0p}=t} \int\limits_{\vartheta=0}^{\vartheta=\pi} \left[\frac{e^2}{m}\, \frac{\mathfrak{F}}{L}\, \mathrm{e}^{j\omega t}\, \frac{1 - \mathrm{e}^{-j\omega(t-t_{0p})}}{j\omega} + \frac{e}{L}\, v \cos\vartheta \right] \frac{1}{2} \sin\vartheta\, d\vartheta\, \frac{dt_{0p}}{t_{\ddot{u}}}\,.$$

---

[1]) Siehe z. B. Artikel L. Nordheim in Müller-Pouillets Lehrbuch der Physik. Bd. **IV**, 4, S. 246, Gl. (3). Braunschweig (1934).

[2]) A. v. Engel u. M. Steenbeck: Elektrische Gasentladungen. Bd. **I**. Berlin (1932) S. 150.

Die Integrationen lassen sich ohne Schwierigkeit durchführen. Mit Einführung der an dem ganzen Leiter liegenden Spannung

$$\mathfrak{U}(t) = \mathfrak{F} \cdot L \cdot e^{j\omega t}$$

ergibt sich

$$\mathfrak{J}(t) = \mathfrak{U}(t) \cdot \frac{Q}{L} \frac{Ne^2}{m} t_{\ddot{u}} \cdot \frac{1}{j\omega t_{\ddot{u}}} \left[1 + \frac{e^{-j\omega t_{\ddot{u}}} - 1}{j\omega t_{\ddot{u}}} \right].$$

Der Leitwert $\mathfrak{G}(\omega) = \dfrac{\mathfrak{J}(t)}{\mathfrak{U}(t)}$ ist also jetzt komplex (Phasenverschiebung!), und sein Realteil beträgt bei Berücksichtigung von $t_{\ddot{u}} = \dfrac{\Lambda}{v}$

$$G(\omega) = \frac{Q}{L} \frac{Ne^2\Lambda}{2mv} \cdot 2 \frac{1 - \cos\omega t_{\ddot{u}}}{(\omega t_{\ddot{u}})^2} = \frac{Q}{L} \cdot \sigma(\omega). \tag{2,7}$$

Diese Formel ist für hohe Frequenzen an Stelle von (2, 5) zu verwenden und ergibt durch Kombination mit (2, 3)

$$\overline{\mathfrak{J}^2} = G(\omega) \cdot 4 \frac{mv^2}{3},$$

also unter Berücksichtigung des Äquipartitionswertes $\dfrac{mv^2}{2} = \dfrac{3}{2} kT$

$$\overline{\mathfrak{J}^2} = 4kT \cdot G(\omega). \tag{2,8}$$

Für tiefe Frequenzen ist (2, 8) mit (2, 6) natürlich identisch. Würde man jedoch (2, 6) in der Form auf hohe Frequenzen übertragen wollen, daß man

$$\overline{\mathfrak{J}^2} = \frac{4kT}{R(\omega)} \tag{2,81}$$

schriebe, so wäre dieses Ergebnis von (2, 8) verschieden und — wie unsere Rechnung gezeigt hat — falsch. Das geht auch aus den thermodynamischen Überlegungen von Nyquist hervor, mit dessen Ergebnissen (2, 8) und nicht (2, 81) übereinstimmt. Man sieht das dadurch ein, daß man die bei den thermodynamischen Betrachtungen zweckmäßige Darstellung des thermischen Rauschens durch eine Ersatz-EMK $4kT \cdot R(\omega)$ mit dem in Reihe liegenden komplexen inneren Widerstand $\mathfrak{R}(\omega)$ auf die von uns benutzte Darstellung durch eine Ersatzstromquelle mit dem parallel liegenden inneren Leitwert $\mathfrak{G}(\omega) = \dfrac{1}{\mathfrak{R}(\omega)}$ umrechnet (s. Bild 1). Man erhält

$$|\mathfrak{J}|^2 = \frac{|\mathfrak{E}|^2}{|\mathfrak{R}(\omega)|^2} = 4kT \frac{R(\omega)}{|\mathfrak{R}(\omega)|^2} = 4kT \frac{R(\omega)}{R^2(\omega) + B^2(\omega)}, \tag{2,9}$$

wobei für den komplexen inneren Widerstand $\mathfrak{R}(\omega) = R(\omega) + jB(\omega)$ gesetzt wird.

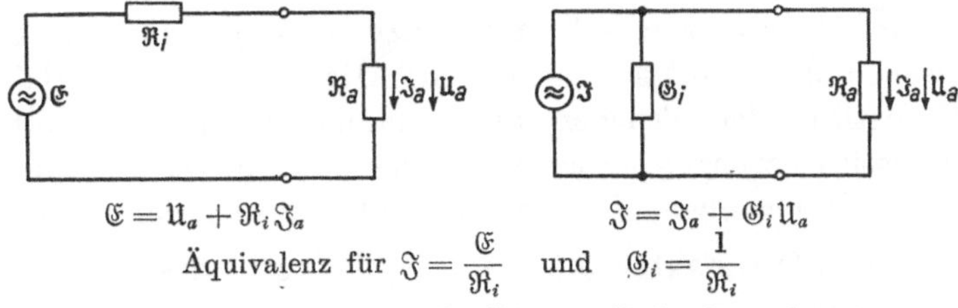

$$\mathfrak{E} = \mathfrak{U}_a + \mathfrak{R}_i\mathfrak{J}_a \qquad\qquad \mathfrak{J} = \mathfrak{J}_a + \mathfrak{G}_i\mathfrak{U}_a$$

$$\text{Äquivalenz für } \mathfrak{J} = \frac{\mathfrak{E}}{\mathfrak{R}_i} \quad \text{und} \quad \mathfrak{G}_i = \frac{1}{\mathfrak{R}_i}$$

Bild 1. Äquivalenz zwischen einer Spannungsquelle $\mathfrak{E}$ mit in Reihe liegendem inneren Widerstand $\mathfrak{R}_i$ und einer Stromquelle $\mathfrak{J}$ mit parallel geschaltetem inneren Leitwert $\mathfrak{G}_i$.

Der Faktor $\dfrac{R(\omega)}{R^2(\omega) + B^2(\omega)}$ ist nun mit dem Realteil $G(\omega)$ des komplexen Scheinleitwertes

$$\mathfrak{G}(\omega) = \frac{1}{\mathfrak{R}(\omega)} = \frac{1}{R + jB} = \frac{R - jB}{R^2 + B^2}$$

identisch, dagegen von dem reziproken Realteil $\dfrac{1}{R(\omega)}$ des Scheinwiderstandes $\Re(\omega)$ verschieden. Damit folgt aus (2, 9)

$$|\Im|^2 = 4\,kT\,G(\omega) \mp \frac{4\,kT}{R(\omega)},$$

womit auch aus den thermodynamischen Betrachtungen von Nyquist die Richtigkeit von (2, 8) im Gegensatz zu (2, 81) entschieden ist.　·

Interessant ist jedenfalls, daß das Nyquistsche Ergebnis $|\mathfrak{E}|^2 = 4\,kT \cdot R(\omega)$ unverändert auch für solche Frequenzen gilt, für die bereits die Laufzeiteffekte der Elektronen wesentlich werden. Man kann es natürlich auch in der Form

$$|\mathfrak{E}|^2 = 4\,kT\,R(0) \cdot f(\omega t_{\ddot{u}}) \tag{2, 10}$$

schreiben, wobei für den Fall des isotropen Elektronengases mit einheitlicher freier Weglänge $\varLambda$ und einheitlicher Geschwindigkeit v

$$f(\omega t_{\ddot{u}}) = 2\,\frac{1 - \cos \omega t_{\ddot{u}}}{(\omega t_{\ddot{u}})^2}$$

zu setzen ist. Dabei ist aber zu beachten, daß in der Schreibweise (2, 10) der ohmsche Widerstand $R(0)$ für tiefe Frequenzen verwendet wird, während in der Schreibweise $4\,kT \cdot R(\omega)$ der Wert des ohmschen Widerstandes für die betrachtete Frequenz ω auftritt. Das wesentliche ist eben, daß der ohmsche Widerstand dieselbe Frequenzabhängigkeit wie das mittlere Rauschquadrat zeigt, so daß in (2, 10) die Faktoren $R(0)$ und $f(\omega t_{\ddot{u}})$ zu dem einen Faktor $R(\omega)$ zusammengefaßt werden können.

III. Isotropes Elektronengas mit verteilten freien Weglängen und verteilten Geschwindigkeiten.

Wir verbessern in diesem Abschnitt das bis jetzt benutzte, noch sehr einfache Modell zunächst einmal dadurch, daß wir an Stelle der einheitlichen Geschwindigkeit aller Elektronen auf allen freien Wegen eine Geschwindigkeitsverteilung einführen, und zwar soll von den NQL Elektronen unseres Leiters der Bruchteil

$$QL \cdot d\xi\,d\eta\,d\zeta\,\frac{m^3 G}{h^3} \cdot f_0(v) \tag{3, 01}$$

Geschwindigkeitskomponenten zwischen ξ und $\xi + d\xi$, η und $\eta + d\eta$, ζ und $\zeta + d\zeta$ haben. Dabei ist

$$f_0(v) = \frac{1}{\mathrm{e}^{\frac{m\,v^2}{2\,k\,T} + a} + \gamma} \tag{3, 02}$$

mit $v = \sqrt{\xi^2 + \eta^2 + \zeta^2}$ und $\gamma = +1$ bzw. 0 bzw. -1, je nachdem, ob Teilchen mit antisymmetrischen Eigenfunktionen (Fermi-Dirac-Statistik), klassische Teilchen (Maxwell-Statistik) oder Teilchen mit symmetrischen Eigenfunktionen (Bose-Einstein-Statistik) vorliegen. a ist eine Konstante, die so bestimmt werden muß, daß sich bei Integration über alle Geschwindigkeiten die richtige Gesamtzahl NQL der Teilchen ergibt. Der Faktor $QL \cdot d\xi\,d\eta\,d\zeta\,\frac{m^3 G}{h^3}$ gibt die Anzahl der verfügbaren Plätze in dem Volumenelement $QL \cdot d(m\,\xi)d(m\,\eta)d(m\,\zeta)$ des 6-dimensionalen Phasenraumes an, da der Phasenraum in der Quantenstatistik in Zellen der Größe h^3 einzuteilen ist und in jeder dieser Zellen G Plätze zur Verfügung stehen, wobei G für Elektronen wegen des Spins gleich 2 zu setzen ist. Der Faktor $f_0(v)$ bedeutet also die mittlere Besetzungszahl eines „Platzes" im Phasenraum. Zur weiteren Erläuterung erwähnen wir, daß für Teilchen mit antisymmetrischen Eigenfunktionen das Pauli-Verbot gilt. Als Besetzungszahlen eines Platzes kommen bei solchen Teilchen daher nur 0 und 1 in Frage. Die mittlere Besetzungszahl f_0 muß dann immer kleiner als 1 sein. Das stimmt mit (3, 02) überein, denn für die bei antisymmetrischen Teilchen gültige Fermi-Dirac-Statistik ist $\gamma = +1$ zu setzen, und dadurch wird f_0 nach (3, 02) tatsächlich immer kleiner als 1.

Während im Abschnitt II durch Festsetzung einheitlicher Elektronengeschwindigkeit von vornherein die rein elastische Natur der Stöße und die Vernachlässigung der Energieübertragung bei den Zusammenstößen feststand, muß jetzt eine Hypothese über die Art der Zusammenstöße eingeführt werden. Wir entscheiden uns dabei einfach für Beibehaltung dieser Annahmen, da die gleichen auch in der Drude-Lorentz-Sommerfeldschen Elektronentheorie der Leitfähigkeit gemacht werden und ihre Beibehaltung deswegen die Übernahme der dort gefundenen einfachen Ausdrücke für die Leitfähigkeit ermöglicht.

Da unter diesen Annahmen ein Elektron nach dem Stoß wieder dieselbe Geschwindigkeit v, abgesehen von einer Richtungsänderung, wie vor dem Stoß hat, besteht bis jetzt die Erweiterung gegenüber den Annahmen des Abschnittes II darin, daß wir an Stelle der einheitlichen Geschwindigkeit aller Elektronen eine Reihe von Gruppen (3, 01) haben, in denen jedesmal wieder einheitliche Geschwindigkeit herrscht und auch bei allen Stoßvorgängen beibehalten wird, so daß zwischen den einzelnen Gruppen kein Individuenaustausch stattfindet. Hinsichtlich der zwischen zwei Stößen zurückgelegten freien Wege, die in Abschnitt II einheitlich gleich Λ angesetzt wurden, setzen wir nun nicht etwa nur für jede Gruppe (3, 01) eine von v abhängige einheitliche freie Weglänge $\Lambda(v)$ an, sondern nehmen sofort an, daß die freien Wege innerhalb einer Gruppe (3, 01) exponentiell streuen. Man kommt zwangsweise zu diesem Ansatz, wenn man die Wahrscheinlichkeit, daß ein Elektron auf einem Wegelement dx einen Stoßprozeß erleidet, unabhängig von der bis dahin zurückgelegten Wegstrecke gleich $dx/\Lambda(v)$ ansetzt. Es läßt sich dann zeigen, daß von einer großen Anzahl aufeinanderfolgender freier Wege eines Elektrons einer v-Gruppe der Bruchteil

$$\mathrm{e}^{-\frac{\lambda}{\Lambda(v)}}\, d\frac{\lambda}{\Lambda(v)} \tag{3, 03}$$

eine Länge zwischen λ und $\lambda + d\lambda$ hat. $\Lambda(v)$ ist dabei eine mittlere freie Weglänge, die unter Umständen von der Geschwindigkeit v abhängig ist, z. B. beim Zusammenstoß von Elektronen mit Edelgasatomen in einem Gasentladungsplasma (Ramsauer-Effekt).

Durch die bisherigen Ausführungen ist das neugewählte Modell zunächst genügend genau gekennzeichnet, und wir können uns der Berechnung des thermischen Rauschens nach den Vorschriften (1, 2) und (1, 1) zuwenden. Der gemäß (1, 2) ermittelte Wert (2, 2) von $|c_p|$ kann, nachdem die einheitliche freie Weglänge Λ durch die Länge λ des gerade betrachteten freien Weges ersetzt und $t_{\ddot{u}} = \frac{\lambda}{v}$ berücksichtigt worden ist, unverändert übernommen werden:

$$|c_p|^2 = \frac{1}{\mathfrak{T}^2}\, \frac{e^2}{L^2}\, \lambda^2 \cos^2\vartheta\, \frac{2\left(1 - \cos\omega\,\frac{\lambda}{v}\right)}{\left(\omega\,\frac{\lambda}{v}\right)^2}. \tag{3, 04}$$

Neue Überlegungen sind erst bei Durchführung der in (1, 1) vorgeschriebenen Summation über alle Einzelimpulse während der Zeit $\mathfrak{T}$ erforderlich. Wir fragen zunächst nach der Anzahl derjenigen freien Wege aller Elektronen, die innerhalb der Zeit $\mathfrak{T}$ mit einer Geschwindigkeit zwischen v und $v + dv$ über eine Strecke zwischen λ und $\lambda + d\lambda$ unter einem Winkel zwischen ϑ und $\vartheta + d\vartheta$ gegen die Achse des Leiters führen.

Ausgangspunkt für die Beantwortung dieser Frage ist die Feststellung, daß ein Elektron während der Zeitspanne $\mathfrak{T}$ $\dfrac{\mathfrak{T}}{\Lambda/v}$ freie Wege macht; denn die einzelnen Flugdauern $\dfrac{\lambda_1}{v}, \dfrac{\lambda_2}{v}, \ldots$ addieren sich, so daß in diesem Zusammenhang das arithmetische Mittel $\int\limits_0^\infty \lambda \, \mathrm{e}^{-\frac{\lambda}{\Lambda}} \, d\dfrac{\lambda}{\Lambda} = \Lambda$ maßgebend ist. Der Bruchteil $\mathrm{e}^{-\frac{\lambda}{\Lambda}} \, d\dfrac{\lambda}{\Lambda}$ von diesen $\dfrac{\mathfrak{T}}{\Lambda/v}$ freien Wegen hat eine Länge zwischen λ und $\lambda + d\lambda$, so daß ein Elektron während der Zeit $\mathfrak{T}$ $\dfrac{\mathfrak{T}}{\Lambda} v \, \mathrm{e}^{-\frac{\lambda}{\Lambda}} \, d\dfrac{\lambda}{\Lambda}$ freie „λ-Wege“ macht. In jedem Augenblick sind $Q L \cdot \dfrac{G \, m^3}{h^3} f_0(v) \, d\xi \, d\eta \, d\zeta = \dfrac{G \, m^3}{h^3} f_0(v) \, v^2 \, dv \sin\vartheta \, d\vartheta \cdot 2\pi$ Elektronen mit einer Geschwindigkeit zwischen v und $v + dv$ unter einem Winkel zwischen ϑ und $\vartheta + d\vartheta$ gegen die Achse des Leiters vorhanden, so daß alle Elektronen zusammen während der Zeit

$$\frac{\mathfrak{T}}{\Lambda(v)} \cdot v \cdot \mathrm{e}^{-\frac{\lambda}{\Lambda}} d\frac{\lambda}{\Lambda} \cdot Q L \frac{G \, m^3}{h^3} f_0(v) \, v^2 \, dv \sin\vartheta \, d\vartheta \cdot 2\pi \tag{3,05}$$

freie „$\{\lambda, v, \vartheta\}$-Wege“ machen.

Jetzt können wir die in (1, 1) vorgeschriebene Summation über alle Impulse während der Zeit $\mathfrak{T}$ ausführen; mit Hilfe von (3, 05) und (3, 04) ergibt sich

$$\overline{\mathfrak{J}^2} = 2 \, \mathfrak{T} \int\limits_{v=0}^{v=\infty} \int\limits_{\vartheta=0}^{\vartheta=\pi} \int\limits_{\lambda=0}^{\lambda=\infty} \frac{1}{\mathfrak{T}^2} \frac{e^2}{L^2} \lambda^2 \cos^2\vartheta \frac{2\left(1 - \cos\omega \frac{\lambda}{v}\right)}{\left(\omega \frac{\lambda}{v}\right)^2} \cdot \frac{\mathfrak{T}}{\Lambda(v)} \, \mathrm{e}^{-\frac{\lambda}{\Lambda(v)}} d\left(\frac{\lambda}{\Lambda(v)}\right) \frac{G \, m^3}{h^3} f_0(v) \, v^3 \, dv \sin\vartheta \, d\vartheta \cdot 2\pi. \tag{3,06}$$

Hier ist aber für nichtklassische Teilchen noch eine Korrektur anzubringen. Die quadratische Summation (1, 1) beruht ja auf der gänzlichen gegenseitigen Unabhängigkeit der Elektronen und der daraus folgenden zeitlich ganz unregelmäßigen Aufeinanderfolge der auf den einzelnen freien Wegen erzeugten Stromimpulse. Für nichtklassische Teilchen ist aber gerade eine unvermeidbare Wechselwirkung kennzeichnend, die sich bei Teilchen mit antisymmetrischen Eigenfunktionen wegen des für sie geltenden Pauli-Verbotes als eine gewisse Tendenz, sich auf verschiedene Plätze des Phasenraumes zu verteilen, bei Teilchen mit symmetrischen Eigenfunktionen als eine Tendenz, sich gerade umgekehrt auf gleichen Plätzen im Phasenraum zu häufen, qualitativ beschreiben kann[1]). Diese Tendenzen wirken sich auf die zeitliche Aufeinanderfolge der einzelnen Stromimpulse aus, und zwar in der Weise, daß die von Fermi-Dirac-Teilchen erzeugten Stromimpulse sich stärker als im klassischen Falle verteilen, die von Bose-Einstein-Teilchen erzeugten Impulse dagegen umgekehrt sich stärker häufen. Die quadratische Summation (1, 1) kann also für nichtklassische Teilchen nicht ohne weiteres übernommen werden. Man pflegt nun in der Quantenstatistik bei kinetischen Betrachtungen die nichtklassische Wechselwirkung in der Weise zu berücksichtigen, daß man dem klassischen Stoßzahlansatz den Faktor $[1 - \gamma f_0(v')]$ hinzufügt[2]) und so die Wahrscheinlichkeit eines Stoßes, bei dem die Geschwindigkeit $\mathfrak{v}$ eines Teilchens in $\mathfrak{v}'$ verwandelt wird,

---

[1]) Ausführlicheres siehe z. B. L. Brillouin: Die Quantenstatistik. Berlin (1931) S. 167.
[2]) Siehe z. B. L. Nordheim: a. a. O. S. 308 $\cdots$ 310, S. 316.

von der Besetzungszahl des Endzustandes abhängig macht. Nach dieser Korrektur werden die Teilchen wieder als unabhängig voneinander betrachtet. Wir schließen uns diesem Vorgehen hier an. (3, 05) wurde zwar zunächst als die Anzahl der freien Wege (mit bestimmten λ, v, ϑ-Werten) in der Zeit $\mathfrak{T}$ berechnet. Da jeder freie Weg aber durch einen Zusammenstoß beendet wird, ist (3, 05) zugleich auch die Anzahl der Stöße, die einen freien λ, v, ϑ-Weg beenden, und somit ist nach dem Vorbild der Quantenstatistik der Faktor $[1 - \gamma f_0(v')]$ hinzuzufügen. Da nach den am Anfang dieses Abschnittes gemachten Voraussetzungen über die Natur der Zusammenstöße der Betrag v' der Geschwindigkeit $\mathfrak{v}'$ nach dem Zusammenstoß gleich dem Betrag v der Geschwindigkeit $\mathfrak{v}$ des Teilchens vor dem Zusammenstoß ist, ist also in (3, 05) und damit auch im Integranden von (3, 06) der Faktor $[1 - \gamma f_0(v)]$ hinzuzufügen, und wir erhalten für den Mittelwert des Effektivwertquadrates je Frequenzeinheit

$$\overline{\mathfrak{J}^2} = \frac{Q}{L}\, 2\,\pi\, \frac{G\,m^3}{h^3}\, e^2 \int\limits_{v=0}^{v=\infty} \Lambda(v) \int\limits_{\lambda=0}^{\lambda=\infty} \left(\frac{\lambda}{\Lambda(v)}\right)^2 e^{-\frac{\lambda}{\Lambda(v)}} \frac{2\left[1 - \cos\left(\omega\,\frac{\Lambda(v)}{v}\cdot\frac{\lambda}{\Lambda(v)}\right)\right]}{\left(\omega\,\frac{\Lambda(v)}{v}\cdot\frac{\lambda}{\Lambda(v)}\right)^2}\, d\left(\frac{\lambda}{\Lambda(v)}\right)$$
$$\cdot f_0(v)\,[1 - \gamma\,f_0(v)]\,v^2\,d(v^2)\cdot \int\limits_{\vartheta=0}^{\vartheta=\pi} \cos^2\vartheta\,\sin\vartheta\,d\vartheta. \qquad (3, 07)$$

Wie im vorigen Abschnitt behandeln wir zunächst den Sonderfall tiefer Frequenzen $\omega \to 0$:

$$\overline{\mathfrak{J}^2} = \frac{Q}{L}\, 2\pi\, \frac{G\,m^3}{h^3}\, e^2 \int\limits_{v=0}^{v=\infty} \Lambda(v) \int\limits_{\lambda/\Lambda=0}^{\lambda/\Lambda=\infty} \left(\frac{\lambda}{\Lambda}\right)^2 e^{-\frac{\lambda}{\Lambda}}\, d\frac{\lambda}{\Lambda}\cdot f_0(v)\,[1 - \gamma\,f_0(v)]\,v^2\,d(v^2)\cdot\frac{2}{3}. \qquad (3, 08)$$

Integration über $\dfrac{\lambda}{\Lambda}$ und Einführung einer neuen Integrationsvariablen $x = \dfrac{\varepsilon}{k\,T} = \dfrac{m\,v^2}{2\,k\,T}$ bei der anderen Integration ergibt

$$\overline{\mathfrak{J}^2} = \frac{Q}{L}\, e^2 \cdot \frac{32}{3}\,\pi\cdot\frac{G\,m^3}{h^3}\cdot (k\,T)^2 \cdot \int\limits_{x=0}^{x=\infty} \Lambda(x)\, f_0(x)\,[1 - \gamma\,f_0(x)]\,x\,dx. \qquad (3, 09)$$

In der Elektronentheorie der Leitfähigkeit wird für den Leitwert unter den gleichen Annahmen, wie sie hier auch bei der Berechnung des Mittelwertes des Effektivwertquadrates gemacht wurden, der Ausdruck

$$G = \frac{Q}{L}\,\sigma = \frac{Q}{L}\, e^2\,\frac{8\pi\,G\,m}{3\,h^3} \int\limits_{\varepsilon=0}^{\varepsilon=\infty} \Lambda(\varepsilon)\,\varepsilon\left(-\frac{\partial f_0}{\partial \varepsilon}\right) d\varepsilon \qquad (3, 10)$$

abgeleitet[1]). Indem wir auch hier die neue Integrationsvariable $x = \dfrac{\varepsilon}{k\,T}$ einführen und dann mit Hilfe von (3, 10) $\dfrac{Q}{L}\cdot e^2$ aus (3, 09) eliminieren, ergibt sich

$$\overline{\mathfrak{J}^2} = G\cdot 4\,k\,T\cdot \frac{\displaystyle\int\limits_{x=0}^{x=\infty} \Lambda(x)\, f_0(x)\,[1 - \gamma\,f_0(x)]\,x\,dx}{\displaystyle\int\limits_{x=0}^{x=\infty} \Lambda(x)\,[-f_0'(x)]\,x\,dx}. \qquad (3, 11)$$

---

[1]) L. Nordheim: a. a. O. S. 323 Gl. (13) mit $n = 1$ und Gl. (12a) mit $\dfrac{\partial \alpha}{\partial x} = 0$ und $\dfrac{\partial T}{\partial x} = 0$, da beim reinen Leitfähigkeitsproblem keine Konzentrations- und Temperaturgradienten in der Feldrichtung anzusetzen sind.

Hierbei ist $f_0(x) = f_0(\varepsilon/kT)$ nach (3, 02)

$$f_0\left(\frac{m\,v^2}{2\,k\,T}\right) = \frac{1}{\mathrm{e}^{\frac{m\,v^2}{2\,k\,T}+a} + \gamma} = \frac{1}{\mathrm{e}^{x+a} + \gamma} = f_0(x).$$

Durch Differentiation bestätigt man die Identität

$$- f_0'(x) \equiv f_0(x)\,[1 - \gamma\,f_0(x)]\,, \qquad\qquad (3, 12)$$

womit in (3, 11) der Quotient der beiden Integrale gleich 1 wird und die Nyquist-sche Formel

$$\overline{\mathfrak{J}^2} = 4\,k\,T \cdot G.$$

folgt.

Um ebenso wie im Abschnitt II bei dem einfachen Modell die Beschränkung auf tiefe Frequenzen zu überwinden, wollen wir versuchen, für die Leitfähigkeit an Stelle von (3, 10) eine die Laufzeit der Elektronen berücksichtigende Formel abzuleiten. Beim Vorliegen einer Geschwindigkeitsverteilung kann man nicht wie bei dem einfachen Modell mit einheitlicher Geschwindigkeit aller Elektronen vorgehen und einfach die jedem Elektron während eines freien Weges in der Feldrichtung erteilte Zusatzgeschwindigkeit berechnen. Man erhält nämlich auf diesem Wege vermutlich nur einen Primäreffekt, dem sich auf dem Umweg über die Stöße, die ja in ihrer Gesamtheit infolge der durch das Feld einseitig geänderten Geschwindigkeiten anders als ohne Feld verlaufen, ein Sekundäreffekt überlagert. Jedenfalls ergibt sich auf diesem Wege der Zahlenfaktor in der Leitfähigkeitsformel anders als auf dem zweifel-los korrekteren Wege, bei dem untersucht wird, wie sich die mittlere Geschwindig-keitsverteilung unter dem Einfluß der Feldstörung ändert. Die Fundamentalgleichung der Elektronentheorie, von der man dabei auszugehen hat, lautet[1]

$$\frac{\partial}{\partial t}\,f_1(\xi, \eta, \zeta, t) + \frac{e\,F}{m}\,\frac{\partial}{\partial \xi}\,f_0(\xi, \eta, \zeta) = \frac{v}{\varLambda(v)}\,f_1(\xi, \eta, \zeta, t) = \frac{v}{\varLambda(v)}\,\xi\,\chi(v, t).$$

Mit dem Ansatz

$$F = \mathfrak{F}\,\mathrm{e}^{j\,\omega\,t}\,,$$

$$f_1(\xi, \eta, \zeta, t) = f_1(\xi, \eta, \zeta)\,\mathrm{e}^{j\,\omega\,t} = \xi \cdot \chi(v)\,\mathrm{e}^{j\,\omega\,t} \quad .$$

und der Gleichung[2]

$$\frac{\partial f_0}{\partial \xi} = m\,\xi\,\frac{\partial f_1}{\partial \varepsilon}$$

ergibt sich

$$\chi(v) = -\,\frac{\varLambda(v)}{v} \cdot e\,\mathfrak{F} \cdot \frac{\partial f_0}{\partial \varepsilon}\,\frac{1}{1 + j\,\omega\,\dfrac{\varLambda(v)}{v}}\,,$$

was sich von dem Nordheimschen Ergebnis[3] nur um den Frequenzfaktor $\dfrac{1}{1 + j\,\omega\,\dfrac{\varLambda(v)}{v}}$

unterscheidet. Der von der Zusatzgeschwindigkeitsverteilung $f_1(\xi, \eta, \zeta, t) = \xi \cdot \chi(v) \cdot \mathrm{e}^{j\,\omega\,t}$

---

[1] Siehe z. B. L. Nordheim: a. a. O. Gl. (2) auf S. 319 in Verbindung mit Gl. (6) auf S. 320 und Gl. (8) auf S. 321. Ein in bezug auf das reine Leitfähigkeitsproblem nicht interessierendes Glied $\xi\,\dfrac{\partial f_0}{\partial x}$, das Konzentrations- und Temperaturgefälle berücksichtigt, können wir weglassen, müssen aber das bei L. Nordheim schon frühzeitig fortgefallene Glied $\partial f/\partial t$ mit hinzunehmen, da wir im Gegensatz zu L. Nordheim nicht ein zeitlich konstantes Feld, sondern ein Wechselfeld ansetzen wollen. L. Nordheim hatte dieses Glied $\partial f/\partial t$ noch in Gl. (2) auf S. 315.

[2] L. Nordheim: a. a. O. S. 320 Mitte.

[3] L. Nordheim: a. a. O. S. 322 Gl. (9). Die Glieder mit $\partial\alpha/\partial x$ und $\partial T/\partial x$ betreffen die uns nicht interessierenden Konzentrations- und Temperaturunterschiede.

gelieferte Strom im ganzen Leiter

$$\mathfrak{J}\,\mathrm{e}^{j\,\omega\,t} = Q\,L\,e\,\frac{G\,m^3}{h^3}\int\!\!\int\!\!\int_{-\infty}^{+\infty}\xi\,f_1\,d\xi\,d\eta\,d\zeta = Q\,L\,e\,\frac{G\,m^3}{h^3}\int\!\!\int\!\!\int_{-\infty}^{+\infty}\xi^2\,\chi(v)\,\mathrm{e}^{j\,\omega\,t}\,d\xi\,d\eta\,d\zeta$$

wird ganz analog zum stationären Fall[1]) berechnet. Unter Einführung der am ganzen Leiter liegenden Wechselspannung

$$\mathfrak{U}\,\mathrm{e}^{j\,\omega\,t} = \mathfrak{J}\cdot L\,\mathrm{e}^{j\,\omega\,t}$$

erhält man

$$\mathfrak{J}\,\mathrm{e}^{j\,\omega\,t} = \mathfrak{U}\,\mathrm{e}^{j\,\omega\,t}\cdot\frac{Q}{L}\,e^2\,\frac{8\pi\,G\,m}{3\,h^3}\int_{\varepsilon=0}^{\varepsilon=\infty}\Lambda(\varepsilon)\,\varepsilon\left(-\frac{\partial f_0}{\partial\varepsilon}\right)\frac{1}{1+j\,\omega\,\dfrac{\Lambda(\varepsilon)}{\sqrt{2\,\varepsilon/m}}}\,d\varepsilon\,.$$

Für den Realteil $G(\omega)$ des komplexen Scheinleitwertes

$$\mathfrak{G}(\omega) = \frac{Q}{L}\,e^2\,\frac{8\pi\,G\,m}{3\,h^3}\int_{\varepsilon=0}^{\varepsilon=\infty}\Lambda(\varepsilon)\,\varepsilon\left(-\frac{\partial f_0}{\partial\varepsilon}\right)\frac{1}{1+j\,\omega\,\dfrac{\Lambda(\varepsilon)}{\sqrt{2\,k\,T/m}}\sqrt{k\,T/\varepsilon}}\,d\varepsilon$$

folgt also wegen

$$G(\omega) = \tfrac{1}{2}\,[\mathfrak{G}(\omega) + \mathfrak{G}^*(\omega)]$$

der Wert

$$G(\omega) = \frac{Q}{L}\,e^2\,\frac{8\pi\,G\,m}{3\,h^3}\,k\,T\int_{\varepsilon=0}^{\varepsilon=\infty}\Lambda\left(\frac{\varepsilon}{k\,T}\right)\frac{\varepsilon}{k\,T}\left(-\frac{\partial f_0}{\partial\dfrac{\varepsilon}{k\,T}}\right)\frac{1}{1+\alpha^2(\varepsilon)\,\dfrac{k\,T}{\varepsilon}}\,d\,\frac{\varepsilon}{k\,T}\,, \qquad (3,13)$$

wobei

$$\alpha(\varepsilon) = \omega\,\frac{\Lambda(\varepsilon)}{\sqrt{2\,k\,T/m}}$$

ein dimensionsloses Maß für die Frequenz ist. Der Ausdruck (3, 13) ist also für hohe Frequenzen an Stelle von (3, 10) zu verwenden. Er muß mit dem vollständigen Ausdruck (3, 07) für den Mittelwert des Effektivwertquadrates kombiniert werden. Die Integrationen über λ/Λ und über ϑ lassen sich dort ausführen und liefern

$$\overline{\mathfrak{J}^2(\omega)} = \frac{2}{3}\,\frac{Q}{L}\,e^2\,\frac{4\pi\,G\,m^3}{h^3}\int_{\varepsilon=0}^{\varepsilon=\infty}\Lambda\left(\frac{\varepsilon}{k\,T}\right)\frac{\varepsilon}{k\,T}\,f_0\left(\frac{\varepsilon}{k\,T}\right)\left[1-\gamma\,f_0\left(\frac{\varepsilon}{k\,T}\right)\right]\frac{1}{1+\alpha^2(\varepsilon)\,\dfrac{1}{\varepsilon/k\,T}}\cdot d\,\frac{\varepsilon}{k\,T}\,, \qquad (3,14)$$

so daß durch Kombination von (3, 13) und (3, 14) und mit $\dfrac{\varepsilon}{k\,T}=x$ als neue Integrationsvariable

$$\overline{\mathfrak{J}^2(\omega)} = 4\,k\,T\,G(\omega)\,\frac{\displaystyle\int_{x=0}^{x=\infty}\Lambda(x)\,x\,f_0(x)\,[1-\gamma\,f_0(x)]\,\frac{1}{1+\dfrac{\alpha^2(x)}{x}}\,dx}{\displaystyle\int_{x=0}^{x=\infty}\Lambda(x)\,x\,[-f_0'(x)]\,\frac{1}{1+\dfrac{\alpha^2(x)}{x}}\,dx} \qquad (3,141)$$

wird. Es folgt also auch für hohe Frequenzen wegen der Identität (3, 12) die einfache Nyquistsche Formel

$$\overline{\mathfrak{J}^2(\omega)} = 4\,k\,T\,G(\omega)\,.$$

---

[1]) L. Nordheim: a. a. O. S. 322. Gegenüber diesen Rechnungen tritt bei uns nur im Integranden der Frequenzfaktor $1/1 + j\,\omega\ldots$ hinzu.

Kombiniert man den Ausdruck (3, 14) für das mittlere Quadrat des Effektivwertes mit dem Wert (3, 10) des Realteiles des Leitwertes für die Frequenz null,
so erhält man

$$\overline{\mathfrak{J}^2(\omega)} = 4\,k\,T\,G(0)\int\limits_{x=0}^{x=\infty} \Lambda(x)\,x\,f_0(x)\,[1 - \gamma\,f_0(x)]\,\frac{1}{1 + \dfrac{\alpha^2(x)}{x}}\,dx\,.$$

Im Fall geschwindigkeitsunabhängiger mittlerer freier Weglänge

$$\Lambda(x) = \mathrm{const} = \Lambda\,,$$

also auch

$$\alpha(x) = \mathrm{const} = \omega\,\Lambda\,\sqrt{\frac{m}{2\,k\,T}}\,,$$

und Maxwellscher Geschwindigkeitsverteilung $\gamma = 0$

$$f_0(x) = \mathrm{e}^{-x}$$

läßt sich das Integral geschlossen auswerten. Man erhält dann

$$\overline{\mathfrak{J}^2(\omega)} = 4\,k\,T\cdot G(0)\cdot f(\alpha)\,, \tag{3, 15}$$

wobei

$$f(\alpha) = 1 - \alpha^2 - \alpha^4\,\mathrm{e}^{+\alpha^2}\,E\,i(-\alpha^2) \tag{3, 16}$$

mit

$$\alpha = \omega\,\Lambda\,\sqrt{\frac{m}{2\,k\,T}} \quad \text{und} \quad E\,i(x) = \int\limits_{y=\infty}^{y=-x}\frac{\mathrm{e}^{-\nu}}{y}\,dy$$

ist. Diese Form wurde bereits von Bakker[1]) angegeben.

IV. Physikalische Kritik.

Die vorgetragenen Überlegungen weisen eine Reihe von Unvollkommenheiten
auf, die im folgenden besprochen werden sollen. Damit ist nicht etwa gemeint, daß
z. B. der Einfluß der in Wirklichkeit zweifelsohne nicht zutreffenden Arbeitshypothese
der Elektronentheorie über die mikroskopische Unabhängigkeit der einzelnen Elektronen voneinander untersucht werden soll. Denn diese Arbeitshypothese wurde in
gleicher Weise bei der Berechnung des mittleren Rauschquadrates wie bei der Berechnung des ohmschen Widerstandes des Leiters gemacht, und es steht wegen der
thermodynamisch allgemein bewiesenen Gültigkeit der Nyquist-Formel zu erwarten,
daß bei einem Fallenlassen einer solchen Arbeitshypothese die bei der Berechnung
des mittleren Rauschquadrates erforderlichen Korrekturen durch die bei der Berechnung des ohmschen Widerstandes auftretenden Korrekturen wieder kompensiert
werden, ähnlich wie wir es für die Ausdehnung der Rechnungen auf den Fall hoher
Frequenzen ausführlich zeigen konnten. Es gibt vielmehr noch einige Stellen in den
bisherigen Ausführungen, bei denen eine Vernachlässigung zunächst nur einseitig
entweder das mittlere Rauschquadrat oder den ohmschen Widerstand zu betreffen
scheint, und es muß gezeigt werden, daß das in Wirklichkeit nicht der Fall ist, da
sonst bei genauerer Rechnung Abweichungen von der thermodynamisch bewiesenen
exakt gültigen Nyquist-Formel unvermeidlich wären.

Wir bezeichneten es z. B. als einen Vorteil der Behandlung des Kurzschlußfalles,
daß hier der von einem Elektron getragene Strom keine Spannungsschwankungen

---

[1]) Siehe Fußnote 5 S. 54.

zwischen den Enden des Leiters und damit keine makroskopischen elektrischen Felder hervorruft, die ihrerseits wieder einen von der Gesamtheit aller anderen Elektronen getragenen kohärenten Zusatzstrom erzeugen würden. In Wirklichkeit entsteht ein solcher kohärenter Zusatzstrom auch unter den Bedingungen des Kurzschlußfalles, und zwar infolge der Selbstinduktion des Leiters. Es liegt also scheinbar ein die Berechnung des mittleren Rauschquadrates allein betreffender Fehler vor. In Wirklichkeit ruft das der Selbstinduktion zugrunde liegende makroskopische magnetische Feld auch die Erscheinung der Stromverdrängung hervor, die bei der Berechnung des ohmschen Widerstandes unberücksichtigt blieb. Die Vernachlässigung der makroskopischen magnetischen Kopplung zwischen den Elektronen betrifft also entgegen dem ersten Anschein sowohl die Berechnung des mittleren Rauschquadrates wie die Berechnung des ohmschen Widerstandes, und es ist damit die Möglichkeit für eine gegenseitige Kompensation der erforderlichen Korrekturen aufgezeigt worden. Daß diese auch tatsächlich eintritt, wollen wir nicht in extenso zeigen. Wir begnügen uns vielmehr mit dem Hinweis, daß sowohl die Selbstinduktion wie die Stromverdrängung sich erst bei höheren Frequenzen bemerkbar machen und daß beide Erscheinungen weiter in hohem Maße von der geometrischen Gestalt des betrachteten Leiters abhängig sind. Der gegenseitigen Kompensation der von beiden Effekten hervorgerufenen Korrekturen stehen also nicht von vornherein grundsätzliche Bedenken entgegen. Im übrigen hat L. Brillouin[1]) der Rolle der makroskopischen Kopplung der Elektronen beim thermischen Rauschen seine volle Aufmerksamkeit gewidmet.

Eine weitere Schwierigkeit, die sich bei genauerer Betrachtung der vorgetragenen Rechnungen zunächst ergibt, besteht in folgendem. Bei der Berechnung des mittleren Effektivwertquadrates wird eine mittlere freie Weglänge $\Lambda(v)$ verwendet, die angibt, welcher Bruchteil dN einer Anzahl N von Elektronen mit gleicher Geschwindigkeit $\mathfrak{v}$ bei Zurücklegung eines Wegstückes dx durch Zusammenstöße eine andere Geschwindigkeit $\mathfrak{v}'$ erhält. Hier gilt $\dfrac{dN}{N} = \dfrac{dx}{\Lambda(v)}$. In der Berechnung der elektrischen Leitfähigkeit dagegen wird eine mittlere freie Weglänge $\Lambda_1(v)$ verwendet, auf die man bei Betrachtung des zeitlichen Abklingens einer Störverteilung $f_1(\mathfrak{v})$ von lauter Elektronen mit einheitlicher Geschwindigkeit $\mathfrak{v}$ geführt wird. Innerhalb einer Zeit dt, in der diese Elektronen also ein Wegstück $dx = |\mathfrak{v}|\,dt = v\,dt$ zurücklegen, gehen dieser Störverteilung zwar $\dfrac{dx}{\Lambda(v)} f_1(\mathfrak{v})$ Elektronen verloren. Aber einige Elektronen, die zu Beginn der Zeit dt eine Geschwindigkeit $\mathfrak{v}' \neq \mathfrak{v}$ hatten und daher nicht zu $f_1(\mathfrak{v})$ zu rechnen waren, werden während des Ablaufes der Zeit dt durch passende Stöße gerade eine Geschwindigkeit $\mathfrak{v}$ erhalten, müssen dann also zur Störverteilung $f_1(\mathfrak{v})$ hinzugerechnet werden und verlängern so die mittlere Lebensdauer der Störverteilung $f_1(\mathfrak{v})$. Definiert man nun eine mittlere freie Weglänge $\Lambda_1(v)$ durch den wirklichen Verlust $\dfrac{dx}{\Lambda_1(x)} \cdot f_1(\mathfrak{v})$, also durch die Differenz der heraus- und der hineingestreuten Elektronen, so wird im allgemeinen dieses $\Lambda_1(v)$ von $\Lambda(v)$ verschieden sein. In der elektronentheoretischen Berechnung der Leitfähigkeit ist nun die zweite Definition $\Lambda_1(v)$ zu verwenden[2]), bei der Berechnung des mittleren Effektivwertquadrates

---

¹) L. Brillouin: Helv. phys. Acta **7** Suppl. II (1934) S. 47.
²) Näheres über diese Verschiedenheit von Λ und Λ_1 siehe bei L. Nordheim: a. a. O. S. 322 Fußnote 1 bzw. L. Brillouin: a. a. O. S. 204 $\cdots$ 206.

5*

dagegen die erste, $\Lambda(v)$. In dem Zählerintegral von (3, 141) steht also $\Lambda(x)$, im Nennerintegral dagegen $\Lambda_1(x)$, und die Nyquistsche Formel ergibt sich demnach nur dann, wenn $\Lambda(x)$ identisch gleich $\Lambda_1(x)$ ist. Das ist aber nur dann der Fall, wenn die Wahrscheinlichkeit, daß ein Elektron bei einem Stoß um einen Winkel Θ abgelenkt wird, gleich der Wahrscheinlichkeit für eine Ablenkung $\pi - \Theta$ ist[1]. Für die von Lorentz betrachtete Hypothese über die Zusammenstöße (Elektronen, kleine leichte elastische Kugeln; Stoßpartner, schwere unbewegliche elastische Kugeln) trifft das tatsächlich zu, und so ist zu erklären, daß bei H. A. Lorentz[2] der Unterschied zwischen Λ und Λ_1 gar nicht auftritt. Bei anderen Vorstellungen über die Natur des Zusammenstoßes, z. B. beim Hyperbelstoß auf Grund einer Coulomb-Wechselwirkung zwischen Elektron und Stoßpartner ist aber keineswegs $V(v, \Theta) = V(v, \pi - \Theta)$. Nun widerspricht diese Stoßvorstellung zwar den sonstigen, bei der Berechnung des mittleren Effektivwertquadrates gemachten Voraussetzungen (streng geradlinige Bahn des Elektrons auf einem freien Wege zwischen zwei Zusammenstößen), aber auch beim Stoß von leichten elastischen Kugeln gegen unregelmäßig verteilte und unregelmäßig gerichtete elastische Würfel z. B. wäre die Bedingung $V(v, \Theta) = V(v, \pi - \Theta)$ nicht erfüllt. Es ist zunächst nicht ohne weiteres ersichtlich, wie man für solche Fälle die thermodynamisch geforderte Nyquist-Formel erhalten soll.

Eine ziemlich überraschende Aufklärung ergibt sich durch die Betrachtung folgenden Extremfalles:

$$V(\Theta) = \begin{cases} 0 & \text{für} \quad 0 \leqq \Theta < \pi \\ 1 & \text{für} \qquad \Theta = \pi \end{cases}. \tag{4, 1}$$

Das Leitermodell soll also zunächst einmal so beschaffen sein, daß bei allen Zusammenstößen das Elektron einfach seine Ankunftsbahn wieder zurückfliegt. Des weiteren seien die Voraussetzungen des Abschnittes II, einheitliche freie Weglänge Λ und einheitliche Geschwindigkeit v der Elektronen, gegeben. Die Bewegung eines, z. B. des p ten, Elektrons besteht also in diesem Extremfall einfach in dem fortgesetzten Hin- und Herpendeln auf einer Strecke Λ, die unter einem gewissen konstant bleibenden Winkel ϑ_p gegen die Achse des Leiters liegt. Der von einem so bewegten Elektron gelieferte Schwankungsstrom ist dann eine völlig regelmäßige Aufeinanderfolge von abwechselnd positiven und gleich großen negativen Rechtecksstromstößen, und die im Abschnitt I geschilderte statistische Berechnung eines mittleren Amplitudenquadrates durch Addition der Amplitudenquadrate der Einzelstöße ist hier selbstverständlich völlig abwegig. Die Situation ändert sich aber sofort grundlegend, wenn für die Ablenkungswahrscheinlichkeit bei einem Stoß unter Beibehaltung der sonstigen extremen Eigenschaften unseres Modells der etwas modifizierte Ansatz

$$V(\Theta) = \begin{cases} \tfrac{1}{2} & \text{für} \quad \Theta = 0 \\ 0 & \text{für} \quad 0 < \Theta < \pi \\ \tfrac{1}{2} & \text{für} \qquad \Theta = \pi \end{cases} \tag{4, 2}$$

---

[1] L. Nordheim und L. Brillouin geben nur an, daß $\Lambda = \Lambda_1$ wird, wenn die Wahrscheinlichkeit für alle Ablenkungswinkel gleich groß ist. Man sieht leicht ein, daß das nur ein Spezialfall ist, und daß allgemein die den Unterschied zwischen Λ und Λ_1 bedingende Rückstreuung $\int\limits_{\Theta=0}^{\pi} V(v, \Theta) \cos\Theta \sin\Theta \, d\Theta$ (Nordheim) bzw. $\int\limits_{\Theta=0}^{\pi} \mu)\Theta) \cos\Theta \sin\Theta \, d\Theta$ (Brillouin) dann gleich 0 wird, wenn $V(v, \Theta) = V(v, \pi - \Theta)$ ist.

[2] H. A. Lorentz: The Theory of Electrons. Leipzig (1909).

gemacht wird, der also im Gegensatz zu (4, 1) die Bedingung $V(\Theta) = V(\pi - \Theta)$ befriedigt. In dem von einem Elektron gelieferten Schwankungsstrom folgt jetzt auf einen beispielsweise positiven Rechecksstoß mit gleicher Wahrscheinlichkeit entweder ein positiver oder negativer Stromstoß. Es liegt wieder ein statistischer Vorgang vor, und man sieht leicht ein, daß hier wieder für das mittlere Amplitudenquadrat des Gesamtvorganges die quadratische Addition der Amplitudenquadrate der Einzelstöße gilt. Denn wenn auch gegenüber den Ausführungen auf S. 56 die zeitlichen Einsatzpunkte t_{0p} der einzelnen Stromimpulse völlig determiniert sind, so ist dadurch die Phase $\psi_p(\omega_\alpha)$ des Fourier-Koeffizienten $c_p(\omega_\alpha)$ noch nicht gänzlich festgelegt. Wegen des unbestimmten Vorzeichens des $p$ten Stromimpulses sind vielmehr für $\psi_p(\omega_\alpha)$ zwei gerade um π verschiedene Werte gleich wahrscheinlich, wie aus der Gleichung (1, 2) hervorgeht. Damit sind aber für die in dem verallgemeinerten cos-Satz auf S. 56 auftretenden Phasendifferenzen $\psi_p - \psi_q$ vier Werte, die sich um 2π, π, 0 und $-\pi$ unterscheiden, gleichwahrscheinlich. Die gemischten Glieder in diesem verallgemeinerten cos-Satz haben also dem absoluten Betrage nach ganz bestimmte Werte, das Vorzeichen ist jedoch mit gleicher Wahrscheinlichkeit Plus wie Minus. Bei einer Mittelbildung über viele Wiederholungen des Schwankungsvorganges der Länge $\mathfrak{T}$ fallen also auch jetzt wieder die gemischten Glieder weg, und die quadratische Addition der Amplituden der Einzelimpulse ist wieder gerechtfertigt.

In den beiden betrachteten Extremfällen ist also die Zulässigkeit der quadratischen Addition der Amplituden der einzelnen von einem Elektron nacheinander gelieferten Impulse an die Erfüllung der Bedingung $V(\Theta) = V(\pi - \Theta)$ gebunden, und dieses Ergebnis erweist sich bei weiterer Überlegung als verallgemeinerungsfähig. Auch bei einer statistischen Verteilung[1]) der freien Weglängen λ besteht zwischen den einzelnen von einem Elektron nacheinander gelieferten Impulsen eine gewisse Nachwirkung. Diese Impulse sind nicht gänzlich voneinander unabhängig[2]), und somit ist die Begründung der quadratischen Addition der Einzelamplituden auf S. 56 nicht stichhaltig. Sie kann aber genau wie in dem geschilderten zweiten Extremfall wieder erbracht werden, wenn beide Vorzeichen des $(p+1)$ten Impulses bei bekanntem Vorzeichen des $p$ten Impulses gleichwahrscheinlich sind, und dafür ist die Bedingung, $V(\Theta) = V(\pi - \Theta)$ einerseits notwendig und andererseits hinreichend. Die Notwendigkeit sieht man ein, indem man für die Richtung ϑ_p des $p$ten freien Weges gegen die Achse des Leiters den Wert null annimmt. Dann ist $\vartheta_{p+1} = \Theta$, und für das durch $\cos\vartheta_{p+1}$ bestimmte Vorzeichen des $(p+1)$ten Impulses sind $+$ und $-$ nur dann gleichwahrscheinlich, wenn $V(\vartheta_{p+1}) = V(\Theta) = V(\pi - \vartheta_{p+1}) = V(\pi - \Theta)$ ist. Daß die Bedingung andererseits hinreichend ist, geht aus Bild 2 hervor. Hier ist für ϑ_p ein beliebiger Wert angenommen. Dann ist bei $V(\Theta) = V(\pi - \Theta)$ z. B. der Kegel Θ um die Richtung ϑ_p für die Richtung ϑ_{p+1} des folgenden Stoßes ebenso wahrscheinlich wie der Kegel $\pi - \Theta$. Die Projektionen der Erzeugenden beider Kegel auf die Achse des Leiters geben dann eine um den Wert null symmetrisch liegende Verteilung für die Werte von $\cos\vartheta_{p+1}$. Indem man diese Überlegung für jeden Wert des Winkels Θ zwischen 0 und π wiederholt und so die Gesamtverteilung der Werte

---

[1]) Die Verteilung der Geschwindigkeiten v ist unwesentlich, da wegen der vorausgesetzten elastischen Natur der Zusammenstöße der absolute Betrag der Geschwindigkeit eines Elektrons dauernd erhalten bleibt.

[2]) außer, wenn alle Ablenkungsrichtungen gleichwahrscheinlich sind: $V(\Theta) = $ const. Diese scharfe Bedingung braucht aber für die quadratische Addition der Einzelamplituden nicht erfüllt zu sein. Siehe die folgenden Ausführungen.

von $\cos\vartheta_{p+1}$ aus lauter einzelnen zum Nullpunkt symmetrischen Einzelverteilungen aufbaut, sieht man, daß die Bedingung $V(\Theta) = V(\pi - \Theta)$ auch dafür hinreicht, bei beliebigem Wert von ϑ_p beide Vorzeichen von $\cos\vartheta_{p+1}$ gleich wahrscheinlich zu machen.

Zusammenfassend ist also zu sagen: Die Berechnung des mittleren Rauschquadrates durch quadratische Addition der Amplituden der Einzelimpulse ist dann und nur dann gerechtfertigt, wenn die Bedingung $V(\Theta) = V(\pi - \Theta)$ erfüllt ist. Dadurch finden aber die in Rede stehenden Fragen folgendermaßen eine befriedigende Lösung. Die Berechnung des mittleren Rauschquadrates durch quadratische Addition der Amplituden der Einzelstromimpulse ist erlaubt, falls die Bedingung $V(\Theta) = V(\pi - \Theta)$ erfüllt ist. Dann verschwindet aber auch — wie wir oben gesehen haben — der Unterschied zwischen $\Lambda(v)$ und $\Lambda_1(v)$, und es ergibt sich die Nyquist-Formel. Im entgegengesetzten Fall ist die scheinbare Abweichung von der Nyquist-Formel auf eine unrichtige Berechnung des mittleren Rauschquadrates zurückzuführen, da zwar die von verschiedenen Elektronen gelieferten Stromimpulse als unabhängige Elementarereignisse betrachtet werden können, die von einem Elektron nacheinander erzeugten Stromstöße aber in dem Falle $V(\Theta) \neq V(\pi - \Theta)$ nicht genügend unabhängig voneinander sind, um eine quadratische Amplitudenaddition zuzulassen.

Schließlich sei noch auf eine Schwierigkeit bei der Behandlung von Fermi-Dirac- oder Bose-Einstein-Teilchen hingewiesen. Die Einfügung des Faktors $[1 - \gamma f_0(v)]$ in Gl. (3, 06) unter Berufung auf den quantenstatistisch abgeänderten Stoßzahlansatz ist nicht recht befriedigend. Man kann zwar die Anzahl der freien Wege in der Zeit $\mathfrak{T}$ in der Weise berechnen, daß man folgert: Jeder freie Weg wird durch einen Stoß beendet, infolgedessen ist die Anzahl der freien Wege in der Zeit $\mathfrak{T}$ gleich der Anzahl der Stöße in der Zeit $\mathfrak{T}$. Man kann auf diese Weise von vornherein von dem quantenstatistisch abgeänderten Stoßzahlansatz ausgehen, was etwas glatter erscheint als die nachträgliche Einfügung des Faktors $[1 - \gamma f_0(v)]$. Schwierigkeiten macht aber bei diesem Vorgehen die Einführung der mittleren freien Weglänge Λ, die, wenn man sie wieder durch die Gleichung $\dfrac{dN}{N} = \dfrac{dx}{\Lambda(v)}$ definiert und dabei konsequenterweise auch schon den quantenstatistischen Stoßzahlansatz verwendet, konzentrationsabhängig wird in der Weise, daß

$$\Lambda_{\text{Quant}} = \frac{\Lambda_{\text{klassisch}}}{1 - \gamma f_0(v)}$$

wird. Im Falle $\gamma = +1$ (Fermi-Dirac-Teilchen) führt das zu einer Vergrößerung der mittleren freien Weglänge und erscheint somit wegen der Reduktion der Anzahl der erlaubten Stöße durch das Pauli-Verbot ganz vernünftig. Dieses abgeänderte

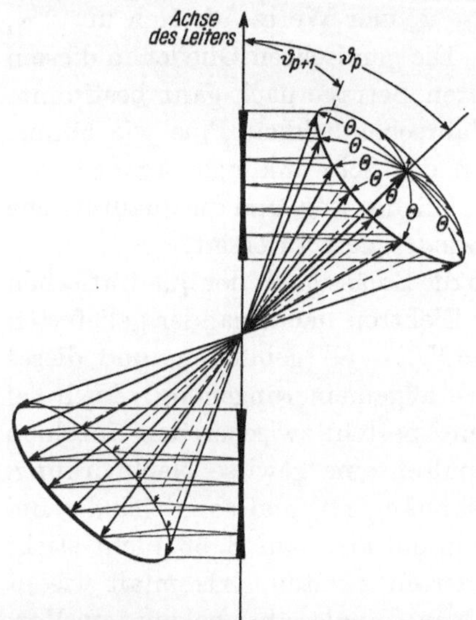

Bild 2. Konstruktion der Verteilung der Achsenkomponente $\cos\vartheta_{p+1}$ der $(p+1)$ten freien Wegstrecke, die gegen die $p$te freie Wegstrecke entweder um den Winkel Θ (oberer Kegel) oder um den Winkel $\pi - \Theta$ (unterer Kegel) abgelenkt ist.

Λ_{Quant} müßte dann eigentlich auch im Exponentialgesetz $e^{-\frac{\lambda}{\Lambda}} d\frac{\lambda}{\Lambda}$ verwendet werden, und dann ergibt sich in Gl. (3, 06) der zusätzliche Faktor $\frac{1}{1-\gamma f_0(v)}$ anstatt des erforderlichen $[1 - \gamma f_0(v)]$. Vielleicht muß man die zeitliche Abhängigkeit der einzelnen Stromimpulse bei Fermi-Dirac- oder Bose-Einstein-Wechselwirkung doch genauer berücksichtigen, als es durch das Verfahren: Abänderung des Stoßzahlansatzes, aber sonst Beibehaltung der gegenseitigen Unabhängigkeit der einzelnen Leitungspartikel geschieht. Bis jetzt erscheint diese Frage noch nicht restlos geklärt.

Freilich hat man den Eindruck, daß eine weitere Beschäftigung mit den in diesem Schlußabschnitt besprochenen Fragen nicht recht lohnend erscheint. Der Gegensatz zwischen dem mathematischen und überlegungsmäßigen Aufwand, der bei der Verfolgung des korpuskularen Gedankenganges selbst dann erforderlich ist, wenn die an und für sich so einfache Methode der Fourier-Zerlegung des unabhängigen Einzelvorganges verwendet wird, und der thermodynamischen Behandlungsweise von Nyquist, die ohne jede Rechnung und mit überlegungsmäßig höchstens ebenso großem Aufwand zum Ziel gelangt, spricht im Fall des thermischen Rauschens recht eindrucksvoll zugunsten des thermodynamischen Vorgehens. Nimmt man noch hinzu, daß die thermodynamische Behandlungsweise auf alle Modelleinzelheiten in bezug auf den Leitungsvorgang verzichten kann und ihrem Ergebnis völlige Allgemeingültigkeit sichert, so wird man sich wohl damit begnügen, das Funktionieren der korpuskularen Behandlungsweise an einigen besonders einfach gelagerten Fällen studiert zu haben, und verwickelte ungelöste Fragen wie die erwähnte auf sich beruhen lassen.

Herr Dr. M. Steenbeck hat den Inhalt dieser Arbeit durch eine Reihe von Hinweisen und Aufgabenstellungen entscheidend beeinflußt. Auch mit Herrn Prof. Dr. W. Schottky hatte ich wertvolle Besprechungen. Beiden Herren sei hiermit verbindlichst gedankt.

Zusammenfassung.

Mit Hilfe der „Fourier-Zerlegung des unabhängigen Einzelvorganges" wird das thermische Rauschen elektrischer Leiter mit ohmscher Widerstandskomponente vom korpuskularen Standpunkt aus berechnet. Zugrunde gelegt werden zwei verschiedene Modelle für einen elektrischen Leiter. Das einfachere Modell besteht aus einem Elektronengas mit einheitlicher Geschwindigkeit und einheitlicher freier Weglänge. Bei dem verbesserten Modell wird eine exponentielle Streuung der freien Weglänge und Maxwellsche bzw. Fermi-Diracsche bzw. Bose-Einsteinsche Geschwindigkeitsverteilung der Leitungspartikel berücksichtigt. Das bekannte von Nyquist thermodynamisch abgeleitete Ergebnis $\overline{\mathfrak{E}^2} = 4kT \cdot R(\omega)$ wird auf diesem Wege auch für solche Frequenzen abgeleitet, bei denen Laufzeiteffekte der Elektronen schon eine Rolle spielen. Bei diesen Frequenzen wird nämlich auch der ohmsche Widerstand des Leiters frequenzabhängig, und zwar gerade in der Weise, daß die Frequenzabhängigkeit des mittleren Rauschquadrates aufgehoben wird — in Übereinstimmung mit den auch für hohe Frequenzen gültigen thermodynamischen Überlegungen Nyquists. Es wird darauf hingewiesen, daß bei Umrechnung der EMK $\mathfrak{E}$ auf eine äquivalente Stromquelle mit der Ergiebigkeit $\mathfrak{J}$ sich $\overline{\mathfrak{J}^2} = 4kT \cdot G(\omega)$ und nicht $\dfrac{4\,k\,T}{R(\omega)}$ ergibt. Beides ist für nicht verschwindenden Blindanteil des Widerstandes nicht identisch.

Im Schlußabschnitt werden drei Schwierigkeiten besprochen, die zunächst die Beweiskraft der vorgetragenen Rechnungen zu beeinträchtigen scheinen. Es handelt sich im Grunde genommen bei allen dreien um dieselbe Frage, inwieweit nämlich die von den Elektronen auf freien Wegen zwischen zwei Zusammenstößen erzeugten Stromimpulse als unabhängige Elementarakte betrachtet werden dürfen. Nacheinander treten begründete Zweifel hieran auf infolge der makroskopischen magnetischen Kopplung der Elektronen untereinander (Selbstinduktion des Leiters), weiter infolge von Richtungsbevorzugungen bei einem Zusammenstoß, so daß die Richtung eines folgenden freien Weges von der des vorangegangenen nicht unabhängig ist, und schließlich infolge nichtklassischer Wechselwirkungen zwischen Bose-Einstein- bzw. Fermi-Dirac-Teilchen. In bezug auf die beiden ersten dieser Fragen kann plausibel gemacht werden, daß die notwendigen Verbesserungen der Rechnungen sich gegenseitig wieder aufheben und die Nyquist-Formel richtig herauskommt.

Anmerkung bei der Korrektur: In einer kürzlich erschienenen Arbeit[1]) beschäftigen sich auch die Herren C. J. Bakker und G. Heller mit der vorliegenden Frage. Sie geben u. a. die Ableitung der von C. J. Bakker bereits früher mitgeteilten Frequenzformel für das mittlere Rauschquadrat, indem sie von einer von L. S. Ornstein und G. E. Uhlenbeck angegebenen Gleichung ausgehen, die die Korrelationsfunktion benutzt. Es ist bemerkenswert und erfreulich, daß auf diesem Wege die in Abschnitt IV beschriebene Schwierigkeit hinsichtlich der Fermi-Dirac- und der Bose-Einstein-Statistik nicht auftritt.

Im. übrigen verwenden die Herren C. J. Bakker und G. Heller immer den ohmschen Widerstand $R(0)$ bei der Frequenz 0 und können daher das bei Verwendung des ohmschen Widerstandes $R(\omega)$ bei der Frequenz ω unveränderte Fortbestehen der Nyquist-Formel bei hohen Frequenzen nicht nachweisen, wie es schon in der Nyquistschen Originalarbeit durch thermodynamische und in der vorliegenden Arbeit durch korpuskulare Betrachtungen geschehen ist. Ich möchte mir gestatten, darauf aufmerksam zu machen, daß bei der Berechnung von $\overline{\mathfrak{J}^2}$ die kapazitiven Nebenschlüsse nicht stören, die für die Herren C. J. Bakker und G. Heller die Veranlassung waren, sich auf den ohmschen Widerstand $R(0)$ bei der Frequenz 0 zu beziehen. Bei der Berechnung des Stromschwankungsquadrates spielen sie keine Rolle, weil der Kurzschlußfall vorliegt (siehe Abschnitt I Anfang und Abschnitt IV Anfang). Andererseits geht in $\overline{\mathfrak{J}^2}$ der Realteil $G(\omega)$ des komplexen Leitwertes ein und auf diesen hat ein parallel liegender kapazitiver und daher rein imaginärer Leitwert $j\,\omega\,C$ keinen Einfluß.

<hr>

1) C. J. Bakker und G. Heller: Physica **VI** (1939) S. 262.

Die Reibung von Nickel auf Nickel im Vakuum.

Von **Ragnar Holm** und **Bernhard Kirschstein**.

Mit 3 Bildern.

Mitteilung aus dem Forschungslaboratorium I der Siemens-Werke zu Siemensstadt.

Eingegangen am 24. August 1938.

Einleitung.

Vor ein paar Jahren haben wir eine Untersuchung über das Haften zweier reiner Metallflächen im Vakuum veröffentlicht[1]). Als Maß des Haftens wurde die sog. Ruhereibungszahl μ verwendet und diese in üblicher Weise nach der Neigungsmethode bestimmt. Es stellte sich aber heraus, daß diese Methode — gerade wegen des Haftens — nicht anwendbar ist. Die Neigungsmethode setzt voraus, daß für das Haften und damit für die Ruhereibung diejenige Kraft maßgebend ist, die jeweils senkrecht zur Berührungsfläche ausgeübt wird. Es zeigte sich jedoch, daß sich zwischen Unterlage und Gleitkörper bei horizontaler Lage oder bei kleinen Neigungswinkeln Haftstellen ausgebildet hatten, welche erhalten blieben, wenn man zu größeren Neigungswinkeln überging; der Gleitkörper blieb bis zu Neigungswinkeln von $90°$ und sogar darüber hinaus hängen. Das Eigengewicht des Gleitkörpers war also nicht ausreichend, um die Haftstellen abzuscheren. Diese Haftstellen sind nicht aufzufassen als die Berührungsstellen zweier, an sich selbständiger Körper; vielmehr fließen hier beide Körper zu einem einheitlichen Ganzen zusammen, es hat Kaltverschweißung stattgefunden. Bei der „Reibung" werden diese Schweißstellen immer wieder zerrissen, und neue werden gebildet; infolgedessen verschiebt sich der Gleitkörper auf der Unterlage nicht stetig, sondern ruckweise. Die Schweißstellen werden dabei im allgemeinen nicht in der ursprünglichen Berührungsfläche zerreißen. Auch der große Verschleiß, den man an Metallkontakten mißt[2]), deutet darauf hin, daß der Vorgang so verläuft wie hier geschildert.

Messungen.

Wir haben neue Messungen durchgeführt, bei denen es mit abgeänderten Methoden möglich war, Kräfte parallel zur Berührungsfläche auf den Gleitkörper auszuüben, die wesentlich größer waren als sein Eigengewicht.

Meßverfahren I.

Die alte Vorrichtung mit einem hohlen zylindrischen Läufer, welcher auf einem gespannten Draht gleitet, ist durch ein Pendel mit zwei Armen a ergänzt worden,

[1]) R. Holm u. B. Kirschstein: Wiss. Veröff. Siemens **XV**, 1 (1936) S. 122.

[2]) R. Holm, H. P. Fink, F. Güldenpfennig u. H. Körner: Über Verschleiß und Reibung in Schleifkontakten, besonders zwischen Kohlebürsten und Kupferringen. Wiss. Veröff. Siemens **XVIII**, 1 (1939) S. 73.

welche in der Höhe des Drahtes gegen den Flansch des Läufers drücken, s. Bild (1). Infolge der Zusatzkraft des Pendels kommt der Läufer bei viel kleinerer Neigung des Drahtes in Bewegung als ohne Pendel. Es spielt jetzt nur eine geringe Rolle, bei welcher Neigung des Drahtes sich die Haftstellen gebildet haben. Die allgemeinen Berechnungen führen wir zunächst unter der Voraussetzung aus, daß die jeweilige Neigung des Drahtes für das Haften maßgebend ist.

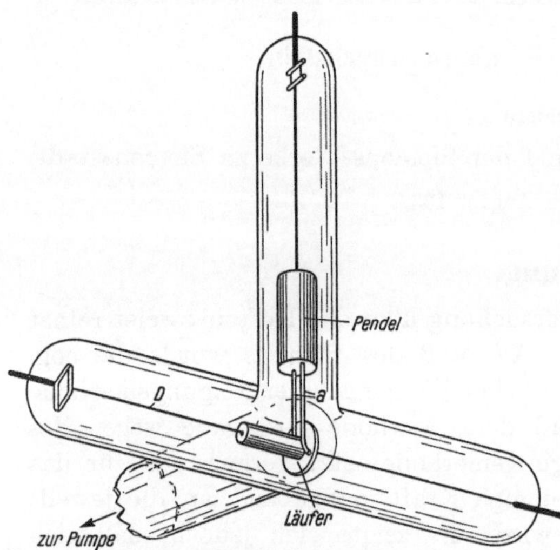

Bild 1. Vorrichtung I zur Messung der Reibung im Vakuum.

Es sei p das Gewicht des Läufers, l die Pendellänge bis zum Angriffspunkt der Arme a am Flansch des Läufers, $P \cdot l$ das von der Pendelschwere herrührende Drehmoment, wenn das Pendel horizontal liegt[1]), α die Neigung des Drahtes D gegen die Waagerechte und β die Neigung des Pendels gegen die Senkrechte, vgl. Bild (2). Dann ist die Kraft, die auf den Läufer parallel zur Berührungsfläche ausgeübt wird:

$$p \cdot \sin\alpha + P \cdot \sin\beta \cdot \cos(\beta - \alpha)$$

und die Kraft, welche der Läufer senkrecht zur Berührungsfläche ausübt:

$$p \cdot \cos\alpha .$$

Das Verhältnis zwischen diesen beiden Größen ist die Reibungszahl μ:

$$\mu = \operatorname{tg}\alpha + \frac{P\sin\beta \cdot \cos(\beta - \alpha)}{p\cos\alpha} .$$

Wenn sich aber die Haftfläche schon bei $\alpha = 0°$ ausbildet, so ist für die gemessene Ruhereibung eine Berührungsfläche maßgebend, die sich unter der Einwirkung einer Kraft senkrecht zur Berührungsfläche ausgebildet hat, welche nicht gleich $p \cdot \cos\alpha$,

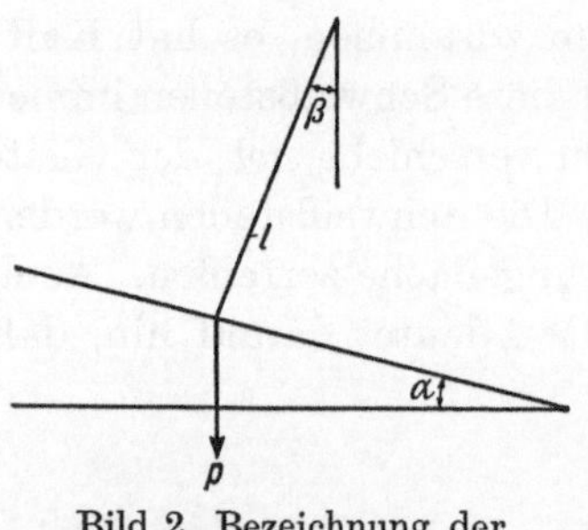

Bild 2. Bezeichnung der Neigungswinkel.

sondern gleich p ist, obgleich der Vorgang der Reibung erst bei dem Neigungswinkel α einsetzt. Diese Kraft könnte durch eine Reibungskraft zwischen den Armen a des Pendels und dem Läuferflansch, welche senkrecht zur Bewegungsrichtung des Läufers wirkt, vergrößert werden. Diese Zusatzkraft hängt von elastischen Vorspannungen bei der Kontaktgebung zwischen Armen und Flansch ab. Ihre Größe kann nicht genau vorausgesagt werden; sie dürfte aber im allgemeinen größer werden, je mehr die Flanschebene gegen die Pendellängsrichtung geneigt ist, und bei nicht allzu kleinem Winkel $(\beta - \alpha)$ wird ihre Größenordnung durch $P \cdot \sin\beta \cdot \sin(\beta - \alpha)$ gegeben sein. Demgemäß ergibt sich als eine untere wahrscheinliche Grenze μ_1 für μ:

$$\mu_1 = \frac{\sin\alpha + \sin\beta \cdot \cos(\beta - \alpha)\,\dfrac{P}{p}}{1 + \sin\beta \cdot \sin(\beta - \alpha)\,\dfrac{P}{p}} .$$

---

[1]) P wurde als die Kraft bestimmt, die bei horizontaler Lage des Pendels am Ende der Arme a auf eine Waagschale ausgeübt wurde, während das Pendel um seine freie Achse frei drehbar war.

Es wurden zwei etwas verschiedene Apparate, Nr. 1 und Nr. 2, verwendet. Beim ersten war $P = 54{,}5\ \mathrm{g^*}$ [1]), beim zweiten $P = 59{,}8\ \mathrm{g^*}$. In beiden Fällen war das Gewicht des Läufers $p = 8{,}7\ \mathrm{g^*}$.

Um zu prüfen, ob die Metalloberflächen wieder denselben Reinheitsgrad erreicht hatten wie bei unseren früheren Messungen, haben wir einige Messungen ausgeführt, bei denen der Apparat nach der anderen Seite geneigt wurde; dann lag das Pendel gegen die Glaswand an, und die Bewegung des Läufers war ausschließlich durch sein Eigengewicht bestimmt, vgl. Bild (1). Es gelang uns aber nicht, wie bei unseren früheren Messungen, Neigungswinkel von 90° zu erreichen; wir kamen höchstens auf 75°. Es ist schwer zu entscheiden, ob der Grund hierfür in einem geringeren Reinheitsgrad der Metalloberflächen liegt oder in stärkeren Erschütterungen der Apparatur.

Meßverfahren II.

Eine lose Nickelscheibe S_1 ruht mit drei Füßen (Ausbuchtungen der Scheibe) auf einer zweiten festen Nickelscheibe S_2. Die Scheibe S_1 hat in ihrer Mitte ein viereckiges Loch, in welches der an einem Wolframdraht D hängende kleine Würfel W lose hineinpaßt, vgl. Bild (3). Das obere Ende des Wolframdrahtes ist an einem Eisenanker E befestigt, welcher von außen magnetisch gedreht werden konnte, so daß der Wolframdraht D tordiert wurde.

Die Messung geschah so, daß D tordiert wurde, bis die Scheibe S_1 mitgerissen wurde. Der Winkel α, um den D tordiert werden konnte, ehe S_1 mitgerissen wurde, ist ein Maß für die Ruhereibungskraft.

Der Torsionsmodul $\varPhi$ des Drahtes D wurde bestimmt, indem auf den Würfel W am unteren Ende des Drahtes D eine Scheibe S_3 von bekanntem Trägheitsmoment K aufgelegt und deren Schwingungsdauer t gemessen wurde.

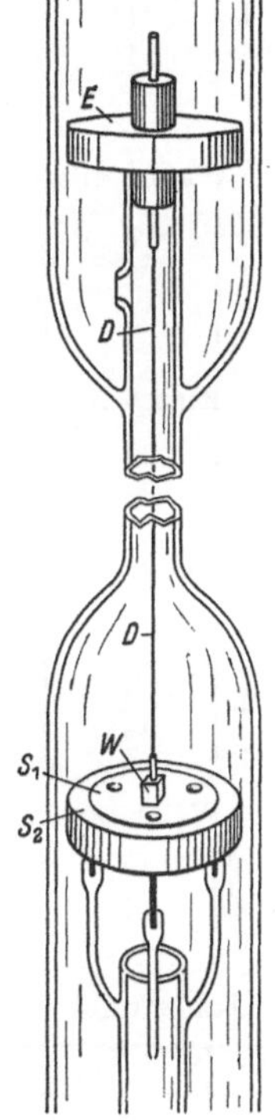

Bild 3. Vorrichtung II zur Messung der Reibung im Vakuum.

Bezeichnungen und Zahlenwerte: Torsionsmodul des Drahtes $\varPhi = 1{,}37 \cdot 10^{12}$ Dyn je cm², Länge des Drahtes $l = 47{,}8$ cm, Durchmesser des Drahtes $2\,r = 0{,}3$ mm, Trägheitsmoment der Scheibe S_3 $T = 1540\ \mathrm{g^*} \cdot \mathrm{cm^2}$, die ganze Schwingungsdauer der Scheibe S_3 $t = 5{,}17$ s, der Abstand der Füße der Scheibe S_1 vom Drehpunkt der Scheibe $a = 1{,}45$ cm, das Gewicht der Scheibe S_1 $G = 3{,}76\ \mathrm{g^*}$.

Wenn der Draht D um den Winkel α tordiert ist, so beträgt das Drehmoment $K \cdot a$, das die Scheibe S_1 zu drehen strebt:

$$K \cdot a = \varPhi\,\frac{\pi\,r^4}{2l}\,\alpha = \frac{4\,\pi^2\,T}{t^2}\,\alpha\,,$$

und für die Ruhereibungszahl μ ergibt sich:

$$\mu = \frac{K}{G} = 0{,}0075\,\frac{\alpha}{1^\circ}\,.$$

Vor der Messung wurde der ganze Apparat, der aus Hartglas bestand, im Ofen mehrere Tage bei 500° C ausgeheizt und die Metallteile mit Hochfrequenz aus-

---

[1]) g* bedeutet das Kraftgramm.

geglüht. Der Würfel W trug unten einen Absatz, mittels dessen die Scheibe S_1 von der Scheibe S_2 abgehoben werden konnte, so daß sich die beiden Scheiben während des Ausglühens mit Hochfrequenz gegenseitig nicht berührten. Das Abheben der Scheibe S_1 geschah magnetisch durch den Eisenanker E. Die Scheiben S_1 und S_2 wurden auch mehrfach in Wasserstoff ausgeglüht, der durch ein Palladiumrohr in die Apparatur eingelassen wurde.

Leider gelang es uns nicht, das Ausglühen der beiden Scheiben S_1 und S_2 so weit zu treiben, wie es bei den Metallteilen in den Apparaten des Meßverfahrens I möglich war. Wir maßen daher häufig Werte von μ zwischen 0,4 und 0,6, wie man sie in atmosphärischer Luft erhalten kann, wenn die Berührungsflächen in Alkohol gründlich gesäubert werden. Nach Beendigung der Messungen wurde der Apparat auseinandergenommen, und es zeigte sich, daß die Scheibe S_2 sichtbare Fremdschichten trug.

Zwischendurch wurden auch einige Messungen in Wasserstoff ausgeführt; eine Wasserstoffatmosphäre von 36 Torr hatte vor den Messungen 30 · · · 40 min auf die kalten, aber magnetisch voneinander abgehobenen Scheiben S_1 und S_2 eingewirkt.

Zahlentafel (1). Messungen nach Meßverfahren I.

Nr.	Apparat	α in °	β in °	μ	μ_1
\multicolumn{6}{l}{Erstes Ausglühen (10 min bei etwa 900° C), dann:}
1	1	21,5	24,1	3,1	2,6
2	1	29,5	32,6	4,4	3,3
3	1	15	20	2,5	2,0
\multicolumn{6}{l}{Weiter ausgeglüht (10 min bei etwa 900° C), dann:}
4	1	40	42	6,3	4,2
5	1	21	25,5	3,3	2,5
6	1	25,5	26,5	3,6	3,1
\multicolumn{6}{l}{Erstes Ausglühen (10 min bei etwa 900° C), dann:}
7	2	18	18,9	2,6	2,4
8	2	18,9	19	2,7	2,6
\multicolumn{6}{l}{Weiter ausgeglüht (10 min bei etwa 900° C), dann:}
9	2	36,2	38	6,0	4,3
10	2	35,9	40	6,1	3,8
11	2	26,5	29	4,3	3,3
12	2	48,9	54	9,6	4,2
\multicolumn{6}{l}{Weiter ausgeglüht (10 min bei etwa 900° C), dann:}
13	2	30	31	4,7	3,8
14	2	52,2	55	10,5	5,1

Zahlentafel (2). Messungen nach Meßverfahren II.

Nr.	Atmosphäre	Torsionswinkel in °	μ
15	Vakuum	278	2,1
16	„	220	1,7
17	„	314	2,4
\multicolumn{4}{l}{Wasserstoff, durch Palladium eingelassen}
18	Wasserstoff	97	0,74
19	„	115	0,86
\multicolumn{4}{l}{Ausgeglüht (45 min bei 820° C)}
20	Vakuum	222	1,7
21	„	193	1,4

Meßergebnisse.

Die Messungen sind in den Zahlentafeln (1) und (2) zusammengestellt. Sie streuten stets sehr stark, teils wegen der unvermeidbaren Erschütterungen, teils wegen der zufälligen Verschiedenheiten der Berührungsflächen. In Zahlentafel (1) und (2) sind nur die größten Werte eingetragen, weil es uns darauf ankam, festzustellen, wie große Werte von μ auftreten können. Wir können jedoch keineswegs garantieren, ob es nicht durch noch sorgfältigeres Reinigen der Metalloberflächen und durch weiteres Herabsetzen der Erschütterungen möglich wäre, noch größere μ-Werte zu erreichen.

Besprechung der Versuchsergebnisse.

Wie schon in der Einleitung erwähnt, handelt es sich bei den vorliegenden Messungen nicht um die Bestimmung der Reibungskraft im üblichen Sinne, sondern um die Bestimmung derjenigen Kraft, die notwendig ist, um die Haftstellen abzuscheren. Wir erhalten daher eine Größe Ψ, welche die Bedeutung einer Scher- oder Schubfestigkeit hat, wenn wir die von uns gemessene Reibungskraft durch die Größe der wirklichen Berührungsfläche dividieren.

Der eine von uns hat an anderer Stelle[1] diese „spezifische Reibungskraft" für einige Kontakte bestimmt, wobei die Größe der wirklichen Berührungsfläche entweder experimentell bestimmt oder aus der Kraft senkrecht zur Berührungsfläche und der Kugeldruckhärte berechnet wurde. Dabei ergab sich:

$$\Psi = \mu \cdot H \cdot \gamma,$$

wobei Ψ die Schubfestigkeit oder Reibungskraft je Einheit der Berührungsfläche, H die Kugeldruckhärte und γ ein Zahlenfaktor zwischen 0 und 1 ist, welcher berücksichtigt, daß der mittlere Kontaktdruck in der Berührungsfläche kleiner ist als die Kugeldruckhärte, weil ein Teil der Berührungsfläche nur elastisch beansprucht wird. An einigen Kupferkontakten wurde die Größe der wirklichen Berührungsfläche aus dem Kontaktwiderstand ermittelt und daraus im Mittel $\gamma = 0{,}6$ bestimmt.

Für unsere Nickelkontakte kommt möglicherweise ein höherer Wert in Frage; wir rechnen im folgenden mit $\gamma = 0{,}6$, weil ein genauerer Wert von γ hier ohne Bedeutung ist. Aus der obigen Gleichung und den in den Zahlentafeln (1) und (2) angeführten Werten von μ müssen wir also schließen, daß in den von uns untersuchten Haftstellen die Schubfestigkeit einige Male größer war als die Kugeldruckhärte. Selbst die in Zahlentafel (2) aufgeführten Werte von μ, welche an unsauberen Flächen gemessen wurden, ergeben eine Schubfestigkeit, die größer ist als die Kugeldruckhärte. Auf eine mögliche Erklärung dieser hohen Werte der Schubfestigkeit wurde in der angeführten Arbeit[1] schon hingewiesen.

Es ist beachtlich, daß die nach Verfahren II gemessenen μ-Werte so groß sind, obgleich die Metallflächen deutliche Fremdschichten erkennen ließen.

Zusammenfassung.

Die Ruhereibung von Nickel auf Nickel im Vakuum wurde gemessen und Reibungszahlen μ zwischen 2 und 10 erhalten[2]. Hieraus wird auf eine Schubfestigkeit in der Berührungsfläche geschlossen, die einige Male größer als die Kugeldruckhärte ist.

[1] R. Holm: Wiss. Veröff. Siemens **XVII**, 4 (1938) S. 38.
[2] Anmerkung bei der Korrektur: Seitdem Obiges geschrieben wurde, haben F. P. Bowden und T. P. Hughes Reibungsmessungen an Metallen im Vakuum veröffentlicht [Nature **142** (1938) S. 1039] und kommen zu ähnlichen Ergebnissen wie wir.

Beitrag zum Gleichrichtungssinn an Halbleitern.

Von **Heinrich Klarmann**.

Mit 7 Bildern.

Mitteilung aus dem Forschungslaboratorium II der Siemens-Werke zu Siemensstadt.

Eingegangen am 15. November 1938.

Inhaltsangabe.

Es wird die Leitfähigkeit von Sinterkörpern aus Titandioxyd, Kadmiumoxyd, Nickeloxyd und Kupferoxyd unter besonderer Berücksichtigung der Übergangswiderstände an den stromzuführenden Elektroden untersucht. An Sperrschichtgleichrichtern mit Titandioxyd und Kupferoxyd als Halbleiter wird der Gleichrichtungssinn festgestellt.

I. Einleitung und Aufgabenstellung.

Zur Erklärung der unipolaren Leitfähigkeit von Sperrschichtgleichrichtern sind verschiedene Ansätze gemacht worden. Da bei den ersten Gleichrichtern dieser Art der größere Elektronenstrom immer vom Metall durch die Sperrschicht zum Halbleiter floß, neigte man zunächst zur Annahme, daß die Ursache der unipolaren Stromleitung in der verschiedenen Elektronenkonzentration zu suchen sei[1]). Stehen doch im Metall beliebig viele Leitungselektronen zur Verfügung, während es im Halbleiter nur die sind, die von den Störstellen abgespalten werden können. W. Schottky[2]) und W. Ch. van Geel[3]) vertraten die Ansicht, daß der Strom durch die Isolatorschicht durch kalte Elektronenemission infolge hoher Feldstärken entstehe. Für die Unipolarität beim Kupferoxydulgleichrichter hat F. Waibel[4]) den unsymmetrischen Feldstärkenverlauf im Inneren der Sperrschicht verantwortlich gemacht. Wie weit man diese am Kupferoxydul gewonnenen Vorstellungen auf andere Sperrschichtgleichrichter übertragen kann, steht noch nicht fest.

Nach den älteren Vorstellungen von W. Schottky und van Geel sind für die unipolare Leitfähigkeit bei Sperrschichtgleichrichtern zwei Faktoren maßgebend. Einmal kann das elektrische Feld durch Spitzenwirkung im Sinne des Schottkyschen Grob-Fein-Faktors an der einen Elektrode größer sein als an der anderen. Weiterhin kann ein Unterschied in den Austrittsarbeiten der Elektronen aus den beiden Elektroden in die Sperrschicht eine Unipolarität des Stromes erzeugen. Es ist selbstverständlich, daß diese beiden den Sinn der Gleichrichtung festlegenden Einflüsse einander unterstützen oder abschwächen können, wobei es nicht immer

---

[1]) B. Dubar: C. R. Acad. Sci., Paris **185** (1927) S. 1023.

[2]) W. Schottky: Z. Physik **14** (1923) S. 63.

[3]) W. Ch. van Geel: Z. Physik **69** (1931) S. 765. — W. Ch. van Geel u. H. Emmens: Z. Physik **87** (1934) S. 220.

[4]) F. Waibel: Wiss. Veröff. Siemens **XV**, 3 (1936) S. 75.

möglich sein wird, anzugeben, ob die Gleichrichtung im wesentlichen der Spitzenwirkung oder dem Unterschied in der Austrittsarbeit zugeschrieben werden muß.

Nun sind nach jüngeren Anschauungen Spitzenwirkungen und Unterschiede in den Austrittsarbeiten nicht allein ausschlaggebend für den Sinn der Gleichrichtung. Nach W. Schottky[1]) ist wesentlich maßgebend ein Effekt, der durch den Leitungstypus des Halbleiters bedingt ist. Er stellte die Regel auf, daß bei den Defekthalbleitern der Elektronenübergang in Richtung Metall→Sperrschicht→Halbleiter und bei den Überschußhalbleitern in Richtung Halbleiter→Sperrschicht→Metall bevorzugt erfolgen solle. Hiernach soll also der Halbleitertypus selbst für den Richtungssinn der Gleichrichterwirkung eines Elektrodensystems Halbleiter—Sperrschicht—Metall bestimmend sein. Diese Hypothese sollte geprüft werden.

II. Frühere Ergebnisse.

In einigen Fällen sind Gleichrichterwirkungen im Sinne der Schottkyschen Regel bereits beobachtet. So ist der in der Technik schon lange angewendete Trockengleichrichter aus Kupferoxydul das bekannteste Beispiel für einen Sperrschichtgleichrichter mit einem Defekthalbleiter. Die Flußrichtung der Elektronen ist dabei von Mutterkupfer durch die Sperrschicht zum Kupferoxydul. Van Geel[2]) hat Gleichrichter aus oxydiertem Aluminium oder Zirkon mit Kuprosulfid bzw. Kuprojodid als Halbleiter auf der Oxydschicht als Sperrschicht beschrieben, wobei der größere Elektronenstrom ebenfalls vom Metall durch die Sperrschicht zum Halbleiter floß, wie es mit W. Schottky für die Defekthalbleiter Cu_2S[3]) und CuJ[4]) zu erwarten ist.

Ein Beispiel für den umgekehrten Gleichrichtungssinn eines Sperrschichtgleichrichters ist von W. Hartmann[5]) am Elektrodensystem Metall—Sperrschicht—Zinkoxyd gefunden worden. Die Elektronen bevorzugten die Richtung Halbleiter—Sperrschicht—Metall. Nun ist ZnO ein Überschußhalbleiter, für den die Schottkysche Regel diese Flußrichtung fordert.

Nach diesen Beispielen scheint es also so zu sein, daß bei den Sperrschichtgleichrichtern der Gleichrichtungssinn tatsächlich im wesentlichen durch den Halbleiter selbst bestimmt wird. Die Einflüsse der Mikrofeldstärke und des Unterschiedes in den Austrittsarbeiten scheinen von untergeordneter Bedeutung, was auch von B. Davydov und F. H. Müller vermutet wird[6]). Darum dürfte es nicht aussichtslos sein, nach weiteren Bestätigungen der Schottkyschen Regel zu suchen.

III. Experimenteller Teil.

a) Herstellung der Sinterkörper.

Als Untersuchungsmaterial wurden Kadmiumoxyd, Titandioxyd, Nickeloxyd und Kupferoxyd gewählt. CdO[7]) und TiO_2[8]) sind Überschußhalbleiter, während NiO[9])

[1]) W. Schottky: Z. techn. Physik **16** (1935) S. 512.
[2]) W. Ch. van Geel: Z. Physik **69** (1931) S. 765.
[3]) G. Bodländer u. K. S. Idaszewski: Z. Elektrochem. **11** (1905) S. 161.
[4]) K. Nagel u. C. Wagner: Z. physik. Chem. Abt. B **25** (1934) S. 71.
[5]) W. Hartmann: Z. techn. Physik **17** (1936) S. 436.
[6]) B. Davydov: Techn. Phys. USSR. **5** (1938) S. 87. — F. H. Müller: Physik. Z. **39** (1938) S. 794.
[7]) G. Bauer: Ann. Physik **30** (1937) S. 433.
[8]) W. Meyer: Physik. Z. **36** (1935) S. 749.
[9]) M. Le Blanc u. H. Sachse: Ber. Sächs. Akad. **82** (1930) S. 133. — H. H. v. Baumbach u. C. Wagner: Z. physik. Chem. Abt. B **24** (1934) S. 59.

als Defekthalbleiter bekannt ist. CuO wird von W. Hartmann[1]) auf Grund von Halleffektmessungen zu den Überschußhalbleitern gezählt. J. Gundermann und Wagner[2]) dagegen sehen es als einen Defekthalbleiter an. Die Oxyde waren in Pulverform als chemisch reinst von Schering-Kahlbaum bezogen worden. Sie wurden ohne jeden Zusatz eines Bindemittels in Form rechteckiger Stäbchen von 20 mm bis 30 mm Länge bei etwa $2 \cdot 10\,mm^2$ Querschnitt gepreßt und an Luft gebrannt. Die Brenntemperaturen waren für CdO 900° C, TiO_2 1300° C, NiO und CuO 1000° C. Titandioxyd wurde nach dem Sintern noch einem Temperprozeß bei 1200° C im Vakuum unterworfen, um seine Leitfähigkeit zu erhöhen.

b) Leitfähigkeit der Sinterkörper.

Um die Leitfähigkeit der Sinterkörper bestimmen zu können, wurden die Stirnflächen der Stäbchen im Vakuum mit Silber bedampft. Außer diesen stromzufüh-

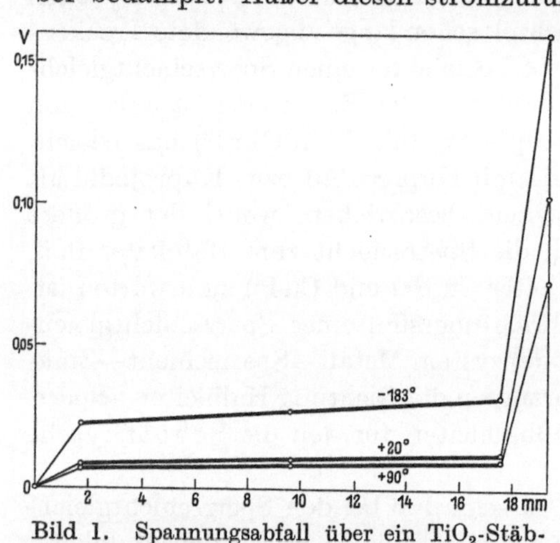

Bild 1. Spannungsabfall über ein TiO_2-Stäbchen von 19,3 mm Länge, $1,8 \cdot 7,0\,mm^2$ Querschnitt, bei 1 mA Belastung.

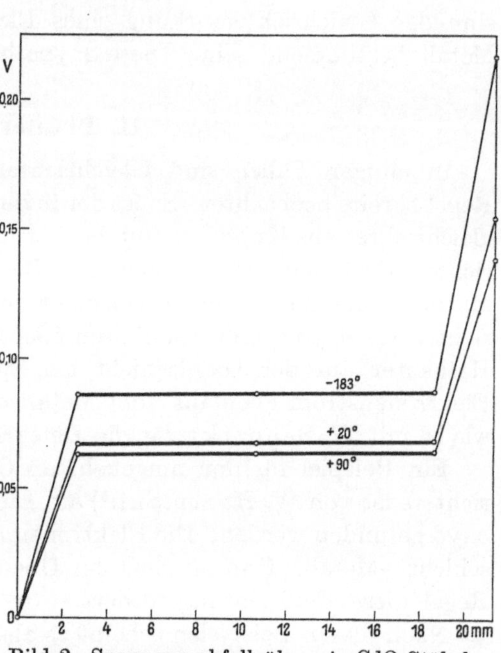

Bild 2. Spannungsabfall über ein CdO-Stäbchen von 21,3 mm Länge, $1,8 \cdot 7,8\,mm^2$ Querschnitt, bei 87 mA Belastung.

renden Elektroden wurden gleichzeitig auf eine der Breitseiten der Stäbchen 0,3 mm breite Silberstreifen im Abstand von 4 mm bzw. 8 mm aufgedampft. Zwischen diesen Streifen konnte der Spannungsabfall statisch gemessen werden. Geschlossene Silberringe waren dazu nicht notwendig, wie Kontrollversuche ergaben.

Die Stromspannungskennlinien eines Teiles der Sinterkörper zeigten einen nichtlinearen Verlauf. Der Strom stieg mit wachsender Spannung stärker an, als man nach dem Ohmschen Gesetz erwarten sollte. Mit Hilfe der statischen Messung des Spannungsabfalles konnte die Ursache dieses nichtlinearen Widerstandes in Übergangswiderständen an den stromzuführenden Elektroden erkannt werden (vgl. Bild 1, 2 und 3). Im Inneren der Stäbchen erfolgte der Spannungsabfall stets linear. Dort galt das Ohmsche Gesetz. Der Einfluß der Sperrschichten verringerte sich mit steigender Spannung und steigender Temperatur, wie dies auch schon W. P. Jousé[3]) festgestellt hat.

[1]) W. Hartmann: Z. Physik **102** (1936) S. 709.

[2]) J. Gundermann u. C. Wagner: Z. physik. Chem. Abt. B **37** (1937) S. 157.

[3]) W. P. Jousé: Physik. Z. Sowjet. **7** (1935) S. 1.

Beobachtete man unipolare Leitfähigkeit, so hingen die Potentialsprünge an den Elektroden von der Stromrichtung ab, während der Spannungsabfall im Inneren der Stäbchen ungeändert blieb, ein Beweis für die Gleichrichterwirkung der Sperrschichten zwischen Metall und Halbleiter. Aus der Verschiedenheit dieser Potentialsprünge bei Stromumkehr kann man sofort den Gleichrichtungssinn ablesen (vgl. IIIc).

Übergangswiderstände zwischen Metallelektrode und Halbleiter traten am TiO_2, CdO und NiO auf. Nur beim CuO konnten sie nicht beobachtet werden (vgl. Bild 4). Bei den Sperrschichtgleichrichtern sind solche Übergangswiderstände zwischen Halbleiter und Metall für die unipolare Leitfähigkeit notwendig. Jedoch muß die Stromzuführung auf der anderen Seite des Halbleiters sperrfrei sein, weil ja sonst auch an dieser Seite eine Gleichrichterwirkung auftreten kann. Eine der Metallelektroden muß also vollkommen sperrfrei auf dem Halbleiter aufsitzen.

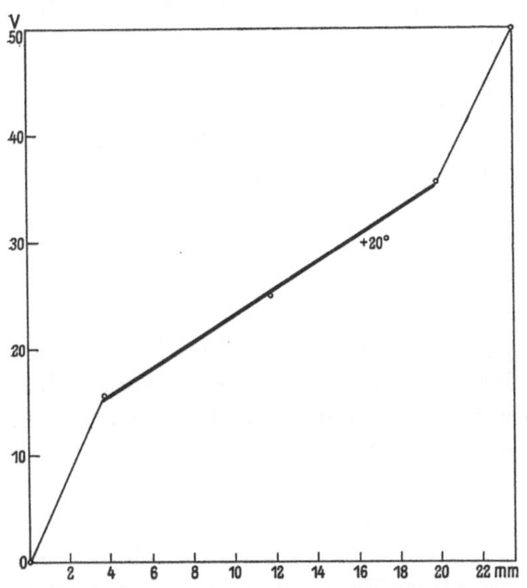

Bild 3. Spannungsabfall über ein NiO-Stäbchen von 23,5 mm Länge, 1,4 · 8,3 mm² Querschnitt, bei $10{,}9 \cdot 10^{-6}$ A Belastung.

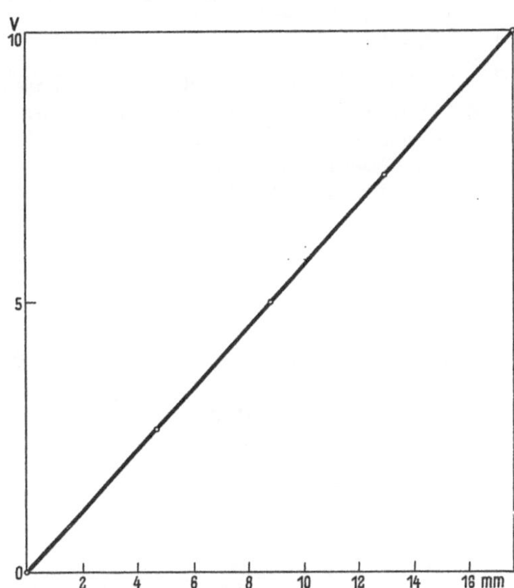

Bild 4. Spannungsabfall über ein CuO-Stäbchen von 17,6 mm Länge, 2,0 · 6,4 mm² Querschnitt, bei $91 \cdot 10^{-6}$ A Belastung.

Nun haben bereits F. Waibel und W. Schottky[1]) auf Übergangswiderstände zwischen Kupferoxydul und aufgedampfter Metallelektrode hingewiesen und eine Möglichkeit ihrer Vermeidung für diesen speziellen Fall gezeigt. Weitere Untersuchungen darüber, ebenfalls am Kupferoxydul, haben D. Nasledow und L. Nemenow[2]) ausgeführt. In beiden angeführten Arbeiten wird gezeigt, daß das Aufdampfen von Metallelektroden bei der Temperatur der flüssigen Luft zu einer sperrfreien Kontaktierung führt.

An Sinterkörpern aus CdO, NiO und TiO_2 ist diese Art der sperrfreien Kontaktierung vergeblich versucht worden. Die Übergangswiderstände waren auch nach dem Aufdampfen der Elektroden bei der Temperatur der flüssigen Luft in unverminderter Größe zu beobachten. Bei Sinterkörpern aus TiO_2 ist es schließlich gelungen, die Sperrschichten zu beseitigen. Dampfte man die Elektroden in einem Rohr auf, das

---

[1]) F. Waibel u. W. Schottky: Naturwiss. **20** (1932) S. 297.
[2]) D. Nasledow u. L. Nemenow: Physik. Z. Sowjet. **7** (1935) S. 513.

vorher einige Stunden auf 500° C an der Quecksilber-Diffusionspumpe ausgeheizt
worden war, so waren die Übergangswiderstände praktisch verschwunden. Ein Bei-
spiel dafür zeigt Bild 5. Es ist der gleiche Sinterkörper, an dem die Ergebnisse des Bild 1 gewonnen sind.

Im Falle des TiO_2 scheint allein das Ausheizen des Verdampfungskolbens aus- schlaggebend zu sein für das Aufbringen sperrfreier Elektroden, denn im ausgeheiz- ten Rohr waren die Elektroden immer sperr- frei, gleichgültig, bei welcher Temperatur man sie nachher aufdampfte.

Bei Sinterkörpern aus CdO und NiO dagegen war es nicht möglich, durch Auf- dampfen von Metall sperrfreie Stromfüh- rungen zu erhalten. Auf Nickeloxyd gelang es schließlich, auf andere Weise sperrfreie Elektroden herzustellen.

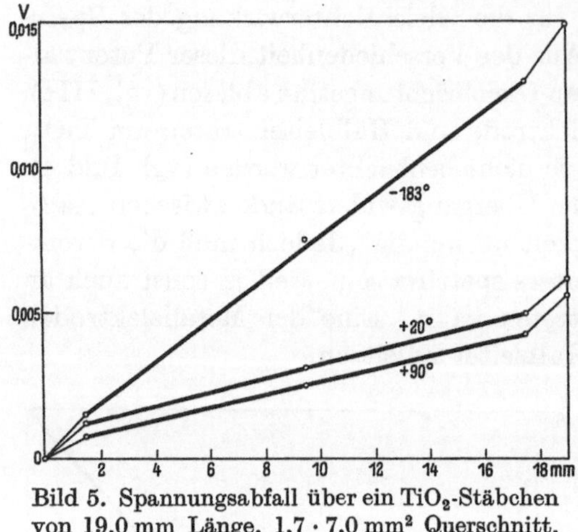

Bild 5. Spannungsabfall über ein TiO_2-Stäbchen
von 19,0 mm Länge, 1,7 · 7,0 mm² Querschnitt,
bei 1 mA Belastung. (Elektroden im aufgeheiz-
ten Rohr aufgedampft.)

c) Der Gleichrichtungssinn bei Titandioxyd und Kupferoxyd.

Um den Gleichrichtungssinn eines Elektrodensystems Halbleiter—Sperrschicht—
Metall aus seiner Stromspannungskennlinie ablesen zu können, mußte man zuerst
auf dem Halbleiter eine sperrfreie Metallelektrode anbringen. Bei Titandioxyd,
Kupferoxyd und Nickeloxyd konnte dies, wie beschrieben, erreicht werden. Auf
der dieser Metallelektrode abgewandten Seite des Halbleiters erzeugte man nun
eine künstliche Sperrschicht. Als Sperr- schichten fanden die verschiedensten
Isolatoren Verwendung, wie dünne Lack- filme oder im Vakuum aufgedampfte
Bortrioxyd-, Kalziumfluorid- und Quarz- schichten. Auf dieser Sperrschicht
wurde nun wieder eine Metallelektrode angebracht, meistens im Vakuum auf-
gedampftes Silber. Aus Arbeiten von H. Klarmann und J. Mühlenpfordt[1]
folgt, daß diese Sperrschichten nur dazu dienen, die aufgedampfte Metallelektrode in Spitzenkontakte aufzulösen, so daß der Sperrschichtgleichrichter

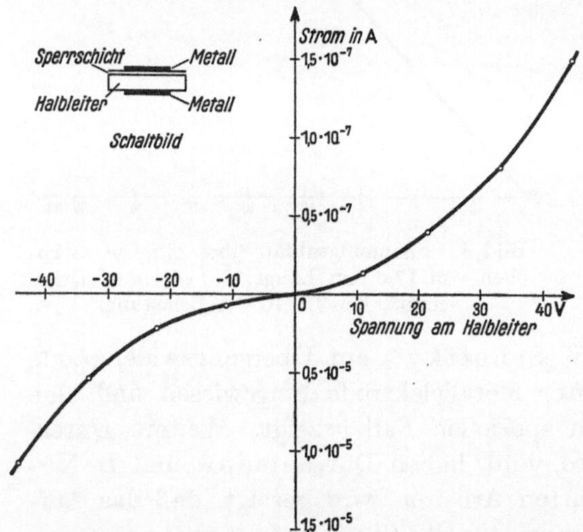

Bild 6. Kennlinie eines TiO_2-Gleichrichters mit
Schaltbild.

eigentlich aus vielen parallelgeschalteten Detektoren besteht. Der Gleichrichtungssinn wurde aus dem Stromspannungsverlauf zwischen den beiden Metallelektroden
abgelesen. So enthält Bild 6 eine an Titandioxyd gemessene Kennlinie, aus der
folgt, daß ein etwa 100mal größerer Elektronenstrom durch die Sperrschicht floß,
wenn der Halbleiter Kathode war. In Bild 7 ist eine an Kupferoxyd gewonnene

---

[1] H. Klarmann u. J. Mühlenpfordt: Z. Elektrochem. **44** (1938) S. 603.

Kennlinie eingetragen. Hier ist die Gleichrichtung äußerst schwach, jedoch ist ihr Sinn ein umgekehrter. Sowohl an Titandioxyd als auch an Kupferoxyd wurden immer die mitgeteilten Flußrichtungen beobachtet.

Nach der **Schottky**schen Regel ist für den Überschußhalbleiter Titandioxyd eine Flußrichtung der Elektronen vom Halbleiter durch die Sperrschicht zum Metall zu erwarten; das ist durch die Versuche in eindeutiger Weise bestätigt worden. Beim Kupferoxyd war der Gleichrichtungssinn umgekehrt. Hier ist aber die Frage nach dem Leitungstypus noch offen. Trifft die **Schottky**sche Regel zu, so wäre das CuO zu den Defekthalbleitern zu zählen.

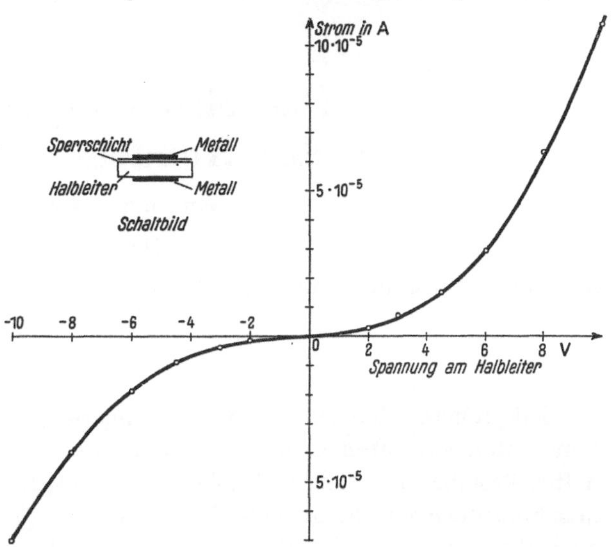

Bild 7. Kennlinie eines CuO-Gleichrichters mit Schaltbild.

Am Nickeloxyd und Kadmiumoxyd konnten Gleichrichterwirkungen nicht beobachtet werden. Die an den stromzuführenden Elektroden auftretenden Übergangswiderstände erwiesen sich als von der Stromrichtung unabhängig. Die Versuche an NiO werden von anderer Seite fortgesetzt.

Herrn Prof. W. **Schottky** danke ich für wertvolle Diskussionen.

Zusammenfassung.

1. An Sinterkörpern aus Titandioxyd, Kadmiumoxyd, Nickeloxyd und Kupferoxyd wurden Leitfähigkeitsmessungen ausgeführt. Dabei wurde den Übergangswiderständen zwischen dem Halbleiter und den aufgedampften Metallelektroden besondere Aufmerksamkeit geschenkt. An Titandioxyd und Nickeloxyd gelang es, diese Sperrschichten zu vermeiden. Bei Kupferoxyd traten sie von vornherein nicht auf. An Kadmiumoxyd ließen sich sperrfreie Metallelektroden nicht anbringen.

2. Mit Titandioxyd und Kupferoxyd als Halbleiter wurde der Gleichrichtungssinn eines Elektrodensystems Halbleiter—Sperrschicht—Metall bestimmt. Zu diesem Zwecke wurde nur eine der stromzuführenden Metallelektroden sperrfrei aufgedampft und zwischen die andere Metallelektrode und den Halbleiter vor dem Aufdampfen dieser Elektrode auf dem Halbleiter eine dünne Isolatorschicht angebracht. Die aus den beobachteten Stromspannungskennlinien abgelesenen Flußrichtungen für die Elektronen sind für Titandioxyd vom Halbleiter durch die Sperrschicht zum Metall und für Kupferoxyd vom Metall durch die Sperrschicht zum Halbleiter. NiO und CdO zeigten keine Unipolarität.

6*

Das Mischkörperproblem
in der Kondensatorentechnik.

Von **Artur Büchner**[1].

Mit 5 Bildern.

Mitteilung aus dem Zentrallaboratorium des Wernerwerkes der Siemens & Halske AG
zu Siemensstadt.

Eingegangen am 22. August 1938.

Seit Jahrzehnten ist die Berechnung der Leitfähigkeit und der Dielektrizitäts-
konstanten von Mischkörpern aus den Daten der Grundbestandteile ein oft behan-
deltes Problem der Elektrizitätslehre. Zahlreich sind die im Schrifttum angegebenen
Mischungsformeln; keine von ihnen kann Allgemeingültigkeit beanspruchen. Ihre
Vielzahl erklärt sich aus der Vielgestaltigkeit der Aufgabe. Je nach der Form und
Verteilung der Elementarteilchen der Komponenten, ob diese nämlich als Kugeln,
Zylinder, Prismen, Lamellen, Scheiben usw. vorliegen, ob die Komponenten gleich-
berechtigt sind oder ob eine von ihnen die anderen als Grundstoff umhüllt, ob alle
Richtungen gleichwertig sind oder eine Vorzugsorientierung herrscht, ist naturgemäß
der Kraftlinienverlauf im Mischkörper und damit die resultierende Dielektrizitätskonstante oder Leitfähigkeit verschieden. Einen umfassenden Überblick über die
gesamte Mischkörpertheorie geben die zusammenfassenden Arbeiten von K. Lichtenecker[2] und D. A. G. Bruggeman[3].

1. Die Potenzformel von Lichtenecker und Rother und ihre Erweiterung.

Zwei Komponenten.

Ein Teil dieser Formeln stellt recht komplizierte und daher unübersichtliché und
für den praktischen Gebrauch unhandliche Ausdrücke dar, wogegen andere durch
besondere Einfachheit des Baues ausgezeichnet sind. Diese verdienen in besonderem
Maß Beachtung, denn selbst wenn sie in einem gegebenen Fall vielleicht weniger
genau die Verhältnisse wiedergeben sollten als eine verwickeltere, so wiegt doch
oftmals die leichtere Anwendbarkeit in der Praxis schwerer als die höhere Genauigkeit. Hinzu kommt, daß die wirklichen Mischkörper nur selten genau den für die
Theorie zugrunde gelegten Annahmen entsprechen.

Außerdem interessiert bei der Anwendung der Mischungsformeln auf Probleme
des praktischen Kondensatorenbaus nicht nur die Zusammensetzung der Dielektrizi-

---

[1]) Teil 1 in Zusammenarbeit mit H. Zauscher.

[2]) K. Lichtenecker: Die Dielektrizitätskonstante natürlicher und künstlicher Mischkörper. Physik.
Z. **27** (1926) S. 115 ··· 158.

[3]) D. A. G. Bruggeman: Berechnung verschiedener physikalischer Konstanten von heterogenen
Substanzen. Ann. Physik (5) **24** (1935) S. 636 ··· 679 (im folgenden als Bruggeman I zitiert). —
D. A. G. Bruggeman: Über die Geltungsbereiche und die Konstantenwerte der verschiedenen Misch-
körperformeln Lichteneckers. Physik. Z. **37** (1936) S. 906 ··· 912 (im folgenden als Bruggeman II
zitiert).

tätskonstanten des Mischkörpers aus denen der Komponenten, sondern auch ihre Beeinflussung durch die stets vorhandenen Verluste und die Abhängigkeit der Verluste des Mischkörpers von den Einzelwerten der Bestandteile. Hierbei erhält man leicht übersehbare Verhältnisse ebenfalls nur bei den einfach gebauten Mischungsformeln. Aus diesem Grund verdient besondere Beachtung die von K. Lichtenecker und K. Rother[1]) abgeleitete Potenzformel

$$\varepsilon^k = \vartheta_1 \cdot \varepsilon_1^k + \vartheta_2 \cdot \varepsilon_2^k, \tag{1}$$

die sich in vielen Fällen gut bewährt hat (k ist eine Konstante, abhängig von der Form und Verteilung der Komponenten, nicht aber von ihren Mengenverhältnissen, ϑ_1 und ϑ_2 sind die Volumenanteile der Komponenten). Die Größe k kann hier jeden Wert zwischen $+1$ und -1 annehmen[2]). Für $k = 1$ geht diese Formel in die Formel für die Parallelschaltung der beiden Komponenten

$$\varepsilon = \vartheta_1 \cdot \varepsilon_1 + \vartheta_2 \cdot \varepsilon_2, \tag{2}$$

für $k = -1$ in die Formel für die Reihenschaltung

$$\frac{1}{\varepsilon} = \frac{\vartheta_1}{\varepsilon_1} + \frac{\vartheta_2}{\varepsilon_2}, \tag{3}$$

für $k = 0$, wie K. Lichtenecker und K. Rother[3]) gezeigt haben, in die von K. Lichtenecker[4]) angegebene logarithmische Mischungsregel

$$\log \varepsilon = \vartheta_1 \log \varepsilon_1 + \vartheta_2 \log \varepsilon_2 \tag{4}$$

über.

Mehr als 2 Komponenten.

Formel (1) gilt ebenso wie die Sonderfälle (2) bis (4) nicht nur für einen Mischkörper aus zwei Komponenten, sondern läßt sich ohne weiteres auf beliebig viele Komponenten ausdehnen. Nimmt man z. B. an, daß die Komponente 2 sich aus zwei Bestandteilen 3 und 4 mit den Dielektrizitätskonstanten ε_3 und ε_4 und den Volumenanteilen Θ_3 und Θ_4 zusammensetzt, so wird

$$\varepsilon_2^k = \Theta_3 \varepsilon_3^k + \Theta_4 \varepsilon_4^k$$

und damit

$$\varepsilon^k = \vartheta_1 \varepsilon_1^k + \vartheta_2 (\Theta_3 \varepsilon_3^k + \Theta_4 \varepsilon_4^k) = \vartheta_1 \varepsilon_1^k + \vartheta_2 \Theta_3 \varepsilon_3^k + \vartheta_2 \Theta_4 \varepsilon_4^k,$$

wenn gesetzt wird

$$\vartheta_2 \Theta_3 = \vartheta_3 = \text{Volumenanteil der Komponente 3,}$$
$$\vartheta_2 \Theta_4 = \vartheta_4 = \text{Volumenanteil der Komponente 4,}$$

so folgt:

$$\varepsilon^k = \vartheta_1 \varepsilon_1^k + \vartheta_3 \varepsilon_3^k + \vartheta_4 \varepsilon_4^k.$$

Dieser Vorgang läßt sich beliebig fortsetzen und führt für einen Mischkörper aus n Komponenten zur Gleichung

$$\varepsilon^k = \vartheta_1 \cdot \varepsilon_1^k + \vartheta_2 \varepsilon_2^k + \cdots + \vartheta_i \varepsilon_i^k + \cdots + \vartheta_n \varepsilon_n^k$$

$$\varepsilon^k = \sum_{i=1}^{n} \vartheta_i \varepsilon_i^k. \tag{5}$$

---

[1]) K. Lichtenecker u. K. Rother: Physik. Z. **32** (1931) S. 255 · · · 260.
[2]) Vgl. O. Wiener: Abh. sächs. Ges. Wiss., math.-physik. Kl. **32** (1912) S. 509.
[3]) K. Lichtenecker und K. Rother: a. a. O.
[4]) K. Lichtenecker: Physik. Z. **10** (1909) S. 1005; **19** (1918) S. 374; **25** (1924) S. 169 · · · 181, 193 · · · 204, 225 · · · 233 — Kolloidchem. Beihefte, Ambronn-Festschr. (1926) S. 285.

Dielektrische Verluste.

In den Formeln (1) bis (5) steckt die stillschweigende Voraussetzung, daß in den einzelnen Komponenten keine Energie absorbiert wird. Diese Bedingung wird zwar in den meisten Fällen genügend genau erfüllt sein, doch ist zuweilen gerade auch der Einfluß der Verluste auf das dielektrische Verhalten von Interesse. Von besonderer Bedeutung ist die Kenntnis des Zusammenhanges zwischen den Einzelverlusten und dem Gesamtverlust des Mischkörpers.

Der durch einen Kondensator fließende Wechselstrom ist proportional der Dielektrizitätskonstanten des Dielektrikums; wenn dieses mit Verlusten behaftet ist, so setzt sich der Gesamtstrom aus einem Blind- und einem Wirkstrom zusammen (Bild 1). Ist die dem Blindstrom proportionale Komponente ε', die dem Wirkstrom proportionale ε'', so ist

$$\varepsilon = \varepsilon' + j\varepsilon''$$

und

$$\mathrm{tg}\,\delta = \frac{\varepsilon''}{\varepsilon'}\,;$$

damit folgt

$$\varepsilon = \varepsilon'(1 + j\,\mathrm{tg}\,\delta)\,,$$

oder anders geschrieben

$$\varepsilon = \varepsilon'\,\frac{\cos\delta + j\sin\delta}{\cos\delta}\,,$$

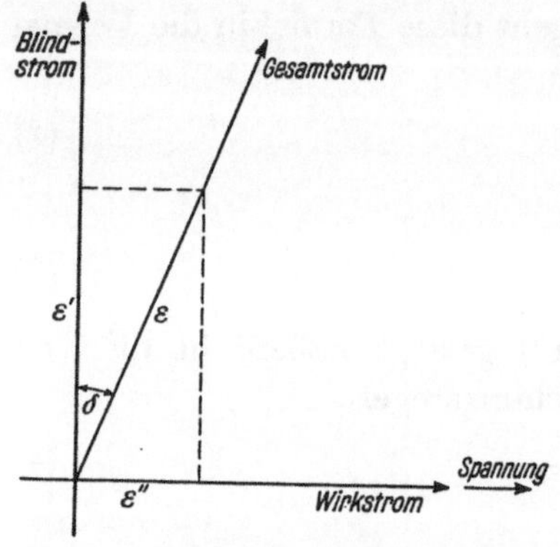

Bild 1. Komplexe Dielektrizitätskonstante.

$$\varepsilon = \frac{\varepsilon'\cdot e^{j\delta}}{\cos\delta}\,. \tag{6}$$

Setzt man die Gleichung (6) für die komplexe Dielektrizitätskonstante in die Potenzformel von K. Lichtenecker und K. Rother (5) ein, so ergibt sich

$$\frac{\varepsilon'^k\cdot e^{j\delta k}}{\cos^k\delta} = \sum_i \vartheta_i\,\frac{\varepsilon_i'^k\cdot e^{j\delta_i k}}{\cos^k\delta_i}\,, \tag{7a}$$

$$\frac{\varepsilon'^k}{\cos^k\delta}\cdot(\cos\delta k + j\sin\delta k) = \sum_i \left[\frac{\vartheta_i\,\varepsilon_i'^k}{\cos^k\delta_i}(\cos\delta_i k + j\sin\delta_i k)\right]. \tag{7}$$

Als Quotient des realen und des imaginären Teiles folgt hieraus die Gleichung für den Verlustfaktor eines Mischkörpers nach der Potenzformel

$$\mathrm{tg}\,\delta k = \frac{\sum_i \vartheta_i\left(\dfrac{\varepsilon_i'}{\cos\delta_i}\right)^k \sin\delta_i k}{\sum_i \vartheta_i\left(\dfrac{\varepsilon_i'}{\cos\delta_i}\right)^k \cos\delta_i k}\,. \tag{8}$$

Solange die Verlustfaktoren nicht größer sind als 0,1 (d. h. $|\delta k| \leqq 5{,}7^\circ$), lassen sich Glieder mit $\sin^2\delta k$ gegenüber 1 vernachlässigen, wenn ein Höchstfehler von 1% bei jedem Glied für zulässig erachtet wird. Daher erhält man aus (8) in diesem Fall, da $\cos\delta = \sqrt{1 - \sin^2\delta}$ ist, als erste Näherung bei kleinen Verlusten für den Verlustfaktor

$$\mathrm{tg}\,\delta k \approx \frac{\sum_i \vartheta_i\,\varepsilon_i'^k \sin\delta_i k}{\sum_i \vartheta_i\,\varepsilon_i'^k} \qquad \text{für } |\delta k|,\ |\delta_i k| \leqq 5{,}7^\circ. \tag{9}$$

Für $|\delta| \leqq 5{,}7^\circ$ läßt sich Formel (9) noch weiter vereinfachen, da dann $\mathrm{tg}\,\delta k \approx k\cdot\mathrm{tg}\,\delta$ und $\sin\delta_i k \approx \mathrm{tg}\,\delta_i k \approx k\cdot\mathrm{tg}\,\delta_i$ ist. Damit folgt

$$\mathrm{tg}\,\delta \approx \frac{\sum_i \vartheta_i\,\varepsilon_i'^k\,\mathrm{tg}\,\delta_i}{\sum_i \vartheta_i\,\varepsilon_i'^k} \qquad \text{für } |\delta|,\ |\delta_i| \leqq 5{,}7^\circ. \tag{10}$$

Verluste und Dielektrizitätskonstante.

Die Dielektrizitätskonstante eines Mischkörpers ergibt sich nach der Potenzformel durch Quadrieren des reellen und des imaginären Teils der Gleichung (7) und Addition der Quadrate zu

$$\left[\frac{\varepsilon'}{\cos\delta}\right]^{2k} = \left[\sum_i \vartheta_i \left(\frac{\varepsilon_i'}{\cos\delta_i}\right)^k \cos\delta_i k\right]^2 + \left[\sum_i \vartheta_i \left(\frac{\varepsilon_i'}{\cos\delta_i}\right)^k \sin\delta_i k\right]^2 \tag{11}$$

mit δ aus Gl. (8).

Der Sonderfall $k = 0$ (logarithmische Mischungsregel) erfordert noch eine besondere Betrachtung, da sowohl Gl. (7) wie die daraus abgeleiteten Gleichungen (8) und (11) beim Einsetzen des Wertes 0 zu Identitäten führen. Entwickelt man jedoch die Gl. (7) in eine Reihe[1]), die man bei kleinen Werten von k nach dem zweiten Glied abbrechen kann, so erhält man mit

$$\left(\frac{\varepsilon'}{\cos\delta}\right)^k = e^{k\ln\frac{\varepsilon'}{\cos\delta}} = 1 + k\ln\frac{\varepsilon'}{\cos\delta} + \frac{\left(k\ln\frac{\varepsilon'}{\cos\delta}\right)^2}{2!} + \cdots$$

für kleine k aus Gl. (7a):

$$1 + k\left(\ln\frac{\varepsilon'}{\cos\delta} + j\,\delta\right) \approx \sum_i \vartheta_i \left[1 + k\left(\ln\frac{\varepsilon_i'}{\cos\delta_i} + j\,\delta_i\right)\right].$$

Da nach Definition $\sum_i \vartheta_i = 1$ ist, folgt hieraus

$$\ln\frac{\varepsilon'}{\cos\delta} + j\,\delta = \sum_i \vartheta_i\left(\ln\frac{\varepsilon_i'}{\cos\delta_i} + j\,\delta_i\right). \tag{12}$$

Der Imaginärteil hiervon ergibt unmittelbar

$$\delta = \sum_i \vartheta_i\,\delta_i. \tag{13}$$

Damit erhält man für den Verlustfaktor

$$\operatorname{tg}\delta = \operatorname{tg}\sum_i \vartheta_i\,\delta_i\,,$$

oder bei kleinen Verlustfaktoren näherungsweise

$$\operatorname{tg}\delta \approx \sum_i \vartheta_i\operatorname{tg}\delta_i\,.$$

Der reelle Teil von Gl. (12) ergibt mit δ nach Gl. (13) und Übergang zu dekadischen Logarithmen

$$\log\varepsilon' = \sum_i \vartheta_i\,(\log\varepsilon_i' - \log\cos\delta_i) + \log\cos\sum_i \vartheta_i\,\delta_i$$

als Dielektrizitätskonstante eines verlustbehafteten Mischkörpers nach der logarithmischen Mischungsregel.

Für kleine Verlustfaktoren geht Gl. (11) mit $\cos\delta = \sqrt{1 - \sin^2\delta} \approx 1$ über in Gl. (5), und entsprechend ergibt sich für die logarithmische Mischungsregel

$$\log\varepsilon' = \sum_i \vartheta_i\log\varepsilon_i'\,.$$

2. Die Anwendungsbereiche der Potenzformel.

Die in den vorstehenden Abschnitten durchgeführte Erweiterung des Mischkörperproblems auf Systeme mit mehr als zwei Komponenten und mit dielektrischen Verlusten wurde auf die Potenzformel [Gl. (1)] von K. Lichtenecker und K. Rother beschränkt, der wegen ihres einfachen Baues und der Anpassungsfähigkeit an Sonderfälle eine große praktische Bedeutung zukommt. In den folgenden Ausführungen

---

[1]) Analog K. Lichtenecker u. K. Rother: a. a. O.

soll nun die Anwendbarkeit der Formel (1) auf verschiedene spezielle Mischkörper untersucht werden.

Der Gültigkeitsbereich der Formel bei Mischkörpern aus gleichberechtigten Komponenten wurde von D. A. G. Bruggeman an Hand der von ihm abgeleiteten Mischungsformeln geprüft. Für Mischkörper aus Körnern, die in allen Größenverhältnissen und allen Orientierungen so miteinander gemischt sind, daß ein dichter Körper ohne Vorzugsorientierung entsteht (dreidimensionaler reiner Mischkörper nach Bruggeman) ergibt die Potenzformel mit einem von Bruggeman[1]) abgeleiteten Wert

$$k = \frac{\log\left(2\sqrt{\varepsilon_1/\varepsilon_2} + 1\right) - \log\left(\sqrt{\varepsilon_1/\varepsilon_2} + 2\right)}{\log\sqrt{\varepsilon_1/\varepsilon_2}} \tag{19}$$

oder angenähert

$$k = 1/3$$

eine gute Näherung für Gemische aus abgerundeten, aber nicht völlig kugelförmigen Körnern. Bei anderen Formen der Elemente, insbesondere bei Kugeln oder flachen Lamellen, gibt es jedoch keinen Wert des Exponenten k, der unabhängig von der Zusammensetzung Gültigkeit hätte.

Haben die Körner eine längliche Gestalt und sind die Längsachsen sämtlich einander parallel angeordnet („zweidimensionale reine Mischkörper"), so gilt in der Richtung senkrecht zu der Vorzugsorientierung die logarithmische Mischungsregel, wenn die Elemente Prismen mit zahlreichen Flächen oder mit abgerundeten Ecken sind. Auch hier gibt es bei anderen Formen der Teilchen keinen k-Wert, der für jede Zusammensetzung gilt.

Bruggeman hat dagegen nicht untersucht, ob sich die Gl. (1) auf solche Mischkörper anwenden läßt, bei denen die Elemente der einen Komponente in eine zusammenhängende Grundmasse eingebettet sind („porphyrische Mischkörper"). Aber gerade hier erweist sich die Potenzformel als besonders wertvoll. Für den isotropen (dreidimensionalen) porphyrischen Mischkörper ergeben sich die beiden Grenzfälle: extrem abgerundete Form der Elemente des eingeschlossenen Bestandteiles (Kugelporphyr) und extrem abgeflachte Form der Elemente (Lamellenporphyr). Für Kugelporphyre hat Bruggeman die Formel

$$\vartheta_2 = \frac{\varepsilon_1 - \varepsilon}{\varepsilon_1 - \varepsilon_2} \sqrt[3]{\frac{\varepsilon_2}{\varepsilon}}, \tag{20}$$

$$\varepsilon^3 - 3\,\varepsilon_1\,\varepsilon^2 + \left[3\,\varepsilon_1^2 + \frac{\vartheta_2^3(\varepsilon_1 - \varepsilon_2)^3}{\varepsilon_2}\right]\varepsilon - \varepsilon_1^3 = 0\,, \tag{20a}$$

für Lamellenporphyre die Formel

$$\varepsilon = \varepsilon_1 \frac{3\,\varepsilon_2 + 2\,\vartheta_1(\varepsilon_1 - \varepsilon_2)}{3\,\varepsilon_1 - \vartheta_1(\varepsilon_1 - \varepsilon_2)} \tag{21}$$

abgeleitet. Je nachdem, ob die eingeschlossene Komponente oder der Grundstoff die höhere Dielektrizitätskonstante hat, ergibt sich ein anderer Verlauf der Abhängigkeit von der Konzentration.

Für ein Verhältnis der Dielektrizitätskonstanten der beiden Komponenten von 16 ist in Bild 2 die Abhängigkeit der resultierenden Dielektrizitätskonstanten vom Volumenanteil der eingesprengten Komponente aufgetragen (gestrichelte Kurven). Alle vier so entstehenden Kurven lassen sich durch die Formel (1) mit bequemen

---

[1]) D. A. G. Bruggeman II S. 908.

k-Werten annähern (ausgezogene Kurven). Die sich hieraus ergebende Vereinfachung der Rechnung fällt besonders beim Vergleich der Potenzformel mit der kubischen Gleichung (20a) ins Auge.

Hat die eingesprengte Komponente die höhere Dielektrizitätskonstante, so ergibt für den Kugelporphyr der Wert $k = 0$, d. h. die logarithmische Mischungsregel, eine gute Näherung. Die Mischdielektrizitätskonstante eines Lamellenporphyrs läßt sich mit $k = 2/3$ berechnen, während $k = 1/3$ eine Näherung für solche Mischkörper ergibt, deren Teilchen eine Form haben, die in der Mitte zwischen den beiden Grenzfällen Kugel und Lamelle steht.

Hat dagegen der Grundstoff die höhere Dielektrizitätskonstante, so läßt sich der Lamellenporphyr mit $k = -1/3$, der Kugelporphyr mit $k = 0,56$ (abhängig vom ε-Verhältnis) oder näherungsweise mit $k = 1/2$ berechnen. Für Elemente, deren Form zwischen den beiden Grenzfällen liegt, die aber doch mehr abgeflacht als abgerundet sind, erweist sich die logarithmische Mischungsregel als brauchbar. — Anderen dazwischenliegenden Formen läßt sich die Potenzformel durch geeignete Wahl des Exponenten k anpassen. Stets ergibt ihre Verwendung eine wesentliche Vereinfachung der Rechnung[1] im Vergleich mit den Formeln (20) und (21) sowie den sonstigen für porphyrische Mischkörper abgeleitete Formeln[2]. — Für niedrigere ε-Verhältnisse ergibt sich eine noch bessere Übereinstimmung zwischen den entsprechenden Formeln.

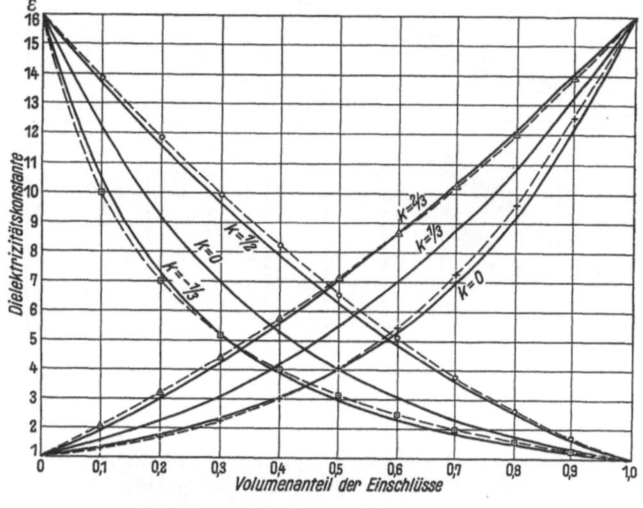

—+— Kugelporphyr, Formel (20) } ε der eingeschlossenen Komponente höher.
—△— Lamellenporphyr, Formel (21) }

—o— Kugelporphyr } ε des Grundstoffes höher.
—□— Lamellenporphyr }

Bild 2. Berechnete Dielektrizitätskonstante porphyrischer Mischkörper mit $\varepsilon_1/\varepsilon_2 = 16$. Ausgezogene Kurven nach Lichtenecker und Rother mit verschiedenen k-Werten, Formel (1).

3. Anwendungen beim Kondensatorenbau.

Rutilhaltige Mischkörper.

Praktisch wichtige und interessante Fälle liegen in den Mischkörpern vor, denen zur Erhöhung ihrer Dielektrizitätskonstante Rutil beigemengt ist, das in Pulverform eine Dielektrizitätskonstante von über 100 hat. Die Anwendung des Rutils ist auf verschiedenen Wegen versucht worden; hauptsächlich kommt Einbettung in organische Bindemittel und Herstellung keramischer Körper mit Rutilzusatz in Betracht. Eine Untersuchung der hier geltenden Gesetzmäßigkeiten zeigte, daß die logarithmische

---

[1] Das zeigt sich vor allem beim Rechnen mit dem Rechenschieber, auf dem für die in Bild 2 verwendeten Exponenten die Potenzen bei den meist gebrauchten Rechenschiebern direkt abgelesen werden können. Ebenso einfach ist die Rechnung für andere k-Werte bei Benutzung eines Schiebers „System Darmstadt" oder eines Elektroschiebers.

[2] Vgl. die einleitend angeführten zusammenfassenden Arbeiten.

Mischungsregel auch für diese Fälle eine sehr gute Näherung ergibt. In Bild 3 sind einige Versuchsergebnisse wiedergegeben. Betrachtet werden Preßplatten aus Polystyrol mit verschiedenen Rutilzusätzen, rutilbeschwerte Zellulosefolien und rutilhaltige keramische Massen[1]. (Zufällig fallen die Ergebnisse der Polystyrol-Rutil-Preßplatten und der Kaolin-Rutil-Sinterplatten auf dieselbe Gerade.) Wie man sieht, liegen alle Meßpunkte sehr gut auf den logarithmischen Geraden. Für die Dielektrizitätskonstante des Rutilpulvers ergibt sich nach diesen Messungen ein Wert von etwa 105 in guter Übereinstimmung mit den Werten von W. Schmidt[2]) (110) und J. Errera[3]) (114).

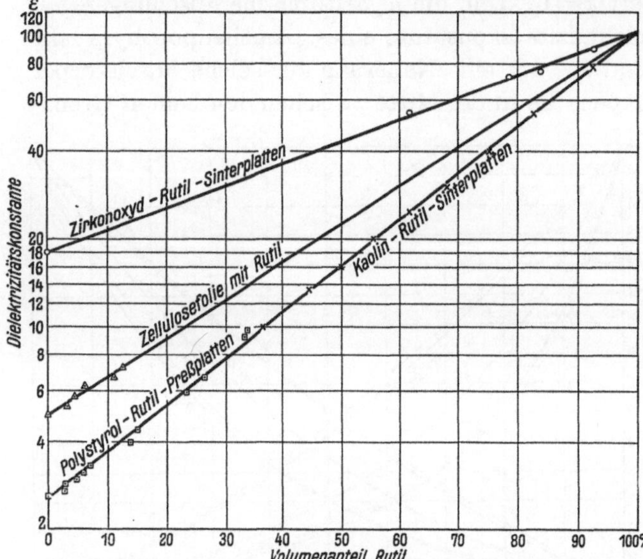

Bild 3. Gemessene Dielektrizitätskonstante rutilhaltiger Mischkörper in Abhängigkeit vom Rutilgehalt.

Dielektrizitätskonstante der Papierfaser.

Der häufigste und daher wichtigste Kondensatorentyp ist der Papierkondensator. Die Berechnung seiner Kapazität aus den Eigenschaften seiner Baustoffe wäre von großem praktischem Interesse. Leider ist aber nicht von vornherein zu sagen, welche Mischungsformel der Struktur des Papieres zuzuordnen ist. Eine Prüfung, welches Mischungsgesetz für Papier eine brauchbare Näherung gibt, läßt sich nicht durch Berechnung der resultierenden Dielektrizitätskonstante von imprägnierten Papieren gewinnen, da brauchbare und zuverlässige Werte für die Dielektrizitätskonstante der Papierfaser im Schrifttum noch nicht vorliegen. Aus diesem Grund wurde der umgekehrte Weg eingeschlagen. Imprägniert man aus dem gleichen Papier hergestellte Kondensatoren mit verschiedenen Imprägniermitteln, muß sich selbstverständlich für alle die gleiche Dielektrizitätskonstante der Faser ergeben, sofern für deren Berechnung das richtige Mischungsgesetz verwendet wird; anderenfalls ist ein systematischer Gang der berechneten Werte mit der Dielektrizitätskonstante des Tränkmittels zu erwarten. In Zahlentafel 1 sind für zwei Papiere die Ergebnisse einer solchen Untersuchung angegeben. Geprüft wurde die Brauchbarkeit der folgenden Formeln, die möglicherweise der im Papier gegebenen Struktur gerecht werden könnten:

a) Zweidimensionaler Lamellenmischkörper (D. A. G. Bruggeman)[4]):

$$\varepsilon_f = \frac{\vartheta_t(\varepsilon^2 - \varepsilon_t^2)}{2\,\vartheta_f\,\varepsilon_t} + \sqrt{\varepsilon^2 - \left[\frac{\vartheta_t(\varepsilon^2 - \varepsilon_t^2)}{2\,\vartheta_f\,\varepsilon_t}\right]^2}. \tag{22}$$

---

[1]) Die Meßwerte für die Dielektrizitätskonstante verdanke ich Angaben der Herren Dr. A. Ebinger und Dipl.-Ing. K.-H.. Hahne.

[2]) W. Schmidt: Ann. Physik (4) **9** (1902) S. 919.

[3]) J. Errera: Physik. Z. Sowjet. **3** (1933) S. 443.

[4]) D. A. G. Bruggeman I S. 646.

Zahlentafel 1.

Papier	ϑ_f	ε_t	ε	Dielektrizitätskonstante der Papierfaser nach Gl.				
				(22)	(23)	(24)	(25)	(26)
Hadern	79,8 %	1,00	2,88	3,54	3,68	3,72	4,10	5,47
		2,17	4,19	4,85	4,91	4,94	5,04	5,47
		4,77	5,31	5,45	5,46	5,45	5,46	5,46
		5,27	5,43	5,46	5,47	5,48	5,48	5,48
Natronzellulose .	77,8 %	2,35	4,30	5,02	5,09	5,12	5,20	5,66
		5,00	5,49	5,64	5,64	5,64	5,63	5,65
		5,30	5,59	5,68	5,66	5,69	5,67	5,66

b) Zweidimensionaler Zylindermischkörper (D. A. G. Bruggeman)[1]:

$$\varepsilon_f = \frac{\varepsilon + (\vartheta_f - \vartheta_t)\,\varepsilon_t}{\varepsilon_t + (\vartheta_f - \vartheta_t)\,\varepsilon}\,\varepsilon\,. \tag{23}$$

c) Logarithmische Mischungsregel (K. Lichtenecker):

$$\log \varepsilon_f = \frac{\log \varepsilon - \vartheta_t \log \varepsilon_t}{\vartheta_f}\,. \tag{24}$$

d) Rayleighsche Zylinderformel[2]:

$$\varepsilon_f = \frac{\varepsilon_t \left(\vartheta_f + \dfrac{\varepsilon - \varepsilon_t}{\varepsilon + \varepsilon_t}\right)}{\vartheta_f - \dfrac{\varepsilon - \varepsilon_t}{\varepsilon + \varepsilon_t}}\,. \tag{25}$$

e) Reihenformel:

$$\varepsilon_f = \frac{\vartheta_f}{1/\varepsilon - \vartheta_t/\varepsilon_t}\,. \tag{26}$$

Hierin bedeuten: $\varepsilon_f =$ Dielektrizitätskonstante der Papierfaser; $\vartheta_f =$ Volumenanteil der Papierfaser; $\varepsilon_t =$ Dielektrizitätskonstante des Tränkmittels; $\vartheta_t =$ Volumenanteil des Tränkmittels; $\varepsilon =$ Dielektrizitätskonstante des getränkten Papiers.

Bei den betrachteten Papieren handelt es sich um ein Hadernpapier und um ein Natronzellulosepapier, die mit verschiedenen Imprägniermitteln getränkt wurden; das Hadernpapier wurde außerdem noch ungetränkt, aber sorgfältig getrocknet, gemessen. Die Zahlentafel 1 enthält die ermittelten Volumenanteile der Faser, die Dielektrizitätskonstanten der verwendeten Tränkmassen, die gemessenen Dielektrizitätskonstanten der getränkten Papiere und die nach den vorstehenden fünf Formeln berechneten Dielektrizitätskonstanten der Faser. Die Vernachlässigung der dielektrischen Verluste bei diesen Rechnungen ist berechtigt, da die Verlustfaktoren (vgl. Zahlentafel 2) durchweg weit unter 0,1 liegen.

Ein Vergleich der Zahlenwerte zeigt, daß sich aus den Messungen mit hoher Dielektrizitätskonstante des Tränkmittels ($\varepsilon_t = 4,77 \cdots 5,30$) nach allen Gleichungen etwa dieselben Werte für die Dielektrizitätskonstante der Faser berechnen. Dieses Ergebnis ist ohne weiteres verständlich, weil der Unterschied zwischen den beiden Dielektrizitätskonstanten nur gering ist. Da aus dem gleichen Grund ein Fehler in der Bestimmung des Fasergehaltes und wegen des geringen Tränkmittelanteiles eine geringe Unsicherheit in der Dielektrizitätskonstante des Tränkmittels keine große

---

[1] D. A. G. Bruggeman I S. 647.

[2] J. W. Rayleigh: Philos. Mag. (5) **34** (1892) S. 481. Diese Formel wurde zum Vergleich herangezogen, obwohl sie nur eine Näherungsformel für kleine Volumenanteile der eingesprengten Komponente ist, weil sie von allen Mischungsformeln des Schrifttums die beste Näherung nächst der Reihenformel ergibt.

Verfälschung des Ergebnisses bewirken können, ergibt sich somit eine ziemlich zuverlässige Methode zur Ermittlung der Dielektrizitätskonstanten der Papierfaser.

Dagegen ergeben die verschiedenen Formeln bei niedrigen ε_t-Werten recht beträchtliche Unterschiede untereinander und gegenüber den mit hoher Dielektrizitätskonstante des Tränkmittels ermittelten Werten. Lediglich nach der Reihenformel (26) stimmen sämtliche Werte für die Dielektrizitätskonstante der Faser gut überein. Daraus ist zu schließen, daß sich imprägnierte Papiere mit großer Annäherung so verhalten, als ob sie aus einer porenfreien und überall gleichmäßig dicken Zelluloseschicht und einer damit in Reihe liegenden Tränkmittelschicht bestünden.

Eine Reihe weiterer Werte der Dielektrizitätskonstanten verschiedener Papiere sind in der zweiten Spalte der Zahlentafel 2 aufgeführt. Ein Vergleich der in den beiden Zahlentafeln wiedergegebenen ε_f-Werte zeigt, daß diese sich um Mittelwerte gruppieren, die für die verschiedenen Rohstoffe charakteristisch sind. Die Dielektrizitätskonstante der Hadernfaser liegt bei etwa 5,3, die der Natronzellulosefaser bei 5,6, während die Sulfitzellulose anscheinend noch höhere Werte aufweist. Indessen sind die Streuungen doch recht beträchtlich, wie die unter dem Durchschnitt liegenden Werte des Hadernpapieres 1 ($\varepsilon_f = 5{,}17$) und des Natronzellulosepapieres 10 ($\varepsilon_f = 5{,}39$) sowie der hohe Wert des Hadernpapieres der Tafel 1 ($\varepsilon_f = 5{,}47$) zeigen. Sämtliche Werte liegen jedoch weit unter dem von W. N. Stoops[1] an getrocknetem, glyzerinfreiem Cellophan gemessenen Werte von 7,0.

Dielektrische Verluste der Papierfaser.

In gleicher Weise wie die Berechnung der Dielektrizitätskonstante der Faser aus Messungen an Kondensatoren, ist auch die Berechnung der Eigenverluste der Papierfaser möglich, wie in Zahlentafel 2 an einigen Beispielen gezeigt wird. Für den Zusammenhang zwischen den Verlusten der Komponenten und des Mischkörpers ergibt sich aus Formel (10) für zwei Komponenten (Papierfaser und Tränkmittel) in Reihenschaltung (d. h. für $k = -1$) als Verlustfaktor des Mischdielektrikums bei niedrigen Verlusten

$$\operatorname{tg}\delta \approx \frac{\dfrac{\vartheta_f}{\varepsilon_f}\operatorname{tg}\delta_f + \dfrac{\vartheta_t}{\varepsilon_t}\operatorname{tg}\delta_t}{\dfrac{\vartheta_f}{\varepsilon_f} + \dfrac{\vartheta_t}{\varepsilon_t}},$$

für den Verlustfaktor der Papierfaser somit

$$\operatorname{tg}\delta_f = \operatorname{tg}\delta + \frac{\vartheta_t\,\varepsilon_f}{\vartheta_f\,\varepsilon_t}(\operatorname{tg}\delta - \operatorname{tg}\delta_t), \tag{27}$$

wenn sich der Index t wieder auf das Tränkmittel, der Index f auf die Faser bezieht. Die Verwendung dieser Näherungsformel ist hier zulässig, da sämtliche Verlustfaktoren wesentlich kleiner als 0,1 sind.

Die Zahlentafel 2 enthält die Kenngrößen der verwendeten Papiere (ε_f, ϑ_f) und Tränkmittel (ε_t, $\operatorname{tg}\delta_t$) sowie die an den hieraus hergestellten Kondensatoren gemessenen Verluste. In den beiden letzten Spalten sind die aus diesen Werten nach Gl. (27) berechneten Eigenverluste der Papierfaser angegeben. Eine Betrachtung der Ergebnisse zeigt, daß die an dem gleichen Papier, nur mit verschiedener Tränkung gefundenen Werte innerhalb der Fehlergrenzen der Verlustfaktormessung übereinstimmen. Die bei höheren Verlusten des Tränkmittels berechneten Verluste der

---

[1] W. N. Stoops: J. Amer. chem. Soc. **56** (1934) S. 1480.

Faser sind weniger sicher, da hierbei die Änderungen des Verlustfaktors mit der Temperatur, durch Alterung usw., stärkeren Einfluß ausüben als bei niedrigen Tränkmittelverlusten.

Zahlentafel 2. Dielektrische Verluste verschiedener Papiere.

Papier	DK der Faser: ε_f	Faseranteil: ϑ_f	ε_t	Tränkmittel: $\mathrm{tg}\,\delta \cdot 10^4$		Kondensator: $\mathrm{tg}\,\delta \cdot 10^4$		Faser: $\mathrm{tg}\,\delta \cdot 10^4$	
				50 Hz	800 Hz	50 Hz	800 Hz	50 Hz	800 Hz
1. Hadern									
1	5,17	79,7	2,30	15	1,5	21,5	35	25,2	53,2
2	5,30	66,0	2,30	15	1,5	19,5	27	24,9	57,3
3	5,28	75,2	2,35	15	5,5	20	34	23,7	55,2
3	5,28	75,2	5,00	8,6	15,7	21	41	25,3	49,5
2. Natronzellulose									
6	5,67	77,5	2,35	15	5,5	32	48	43,9	73,6
6	5,67	77,5	5,30	—	1,6	—	58	—	75,8
7	5,64	81,8	2,35	15	5,5	37	50	48,8	73,8
7	5,64	81,8	5,30	—	1,6	—	59	—	72,6
3. Sulfitzellulose									
11	5,82	87,0	5,00	—	15,7	—	53	—	59,5
11	5,82	87,0	5,30	—	30	—	57	—	61,4

Auch hier bei den Verlusten zeigen sich, ebenso wie bei den Dielektrizitätskonstanten, charakteristische Unterschiede zwischen Hadern- und Zellulosepapieren, die nicht im Aufbau des Papieres, sondern in der Faser selbst begründet sind. Bei 50 Hz hat die Hadernfaser einen Verlustfaktor von etwa $25 \cdot 10^{-4}$, die Zellulosefaser von

etwa $50 \cdot 10^{-4}$. Bei 800 Hz läßt sich als Mittelwert für die Hadernfaser ein tg δ von etwa $55 \cdot 10^{-4}$ angeben, wogegen die Verluste der Zellulosefaser etwa $70 \cdot 10^{-4}$ betragen.

Da bei den Untersuchungen der Zahlentafel 2 nur Meßergebnisse für 50 Hz und 800 Hz vorlagen, die Abhängigkeit des dielektrischen Verhaltens der Papierfaser von der Frequenz aber von besonderem Interesse erscheint, sind in dem Bild 4 die

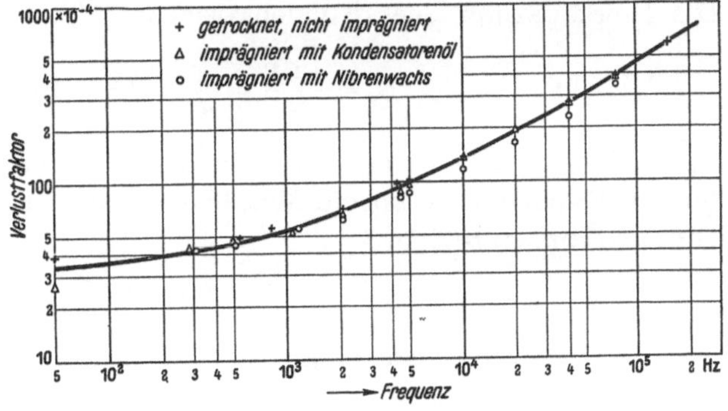

Bild 4. Gemessener Verlustfaktor der Hadernpapierfaser bei Raumtemperatur in Abhängigkeit von der Frequenz.

Ergebnisse einer Untersuchung an Kondensatoren aus dem in Zahlentafel 1 aufgeführten Hadernpapier wiedergegeben. Untersucht wurden ungetränkte sowie mit Kondensatorenöl und Nibrenwachs getränkte Kondensatoren bei Raumtemperatur im Frequenzbereich 50 Hz bis 150 kHz. Es ergibt sich ein gleichmäßiger Anstieg von etwa $30 \cdot 10^{-4}$ bei 50 Hz auf $600 \cdot 10^{-4}$ bei 150 kHz. Dabei stimmen besonders die aus den Messungen an den ungetränkten und den ölgetränkten Papieren berechneten Verluste ausgezeichnet überein.

Die recht gute Übereinstimmung der aus den Messungen an demselben Papier mit verschiedenen Tränkmitteln und bei gleichartigen Papieren errechneten Werte der Dielektrizitätskonstanten wie der Verlustfaktoren läßt die Frage nach den physikalischen Gründen für die Gültigkeit der Reihenformel auftauchen. Von vornherein ist diese keineswegs zu erwarten, ja nicht einmal zu vermuten. Eine exakte Gültigkeit der Reihenformel ist nur dann anzunehmen, wenn eine Hintereinanderschaltung plattenförmiger Dielektrikumschichten vorliegt. Ein solcher Aufbau des Papieres erscheint aber auf den ersten Blick gar nicht gegeben zu sein. Nimmt man jedoch an, daß die Papierfaser nicht mehr wie die ursprüngliche Pflanzenfaser, aus der sie stammt, nahezu zylindrisch, sondern durch die Beanspruchung beim Mahlen im Holländer in dünne und verhältnismäßig breite Lamellen aufgespalten ist, die sich bei der Papierherstellung und beim Satinieren mit ihren breiten Flächen parallel zur Papieroberfläche orientieren, so erscheint die Gültigkeit der Reihenformel in einem so weiten Bereich ($\varepsilon_l/\varepsilon_t$ zwischen 5,5 und 1, ϑ_l/ϑ_t zwischen 6,7 und 2) durchaus verständlich.

Zwischenschichten.

Ein formal analoges Problem liegt vor bei allen Kondensatoren, bei denen die Metallbelegungen nicht unmittelbar (z. B. durch Kathodenzerstäubung, Aufdampfen, Aufbrennen, Aufspritzen usw.) auf das Dielektrikum aufgebracht sind, also z. B. bei Glimmerkondensatoren, Folienkondensatoren usw. Bei diesen befinden sich stets kleine Zwischenräume zwischen Metallbelegung und Dielektrikum, die entweder mit Luft oder mit Tränkmittel gefüllt sind. Bezieht sich D auf das Dielektrikum (Glimmerblatt, Folie usw.), Z auf den Zwischenraum, so ist für die hier vorliegende Reihenschaltung

$$\frac{1}{\varepsilon} = \frac{\vartheta_D}{\varepsilon_D} + \frac{\vartheta_Z}{\varepsilon_Z} = \frac{1}{\varepsilon_D} \cdot \left[1 + \vartheta_Z \cdot \left(\frac{\varepsilon_D}{\varepsilon_Z} - 1 \right) \right]. \tag{28}$$

Die Leerkapazität eines Kondensators ist

$$C_l = \frac{\varepsilon_0 \cdot F}{a} = \frac{\alpha}{a} = 8,86 \cdot 10^{-5} \cdot \frac{F/\text{cm}^2}{a/\text{cm}}\, \text{nF} ,$$

wobei F die Fläche, a den Abstand der Elektroden bezeichnet. Damit ergäbe sich für die Kapazität, wenn die Metallbelegungen direkt ohne Zwischenraum auf dem Dielektrikum aufsäßen,

$$C_0 = \varepsilon_D \frac{\alpha}{a_D} ;$$

während tatsächlich als Folge des Zwischenraumes gemessen wird

$$C_m = \varepsilon \frac{\alpha}{a_m} ,$$

wenn a_m den Abstand der Belegungen beim Kondensator mit Zwischenraum bedeutet.

Für das Verhältnis der Kapazität ohne Zwischenraum zur Kapazität mit Zwischenraum erhält man

$$\frac{C_0}{C_m} = \frac{\varepsilon_D}{\varepsilon} \frac{a_m}{a_D} ;$$

und durch Einsetzen von (28)

$$\frac{C_0}{C_m} = \frac{a_m}{a_D} \cdot \left[1 + \vartheta_Z \left(\frac{\varepsilon_D}{\varepsilon_Z} - 1 \right) \right] .$$

Mit

$$\vartheta_Z = \frac{a_Z}{a_m}$$

wird

$$\frac{C_0}{C_m} = \frac{a_m}{a_D} \cdot \left[1 + \frac{a_Z}{a_m} \left(\frac{\varepsilon_D}{\varepsilon_Z} - 1 \right) \right]$$

und mit
$$a_m = a_D + a_Z$$
ergibt sich dann
$$\frac{C_0}{C_m} = 1 + \frac{a_Z}{a_m} \cdot \frac{\varepsilon_D}{\varepsilon_Z} \, ;$$

$$\frac{\Delta C}{C_m} = \frac{C_0 - C_m}{C_m} = \frac{a_Z}{a_D} \cdot \frac{\varepsilon_D}{\varepsilon_Z} \, , \tag{29}$$

oder bezogen auf C_0 statt auf C_m

$$\frac{\Delta C}{C_0} = \frac{1}{1 + \dfrac{a_D}{a_Z} \cdot \dfrac{\varepsilon_Z}{\varepsilon_D}} \, . \tag{30}$$

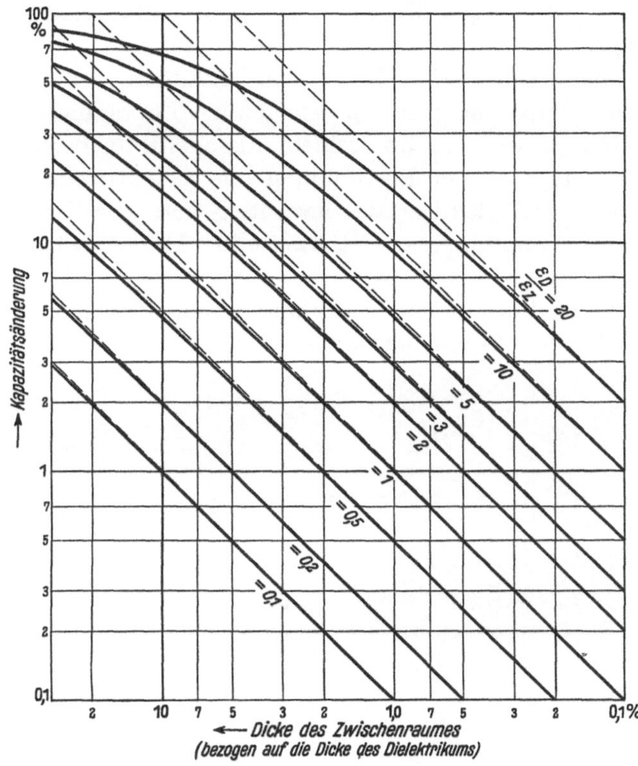

Bild 5. Berechnete Kapazitätsänderung von Kondensatoren durch Zwischenräume zwischen Dielektrikum und Belegung für verschiedene $\varepsilon_D/\varepsilon_Z$. Ausgezogene Kurven: $\Delta C/C_0$ Gleichung (30), gestrichelte Geraden: $\Delta C/C_m$ Gleichung (29).

In dem praktisch wichtigsten Fall kleiner Zwischenräume ist, besonders wenn gleichzeitig das Verhältnis $\varepsilon_D/\varepsilon_Z$ groß ist,

$$\frac{\Delta C}{C_0} \approx \frac{\Delta C}{C_m} \, .$$

In Bild 5 ist für einige Verhältnisse der Dielektrizitätskonstanten des Dielektrikums und des Zwischenraumes die prozentuale Kapazitätsänderung in Abhängigkeit von dem Verhältnis a_Z/a_D aufgetragen. Dabei stellen die ausgezogenen Kurven $\dfrac{\Delta C}{C_0}$, die gestrichelten Geraden $\dfrac{\Delta C}{C_m}$ dar. Da praktisch die Zwischenräume kaum unter

0,1 % ausmachen, leicht aber eine Dicke von 5 % und mehr der Dicke des Dielektrikums erreichen, können, wie Bild 5 zeigt, recht beträchtliche Kapazitätsverringerungen dadurch verursacht werden.

Zusammenfassung.

Die von K. Lichtenecker und K. Rother angegebene Potenzformel wird auf Mischkörper mit mehr als zwei Komponenten und mit dielektrischen Verlusten ausgedehnt.

Die Anwendungsgebiete der Potenzformel werden untersucht, und es wird ihre Brauchbarkeit besonders bei porphyrischen Mischkörpern gezeigt.

Eine Betrachtung rutilhaltiger Mischkörper ergibt, daß diese der logarithmischen Mischungsregel folgen.

Weiter wird nachgewiesen, daß sich die Dielektrizitätskonstante und die dielektrischen Verluste der Papierfaser aus Messungen an imprägnierten Papierkondensatoren nach der Reihenformel als Zweischichtenkondensator berechnen lassen. Damit ergibt sich eine Methode zur Bestimmung der dielektrischen Kenngrößen der Papierfaser. Werte der Dielektrizitätskonstanten und der Verlustfaktoren verschiedener Papiere bei Raumtemperatur, teilweise in Abhängigkeit von der Frequenz, werden mitgeteilt.

Schließlich wird der Einfluß von Zwischenräumen zwischen Dielektrikum und Metallbelegung in Kondensatoren betrachtet.

Die titrimetrische Bestimmung
der Wasserdurchlässigkeit von Isolierstoffen.

Von **Werner Nagel** und **Elisabeth Brandenburger**.

Mit 8 Bildern.

Mitteilung aus der Abteilung für Elektrochemie des Wernerwerkes
der Siemens & Halske AG zu Siemensstadt.

Eingegangen am 14. Januar 1939.

Die Wasserdurchlässigkeit ist in der Isolierstoff-, der Anstrich- und der Lackiertechnik eines der wichtigsten Kennzeichen eines Stoffes. Sie wird daher nach verschiedenen Methoden, die zur Konstruktion von normierten Apparaten geführt haben, zahlenmäßig ermittelt. Allen diesen Methoden liegt dasselbe Prinzip zugrunde. Aus einem 100 v. H. feuchten Raum muß das Wasser durch den zu untersuchenden Stoff (gewöhnlich in Filmform) hindurchtreten in einen anderen von bekanntem Feuchtigkeitsgehalt. Der Gewichtsverlust im Ausgangsraum wird auf der Waage ermittelt und zu der wirksamen Filmfläche, ihrer Dicke und der Temperatur in Beziehung gesetzt. Unter der Annahme, daß das Wasser nur durch Diffusion durch den trennenden Film gelangen kann, errechnet man auf diese Weise Diffusionskoeffizienten für den untersuchten Stoff.

Die bisher angewandten Verfahren beruhten also durchweg auf Feststellung einer Gewichtsdifferenz.

Um durch konstitutionsverändernde Eingriffe in das Gefüge eines Stoffes die Wasserdurchlässigkeit zu verbessern, waren wir gezwungen, die Auswirkung verschiedener chemischer Behandlungsweisen abzuschätzen; dies bedingte den Ausbau einer von den bisherigen gravimetrischen verschiedenen, titrimetrischen Methode; auch konnten flüssige Filme so untersucht werden, was von besonderer Wichtigkeit war, da man nicht mehr zu berücksichtigen brauchte, ob der Stoff vor und nach der chemischen Behandlung einen lückenlosen, zur Untersuchung geeigneten Film bildete, wodurch ja die Untersuchung konstitutiver Einflüsse erst möglich war.

Das Prinzip der Messung war folgendes: Der über einer Wasseroberfläche aufgespannte Film wird auf einer konstanten Temperatur gehalten und erlaubt einer gewissen Menge Wasserdampf den Durchtritt. Dieses nur durch den Film passierende Wasser wird durch einen absolut trockenen Luftstrom fortgeführt und in einer besonderen Apparatur mit Naphthyl-oxychlorphosphin gewaschen. Dieser Stoff absorbiert das Wasser und liefert für jede Molekel Wasser eine Molekel Salzsäuregas, das durch den oben erwähnten Luftstrom in eine Bariumhydroxydlösung von bekanntem Gehalt transportiert und hier umgesetzt wird. Durch Rücktitration kann die Menge des verbrauchten Bariumhydroxyds, daraus die der Salzsäure,

daraus die des Wassers bzw. die Durchlässigkeit des Filmes berechnet werden. In
der Praxis ergibt sich also, da man nicht immer diese Überlegungen anstellen kann,
das Ergebnis: x cm³ Barytlauge entsprechen y mg Wasser. Die Temperatur während
des Versuches wird in ° C ermittelt; die Filmdicke vor und nach dem Versuch mittels
einer sehr genauen Meßvorrichtung festgestellt (es müssen mindestens noch hundertstel mm abzulesen sein, tausendstel mm werden geschätzt und so der Endwert stets

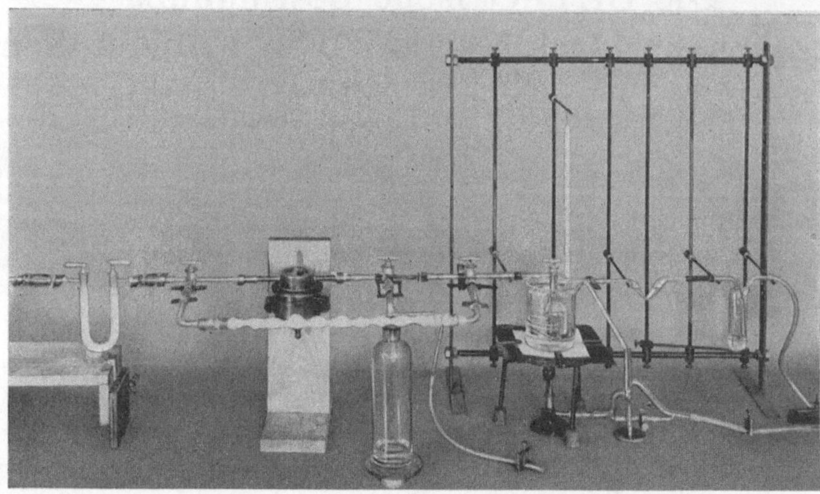

Bild 1. Apparatur zur titrimetrischen Bestimmung der Wasserdurchlässigkeit von Isolierstoffen.

auf 3 Stellen hinter dem Komma angegeben), endlich muß die Zeit des Hindurch-
tritts von Wasser bei den normalen Isolierstoffen auf Minuten genau abgemessen
werden.

Um vergleichbare Werte zu erhalten, wurde bei unseren Versuchen stets die
Wasserdurchlässigkeit je cm² angegeben, ferner wurde die Filmdicke stets auf
0,100 mm, die Zeit auf 100 Minuten, die Temperatur auf 20,0° C bezogen.

Gemäß dem oben angeführten Meßverfahren wurde eine Apparatur konstruiert,
deren Ansicht Bild 1 wiedergibt. Das Grundsätzliche ist in Bild 2a u. b schematisch aufgezeichnet.

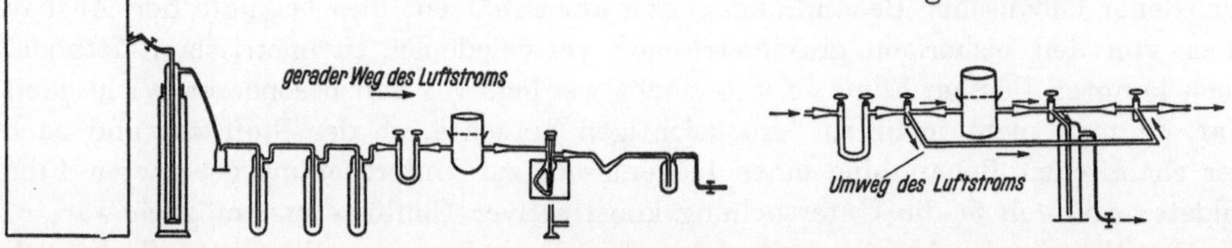

Bild 2a u. 2b. Schema der Apparatur zur titrimetrischen Bestimmung der Wasserdurchlässigkeit
von Isolierstoffen.

Von besonderer Bedeutung ist natürlich der das Wasser absorbierende und dafür
Salzsäure liefernde Stoff bzw. die Apparatur, in der dies vor sich geht. Wir wandten
Naphthyl-oxychlor-phosphin (oder einfacher Phosphin) an, weil der Stoff von
J. Lindner in der Mikroverbrennungsanalyse zur Bestimmung des Wassers vor-
geschlagen wird, und daher seine Eigenschaften, seine Darstellungsweise und die
Bedingungen seiner sicheren Wirkungsweise erforscht sind. In seinem Buch über

die Mikroverbrennung gibt J. Lindner[1]) alles Wissenswerte über diesen Stoff an. (Wenn wir später von ihrer Verwendung abgingen, so waren hierfür Gründe maßgebend, die nichts mit den von J. Lindner festgestellten Eigenschaften zu tun haben.)

Naphthyl-oxychlor-phosphin ist eine feste, weiße, kristallinische Masse, deren chemische Zusammensetzung

$$C_{10}H_7{-}P{\Large\langle}^{Cl}_{Cl}{\small\searrow}O$$

ist. Wasser wirkt auf sie nach der Gleichung

$$C_{10}H_7{-}POCl_2 + 2\,H_2O = C_{10}H_7{-}PO(OH)_2 + 2\,HCl\,.$$

$C_{10}H_7PO(OH)_2$ setzt sich nun wieder mit überschüssigem $C_{10}H_7POCl_2$ um:

$$C_{10}H_7PO(OH)_2 + C_{10}H_7POCl_2 = 2\,C_{10}H_7PO_2 + 2\,HCl\,.$$

Das würde heißen, daß 2 Molekeln Wasser 4 Molekeln Salzsäure entwickeln. Bedenklich ist hierbei, daß sich $C_{10}H_7PO_2$ bildet, ein Anhydrid, das H_2O absorbiert, ohne dafür Salzsäure zu liefern: $C_{10}H_7PO_2 + H_2O = C_{10}H_7PO(OH)_2$; jedoch tritt diese Reaktion erst ein, wenn größere Mengen Wasser auf wenig Phosphin stoßen, da dann die momentane Einwirkung auf dieses nicht erfolgt, und es unter Umständen zur Umsetzung mit $C_{10}H_7PO_2$ unter Bildung von $C_{10}H_7PO(OH)_2$ kommt. Es ist also wichtig, daß Phosphin stets im Überschuß bleibt.

Es würde also nach der Gleichung

$$C_{10}H_7POCl_2 + H_2O = C_{10}H_7PO_2 + 2\,HCl$$

1 g Phosphin für 73 mg H_2O ausreichen; um ganz sicher zu gehen, rechnet man nur den dritten Teil, rd. 25 mg Wasser und läßt die Einwirkung außerdem in einem Apparate vor sich gehen, der eine innige Durchmischung und steten Überschuß von Phosphin gewährleistet.

Auch dieser Apparat ist von Lindner konstruiert und in seinem Buche genauestens beschrieben. Da er die Form eines Schliffhahnes besitzt, führt er hier die Bezeichnung: Phosphinhahn. Wir können uns hier auf einen Hinweis auf Bild 3 beschränken.

Von Wichtigkeit ist ferner das Gefäß, das den zu untersuchenden Film und das Wasser enthält. Je nach der Aufgabenstellung hat das Aussehen dieses Filmgefäßes gewechselt. Da sich zunächst die Frage ergab, ob die Durchlässigkeit für gasförmiges und tropfbar-flüssiges Wasser verschieden sei, mußte zunächst eine Konstruktion Platz greifen, die einmal den Film über einem mit Wasserdampf gesättigten Raume anzubringen erlaubte, das andere Mal unter einer darauf lastenden Wassersäule. Bild 4 zeigt schematisch, wie die Aufgabe gelöst wurde.

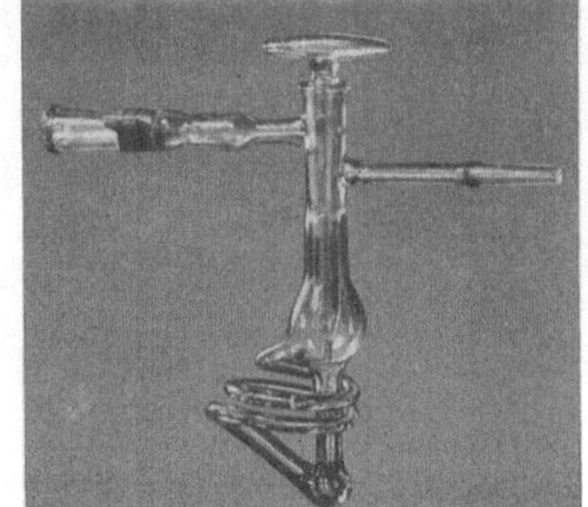

Bild 3. Phosphinhahn.

Als Baustoff für das Filmgefäß verwendeten wir in erster Zeit Glas, das zweifellos, was chemische Beständigkeit angeht, den meisten in Frage kommenden Baustoffen überlegen ist. Jedoch hatten wir hier stets mit Undichtigkeiten zu kämpfen,

---

[1]) J. Lindner: Mikro-Maßanalytische Bestimmung des Kohlenstoffs und Wasserstoffs mit grundlegender Behandlung der Fehlerquellen in der Elementaranalyse. Berlin (1935).

7*

da nur geschliffene Glasflächen genügend dicht waren, die Form der Apparatur aber häufig ein Schleifen nicht erlaubte. Es wurde daher später stets Messing gewählt, das während der verhältnismäßig kurzen Versuchsdauer genügend beständig war. Das Aussehen des Filmgefäßes ist in Bild 5a u. b wiedergegeben.

Messingfilmgefäß
für Wasser in Dampfform   für tropfbar-flüssiges Wasser

Bild 4. Schema des Filmgefäßes.

Der Aggregatzustand des Naphthyl-oxychlor-phosphins einerseits, andererseits die Notwendigkeit eines steten Überschusses über die zu absorbierende Wassermenge machten es notwendig, daß die Bestimmung nur bei erhöhter Temperatur durchgeführt werden konnte. Der Phosphinhahn muß also in einem Bade (zweckmäßig Paraffinöl) erwärmt werden, bis sein Inhalt geschmolzen ist, darf aber nicht zu hoch erhitzt werden, da sonst Spuren von Krackprodukten auftreten und das Bild fälschen können. Ratsam ist es, den von J. Lindner in seinem Buche angegebenen Thermoregulator zu verwenden; dieser ist mit Toluol gefüllt und sichert die Temperatur in der Spanne $90 \cdots 105°$ genügend genau.

Das Naphthyl-oxychlor-phosphin wird zwar von den Chemikalienfabriken geliefert, jedoch ist eine Reinigung im Laboratorium stets erforderlich. Man muß sich hier peinlich genau an die Vorschriften von J. Lindner halten, da bei der Herstellungsweise des Phosphins auch Mono- bzw. Polysubstitutionsprodukte des Phosphors entstehen, die mit Wasser ganz anders reagieren. Ein nach unserer Erfahrung gutes Kennzeichen ist der Schmelz- und Wiedererstarrungsvorgang; es soll vollständige Verflüssigung und spontane, rein weiße, ebenfalls vollständige Kristallisation erfolgen, andernfalls muß erneut destilliert werden.

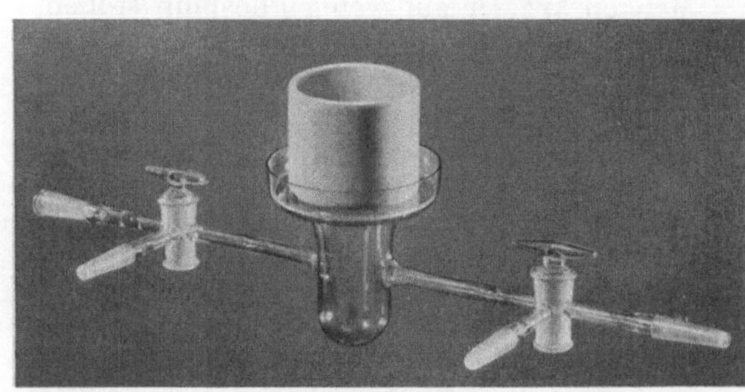

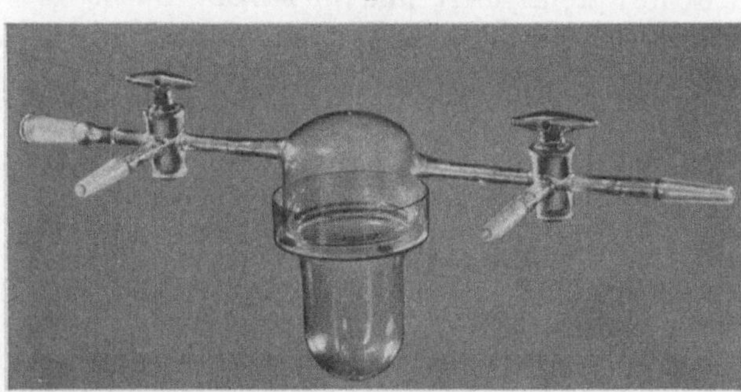

Bild 5a u. b. Filmgefäß.

Die Wasseraufnahme von Naphthyl-oxychlor-phosphin unter Salzsäureabspaltung ist, wie schon erwähnt, durch die Bildung von $C_{10}H_7PO_2$ begrenzt, eine Gefahr, der aber dadurch begegnet werden kann, daß man der Reaktion $C_{10}H_7PO_2 + H_2O = C_{10}H_7PO(OH)_2$ keine Möglichkeit gibt einzutreten, indem man für einen steten Überschuß an Phosphin sorgt; es muß also sorgfältig darauf geachtet werden, daß der feuchte Luftstrom das Phosphin nicht herumspritzt oder an den Gefäßwänden zu dünnen Belägen hochtreibt. Das bedingt, daß die Geschwindigkeit geregelt wird.

J. Lindner gibt an, daß ein Durchperlen von 6 · · · 8 Blasen je Sekunde noch ohne Gefahr zu erreichen sei, und wir können uns seiner Ansicht anschließen. Das besagt aber, daß bei Filmen mit sehr großer Durchlässigkeit (z. B. Papier, Cellophan, Acetylcellulose usw.) die Bestimmungsmethode in der beschriebenen Form nicht ausführbar ist. Es ergibt sich hieraus ferner die Notwendigkeit, einen Druckregler in die Apparatur einzuschalten und einen Blasenzähler zur Kontrolle.

Die Vorstellungen von der Wasserwanderung im eigentlichen Film sind noch nicht geklärt, aber es steht jedenfalls fest, daß zur Erreichung einer konstanten Wanderungsgeschwindigkeit eine Anlaufzeit erforderlich ist. Wenn diese Konstanz einmal erreicht ist, darf sie nicht unterbrochen werden dadurch, daß man den Film wieder teilweise trocknet; d. h. zur Erzielung zuverlässiger Werte muß der Luftstrom kontinuierlich gehen, auch nachts und wenn keine Titrationen vorgenommen werden. Zu berücksichtigen ist diese Tatsache ferner, wenn man frisches Phosphin eingefüllt hat und es auf seine Brauchbarkeit prüfen will. Wir haben zu diesem Zwecke noch einen das Filmgefäß umgehenden, den Luftstrom teilenden Weg eingebaut, der es erlaubte, daß der Luftstrom gleichzeitig durch das Filmgefäß in unveränderter Stärke hindurchging, dann aber nicht den Phosphinhahn passierte, sondern in die Luft geleitet wurde.

Der Luftstrom wird in der üblichen Weise mit KOH und Phosphorpentoxyd getrocknet.

Bis wir uns von der Zuverlässigkeit der erhaltenen Werte überzeugt hatten, wurde stets das gravimetrische Verfahren zur Kontrolle angewandt. Die Ausführungsform, die wir erprobt hatten, war folgende: Der zu untersuchende Film wurde über einen Wasser enthaltenden Glastopf geklebt und eine bestimmte Zeit in einem mit Ätzkali gefüllten Exsiccator aufbewahrt. Vorher und nachher wurde er gewogen. Der Gewichtsverlust zeigte an, wieviel Wasser den Film passiert hatte und von dem Ätzkali aufgenommen worden war. Durch Reduktion auf eine Temperatur von 20°, auf eine Filmdicke von $^1/_{10}$ mm, eine wirksame Fläche von 1 cm² und eine Zeitdauer von 100 min erhielt man vergleichbare Werte[1]).

Die Werte wurden wie in dieser Arbeit wieder in milliontel Grammen (γ) [2]) angegeben.

Es zeigte sich nun, daß bei den untersuchten Stoffen, Styroflex und Benzylcellulose, die titrimetrisch ermittelten Werte mit den gravimetrischen übereinstimmten. Für Styroflex ergaben sich 73 γ titrimetrisch und 73 γ gravimetrisch. Bei Benzylcellulose betrugen die Werte 222 γ titrimetrisch, 217 γ gravimetrisch. Um die Einheitlichkeit der Messungen, aus denen der Durchschnittswert

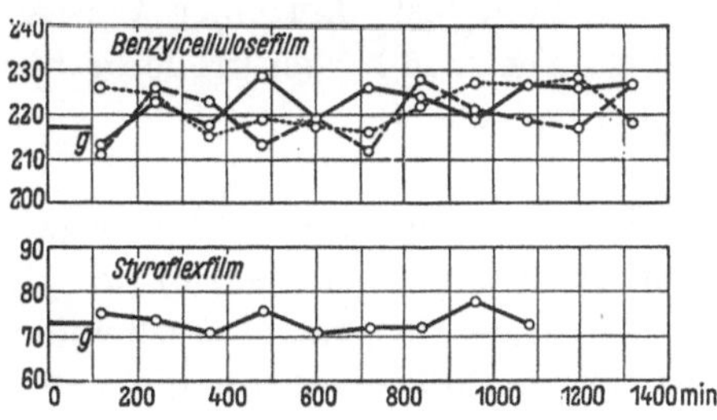

Bild 6. Wasserdurchlässigkeit von Filmen aus Benzylcellulose und Styroflex.

— tropfbar-flüssiges Wasser bei 5 cm Filmdurchmesser.
--- Wasserdampf bei 5 cm Filmdurchmesser.
.... Wasserdampf bei 2,5 cm Filmdurchmesser.
—g gravimetrische Bestimmung.

ermittelt wurde, zu veranschaulichen, seien hier in Bild 6 die an einem Tage bei Styroflex und Benzylcellulose ermittelten Zahlen kurvenmäßig wiedergegeben.

---

[1]) Die Methode ist beschrieben in der Arbeit W. Nagel u. E. Baumann: Zur Kenntnis des Schelllacks, X. Mitteilung. Wiss. Veröff. Siemens **XVI**, 1 (1937) S. 126.

[2]) Die Bezeichnung „γ" für ein milliontel Gramm ist hier beibehalten worden, weil sie in der Mikrochemie noch allgemein üblich ist, obwohl es empfehlenswert wäre, sich den Vorschlägen des AEF (Ausschuß für Einheiten und Formelgrößen) anzuschließen und „µg" zu benutzen.

Als weitere Aufgabe wurde die Messung der Durchlässigkeit gegen dampfförmiges und tropfbar-flüssiges Wasser gestellt.

Es wurde bei der Beschreibung der Apparatur angedeutet, wie diese Frage gelöst wurde. Die Konstruktion des Filmgefäßes erlaubte, den Luftstrom einmal oberhalb, einmal unterhalb des Filmes durchzuführen, während das Wasser einmal am Boden des Gefäßes lag, so daß es nur in Dampfform an den Film gelangen konnte, einmal als Flüssigkeit direkt auf dem Film lastete.

Es ergab sich, daß die ermittelten Werte in beiden Fällen gleich sind. Bild 7 veranschaulicht dies.

Der mögliche Fehler der Methode setzte sich natürlich aus sehr vielen Einzelgrößen zusammen. Die Genauigkeit des Dickenmessers, des Thermometers für die Temperaturbestimmung, der Bürette für die Titration usw. Die Summe aller in den verwendeten Apparaten und den Meßverfahren liegenden Ungenauigkeiten müßte dann den größtmöglichen Fehler bestimmen. Da jedoch der Film selbst während des zu messenden Vorganges sich verändert (quillt, also dicker wird), gelangt man nach diesem mathematischen Verfahren zu falschen Schlüssen. Wir begnügten uns

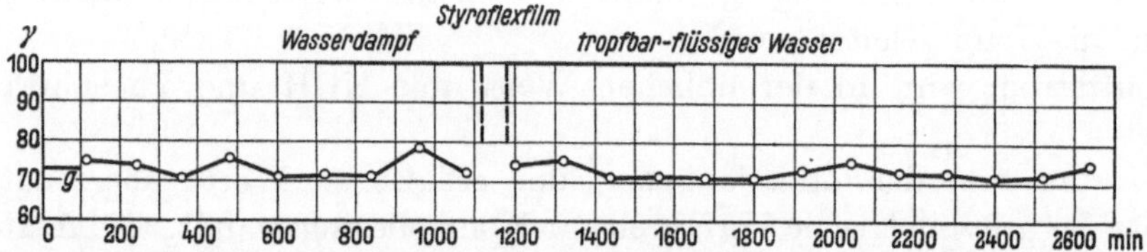

Bild 7. Durchlässigkeit für Wasserdampf und tropfbar-flüssiges Wasser für einen Styroflexfilm.
– g gravimetrische Bestimmung.

deshalb mit einer Schätzung, die, da sie auf Hunderten von Messungen beruht, ziemliche Sicherheit gewährleistet. — Um den zwangsläufig gemachten Fehler in v. H. ausdrücken zu können, mußten wir natürlich etwas willkürlich verfahren und setzten fest: Bei einer Wasserdurchlässigkeit von etwa 100 γ beträgt der zulässige Fehler 5 %, bei größerer bzw. niedrigerer Durchlässigkeit verändert er sich dementsprechend.

Die obenerwähnten Schwierigkeiten, die hauptsächlich in der Beschaffung und Aufbewahrung, aber auch in der Handhabung von Naphthyl-oxychlor-phosphin bestehen, ließen es ratsam erscheinen, die Experimentalarbeiten von J. C. Nieuwenburg[1]) zur Mikrobestimmung von Wasser bei der Verbrennungsanalyse zu berücksichtigen.

Dieser Forscher hatte in langen, wie er angibt, zum Teil recht mühevollen Versuchen mit Naphthyl-oxychlor-phosphin zwar richtige Ergebnisse erhalten, empfiehlt aber für den Laboratoriumsgebrauch die Verwendung von Zimtsäurechlorid $C_6H_5CH = CHCOCl$, das viel leichter zu handhaben, billiger und genügend empfindlich sei.

Auch für die Ermittlung der Wasserdurchlässigkeit dürften diese Vorteile gelten.

Wir nahmen also dieselben Bestimmungen, die wir unter Verwendung von Naphthyl-oxychlor-phosphin gemacht hatten, erneut mit Zimtsäurechlorid vor. — Im allgemeinen können wir die Angaben Nieuwenburgs bestätigen. Allerdings brachten

---

[1]) Mikrochimica Acta **1** (1937) S. 71.

wir das Zimtsäurechlorid in dem Phosphinhahn Lindners zur Einwirkung. Nicht verschwiegen werden soll, daß sich das Zimtsäurechlorid rascher erschöpft als Naphthyl-oxychlor-phosphin, was dadurch zu erklären ist, daß, wie die Reaktionsgleichung ergibt, bei Phosphin auf eine Molekel H_2O ein Molekel des reagierenden Chlorids kommt, bei Zimtsäurechlorid dagegen zwei. Der Reaktionsmechanismus bei diesem letzteren ist nämlich folgender:

$$C_6H_5CH=CHCOCl + H_2O = C_6H_5CH=CHCOOH + HCl,$$
$$C_6H_5CH=CHCOOH + C_6H_5CH=CHCOCl = C_6H_5CH=CHCO-O-COCH=CHC_6H_5+HCl.$$

Unangenehm ist ferner, daß sich das Zimtsäureanhydrid beim Stehen in kristallinischer, sich nur sehr langsam wieder auflösender Form ausscheidet.

Sodann sei erwähnt, daß Zimtsäurechlorid selbst in zugeschmolzenem Glasgefäß nicht unbegrenzt haltbar ist. Wie weit hier die Polymerisation unter Bildung von Vierringderivaten (Truxillsäuren), sowie cis-trans-Isomerie

$$\left(\begin{array}{ccc} C_6H_5CH & & C_6H_5CH \\ \| & \text{und} & \\ COOHCH & & CHCOOH \end{array} \right)$$

und die Reaktionsfähigkeit der einzelnen Formen mitspricht, soll im Rahmen dieses Aufsatzes nicht erörtert werden. Durch Vakuumdestillation und Fraktionieren gelingt es jedenfalls immer ein gleichmäßiges, in genau stöchiometrischem Verhältnisse Salzsäure abspaltendes Produkt zu gewinnen, das sich ungleich leichter handhaben läßt als Naphthyl-oxychlor-phosphin.

Im übrigen konnten die Erfahrungen, die beim Naphthyl-oxychlor-phosphin gemacht wurden, auf Zimtsäurechlorid übertragen werden. Da es als weiße, kristallinische Masse vorliegt, die bei Handwärme schmilzt

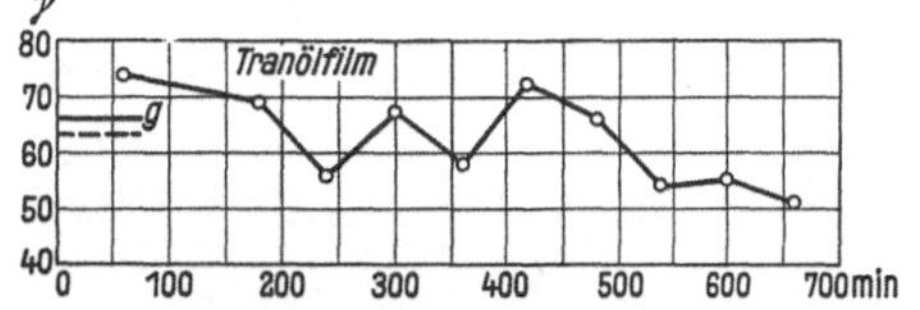

Bild 8. Wasserdurchlässigkeit eines Filmes aus getrocknetem Tranöl.

—g gravimetrischer Wert; --- Mittelwert.

und bei 60 · · · 70° C zur Wirkung gebracht werden soll, mußte ebenfalls ein Bad mit Thermoregulator zur Verwendung kommen. Durch Füllung des Regulators mit Äthylalkohol konnten wir die gewünschten Wärmegrade erzielen.

Sowohl bei Styroflex wie bei Benzylcellulose haben wir nun Werte ermittelt, die mit den nach der Phosphinmethode gewonnenen, also auch mit den gravimetrischen übereinstimmen.

Es wurden weiterhin eine ganze Anzahl von Isolierstoffen untersucht, die gegebenenfalls später zu veröffentlichende Ergebnisse zeigten. Besonders erwähnt seien hier die als Leinölersatzstoffe eine große Rolle spielenden Trane. Bild 8 gibt in Kurvenform die ermittelten Zahlenwerte bei einem Tranöl wieder. (Da die Trane sauerstoffempfindlich sind und sich unter dem Einfluß des Lichtes verändern, kann hier selbst bei Anwendung aller Vorsichtsmaßregeln nicht die gute Übereinstimmung erzielt werden wie beispielsweise bei Styroflex. Natürlich sind diese Umlagerungen so geringfügig, daß sie sich nur auswirken, wenn man auf milliontel Gramme umrechnet; für die Brauchbarkeit in der Praxis spielen derartige Veränderungen keine Rolle.)

Der Verwendung von Zimtsäurechlorid sind durch Anhydridbildung wie bei Naphthyl-oxychlor-phosphin keine Grenzen gezogen, wohl aber spielt die Menge des zu absorbierenden Wassers eine Rolle, da, wie erwähnt, das Zimtsäurechlorid nur eine verhältnismäßig kleine Menge aufnehmen kann, und man schon aus Gründen der restlosen Absorption für einen großen Überschuß und innige Durchmischung sorgen muß. Eine Vervollkommnung der Zimtsäurechlorid-Methode bzw. eine Ausdehnung ihres Anwendungsbereiches ließe sich also nur durch eine Umkonstruktion des Salzsäureabsorptionsgefäßes erzielen.

Zusammenfassung.

Es wird eine Methode angegeben, die die Ermittlung der Wasserdurchlässigkeit von Isolierstoffen auf titrimetrischem Wege ermöglicht. Die Bestimmung gründet sich auf die bereits in der Verbrennungsanalyse ausgewertete Beobachtung, daß Naphthyl-oxychlor-phosphin mit Wasser in stöchiometrischem Verhältnis unter Abspaltung von Salzsäuregas reagiert. Da Zimtsäurechlorid grundsätzlich ähnlich wirkt, in der Behandlung, Beschaffung und seinen Eigenschaften aber manche Vorteile besitzt, wurde es bei späteren Versuchen stets verwandt.

Aufgeführt werden die Zahlenwerte der Durchlässigkeit von Styroflex, Benzylcellulose und Tran. Die Ergebnisse werden mit den auf gravimetrischem Wege erhaltenen verglichen und als gleich befunden. Weiterhin wird die Einheitlichkeit der Meßwerte gezeigt.

Besonderer Wert wird auf den Nachweis der Gleichheit der Durchlässigkeit gegen dampfförmiges und tropfbar-flüssiges Wasser gelegt.

Die Fehlergrenzen und die Vervollkommnung der Bestimmungsmethode werden erörtert.

Wissenschaftliche Veröffentlichungen aus den Siemens-Werken

XVIII. Band

Drittes Heft (abgeschlossen am 19. August 1939)

Mit 61 Bildern

Unter Mitwirkung von

Rudolf Bingel, Heinrich von Buol, Robert Fellinger, Hans Gerdien,
Friedrich Heintzenberg, Gustav Hertz, Kurt Illig, Hans Kerschbaum,
Bernhard Kirschstein, Josef Krönert, Karl Küpfmüller, Fritz Lüschen,
Hans Ferdinand Mayer, Georg Mierdel, Hans Poleck, Manfred Schleicher,
Walter Schottky, Richard Schwenn, Hermann von Siemens, Eberhard
Spenke, Max Steenbeck, Richard Swinne†, Julius Wallot,
Fritz Walter, Paul Wiegand

herausgegeben von der

Zentralstelle für wissenschaftlich-technische Forschungsarbeiten
der Siemens-Werke

Berlin

Verlag von Julius Springer

1939

ISBN-13: 978-3-642-98858-5   e-ISBN-13: 978-3-642-99673-3
DOI: 10.1007/978-3-642-99673-3

Richard Swinne †.

Am 6. August 1939 ist unser lieber Arbeitskamerad Richard Swinne nach schwerer Krankheit aus dem Leben geschieden. Wir verlieren in ihm einen hochgeschätzten Mitarbeiter, der sich in seiner Tätigkeit in der Zentralstelle für wissenschaftlich-technische Forschungsarbeiten und namentlich bei der Herausgabe der „Wissenschaftlichen Veröffentlichungen aus den Siemens-Werken" große Verdienste erworben hat. Die Erhaltung des anerkannt hohen wissenschaftlichen Niveaus der „Veröffentlichungen" ist nicht zuletzt ein Verdienst Swinnes, der ein physikalisches

und chemisches Wissen von seltener Breite und Tiefe besaß, ein Wissen, das ihn befähigte, in zahllosen Fällen als Berater und Wegweiser zu wirken. In den „Veröffentlichungen" ist er auch selbst als Verfasser hervorgetreten; die folgenden Arbeiten stammen aus seiner Feder:

„Elektronenisomerie und Ausbildung von Röntgenspektren."

„Zur Atomdynamik ferromagnetischer Stoffe."

„Zum Einfluß der chemischen Bindung auf das Absorptionsspektrum der Röntgenserien."

„Zur Periodizität der Atomkerne."

„Zur Kristallisierung unterkühlter dielektrischer Flüssigkeiten in einem elektrischen Felde."

Diese Abhandlungen sind in der untenstehenden Übersicht über seine wissenschaftlichen Arbeiten chronologisch eingeordnet.

Alle Arbeiten von Richard Swinne zeugen nicht nur von seiner Produktivität, sie sind auch charakteristisch für seine persönliche Arbeitslinie, die eine Verbindung von Chemie und Physik darstellt und sich hauptsächlich auf dem Gebiete der Atomphysik und Radioaktivität bewegt. Dies kommt auch in seinen wertvollen Beiträgen im Chemiker-Kalender: „Aufbau der Materie" und „Radioaktivität" zum Ausdruck. Der erste dieser beiden Aufsätze erschien bereits 1930 erstmalig. Seit 1932 war Swinne als Schriftleiter der „Physik in regelmäßigen Berichten" — von Anfang des Erscheinens derselben —, seit 1938 als Nachfolger Horts auch als Schriftleiter der „Zeitschrift für technische Physik" tätig. Seine hervorragenden Leistungen für diese beiden Zeitschriften sind bereits an anderer Stelle gebührend gewürdigt worden.

Das Leben Swinnes wurde nachhaltig durch den Weltkrieg beeinflußt. Geboren am 10. März 1885 in dem damalig russischen Riga, studierte er zuerst 2 Semester an der Handelsschule seiner Heimatstadt, um sich dann dem Studium der Physik und physikalischen Chemie an der dortigen Technischen Hochschule zu widmen. Hier war es der schon damals hervorragende Chemiker und Lehrer Paul Walden, der das Fundament zu dem umfangreichen chemischen Wissen Swinnes legte und in der chemischen Richtung seine spätere Tätigkeit nachhaltend beeinflußte. Nach Ablegung der Diplom-Ingenieur-Prüfung war Swinne von 1908 ⋯ 1911 als Assistent an der Technischen Hochschule seiner Heimatstadt tätig. Im Auftrag des russischen Unterrichtsministeriums wurde er für die Jahre 1912 ⋯ 1914 zur Vorbereitung für eine Professur für Physik befohlen und studierte im Auftrag des Ministeriums noch an den Universitäten Tübingen und Heidelberg. Hier überraschte ihn der Weltkrieg und schnitt ihn von seiner Heimat ab. Zuerst als Zivilgefangener interniert, erhielt er bald größere Bewegungsfreiheit zugestanden und konnte sich weiter seinen wissenschaftlichen Arbeiten widmen. Aus seiner Tätigkeit in Heidelberg bei Lenard und seinen Mitarbeitern stammt das große Fundament in den schon erwähnten Grenzgebieten zweier Wissenschaften. Bereits 1917 ging Swinne in die chemische Industrie. 1921 als wissenschaftlicher Mitarbeiter zu den Sendlinger optischen Glaswerken. Auch diese Arbeiten, die ihn enger mit Gehlhoff zusammenführten, sollten seinen Wissenskreis weitgehend beeinflussen. 1924 trat Swinne als wissenschaftlicher Mitarbeiter in das Zentrallaboratorium der Siemens & Halske AG ein. Seit 1933 war er in der Zentralstelle für wissenschaftlich-technische Forschungsarbeiten der Siemens-Werke tätig. Hier konnte er auch das interne und öffentliche wissenschaftliche Vortragswesen der Siemens-Werke im besten Sinne fördern.

Sein Interesse beschränkte sich aber nicht nur auf die Wissenschaft, sondern er hatte auch ein offenes Auge für die Geschehnisse des täglichen Lebens und für die großen politischen Ereignisse der jüngsten Vergangenheit, mit denen er Schritt hielt. Wie sehr er Anteil an dem geselligen Leben, besonders seiner Berufskameraden nahm, dafür zeugt, daß er es sich nicht nehmen ließ, zwischen zwei Krankenlagern noch an den Veranstaltungen der Gesellschaft für technische Physik teilzunehmen. Den Menschen Swinne mit all seiner kameradschaftlichen Hilfsbereitschaft konnten diejenigen am besten beurteilen, die in seinem harmonischen Familienkreis Eingang fanden und dort Gelegenheit hatten, Gedankenaustausch über die Probleme der Wissenschaft und des Lebens mit ihm zu pflegen.

Von Swinnes ungeheurer Willenskraft und Zähigkeit bis zum letzten Augenblick zeugt es, daß er noch auf dem Krankenbett, ja noch bis zum letzten Tage vor seinem Tod, seine Schriftleitertätigkeit weitergeführt hat, so daß die Todesnachricht alle, die nicht seiner näheren Umgebung angehörten, überraschte.

In unserem Richard Swinne haben wir einen wertvollen Mitarbeiter und lieben Kameraden verloren, dem wir ein dauerndes treues Andenken bewahren werden.

J. Krönert.

Verzeichnis der wissenschaftlichen Arbeiten von Richard Swinne.

1909: Über den Nachweis von Arsensäure neben arseniger Säure mittels Magnesiummixtur. Mit O. Lutz. Z. anorg. Chem. **64** (1909) S. 298 ··· 301.

1912: Über einige zwischen den radioaktiven Elementen bestehende Beziehungen. Phys. Z. **13** (1912) S. 14 ··· 21.
Zur Temperaturabhängigkeit der Dichte und Oberflächenspannung von Flüssigkeiten. Z. phys. Chem. **79** (1912) S. 461 ··· 470.
Beiträge zur Kenntnis der Kapillaritätskonstanten von flüssigen Estern. Mit P. Walden. Z. phys. Chem. **79** (1912) S. 700 ··· 758.

1913: Über die Temperaturkoeffizienten der molaren Oberflächenenergie und molaren Kohäsion. Mit P. Walden. Z. physik. Chem. **82** (1913) S. 271 ··· 313.
Über einige zwischen den α-strahlenden radioaktiven Elementen bestehende Beziehungen. Phys. Z. **14** (1913) S. 142 ··· 145.
Über eine Anwendung des Relativitätsprinzips in der Radiochemie. Phys. Z. **14** (1913) S. 145 ··· 147.
Über eine Prüfung der Dolezalekschen Gaslöslichkeitstheorie an Radiumemanation. Z. phys. Chem. **84** (1913) S. 348 ··· 352.

1914: Über die Radioaktivität einiger russischer Quellen. J. russ. phys.-chem. Ges., phys. Teil **45** (1914) S. 454 ··· 460.

1916: Zum Ursprung der γ-Strahlenspektren und Röntgenstrahlenserien. Phys. Z. **17** (1916) S. 481 ··· 488.
Zur Absorption positiver solarer (Nordlicht-) Strahlen in der Erdatmosphäre. Phys. Z. **17** (1916) S. 528 ··· 532.

1918: Bericht über die Planck-Festsitzung der Physikalischen Gesellschaft. Z. Elektrochem. **24** (1918) S. 177 ··· 179.

1919: Zum Ursprung der durchdringenden Höhenstrahlung. Naturwiss. **7** (1919) S. 529 ··· 530.

1920: Das periodische System der chemischen Elemente im Lichte der jüngsten Kanalstrahlenforschung. Naturwiss. **8** (1920) S. 727 ··· 734.

1924: Die Anfänge der optischen Glasschmelzkunst. Keram. Rdsch. **32** (1924) S. 259 ··· 262.

1925: Periodisches System und elektronenisomere Elemente. Z. Elektrochem. **31** (1925) S. 417 ··· 423.
Zwei neue Elemente: Masurium und Rhenium. Z. techn. Phys. **6** (1925) (2 S.).

1926: Periodisches System der chemischen Elemente im Lichte des Atombaus. Z. techn. Phys. **7** (1926) S. 166 ··· 180, 205 ··· 216.
Joseph Fraunhofer. Z. techn. Phys. **7** (1926) S. 245.
Die optischen Flintglasschmelzen von Fraunhofer. Von E. Voit, herausgegeben von R. Swinne. Z. techn. Phys. **7** (1926) S. 246 ··· 252.
Elektronenisomerie und Ausbildung von Röntgenspektren. Wiss. Veröff. Siemens **V**, 1 (1926) S. 80 ··· 88.

1929: Zur Atomdynamik ferromagnetischer Stoffe. Wiss. Veröff. Siemens **VII**, 2 (1929) S. 85 ··· 100.
Der Feinbau der Stoffe. Lehrbuch techn. Physik (Gehlhoff) **III** (1929) S. 1 ··· 87.
Zusammenhang zwischen Bau und physikalischen Eigenschaften der Kristalle. Lehrbuch techn. Physik (Gehlhoff) **III** (1929) S. 138 ··· 157.
Röntgenspektrum und chemische Bindung. Phys. Z. **30** (1929) (2 S.).
Aufbau der Materie. Mit H. G. Grimm. Chemiker-Kal. **50** III (1929) (82 S.).

1931: Zum Einfluß der chemischen Bindung auf das Absorptionsspektrum der Röntgenserien. Wiss. Veröff. Siemens **X**, 2 (1931) S. 89 ··· 94.
Zur Periodizität der Atomkerne. Wiss. Veröff. Siemens **X**, 4 (1931) S. 137 ··· 147.

1935: Adolf Franke zum 70. Geburtstage. Z. techn. Phys. **16** (1935) (3 S.).

1936: Zur Kristallisierung unterkühlter dielektrischer Flüssigkeiten in einem elektrischen Felde. Wiss. Veröff. Siemens **X**, 4 (1936) S. 124 ··· 128.

1930 ··· 1937: Chemiker-Kal. **51** ··· **58**. Aufbau der Materie.

1937: Chemiker-Kal. **58**. Radioaktivität.

Vorwort.

Das vorliegende dritte Heft des **XVIII.** Bandes der „Wissenschaftlichen Veröffentlichungen aus den Siemens-Werken" schließt diesen Band ab. Es beginnt mit einer Arbeit von W. Schottky und E. Spenke: „Zur quantitativen Durchführung der Raumladungs- und Randschichttheorie der Kristallgleichrichter". Diese bringt erstmalig eine vollständige, wenn auch vorläufig noch unter etwas vereinfachten Annahmen durchgeführte Theorie der Kristallgleichrichter, zu denen die technischen Trockengleichrichter (Kupferoxydul- und Selen-Gleichrichter für Meß-, Signal- und Ladezwecke), andererseits aber auch die bekannten Spitzendetektoren gehören. Durch diese Theorie werden die Ursachen für die wichtigsten — erwünschten und unerwünschten — Eigenschaften der Gleichrichterkennlinien aufgedeckt und Hinweise zu Verbesserungen gegeben.

Die drei folgenden Arbeiten befassen sich mit Problemen der Gasentladung. Zunächst berichtet G. Mierdel über „Die Zündung langer positiver Säulen in Edelgasen und Quecksilberdampf". Die Meßergebnisse zeigen sehr gute Übereinstimmung mit früheren theoretischen Untersuchungen. B. Kirschstein bringt theoretische Untersuchungen über „Die Zündlinie von Stromrichtern und der Einfluß des Gitterwiderstandes auf diese", wobei sich klare Beziehungen für die Zündbedingung ergeben. Aus der Arbeit von M. Steenbeck: „Theoretische und experimentelle Untersuchungen über den Einfluß des Elektronenpartialdrucks in Niederdrucksäulen" ergibt sich vor allem auch eine experimentelle Bestätigung des Gesetzes von der Konstanz der Partialdrucksumme von Neutral- und Elektronengas.

In der folgenden Arbeit von F. Walter: „Kurzschlußströme und Nullpunktsverlagerungen in dem elektrischen Drehstromnetz eines Lichtbogenofens" werden eingehend die Nullpunktsverschiebungen bei Kurzschlüssen in einem Drehstromlichtbogennetz berechnet und der Einfluß dieser Nullpunktsverschiebung auf die Teilspannungen untersucht.

Die letzte Mitteilung des Heftes „Über die Entkopplung zweier Meßkreise, insbesondere bei Spannungswandlern" von H. Poleck behandelt zwei Entkopplungsschaltungen für galvanisch-induktiv gekoppelte Meßkreise. Sie hat besondere Bedeutung in ihrer Anwendung auf Spannungswandler.

Berlin-Siemensstadt, im Oktober 1939.

**Zentralstelle für wissenschaftlich-technische
Forschungsarbeiten der Siemens-Werke.**

Inhaltsübersicht.

Anfragen, die den Inhalt dieses Heftes betreffen, sind zu richten an die Zentralstelle für wissenschaftlich-technische Forschungsarbeiten der Siemens-Werke, Berlin-Siemensstadt, Verwaltungsgebäude.

Zur quantitativen Durchführung der Raumladungs- und Randschichttheorie der Kristallgleichrichter.

Von **Walter Schottky** und **Eberhard Spenke**.

Mit 24 Bildern.

Mitteilung aus der Zentralabteilung und dem Zentrallaboratorium für Fernmeldetechnik des Wernerwerkes der Siemens & Halske AG zu Siemensstadt.

Eingegangen am 8. August 1939.

Inhaltsübersicht.

Einleitung.

Nachdem die Raumladungstheorie der Kristallgleichrichter bereits eine anschauliche qualitative Darstellung erfahren hat[1]), wird es sich in der vorliegenden Arbeit darum handeln, die aus den Voraussetzungen dieser Theorie folgenden Ergebnisse quantitativ zu ermitteln. Wie schon in der Namensgebung zum Ausdruck kommt, bildet einen Kernpunkt der neuen Theorie die Tatsache, daß bei

---

[1]) W. Schottky: Z. Phys. **113** (1939) 367. Wird im folgenden als „Grundlagen" zitiert.

jeder Abweichung der Konzentration n der beweglichen Ladungsträger von ihrer
— mit n_H bezeichneten — Neutralkonzentration Raumladungen entstehen, die den
Potentialverlauf im Halbleiter entscheidend[1]) beeinflussen. Unsere erste Aufgabe
ist es daher, diesen qualitativ ohne weiteres einleuchtenden Zusammenhang zwischen
Elektronenkonzentration[2]) n und Raumladungsdichte ϱ nunmehr auch quantitativ festzulegen. Sie wird zu Beginn unserer Ausführungen im Abschnitt A (§§ 1—4)
durch thermische Gleichgewichtsbetrachtungen zwischen den geladenen Störstellen
gelöst. Im Abschnitt B (§§ 5—8) können dann die Differentialbeziehungen zwischen
Diffusionsstrom, Feldstrom und Raumladung aufgestellt werden, die den Kon-
zentrations- und Spannungsverlauf im Halbleiter bestimmen. Hierbei sind die
Randbedingungen zu erörtern, und ferner sind über die Berechnung der Spannung U aus der Konzentrationsverteilung einige allgemeine Ausführungen zu
machen. Die in den Abschnitten A und B gewonnenen mathematischen Grundlagen sind zwar noch durchaus übersichtlich, immerhin aber von solcher Form,
daß geschlossene Lösungen für beliebige Strombelastung nicht mehr möglich sind,
wenn es sich im weiteren Verlauf der Arbeit darum handeln wird, konkrete Aussagen
über den Verlauf der Stromspannungskennlinie zu machen. Deshalb werden in den
darauffolgenden Abschnitten C, D und E nacheinander Näherungen für die Umgebung der Vorspannung Null, für das Flußgebiet und für das Sperrgebiet entwickelt. Zugrunde gelegt wird dabei ein besonders einfacher Typenfall, der durch
die Stichworte: ebenes Problem, reine Überschuß- oder reine Defektleitung, ortsunabhängige Störstellendichte und stromunabhängige Randkonzentrationen (keine
Feldemissionseffekte) gekennzeichnet ist.

Eine Diskussion der Gesamtkennlinie wird in § 20, Abschnitt E, ein Überblick
über die einschlägigen Versuchsbefunde in Abschnitt F gegeben. Zusammenfassung
am Schluß.

A. Elektronenkonzentration n und Raumladungsdichte ϱ.
Die thermischen Gleichgewichtsbeziehungen zwischen den geladenen Störstellen.

Die Aufgabe des vorliegenden Abschnittes A besteht in der Ermittlung des
funktionalen Zusammenhanges zwischen der Raumladungsdichte ϱ und der Elektronenkonzentration n. Ihre Lösung gelingt durch die Betrachtung des thermischen
Gleichgewichts zwischen den geladenen Störstellen. Im § 1 wird die dabei zu be-
folgende Methode allgemein besprochen, um in § 2 auf den Fall des Überschuß-
leiters angewendet zu werden. § 3 bringt die sinngemäße Übertragung der gewonnenen Ergebnisse auf den Defekthalbleiter. In § 4 werden einige zusammenfassende Schlußbemerkungen über die anschauliche Bedeutung und die Größe
mehrerer charakteristischer Konstanten gemacht.

§ 1. Thermische Gleichgewichtsbeziehungen zwischen den geladenen Störstellen.

An einer bestimmten Stelle im Halbleiter ist die Raumladungsdichte gegeben
durch:

$$\varrho = \sum e_k n_k \tag{1,01}$$

---

[1]) Abgesehen von dem Sonderfall der Leerschichtanordnungen.
[2]) Mit „Elektronen"-Konzentration ist hier und im folgenden des öfteren wahlweise Überschuß-
oder Defektelektronenkonzentration gemeint.

wenn an dieser Stelle die einzelnen mit den Ladungen e_k versehenen Ladungsträgersorten $k = 1, 2 \ldots$ mit den Konzentrationen n_k vertreten sind. Hierbei sind nicht nur die beweglichen Teilchen, also die Überschuß- und die Defektelektronen, sondern auch die positiv oder negativ geladenen unbeweglichen Störstellen des Halbleiters zu berücksichtigen. In den Feld- und Diffusionsströmen, welche in den Differentialgleichungen der Theorie, Abschnitt B, auftreten, erscheint jedoch jeweils nur die Dichte der beweglichen Teilchen, die also in der ganzen Theorie gegenüber den Dichten der anderen Ladungsträger eine Sonderrolle spielt. Es ist deshalb zweckmäßig, die Dichte n_k jeder geladenen Störstellenart k durch die Dichte n einer der beiden beweglichen Ladungsträgerarten — also je nach der Natur des gerade vorliegenden Halbleiters entweder die Überschuß- oder die Defektelektronendichte — auszudrücken. Dies gelingt nun, wie im folgenden gezeigt werden soll, mit Hilfe der thermischen Gleichgewichtsbeziehungen zwischen den geladenen Störstellen. Die Bezugnahme auf das thermische Gleichgewicht ist dabei voraussetzungsgemäß (siehe „Grundlagen", § 6, S. 394, Voraussetzung 3 und 4) gestattet.

Es erweist sich somit, daß eine enge Verknüpfung besteht zwischen den Detektor- und Sperrschichtgleichrichter-Problemen einerseits und den allgemeinen Problemen des inneren Störstellengleichgewichts in Halbleitern andererseits; unter „Störstellen" sind hierbei alle von dem normalen Gitteraufbau strukturell oder chemisch abweichenden Bezirke im Gitter zu verstehen, an denen eine zusätzliche Elementarladung gebunden oder abgespalten werden kann. Diese Verknüpfung scheint zunächst eine erhebliche Erschwerung der Gleichrichterprobleme zu bedeuten, indem nunmehr ganz spezifische Eigenschaften der betreffenden Halbleiter ins Spiel kommen, die keine einfachen und allgemeinen Gesetzmäßigkeiten mehr zustande kommen lassen. Glücklicherweise lassen sich jedoch gewisse repräsentative Typenfälle konstruieren, die die Mannigfaltigkeit der möglichen Verhaltungsweisen hinreichend überblicken lassen. Andererseits eröffnet gerade das Hereinspielen der Dichte und Ladung der unbeweglichen Störstellenarten in die Randschichtprobleme der Gleichrichtertheorie für die Forschung neue Möglichkeiten zur Analyse der mannigfaltigen inneren Vorgänge in elektronischen Halbleitern[1]).

Die Behauptung, daß sich im thermischen Gleichgewicht die Dichte n_k jeder geladenen Störstellenart durch ein hervorgehobenes n und gewisse chemisch oder physikalisch vorgegebene, von allen übrigen Störstellendichten unabhängige Bruttokonzentrationen ausdrücken läßt, beweist man allgemein, indem man die Umladung einer hervorgehobenen Störstellenart k dadurch vorgenommen denkt, daß man die bevorzugte Teilchenart n (insbesondere ein freies Elektron oder Defektelektron) als dritten Reaktionspartner der Umladung benutzt, der, je nach der Richtung des Umladungsvorganges, bei diesem Prozeß entweder entsteht oder verschwindet. Im thermischen Gleichgewicht muß dann die chemische Arbeit bei diesem Prozeß — eine elektrische Arbeit ist, da der Vorgang „am Ort" stattfindet, nicht aufzuwenden — gleich 0 sein. Da die chemischen Arbeiten von den Dichten der betreffenden Störstellen abhängen, erhält man auf diese Weise so viele voneinander unabhängige Bestimmungsgleichungen für die Dichten n_k der geladenen Störstellen, als geladene Störstellen n_k (außer n) noch vorhanden sind. Als weitere Partner treten die un-

---

[1]) Diese Möglichkeiten werden noch erheblich erweitert, wenn lichtelektrische Vorgänge in den Randschichten in die Untersuchung einbezogen werden. Der ganze Komplex wird wahrscheinlich die theoretische Forschung auf diesem Gebiet auf Jahre hinaus beschäftigen.

1*

4 Walter Schottky und Eberhard Spenke.

geladenen Störstellen auf; deren Dichte wird aber dadurch eliminiert, daß für jede
der Umladung fähige Teilchenart die Summe von geladenen und ungeladenen Störstellen konstant und durch die Bruttokonzentration (z. B. den Sauerstoffüberschuß
im Cu_2O) gegeben ist. Soweit aus denselben chemischen Bestandteilen (z. B. überschüssigem Sauerstoff) verschiedene neutrale Störstellenarten gebildet werden
können, sind deren Dichten wieder unter sich durch Gleichgewichtsbedingungen
gekoppelt, so daß schließlich nur noch die stoffliche Überschußkonzentration
(z. B. Bruttoüberschuß an Sauerstoff), ohne Rücksicht auf die Art seiner Unter-
bringung in den verschiedenen Störstellenarten, als unabhängiger Parameter übrig
bleibt[1]).

Bei genügender „Verdünnung" der verschiedenen Störstellenarten nehmen alle
diese Beziehungen einen besonders einfachen Charakter an. In diesem Fall, auf
den wir uns im folgenden beschränken wollen, hängen die chemischen Arbeiten
bei jeder Störstellenreaktion nur von den Dichten der direkt beteiligten Störstellen,
und zwar in logarithmischer Weise ab. Das Nullsetzen einer Arbeit bedeutet dann
also das Nullsetzen eines Ausdruckes, in dem neben konstanten Gliedern die Summe
$\sum_i \nu_i \ln n_i$ der Logarithmen der an der Umladung beteiligten Teilchenarten auftritt;
ν_i wird positiv (in der Regel $+1$) für die auftretenden, negativ (-1) für die verschwindenden Teilchen. Durch Übergang vom Logarithmus zum Numerus folgt
hieraus die auch als allgemeines Massenwirkungsgesetz bekannte Beziehung:

$$\Pi\,(n_i^{\nu_i}) = \text{Const} \qquad\qquad (1, 02)$$

(Π hier Symbol für Produktbildung).

Eine andere Ableitung dieses allgemeinen Massenwirkungsgesetzes besteht bekanntlich darin, daß man bei der Bildung einer Teilchensorte C aus mehreren anderen,
A und B, die Zerfallsgeschwindigkeit der Teilchen C proportional n_C, die Bildungs-
geschwindigkeit proportional der Zusammentreffwahrscheinlichkeit der benötigten
(z. B. 2) A-Teilchen und (z. B. 1) B-Teilchen annimmt und im Gleichgewicht Bil-
dungs- und Zerfallgeschwindigkeit gleich setzt. Da diese Treffwahrscheinlichkeiten
den Konzentrationen jedes Einzelpartners von C proportional sind, folgt

$$n_C = \text{Const}\; n_A^2\, n_B \qquad \frac{n_C}{n_A^2\, n_B} = \text{Const}, \qquad\qquad (1, 03)$$

ein Spezialfall von (1,02).

§ 2. Überschußhalbleiter.

Die in § 1 allgemein geschilderte Methode zur Ermittlung des funktionalen Zusammenhanges zwischen den n_k und n und damit zwischen ϱ und n wenden wir
jetzt auf den Fall des Überschußhalbleiters an, wo als Reaktionspartner der Überschußelektronen in der Hauptsache elektronenabgebende Störstellen (Donatoren)
und Elektronenhaft- oder Klebestellen, schließlich unter Umständen auch Defektelektronen in Frage kommen.

Als „hervorgehobene Teilchenart" im Sinne der Ausführungen in § 1 wird man
hier natürlich die Überschußelektronen einführen, deren Konzentration der Deutlichkeit halber in diesem § 2 mit $n^\ominus$ und nicht nur mit n bezeichnet wird.

---

[1]) Vgl. hierzu Z. Elektrochem. **45** (1939) 33, insbesondere §§ 12—15. Die Existenz eingefrorener
Zustände würde allerdings noch eine kleine Erweiterung der obigen Betrachtung verlangen.

a) Gleichgewicht zwischen elektronenabgebenden Störstellen (Donatoren) und freien Elektronen.

In dem Halbleiter seien in nicht zu großer Konzentration Störstellen D eingebettet, die, wie z. B. überschüssiges Na in NaCl oder überschüssiges Zn in ZnO, die Fähigkeit haben, bei Erwärmung Elektronen in das freie Leitungsband abzugeben und sich dabei zu ionisieren. Bezeichnet man die Störstelle im neutralen Zustand mit $D^\times$, im ionisierten Zustand mit D^+, das Elektron im freien Leitungsband mit E^-, so handelt es sich um das Gleichgewicht der Reaktion:

$$D^\times \rightleftarrows D^+ + E^-.$$

Das Massenwirkungsgesetz für diese Reaktion lautet:

$$\frac{n_{D^+} \cdot n^\ominus}{n_{D^\times}} = K_D. \tag{2,01}$$

Hierbei bedeutet K_D eine von den Konzentrationen unabhängige, dagegen mit der Temperatur veränderliche „Massenwirkungskonstante"; die Konstante hat die Dimension einer Teilchendichte.

Die Aufgabe, die Dichten n_{D^+} der geladenen Donatorenreste durch die Dichten $n^\ominus$ der Leitungselektronen auszudrücken, ist mit (2,01) noch nicht vollständig gelöst, weil nicht $n_{D^\times}$, sondern nur die Summe

$$n_{D^+} + n_{D^\times} = n_D \tag{2,02}$$

durch die chemische Zusammensetzung des Halbleiters als gegeben angesehen werden kann. Durch Einsetzen von (2,02) in (2,01) erhält man jedoch die gewünschte Beziehung:

$$n_{D^+} = n_D \frac{1}{1 + n^\ominus/K_D}. \tag{2,03}$$

Diese Beziehung ist ihrer Ableitung nach nicht nur für den neutralen Zustand des Halbleiters gültig, sondern für jede in der Randschicht vorkommende Abweichung der $n^\ominus$ von $n_H^\ominus$, der Neutral- oder Eigendichte an der betrachteten Stelle des Halbleiters (siehe „Grundlagen", S. 375 ... 377).

Bei der Untersuchung des Ganges von n_{D^+} mit $n^\ominus$ ist offenbar das Gebiet

$$n^\ominus \gg K_D \text{ und } n^\ominus \ll K_D$$

zu unterscheiden. Im ersten Gebiet ist n_{D^+} umgekehrt proportional $n^\ominus$; die D-Störstellen sind nur zu einem geringen Grade dissoziiert, das Produkt aus beiden Teilchendichten ist konstant und proportional der Zahl der $D^\times$, die ihrerseits durch die dissoziierten Reste D^+ noch nicht merklich verringert sind. Wird dagegen, z. B. durch Randverarmung, $n^\ominus \ll K_D$, so wird n_{D^+} praktisch konstant, und zwar gleich der Zahl der im ganzen verfügbaren D-Stellen. Der Anstieg der positiven Festladungen infolge der Randverarmung der Elektronen ist also durch die Erschöpfung der elektronenabgebenden Störstellen begrenzt, schließlich wird deren Dichte konstant gleich der Dichte der insgesamt vorhandenen Störstellen der betreffenden Art.

b) Gleichgewicht zwischen elektronenaufnehmenden Störstellen (Haftstellen) und freien Elektronen.

Außer den Donatorenstellen D seien noch, ebenfalls in nicht zu großer Konzentration, Störstellen im Halbleiter vorhanden, die, anstatt Elektronen abzugeben, die Elektronen des freien Leitungsbandes unter Energiegewinn anzulagern vermögen. Wird eine solche Stelle im neutralen Zustand mit $K^\times$ („Klebestelle"; der

Buchstabe H ist durch die Bedeutung als „Halbleiter" schon besetzt), im Zustand der Elektronenanlagerung mit K^- bezeichnet, so ist statt der D-Reaktion die Reaktion zu betrachten:
$$K^- \rightleftarrows K^\times + E^-.$$

Die den Gl. (2, 01) bis (2, 03) entsprechenden Gleichungen lauten dann, mit analoger Bedeutung der entsprechenden Größen:

$$\frac{n_{K^\times} \cdot n^\ominus}{n_{K^-}} = K_K. \tag{2, 04}$$

$$n_{K^-} + n_{K^\times} = n_K. \tag{2, 05}$$

$$n_{K^-} = n_K \frac{1}{1 + K_K/n^\ominus}. \tag{2, 06}$$

Auch hier sind die Gebiete $n^\ominus \ll K_K$ und $n^\ominus \gg K_K$ zu unterscheiden; solange $n^\ominus$ klein gegen K_K ist, ist n_{K^-} einfach proportional $n^\ominus$. Dieser Fall entspricht dem Vorhandensein einer genügend großen, nicht mit Elektronen besetzten K-Reserve, $n_{K^\times} \approx n_K$. Wird dagegen $n^\ominus \gg K_K$, so wird n_{K^-} praktisch konstant gleich n_K, es sind dann alle Haftstellen mit Elektronen besetzt. Nimmt man an, daß im quasineutralen Zustand, $n^\ominus = n_H^\ominus$, nur ein geringer Teil der Haftstellen besetzt, also $n_H^\ominus \ll K_K$ ist, so gilt das a fortiori für die Verarmungsgebiete $n^\ominus < n_H^\ominus$. (2, 06) vereinfacht sich dann zu:

$$n_{K^-} = \frac{n_K}{K_K} \cdot n^\ominus. \tag{2, 07}$$

c) Gleichgewicht zwischen Elektronen und Defektelektronen.

Bei genügend starker Randverarmung in Überschußhalbleitern kann schließlich das Gleichgewicht zwischen Überschuß- und Defektelektronen durch den Mechanismus, der die störstellenunabhängige Eigenhalbleitung des Halbleiters hervorruft, zugunsten der Defektelektronen verschoben werden, so daß deren Raumladung in der Randschicht mit zu berücksichtigen ist. Wird mit E^+ ein Defektelektron, mit E^- ein Überschußelektron bezeichnet, so entspricht dem Übergang eines Elektrons aus einem vollbesetzten Energieband des Halbleiters in das erste freie Energieband das Auftreten eines $(\oplus \ominus)$-Paares aus dem ungestörten Gitter:

$$\text{Gitter} \rightleftarrows E^- + E^+.$$

Dadurch erhalten die Massenwirkungsgleichungen folgende Form:

$$n^\ominus \cdot n^\oplus = K_E. \tag{2, 08}$$

$$n^\oplus = \frac{K_E}{n^\ominus}. \tag{2, 09}$$

Wird $n^\ominus$ gleich $\sqrt{K_E}$, so wird auch $n^\oplus$ gleich $\sqrt{K_E}$; $\sqrt{K_E}$ bedeutet also die Elektronendichte oder Defektelektronendichte in solchen Fällen, wo durch die Raumladungsvorgänge dafür gesorgt ist, daß $n^\oplus = n^\ominus$ wird. Dies entspricht zugleich (abgesehen von den Beweglichkeitsunterschieden der Überschuß- und Defektelektronen) dem Zustand der geringsten überhaupt möglichen Leitfähigkeit; jede Verschiebung der Dichte eines der beiden Partner nach oben oder nach unten erhöht die Zahl der im ganzen vorhandenen leitenden Teilchen. Daraus folgt auch, daß jede durch Störstellen bedingte Leitfähigkeit größer sein muß als es der Leitfähigkeit in diesem Übergangspunkt von Überschuß- zu Defektleitung entsprechen würde; bewirken insbesondere die Störstellen im neutralen Zustand des Halbleiters eine Überschußleitung, so ist die betreffende Elektronendichte $n_H^\ominus$ größer als $\sqrt{K_E}$ und im allgemeinen sogar sehr groß gegen $\sqrt{K_E}$, da die Eigenhalbleitung bei Zimmertemperatur in den meisten Fällen nicht meßbar ist. Wird in einer Randzone der Wert $n^\ominus$ bzw. $n^\oplus = \sqrt{K_E}$ unterschritten, so sprechen wir von einer „Inversion" des Leitungsmechanismus.

d) Die Raumladung in Abhängigkeit von der Elektronenkonzentration im thermischen Gleichgewicht.

Wird außer einer etwaigen Eigenhalbleitung nur je eine Art von Donatoren und Haftstellen angenommen, so wird

$$\varrho = \sum_k e_k\, n_k = e\,(n_{D+} + n^\oplus) - e\,(n_{K-} + n^\ominus) \tag{2, 10}$$

(e Elementarladung $= 4{,}77 \cdot 10^{-10}$ ESE), also unter Berücksichtigung von (2, 03), (2, 06) und (2,09):

$$\varrho = \sum_k e_k\, n_k = e\left\{ n_D\, \frac{1}{1 + n^\ominus/K_D} + \frac{K_E}{n^\ominus} - n_K\, \frac{1}{1 + K_K/n^\ominus} - n^\ominus \right\}. \tag{2, 11}$$

Damit ist die Aufgabe des Abschnitts A, die Ermittlung des funktionalen Zusammenhanges zwischen Raumladungsdichte ϱ und Elektronenkonzentration $n^\ominus$ für den Überschußhalbleiter im Prinzip gelöst.

Eine Reihe von jetzt noch vorzunehmenden Umformungen wird das erhaltene Ergebnis (2, 11) physikalisch wesentlich durchsichtiger gestalten. Es ist zweckmäßig, für jeden Punkt diejenige Konzentration $n_H^\ominus$ der Überschußelektronen einzuführen, die an der betreffenden Stelle herrschen würde, wenn der Bruttogehalt an Störstellen D und K festgehalten würde, jedoch außerdem die Neutralitätsbedingung $\varrho = 0$ gültig wäre, was ja in den Randschichten in Wirklichkeit nicht der Fall ist. Diese (fiktive) „Neutraldichte" $n_H^\ominus$ wird aus (2, 11) einfach durch Nullsetzen von ϱ bestimmt, also durch:

$$\mathfrak{f}\, \frac{n_H^{\ominus\,2}}{K_D + n_H^\ominus} + \frac{K_E}{n_H^\ominus} - \frac{n_K}{K_K}\, \frac{1}{\dfrac{1}{K_K} + \dfrac{1}{n_H^\ominus}} - n_H^\ominus = 0\,. \tag{2, 12}$$

Hier ist außer einigen anderen kleinen Umformungen n_D durch die neu eingeführte Größe

$$\mathfrak{f} = \frac{n_D\, K_D}{n_H^{\ominus\,2}} \tag{2, 13}$$

eliminiert worden. Für $\mathfrak{f}$, das der Dimension nach eine reine Zahl ist[1]), wird sich weiter unten eine sehr anschauliche Deutung ergeben.

Die Gl. (2, 12) benutzen wir, um in (2, 11) die Größe n_K zu eliminieren. An Stelle des Ausdrucks (2, 11), der die (örtlichen) Bruttokonzentrationen n_D und n_K explizite enthält, tritt dann der Ausdruck

$$\varrho = e\,\mathfrak{f}\,n_H^{\ominus\,2}\left[\frac{1}{n^\ominus + K_D} - \frac{K_K + n_H^\ominus}{K_K + n^\ominus}\cdot\frac{n^\ominus}{n_H^\ominus}\cdot\frac{1}{n_H^\ominus + K_D}\right] + \frac{K_E}{n^\ominus}\left[1 - \frac{K_K + n_H^\ominus}{K_K + n^\ominus}\left(\frac{n^\ominus}{n_H^\ominus}\right)^2\right] - n^\ominus\frac{n^\ominus - n_H^\ominus}{K_K + n^\ominus}, \tag{2, 14}$$

in dem diese Größen durch $\mathfrak{f}$ und $n_H^\ominus$ ausgedrückt sind.

Für den Fall homogener Störstellendichte, also ortsunabhängiger Bruttokonzentrationen n_D und n_K, sind nicht nur die Größen K_D, K_K, K_E, sondern auch die $n_H^\ominus$ und $\mathfrak{f}$ als Konstanten des Problems zu betrachten. Nun werden im folgenden vorzugsweise Anordnungen behandelt, bei denen sich im Halbleiter an die Rand-

---

[1]) Auch K_D in (2, 13) hat nach Absatz a) die Dimension einer Konzentration.

zone $\varrho \doteq 0$ noch ein neutrales Gebiet $\varrho = 0$ im Innern anschließt. In diesem neutralen Gebiet bedeutet dann $n_H^\ominus$ die wirkliche dort vorhandene Überschußelektronendichte. Und da, bei homogener Störstellendichte, $n_H^\ominus$ im ganzen Halbleiter den gleichen Wert hat, bedeutet das, hier zweckmäßig einzuführende, Verhältnis

$$p = \frac{n^\ominus}{n_H^\ominus} \tag{2, 15}$$

an irgendeinem Punkt $\varrho \doteq 0$ nicht nur das Verhältnis der wirklichen Elektronendichte zu der fiktiven Neutraldichte „am Ort", sondern zugleich auch zu der wirklichen Elektronendichte im Neutralgebiet des Halbleiters. Ist speziell, wie wir meist annehmen, $n^\ominus$ am Rande des Halbleiters kleiner als $n_H^\ominus$ in der Neutralzone ist, so bedeutet p die „relative Randverarmung" der Überschußelektronen an der betreffenden Stelle des Randgebietes.

Entsprechend (2, 15) werde gesetzt

$$p_2 = \frac{K_K}{n_H^\ominus} . \tag{2, 16}$$

$$p_3 = \frac{K_D}{n_H^\ominus} . \tag{2, 17}$$

$$p_4 = \frac{\sqrt{K_E}}{n_H^\ominus} . \tag{2, 18}$$

Dann erhält (2, 14) schließlich die Form

$$\varrho = e\, n_H^\ominus \left\{ \mathfrak{f} \left[\frac{1}{p + p_3} - \frac{p_2 + 1}{p_2 + p}\, p\, \frac{1}{1 + p_3} \right] + \frac{p_4^2}{p} \left[1 - \frac{p_2 + 1}{p_2 + p}\, p^2 \right] + p\, \frac{1 - p}{p_2 + p} \right\} . \tag{2, 19}$$

Dieser völlig strenge Ausdruck für die Raumladungsdichte ϱ in Abhängigkeit von der relativen Randverarmung p vereinfacht sich nun wesentlich, wenn im Neutralzustand sowohl die Haft- wie die Donatorenstellen als nur zum geringsten Teil mit Ladungen besetzt angenommen werden (im Neutralhalbleiter noch keine „Erschöpfung" der $K^\times$- und $D^\times$-Stellen). Dann wird nämlich nach den im Absatz b) bzw. a) gemachten Bemerkungen

$$n_H^\ominus \ll K_K \quad \text{oder nach (2, 16)} \quad p_2 \gg 1 . \tag{2, 20}$$

$$n_H^\ominus \gg K_D \quad \text{oder nach (2, 17)} \quad p_3 \ll 1 . \tag{2, 21}$$

Ferner ist bei den in diesem § 2 behandelten Halbleitern mit überwiegender Überschußleitung nach Absatz c) noch die Vereinfachung

$$n_H^\ominus \gg \sqrt{K_E} \quad \text{oder nach (2, 18)} \quad p_4 \ll 1 \tag{2, 22}$$

möglich. (2, 19) vereinfacht sich dann[1]) zu

$$\varrho = e\, n_H^\ominus \left\{ \mathfrak{f} \left[\frac{1}{p + p_3} - \frac{p}{1 + p_3} \right] + \frac{p_4^2}{p} \left(1 - p^2 \right) \right\} . \tag{2, 23}$$

Falls die Störstellendichten n_D und n_K ortsabhängig sind, werden auch $n_H^\ominus$ und $\mathfrak{f}$ Ortsfunktionen, während die Konstanten K_D, K_K, K_E in (2, 14) definitionsgemäß von den Störstellendichten unabhängig sind. Auch dann läßt sich jedoch eine zu (2, 23) analoge Darstellung von ϱ finden; man darf jetzt nur nicht solche relativen Größen $(n^\ominus/n_H^\ominus = p)$ einführen, in denen die Bezugsgröße selbst ortsabhängig ist, sondern muß alle n auf eine festgegebene Teilchendichte $n_{H_0}^\ominus$, etwa die Neutraldichte an einem passend

---

[1]) Wesentlich ist hierbei, daß auf jeden Fall $p \ll p_2$ bleibt, was bei Randverarmungen $(p < 1)$ wegen (2, 20) ohne weiteres sicher ist. Auch solange keine krassen Überschwemmungseffekte $(p \gg 1)$ auftreten, also solange p immer noch in der Größenordnung von 1 bleibt, ist die vereinfachte Form (2, 23) zulässig. Erst wenn $p \approx p_2$ wird, ist der Übergang von (2, 19) nach (2, 23) nicht mehr möglich. Dann können aber wegen (2, 20) und (2, 21) andere Vereinfachungen vorgenommen werden.

gewählten Normalpunkt des Halbleiters, beziehen. Statt der p-Größen hat man also jetzt ν-Größen einzuführen, die definiert sind durch:

$$\nu = \frac{n^\ominus}{n^\ominus_{H_0}}.$$
(2, 24)

$$\nu_2 = \frac{K_K}{n^\ominus_{H_0}} \gg \nu_H.$$
(2, 25)

$$\nu_3 = \frac{K_D}{n^\ominus_{H_0}} \ll \nu_H.$$
(2, 26)

$$\nu_4 = \frac{\sqrt{K_E}}{n^\ominus_{H_0}} \ll \nu_H.$$
(2, 27)

Die auf der rechten Seite derUngleichungen erscheinende Ortsfunktion ν_H kommt gegenüber dem bisherigen gänzlich neu hinzu. Sie repräsentiert nämlich die Ortsveränderlichkeit der Neutraldichte $n^\ominus_H$:

$$\nu_H = \frac{n^\ominus_H}{n^\ominus_{H_0}}.$$
(2, 28)

Durch Einführung dieser ν-Größen erhält (2, 14) die Form:

$$\varrho = e\, n^\ominus_{H_0} \left\{ f\, \nu_H^2 \left[\frac{1}{\nu_3 + \nu} - \frac{\nu_2 + \nu_H}{\nu_2 + \nu} \cdot \frac{\nu}{\nu_H} \cdot \frac{1}{\nu_3 + \nu_H} \right] + \frac{\nu_4^2}{\nu} \left[1 - \frac{\nu_2 + \nu_H}{\nu_2 + \nu} \left(\frac{\nu}{\nu_H} \right)^2 \right] + \nu\, \frac{\nu_H - \nu}{\nu_2 + \nu} \right\}.$$
(2, 29)

Für den Fall, daß krasse Überschwemmungseffekte $\nu \gg \nu_H$ nicht auftreten, solange also $\nu \lesssim \nu_H$ bleibt, kann (2, 29) wegen (2, 25) noch etwas einfacher geschrieben werden:

$$\varrho = e\, n^\ominus_{H_0} \left\{ f\, \nu_H^2 \left[\frac{1}{\nu + \nu_3} - \frac{\nu}{\nu_H} \frac{1}{\nu_H + \nu_3} \right] + \frac{\nu_4^2}{\nu} \left[1 - \left(\frac{\nu}{\nu_H} \right)^2 \right] \right\}.$$
(2, 30)

§ 3. Defekthalbleiter.

In diesem Fall wird man natürlich die Konzentration $n^\oplus$ der Defektelektronen als „hervorgehobene Teilchendichte" behandeln. Schreibt man demgemäß analog zu (2, 19) bzw. (2, 23)

$$\varrho = -e\, n^\oplus_H \cdot f(p)$$

und versteht unter p diesmal die relative Dichte $n^\oplus/n^\oplus_H$ der Defektelektronen, so können sämtliche Aussagen über $f(p)$ unverändert beibehalten werden. Denn die Rolle der Donatorenstellen beim Überschußhalbleiter übernehmen beim Defekthalbleiter Akzeptorenstellen, die in neutralem und negativ geladenem Zustand vorkommen. An die Stelle der Haft- oder Klebestellen für Überschußelektronen treten entsprechende „Haftstellen für Defektelektronen", die in neutralem und positiv geladenem Zustand vorkommen. Denken wir uns also fortan p stets auf die relative Dichte der bevorzugten Ladungsteilchen und ebenso p_2, p_3 und p_4 jeweils auf die abgebenden und festhaltenden Stellen für die bevorzugte Teilchenart bezogen, so läßt sich der funktionale Zusammenhang zwischen Raumladungsdichte ϱ und relativer „Elektronen"konzentration p für Überschuß- und Defektleitung in gemeinsamer Form darstellen durch

$$\left. \begin{aligned} \varrho &= \pm e\, n_H \cdot f(p) \\ f(p) &= f \cdot \left(\frac{1}{p + p_3} - \frac{p}{1 + p_3} \right) + \frac{p_4^2}{p} \left(1 - p^2 \right) \end{aligned} \right\}$$
(3, 01)

derart, daß das positive Zeichen für Überschußelektronen, das negative für Defektelektronen gesetzt wird. (3, 01) ist das endgültige Schlußergebnis des ganzen Abschnitts A, gültig für $p \leqq 1$ (Verarmungsrandschichten).

§ 4. Schlußbemerkungen zu Abschnitt A.

a) Das Verhältnis von p_3 zu p_4.

Von den Energieniveaus der Donatoren- oder Akzeptoren- und Haftstellen und damit von dem Temperaturgang der eingeführten Konstanten ist in diesem Abschnitt A noch gar nicht gesprochen worden. Diese Fragen sowie die Diskussion weiterer Verallgemeinerungen von (3, 01) sollen in einer späteren Arbeit behandelt werden. Für das folgende ist es nur noch notwendig, sich zu vergegenwärtigen, daß nicht nur nach (2, 21) und (2, 22)

$$p_3 \ll 1 \tag{4, 01}$$

und

$$p_4 \ll 1, \tag{4, 02}$$

sondern auch noch

$$p_3 \gg p_4 \tag{4, 03}$$

angenommen werden kann. Zur Erläuterung dieser Annahme wäre es allerdings doch nötig, auf die Energieniveaus der Donatoren- bzw. Akzeptorenstellen genauer einzugehen. Hier soll nur angedeutet werden, daß nach den Definitionen (2, 17) und (2, 18) von p_3 und p_4 die Annahme (4, 03) auf die Annahme $K_D \gg \sqrt{K_E}$ hinausläuft, und daß weiter K_D exponentiell von der Energiedifferenz zwischen Donatorenniveau und unbesetztem Leitungsband bzw. $\sqrt{K_E}$ exponentiell von der halben Energiedifferenz zwischen letztem vollbesetztem und erstem leerem Energieband des Halbleiters abhängt[1], so daß schließlich die Annahme (4, 03) darauf hinausläuft, daß die Donatorenniveaus dicht unter dem ersten leeren Energieband des Halbleiters liegen, und zwar dicht, gemessen an der halben Breite des verbotenen Bandes.

b) Der Verlauf der Funktion $f(p)$. Einteilung der p-Skala in Reserve-, Erschöpfungs- und Ultragebiet.

In Bild 1 ist der Verlauf der Funktion $f(p)$ für $p_3 = 10^{-6}$, $p_4 = 10^{-10}$ und $f = 1$ dargestellt. Man sieht, daß es zweckmäßig ist, folgende drei Gebiete zu unterscheiden:

Reservegebiet $1 > p > p_3$

$$f(p) \approx f\left(\frac{1}{p} - p\right), \tag{4, 05}$$

Erschöpfungsgebiet $p_3 > p > p_4^2 \frac{p_3}{f}$

$$f(p) \approx f \cdot \frac{1}{p_3}, \tag{4, 06}$$

Ultragebiet $p_4^2 \frac{p_3}{f} > p$

$$f(p) \approx p_4^2 \cdot \frac{1}{p}. \tag{4, 07}$$

Die Bezeichnungen der Gebiete sind dadurch gegeben, daß nach § 2 Abs. a im ersten Gebiet eine hinreichende Donatoren- (bzw. Akzeptoren-)reserve vorhanden ist, um die Annahme $n_{D+} \ll n_D$ zu rechtfertigen; im zweiten Gebiet ist dagegen $n_{D+} \approx n_D$ anzunehmen. Das dritte Gebiet wird als Ultragebiet bezeichnet, weil es im all-

---

[1] Für die genauere Durchrechnung dieser Zusammenhänge hat man sich nach den z. B. in Z. Elektrochem. **45** (1939) S. 33—72 niedergelegten Gesichtspunkten zu richten. Für das Gleichgewicht zwischen Donatoren und freien Leitungselektronen (Berechnung der Konstanten K_D) ist die Rechnung dort schon durchgeführt worden (S. 55), wenn auch zu einer Ermittlung von K_D selbst die dort benutzten Gitterkonzentrationen noch auf Volumenkonzentration umgerechnet werden müssen. Die Berechnung von K_E hätte von der Gleichsetzung der chemischen Potentiale μ_{II} [Gl. (29)] und μ_I [Gl. (32)] auf S. 50 auszugehen.

gemeinen schon weit jenseits des Inversionspunktes[1]) $p = p_4$ liegt, an dem Überschuß- und Defektleitung gleich wird; denn das Verhältnis der oberen Grenze $p_4^2 \frac{p_3}{\mathsf{f}}$ dieses Ultragebietes zu p_4 ist gleich $p_3 \cdot p_4/\mathsf{f}$, wo p_3 und p_4 klein gegen 1 und $\mathsf{f} \geqq 1$ ist.

Hinzuzufügen sind noch zwei Bemerkungen: erstens werden wir am Ende des § 6 sehen, daß die hier gegebene, von Raumladungsbetrachtungen ausgehende Einteilung vom Standpunkt der Leitungseffekte durch eine Einteilung in ein normales Gebiet $p > p_4$ und ein „Inversionsgebiet" $p < p_4$ zu ergänzen ist. Ferner ist darauf hinzuweisen, daß für eine gegebene Metall-Halbleiter-Kombination der kleinste auftretende Wert von p durch die betreffende relative Randverarmung p_R gegeben ist, so daß für diese Kombination jeweils nur der oberhalb p_R liegende Teil von Bild 1 Bedeutung hat. Bei extrem kleinen p_R-Werten (z. B. $p_R \approx 10^{-15}$), treten wahrscheinlich auch bei der Vorspannung 0 schon homogene und lokale Feldemissionseffekte in den

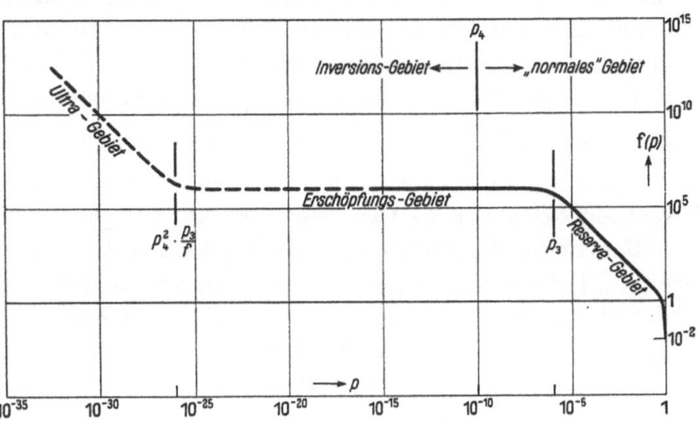

Bild 1. Raumladungsfunktion $f(p)$ in Abhängigkeit von der relativen Elektronendichte p nach (3, 01) für $p_3 = 10^{-6}$, $p_4 = 10^{-10}$, $\mathsf{f} = 1$.

Vordergrund, so daß es fraglich ist, ob der Verlauf von $f(p)$ bei den kleinsten p-Werten noch eine wirkliche Bedeutung besitzt. In Bild 1 ist deshalb der $f(p)$-Kurvenzug unterhalb $p = 10^{-15}$ gestrichelt gezeichnet.

c) Die anschauliche Deutung der Konstanten f.

Schließlich kann man noch für die Größe f eine anschauliche Deutung geben. Einen näherungsweise gültigen Ausdruck für f erhält man, wenn man (2, 12) durch $n_H^\ominus$ dividiert:

$$\mathsf{f}\, \frac{1}{1 + \frac{K_D}{n_H^\ominus}} + \frac{K_E}{n_H^{\ominus\,2}} - \frac{n_K}{K_K}\, \frac{1}{\frac{n_H^\ominus}{K_K} + 1} - 1 = 0,$$

dann die Ungleichungen (2, 20), (2, 21) und (2, 22) berücksichtigt:

$$\mathsf{f} \cdot 1 + 0 - \frac{n_K}{K_K} \cdot 1 - 1 \approx 0,$$

und schließlich die näherungsweise gültige Beziehung (2, 07) benutzt, woraus sich ergibt:

$$\mathsf{f} \approx \frac{n_K^-}{n^\ominus} + 1,$$

$$\mathsf{f} \approx \frac{n_K^- + n^\ominus}{n^\ominus}. \tag{4, 08}$$

Dieser Ausdruck läßt sich einfach interpretieren, wenn man sich die Lebensgeschichte eines Leitungselektrons etwas genauer vergegenwärtigt. Ein Leitungselektron wird bei seiner „Geburt" als Leitungselektron von einem neutralen

---

[1]) Vgl. den Schluß von § 2, c).

Donator in das unbesetzte Energieband des Halbleiters abgegeben. Der Donator lädt sich dadurch positiv auf, das negative Elektron nimmt am Leitungsvorgang teil. Nach einiger Zeit wird es von einer neutralen Haft- oder Klebestelle eingefangen, die sich dadurch negativ auflädt. Nach einem gewissen Aufenthalt bei dieser Haftstelle verläßt es sie wieder, nimmt weiter am Leitungsvorgang teil, um nach einiger Zeit abermals von einer Haftstelle eingefangen zu werden usw. usw., bis es schließlich bei seinem „Tode" als Leitungselektron von einem positiv geladenen Donator wieder eingefangen wird, der sich dadurch neutralisiert. Ein Leitungselektron verbringt also seine ganze Lebensdauer zwischen Geburt und Tod teils als wirklich frei bewegliches Leitungselektron (Konzentration $n^\ominus$), teils von Haft- oder Klebestellen festgehalten, die sich dadurch negativ aufladen (Konzentration n_{K-}). Von seiner gesamten Lebensdauer nimmt es also nur während des Bruchteils $\dfrac{n^\ominus}{n_{K-} + n^\ominus}$ [1] wirklich am Leitungsvorgang teil. Dieser Bruchteil ist aber der reziproke Wert der rechten Seite von (4, 08). Man drückt den ganzen Tatbestand auch dadurch aus, daß man im Gegensatz zur „Beweglichkeit b als wirklich freies Leitungselektron" eine „Reisebeweglichkeit v unter Einschluß der Aufenthalte in den Haftstellen" definiert. Dann gibt also nach (4, 08) die f-Zahl das Verhältnis der freien Beweglichkeit b zur Reisebeweglichkeit v an.

Es ist verständlich, daß diese f-Zahl in der Theorie der Raumladungsschichten von Halbleitern eine wichtige Rolle spielt. Bei überwiegender Defektleitung gilt natürlich eine zu (4, 08) analoge Beziehung für die Lebensdauer der Defektelektronen im freien und gebundenen Zustand. Während man über die f-Zahlen in farbzentrenhaltigen Alkalihalogeniden einigermaßen unterrichtet ist und hier $f \gg 1$, $v \ll b$ annehmen kann, sprechen im Cu_2O einige Anzeichen dafür, daß $f \approx 1$ angenommen werden muß. Es kann also nicht allgemein mit $f \gg 1$ gerechnet werden.

B. Die Grundgleichungen der Raumladungstheorie der Kristallgleichrichtung.

Die Aufgabe des Abschnitts B besteht in der Aufstellung und Normierung der mathematischen Grundbeziehungen der Raumladungstheorie der Kristallgleichrichtung. Es handelt sich dabei zunächst um zwei simultane Differentialgleichungen für die beiden Unbekannten: Elektronendichte n und Feldstärke $\mathfrak{E}$, die beide in ihrer Abhängigkeit vom Ort innerhalb des Halbleiters betrachtet werden. Um die eigentlich recht einfachen Zusammenhänge nicht durch weniger wesentliche Komplikationen rein mathematischer Natur zu verdunkeln, stellen wir in § 5 diese beiden Differentialgleichungen sowie die zugehörigen Randbedingungen zunächst nur für einen einfachen Typenfall auf. Hier wird auch durch die Elimination der Feldstärke $\mathfrak{E}$ eine einzige Differentialgleichung für n allein angegeben. In § 6 sehen wir von den Vereinfachungen, die den Typenfall des § 5 kennzeichnen, ab und stellen die beiden Grundbeziehungen der Theorie für spätere Arbeiten in recht allgemeiner Form bereit. In der vorliegenden Arbeit werden wir uns jedoch nur mit dem Typenfall des § 5 weiter beschäftigen. In § 7 werden Integralausdrücke für die zwischen den Enden des Leiters angelegte Spannung U angegeben und vereinfacht; in § 8 endlich

---

[1] Im thermischen Gleichgewicht sind die Konzentrationen der verschiedenen Teilchenarten ihren Lebensdauern proportional, so daß das Verhältnis der Lebensdauern durch das entsprechende Verhältnis der Konzentrationen ausgedrückt werden kann.

wird die Integration der Differentialgleichung für n vorbereitet und die Durchführung der ganzen Rechnungen an einem vereinfachten Idealfall (in dem die Diffusion gänzlich vernachlässigt wird) exemplifiziert.

§ 5. Differentialgleichungen und Randbedingungen für Elektronenkonzentration n und Feldstärke $\mathfrak{E}$.

Die Poissonsche Gleichung einerseits und ein Ausdruck für die divergenzfreie Gesamtstromdichte andererseits sind die beiden physikalischen Gleichungen, die uns in der Raumladungstheorie des Kristallgleichrichters zwei simultane Differentialgleichungen für die beiden Unbekannten: Elektronendichte n und Feldstärke $\mathfrak{E}$ liefern. Wir setzen dies zunächst an dem bereits in Abschnitt A hervorgehobenen einfachen Typenfall auseinander, der durch die Stichworte: ebenes Problem, ortsunabhängige Störstellendichte, reine Überschuß- oder reine Defektleitung, stationärer Fall (Gleichstrombelastung) und durch das Fehlen von Feldemissionseffekten an der Grenze Metall-Halbleiter gekennzeichnet ist.

Beim ebenen Problem sind n und $\mathfrak{E}$ Funktionen des Abstandes x von der Grenze Metall-Halbleiter, an der $x = 0$ angenommen wird. Die Poissonsche Gleichung lautet dann

$$\frac{d\mathfrak{E}}{dx} = \frac{4\pi}{\varepsilon} \, \varrho\,(x) , \qquad (5,01)$$

oder weiter nach (3, 01)

$$\frac{d\mathfrak{E}}{dx} = \pm \frac{4\pi}{\varepsilon} \, e \, n_H \, f(p) \quad \begin{pmatrix} + \text{ Überschußleitung} \\ - \text{ Defektleitung} \end{pmatrix} \quad \text{mit } p = \frac{n}{n_H}, \qquad (5,02)$$

wobei $f(p)$ die in Abschnitt A ausführlich abgeleitete Form (3, 01) bzw. (2, 19) hat. Weiter bedeutet hier ε die Dielektrizitätskonstante des Halbleiters für langsame Vorgänge; solange die Raumladungsbildung nur bei stationären oder langsam veränderlichen Vorgängen betrachtet wird, ist ja für jede im Halbleiter mögliche dielektrische Verschiebung — einschließlich der dielektrischen Ionenverschiebungen — reichlich Zeit, der Wirkung der auftretenden Raumladungsfelder nachzugeben.

Mit (5, 02) ist die eine Grundgleichung der Theorie bereits gewonnen, die andere ergibt sich durch Analyse des elektrischen Leitungsvorganges im Halbleiter. Zunächst einmal ruft die Feldstärke $\mathfrak{E}$ eine Stromdichte

$$e \, b \, n\,(x) \cdot \mathfrak{E}\,(x)$$

hervor, wobei, wie schon bisher, $e = + 4{,}77 \cdot 10^{-10}$ ESE der Absolutbetrag der Ladung eines Elektrons und b seine Beweglichkeit ist. Herrscht aber an der Stelle x ein Konzentrationsgefälle dn/dx, so tritt zu dem vom Felde erzeugten Feldstromanteil $e\,b\,n \cdot \mathfrak{E}$ („Feldstrom") noch ein Diffusionsstromanteil $\pm e\,D\,dn/dx$ hinzu, wobei für die Diffusionskonstante D der Elektronen die Beziehung

$$D = b\,\mathfrak{B}; \quad \mathfrak{B} = \frac{kT}{e}$$

gilt[1]. Das doppelte Vorzeichen dieses Diffusionsstromanteiles ist so zu verstehen, daß für Überschußelektronen das Pluszeichen und für Defektelektronen das Minuszeichen gilt.

Durch Diffusion strömen nämlich die Ladungsträger aus dem Gebiete hoher Konzentration in die Gebiete niedriger Konzentration, also, falls dn/dx z. B. positiv ist,

---

[1] Vgl. z. B. Müller-Pouillet: IV, 3, Art. Steenbeck: S. 317—318.

in Richtung der negativen x-Achse. Beim Stromtransport durch Überschußelektronen mit der Ladung — e wandert also negative Ladung in Richtung der negativen x-Achse, was in Richtung der positiven x-Achse dem Fließen eines positiven Stromes entspricht.

Für die elektrische Stromdichte i an der Stelle x ergibt sich also im stationären Fall (Gleichstrombelastung) insgesamt

$$i = e\,b\,n(x)\cdot\mathfrak{E}(x) \pm e\,b\,\mathfrak{B}\,\frac{dn}{dx} \quad \left(\begin{array}{l}+\ \text{Überschußleitung}\\ -\ \text{Defektleitung}\end{array}\right), \qquad (5,03)$$

und zwar ist die Gesamtstromdichte i eine divergenzfreie Größe[1]), also speziell beim ebenen Problem von x unabhängig.

$$i = \text{const}, \quad \frac{di}{dx} = 0. \qquad (5,031)$$

(5,03) unter Beachtung von (5,031) ist die zweite Grundbeziehung der Raumladungstheorie der Kristallgleichrichtung.

Der größeren Übersichtlichkeit halber empfiehlt es sich, die Konstanten e, b, $\mathfrak{B}$, ε und n_H aus den Grundgleichungen durch Normierung zu entfernen. Neben der relativen Elektronenkonzentration $p = n/n_H$ führt man zweckmäßig folgende dimensionslose Größen ein:

ein dimensionsloses Längenmaß

$$\xi = x/x_0, \qquad (5,04)$$

wobei x_0 eine für den Halbleiter charakteristische Länge[2]) bedeutet:

$$x_0 = \sqrt{\frac{\varepsilon\,b\,\mathfrak{B}}{4\,\pi\,\varkappa_H}}; \qquad (5,05)$$

$$\varkappa_H = e\,b\,n_H = \text{Neutralleitfähigkeit des Halbleiters.} \qquad (5,06)$$

Ferner wird eingeführt ein dimensionsloses Feldstärkenmaß

$$\mathcal{E} = \frac{\mathfrak{E}}{\mathfrak{B}/x_0}, \qquad (5,07)$$

und ein dimensionsloses Strommaß

$$\gamma = i/i_0 \qquad (5,08)$$

mit der für den Halbleiter charakteristischen Stromdichte:

$$i_0 = \varkappa_H\,\frac{\mathfrak{B}}{x_0} = \varkappa_H^{\frac{3}{2}}\sqrt{\frac{4\,\pi\,\mathfrak{B}}{\varepsilon\,b}}. \qquad (5,09)$$

Dann lauten die beiden Grundgleichungen (5, 02) und (5, 03)

$$\boxed{\begin{array}{c} p\,\mathcal{E} \pm \dfrac{dp}{d\xi} = \gamma\ (=\text{const}); \qquad\qquad (5,10)\\[2mm] \dfrac{d\mathcal{E}}{d\xi} = \pm f(p). \qquad\qquad\qquad\ \ (5,11)\\[1mm] \text{In beiden Gleichungen gelten die Pluszeichen für Überschußleitung und die Minuszeichen für}\\ \text{Defektleitung.} \end{array}}$$

Aus (5, 10) und (5, 11) läßt sich durch Elimination von $\mathcal{E}$ schließlich eine Differentialgleichung für die relative Elektronenkonzentration $p(x)$ allein gewinnen.

---

[1]) Bei nichtstationären Vorgängen wird das allerdings erst durch Hinzufügung des Verschiebungsstromes zur rechten Seite von (5, 03) erreicht. Siehe auch § 6.

[2]) x_0 würde dem Debye-Radius $1/\omega$ [Handb. d. Phys. **XIII**, 488, Gl. (101), Berlin 1928] in einem Elektrolyten entsprechen, in dem nur eine einwertige Ionenart von der Dichte der Überschußelektronen vorhanden wäre.

Aus (5, 10) folgt durch Auflösung nach $\mathcal{E}$:

$$\mathcal{E} = \frac{\gamma \mp \dfrac{dp}{d\xi}}{p}. \qquad (5, 12)$$

In (5,11) unter Beachtung der (5, 031) entsprechenden Gleichung

$$\frac{d\gamma}{d\xi} = 0 \qquad (5, 13)$$

eingesetzt, ergibt sich
oder schließlich:

$$\gamma \frac{d}{d\xi}\left(\frac{1}{p}\right) \mp \frac{d}{d\xi}\left(\frac{1}{p}\frac{dp}{d\xi}\right) = \pm f(p)$$

$$\frac{d^2}{d\xi^2}\ln p \mp \gamma \frac{d}{d\xi}\left(\frac{1}{p}\right) + f(p) = 0. \qquad (5, 14)$$

Das Minuszeichen gilt bei Überschuß-, das Pluszeichen bei Defektleitung.

Von großer Wichtigkeit sind nun die Randbedingungen, die bei einer Integration des Gleichungspaares (5, 10) (5, 11) oder der Gl. (5, 14) zu beachten sind. Da es sich um zwei simultane Differentialgleichungen von erster Ordnung bzw. um eine Differentialgleichung zweiter Ordnung handelt, treten z w e i willkürliche Integrationskonstanten auf, zu deren Festlegung zwei Nebenbedingungen erforderlich sind. Handelt es sich um einen Halbleiter zwischen zwei metallischen Elektroden I und II, so ist an jeder der beiden Grenzen Metall-Halbleiter entweder die Elektronendichte selbst oder eine Beziehung zwischen der Elektronendichte und der an der Grenze herrschenden Feldstärke vorgeschrieben[1]. Im Rahmen des in diesem Paragraphen behandelten Typenfalles wollen wir keine Feldemissionseffekte annehmen. Dann lauten die beiden Nebenbedingungen also:

$$p = p_{RI} \quad \text{für} \quad \xi = 0, \qquad (5, 15)$$
$$p = p_{RII} \quad \text{für} \quad \xi = \varXi. \qquad (5, 16)$$

Der Index R in p_{RI} soll dabei auf „Rand" hinweisen. $\varXi = L/x_0$ ist die Länge L des Halbleiters zwischen den beiden Grenzen I und II, gemessen in Vielfachen unserer Längennormale x_0 (5, 05).

In der anschaulichen Darstellung („Grundlagen") ist schon ausführlich klargelegt worden, daß sich an den beiden Rändern des Halbleiters infolge der Abweichungen der Randdichten p_{RI} und p_{RII} von der Neutraldichte $p = 1$ Verarmungsschichten ausbilden. Bei genügender „Länge" $\varXi$ des Halbleiters werden sich nun die beiderseitigen Randverarmungsschichten nicht mehr gegenseitig überbrücken und beeinflussen, sondern durch eine Schicht mit der Neutralkonzentration $p = 1$ getrennt sein. Man sieht also, daß es in solchem Fall zweckmäßig sein wird, folgenden sich für $\varXi \to \infty$ ergebenden Grenzfall zu behandeln:

$$p = p_{RI} \quad \text{für} \quad \xi = 0,$$
$$p = 1 \quad \text{für} \quad \xi = \infty.$$

Wegen des asymptotischen Einlaufens der Konzentration p in die Horizontale $p = 1$, kann die zweite Grenzbedingung auch durch die Forderung $p'(\xi) = 0$ für $p = 1$ ersetzt werden, was für die Rechnung vorteilhafter ist. Durch die Randbedingungen

$$p = p_R \quad \text{für} \quad \xi = 0, \qquad (5, 17)$$
$$p'(\xi) = 0 \quad \text{für} \quad p = 1, \qquad (5, 18)$$

---

[1] Siehe „Grundlagen", § 6, Voraussetzung 7a bzw. 7b.

wird also der Grenzfall einer von den Grenzbedingungen an der anderen Elektrode unabhängigen Randverarmungsschicht charakterisiert, der in den folgenden Abschnitten C, D und E ausschließlich zugrunde gelegt werden wird.

§ 6. Allgemeine Form der Grundbeziehungen.

Welche Form nehmen die Grundbeziehungen (5, 10), (5, 11) an, wenn alle Vereinfachungen des vorigen Paragraphen wegfallen? Die Ortsabhängigkeit der Störstellendichte wird dadurch berücksichtigt, daß sorgfältig zwischen der ortsabhängigen Neutraldichte $n_{\overline{H}}^{\ominus}$ und der Neutraldichte $n_{\overline{H}_v}^{\ominus}$ an einem passend gewählten Normalpunkt des Halbleiters unterschieden wird (siehe die kleingedruckten Ausführungen am Schluß von § 2). Die Poissonsche Gleichung (5, 02) lautet jetzt unter Beachtung von (2, 24) und (2, 29) bzw. (2, 30):

$$\operatorname{div} \mathfrak{E} = + \frac{4\pi e}{\varepsilon}\, n_{\overline{H}_0}^{\ominus} f(v)\,. \tag{6, 01}$$

In der zweiten Grundgleichung (5, 03) ist erstens die Verschiebungsstromdichte $\dfrac{\varepsilon}{4\pi}\dfrac{\partial \mathfrak{E}}{\partial t}$ hinzuzufügen, damit die Divergenzfreiheit (5, 031) in der Form

$$\operatorname{div} i = 0 \tag{6, 02}$$

auch bei zeitlich veränderlichen Vorgängen behauptet werden darf[1]. Außerdem ist durch Hinzufügung der Terme $e\,b^+\,n^{\oplus}\,\mathfrak{E} - e\,b^+\,\mathfrak{B}\operatorname{grad} n^{\oplus}$ der Feld- und der Diffusionsstrom der Defektelektronen zu berücksichtigen:

$$i = e\,b^-\,n^{\ominus}\,\mathfrak{E} + e\,b^-\,\mathfrak{B}\operatorname{grad} n^{\ominus} + e\,b^+\,n^{\oplus}\,\mathfrak{E} - e\,b^+\,\mathfrak{B}\operatorname{grad} n^{\oplus} + \frac{\varepsilon}{4\pi}\frac{\partial \mathfrak{E}}{\partial t}\,. \tag{6, 03}$$

Durch die Hervorhebung von $n_{\overline{H}_0}^{\ominus}$ in der Gl. (6, 01) haben wir bereits zum Ausdruck gebracht, daß wir den Fall des Überwiegens der Überschußleitung behandeln. Demgemäß ist auch bei der weiteren Behandlung von (6, 03) zunächst $n^{\oplus}$ nach (2, 09) durch $n^{\ominus}$ auszudrücken. Mit Einführung einer neuen Konstanten

$$v_5 = \frac{b^+}{b^-}\, v_4 \approx v_4 \tag{6, 04}$$

ergibt sich nach kurzer Zwischenrechnung

$$i = e\,b^-\,n_{\overline{H}_0}^{\ominus}\,[v\,\mathfrak{E} + \mathfrak{B}\operatorname{grad} v]\left(1 + \frac{v_5^2}{v^2}\right) + \frac{\varepsilon}{4\pi}\frac{\partial \mathfrak{E}}{\partial t}\,. \tag{6, 05}$$

(6, 01) und (6, 05) sind die beiden verallgemeinerten Grundgleichungen, die an die Stelle von (5, 02) und (5, 03) treten. Bei ihrer Normierung ändert sich an den bisherigen Festsetzungen (5, 04) bis (5, 09) nur insofern etwas, als an die Stelle der ortsabhängigen Neutraldichte $n_{\overline{H}}^{\ominus}$ die Neutraldichte $n_{\overline{H}_0}^{\ominus}$ am passend gewählten Normalpunkt des Halbleiters tritt:

$$x_0 = \sqrt{\frac{\varepsilon\,b^-\,\mathfrak{B}}{4\pi\,\varkappa_{\overline{H}_0}}}\,. \tag{6, 06}$$

$$\varkappa_{\overline{H}_0}^- = e\,b^-\,n_{\overline{H}_0}^{\ominus}\,. \tag{6, 07}$$

$$i_0 = \varkappa_{\overline{H}_0}^-\,\frac{\mathfrak{B}}{x_0}\,. \tag{6, 08}$$

Als neu kommt lediglich die Definition eines dimensionslosen Zeitmaßes

$$\tau = \frac{t}{t_0} \tag{6, 09}$$

mit

$$t_0 = \frac{\varepsilon}{4\pi\,\varkappa_{\overline{H}_0}^-} \quad (= \text{Relaxationszeit des Halbleiters am Normalpunkt}) \tag{6, 10}$$

hinzu. Die allgemeine Form der beiden Grundbeziehungen lautet[2] schließlich

$$\operatorname{div}_{\xi\,\eta\,\zeta}\,\mathcal{E} = \pm f(v) \tag{6, 11}$$

$$\gamma = [v\,\mathcal{E} \pm \operatorname{grad}_{\xi\,\eta\,\zeta} v]\left(1 + \frac{v_5^2}{v^2}\right) + \frac{\partial \mathcal{E}}{\partial \tau} \tag{6, 12}$$

mit

$$\operatorname{div}_{\xi\,\eta\,\zeta}\,\gamma = 0\,. \tag{6, 13}$$

---

[1] Die Veränderungen werden allerdings so langsam angenommen, daß für die Umstellung des thermischen Störstellengleichgewichts an jedem Ort noch genügend Zeit bleibt. Die interessante Frage nach den Sondereffekten bei Wechselbeanspruchungen, deren Frequenz in die Größenordnung der reziproken Lebensdauer der Teilchen kommt, bleibt also hier noch außer Betracht.

[2] Die Differentialoperatoren grad und div sind in (6. 11), (6, 12) und (6, 13) nach den reduzierten Koordinaten $\xi\,\eta\,\zeta$ zu nehmen, worauf durch die Indizes besonders hingewiesen wird.

Die Pluszeichen in den beiden Gl. (6, 11) und (6, 12) gelten für den Fall, daß die ν-Dichten auf eine normale Neutraldichte $n_{H_0}^{\ominus}$ der Überschußelektronen bezogen werden, was bei überwiegender Überschußleitung zweckmäßig (wenn auch nicht notwendig) ist. Entsprechend ist in diesem Fall in allen Definitionen der Parameter $\nu_2 \ldots$ und der Normierungsgrößen $x_0 \ldots$ die Dichte $n^{\ominus}$ der Überschußelektronen bevorzugt. Das Analoge gilt für $n^{\oplus}$ im Fall überwiegender Defektleitung, in dem die Minuszeichen in den Gl. (6, 11) und (6, 12) gültig sind.

Zum Schluß noch eine Bemerkung über die Rolle der Defektelektronen in einem Überschußhalbleiter, bzw. die der Überschußelektronen in einem Defekthalbleiter. Wir beschränken uns dabei der Einfachheit halber auf den Fall konstanter Störstellendichte, in dem also die p-Größen an die Stelle der ν-Größen treten und $\nu_H = 1$ zu setzen ist. Aus dem in Gl. (6, 12) auftretenden Faktor $\left(1 + \dfrac{\nu_5^2}{\nu^2}\right) = \left(1 + \dfrac{p_5^2}{p^2}\right)$ geht hervor, daß sich die Defektelektronen durch ihre Leitfähigkeit bereits bei Randverarmungen $p \approx p_5 \approx p_4$ bemerkbar machen, während ihre Raumladungswirkung nach den Ausführungen in § 4, Absatz b erst im Ultragebiet $p < \dfrac{p_4^2\,p_3}{f} \ll p_4$, also bei sehr viel kleineren Randverarmungen wesentlich wird.

Die in § 4, Absatz b aus Raumladungsbetrachtungen erschlossene Einteilung in Reserve-, Erschöpfungs- und Ultragebiet ist also vom Standpunkt der Leitungseffekte durch eine Einteilung in ein „normales" Gebiet, $p > p_4$, und ein „Inversionsgebiet", $p < p_4$, zu ergänzen.

In der folgenden mathematischen Durchführung der Raumladungstheorie der Kristallgleichrichtung werden wir auf diese Dinge, wie schon öfters angekündigt, nicht näher eingehen. Es muß aber darauf hingewiesen werden, daß die weiter unten abgeleiteten Ergebnisse nur bis zu Randverarmungen $p_R \approx p_4 \approx p_5$ gelten.

§ 7. Berechnung der Spannungen im Halbleiterstromkreise.

Die zweimalige Integration der in den beiden vorigen §§ 5 und 6 aufgestellten Differentialgleichungen liefert die Verteilung der Elektronendichte im Halbleiter. Zur Bestimmung des Potentialverlaufes innerhalb des Halbleiters und damit der Gesamtspannung zwischen den Elektroden in Abhängigkeit von dem hindurchgeschickten Strom ist jedoch, wie gleich zu zeigen sein wird, bereits eine einmalige Integration der Teilchen-Differentialgleichungen ausreichend. Es ist deshalb zweckmäßig, in diesem Paragraphen zunächst die physikalischen Aussagen und Rechnungsvorschriften zusammenzustellen, die für die Bestimmung der Spannungen innerhalb und an den Grenzen des Halbleiters maßgebend sind.

Das Ortspotential innerhalb des Halbleiters werde mit V bezeichnet. Für ebene Anordnungen gilt zwischen zwei beliebigen Punkten x' und x'' des Halbleiters

$$V'' - V' = -\int\limits_{x'}^{x''} \mathfrak{E} \cdot dx. \tag{7, 01}$$

Nach (5, 03) läßt sich die Feldstärke an jeder Stelle x durch den Strom i und die Teilchendichte n ausdrücken

$$\mathfrak{E}(x) = \frac{i}{e\,b\,n(x)} \mp \mathfrak{B}\,\frac{d\ln n}{dx} \quad \left(\begin{array}{l} - \text{ Überschußleitung} \\ + \text{ Defektleitung} \end{array}\right) \tag{7, 02}$$

Hiernach wird

$$V'' - V' = -i\int\limits_{x'}^{x''} \frac{dx}{e\,b\,n(x)} \pm \mathfrak{B}\ln\frac{n''}{n'}. \tag{7, 03}$$

Die beiden Glieder der rechten Seite haben eine einfache und anschauliche Bedeutung. Im ersten Glied bedeutet $e\,b\,n(x)$ die zu der Teilchendichte n gehörige Ortsleitfähigkeit $\varkappa(x)$ des Halbleiters. Da $dx/\varkappa$ der Ohmsche Widerstand pro Quadratzentimeter einer Schicht von der Dicke dx und der Leitfähigkeit $\varkappa$ ist, bedeutet der Faktor von i im ersten Glied einfach den Ohmschen Widerstand pro Quadratzentimeter eine Reihe hintereinandergeschalteter Schichten, von denen jede die Ortsleitfähigkeit $\varkappa$ besitzt. Wir bezeichnen deshalb diesen Anteil gelegentlich als „Ohmsche Spannung"; ihr Vorzeichen ist wie üblich so definiert, daß ein in Richtung eines Spannungsgefälles fließender Strom das positive Vorzeichen erhält.

Das zweite Glied der rechten Seite von (7, 03) ist dagegen vom Strom i nicht explizit abhängig, kann allerdings durch ihn beeinflußt werden, falls bei Stromdurchgang die Elektronendichten n' und n'' an den Punkten x' und x'' geändert werden. Durch einen Blick auf die Ausgangsgleichung (5, 03) erkennt man, daß dieser Spannungsanteil mit dem Diffusionsvorgang zusammenhängt. Man wird deshalb diesen Teil der Spannung $V'' - V'$ zwischen zwei Punkten x' und x'' zweckmäßig als „Diffusionsspannung" zwischen diesen beiden Punkten bezeichnen.

„Die im Halbleiter bei Stromdurchgang zwischen beliebigen Punkten x' und x'' auftretende Spannung setzt sich additiv zusammen aus einer durch die Ortsleitfähigkeit $\varkappa$ der Zwischenschichten bestimmten Ohmschen Spannung und einer nur von den Dichten n' und n'' abhängigen Diffusionsspannung." Allerdings ist im Auge zu behalten, daß sowohl die Ortsleitfähigkeit $\varkappa$ wie die Enddichten n' und n'' von der Stromdichte maßgebend beeinflußt werden können. Von besonderem Interesse ist die Anwendung der Gl. (7, 03) auf die Grenzen des Halbleiters, also die Ortspotentiale V_{RI} und V_{RII} an den Grenzen gegen die Elektrode I und die Elektrode II, und ferner die Anwendung auf die Potentialdifferenz zwischen der Grenze I und dem Halbleiterinnern.

Bei Anwendung auf die Grenzen I und II erhält man aus (7, 03), falls $x_I = 0$, $x_{II} = L$ (Dicke des Halbleiters) gesetzt wird:

$$V_{RII} - V_{RI} = -i \int_0^L \frac{dx}{e\,b\,n} \pm \mathfrak{V} \ln \frac{n_{II}}{n_I}. \qquad (7, 04)$$

Diese Potentialdifferenz steht in unmittelbarer Beziehung zu der beim Stromdurchgang i zwischen den Metallelektroden I und II aufrechterhaltenen Klemmenspannung U [1]). Wegen des Auftretens einer Galvanispannung $G_{I\,II}$ zwischen den Metallen I und II ist U bekanntlich nicht direkt gleich $V_{MI} - V_{MII}$ zu setzen, sondern gleich der Spannung, die ein mit M_{II} in direktem Kontakt stehender Leiter M_I' gegenüber M_I besitzen würde. Es gilt

$$U = V_{MI} - V_{MI}'. \qquad (7, 05)$$

Da nun V_{MI}' sich von V_{MII} durch die Galvanispannung unterscheidet, also

$$V_{MII} - V_{MI}' = G_{I\,II}$$

zu setzen ist, so folgt

$$U = V_{MI} - V_{MII} + G_{I\,II}. \qquad (7, 06)$$

Die Größen V_M in (7, 06) unterscheiden sich nun von den Größen V_R in (7, 04) nur noch durch die — im allgemeinen als Folge von Doppelschichtbildungen auftretenden — elektrischen Potentialsprünge

$$V_{RM} = V_M - V_R \qquad (7, 07)$$

zwischen dem Rand R des Halbleiters und dem Metall M. Nach (7, 04), (7, 06) und

---

[1]) U wird positiv gerechnet, wenn es einen positiven Strom von I nach II treibt. Im Gegensatz dazu werden alle Potentialsprünge $V_{P'P''}$ an den Grenzen oder zwischen zwei Punkten des Halbleiters positiv gerechnet, wenn der Sprung $P' \to P''$ nach oben geht, also ein positiver Strom von P'' nach P' getrieben würde. Vgl. hierzu z. B. die Definition der Potentialsprünge bei M. Planck, Einf. in die Theorie der El. und des Magn., 2. Aufl., Leipzig (1928), S. 60.

(7, 07) wird also

$$U = i \int_0^L \frac{dx}{e\,b\,n(x)} \mp \mathfrak{B} \ln \frac{n_{R\,II}}{n_{R\,I}} + [(V_{RM})_I - (V_{RM})_{II}] + G_{I\,II} \,. \qquad (7, 08)$$

(— Überschußelektronen, + Defektelektronen).

Hier ist $G_{I\,II}$ als Galvanispannung zwischen metallischen Leitern vom Strom unabhängig. Bezeichnen n^0, V^0 die Dichte- und Potentialwerte für $U = 0$, $i = 0$, so gilt also

$$\mp \mathfrak{B} \ln \frac{n_{R\,II}^0}{n_{R\,I}^0} + [(V_{RM}^0)_I - (V_{RM}^0)_{II}] + G_{I\,II} = 0 \,. \qquad (7, 09)$$

(— Überschußelektronen, + Defektelektronen).

Die Beziehungen (7, 09) und (7, 08) sind durch die Bilder 2 und 3 erläutert. Die Doppelschicht-Potentialsprünge $V_{RM\,I}$ und $V_{RM\,II}$ sind hierbei willkürlich angenommen. Für die Elektronendichten $n_{R\,I}$ und $n_{R\,II}$ sind jedoch insofern spezielle Annahmen gemacht, als $n_{R\,II}$ gleich der — im Halbleiterinnern konstant angenommenen — Neutraldichte n_H und $n_{R\,I} \ll n_H$ vorausgesetzt ist, d. h. es ist der Übersichtlichkeit halber eine Randverarmung nur an der Elektrode I angenommen. — Man verifiziert die Beziehungen (7,09) und (7,08) an den Bildern 2 und 3 am besten, indem man die Potentialstufen, ohne Rücksicht auf die durch die Indizes RM_I usw. vorgeschriebene Richtung, von links nach rechts verfolgt und dabei Potentialerniedrigungen negativ, Potentialerhöhungen positiv rechnet. Der Inhalt von Gl. (7, 09) besagt dann, daß, wie in Bild 2 dargestellt, $V_{M\,I}'$ wieder dasselbe Niveau hat wie $V_{M\,I}$. In

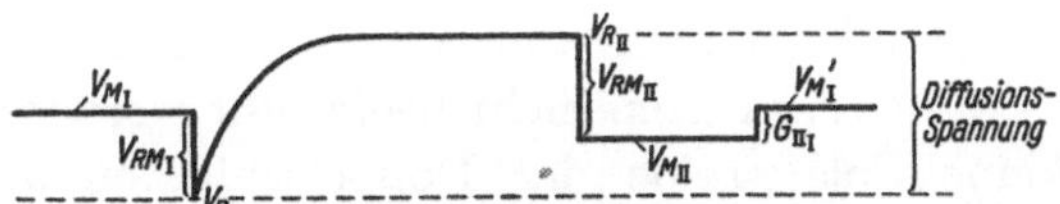

Bild 2 [1]). Verlauf des Ortspotentials Metall I → Überschußhalbleiter mit Randverarmung an M_I → Metall II → Metall I' ohne Stromdurchgang, Gl. (7, 09).

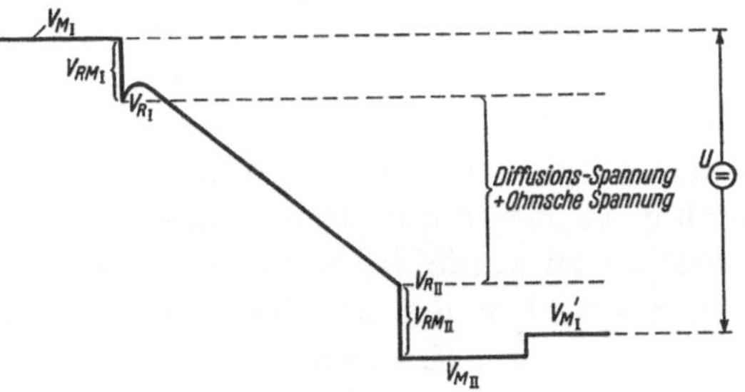

Bild 3. Verlauf des Ortspotentials bei Stromdurchgang in der Flußrichtung (Elektronen von M_{II} nach M_I), Gl. (7, 08). Sonst wie Bild 2.

Bild 3 ist die Anlegung einer Flußspannung $U > 0$ angenommen, welche $V_{M\,I}'$ gegenüber $V_{M\,I}$ erniedrigt und einen positiven Strom von I nach II schickt, d. h. die Überschußelektronen des Halbleiters von II nach I treibt. Der Ohmsche Spannungsabfall [Gl. (7, 08), erstes Glied rechts] hat definitionsgemäß dasselbe Vorzeichen wie U, bedeutet also eine Senkung des Potentials von links nach rechts, die Diffusionsspannung bedeutet, da auch bei Stromdurchgang $n_{R\,II} = n_H \gg n_{R\,I}$ angenommen wird, einen Anstieg; die algebraische Summe von Ohmscher Spannung und Diffusionsspannung ergibt sich also aus der Differenz ihrer absoluten Beträge. Die Potentialsprünge an den 3 Grenzen ergänzen diese innere Potentialdifferenz zu der außen angelegten Spannung U [2]).

Für den allgemeinsten Fall stromabhängiger Randdichten n_R und Potentialsprünge V_{RM} wird nach (7, 08) und (7, 09)

$$\left. \begin{aligned} U = i \int_0^L \frac{dx}{e\,b\,n(x)} &\mp \left[\mathfrak{B} \ln \frac{n_{R\,II}}{n_{R\,I}} - \mathfrak{B} \ln \frac{n_{R\,II}^0}{n_{R\,I}^0} \right] \\ &+ [\{(V_{RM})_I - (V_{R\,M}^0)_I\} - \{(V_{RM})_{II} - (V_{R\,M}^0)_{II}\}] \,. \end{aligned} \right\} \qquad (7, 10)$$

<hr>

[1]) Statt G_{II} ist in Bild 2 $G_{I\,II}$ zu lesen.

[2]) Dadurch, daß die Summe dieser Potentialsprünge unter den im folgenden diskutierten Annahmen ihrerseits gleich der Diffusionsspannung wird, kommt für U in diesem Falle die einfache Beziehung (7, 11) zustande.

2*

Durch die verhältnismäßig schwachen Felder, bei denen die quasithermische Behandlung noch zulässig ist, werden die Potentialsprünge V_{RM} nicht merklich beeinflußt (keine Polarisation der Doppelschichten); das zweite Klammerglied auf der rechten Seite von (7, 10) kann also hier, wie bei allen Problemen, die nicht mit extrem hohen Feldstärken zu rechnen haben, gleich 0 gesetzt werden. Für die Randdichten gilt die Annahme der Stromunabhängigkeit nicht in derselben Weise. Beschränken wir uns jedoch, wie in dieser Arbeit beabsichtigt ist, auf den Fall stromunabhängiger Randdichten (keine Feldemissionseffekte durch Schottky-Emission oder Tunneleffekt), so gilt in diesem Fall die einfache Beziehung

$$U = i \int_0^L \frac{dx}{e\,b\,n(x)}.$$ (7, 11)

„Die Klemmenspannung an den Elektroden eines Halbleiters ist, sofern die Randdichten vom Strom nicht beeinflußt werden und solange durch die angelegten Felder keine Polarisation der Doppelschichten an den Grenzen Halbleiter-Metall stattfindet, von der Diffusionsspannung unabhängig und numerisch gleich der Ohmschen Spannung, die dem durchgehenden Strom und der ortsabhängigen Leitfähigkeit der einzelnen Halbleiterschichten entspricht."

Von der Annahme konstanter Störstellendichte ist bei den vorstehenden Ableitungen noch kein Gebrauch gemacht worden; dagegen beziehen sich die nunmehr folgenden Betrachtungen auf diesen Sonderfall. Da dann eine vom Ort unabhängige Neutraldichte n_H innerhalb der ganzen Halbleiterschicht existiert, die die Leitfähigkeit des durch Raumladungs- und Randwirkungen ungestörten Halbleiters bestimmen würde, ist es von Interesse, die wahre Klemmenspannung U nach (7, 11) zu vergleichen mit der Ohmschen Spannung, die an einer gleich dicken Schicht von konstanter Elektronendichte n_H auftreten würde. Besonders für den in „Grundlagen" § 3, namentlich S. 384/85 diskutierten Fall, wo breite Zonen innerhalb des Halbleiters wirklich noch diese ungestörte Elektronendichte n_H besitzen und nur an den Rändern Störungen auftreten, ist die Einführung des Ohmschen Spannungsabfalles im ungestörten Halbleiter zweckmäßig; der der konstanten Elektronendichte entsprechende Widerstand ist in diesem Fall praktisch identisch mit der früher als „Bahnwiderstand" bezeichneten Größe, die dem von der Verarmung herrührenden „Randwiderstand" an den Elektroden vorgeschaltet erscheint. Entsprechend soll allgemein als Bahnspannung $U^{(b)}$ die Größe

$$U^{(b)} = i \int_0^L \frac{dx}{e\,b\,n_H}$$ (7, 12)

bezeichnet werden; die mit $U^{(z)}$ bezeichnete Differenz

$$U^{(z)} = U - U^{(b)}$$ (7, 13)

bedeutet dann die Zusatzspannung, die durch die an den Elektroden auftretende Randverarmung bedingt ist. Besonders in dem in „Grundlagen" § 3 (Ende) besprochenen Fall, wo nur an einer Elektrode I eine merkliche Zusatzspannung auftritt, ist die Einführung der Randspannung $U^{(z)}$ von Interesse; die Beiträge, die die Halbleiterschichten außerhalb der Randschicht I zu den Integralen (7, 11) und (7, 12) liefern, können dann als gleich angesehen werden, so daß sie sich in (7, 13) wegheben, und $U^{(z)}$ infolgedessen von der oberen Integrationsgrenze L nicht mehr abhängig wird. In diesem Fall ist es zur Berechnung von $U^{(z)}$ am bequemsten, den Halbleiter unendlich ausgedehnt anzunehmen; es gilt dann

$$U^{(z)} = i \int\limits_0^\infty \left(\frac{1}{e\,b\,n\,(x)} - \frac{1}{e\,b\,n_H} \right) d\,x$$

oder, mit Einführung der relativen Teilchenzahl $p = \dfrac{n}{n_H}$

$$U^{(z)} = \frac{i}{e\,b\,n_H} \int\limits_0^\infty \left(\frac{1}{p} - 1 \right) d\,x \,. \tag{7,14}$$

Die Klemmenspannung U selbst nach (7, 11) erhält die (7, 14) entsprechende Form

$$U = \frac{i}{e\,b\,n_H} \int\limits_0^L \frac{d\,x}{p} \,. \tag{7,15}$$

Aus (7, 14) und (7, 15) geht hervor, daß die Berechnung der Klemmenspannung in recht einfacher Weise möglich ist, wenn durch Integration der Differentialgleichung (5, 14) die Größe n bzw. p als Funktion von x bzw. ξ bestimmt ist. Man sieht jedoch sofort, daß nicht einmal n, sondern nur dn/dx als Funktion von n bzw. $dp/d\xi$ als Funktion von p bestimmt zu werden braucht. Unter Berücksichtigung von (5, 04), (5, 06), (5, 08) und (5, 09) erhalten (7, 15) und (7, 14) die Form

$$\frac{U}{\mathfrak{B}} = \gamma \int\limits_0^\Xi \frac{d\,\xi}{p} \,, \tag{7,16}$$

$$\frac{U^{(z)}}{\mathfrak{B}} = \gamma \int\limits_0^\infty \left(\frac{1}{p} - 1 \right) d\,\xi \,. \tag{7,17}$$

Führt man in diese Gleichungen das Konzentrationsgefälle $dp/d\xi$ ein und benutzt p statt ξ als neue Integrationsvariable, so gehen die beiden Gleichungen über in

$$\frac{U}{\mathfrak{B}} = \gamma \int\limits_{p_{RI}}^{p_{RII}} \frac{d\,p}{p \cdot \dfrac{d\,p}{d\,\xi}} \tag{7,18}$$

und

$$\frac{U^{(z)}}{\mathfrak{B}} = \gamma \int\limits_{p_R}^{1} \left(\frac{1}{p} - 1 \right) \frac{d\,p}{(d\,p/d\,\xi)} \,. \tag{7,19}$$

Als Integrationsgrenzen sind hier entsprechend $\xi = 0$ und $L/x_0 = \Xi$ bzw. 0 und ∞ die p-Werte p_{RI} und p_{RII} bzw. p_R und 1 eingesetzt. Aus der Form der Gl. (7, 18) und (7, 19) erkennt man ohne weiteres, das es zur Bestimmung der Klemmenspannung genügt, den Dichtegradienten $dp/d\xi$ als Funktion von p zu kennen.

In den folgenden Abschnitten C, D und E wird stets die Zusatzspannung $U^{(z)}$ nach (7, 19) Gegenstand der Berechnung sein. Um die (direkt beobachtete) Klemmenspannung U daraus zu ermitteln, ist zu $U^{(z)}$ nach (7, 13) noch die — von der Schichtdicke L abhängige — Bahnspannung $U^{(b)}$ hinzuzurechnen. Bei kurvenmäßiger Darstellung der U, i-Beziehung bedeutet das, daß die berechneten $U^{(z)}$, i-Kurven noch mit der gradlinigen $U^{(b)}$, i-Kurve geschert werden müssen, um mit den experimentellen U, i-Kurven verglichen werden zu können (siehe S. 25, Bild 5).

Falls die Störstellendichte nicht mehr ortsunabhängig ist und falls nicht nur reine Überschuß- oder reine Defektleitung, sondern ein Zusammenwirken beider Leitungsarten vorliegt, tritt an Stelle von (7, 17)[1]) die Gleichung

$$\frac{U^{(z)}}{\mathfrak{B}} = \gamma \int\limits_{\xi=0}^{\xi=\varXi} \left\{ \frac{1}{\nu\left(1 + \dfrac{\nu_5^2}{\nu^2}\right)} - \frac{1}{\nu_H\left(1 + \dfrac{\nu_5^2}{\nu_H^2}\right)} \right\} d\xi. \tag{7, 20}$$

Als Leitfähigkeit einer Schicht ist nämlich jetzt nicht nur $e\,b^-\,n^-$, sondern infolge der Mitwirkung der Defektelektronen

$$e\,b^-\,n^\ominus + e\,b^+\,n^\oplus = e\,b^-\,n^\ominus \left(1 + \frac{b^+}{b^-}\frac{n^\oplus}{n^\ominus}\right),$$

also nach (2, 09), (2, 27) und (6, 04)

$$e\,b^-\,n^\ominus \cdot \left(1 + \frac{\nu_5^2}{\nu^2}\right)$$

anzusetzen. So erklärt sich der Faktor $1 + \dfrac{\nu_5^2}{\nu^2}$, der im Nenner des Integranden von (7, 20) neu auftritt.

Weiter ist bei der Definition des Bahnwiderstandes der Neutralzustand nicht durch $p = 1$, sondern durch $\nu = \nu_H$ gekennzeichnet, was im Minusterm des Integranden von (7, 20) zu berücksichtigen war.

§ 8. Bemerkungen zur Integration der Differentialgleichungen. Ein einfaches Anwendungsbeispiel.

Der Konzentrationsverlauf $p(\xi)$ in einer ebenen Randschicht mit ortsunabhängiger Störstellendichte und reiner Überschußleitung[2]) wird nach § 5 durch die Differentialgleichung (5, 14)

$$\frac{d^2}{d\xi^2}\ln p - \gamma \frac{d}{d\xi}\left(\frac{1}{p}\right) + f(p) = 0 \tag{5, 14}$$

beherrscht. Sie ist bei genügend weit voneinander entfernten Elektroden in allen Fällen, in denen weder Schottky- noch Tunnelemission aus dem Metall in den Halbleiter anzunehmen ist, unter Berücksichtigung der Grenzbedingungen

$$p = p_R \quad \text{für} \quad \xi = 0, \tag{5, 17}$$

$$dp/d\xi = 0 \quad \text{für} \quad p = 1. \tag{5, 18}$$

zu integrieren. Für die Funktion $f(p)$ war im Abschnitt A, § 2 und 3 der Ausdruck

$$f(p) = \mathfrak{f}\left[\frac{1}{p + p_3} - \frac{p}{1 + p_3}\right] + \frac{p_4^2}{p}(1 - p^2) \tag{3, 01}$$

ermittelt worden. Das Glied mit p_4 entsteht aber durch die erst im Ultragebiet wirksam werdende Raumladung der Defektelektronen und wird daher im folgenden nicht zu berücksichtigen sein, da hier nur der Fall der reinen Überschußleitung behandelt werden soll. Die Zusatzspannung $U^{(z)}$, die infolge der Randverarmung außer der normalen Bahnspannung $U^{(b)}$ zum Hindurchtreiben eines Stromes $i = \gamma\,i_0$ durch die ebene Halbleiterschicht erforderlich ist, errechnet sich aus (7, 19)

$$\frac{U^{(z)}}{\mathfrak{B}} = \gamma \int\limits_{p=p_R}^{p=1}\left(\frac{1}{p} - 1\right)\frac{1}{(dp/d\xi)}\,dp \tag{7, 19}$$

---

[1]) Ob sich bei Problemen mit inhomogener Störstellenverteilung die Wirkung einer unabhängigen Randschicht abtrennen läßt und demgemäß der Grenzübergang $\varXi \to \infty$ zweckmäßig ist und ob schließlich die Einführung von ν als Integrationsvariable angebracht ist, kann erst beim konkreten Vorliegen derartiger Probleme entschieden werden. Deshalb wurde (7, 17) und nicht (7, 19) verallgemeinert.

[2]) Bei reiner Defektleitung ändert sich lediglich in (5, 14) das Vorzeichen des γ-Gliedes, so daß alle Ergebnisse, die für den Überschußhalbleiter bei positiven γ-Werten gewonnen werden, für den Defekthalbleiter bei negativen γ-Werten gelten.

wozu also nicht die Kenntnis der Konzentrationsverteilung $p = p(\xi)$ selbst, sondern nur die Abhängigkeit des Konzentrationsgefälles $dp/d\xi$ von der Konzentration p benötigt wird.

Die Aufgabe der folgenden Abschnitte C bis E ist die Integration der Differentialgleichung (5, 14). Es soll nun hier noch gezeigt werden, daß sich die Ordnung von (5, 14) zwar um 1 erniedrigen läßt, daß dann aber eine nochmalige geschlossene Integration nicht mehr möglich ist. Die weitere Rechnung zerfällt infolgedessen in die Behandlung von Grenzfällen, in denen Vernachlässigungen gewisser Glieder erlaubt sind, sowie in Näherungsrechnungen, in denen der Einfluß der vernachlässigten Glieder als Korrekturgröße berücksichtigt wird.

Die Erniedrigung der Ordnung der Differentialgleichung (5, 14) für die Teilchendichten beruht darauf, daß in den Koeffizienten dieser Differentialgleichung die unabhängige Variable ξ nicht explizit auftritt.

In solchen Fällen pflegt man den ersten Differentialquotienten $dp/d\xi$ als neue abhängige Variable einzuführen und als Funktion der bisherigen abhängigen Variablen p, die jetzt unabhängige Variable wird, aufzufassen. Bei (5, 14) ist es aber zweckmäßig, sofort die Größe

$$q = \frac{1}{p}\frac{dp}{d\xi} = \frac{d\ln p}{d\xi} = q(p) \tag{8,01}$$

als abhängige Variable zu nehmen und dieses logarithmische Konzentrationsgefälle als Funktion von p aufzufassen. — Auf Grund der Operatorgleichung

$$\frac{d}{d\xi} = \frac{dp}{d\xi}\frac{d}{dp} = p \cdot q(p) \cdot \frac{d}{dp} \tag{8,02}$$

ergibt sich dann aus (5, 14)

$$p\,q(p)\,\frac{d}{dp}\,q - \gamma\,p\,q(p)\,\frac{d}{dp}\left(\frac{1}{p}\right) + f(p) = 0$$

oder

$$q\frac{dq}{dp} + \frac{\gamma}{p^2}\,q + \frac{1}{p}\,f(p) = 0\,, \tag{8,03}$$

also eine Differentialgleichung erster Ordnung für $q(p)$, die unter Berücksichtigung der aus der bisherigen Grenzbedingung $dp/d\xi = 0$ für $p = 1$ entstehenden Grenzbedingung

$$q = 0 \text{ für } p = 1 \tag{8,04}$$

zu integrieren ist. Die andere bisherige Grenzbedingung $p = p_R$ für $\xi = 0$ kommt dann ins Spiel, wenn aus der neu eingeführten Funktion $q(p) = d\ln p/d\xi$ der Konzentrationsverlauf $p(\xi)$ oder vielmehr die damit ja mathematisch völlig äquivalente Umkehrfunktion

$$\xi(p) = \int\limits_{p=p_R}^{p} \frac{dp}{p \cdot q(p)} \tag{8,05}$$

durch Integration gewonnen wird. Die Gl. (7, 19) schließlich, die zur Ermittlung des Kennlinienverlaufes dient, nimmt bei Verwendung der neuen Funktion $q(p)$ die Form

$$\frac{U^{(z)}}{\mathfrak{V}} = \gamma \int\limits_{p=p_R}^{p=1} \frac{1-p}{p^2 \cdot q(p)}\,dp \tag{8,06}$$

an.

Mit (8, 05) und (8, 06) sind jetzt die Berechnung der Konzentrationsverteilung und des Kennlinienverlaufs auf die Ermittlung des logarithmischen Konzentrationsgefälles $q(p) = d\ln p/d\xi$ zurückgeführt, das, als Funktion der Konzentration p betrachtet, der Differentialgleichung (8, 03), die nur noch erster Ordnung ist, genügt. Da jedoch (8, 03) keine allgemeinen geschlossenen Lösungen zuläßt, sind in den folgenden Abschnitten Näherungsmethoden für die verschiedenen Kennlinienbereiche benutzt.

Die leitenden physikalischen Gesichtspunkte sind dabei folgende. Die drei Glieder in (8, 03) sind ja durch die Raumladung $\left[\frac{1}{p}f(p)\right]$, durch die Divergenz des Leitungsstromes $\left[+\frac{\gamma}{p^2}q\right]$ und durch die Divergenz des Diffusionsstromes $\left[q\frac{dq}{dp}\right]$ entstanden. In den „Grundlagen" wurde schon auseinandergesetzt, daß bei kleinen Strombelastungen der Leitungsstrom eine untergeordnete Rolle spielt. Dementsprechend wird hier das Glied $+\frac{\gamma}{p^2}q$ als Korrektur zu betrachten sein. Bei großen Flußströmen wird der größte Teil der Randverarmungsschicht vom Halbleiter her „zugeweht"; die raumladungshaltigen, nicht neutralen Halbleitergebiete drängen sich so stark zusammen, daß der Potentialverlauf innerhalb der kurzen noch zur Verfügung stehenden Strecke von der Raumladung nicht mehr wesentlich beeinflußt werden kann, während andererseits in diesem Gebiete sehr starke Konzentrationsgefälle mit entsprechend großen Diffusionsströmen herrschen. In diesem Fall (große Flußströme) wird also die Situation durch das Gleichgewicht von Leitungs- und Diffusionsstrom beherrscht, während das Raumladungsglied $\frac{1}{p}f(p)$ lediglich Korrekturfunktionen hat. Im Sperrgebiet schließlich wird im Grenzfall die Randverarmung so weit in den Halbleiter hinein verweht, daß sich der Übergang von der vollen Randverarmung $p = p_R$ zu dem neutralen Halbleiterinnern ($p = 1$) so langsam und mit so schwachem Konzentrationsgefälle vollzieht, daß jetzt der Diffusionsstrom zu vernachlässigen ist. Dann ist also das Glied $q\frac{dq}{dp}$ in (8, 03) als Korrektur zu behandeln.

In den folgenden Abschnitten werden diese Rechnungen allgemein und systematisch für die verschiedenen Kennlinienbereiche durchgeführt, und zwar, entsprechend der Vorzeichenwahl in (8, 03), am Beispiel des Überschußhalbleiters. Um jedoch von vornherein über die Methode und ihre Ergebnisse eine erste Orientierung zu ermöglichen, soll hier, ohne die Berücksichtigung von Korrekturgrößen, der Fall der verschwindenden Diffusionsströme behandelt werden; wir wollen also die Verteilung der Teilchendichte und die Stromspannungsbeziehung zunächst einmal für das ganze Kennliniengebiet unter der — in Wirklichkeit nur für hohe Sperrspannungen zulässigen — Annahme berechnen, daß überhaupt keine Diffusionsströme existieren.

Es fällt dann in (8, 03) das Glied mit $q \cdot \frac{dq}{dp}$ ganz fort, und man erhält:

$$q \equiv \frac{d\ln p}{d\xi} = -\frac{1}{\gamma} \cdot p \cdot f(p), \tag{8, 07}$$

also nach (8, 05):

$$\xi(p) = -\gamma \int\limits_{p=p_R}^{p} \frac{dp}{p^2 f(p)} \tag{8, 08}$$

und nach (8, 06):

$$\frac{U^{(z)}}{\mathfrak{B}} = -\gamma^2 \int\limits_{p=p_R}^{p=1} \frac{1-p}{p^3 f(p)}\,dp. \tag{8, 09}$$

Die Dichteverteilung (8, 08) und damit auch die Stromspannungsbeziehung (8,09) ist allerdings für $p_R < 1$ (Randverarmung) nur möglich, wenn γ negativ [bzw. bei Defektleitern, wo in (8, 08) das umgekehrte γ-Vorzeichen gilt, positiv] ist; denn nur dann hat ξ in (8, 08) positive Werte. Für $\gamma > 0$ kann bei $p_R < 1$ die Beziehung (8, 03) nur durch $f(p) = 0$, $p = 1$ erfüllt werden, hier existiert also, bei Vernachlässigung der Diffusion, überhaupt keine endlich ausgedehnte Randzone und infolgedessen auch keine Zusatzspannung $U^{(z)}$. Im Einklang mit den Vorzeichenüberlegungen von § 14 ist also bei Überschußelektronen mit Randverarmung die Richtung negativer Ströme und negativer Spannungen die Sperrrichtung, die Richtung positiver Ströme und positiver Spannungen die Flußrichtung; bei Defektelektronen ist es umgekehrt.

Für die Sperrichtung ist durch (8, 08) und (8, 09) sowohl die Ermittlung des örtlichen Dichteverlaufs wie auch die Bestimmung der Kennlinie auf die Bildung bestimmter Integrale zurückgeführt. Für den Dichteverlauf wird die Diskussion in

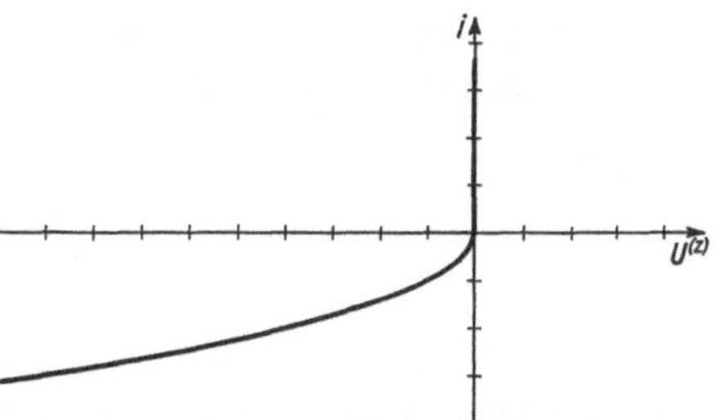

Bild 4.   Randschichtgleichrichter-Kennlinie unter Vernachlässigung von Diffusions- (und Feld-) Effekten.

Abschnitt E, § 18, gegeben. Bei der Diskussion des Kennlinienverlaufs ergibt sich jedoch aus (8, 09) eine sehr einfache Aussage. Da das bestimmte Integral auf der rechten Seite dieser Gleichung von γ und damit von der Stromdichte unabhängig ist, bedeutet Gl. (8,09), daß die (Zusatz-) Spannung $U^{(z)}$ in der Sperrichtung quadratisch mit der reduzierten Stromdichte γ oder der wahren Stromdichte i ansteigt:

$$U^{(z)} \sim i^2. \qquad (8, 10)$$

Für den stromlosen Zustand wird nach (8, 10) nicht nur $U^{(z)}$, sondern auch der Nullwiderstand $U^{(z)}/i$ gleich 0; für die Flußrichtung ist dauernd $U^{(z)}$ gleich 0.

Im ganzen erhält man unter Vernachlässigung der Diffusion das durch Bild 4 in willkürlichem U- und i-Maßstab dargestellte Kennlinienbild, von dem sich, abgesehen von der Scheerung durch den vor-

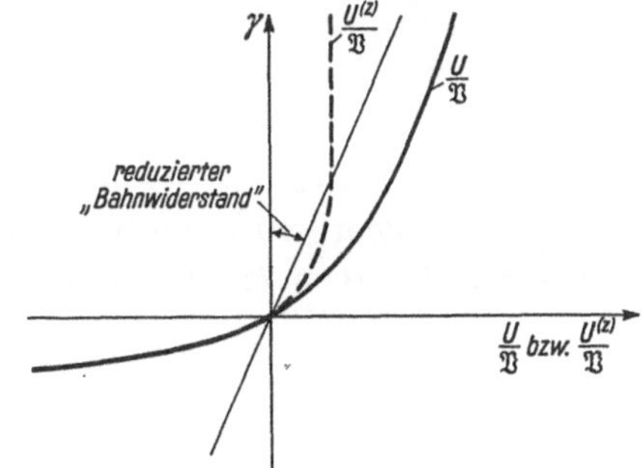

Bild 5.   Wirkliche Gleichrichterkennlinie (in reduzierten Strom-Spannungskoordinaten)
——— mit Bahnwiderstand;
‒ ‒ ‒ nach Abzug des Bahnwiderstandes.

geschalteten Bahnwiderstand, die wirklichen Gleichrichterkennlinien durch eine Reihe wichtiger in Bild 5 angedeuteter Kennzeichen unterscheiden; so vor allem durch einen endlichen Rand-Nullwiderstand und durch die Existenz einer endlichen Flußspannung (Schleusenspannung), die erst erreicht werden muß, ehe der Randwiderstand praktisch überwunden ist[1]. All diese feineren Züge liefert die genauere Durchführung der Theorie, unter Berücksichtigung des Diffusionsgliedes, der wir uns nunmehr, für die verschiedenen Kennlinienbereiche getrennt, in den folgenden Abschnitten zuwenden.

---

[1] In Bild 5 ist die Parallelität der $(\gamma, U/\mathfrak{B})$-Kurve mit der Bahnwiderstandsgeraden bei großen $U/\mathfrak{B}$-Werten leider nicht ganz richtig dargestellt.

C. Die Umgebung des stromlosen Zustandes.
§ 9. Die Näherungsmethode.

Als Umgebung des stromlosen Zustandes wird das Kennliniengebiet definiert, in dem $\gamma \ll 1$ anzunehmen ist. Man kann dann p oder auch $q(p)$ für jedes ξ nach Potenzen von γ entwickeln:

$$q(p) = a_0(p) + \gamma^1 a_1(p) + \gamma^2 a_2(p) + \cdots \tag{9, 01}$$

Geht man damit in (8, 03) ein und setzt die Koeffizienten jeder Potenz von γ einzeln gleich 0, so erhält man für die Funktionen $a_0, a_1, a_2 \ldots$ nacheinander die Differentialgleichungen

$$a_0(p) \cdot a_0'(p) + \frac{1}{p} f(p) \qquad\qquad = 0, \tag{9, 02}$$

$$a_1(p) \cdot a_0'(p) + a_0(p) a_1'(p) + \frac{1}{p^2} a_0(p) = 0. \tag{9, 03}$$
$$\vdots$$

Unter Berücksichtigung der aus (8, 04) und (9, 01) sich ergebenden Randbedingungen

$$a_0 = 0 \qquad \text{für} \qquad p = 1, \tag{9, 04}$$

$$a_1 = 0 \qquad \text{für} \qquad p = 1 \tag{9, 05}$$
$$\vdots \qquad\qquad\qquad \vdots$$

erhält man aus (9, 02), (9, 03), ... sukzessive die Lösungen

$$a_0(p) = \sqrt{2 \int\limits_{p}^{p=1} \frac{1}{p} f(p)\, dp}, \tag{9, 06}$$

$$a_1(p) = \frac{1}{a_0(p)} \int\limits_{p}^{p=1} \frac{1}{p^2} a_0(p)\, dp, \tag{9, 07}$$

$a_0(p)$, $a_1(p)$, ... sind also nach Durchführung der Integrationen (9, 06) (9, 07) ..., die in § 10 erfolgen wird, als bekannte Funktionen zu betrachten. Die Verwendung des Ansatzes (9, 01) in (8, 05) gibt dann für den Konzentrationsverlauf in 0. Näherung[1]

$$\xi = \int\limits_{p=p_R}^{p} \frac{dp}{p \cdot a_0(p)} \; ; \tag{9, 08}$$

Einsetzen in (8, 06) ergibt für den Kennlinienverlauf (von Überschußhalbleitern) in 1. Näherung

$$\frac{U^{(z)}}{\mathfrak{B}} = A_0 \gamma - A_1 \gamma^2 \tag{9, 09}$$

mit

$$A_0 = \int\limits_{p=p_R}^{p=1} \frac{1-p}{p^2} \frac{1}{a_0(p)}\, dp \tag{9, 10}$$

und

$$A_1 = \int\limits_{p=p_R}^{p=1} \frac{1-p}{p^2} \frac{a_1(p)}{a_0^3(p)}\, dp. \tag{9, 11}$$

Auf den Zusammenhang der Größen A_0 und A_1 mit dem Nullwiderstand und der Richtkonstante des Gleichrichters kommen wir in §§ 12 und 13 zurück.

---

[1] Also für den stromlosen Zustand $\gamma = 0$.

§ 10. Ermittlung der Hilfsfunktionen $a_0(p)$ und $a_1(p)$.

Aus Gl. (9, 06) für $a_0(p)$ erhält man durch Ausintegrieren bei Benutzung der in Abschnitt A ermittelten[1]) Gleichung

$$f(p) = \mathrm{f}\left[\frac{1}{p+p_3} - \frac{p}{1+p_3}\right] \tag{3, 01}$$

den strengen Ausdruck:

$$a_0(p) = \sqrt{2\,\mathrm{f}}\,\sqrt{\frac{1}{p_3}\ln\frac{1+\dfrac{p_3}{p}}{1+p_3} - \frac{1-p}{1+p_3}}. \tag{10, 01}$$

Dieser Ausdruck ist aber für die weitere Verwendung von $a_0(p)$ — siehe die Formeln (9, 07), (9, 08), (9, 10) und (9, 11) — zu kompliziert, und seine Verwendung ist auch gar nicht nötig. Unterteilt man nämlich die ganze p-Skala durch eine Größe p_3^*, die zwar sehr klein gegen 1, aber immer noch erheblich größer als p_3 ist (beispielsweise $p_3^* = 10^{+2} \cdot p_3$), in einen Teil $1 > p > p_3^*$, der also fast das ganze Reservegebiet umfaßt und einen Teil $p < p_3^*$, der den Übergang vom Reserve- zum Erschöpfungsgebiet sowie das Erschöpfungsgebiet selbst enthält, so läßt sich leicht zeigen, daß

$$a_0(p) \approx \sqrt{2\,\mathrm{f}}\,\frac{1-p}{\sqrt{p}} \qquad \text{für}\quad 1 > p > p_3^* \tag{10, 02}$$

und

$$a_0(p) \approx \sqrt{\frac{2\,\mathrm{f}}{p_3}}\,\sqrt{\ln\left(1+\frac{p_3}{p}\right)} \quad \text{für}\quad p < p_3^* \tag{10, 03}$$

mit außerordentlich guter Annäherung gilt. Der Fehler ist bei (10, 02) maximal gleich p_3/p_3^* auf 1, also bei der oben vorgeschlagenen Festsetzung $p_3^* = 10^{+2} p_3$ höchstens $= 1\%$ und bei (10, 03) maximal gleich p_3^* auf 1, also beispielsweise bei $p_3 = 10^{-6}$ (und demnach $p_3^* = 10^{-4}$) höchstens $= {}^1/_{10}\,{}^0/_{00}$.

Entsprechend kann man bei der Bestimmung von $a_1(p)$ vorgehen. In dem Intervall $1 > p > p_3^*$ liefert die Definitionsgleichung (9, 07) von $a_1(p)$

$$a_1(p) = \frac{1}{a_0(p)}\int\limits_{p}^{p=1}\frac{1}{p^2}\cdot a_0(p)\cdot dp \tag{9, 07}$$

bei Verwendung der in diesem p-Bereich gültigen Annäherungsformel (10, 02) für $a_0(p)$ folgenden Ausdruck:

$$a_1(p) = \frac{2}{3}\,\frac{1-3\,p+2\,\sqrt{p^3}}{p\,(1-p)}. \tag{10, 04}$$

Für kleinere p-Werte muß die Integration in (9, 07) in zwei Abschnitten durchgeführt werden:

$$a_1(p) = \frac{1}{a_0(p)}\int\limits_{p=p_3^*}^{p=1}\frac{1}{p^2}\cdot a_0(p)\cdot dp + \frac{1}{a_0(p)}\int\limits_{p}^{p=p_3^*}\frac{1}{p^2}\cdot a_0(p)\cdot dp. \tag{10, 05}$$

In dem ersten Integral ist die Annäherungsformel (10, 02), im übrigen die Annäherungsformel (10,03) für $a_0(p)$ zu verwenden. Die Integrationen lassen sich unter

---

[1]) Das p_4-Glied ist weggelassen worden, weil wir uns jetzt auf die Behandlung des Reserve- und Erschöpfungsgebietes beschränken. Siehe auch die Bemerkungen zu Beginn des § 8.

Benutzung der transzendenten Funktion[1])

$$\psi\,(z) = \int\limits_{t=0}^{t=z} e^{+\,t^2}\, dt \tag{10,06}$$

geschlossen durchführen. Beachtet man die Größenordnungsverhältnisse $1 \gg p_3^* \gg p_3$ sorgfältig, so findet man nach einiger Abschätzungsarbeit, deren Wiedergabe hier zu weit führen würde, daß in dem Intervall $p < p_3^*$ die Hilfsfunktion $a_1(p)$ mit völlig ausreichender Genauigkeit durch den Ausdruck

$$a_1(p) = \frac{1}{p_3}\left[1 + \frac{p_3}{p} - \frac{\Psi\left(\sqrt{\ln\left(1 + \frac{p_3}{p}\right)}\right)}{\sqrt{\ln\left(1 + \frac{p_3}{p}\right)}}\right] \tag{10,07}$$

dargestellt wird.

§ 11. Die Konzentrationsverteilung im stromlosen Zustand.

Bei der Auswertung der Gl. (9, 08)

$$\xi = \int\limits_{p=p_R}^{p} \frac{dp}{p \cdot a_0(p)} \tag{9,08}$$

kann in dem Bereich $p < 10^{-2}\,p_3$ über die Annäherungsformel (10, 03) für die Hilfsfunktion $a_0(p)$ hinaus noch einen Schritt weitergegangen werden und

$$a_0(p) \approx \sqrt{\frac{2\,\mathfrak{f}}{p_3}}\ \sqrt{\ln \frac{p_3}{p}} \tag{11,01}$$

geschrieben werden. Die Integration in (9, 08) läßt sich dann geschlossen ausführen:

$$\xi\,(p, p_R) = \sqrt{\frac{2\,p_3}{\mathfrak{f}}}\left[\sqrt{\ln \frac{p_3}{p_R}} - \sqrt{\ln \frac{p_3}{p}}\right]. \tag{11,02}$$

Hier deutet der Parameter p_R der ξ-Funktion darauf hin, daß die ξ-Abstände von Konzentrationsebenen $p = p_R$ aus gemessen sind. Man kann nun eine von p_R unabhängige Darstellung der (ξ, p)-Beziehung mit Hilfe der Funktion

$$\xi\,(p) = -\sqrt{\frac{2\,p_3}{\mathfrak{f}}}\ \sqrt{\ln \frac{p_3}{p}} \tag{11,03}$$

geben. Zu dem gesuchten Abstand $\xi\,(p, p_R)$ gelangt man dann einfach, indem man gemäß (11, 02) $\xi\,(p, p_R)$ als Differenz zwischen $\xi\,(p)$ und $\xi\,(p_R)$ bestimmt.

In Bild 6 ist also die Funktion $\xi\,(p)$ dargestellt, und zwar verläuft der bis $p = 10^{-8}$ reichende Anfang der Kurve gemäß (11, 08) (Kurventeil ganz links). Es wurde dabei nämlich $p_3 = 10^{-6}$, $\mathfrak{f} = 1$ zugrunde gelegt, so daß die Grenze $10^{-2}\,p_3$ des Gültigkeitsbereiches von (11, 03) gleich 10^{-8} wird.

Für das (rechts) anschließende p-Intervall ist der Ersatz von (10, 03) durch (11, 01) nicht mehr möglich. Es wurde deshalb in diesem Übergangsbereich vom Erschöpfungs- zum Reservegebiet die unverstümmelte Annäherungsformel (10, 03) für $a_0(p)$

---

[1]) Kurvendarstellungen, Tabellen und weitere Angaben über diese Funktion finden sich bei E. Jahnke u. F. Emde: Funktionentafeln. 2. Aufl. Leipzig u. Berlin (1939) S. 106. — H. S. Dawson: Proc. Lond, math. Soc. **29 II** (1897/98) S. 519 ··· 522. — W. O. Schumann: Elektrische Durchbruchsfeldstärke von Gasen. Berlin (1923) S. 238 ff. — M. Knoll, F. Ollendorf u. R. Rompe: Gasentladungstabellen. Berlin (1935) S. 167.

in (9, 08) verwendet:

$$\xi(p) - \xi(10^{-2}p_3) = \int\limits_{p=10^{-2}p_3}^{p} \frac{dp}{p\sqrt{\dfrac{2\mathfrak{f}}{p}}\;\sqrt{\ln\left(1+\dfrac{p_3}{p}\right)}}\,. \tag{11, 04}$$

Die Integration wurde nach einer leichten Umformung

$$\xi(p) = \xi(10^{-2}p_3) + \sqrt{\frac{p_3}{2\mathfrak{f}}}\int\limits_{v=\ln 10^{-2}}^{v=\ln\frac{p}{p_3}} \frac{dv}{\sqrt{\ln(1+e^{-v})}} \tag{11, 05}$$

numerisch durchgeführt. Der Wert von $\xi(10^{-2}p_3)$ ist nach (11, 03) festzustellen. Das Ergebnis zeigt der von $10^{-2}p_3$ bis $10^{+2}p_3$ reichende Teil des Bildes 6, wieder unter Zugrundelegung der Werte $p_3 = 10^{-6}$ und $\mathfrak{f} = 1$.

Im Reservegebiet $10^{+2}p_3 < p < 1$ schließlich kann die Formel (10, 02) für $a_0(p)$ verwendet werden. Es ergibt sich dann

$$\xi(p) = \xi(10^{+2}p_3) + \sqrt{\frac{2}{\mathfrak{f}}}\left[\mathfrak{Ar}\,\mathfrak{Tg}\sqrt{p} - \mathfrak{Ar}\,\mathfrak{Tg}\sqrt{10^{+2}p_3}\right]. \tag{11, 06}$$

Der Wert von $\xi(10^{+2}p_3)$ ist dabei gemäß (11, 05) zu berechnen. Das Ergebnis zeigt der restliche Teil von Bild 6, wieder mit $p_3 = 10^{-6}$ und $\mathfrak{f} = 1$.

In Bild 6 ist außerdem derjenige Kurvenverlauf eingezeichnet, der sich ergeben würde, wenn überhaupt keine Donatorenerschöpfung (auch nicht für $p < p_3 = 10^{-6}$) eintreten würde (rechter Kurventeil auf der linken Seite des Hauptbildes). Dann gilt der für das Reservegebiet typische Gang von (11, 06)

$$\zeta(p) = \text{Const} + \sqrt{\frac{2}{\mathfrak{f}}}\,\mathfrak{Ar}\,\mathfrak{Tg}\sqrt{p} \tag{11, 07}$$

bis zu beliebig kleinen p-Werten herab. Die willkürliche Konstante in (11, 07) wurde so gewählt, daß der punktierte Kurvenzug mit dem ausgezogenen ab $p = 10^{-4}$ zusammenfällt.

Um den Übergang von den $\xi(p)$-Kurven zu den $\xi(p, p_R)$-Kurven zu verdeutlichen, ist der Fall $p_R = 10^{-10}$ in Bild 6 angedeutet worden. Hier ist sowohl bei der ausgezogenen, für Donatorenerschöpfung geltenden Kurve wie bei der punktierten, ohne Donatorenerschöpfung geltenden Kurve je ein (p, ξ)-Achsenkreuz so eingezeichnet worden, daß für $p = p_R = 10^{-10}$

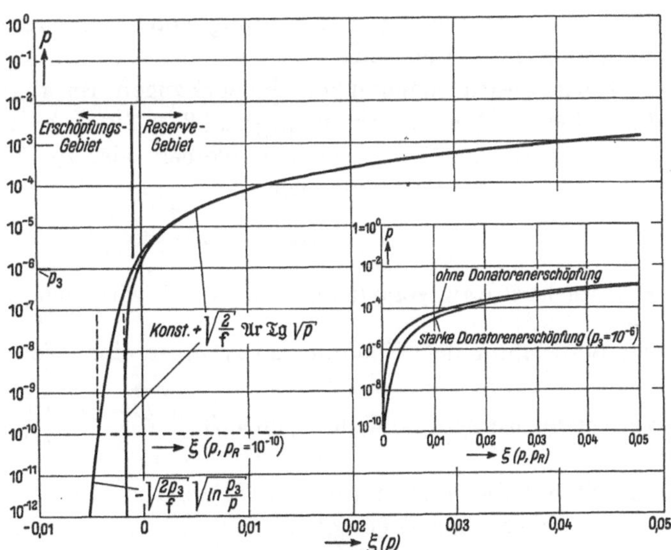

Bild 6. Dichteverteilung der Elektronen in der Randschicht im stromlosen Zustand. Hauptfigur: p als Funktion von $\xi(p)$, mit und ohne Donatorenerschöpfung, bei $p_3 = 10^{-6}$, $\mathfrak{f} = 1$. Nebenfigur: p als Funktion von ξ für $p_R = 10^{-10}$, mit und ohne Donatorenerschöpfung, bei $p_3 = 10^{-6}$, $\mathfrak{f} = 1$.

jeweils $\xi = 0$ wird. Außerdem sind in der Nebenfigur in ein und dasselbe (p,ξ)-Achsenkreuz die beiden auf diese Weise erhaltenen Konzentrationsverteilungen $p(\xi)$ eingezeichnet, von denen also der ausgezogene Kurvenverlauf wieder für eine bei $p_3 = 10^{-6}$ einsetzende Donatorenerschöpfung, der punktierte ohne jede Donatorenerschöpfung gilt. Man sieht, daß ohne Donatorenerschöpfung die Konzentration p viel steiler ansteigt als mit Donatorenerschöpfung. Der physikalische Grund dafür ist natürlich darin zu suchen, daß ohne Donatorenerschöpfung viel größere Raumladungsdichten, dadurch ein viel steilerer Potential- und damit auch[1]) $\ln p$-Anstieg möglich ist als mit Donatorenerschöpfung.

§ 12. Berechnung des Nullwiderstandes.

Für den Kennlinienverlauf bei kleinen Strombelastungen hatte sich in erster Näherung

$$\frac{U^{(z)}}{\mathfrak{B}} = A_0\gamma - A_1\gamma^2 \tag{9, 09}$$

ergeben. Man sieht, daß die Größe A_0 ein dimensionsloses Maß für den differentiellen (Zusatz-) Widerstand $R_0^{(z)} = dU^{(z)}/di$ im Nullpunkt der $(U^{(z)}, i)$-Kennlinie ist. Auf Grund von (5, 08) und (5, 09) gilt

$$A_0 = \frac{R_0^{(z)}}{x_0/\varkappa_H}, \tag{12, 01}$$

so daß durch A_0 der „Nullwiderstand" $R_0^{(z)}$ in Einheiten $x_0/\varkappa_H$ gemessen wird. Die Einheit $x_0/\varkappa_H$ ist der Widerstand pro Quadratzentimeter einer Schicht mit der Längeneinheit x_0 [siehe (5, 05)] als Dicke und der Neutralleitfähigkeit $\varkappa_H$ als spezifischer Leitfähigkeit. Wegen (12, 01) verwenden wir im folgenden neben dem mehr mathematisch formalen A_0 auch die Bezeichnung

$$A_0 = r_0^{(z)}, \tag{12, 02}$$

die auf die physikalische Bedeutung von A_0 als reduziertem Zusatzwiderstand im Nullpunkt hinweisen soll.

Nach diesen einleitenden Bemerkungen ist der Nullwiderstand $r_0^{(z)} = A_0$ als Funktion der Randverarmung p_R gemäß (9, 10) zu berechnen. Für Randverarmungen, die innerhalb des Reservegebietes bleiben, also für $1 > p_R > p_3^*$ kann (10, 02) verwendet werden. Es ergibt sich

$$A_0 = r_0^{(z)}(p_R) = \sqrt{\frac{2}{\mathfrak{f}}}\left(\frac{1}{\sqrt{p_R}} - 1\right). \tag{12, 03}$$

Für stärkere Randverarmungen $p_R < p_3^*$ wird das Integral (9, 10), ähnlich wie bei der Berechnung der Hilfsfunktion $a_1(p)$, in einen Teil $\int_{p=p_3^*}^{p=1}\frac{1-p}{p^2}\frac{1}{a_0(p)}\,dp$, in dem (10, 02) verwendet werden kann, und einen Teil $\int_{p=p_R}^{p=p_3^*}\frac{1-p}{p^2}\frac{1}{a_0(p)}\,dp$ zerlegt, in dem auf (10, 03) zurückgegriffen werden muß. In diesem zweiten Anteil kann p im Zähler neben 1 unbedenklich vernachlässigt werden, denn die in diesem Integrationsbereich vorkommenden höchsten p-Werte sind von der Größenordnung p_3^* und demnach immer

---

[1]) In Fußnote 1 auf S. 26 wurde schon darauf hingewiesen, daß bei der Berechnung der Konzentrationsverteilung der völlig stromlose Fall, also ein thermischer Gleichgewichtszustand, zugrunde gelegt wird. Im thermischen Gleichgewicht gilt aber das Boltzmann-Prinzip $n = n_H e^{+V/\mathfrak{B}}$, so daß Ortspotential V und Konzentration p durch die Gleichung $V = \mathfrak{B} \cdot \ln p$ verknüpft sind.

noch sehr klein gegen 1. Mit einigen weiteren, ähnlich zu begründenden Vernachlässigungen erhält man schließlich in diesem p_R-Bereich

$$A_0 = r_0^{(z)}(p_R) = \sqrt{\frac{2}{\mathfrak{f}\,p_3}}\;\psi\left(\sqrt{\ln\left(1 + \frac{p_3}{p_R}\right)}\right), \qquad (12,04)$$

wobei ψ wieder die schon unter (10, 06) eingeführte Transzendente ist. In Bild 7 ist der gesamte Verlauf von $r_0^{(z)}(p_R)$ gemäß (12, 03) und (12, 04) im Falle $p_3 = 10^{-6}$, $\mathfrak{f} = 1$ aufgetragen. Mit eingezeichnet sind auch die asymptotischen Gänge $\sqrt{\frac{2}{\mathfrak{f}}} \cdot \frac{1}{\sqrt{p_R}}$ im Reserve- bzw. $\sqrt{\frac{2}{\mathfrak{f}\,p_3}}\,\frac{p_3/p_R}{2\sqrt{\ln p_3/p_R}}$ im Erschöpfungsgebiet. Im letzten Gebiet ergibt sich die genannte asymptotische p_R-Abhängigkeit auf Grund der Tatsache, daß die durch (10, 06) eingeführte Transzendente $\psi(z)$ für große Werte ihres Argumentes folgenden Gang zeigt[1])

$$\lim_{z \to \infty} \psi(z) = \frac{\mathrm{e}^{+z^2}}{2z}. \qquad (12,05)$$

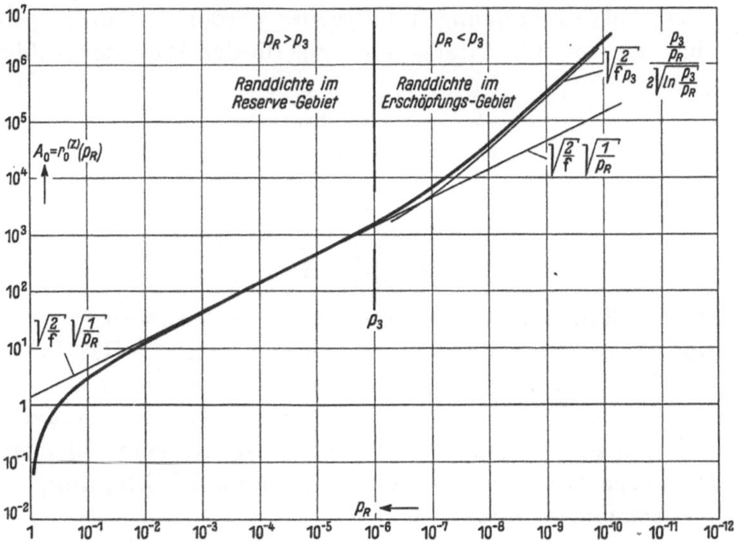

Bild 7. Randschichtwiderstand bei $U = 0$ als Funktion von p_R. Fall $p_3 = 10^{-6}$, $\mathfrak{f} = 1$.

Es sei hier übrigens darauf hingewiesen, daß die soeben und auch an anderen Stellen der Arbeit vorgenommenen rechnerischen Vernachlässigungen im Verhältnis zur derzeitig möglichen experimentellen Nachprüfbarkeit praktisch ohne jede Bedeutung sind. Aber auch wenn in einer Beobachtungsserie die gemachten Voraussetzungen der Randschichttheorie genau erfüllt und die Konstanten p_R, p_3 und $\mathfrak{f}$ aus anderen Messungen genau bekannt wären, würde die — auf Prozente genaue — Berechnung, wie sie der Darstellung der stark ausgezogenen Kurve (Bild 7) zugrunde gelegt ist, zur Nachprüfung der Theorie noch voll ausreichen.

§ 13. Berechnung der Richtkonstanten.

Ähnlich wie die Konstante A_0 in der Kennliniengleichung (9, 09)

$$\frac{U^{(z)}}{\mathfrak{B}} = A_0\,\gamma - A_1\,\gamma^2 \qquad (9,09)$$

---

[1]) Siehe z. B. W. O. Schumann: Elektrische Durchbruchfeldstärke von Gasen. Berlin (1932) S. 238 ff.

die Bedeutung des Nullwiderstandes hat, steht die Konstante A_1 mit einer anderen physikalisch belangreichen Größe, nämlich der Abklingspannung $\mathfrak{U}$ des differentiellen Widerstandes in der Umgebung des Nullzustandes in Zusammenhang. Die genauere Bedeutung dieser Größe erhellt aus folgendem.

Entsprechend der Definition (12, 01) und (12, 02) von A_0 und $r_0^{(z)}$ werde

$$r^{(z)} = \frac{d}{d\gamma}\left(\frac{U^{(z)}}{\mathfrak{B}}\right) \tag{13, 01}$$

allgemein als reduzierter (Zusatz-) Widerstand bezeichnet. Würde dieser Widerstand in der Umgebung des Nullzustandes exponentiell mit wachsender Spannung abklingen, so wäre zu setzen:

$$r^{(z)} = r_0^{(z)} \cdot e^{-\frac{U^{(z)}}{\mathfrak{U}}},$$

$$\frac{1}{\mathfrak{U}} = -\frac{dr^{(z)}/dU^{(z)}}{r^{(z)}}. \tag{13, 02}$$

Bei in Wirklichkeit nicht exponentiellem Gang von $r^{(z)}$ mit $U^{(z)}$ kann gleichwohl (13, 02) zur Definition einer Abklingspannung $\mathfrak{U}$ verwendet werden, die im allgemeinen allerdings von $U^{(z)}$ abhängig ist. Wir interessieren uns für den Wert der Abklingspannung für $U^{(z)} = 0$, $\gamma = 0$:

$$\frac{1}{\mathfrak{U}} = -\left(\frac{1}{r^{(z)}}\frac{dr^{(z)}}{dU^{(z)}}\right)_0. \tag{13, 03}$$

Unter Benutzung von (9, 09), (13, 01) und der Identität

$$\frac{dr^{(z)}}{dU^{(z)}} = \frac{dr^{(z)}}{d\gamma}\cdot\frac{1}{dU^{(z)}/d\gamma}$$

folgt hieraus:

$$\mathfrak{U} = \frac{A_0^2}{2A_1}\cdot\mathfrak{B}. \tag{13, 04}$$

Hiernach ist die dimensionslose Größe A_0^2/A_1 ein Maßstab, wievielmal größer in der Umgebung des Nullzustandes die Abklingspannung des Randwiderstandes $r^{(z)}$ als das Voltäquivalent $\mathfrak{B}$ der betreffenden Halbleitertemperatur ist. Es liegt nahe, vorauszusagen, daß jede Theorie, die, wie die unsrige, von der Voraussetzung des thermischen Gleichgewichtszustandes bei $i = 0$ ausgeht, keine kleineren Abklingspannungen als $\mathfrak{B}$ ergeben kann, so daß der genannte Faktor immer gleich oder größer als 1 herauskommen müßte:

$$\frac{A_0^2}{2A_1} \gtrless 1. \tag{13, 05}$$

Die nachfolgende Ausrechnung bestätigt diese Voraussage; ebenso zeigt das Experiment stets $\mathfrak{U} \gtrless \mathfrak{B}$ (§ 22 bis 26).

Ein direkter Zusammenhang besteht ferner zwischen $A_0^2/2A_1$ und der im Titel dieses Paragraphen genannten Richtkonstante, die für die Umgebung des stromlosen Zustandes mit α_1 bezeichnet werde. Definiert man α_1 als die Konstante der für kleine[1] effektive Wechselspannungen $U_\sim$ stets gültigen Gleichrichterbeziehung:

$$i_=/i_\sim = 1/2\,\alpha_1 U_\sim, \tag{13, 06}$$

so folgt aus (9, 09)

$$\alpha_1 = \frac{2A_1}{A_0^2}\cdot\frac{1}{\mathfrak{B}} = \frac{1}{\mathfrak{U}}. \tag{13, 07}$$

Wegen $\mathfrak{U} \gtrless \mathfrak{B}$ ist hiernach der theoretische Höchstwert der Richtkonstante bei Zimmertemperatur ($\mathfrak{B} \approx 1/40$ Volt)

$$\alpha_1 \lessgtr 40 \ (\text{Volt}^{-1}). \tag{13, 08}$$

---

[1] D. h. in dem Zusammenhang zwischen U und i brauchen dann nur die linearen und quadratischen Glieder berücksichtigt zu werden.

Wir gehen nunmehr zur theoretischen Bestimmung von $\mathfrak{U}$ bzw. α_1 über, indem wir neben der in § 12 bestimmten Größe A_0 nun auch die Größe A_1 für verschiedene Sonderfälle ermitteln.

Nach (9, 11) ist:

$$A_1 = \int\limits_{p=p_R}^{p=1} \frac{1-p}{p^2}\, \frac{a_1(p)}{a_0^2(p)}\, dp\,. \qquad (9, 11)$$

Für $1 > p_R > p_3^*$ können die Hilfsfunktionen $a_0(p)$ und $a_1(p)$ den Gl. (10, 02) und (10, 04) entnommen werden. Dann ergibt sich

$$A_1 = \frac{1}{3\,\mathfrak{f}\,p_R}\left[1 - p_R \ln\frac{1}{p_R} + 2 p_R \ln 2 - 2 p_R \ln\left(1 + \sqrt{p_R}\right) - \frac{2\sqrt{p_R}^3}{1 + \sqrt{p_R}}\right]\,. \qquad (13, 09)$$

Für $p_R < p_3^*$ wird das Integral in (9, 11) genau analog wie bei der Berechnung von A_0 in einen Teil $\int\limits_{p_3^*}^{1} \ldots dp$ und in einen Teil $\int\limits_{p_R}^{p_3^*} \frac{1-p}{p^2} \ldots dp$ zerlegt. Der erste Anteil ist soeben bei Behandlung des Falles $1 > p_R > p_3^*$ ausgewertet worden und hat (13, 09) ergeben. Im zweiten Anteil kann im Zähler p neben 1 vernachlässigt werden (wegen $p_3^* \ll 1$), und im übrigen sind die Ausdrücke (10, 03) und (10, 07) für $a_0(p)$ und $a_1(p)$ einzusetzen. Die dann notwendige Integration hat das Ergebnis

$$\int\limits_{p=p_R}^{p=p_3^*} \frac{1}{p^2}\left[1 + \frac{p_3}{p} - \frac{\psi\left(\sqrt{\ln\left(1+\frac{p_3}{p}\right)}\right)}{\sqrt{\ln\left(1+\frac{p_3}{p}\right)}}\right] \frac{1}{\ln\left(1+\frac{p_3}{p}\right)}\, dp$$

$$= \frac{2}{p_3}\left[\psi^2\left(\sqrt{\ln\left(1+\frac{p_3}{p}\right)}\right) - \frac{1+\frac{p_3}{p}}{\sqrt{\ln\left(1+\frac{p_3}{p}\right)}}\, \psi\left(\sqrt{\ln\left(1+\frac{p_3}{p}\right)}\right)\right]_{p=p_R}^{p=p_3^*}$$

was durch Differenzieren nachgeprüft werden kann. Im ganzen ergibt sich in diesem p_R-Bereich $< p_3^*$:

$$A_1 \approx \frac{1}{\mathfrak{f}\,p_3}\left\{\psi\left(\sqrt{\ln\left(1+\frac{p_3}{p_R}\right)}\right)\left[\frac{1+\frac{p_3}{p_R}}{\sqrt{\ln\left(1+\frac{p_3}{p_R}\right)}} - \psi\left(\sqrt{\ln\left(1+\frac{p_3}{p_R}\right)}\right)\right] - 1\right\}\,. \qquad (13, 10)$$

Auf Grund von (12, 03) bzw. (12, 04) und (13, 09) bzw. (13, 10) kann (13, 04) bzw. (13, 07) ausgewertet werden. Das Ergebnis im Fall $p_3 = 10^{-6}$, $\mathfrak{f} = 1$ zeigt Bild 8.

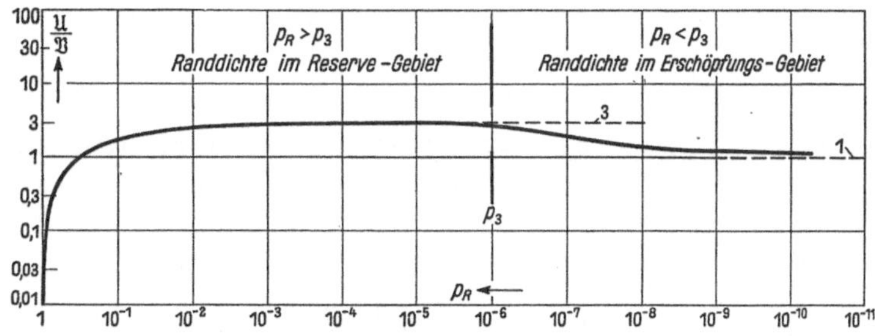

Bild 8. $\mathfrak{U}/\mathfrak{B}$ in Abhängigkeit von p_R bei $p_3 = 10^{-6}$.

Anknüpfend an die physikalischen Auseinandersetzungen zu Beginn des § 13 kann hiernach unter Benutzung der asymptotischen Gänge im Reserve- und Erschöpfungsgebiet zusammenfassend gesagt werden: die Abklingspannung des differentiellen Widerstandes in der Nähe des Kennlinien-Nullpunktes ist ohne Donatorenerschöpfung 3 $\mathfrak{B}$, bei starker Donatorenerschöpfung 1 $\mathfrak{B}$, im Einklang mit den Bedingungen (13,05) bzw. (13, 08).

D. Das Flußgebiet.

Die Behandlungsweise im Gebiet großer Flußströme, wo nach § 8 die Raumladungswirkungen nur als Korrekturgrößen auftreten, schließt sich aufs engste an die in Abschnitt C durchgeführte an; die folgenden §§ 14 bis 16 entsprechen den §§ 9, 11 und 12 von Abschnitt C.

§ 14. Die Näherungsmethode für das Gebiet der großen Flußströme.

Hier sind für γ große, und zwar bei Verwendung der Diff.-Gleichungen für Überschußhalbleiter, große positive Werte anzunehmen (siehe die Schlußbemerkungen am Ende dieses Paragraphen). Es muß also hier in (8,03) q nach Potenzen von $1/\gamma$ entwickelt werden; hierbei erweist sich der Ansatz

$$q = \gamma \, [c_0 + \gamma^{-2} c_1 + \gamma^{-4} c_2 + \cdots] \tag{14,01}$$

als zweckmäßig. Einsetzen in (8, 03) ergibt durch Nullsetzen der Koeffizienten der einzelnen Potenzen von γ für c_0, c_1, ... die Bestimmungsgleichungen

$$c_0\,(p) \cdot c_0'\,(p) + \frac{1}{p^2}\, c_0\,(p) \qquad\qquad\qquad = 0\,, \tag{14,02}$$

$$c_1\,(p) \cdot c_0'\,(p) + c_0\,(p) \cdot c_1'\,(p) + \frac{1}{p^2}\, c_1\,(p) + \frac{1}{p}\, f\,(p) = 0\,. \tag{14,03}$$

Als zugehörige Randbedingungen liefert der Ansatz (14, 01) in Verbindung mit der für q geltenden Randbedingung (8, 04)

$$c_0 = 0 \quad \text{für} \quad p = 1\,, \tag{14,04}$$

$$c_1 = 0 \quad \text{für} \quad p = 1\,. \tag{14,05}$$

Integration von (14,02), (14,03)... unter Berücksichtigung von (14,04), (14,05),... ergibt

$$c_0\,(p) = \frac{1-p}{p}\,, \tag{14,06}$$

$$c_1\,(p) = \int\limits_p^{p=1} \frac{1}{1-p}\, f\,(p)\, d\,p\,. \tag{14,07}$$

Die Funktionen $c_0(p)$, $c_1(p)$, ... sind also teils schon bekannt, teils auf Grund von Integrationen, die wir in § 15 durchführen werden, als bekannt anzusehen. Die Verwendung des Ansatzes (14, 01) in den bisherigen Endformeln (8, 05) und (8, 06) ergibt dann für die Konzentrationsverteilung in nullter Näherung

$$\xi\,(p,\,p_R) = \frac{1}{\gamma}\,\ln\frac{1-p_R}{1-p} \tag{14,08}$$

und für den Kennlinienverlauf in erster Näherung

$$\frac{U^{z)}}{\mathfrak{B}} = C_0 - C_1 \frac{1}{\gamma^2} \tag{14,09}$$

mit
$$C_0 = \ln\frac{1}{p_R} \qquad (14,10)$$

und
$$C_1 = \int_{p=p_R}^{p=1} \frac{c_1(p)}{1-p}\,dp. \qquad (14,11)$$

Oben war bemerkt worden, daß bei Überschußleitung im Flußgebiet für γ positive Werte anzunehmen sind. Nach den Bemerkungen von § 8 kompensieren sich nämlich dann bei starken Strömen in der Flußrichtung das Leitungsstromglied $+\frac{\gamma}{p^2}\cdot q$ und das Diffusionsstromglied $q\cdot\frac{dq}{dp}$ in (8, 03). Nun ist das logarithmische Konzentrationsgefälle $q = \frac{d\ln p}{d\xi}$ eine positive Größe, denn die Konzentration p steigt von den niedrigen Randverarmungswerten $p_R \ll 1$ auf den Wert $p = 1$ im neutralen Halbleiterinnern an. Das Leitungsstromglied $+\frac{\gamma}{p^2}\cdot q$ hat also dasselbe Vorzeichen wie γ. Das Diffusionsstromglied $q\cdot\frac{dq}{dp}$ ist dagegen negativ, denn das logarithmische Konzentrationsgefälle $q = \frac{d\ln p}{d\xi}$ ist am Rande des Halbleiters, also bei den niedrigen p-Werten, groß und fällt allmählich auf den Wert 0 ab, wenn man in den Halbleiter hinein zu Orten mit größeren p-Werten übergeht, so daß dq/dp negativ ist. Eine Kompensation des negativen Diffusionsstromgliedes $q\cdot\frac{dq}{dp}$ und des Leitungsstromgliedes $+\frac{\gamma}{p^2}\cdot q$ ist also nur bei positiven γ-Werten möglich.

Damit ist für Überschußelektronen $\gamma > 0$ als Flußrichtung ermittelt. Physikalisch besagt das, daß der Strom in Richtung der positiven x-Achse der Flußstrom ist, d. h. daß der Flußfall vorliegt, wenn die negativ geladenen Überschußelektronen in Richtung der negativen x-Achse, also aus dem Halbleiter in das Metall strömen[1]).

In § 8 war festgestellt worden, daß für einen Defekthalbleiter dieselben Ergebnisse wie für einen Überschußhalbleiter gelten, nur mit Vorzeichenumkehr von γ. Für einen Defekthalbleiter ist also $\gamma < 0$ die Flußrichtung, der Flußstrom fließt also in Richtung der negativen x-Achse; der Flußfall liegt vor, wenn die positiv geladenen Defektelektronen in Richtung der negativen x-Achse, also aus dem Halbleiter, in das Metall fließen[2]).

Sowohl beim Überschuß- wie beim Defekthalbleiter mit Verarmungsrandschicht liegt also der Flußfall vor, wenn die jeweils den Strom tragenden Teilchen aus dem Halbleiter in das Metall fließen, im Einklang mit der S. 384 der Grundlagen angegebenen, zum erstenmal 1935 von W. Schottky mitgeteilten[3]) Regel.

Zum Verlauf des Ortspotentials V bei großen Flußströmen, das sich bei gegebenem p- bzw. n-Verlauf nach (7, 03) exakt berechnen läßt, seien nur einige qualitative Bemerkungen gemacht. Für unendlich große γ wird nach dem Vorangehenden die Randschicht verschwindend dünn; da die Raumladungsdichte in der Randschicht durch den Höchstwert $f(p_R)$ nach (3, 01) stromunabhängig begrenzt ist, geht mit wachsendem γ der Absolutbetrag der ganzen in der Randschicht erhaltenen Raumladung gegen 0, die Feldstärke am Rande wird praktisch dieselbe wie im Halbleiterinnern, das Potential fällt also, bei Überschußhalbleitern, linear von der Verarmungselektrode I zum Halbleiterinnern ab. Für nicht unendlich große γ-Werte ist die Dicke der Verarmungsrandschicht und damit auch die in ihr enthaltene Raum-

---

[1]) Siehe „Grundlagen", S. 383.   [2]) „Grundlagen" S. 384.
[3]) W. Schottky: Z. techn. Phys. **16** (1935) S. 512.

3*

ladung endlich, und zwar bei Überschußhalbleitern positiv; die Potentialgerade krümmt sich an der Verarmungselektrode etwas nach unten ab. Bei noch kleineren γ-Werten kann die Abkrümmung so groß werden, daß innerhalb der Randschicht ein Potentialmaximum auftritt und das Potential dann nach der Elektrode zu wieder absinkt; für $\gamma = 0$ ist ja nach Abschnitt C das Potential am Rand um den Betrag $\mathfrak{B} \ln \dfrac{1}{p_R}$ niedriger als im Halbleiterinnern. All diese Überlegungen gelten, mit umgekehrtem Vorzeichen, auch für Defekthalbleiter.

Werden z. B. durch Lichteinwirkung außer der vorherrschenden Elektronenart in der Nähe der Elektrode I noch komplementäre Elektronen erzeugt, so bedeutet für diese das Nullfeld und ebenso der für $\gamma > 0$ etwa noch vorhandene Rest dieses Nullfeldes, eine Saugspannung, die die komplementäre Elektronenart nach der Elektrode I hinzieht. Man darf vielleicht annehmen, daß das bei Flußspannungen von einigen zehntel Volt beobachtete Verschwinden des spontanen Sperrschichtstromes, der immer eine Bewegung der komplementären Elektronenart auf die Verarmungselektrode zu zu bedeuten scheint, mit dem Verschwinden dieser Saugspannung in einem gewissen Zusammenhang steht.

§ 15. Die Verteilung der Elektronendichte bei großen Flußströmen.

In § 14 hatte sich

$$\xi(p) = \frac{1}{\gamma} \ln \frac{1 - p_R}{1 - p} \tag{14,08}$$

ergeben. Unter Hinweis auf die entsprechenden Ausführungen in § 11 schreiben wir

$$\xi(p, p_R) = \xi(p) - \xi(p_R) = \frac{1}{\gamma} \ln \frac{1}{1 - p} - \frac{1}{\gamma} \ln \frac{1}{1 - p_R} \tag{15,01}$$

und zeigen in Bild 9 den Verlauf von

$$\gamma \xi(p) = \ln \frac{1}{1 - p}. \tag{15,02}$$

Der asymptotische Verlauf $\gamma \xi(p) \approx p$ für kleine p-Werte ist mit eingezeichnet worden.

Daß hier kein Unterschied zwischen Erschöpfungs- und Reservegebiet gemacht zu werden braucht, hat folgende Ursache. Die Einteilung in Erschöpfungs- und Reservegebiet bezieht sich ja auf die in diesen Gebieten verschiedenartigen Zusammenhänge zwischen Raumladungsdichte und Elektronenkonzentration. Nun hat aber im Gebiet der großen Flußströme die Raumladung nur den Charakter einer Korrektur (siehe die Ausführungen in der Mitte von § 8). Da ξ in nullter Näherung be-

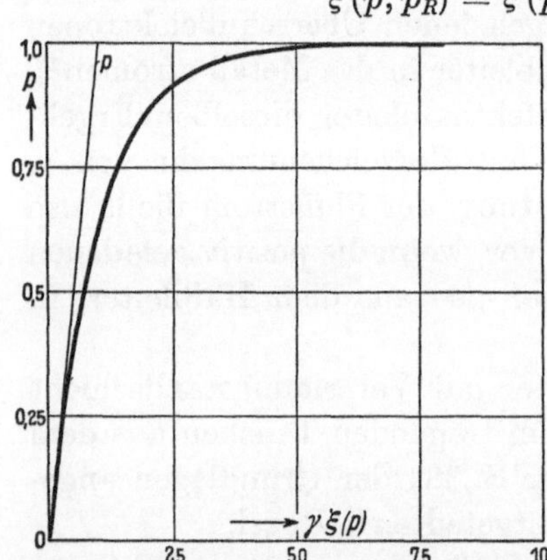

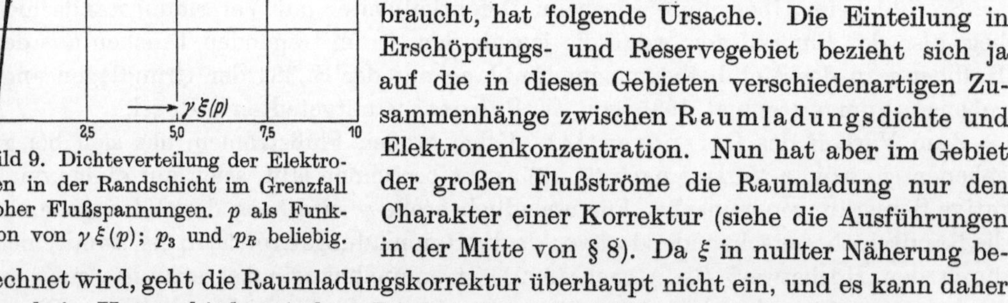

Bild 9. Dichteverteilung der Elektronen in der Randschicht im Grenzfall hoher Flußspannungen. p als Funktion von $\gamma \xi(p)$; p_3 und p_R beliebig.

rechnet wird, geht die Raumladungskorrektur überhaupt nicht ein, und es kann daher gar kein Unterschied zwischen Erschöpfungs- und Reservegebiet auftreten.

Wohl noch wichtiger als der durch Bild 6 dargestellte örtliche Verlauf von p innerhalb der Randschicht ist der aus (15, 02) folgende Zusammenhang zwischen den Abmessungen der Randschicht und der Stromdichte. Nach (15, 02) wird die reduzierte Entfernung ξ und damit auch die wahre Entfernung x einer Stelle, an der eine bestimmte Verarmungskonzentration p in der Randschicht herrscht, mit wachsendem γ bzw. i immer kleiner, und zwar bei großen Flußströmen reziprok zu i.

Die Verarmungsschicht zieht sich also bei größeren Flußströmen ($\gamma > 1$) reziprok zur Stromdichte immer mehr zusammen, die Randschicht schlechter Leitfähigkeit, die bei $i = 0$ vorhanden ist, wird mit zunehmendem Flußstrom immer mehr „zugeweht" [vgl. „Grundlagen", S. 382[1]) und 383].

§ 16. Kennlinienverlauf bei großen Flußströmen.

Nach § 14 hatte sich:

$$\frac{U^{(z)}}{\mathfrak{B}} = C_0 - C_1 \frac{1}{\gamma^2} \tag{14, 09}$$

mit

$$C_0 = \ln \frac{1}{p_R} \tag{14, 10}$$

und

$$C_1 = \int_{p=p_R}^{p=1} \frac{c_1(p)}{1-p} \, dp \tag{14, 11}$$

ergeben. Dabei war $c_1(p)$ eine Hilfsfunktion, die durch (14, 07) definiert war. Bei Benutzung des im Reserve- und Erschöpfungsgebiet geltenden Ausdrucks

$$f(p) = \mathfrak{f} \left[\frac{1}{p + p_3} - \frac{p}{1 + p_3} \right] \tag{3, 01}$$

ergibt (14, 07) für die Hilfsfunktion $c_1(p)$ den streng gültigen geschlossenen Ausdruck

$$c_1(p) = \frac{\mathfrak{f}}{1 + p_3} \left[\ln \frac{1 + p_3}{p + p_3} + 1 - p \right]. \tag{16, 01}$$

Verwendet man diesen zur Berechnung von C_1 gemäß der Gl. (14, 11), so ergibt sich

$$C_1 = \frac{\mathfrak{f}}{1 + p_3} \left\{ G\left(\frac{p_R + p_3}{1 + p_3} \right) + 1 - p_R \right\}, \tag{16, 02}$$

wobei

$$G(u_R) = \int_{u=u_R}^{u=1} \frac{1}{1-u} \cdot \ln \frac{1}{u} \cdot du \tag{16, 03}$$

eine transzendente Funktion eines mit u_R bezeichneten Argumentes ist, deren Verlauf Bild 10 zeigt. Er wurde durch Reihenentwicklung entweder des einen Faktors $\frac{1}{1-u}$ oder des anderen Faktors $\ln \frac{1}{u}$ um die Punkte $u = 0$ bzw. $u = 1$ herum gewonnen, wodurch man für $G(u_R)$ zwei Reihenentwicklungen in u_R bzw. $1 - u_R$ erhält, die beide im ganzen für u_R in Frage kommenden Intervall $0 < u_R < 1$ konvergieren — die eine besser für kleine u_R, die andere besser für $u_R \approx 1$. Das wesentliche Ergebnis besteht, wie Bild 10 zeigt, darin, daß die Funktion für Argumentwerte kleiner als 10^{-2} praktisch konstant gleich $\frac{\pi^2}{6} = 1{,}645$ ist, so daß C_1 nach (16, 02) für alle

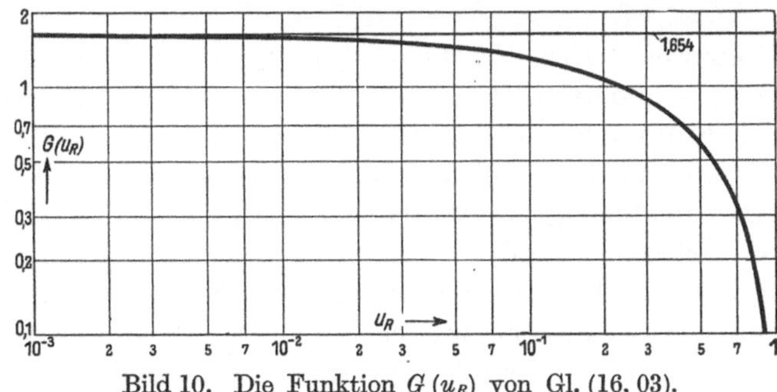

Bild 10. Die Funktion $G(u_R)$ von Gl. (16, 03).

---

[1]) Die dort in Bild 6b angegebene Raumladungsverteilung bezieht sich auf den imaginären Fall, der der gestrichelten Potentialkurve entspricht. Zu dem wahren Potentialverlauf (ausgezogene Kurve) würde eine noch etwas negative Flächenladung im Metall und eine (größere) positive Raumladung im Halbleiter, unmittelbar an der Metallgrenze, gehören.

praktisch in Frage kommenden Fälle

$$C_1 = \mathfrak{f}\left(1 + \frac{\pi^2}{6}\right) = 2{,}645\,\mathfrak{f} \tag{16,04}$$

wird. Der Fehler beträgt bei $p_R = 10^{-2}$ nur mehr 3 % und ist auch für $p_R = 10^{-1}$ erst 16,6 %. Der Kennlinienverlauf wird also im Bereich der großen Flußströme durch

$$\frac{U^{(z)}}{\mathfrak{B}} = \ln\frac{1}{p_R} - \frac{2{,}645\,\mathfrak{f}}{\gamma^2} \tag{16,05}$$

dargestellt. Dabei sind Unterschiede zwischen Fällen mit und ohne Donatorenerschöpfung praktisch nicht vorhanden; der Grund dafür ist der wiederholt erwähnte Korrekturcharakter der Raumladung im Bereich der großen Flußströme.

Die aus (16, 05) folgende Kennlinie im Gebiet der großen Flußströme ist in Bild 11 unter der Annahme $\mathfrak{f} = 1$ für den willkürlich gewählten Wert $\ln 1/p_R = 10$ dargestellt. Wie man sieht, nähert sich $\dfrac{U^{(z)}}{\mathfrak{B}}$ mit wachsendem γ asymptotisch einem

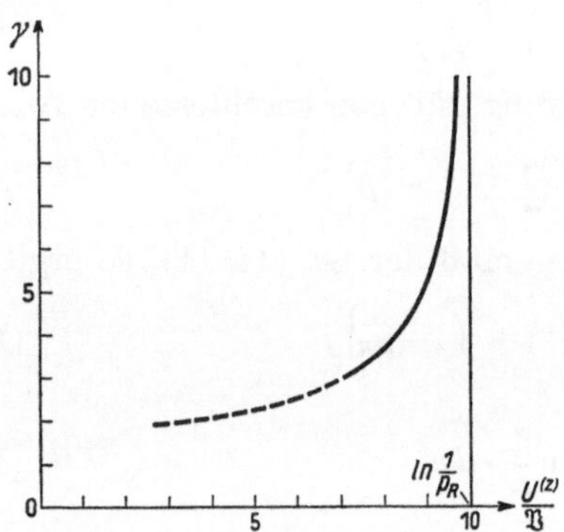

Bild 11. Verlauf der Randschicht-Kennlinie bei großen Flußströmen. $\mathfrak{f} = 1$, $\ln\dfrac{1}{p_R} = 10$.

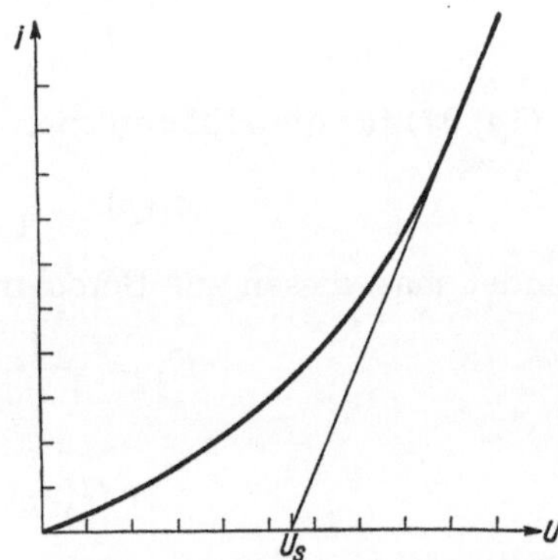

Bild 12. Ermittelung der Schleusenspannung aus einer gegebenen Flußkennlinie.

Grenzwert. Dies Ergebnis ist physikalisch recht interessant. Es zeigt, daß trotz der geschilderten Zusammenziehung der Randschicht bis auf 0 mit wachsendem γ der Einfluß dieser Randschicht auf die zum Durchleiten eines Stromes benötigte Klemmenspannung nicht verschwindet, sondern daß hierfür ein im Grenzfall allerdings von γ unabhängiger, zusätzlicher Spannungsabfall — im folgenden mit U_S bezeichnet — verbraucht wird, der zu dem Ohmschen Spannungsabfall $U^{(b)}$ des Bahnwiderstandes im Halbleiter hinzukommt. Für die empirischen Kennlinien, die ja stets den Bahnwiderstand mit enthalten, würde das bedeuten, daß die bei hohen Flußströmen an die Kennlinie gelegten Tangenten in die U-Achse von gewissen Stromwerten an stets bei derselben Spannung U_S einschneiden; die Konstruktion ist in Bild 12 angedeutet. Die auf diese Weise ermittelte Spannung, die analytisch ausgedrückt wird durch:

$$\lim_{i \to \infty}\left(U - i\,\frac{dU}{di}\right) = U_S \tag{16,06}$$

sei im folgenden als (wahre) „Schleusenspannung" bezeichnet; die Bezeichnung weist darauf hin, daß erst nach Überwindung einer Vorspannung von der Größe U_S die Schleusen für den Stromdurchgang durch den Halbleiter voll geöffnet sind.

Für endliche i oder γ würde die in Bild 11 dargestellte Konstruktion eine „scheinbare" Schleusenspannung U_s vom Betrage

$$U_s = U - i\,\frac{dU}{di} = U^{(z)} - i\,\frac{dU^{(z)}}{di} = U^{(z)} - \gamma\,\frac{dU^{(z)}}{d\gamma} \qquad (16,07)$$

liefern. (Für die Bahnspannung $U^{(b)}$ heben sich die beiden Glieder der rechten Seite auf.)

Wendet man nun die Ausdrücke (16, 06) und (16, 07) auf die theoretische Kennlinienbeziehung (16, 05) an, so erhält man, mit $\gamma = i/i_0$:

$$U_S = \mathfrak{B}\ln 1/p_R \qquad (16,08)$$

$$U_s = \mathfrak{B}\ln\frac{1}{p_R} - \mathfrak{B}\,\frac{3\cdot 2{,}645\,\mathfrak{f}\,i_0^2}{i^2}. \qquad (16,09)$$

Das Glied $\mathfrak{B}\ln 1/p_R$ auf der rechten Seite von (16, 08) ist nach (7, 03) identisch mit der zwischen dem **Halbleiterinnern und dem Rand herrschenden Diffusionsspannung**, die, falls Feldemissionseffekte bei der Spannung 0 und im Flußgebiet keine Rolle mehr spielen, zugleich identisch ist mit dem im stromlosen Zustand zwischen dem Innern des Halbleiters und der Randebene herrschenden Potentialdifferenz.

„**Die (wahre) Schleusenspannung eines Randschichtgleichrichters ist gleich der zwischen dem Innern des Halbleiters und dem Rand sich ausbildenden Diffusionsspannung.**"

Die empirische Ermittlung der Schleusenspannung ist hiernach von großem Interesse, und zwar deshalb, weil sie eine direkte Bestimmung der relativen Randverarmung p_R ermöglicht. Allerdings liefert die Konstruktion Bild 12, wie wir sahen, den wahren Wert von U_S nur für „unendlich große" Flußströme. In Wirklichkeit wird man U_s für verschiedene (große) Werte von i bzw. γ bestimmen müssen und hieraus auf U_S zu extrapolieren haben. Auch für diesen Extrapolationsvorgang liefert jedoch die Theorie noch eine Aussage, die in (16, 09) enthalten ist. Man hat hiernach $1/i^2$ als Abszisse, U_s als Ordinate aufzutragen und erhält dann für hinreichend große i ($\gamma \gtrsim 3$), wo die Näherung (16, 05) noch zutrifft, einen linearen Gang von U_s mit $1/i^2$ bzw. $1/\gamma^2$, wobei der auf $1/i^2 = 0$ linear extrapolierte U_s-Wert gleich der wahren Schleusenspannung U_S zu setzen ist.

Auf die empirische Prüfung dieser Beziehung kommen wir in Abschnitt F zurück.

E. Das Sperrgebiet. Die Gesamtkennlinien.

Im Gebiet hoher Sperrspannungen spielen nach den Ausführungen in § 8 die Diffusionsvorgänge nur eine geringe Rolle. Die Behandlung unter völliger Vernachlässigung der Diffusionsvorgänge ist durch die Gl. (8, 08) und (8, 09) bereits vorgeschrieben; in diesem Abschnitt soll die entsprechende Durchrechnung für die verschiedenen $f(p)$-Bereiche ausgeführt und überdies noch eine genauere Lösung der Differentialgleichungen angegeben werden, die die Diffusionsvorgänge auch im Sperrgebiet noch in erster Näherung berücksichtigt. In der Kennlinienbeziehung liefert diese Näherung nicht, wie im Flußgebiet, eine mit $-\dfrac{1}{\gamma^2}$ proportionale, sondern eine von γ unabhängige Zusatzspannung, die jedoch im allgemeinen nur von der Größenordnung der Temperaturspannung $\mathfrak{B}$ ist. Das Hauptgewicht liegt also in diesem Abschnitt auf der nullten Näherung, die sich auf den Beziehungen (8, 08) und (8, 09) aufbaut. Formal ist die Einteilung dieselbe wie in Abschnitt D; § 17 liefert die allgemeinen Näherungsformeln, § 18 die Dichteverteilung in der Randschicht und § 19 den Kennlinienverlauf im Sperrgebiet. In § 20 werden dann die Rechnungen der Abschnitte C, D und E benutzt, um für einige Spezialfälle die theoretischen Gesamtkennlinien von Randschichtgleichrichtern intrapolatorisch zu ermitteln.

§ 17. Die Näherungsmethode für die Sperrichtung.

Der Ansatz für q in Funktion von γ ist ähnlich wie in § 14; der wesentliche Unterschied ist jedoch der, daß jetzt (bei Überschußhalbleitern) für γ (große) negative Werte in Frage kommen. Es zeigt sich, daß man dann mit dem Ansatz (14, 01) keine Näherungslösung gewinnt, sondern vielmehr setzen muß:

$$q(p) = \gamma^{-1}[b_0 + \gamma^{-2} b_1 + \gamma^{-4} b_2 + \cdots].$$
(17, 01)

Führt man diese Beziehung in (8, 03) ein, so ergeben sich für die b-Koeffizienten die Bestimmungsgleichungen:

$$\frac{1}{p^2} b_0(p) + \frac{1}{p} f(p) = 0,$$
(17, 02)

$$b_0(p) b_0'(p) + \frac{1}{p^2} b_1(p) = 0,$$
(17, 03)

$$\vdots$$

oder

$$b_0(p) = -p f(p),$$
(17, 04)

$$b_1(p) = -p^2 b_0(p) b_0'(p).$$
(17, 05)

$$\vdots$$

Für die Konzentrationsverteilung hatte sich in § 8 in nullter Näherung ergeben:

$$\xi(p, p_R) = |\gamma| \int\limits_{p = p_R}^{p} \frac{dp}{p^2 \cdot f(p)};$$
(8, 08)

für den Kennlinienverlauf folgt, über (8, 09) hinausgehend, durch Kombination von (17, 01) mit (8, 06) in erster Näherung

$$\frac{U^{(z)}}{\mathfrak{B}} = -B_0 \gamma^2 - B_1$$
(17, 06)

mit

$$B_0 = \int\limits_{p = p_R}^{p = 1} \frac{1 - p}{p^3} \frac{1}{f(p)} \, dp$$
(17, 07)

und

$$B_1 = 1 - p_R + \ln p_R - \int\limits_{p = p_R}^{p = 1} (1 - p) \frac{f'(p)}{f(p)} \, dp.$$
(17, 08)

Für sehr große $|\gamma|$ ist hier B_1 neben $B_0 \gamma^2$ zu vernachlässigen, (17, 06) wird unter Berücksichtigung von (1, 07) identisch mit (8, 09).

§ 18. Die Verteilung der Elektronendichte bei hohen Sperrspannungen.

Mit der im Erschöpfungs- und Reservegebiet gültigen Gleichung

$$f(p) = \mathfrak{f} \left[\frac{1}{p + p_3} - \frac{p}{1 + p_3} \right]$$
(3, 01)

ergibt sich aus (8, 08)

$$\frac{1}{|\gamma|}\,\xi(p, p_R) = \frac{1+p_3}{\mathfrak{f}}\left\{\frac{1+p_3+p_3^2}{(1+p_3)^2}\ln p - \frac{p_3}{1+p_3}\,\frac{1}{p} - \frac{1+p_3}{2+p_3}\ln(1-p)\right. \\ \left. + \left[\frac{p_3}{(1+p_3)^2} - \frac{1}{2+p_3}\right]\ln(1+p_3+p)\right\}_{p=p_R}^{p}. \qquad (18,01)^{1)}$$

Unter Berufung auf das analoge Vorgehen am Anfang von § 11 tragen wir in Bild 13

$$\frac{1}{|\gamma|}\,\xi(p) = \frac{1}{\mathfrak{f}}\left\{\frac{1+p_3+p_3^2}{1+p_3}\ln p - \frac{p_3}{p} - \frac{(1+p_3)^2}{2+p_3}\ln(1-p)\right. \\ \left. - \frac{1}{(1+p_3)(2+p_3)}\ln(1+p_3+p)\right\} \qquad (18,02)$$

auf. Die asymptotischen Gänge $\dfrac{1}{\mathfrak{f}}\left(\dfrac{1+p_3+p_3^2}{1+p_3}\right)\ln p \approx \dfrac{1}{\mathfrak{f}}\ln p$ im Reservegebiet und $-\dfrac{1}{\mathfrak{f}}\dfrac{p_3}{p}$ im Erschöpfungsgebiet sind mit eingezeichnet. Im Erschöpfungsgebiet ver-

langsamt sich der Konzentrations-
abfall außerordentlich stark. Es
konnte deshalb in Bild 13 nur der
allererste Anfang dieses Gebietes gezeichnet werden. Auch der Übergang vom Reserve- zum Erschöpfungsgebiet zieht sich sehr weit auseinander, so daß sich in Bild 13 die
ξ-Kurve ihrem für das Erschöpfungsgebiet charakteristischen asymptoti-
schen Gang $-\dfrac{1}{\mathfrak{f}}\dfrac{p_3}{p}$ noch nicht sehr
dicht genähert hat.

Im übrigen wird der ganze ξ-Ver-
lauf mit Ausnahme des Abbiegens bei
den „großen" p-Werten zwischen 0,1
und 1 praktisch völlig exakt durch

$$\xi(p) \approx \frac{1}{\mathfrak{f}}\left\{\ln p - \frac{p_3}{p}\right\} \quad (18,03)$$

dargestellt.

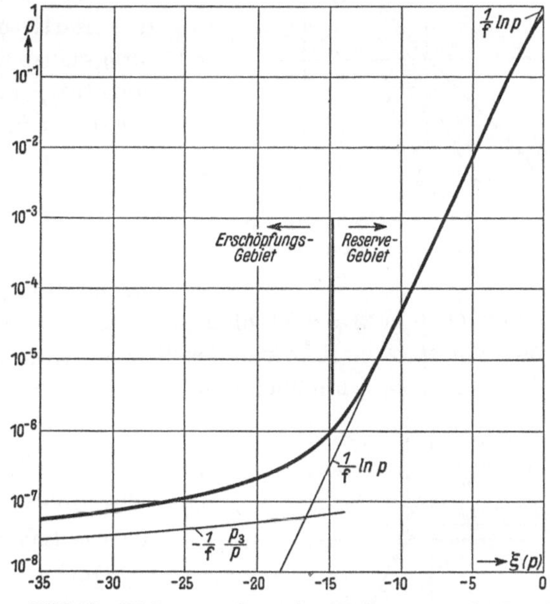

Bild 13. Dichteverteilung der Elektronen in der Randschicht im Grenzfall hoher Sperrspannungen. $p_3 = 10^{-6}$.

§ 19. Der Kennlinienverlauf bei hohen Sperrspannungen.

Die Durchführung der Integrationen für die in (17, 06) auftretenden Koeffizienten B_0 und B_1 nach (17, 07) und (17, 08) bereitet keinerlei Schwierigkeiten, es handelt sich nur um rationale Integranden. Man erhält

$$B_0 = \frac{1}{\mathfrak{f}}\left[\frac{1}{1+p_3}\left(\frac{1}{p_R}-1\right) + \frac{1}{2}\,p_3\left(\frac{1}{p_R^2}-1\right) + \frac{1}{(1+p_3)^2}\cdot\ln\left(\frac{2+p_3}{1+\frac{1+p_3}{p_R}}\right)\right] \qquad (19,01)$$

und

$$B_1 = \left\{\begin{array}{l}2(1-p_R) - (2+p_3)\ln\dfrac{2+p_3}{1+p_R+p_3} - (1+p_3)\ln\left(1+\dfrac{p_3}{p_R}\right)\\[2mm] - p_3\ln p_R + (1+p_3)\ln(1+p_3).\end{array}\right\} \qquad (19,02)$$

$B_0(p_R)$ und $B_1(p_R)$ sind in den Bildern 14 und 15 für den Fall $p_3 = 10^{-6}$, $\mathfrak{f} = 1$ dargestellt.

$^{1)}$ Das Symbol $\{\ \}_{p=p_R}^{p}$ bedeutet: $\{\ \}_p - \{\ \}_{p=p_R}$.

Man sieht, daß der für den Sperrwiderstand wesentlich maßgebende B_0-Koeffizient mit abnehmendem p_R sehr stark ansteigt, und zwar solange sich p_R noch oberhalb p_3 hält (Reservegebiet), proportional mit $1/p_R$, für $p_R < p_3$ jedoch quadratisch mit $1/p_R$, im Zusammenhang mit der Tatsache, daß nach (18, 03) und Bild 13 für derartig kleine p_R-Werte auch die Dicke der Randschicht proportional mit $1/p_R$ anwächst.

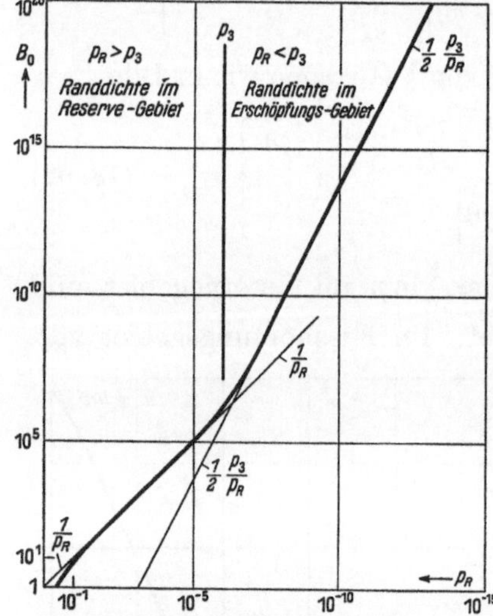

Bild 14. Die „Parabelkonstante" B_0 des Sperrgebiets in Abhängigkeit von p_R. $(p_3 = 10^{-6},\ \mathfrak{f} = 1)$ [2].

über $2(1 - \ln 2) \approx 0{,}62$ hinaus, so daß die Spannungsverlagerung nach der Sperrseite nur etwa zwei Drittel des Temperaturäquivalentes betragen kann. Für $p_R < p_3$ nähert sich B_1 schließlich dem Wert $-\{\ln p_3/p_R - 0{,}614\}$, die Spannungsabweichung in der Flußrichtung kann also den Betrag $\mathfrak{V}(\ln p_3/p_R - 0{,}614)$ erreichen, der allerdings seinem Betrage nach immer noch um $\mathfrak{V}\left(\ln\frac{1}{p_2} + 0{,}614\right)$ kleiner ist als die Schleusenspannung $U_S = \mathfrak{V} \ln 1/p_R$.

Der von B_0 abhängige Teil der Sperrspannung hat, wie der Wert von p_R auch sein mag, den in Bild 5 wiedergegebenen parabolischen Gang mit der Stromdichte. B_0 ist deshalb in Bild 14 als „Parabelkonstante" des Sperrgebietes bezeichnet. Demgegenüber bedeutet das B_1-Glied nur eine Verlagerung des Nullpunktes dieser Parabel auf der Spannungsachse (B_1 „Verlagerungskonstante" des Sperrgebietes); da nach Bild 15 B_1 sowohl positiv wie negativ sein kann, geht die Parabel entweder bei einer kleinen Sperrspannung oder bei einer kleinen Flußspannung durch die Spannungsachse[1]). Positive B_1-Werte werden, wie Gl. (19, 02) und Bild 15 zeigen, nur für $p_R > p_3$, also ohne Randerschöpfung, erreicht, und ihr Betrag geht nicht

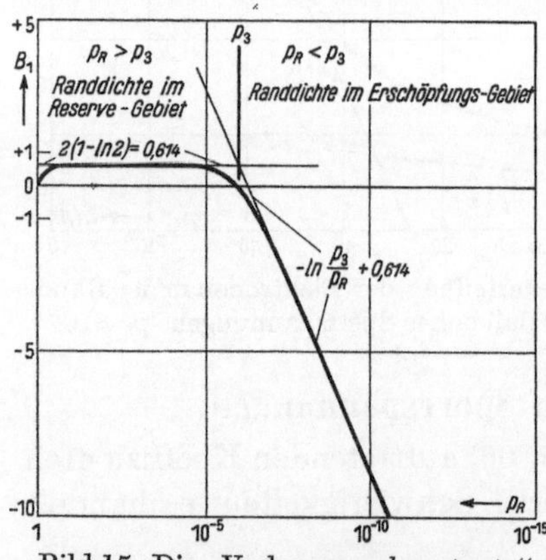

Bild 15. Die „Verlagerungskonstante" B_1 des Sperrgebiets in Abhängigkeit von p_R. $(p_3 = 10^{-6},\ \mathfrak{f}$ beliebig.)

Die beiden Fälle $B_1 \gtrless 0$ werden an dem Beispiel vollständiger Kennlinien von § 20 in Erscheinung treten; zur experimentellen Prüfung ist jedoch, wie zur ganzen Prüfung der für die Sperrichtung durchgeführten Rechnungen, darauf hinzuweisen, daß bei größeren Sperrspannungen in Wirklichkeit Feldemissionseffekte auftreten, die den Verlauf gegenüber dem hier betrachteten Idealfall wesentlich abändern.

§ 20. Beispiele für die Ermittlung der Gesamtkennlinie.

Zur Vervollständigung des durch die Berechnungen der Abschnitte C bis E gewonnenen Bildes sollen zum Schluß einige $(U^{(z)}/\mathfrak{V};\ \gamma)$-Beziehungen in den

---

[1]) Dieser Ansatz ist natürlich, was seine Ausdehnung auf $\gamma \approx 0$ betrifft, eher noch schlechter als die durch Bild 5 dargestellte nullte Näherung. Für große Sperrspannungen ist er unter den Voraussetzungen der Theorie besser als der Ansatz mit der Nullpunktsparabel. Vgl. auch die Schlußbemerkung dieses Paragraphen.

[2]) Rechts oben in Bild 14 muß es $\dfrac{1}{2}\dfrac{p_3}{p_R^2}$ heißen.

der Rechnung zugänglichen Teilbereichen für bestimmte Werte der relativen Konstanten p_R, p_3 und f wirklich durchgerechnet und die gewonnenen Teilergebnisse zu einer Gesamtkennlinie aneinandergefügt werden.

In den behandelten Fällen wird durchweg f = 1 angenommen, was nach Abschnitt F anscheinend insbesondere für die Cu_2O-Gleichrichter zutrifft. Über p_R und p_3 werden folgende Annahmen gemacht (Tabelle 1):

Tabelle 1.

	p_3	p_R
1. Fall:	$\ll 10^{-3}$	10^{-3}
2. Fall:	$\ll 10^{-9}$	10^{-9}
3. Fall:	10^{-6}	10^{-9}

Der erste Fall entspricht also einer mäßigen Randverarmung, bei der noch keine Donatorenerschöpfung auftreten soll, der zweite Fall bedeutet sehr starke Randverarmung ohne Donatorenerschöpfung, der dritte Fall endlich sehr starke Randverarmung, bei der jedoch von einer mittleren Verarmung an Donatorenerschöpfung eintritt.

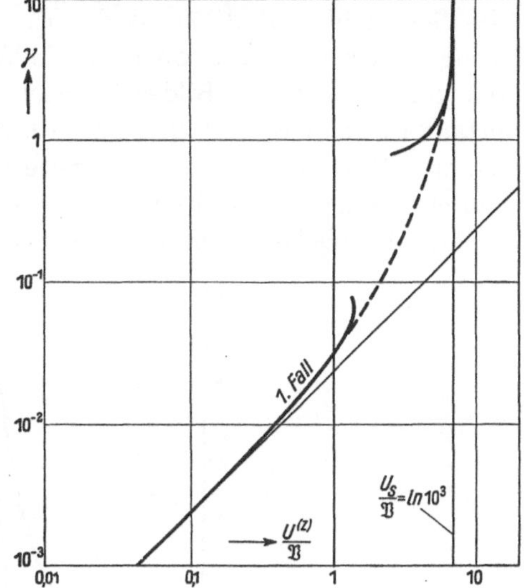

Bild 16. Theoretische Kennlinie im Flußgebiet, doppelt logarithmisch. 1. Fall. $p_R = 10^{-3}$, $p_3 \ll 10^{-3}$, f = 1.

Für die Darstellung erweist sich bei den angenommenen, um mehrere Zehnerpotenzen von 1 verschiedenen Werten der relativen Konstanten eine doppelt logarithmische Darstellung als unumgänglich. Nur für den ersten Fall ist zur Orientierung auch eine lineare Kennliniendarstellung (Bild 18) beigefügt.

1. Fall: $p_R = 10^{-6}$, $p_3 \ll p_R$, keine Donatorenerschöpfung.

Für das Flußgebiet (Bild 16) ist für $\gamma \gtrless 1$ im oberen Teil der Kurve das Ergebnis der Näherungsbeziehung (16, 05) als stark ausgezogener Linienzug dargestellt; die reduzierte Schleusenspannung $U_S/\mathfrak{B}$ hat nach (14, 10) den Wert $\ln 1/p_R = \ln 10^3$, die C_1-Konstante ist 2,645. Für $\gamma \approx 10$ ist, wie man sieht, der Grenzwert $\ln 10^3 = 6,9$, der der reduzierten Schleusenspannung $U_S/\mathfrak{B}$ entspricht, praktisch bereits erreicht.

Die untere stark ausgezogene Kurve von Bild 16 stellt die Nähe-

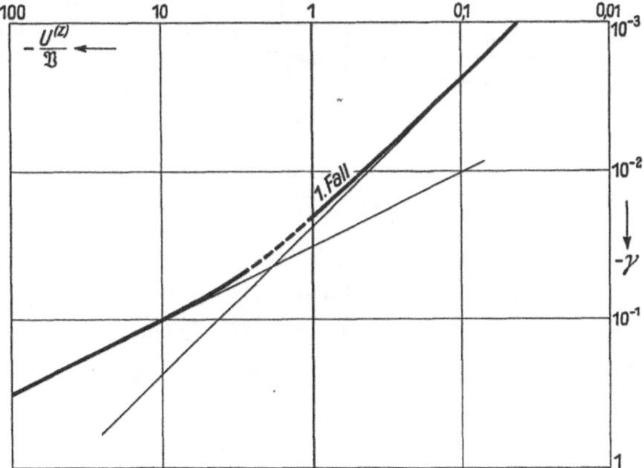

Bild 17. Theoretische Kennlinie im Sperrgebiet, doppelt logarithmisch. 1. Fall. $p_R = 10^{-3}$, $p_3 \ll 10^{-3}$.

rung (9, 09) in der Umgebung des Nullzustandes dar, wobei $A_0 = r_0^{(z)}$ aus (12, 03) bzw. Bild 7 ermittelt ist, während für A_1 der Reservegebietswert (Bild 8) einzusetzen ist, der einer Abklingspannung $\mathfrak{U} = 3\,\mathfrak{B}$ entspricht. Die schwach gezeichnete Asymptotengerade entspricht dem Nullwiderstand $r_0^{(z)}$, Gl. (12, 03).

Von den Näherungsrechnungen nicht erfaßt wird das Gebiet zwischen $\gamma \approx 10^{-1}$ und $\gamma \approx 1$. Man erkennt aber, daß man ohne allzu große Unsicherheit in diesem Gebiet graphisch interpolieren kann (gestrichelte Kurve).

Im Sperrgebiet (Bild 17) ist das Einlaufen der Nullnäherung (9, 09) in die Nullwiderstandsgerade rechts oben im Bilde erkennbar. Die ausgezogene Kurve im linken unteren Teil des Bildes ist nach der Sperrgebietsnäherung (17, 06) mit den Konstantenwerten B_0 und B_1 nach (19, 01) und (19, 02) berechnet; die Verlagerungskonstante B_1 hat hier ihren Reservewert $+ 0,614$ (Bild 15). Die Asymptotengerade des unteren Kurventeils entspricht der rein parabolischen Näherungsbeziehung (8, 09) mit einer Parabelkonstanten $B_0 = 993 \approx 1/p_R$ (Bild 14, Reservegebiet). In dem

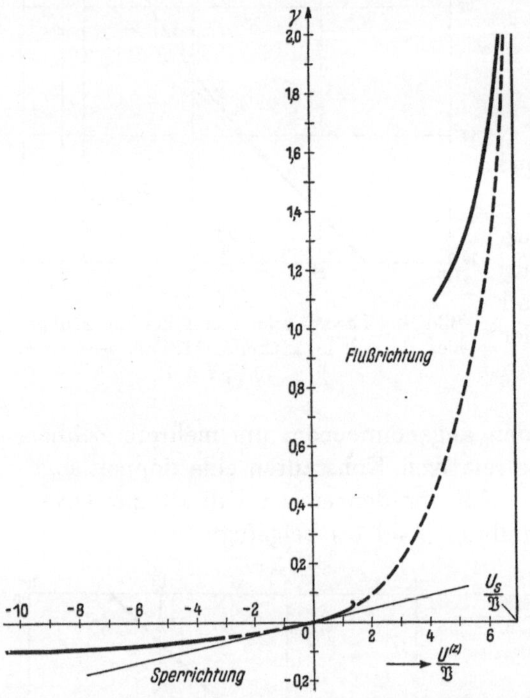

Bild 18. Theoretische Gesamtkennlinie in linearer Darstellung. 1. Fall. $p_R = 10^{-3}$, $p_3 \ll 10^{-3}$, $\mathfrak{f} = 1$.

gestrichelten Zwischengebiet weichen die von der Nullseite und Sperrseite extrapolierten Kurven so wenig voneinander ab, daß ihr Unterschied in dem gewählten Zeichenmaßstab nicht dargestellt werden konnte; die gestrichelt angedeutete Interpolationskurve ist also hier auf Prozente genau.

In der linearen Kennliniendarstellung (Bild 18) konnte das Einlaufen der ersten Flußnäherung in die Schleusenspannungsgerade nicht mehr gezeigt werden. So ist das Flußgebiet wesentlich von dem interpolierten Teil der Flußkurve ausgefüllt. In der Sperrrichtung ist die Kurve bis $U^{(z)}/\mathfrak{V} = -10$, also für Zimmertemperatur, bis $U^{(z)} \approx U \approx -0,25 \text{ V}$ dargestellt. γ hat hier erst den Wert $0,1$ erreicht. Da bei zahlreichen Flächen- und Spitzengleichrichtern die auf Feldemission deutende Wiederabnahme des Widerstandes in der Sperrrichtung erst bei etwa $0,5 \text{ V}$ Sperrspannung und mehr einsetzt, kommt dem hier gezeichneten Gebiet der Sperrrichtung, in dem der differentielle Widerstand noch dauernd ansteigt, eine reale Bedeutung zu (vgl. auch Abschnitt F). In der Flußrichtung geht die Kurve etwa bei $U^{(z)}/\mathfrak{V} \approx 5,8$, also bei 85% der Schleusenspannung, durch 1 hindurch.

2. Fall: $p_R = 10^{-9}$, $p_3 \ll p_R$.

3. Fall: $p_R = 10^{-9}$, $p_3 = 10^{-6} \gg p_R$.

Diese Fälle sollen, bei starker Randverarmung p_R, den Einfluß einer Donatorenerschöpfung auf den Kennlinienverlauf demonstrieren. Sowohl im Flußgebiet (Bild 19) wie im Sperrgebiet (Bild 20) liegen die Absolutwerte der γ ohne Donatorenerschöpfung (2. Fall) wesentlich höher als die Werte mit Donatorenerschöpfung (3. Fall), und zwar bei großen Sperrspannungen etwa um 1,3 Zehnerpotenzen, in der Nähe des Nullpunktes um 0,8 Zehnerpotenzen; erst in der Näherung großer Flußströme verschwindet der Unterschied.

Im übrigen sind die Bilder 19 und 20 ebenso zu lesen wie die Bilder 16 und 17. Im Flußgebiet ist, entsprechend dem höheren Wert $\ln 1/p_R$ der reduzierten Schleusenspannung, das interpolatorisch zu überbrückende Intervall zwischen der Nullnäherung (9, 09) und der Flußnäherung (16, 05) noch erheblich größer als in Bild 16. Das Abbiegen der quadratischen Nullnäherung (9, 09) von der Widerstandsgeraden erfolgt, wie man aus dem Verlauf der ausgezogenen Kurve links unten erkennt, bei Donatorenerschöpfung (3. Fall) schon bei einer dreifach kleineren Spannung $U^{(z)}/\mathfrak{B}$ als im Reservefall (2. Fall); das hängt damit zusammen, daß die Abklingspannung $\mathfrak{U}$ nach § 13 bei Erschöpfung dreimal kleiner ist als bei noch vorhandener Donatorenreserve.

In der Sperrichtung (Bild 20) hat der 2. Fall, ohne Donatorenerschöpfung, einen ganz ähnlichen Charakter wie der 1. Fall (Bild 17); nur die Absolutwerte der γ sind drei Zehnerpotenzen (d. h. im Verhältnis $\sqrt{p_R}$) kleiner.

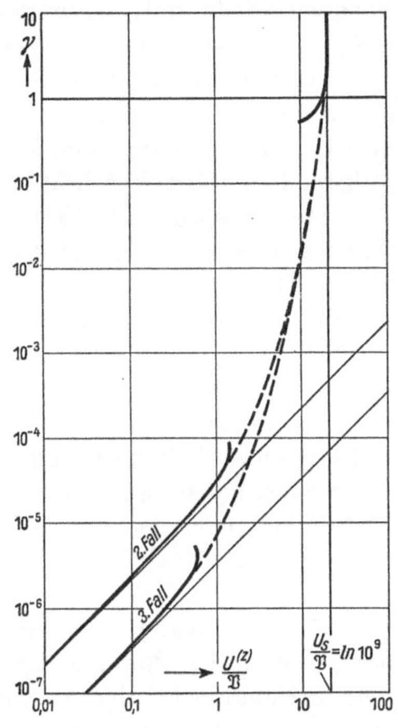

Bild 19. Theoretische Kennlinien im Flußgebiet, doppelt logarithmisch ($\mathfrak{f} = 1$).
2. Fall. $p_R = 10^{-9}$, $p_3 \ll 10^{-9}$.
3. Fall. $p_R = 10^{-9}$, $p_3 = 10^{-6} \gg p_R$.

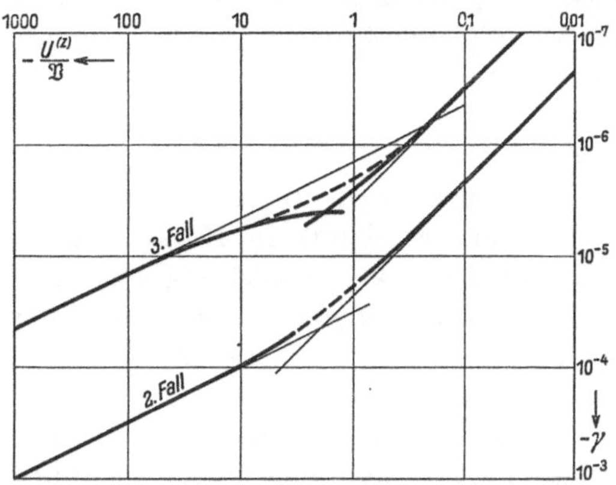

Bild 20. Theoretische Kennlinien im Sperrgebiet, doppelt logarithmisch ($\mathfrak{f} = 1$).
2. Fall. $p_R = 10^{-9}$, $p_3 \ll 10^{-9}$.
3. Fall. $p_R = 10^{-9}$, $p_3 = 10^{-6} \gg p_R$.

Dagegen tritt im 3. Fall, mit Donatorenerschöpfung, in der Näherung großer Sperrströme, insofern ein neuer Typus zutage, als hier die erste Näherung gegenüber der Parabelnäherung (linke Asymptotengerade) nach unten statt nach oben abgekrümmt ist, und zwar absolut genommen, bedeutend stärker als im Reservefall. Das hängt mit der in § 19 diskutierten und durch Bild 15 dargestellten Vorzeichenumkehr der Verlagerungskonstanten B_1 zusammen sowie mit deren höherem Absolutwert. Die Interpolation zwischen der Nullnäherung und der Sperrnäherung ist hier also nicht ganz so sicher wie im Reservefall.

F. Zur experimentellen Prüfung der Theorie.

§ 21. Prüfungsmöglichkeiten auf Grund der beobachteten Kennlinien.

Betrachtet man die ermittelten Annäherungsgesetze (9, 09), (17, 06) und (14, 09) für die Kennlinie nebst den dazugehörigen Bestimmungen der Konstanten $A_0 \ldots C_1$ als den eigentlichen Inhalt und Inbegriff der quantitativen Theorie, so sind zwei

Arten der Prüfung möglich. Entweder kann man sich die Kenntnis der Konstanten, die alle auf die Bestimmung der drei Größen $i_0^2 \mathfrak{f}$, p_R, p_3 zurückgeführt werden können[1]), durch besondere, von der Theorie unabhängige Messungen zu verschaffen suchen und auf diese Weise eine gewissermaßen absolute Prüfung der Theorie durchführen. Oder man kann auf eine Fremdbestimmung der Konstanten verzichten und ihre Werte im Rahmen der Theorie so wählen, daß sie die Beobachtungen möglichst gut wiedergeben. Dann ist nur noch eine relative Prüfung der Theorie möglich; einerseits kann man untersuchen, ob sich überhaupt eine Wahl der Konstanten $A_0 \ldots C_1$ treffen läßt, die die Beobachtungen hinreichend wiedergibt, andererseits sind aber nach der Theorie von den sechs Konstanten $A_0 \ldots C_1$ oder den entsprechenden unreduzierten Konstanten $\alpha_0 \ldots \zeta_1$ (Tabelle 2) nur drei voneinander unabhängig, so daß sich die relative Prüfung der Theorie überdies auf die Nachprüfung der durch die Rechnung ermittelten Beziehungen zwischen diesen Konstanten erstrecken kann.

Im Rahmen der vorliegenden Arbeit ist im allgemeinen eine Beschränkung auf diese relative Art der Prüfung notwendig. Zu einer unabhängigen Bestimmung der Konstanten p_R, p_3, i_0 und $\mathfrak{f}$ wären teils Messungen am massiven Material [zur Bestimmung der in i_0 enthaltenen Konstanten ε, b und $\varkappa_H$, Gl. (5, 09)] heranzuziehen, teils Kennlinienmessungen an sehr dünnen Schichten (zur Bestimmung von n_R bzw. $\varkappa_R$ und damit p_R, vgl. eine spätere Veröffentlichung), ferner Messungen von Temperaturgängen der Massiv- und Randleitfähigkeit (weitere Möglichkeit zur Bestimmung von $\varkappa_R$ sowie Bestimmung von p_3 und $\mathfrak{f}$), endlich Kapazitätsmessungen an Flächengleichrichtern (Bestimmung gewisser charakteristischer Schichtdicken der Randschicht und damit, im Zusammenhang mit Widerstandsmessungen, getrennte Bestimmung von $\varkappa_R$, unabhängig von $\mathfrak{f}$). All dies ist zur Zeit noch nicht in befriedigender Weise möglich; teils sind die entsprechenden Messungen noch nicht durchgeführt, teils ist die Theorie dieser Messungen noch nicht exakt bekannt (insbesondere für die Kapazitätsmessungen). Die an sich leichteste Aufgabe, nämlich die Bestimmung von i_0 aus $\varkappa_H$ — da die Diel.-Konstante ε und die Beweglichkeit b wenigstens größenordnungsmäßig bekannt sind — scheitert gerade bei den Flächengleichrichtern an der Existenz einer „chemischen Sperrschicht"; wenn man, z. B. durch Messungen bei hohen Flußströmen, die mittlere Eigenleitfähigkeit $\overline{\varkappa}_H$ der ganzen Halbleiterschicht feststellt, braucht diese keineswegs mit der in der Theorie maßgebenden Eigenleitfähigkeit $\varkappa_H$ in der Nähe der Sperrelektrode identisch zu sein (Grundlagen, S. 389ff.).

Von den Schwierigkeiten, die der homogenen Randschichttheorie aus der in Wirklichkeit vorhandenen Inhomogenität der Störstellen (Existenz chemischer Sperrschichten) entspringen, sowie von den Einschränkungen, die bei der Verwendung der Meßergebnisse an Spitzendetektoren zu machen sind, wird in § 22 bis 26 die Rede sein. Hier soll zunächst die gekennzeichnete relative Prüfung der Theorie ohne diese Komplikationen vorbereitet werden.

Die bei der Kennlinienaufnahme direkt gemessenen Größen sind die Spannung U in Volt und die Stromstärke I in Ampere. Man wird also die theoretische Kennlinie in eine Beziehung zwischen U und I umschreiben. Da die Temperatur T und damit

---

[1]) Vgl. Tab. 2. i_0 tritt zu den Konstanten p_R, p_2 und $\mathfrak{f}$ der reduzierten Gleichungen hinzu, wenn man von den reduzierten zu den absoluten Stromdichten $i = \gamma i_0$ übergeht. Für die Auswertung der Messungen ist es noch bequemer, mit einer nicht auf die Flächeneinheit, sondern auf die Gesamtfläche bezogenen Konstanten I_0 zu rechnen. Siehe weiter unten. $\mathfrak{B}$ kann als bekannt angesehen werden.

ihr Voltäquivalent $\mathfrak{B}$ mit jeder wünschenswerten Genauigkeit bekannt ist, kann man auch $U/\mathfrak{B}$ in Funktion von I angeben; endlich ist die Bahnspannung $U^{(b)}$ bei den Messungen in der Umgebung des Nullpunktes sowie in der Sperrichtung entweder zu vernachlässigen oder genau genug in Rechnung zu stellen, so daß in diesen Gebieten auch $U^{(z)}/\mathfrak{B}$ als empirisch gegeben angesehen werden kann.

Versteht man unter I und I_0 die Stromdichten i und i_0, multipliziert mit der Fläche des Gleichrichters, so wird $\gamma = \dfrac{i}{i_0} = \dfrac{I}{I_0}$, und die Beziehungen (9, 09) für die Umgebung des Nullzustandes lassen sich, unter Berücksichtigung von (13, 07), in der Form schreiben:

$$\frac{U^{(z)}}{\mathfrak{B}} = \alpha_0 I - \frac{1}{2}\,\alpha_1\,\alpha_0^2\,\mathfrak{B}\,I^2, \tag{21, 01}$$

wobei nach (12, 01) und (5, 09)

$$\alpha_0 = A_0/I_0 = R_0^{(z)}/\mathfrak{B} \tag{21, 02}$$

ist ($R_0^{(z)}$ hier Gesamtwiderstand, nicht Widerstand pro Flächeneinheit, bei $U = 0$), und nach (13, 07)

$$\alpha_1 = 1/\mathfrak{U} \tag{21, 03}$$

zu setzen ist. Ebenso erhält man aus (17, 06) für das Sperrgebiet:

$$U^{(z)}/\mathfrak{B} = -\beta_0 I^2 - B_1 \tag{21, 04}$$

mit

$$\beta_0 = B_0/I_0^2. \tag{21, 05}$$

Für das Flußgebiet endlich ergibt sich aus (16, 09), (16, 04) und (14, 10):

$$\frac{U_s}{\mathfrak{B}} = C_0 - \frac{3\,C_1}{\gamma^2} = C_0 - \frac{\zeta_1}{I^2}, \tag{21, 06}$$

mit

$$\zeta_1 = 3\,C_1 I_0^2. \tag{21, 07}$$

In diesen Beziehungen treten statt der $A_0 \ldots C_1$ sechs neue Konstanten α_0, α_1, β_0, B_1, C_0, ζ_1 auf. Tabelle 2 gibt ihre Werte für den Fall, daß p_R einmal noch im Reservegebiet ($1 \gg p_R \gg p_3$) und das andere Mal weit innerhalb des Erschöpfungsgebietes ($p_R \ll p_3$) angenommen wird. Zugrunde gelegt sind hierbei die Beziehungen (12, 04) und Bild 7 für A_0; (13, 09), (13, 10) und Bild 8 für A_1; (19, 01) und Bild 14 für B_0; (19, 02) und Bild 15 für B_1; (14, 10) für C_0; endlich (16, 04) und Bild 10 für C_1.

Tabelle 2. Werte der Konstanten der unreduzierten Kennlinie für Werte von p_R im Reserve- und Erschöpfungsgebiet (für Überschußhalbleiter).

Konstante	Reservegebiet $1 \gg p_R \gg p_3$	Erschöpfungsgebiet $p_3 \gg p_R$	Dimension
$\alpha_0 = \dfrac{R_0^{(z)}}{\mathfrak{B}}$	$\sqrt{\dfrac{2}{\mathfrak{f}\,p_R}} \cdot \dfrac{1}{I_0}$	$\sqrt{\dfrac{1}{\mathfrak{f}\,p_R}} \cdot \sqrt{\dfrac{p_3/p_R}{2 \ln p_3/p_R}}\,\dfrac{1}{I_0}$	A^{-1}
$\alpha_1 = 1/\mathfrak{U}$	$1/3\,\mathfrak{B}$	$1/\mathfrak{B}$	V^{-1}
β_0	$\dfrac{1}{\mathfrak{f}\,p_R} \cdot \dfrac{1}{I_0^2}$	$\dfrac{1}{\mathfrak{f}\,p_R} \cdot \dfrac{p_3}{2\,p_R} \cdot \dfrac{1}{I_0^2}$	A^{-2}
B_1	$2\,(1 - \ln 2)$	$-\{\ln p_3/p_R - 2\,(1 - \ln 2)\}$	0
$C_0 = U_s/\mathfrak{B}$	$\ln 1/p_R$	$\ln 1/p_R$	0
ζ_1	$3\,[1 + \pi^2/6]\,\mathfrak{f}\,I_0^2$	$3\,[1 + \pi^2/6]\,\mathfrak{f}\,I_0^2$	A^2

Man erkennt, daß in der Tat I_0 und $\mathfrak{f}$ immer nur in der Kombination $\mathfrak{f}I_0^2$ auftreten, so daß in sämtlichen Konstanten $\alpha_0 \ldots \zeta_1$ außer Zahlenfaktoren nur die drei Grundgrößen p_R, p_3 und $\mathfrak{f}I_0^2$ auftreten.

Weiter bestehen nach Tabelle 2 zwischen den Konstanten $\alpha_0 \ldots \zeta_1$ noch eine Reihe von Beziehungen. Eine dieser Beziehungen ist der Zusammenhang zwischen α_0^2 und β_0. In einer für den Vergleich mit der Erfahrung besonders bequemen Form läßt sich dieser Zusammenhang dadurch darstellen, daß man in der doppelt logarithmischen Darstellung, wie in Bild 17 und 20, die Asymptotengeraden für das Nullgebiet und für das Sperrgebiet gezeichnet denkt und die reduzierte Spannung $U_1^{(z)}/\mathfrak{V}$ untersucht, bei der beide Geraden sich schneiden. Da in den Gleichungen der Asymptotengeraden das Glied mit α_1 in (21, 01), das Glied mit B_1 in (21, 04) gleich Null gesetzt wird, folgt für die Spannung $U_1^{(z)}$ am gemeinsamen Schnittpunkt im Sperrgebiet:

$$U_1^{(z)}/\mathfrak{V} = -\alpha_0^2/\beta_0 . \tag{21,08}$$

Aus Tabelle 2 folgt hieraus für p_R-Werte im Reservegebiet:

$$U_1^{(z)}/\mathfrak{V} = -2 \tag{21,081}$$

im Erschöpfungsgebiet:

$$U_1^{(z)}/\mathfrak{V} = -\frac{1}{\ln p_3/p_R} . \tag{21,082}$$

Falls also die Voraussetzungen der Theorie für einen Gleichrichter erfüllt sind, muß zugleich mit einem Wert $3\,\mathfrak{V}$ der Abklingspannung $\mathfrak{U}$, der auf $p_R > p_3$ hinweist, eine $U_1^{(z)}$-Spannung vom Betrage $-2\,\mathfrak{V}$ auftreten, während für $\mathfrak{U} \approx 1\,\mathfrak{V}$ Spannungen $U_1^{(z)}$ beobachtet werden müssen, die wesentlich unter $-2\,\mathfrak{V}$ liegen. Die Lage des Schnittpunktes der Asymptoten im Sperrgebiet bedeutet somit, über die Frage der Gültigkeit des Sperrgebietsansatzes (21, 04) hinaus, schon einen feineren Prüfstein für die Richtigkeit der Grundvoraussetzungen der Theorie.

Weisen die gemessenen $\mathfrak{U}$- und $U_1^{(z)}$-Werte gleichsinnig auf $p_R > p_3$ (Reservegebiet) hin, so muß ferner nach Tabelle 2 $B_1 \approx 0{,}6$ aus den Messungen im Sperrgebiet folgen. Die Bestimmung von B_1 ist bei doppelt logarithmischer Auftragung schwierig; zweckmäßig trägt man statt dessen für größere Sperrspannungen I^2 gegen $U^{(z)}/\mathfrak{V}$ auf und bestimmt den Abszissenschnitt B_1. Für $\mathfrak{U}$ und $U_1^{(z)}$-Werte, die auf $p_R \ll p_3$ hinweisen, muß das so gewonnene B_1 nach Tabelle 2 und (21, 082) gleich $-\mathfrak{V}/U_1^{(z)}$ sein und direkt den natürlichen Logarithmus von p_3/p_R liefern.

Eine weitere Beziehung zwischen den Konstanten der Tabelle 2 gewinnt man durch Vergleich von ζ_1 mit α_0 und C_0. Es gilt für p_R-Werte im Reservegebiet:

$$\zeta_1 = \frac{6\left[1 + \dfrac{\pi^2}{6}\right]}{\alpha_0^2} \cdot \mathrm{e}^{C_0}, \tag{21,09}$$

und im Erschöpfungsgebiet:

$$\zeta_1 = \frac{\dfrac{3}{2}\left[1 + \dfrac{\pi^2}{6}\right]}{\alpha_0^2} \cdot \frac{p_3/p_R}{\ln p_3/p_R} \cdot \mathrm{e}^{C_0}. \tag{21,10}$$

Zugleich mit dem Wert $C_0 = U_S/\mathfrak{V}$ ist also, bei gegebenem α_0 und p_3/p_R, auch ζ_1, d. h. die Neigung der Geraden im $(U_s/\mathfrak{V},\ 1/I^2)$-Diagramm bei hohen Flußströmen bestimmt. Neben der Prüfung, ob die empirischen Messungen bei der genannten Darstellung überhaupt auf eine geneigte Gerade führen, bildet also die Frage nach dem Betrag dieser Neigung einen weiteren Prüfstein der Theorie.

§ 22. Der Kupferoxydulgleichrichter. Relative Prüfung.

Die Prüfung soll hier zunächst an einem ganz bestimmten Prüfexemplar vollkommen durchgeführt und erst nachträglich durch Angabe der entsprechenden Ergebnisse an anderen Prüflingen erweitert werden.

Der Prüfling war ein Cu_2O-Hinterwandgleichrichter, bestehend aus einer Kupferscheibe von 14 mm Durchmesser, die einseitig in einer Schicht von etwa $8 \cdot 10^{-3}$ cm Dicke zu Cu_2O oxydiert war. Als Gegenelektrode wurde eine aufgestrichene Aquadag-Elektrode benutzt. Es handelt sich um eine für Meßzwecke übliche H S-Type (H S = „hochsperrend“) der Siemens & Halske A.G.; derartige Scheiben sind bei verhältnismäßig niedriger Temperatur getempert, so daß eine Störstellenkonzentration, die bei einigen Hundert Grad Celsius mit dem Mutterkupfer im Gleichgewicht ist, sich verhältnismäßig weit in die Kupferoxydulschicht auszubreiten Gelegenheit hat. Dadurch ist, besser als bei den bei höherer Temperatur getemperten, niederohmigen Gleichrichtern, die unserer Theorie zugrunde liegende Annahme eines homogenen Störstellengehaltes innerhalb der Cu_2O-Schicht verwirklicht.

Die Richtkonstante α_1 dieses Gleichrichters (Versuchsnr. 5) wurde durch genaue Stromspannungsmessungen im Gebiet zwischen $\pm 0,003$ bis $\pm 0,010$ V bestimmt[1]. Sie ergab sich bei $24,5°$ C zu $26,8 \pm 0,7$ V^{-1}, so daß mit $\mathfrak{B} = 0,0255$ V, $\mathfrak{U} = 1,47\,\mathfrak{B}$ anzusetzen ist. Das würde nach Bild 8 einen Wert $p_R < p_3$ bedeuten; da in Bild 8 die Werte $\mathfrak{U}/\mathfrak{B}$ rechts von p_3 praktisch[2]) nur von dem Verhältnis p_R/p_3 abhängen, läßt sich aus diesem Bild der nach der Theorie zu $\mathfrak{U}/\mathfrak{B}=1,47$ gehörige Wert $p_R/p_3 \approx 1/50$ ablesen. Wir werden also erwarten, bei diesem Gleichrichter im wesentlichen diejenigen Kennlinienformen anzutreffen, die für das Auftreten einer **Randerschöpfung** $p_R \ll p_3$ kennzeichnend sind.

Diese Erwartung wird durch die Messungen im Sperrgebiet, denen wir uns nunmehr zuwenden, in der Tat bestätigt. Bild 21 zeigt die doppelt logarithmische Darstellung dieser Messungen nach Art der Bilder 17 und 20. Verfolgt man in Bild 21 die Meßpunkte von rechts oben nach links unten, so schließen sie sich zunächst, bei kleinen Spannungen, der α_0-Geraden an und biegen von ihr, entsprechend der angegebenen α_1-Konstanten, von etwa $U/\mathfrak{B} = 0,5$ an meßbar nach oben ab[3]). Dabei wird die Neigung der bilogarithmischen Kennlinie allmählich flacher. Würde es sich nun um einen Fall $p_R > p_3$ nach Bild 17 oder Bild 20, 2. Fall handeln, so müßte die bilogarithmische Steigung in dem Gebiet $U^{(z)}/\mathfrak{B} \approx 1$ von dem Wert 1 monoton auf den Wert 0,5 sinken und diesen Wert als Grenzwert beibehalten. In Wirklichkeit wird zwischen etwa $U/\mathfrak{B} = 1,5$ und $U/\mathfrak{B} = 10$ die Steigung noch wesentlich flacher als 0,5 (Kleinstwert 0,39!) und krümmt sich erst oberhalb $U/\mathfrak{B} = 10$ wieder etwas nach unten ab, so daß sie etwa zwischen $U/\mathfrak{B} = 10$ und 20 mit der Steigung 0,5 weiter verläuft, um dann allerdings zu steilerer Neigung nach unten abzuweichen.

Das Verhalten zwischen $U/\mathfrak{B} \approx 1$ und $U/\mathfrak{B} = 20$ entspricht nun qualitativ vollkommen dem in Bild 20, Fall 3, für $p_R < p_3$ dargestellten Kurvenverlauf; es

---

[1]) Sämtliche Messungen wurden im Zentrallaboratorium der Siemens & Halske AG durchgeführt. Herrn Junga, Z. L. 10, der sich der Messungen mit besonderer Sorgfalt angenommen hat, sind die Verf. zu Dank verpflichtet.

[2]) Bedingung hierfür ist $p_R < 10^{-2}$. Diese Bedingung ist, wie wir später sehen werden, für den Prüfling erfüllt.

[3]) Da es sich beim Cu_2O um einen Defekthalbleiter handelt, sind in der Sperrichtung U und I positiv; wegen der Vorzeichenumkehr von γ in (8,03) kehren die Konstanten α_1, β_0, B_1, C_0 und ζ_1 in Tab. 2 ihr Vorzeichen um. Wegen C_0 und ζ_1 vgl. auch w. u.

würde ihm nahezu quantitativ entsprechen, wenn in diesem Bilde der Wert von p_3/p_R, anstatt gleich 10^3, etwa eine Zehnerpotenz kleiner angenommen würde, entsprechend dem aus α_1 erschlossenen Annäherungswert $p_3/p_R \approx 50$, der zu Bild 21 gehört. Man kann deshalb versuchsweise die in Bild 21 eingezeichnete 0,5-Tangente mit der Asymptotengeraden auf der linken Seite von Bild 20, 3. Fall, identifizieren. Dann liefert der Schnittpunkt dieser Geraden mit der α_0-Geraden nach (21, 08) die Spannung $U_1^{(z)}/\mathfrak{B}$, die man zu 0,63 abliest; da nach Bild 7 und 14 für $p_3 \approx 50\,p_R$ schon mit hinreichender Annäherung die Erschöpfungsgebietsformeln gelten, wäre (21,082) anzuwenden, wodurch man $\ln p_3/p_R = 1/0{,}63 = 1{,}6$, $p_3 = 5\,p_R$ erhalten würde. Der gegenüber der U-Bestimmung verkleinerte scheinbare Wert von p_3/p_R weist auf eine stromerhöhende Wirkung an der Berührungsstelle $U/\mathfrak{B} \approx 10$ hin, über die gleich noch zu sprechen sein wird.

Eine dritte Bestimmung von p_3/p_R liefert nach § 21 die Ermittlung von B_1 aus dem Schnitt der parabolischen Asymptotengeraden mit der Spannungsabszisse in einer I^2, $U/\mathfrak{B}$-Darstellung der Sperrströme. Eine Auswertung der Meßwerte Bild 21 ergibt

$$B_1\,(\approx \{\ln p_3/p_R - 0{,}614\}) \approx 3,$$

$\ln p_3/p_4 \approx +\,3{,}6$, $p_3 = 36$, also in guter Übereinstimmung mit der ersten p_3/p_R-Bestimmung.

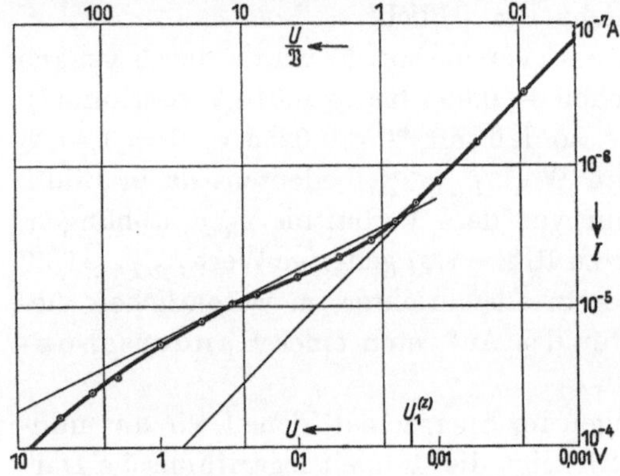

Bild 21. Empirische Kennlinie eines HS-Kupferoxydulgleichrichters im Sperrgebiet, doppelt logarithmisch.

Unbefriedigend bleibt bei der Auswertung der Messungen im Sperrgebiet das Auftreten der in der Theorie noch nicht berücksichtigten Effekte, die bei $U/\mathfrak{B} > 20$ wieder einen steileren Gang von I mit $U/\mathfrak{B}$ verursachen. Es handelt sich hierbei einerseits um eine Wirkung der inhomogenen Störstellenverteilung; bei größeren Sperrspannungen dehnt sich auch bei den HS-Gleichrichtern die Randschicht offenbar in Gebiete aus, die eine höhere Eigenleitfähigkeit haben und deshalb dem quadratischen Anstieg der Spannung mit dem Strom eine Grenze setzen. Dieser auch in den Kapazitätsmessungen hervortretende Effekt ist in den „Grundlagen" (S. 392, 2. Abschnitt) besprochen. Er verlangt jedoch immer $\frac{d\ln i}{d\ln U} \leqq 1$. Geht die Steigung über 1 hinaus, wie es bei jedem Gleichrichter bei höheren Sperrspannungen (bei unserem Prüfling allerdings erst für $U > 5\,\mathrm{V}$) der Fall ist, so ist das ein unzweifelhafter Hinweis für das Auftreten von Feldemissionseffekten, auf die ebenfalls in den „Grundlagen" sowie schon vorher in einer vorläufigen Mitteilung[1]) hingewiesen wurde.

Es ist wahrscheinlich, daß schon an der Berührungsstelle $U/\mathfrak{B} = 10$ die genannten beiden Effekte eine gewisse Rolle spielen, so daß der ideale Kurvenverlauf unterhalb $U/\mathfrak{B} = 10$ noch merklich flacher anzunehmen wäre und die ideale Asymptotengerade höher läge (s. oben). Das tatsächliche Auftreten von Kurventeilen mit Neigungen unter 0,5 zeigt aber, daß der ideale Kurventypus durch diese Effekte noch nicht verdeckt wird.

---

[1]) Die Naturwiss. **26** (1938) S. 843. — Vgl. auch die Berechnung von N. F. Mott: Proc. roy. Soc., London (A) **171** (1939) S. 27.

Für die **Flußrichtung** ist die Möglichkeit einer relativen Prüfung der Theorie nach den Ausführungen von § 21 einerseits durch die Prüfung des $1/I^2$-Gesetzes (21,06) für die nach (16, 17) definierte scheinbare Schleusenspannung U_s gegeben[1]), andererseits durch die in § 21 erläuterte Nachprüfung der Beziehungen (21, 09) oder (21, 10) für die Neigung der $1/I^2$-Geraden im $(U_s/\mathfrak{B}, 1/i^2)$-Diagramm. In Bild 22 sind die an dem Prüfling 5 gemessenen U_s-Werte (durch graphische Konstruktion nach § 16, Bild 12, aus der linearen Stromspannungskurve im Flußgebiet ermittelt) gegen $1/I^2$ aufgetragen. Wie man sieht, ist die entstandene Kurve keine Gerade, sondern eine bei kleinen $1/I^2$-Werten ziemlich stark nach oben abgekrümmte Kurve. Der technische Kupferoxydulgleichrichter verhält sich also auch bei großen Flußströmen nicht genau wie ein Randgleichrichter. Die Ursache dieses Verhaltens ist einleuchtend; wie in den „Grundlagen" (S. 387) erörtert, werden bei Strömen, die die beweglichen Teilchen von störstellenreichen nach störstellenärmeren Gebieten des Halbleiters transportieren, die störstellenarmen Gebiete mit leitenden Teilchen überschwemmt, ihre Leitfähigkeit wird über ihre quasineutrale Eigenleitfähigkeit hinaus erhöht. Da nun auch bei den untersuchten HS-Gleichrichtern ein Sauerstoffkonzentrationsgefälle vom Mutterkupfer in die Oxydulschicht hinein vorhanden ist, derart, daß am Mutterkupfer der kleinste Sauerstoffgehalt und damit die geringste Eigenleitfähigkeit besteht („chemische Sperrschicht" am Mutterkupfer), wird bei Flußströmen, die die Defektelektronen aus dem Halbleiter auf das Mutterkupfer

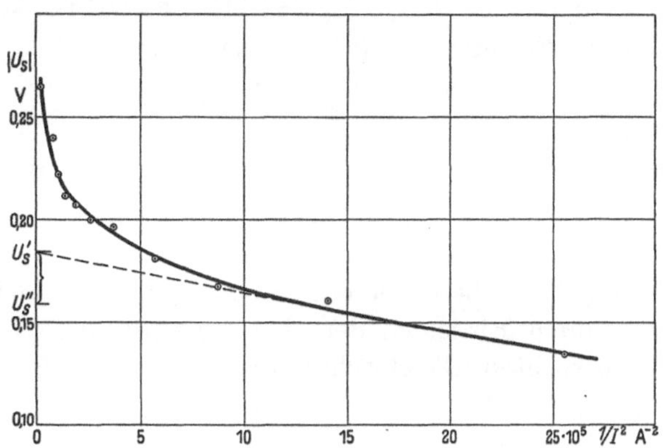

Bild 22. $(U_s, 1/I^2)$ Darstellung der empirischen Kennlinie eines HS-Kupferoxydulgleichrichters im Flußgebiet[2]).

zu tragen, eine Überhöhung der Leitfähigkeit der dem Mutterkupfer benachbarten Zone gegenüber ihrer Eigenleitfähigkeit, die mit $(\varkappa_H)_R$ bezeichnet werden möge, auftreten; der Bahnwiderstand $R^{(b)}$ ist infolgedessen nicht konstant, sondern nimmt mit zunehmender Flußspannung noch dauernd ab. Das dadurch bedingte Aufbiegen der I, U-Kurve hat auch eine immer weitere Vergrößerung von U_s mit wachsendem I zur Folge und damit auch eine ständige Erhöhung des durch eine Tangentenkonstruktion wie in Bild 22 ermittelten U_S-Wertes, den wir im folgenden mit U_S' bezeichnen. Wir kommen auf diese Überschwemmungseffekte weiter unten noch einmal zurück.

Ist hiernach eine exakte Prüfung der Randschichttheorie und eine exakte Bestimmung von $\ln p_R$ bei dem in Bild 22 dargestellten Kurvenverlauf nicht möglich, so ergibt sich doch die Möglichkeit einer größenordnungsmäßigen Nachprüfung der Theorie durch Auswertung der quantitativen Beziehung (21, 10) — die, wegen $p_3/p_R \gg 1$, in diesem Fall anzuwenden ist — für die Steigung der Kurve. Diese

---

[1]) Um das Minuszeichen zu vermeiden, das bei Defekthalbleitern in der Flußrichtung auftritt, sind hier unter allen I, U_s die absoluten Beträge dieser Größen verstanden. Die Größen C_0 und C_1 bzw. ζ_1, die eigentlich bei Defekthalbleitern das umgekehrte Vorzeichen erhalten müßten wie bei Überschußhalbleitern, können dann auch mit den gleichen Vorzeichen wie in § 16 und der daraus berechneten Tab. 2. § 21, beibehalten werden; Gl. (21,06) wird dann wieder gültig.

[2]) In Bild 22 muß statt der Ordinatenbezeichnung $|U_s|$ die Bezeichnung $|U_s|$ stehen.

4*

Auswertung kann z. B. in der Weise vorgenommen werden, daß in (21, 10) die für ζ_1 maßgebende Steigung $\frac{dU_s}{d(1/I^2)}$ sowie die Größen α_0 und p_3/p_R aus der empirischen Kennlinie ermittelt werden und Gl. (21, 10) dann nach $C_0 = \ln 1/p_R$ aufgelöst wird. Ergibt sich hierbei nahezu derselbe Wert für C_0 und U_S wie durch die (von den in anderen Kennlinienteilen gemessenen α_0 und p_3/p_R-Werten unabhängige) Tangentenkonstruktion Bild 22, so wird man darin eine Bestätigung der Grundlagen der Theorie sehen müssen.

Über die Bestimmung von p_3/p_R ist schon gesprochen worden; es war $p_3/p_R \approx 40$, also $\frac{p_3/p_R}{\ln p_3/p_R} \approx 11$. Die Konstante α_0 ist nach (21, 01) z. B. aus dem Schnittpunkt der Nullwiderstandsgeraden mit der Geraden $U^{(z)}/\mathfrak{B} = 1$ zu entnehmen: $\alpha_0 = 1/I_{(U^{(z)}/\mathfrak{B} = 1)}$. Aus Bild 21 ergibt sich $\alpha_0 = 1/(3{,}5 \cdot 10^{-6})A^{-1}$. Die Größe ζ_1 hängt nach (21, 06) und Anm. 3, S. 49, mit der theoretischen $(U_s, 1/I^2)$-Kurve durch die Beziehung zusammen:

$$\zeta_1 = \frac{1}{\mathfrak{B}} \frac{dU_s}{d(1/I^2)} = \frac{1}{\mathfrak{B}} \left| \frac{dU_s}{d(1/I^2)} \right|. \qquad (22, 01)$$

Durch Einsetzen in (21, 10) erhält man:

$$e^{C_0} = \frac{\ln p_3/p_R}{p_3/p_R} \cdot \frac{2\alpha_0^2}{3(1 + \pi^2/6)} \cdot \frac{1}{\mathfrak{B}} \cdot \left| \frac{dU_s}{d(1/I^2)} \right|. \qquad (22, 02)$$

Setzt man in dieser, theoretisch gültigen, Beziehung den empirischen Wert $\left| \frac{dU_s}{d(1/I^2)} \right|$ einer Kennlinie ein, für die die Theorie nicht exakt zutrifft, so hat das daraus berechnete C_0 nicht genau die Bedeutung von $\ln 1/p_R = U_S/\mathfrak{B}$, wir bezeichnen deshalb das aus (22, 02) berechnete C_0 und U_S mit C_0'' und U_S''.

Durch Einsetzen der oben angegebenen Werte für p_3/p_R und α_0 folgt für den untersuchten Gleichrichter die numerische Beziehung:

$$e^{C_0''} = \frac{1}{11} \cdot \frac{1}{(3{,}5 \cdot 10^{-6})^2} \cdot \frac{1}{4{,}0} \cdot \frac{1}{0{,}025} \cdot \left| \frac{dU_S}{d(1/I^2)} \right|,$$

$$e^{C_0''} = 7{,}5 \cdot 10^{10} \left| \frac{dU_s}{d(1/I^2)} \right|. \qquad (22, 03)$$

Nun liest man für den beobachteten Wert $\left| \frac{dU_s}{d(1/I^2)} \right|$ am Punkt der gezeichneten Tangente in Bild 22 ab:

$$\left| \frac{dU_s}{d(1/I^2)} \right| = 2 \cdot 10^{-8}\, A^2\, V^1,$$

so daß sich aus (22, 03) ergibt:

$$e^{C_0''} = 1480, \qquad C_0'' = 7{,}3, \qquad U_S'' = \mathfrak{B} C_0'' = 0{,}186\, V.$$

Der von der Tangente auf der Abszissenachse abgeschnittene U_S'-Wert ist, wie Bild 22 zeigt, gleich 0,184 V. Die Übereinstimmung beider Werte ist mithin so gut, daß nunmehr auch für die Flußrichtung eine **quantitative Übereinstimmung mit den Grundannahmen der Randschichttheorie festgestellt werden kann**[1]).

Die Übereinstimmung der nach den beiden verschiedenen Methoden bestimmten U_S-Werte wird bedeutend schlechter, wenn man die Tangente an solche Teile der Kurve 22 legt, die wesentlich kleineren I- (und U-) Werten entsprechen. Das ist zu erwarten, wenn die wirkliche (i, U)- oder $(i, U^{(z)})$-Kennlinie, wie in Bild 16 und 19 gezeichnet (gestrichelte Kurve), unter die für große i gültige Grenzkurve (ausgezogene obere Kurve) absinkt. Die in dem gestrichelten Teil der Kennlinie nach der Konstruktion Bild 12 ermittelten U_s-Werte werden zu groß; in der $(1/I^2, U_s)$ Darstel-

---

[1]) In Bild 22 ist U_S'' mit einem infolge eines Rechenfehlers zu niedrig berechneten Wert eingezeichnet.

lung wird also oberhalb bestimmter $1/I^2$-Werte der Abfall der Kurve zu flach, was zur Folge hat, daß die durch die Tangentenkonstruktion Bild 22 ermittelten U_S'-Werte zu klein werden und auch die Identität der nach den beiden verschiedenen Methoden ermittelten U_S-Werte aufhört. Das stärkere Auseinanderlaufen der U_S'- und U_S''-Werte setzt empirisch unterhalb etwa $I = 5 \cdot 10^{-4}$ A ein. Die unterhalb dieses Stromwertes durch die Tangentenkonstruktion im U_s, $1/I^2$-Diagramm bestimmten U_S'-Werte haben also keine wirkliche Bedeutung.

Andererseits wurde schon oben darauf hingewiesen, daß bei großen I-Werten infolge der Störstelleninhomogenität eine Überschwemmung der an der Metallgrenze vorhandenen „chemischen Sperrschicht" mit Teilchen aus dem besser leitenden Halbleiterinnern zu erwarten ist. Eine nähere Untersuchung zeigt, daß infolgedessen die durch die Tangentenkonstruktion bestimmten U_S'-Werte zu groß werden müssen; sie werden p_R'-Werten entsprechen, die nicht gleich $\varkappa_R/(\varkappa_H)_R$, sondern gleich $\varkappa_R/\varkappa_H'$ zu setzen sind, wobei die $\varkappa_H'$ einer Störstellenkonzentration in größerer Entfernung vom Mutterkupfer entsprechen. Die wahrscheinlichsten p_R-Werte, die noch nicht durch Überschwemmungseffekte gefälscht sind, erhält man also, wenn man die niedrigsten Strom- und Spannungswerte zugrunde legt, bei denen die Beziehung $U_S' \approx U_S''$ einigermaßen gut erfüllt ist; das sind die oben berechneten Werte von U_S' und U_S'', die etwa $U_S = 0{,}18$ V, $C_0 \approx 7{,}3$, $p_R \approx 1500$ ergeben.

Damit ist die relative Prüfung der Theorie für den untersuchten Gleichrichter beendet; es hat sich gezeigt, daß sich der Gleichrichter in denjenigen Kennliniengebieten, wo die Inhomogenität seiner Störstellenverteilung und die Feldeffekte noch keine ausschlaggebende Rolle spielen, nahezu wie ein Randschichtgleichrichter verhält, für den etwa $p_R = 1/1500$, $p_3/p_R = 40$ angenommen werden kann.

§ 23. Der Kupferoxydulgleichrichter. Absolute Prüfung; Vergleich mit anderen Prüflingen.

Im folgenden soll nun noch eine, allerdings nur provisorische Antwort auf die Frage gegeben werden, ob diese Werte mit Angaben im Einklang sind, die außerhalb des Rahmens der Theorie gewonnen werden können (Fragen der absoluten Prüfung der Theorie). Hierbei handelt es sich in erster Linie um Aussagen über die charakteristische Stromdichte i_0.

Ein Blick auf die Konstantentabelle 2 zeigt, daß aus den ermittelten p_R- und p_3-Werten sowie aus dem gemessenen α_0 das Produkt $\mathfrak{f}I_0^2$ empirisch bestimmt werden kann. Es gilt für $p_3 \gg p_R$:

$$I_0 \sqrt{\mathfrak{f}} = \sqrt{\frac{1}{p_R}} \cdot \sqrt{\frac{p_3/p_R}{2\ln p_3/p_R}} \cdot \frac{1}{\alpha_0} \,. \tag{23,01}$$

Mit dem oben ermittelten $1/\alpha_0$-Wert $3{,}5 \cdot 10^{-6}$ A und $1/p_R = 1500$, $p_3/p_R = 40$ wird:

$$I_0 \sqrt{\mathfrak{f}} \approx 2 \cdot 10^{-4}\,\text{A}\,.$$

Da die Fläche des benutzten Gleichrichters $1{,}65\ \text{cm}^2$ beträgt, folgt[1]):

$$i_0 \sqrt{\mathfrak{f}} \approx 1{,}2 \cdot 10^{-4}\,\text{A/cm}^2\,. \tag{23,02}$$

---

[1]) Der in Phys. Z. **30** (1929) S. 839, Abschnitt C angeführte „Flächenfaktor" ist hierbei ≈ 1 angenommen. Die Entwicklung der Gleichrichteruntersuchungen in den letzten 10 Jahren hat nämlich keinen Anhaltspunkt dafür ergeben, daß zwischen wahrer und geometrischer Fläche an der Grenze Metall-Halbleiter sehr wesentliche Unterschiede bestehen.

Nun ist nach (6,06) und (6,08) i_0 in elektrostatischen Einheiten:

$$i_0 = \sqrt{\frac{4\,\pi\,\mathfrak{B}}{\varepsilon\,b}} \cdot \varkappa_H^{3/2}\,. \qquad (23,03)$$

Die Dielektrizitätskonstante des Cu_2O wurde zu etwa 12 bestimmt[1]), für die Beweglichkeit der Defektelektronen des Cu_2O folgt aus den Halleffektmessungen bei Zimmertemperatur etwa $b = 50$ cm/sec pro V/cm²)[2]. Mit $\mathfrak{B} = 0,0255$ V für Zimmertemperatur ergibt sich unter Übergang zum elektrotechnischen Maßsystem:

$$i_0 = (9 \cdot 10^{11})^{1/2} \cdot \sqrt{\frac{4\,\pi\,0,0255}{12 \cdot 50}}\,\varkappa_H^{3/2} = 2,2 \cdot 10^4\,\varkappa_H^{3/2}\,. \qquad (23,04)$$

Unter $\varkappa_H$ ist hier der von der Randstörstellendichte abhängige, oben mit $(\varkappa_H)_R$ bezeichnete Wert zu verstehen. Dieser Wert würde dem Störstellengehalt (Sauerstoffgehalt) des Cu_2O entsprechen, der bei Zimmertemperatur mit dem Mutterkupfer im Gleichgewicht ist, falls sich bei Zimmertemperatur das Gleichgewicht wirklich noch einzustellen vermöchte. Die allgemein beobachtete Abhängigkeit der Cu_2O-Gleichrichter von ihrer thermischen Vorgeschichte, eine Abhängigkeit, die auch die Unterschiede zwischen HS-Gleichrichtern und niedrig sperrenden Gleichrichtern bedingt, weist darauf hin, daß eine Einstellung des Sauerstoffgleichgewichtes bei Zimmertemperatur nicht mehr stattfindet, wenigstens nicht in den vom Mutterkupfer endlich entfernten Schichtbereichen. Es wird deshalb für $(\varkappa_H)_R$ nicht der Zimmertemperaturgleichgewichtswert einzusetzen sein, sondern ein Wert, der zwischen diesem Wert und dem Gleichgewichtswert für die Tempertemperatur liegt. Nun ist $(\varkappa_H)_R$ für das Temperaturgebiet oberhalb 200° C aus Messungen von F. Waibel[3]) zu entnehmen, bei denen die Temperung einer zweiseitig von Kupfer begrenzten Oxydulschicht so lange ausgedehnt wurde, bis die ganze Schicht die Gleichgewichtsleitfähigkeit $(\varkappa_H)_R$ für die betreffende Temperatur annahm. Wie insbesondere Bild 3, S. 368 a. a. O. zeigt, wird $(\varkappa_H)_R$ bei einer hinreichend ausgedehnten 300°-Temperung etwa $3 \cdot 10^{-5}$, bei 200° $7 \cdot 10^{-6}$ und bei Zimmertemperatur (extrapoliert) etwa $3 \cdot 10^{-7}\,\Omega^{-1} \times$ cm^{-1}. Der für den HS-Gleichrichter wirksame $(\varkappa_H)_R$-Wert muß also zwischen $3 \cdot 10^{-5}$ und $3 \cdot 10^{-7}\,\Omega^{-1}$ cm^{-1} liegen. Setzt man diese beiden Grenzen in (23,04) ein, so erhält man i_0-Werte zwischen $3,6 \cdot 10^{-3}$ und $3,6 \cdot 10^{-6}$ A/cm², mit einem wahrscheinlichsten mittleren Wert von etwa 10^{-4} A/cm², der einem $(\varkappa_H)_R$-Wert $\approx 3 \cdot 10^{-6}\,\Omega^{-1}$ cm^{-1} entspricht.

Vergleicht man diesen i_0-Wert mit dem obigen Wert von $i_0\sqrt{\mathfrak{f}} = 1,2 \cdot 10^{-4}$ A/cm², so findet man größenordnungsmäßige Übereinstimmung, falls man $\mathfrak{f}$ von der Größenordnung 1 annimmt[4]). Die Wahrscheinlichkeit dieser Annahme auf Grund konkreter Störstellenbilder zu diskutieren, würde hier zu weit führen; wohl aber kann darauf hingewiesen werden, daß durch Kapazitätsmessungen, die ja die von $\mathfrak{f}$ abhängige Dicke der Randschicht zu ermitteln gestatten, die Annahme $\mathfrak{f} \approx 1$ gestützt wird.

---

[1]) Phys. Z. **30** (1929) S. 844, Anm. 1.

[2]) W. Vogt: Ann. Phys. (5) **7** (1930) S. 183, insbesondere Tabelle 1, S. 198. b läßt sich bekanntlich aus dem Produkt aus Hallkonstante und Leitfähigkeit in einfacher Weise berechnen.

[3]) F. Waibel: Z. techn. Phys. **11** (1935) S. 366.

[4]) $(\varkappa_H)_R$-Werte $> 3 \cdot 10^{-6}\,\Omega^{-1}$ cm^{-1} würden $\mathfrak{f} < 1$ verlangen, was durch die Definition von $\mathfrak{f}$ (§ 2) ausgeschlossen ist. Bei dem kleinsten nach den Waibelschen Messungen möglichen $(\varkappa_H)_R$-Wert, nämlich dem auf Zimmertemperaturgleichgewicht extrapolierten Gleichgewichtswert $(\varkappa_H)_R \approx 3 \cdot 10^{-7}\,\Omega^{-1}$ cm^{-1}, würde sich $\mathfrak{f} \approx 10^3$ ergeben. Dieser Wert ist aber bedeutend unwahrscheinlicher als der einem mittleren $(\varkappa_H)_R$ entsprechende Wert $\mathfrak{f} \approx 1$.

Soweit also bisher eine absolute Prüfung der Randschichttheorie möglich ist, spricht auch diese quantitativ zugunsten ihrer Grundvoraussetzungen[1]).

Zugleich mit $(\varkappa_H)_R$ wird durch die aus der Theorie ermittelten p_R- und p_3-Werte auch der der Randdichte der Defektelektronen entsprechende $\varkappa_R$-Wert (der vom Störstellengehalt unabhängig sein soll!) sowie die für p_3 maßgebende Konstante K_D aus Gl. (2, 01), die von der Zahl und Ablösungsarbeit der Störstellen abhängt, bestimmt. Durch direkte Nachprüfung des Absolutwertes von $\varkappa_R$ (durch Kennlinienmessungen an sehr dünnen Schichten) und seines Temperaturganges sowie durch Messungen von $\varkappa_H$ bei verschiedenem Störstellengehalt und verschiedenen Temperaturen ergeben sich weitere Nachprüfungen der $\varkappa_R$ und p_3, die mit den aus der Randschichttheorie ermittelten Werten verglichen werden können. Diese Untersuchung muß einer späteren Veröffentlichung vorbehalten werden.

Notwendig ist jedoch hier noch ein kurzer Überblick über das quantitative Verhalten anderer Cu_2O-Gleichrichter der gleichen Type sowie über die Unterschiede gegenüber der üblichen, niedrig sperrenden Type. Von 12 HS-Gleichrichtern, die in gleicher Weise wie der obige Prüfling 5 untersucht wurden, zeigten 7 im Sperrgebiet in der bilogarithmischen Darstellung (Bild 21) die für $p_R < p_3$ kennzeichnende Unterschreitung der Neigung der 0,5-Geraden in dem Gebiet zwischen $U/\mathfrak{B} \approx 1$ und $U/\mathfrak{B} \approx 10$. Bei den fünf übrigen wurde die Neigung 0,5 in diesem Gebiet nahezu erreicht, aber nicht unterschritten. Berücksichtigt man, daß das Auftreten von kleinen Fehlerstellen mit Ohmschen Nebenschlüssen zwischen der Cu_2O-Schicht und dem Mutterkupfer eine Hauptquelle der fabrikatorischen Ungleichmäßigkeit der Cu_2O-Gleichrichter darstellt, die in der Serienfabrikation nur bis zu einem gewissen Grade vermieden wird (und vermieden zu werden braucht), so wird man sich über das genannte Ergebnis nicht wundern; jeder derartige Nebenschluß hat ja die Wirkung, die Gleichrichterkurve einem Ohmschen Widerstand mit der bilogarithmischen Neigung 1 anzunähern.

Die gleichen Nebenschlußeffekte verkleinern die Richtkonstante α_1 und vergrößern die Abklingspannung $\mathfrak{U}$; so ergab sich bei den sieben „nebenschlußarmen" Gleichrichtern in der Tat im Mittel eine Abklingspannung $\mathfrak{U} \approx 1{,}6\ \mathfrak{B}$, während die fünf übrigen $\mathfrak{U} \approx 2\ \mathfrak{B}$ zeigten. Die für den α_0-Wert maßgebenden J-Werte bei $U = \mathfrak{B}$ der zwölf Prüflinge schwankten zwischen 1,6 und $4{,}6 \cdot 10^{-6}$ A; das Mittel der sieben nebenschlußarmen Exemplare war $2{,}1 \cdot 10^{-6}$, das der übrigen $3{,}0 \cdot 10^{-6}$ (bei 25° C). U_1-Werte im Sinne von Gl. (21, 08) konnten nur für die sieben hervorgehobenen Exemplare bestimmt werden; hierbei ergab sich im Mittel $U_1/\mathfrak{B} = 0{,}81$ $\pm\ 0{,}19$, während für den Prüfling Nr 5 (§ 22) 0,63 gefunden wurde.

Im Flußgebiet spielen etwaige Ohmsche Nebenschlüsse an kleinen Fehlerstellen nur noch eine geringere Rolle, dementsprechend ist das Verhalten der 12 HS-Gleichrichter, abgesehen von gewissen Schwankungen der absoluten Widerstandswerte, im Flußgebiet recht einheitlich. Die U'_S- und U''_S-Werte ergeben sich durchweg in ähnlicher Größe und in ähnlich guter gegenseitiger Übereinstimmung wie bei dem Prüfling 5. Sämtliche aus der Untersuchung dieses Meßexemplares gezogenen Schlüsse

---

[1]) In § 22 wurde auf S. 53 oben erwähnt, daß das Auseinanderlaufen der U'_S- und U''_S-Werte unterhalb $J \approx 5 \cdot 10^{-4}$ A, also $i \approx 3 \cdot 10^{-4}$ A/cm² stärker zu werden beginnt, und zwar wahrscheinlich als Folge des Auseinanderlaufens der streng theoretischen Kurve und der Näherungskurve (Bild 16 u. 19). Theoretisch ist dieses Auseinanderlaufen nach Bild 16 und 19 etwa bei $i \approx 3\, i_0$ zu erwarten. Auch aus dieser Beobachtung würde sich also $i_0 \approx 10^{-4}$ A/cm² und damit $\mathfrak{f} \approx 1$ ergeben.

lassen sich also auch auf die übrigen nebenschlußarmen Exemplare der untersuchten Serie übertragen.

Normale, niedrig sperrende Kupferoxydulgleichrichter (NS-Gleichrichter) sind aus den oben angegebenen Gründen zur Prüfung der Theorie weniger geeignet und deshalb auch nicht mit ähnlicher Genauigkeit untersucht worden. Die Nullwiderstände sind hier etwa zehnmal kleiner, was sich im Rahmen der Theorie durch einen entsprechend größeren $(\varkappa_H)_R$-Wert (ohne Änderung von $\varkappa_R$) erklären ließe. Die α_1-Werte der besten NS-Gleichrichter entsprechen ziemlich einheitlich einem Wert $\mathfrak{U} = 1,30 \; \mathfrak{B}$, so daß die Annahme $p_3 \gg p_R$ bei diesen Gleichrichtern a fortiori erfüllt sein müßte. Der Befund $(p_3/p_R)_{NS} > (p_3/p_R)_{HS}$ würde nach (2, 17), (2, 01) und (2, 15) bedeuten, daß $(K_D/n_R)_{NS} > (K_D/n_R)_{HS}$ ist; sofern die Gleichgewichtskonstante K_D nur von der Ionisierungsarbeit der Störstellen und nicht von der Störstellenkonzentration abhängt, wäre dies Ergebnis bei konstantem n_R nicht ohne weiteres zu verstehen. Empirisch wird jedoch, wie sich aus dem Temperaturgang der Leitfähigkeit in Abhängigkeit von der Konzentration schließen läßt, K_D mit wachsendem Störstellengehalt größer, vielleicht ist also auch der genannte Befund durch einen größeren effektiven Störstellengehalt in der unmittelbaren Nachbarschaft des Mutterkupfers zu erklären. Bei Untersuchung der Sperr- und Flußrichtung werden die Gesetzmäßigkeiten der Randschichttheorie, offenbar durch die enge Nachbarschaft besser leitender Schichten, wesentlich stärker verdeckt als bei den HS-Gleichrichtern; die NS-Gleichrichter ähneln in dieser Beziehung den im folgenden Paragraphen zu besprechenden Selengleichrichtern.

Bezüglich des Temperaturganges der Kennlinien und ihrer Parameter sei nur darauf hingewiesen, daß die Schleusenspannung U_S einen starken Temperaturgang zeigt, der die geschilderte Unbestimmtheit in der Bestimmung der U'_S und U''_S weit überwiegt. Bei 50° C ist U_S etwa um 20 % gegenüber Zimmertemperatur gesunken, bei — 7° C entsprechend gestiegen. Ein solcher Temperaturgang ist bei $U_S = \mathfrak{B} \ln 1/p_R$ zu erwarten, wenn $p_R = n_R/(n_H)_R$ mit der Temperatur stark ansteigt. Da n_R durch die Austrittsarbeit Metallhalbleiter, n_H aber durch die wesentlich kleinere (Defekt-) Elektronenablösungsarbeit der Störstellen bestimmt wird, ist ein solcher Gang in der Tat vorauszusehen.

§ 24. Der Selengleichrichter.

Selengleichrichter bestehen bekanntlich meist aus einer vernickelten Eisenscheibe, einer darauf aufgebrachten dünnen Selenschicht möglichst guter Leitfähigkeit und einer Vorderelektrode, die in der Regel aus einer aufgespritzten niedrig schmelzenden Legierung, z. B. einer Zinn-Kadmium-Legierung, besteht. Die im folgenden untersuchten Gleichrichter waren Meßgleichrichter der Süddeutschen Apparate-Fabrik, das besonders untersuchte Exemplar trug die Bezeichnung V 8695 B. Die als Gleichrichterfläche wirksame Kontaktfläche zwischen aufgebrachter Schicht und Selenschicht hatte eine Größe von nur $7 \cdot 10^{-2} \, \mathrm{cm^2}$.

Der Richtungssinn der Selengleichrichter ist, wie beim Cu_2O, der eines Randschichtgleichrichters mit störstellenbedingter Defekthalbleitung und mit einer Defektelektronenverarmung an der aufgespritzten Elektrode (im folgenden als A-Elektrode bezeichnet). Zuverlässige Messungen über den Halleffekt im Selen sind unseres Wissens bisher nicht veröffentlicht worden; nicht einmal das Vorzeichen scheint festzustehen. Aus der folgenden Analyse der Meßergebnisse kann man nur mit einiger Wahrscheinlichkeit schließen, daß es sich auch beim Selengleichrichter um eine Verarmungsrandschicht handelt und daß die Elektrodenmaterialien so ausgewählt sind, daß für den Übergang von Defektelektronen aus der A-Elektrode nach dem Selen eine möglichst hohe Austrittsarbeit auftritt[1]). Überdies spricht die folgende Diskussion für ein Konzentrationsgefälle des für die Defektleitung maß-gebenden Störstellengehaltes vom Innern der Selenschicht nach der A-Elektrode, und zwar scheint dieses Konzentrationsgefälle noch wesentlich steiler zu sein als bei dem diskutierten HS-Oxydulgleichrichter (ausgesprochene „chemische Sperrschicht"). Welcher Art die betreffenden Störstellen sind, entzieht sich vorläufig der Kenntnis; gewisse Hinweise scheinen allerdings vorzuliegen.

Die Richtkonstante α_1 bei 23° C betrug $13{,}7^{-1}$ mit einem wahrscheinlichen Fehler von $\pm 7\%$. Hieraus ergibt sich $\mathfrak{U} = (2{,}87 \pm 0{,}20)\,\mathfrak{V}$, also sehr nahe gleich $3\,\mathfrak{V}$. Dies ist für Selengleichrichter ein besonders guter Wert; im allgemeinen wird die Abklingspannung $\mathfrak{U} > 3\,\mathfrak{V}$ gemessen, und ein Wert $\mathfrak{U} \approx 3\,\mathfrak{V}$ scheint einem nahezu idealen Fall zu entsprechen.

Der ideale Selengleichrichter verhält sich also in der Umgebung von $U = 0$ wie ein Randschichtgleichrichter mit homogenem Störstellengehalt, dessen Störstellen entweder so zahlreich oder so schwer ionisierbar sind, daß sie auch unter der Wirkung der von dem A-Metall aufgeprägten Randverarmung an Defektelektronen erst zum kleineren Teil dissoziiert sind: $p_R \gtrless p_3$ (Bild 8).

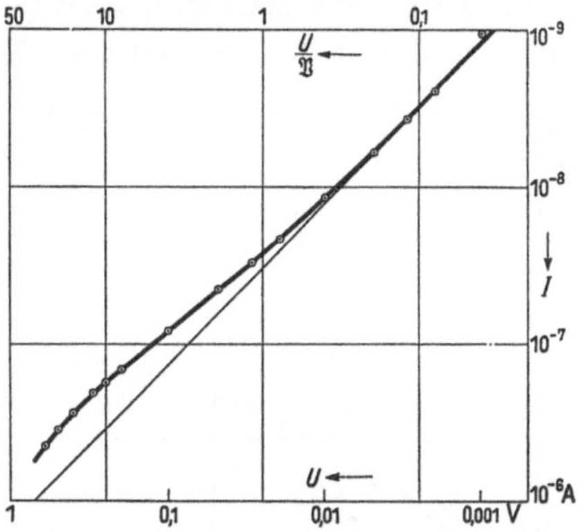
Bild 23. Empirische Kennlinie eines Selengleichrichters im Sperrgebiet, dop-pelt logarithmisch.

Bei der bilogarithmischen Darstellung der Kennlinie im Sperrgebiet wäre hiernach ein Ver-lauf wie Bild 17 oder Bild 20, 2. Fall, zu erwarten; die Neigung der Kennlinie müßte von dem An-fangswert 1 bei kleinen $U/\mathfrak{V}$-Werten auf den kleineren Wert 0,5 bei großen U-Werten übergehen, ohne inzwischen, wie im Fall des Cu_2O-Gleichrichters, ein Gebiet mit flacherer Steigung als 0,5 zu durchlaufen.

Bild 23 zeigt das wirkliche Kennlinienbild des untersuchten Selengleichrichters im Sperrgebiet in bilogarithmischer Darstellung. Die ausgesprochene Erwartung ist inso-fern erfüllt, als Steigungen unterhalb 0,5 in der Tat nicht auftreten. Aber auch die Stei-gung 0,5, die die Konstruktion der β_0-Geraden ermöglichen würde, wird nicht erreicht; der kleinste Wert der Steigung, der in der Gegend $U/\mathfrak{V} = 2$ erreicht wird, beträgt 0,77.

Bereits bei Sperrspannungen, deren $U/\mathfrak{V}$ zwischen 2 und 10 liegt, verhält sich also der Selengleichrichter nicht mehr wie ein Randschichtgleichrichter mit homo-gener Randschicht; die zwangloseste[2]) Deutung seines Verhaltens ist die Annahme

---

[1]) Über die Abhängigkeit der Randwiderstände vom Elektrodenmaterial vgl. eine demnächst erschei-nende Arbeit von H. Schweickert (Erlangen), über die auf einer Gautagung der Deutschen Physik. Ges. Anfang Juli 1939 berichtet wurde. Die Tatsache, daß der Randwiderstand des Selens desto höher ist, je geringer die Elektronenaustrittsarbeit des betreffenden Metalls ist, würde, sofern nicht Selenver-bindungen mit dem Metall die Austrittsarbeiten bestimmen, für den Defektleitungscharakter des Se sprechen, da die Defektelektronenaustrittsarbeit Metall-Halbleiter zu der Elektronen-austrittsarbeit Metall-Halbleiter komplementär ist. Vgl. eine demnächst erscheinende wei-tere Veröffentlichung der Verfasser.

[2]) Die Annahme, daß die Steigung durch zufällige Fehlerstellen im Sinne von § 23 dem Wert 1 an-genähert ist, besitzt keine große Wahrscheinlichkeit, weil es sich um ein Exemplar mit Grenzeigenschaften handelt.

einer Störstellenverarmung an der A-Elektrode, einer „chemischen Sperrschicht",
die, im Gegensatz zum Fall des untersuchten Cu_2O-Gleichrichters, eine so kleine
Tiefenausdehnung besitzt, daß bereits bei $U/\mathfrak{B} \approx 2\,\mathfrak{B}$ die den Hauptwiderstand
tragende Randschicht in Gebiete höheren Störstellengehaltes übergreift. Unter
diesen Umständen läßt sich nur feststellen, daß das Verhalten des Selengleichrichters
im Sperrgebiet mit den Grundvorstellungen der Theorie nicht im Widerspruch
steht.

Das Verhalten des Selengleichrichters in der Flußrichtung zeigt ebenfalls größere
Abweichungen von der homogenen Randschichttheorie als das des HS-Kupferoxydulgleichrichters. Die in der gleichen Weise wie dort ermittelten U'_S-Werte der Schleusenspannung stimmen zwar, ebenso wie dort, bis auf Hundertstel Volt mit den
U''_S-Werten überein; doch markiert sich eine untere Grenze dieser Übereinstimmung,
die als Abweichen der gestrichelten von der oberen ausgezogenen Kurve in Bild 16
und 19 gedeutet werden könnte, hier überhaupt nicht deutlich, andererseits bleibt
eine einigermaßen brauchbare Übereinstimmung zwischen U'_S und U''_S bis zu der

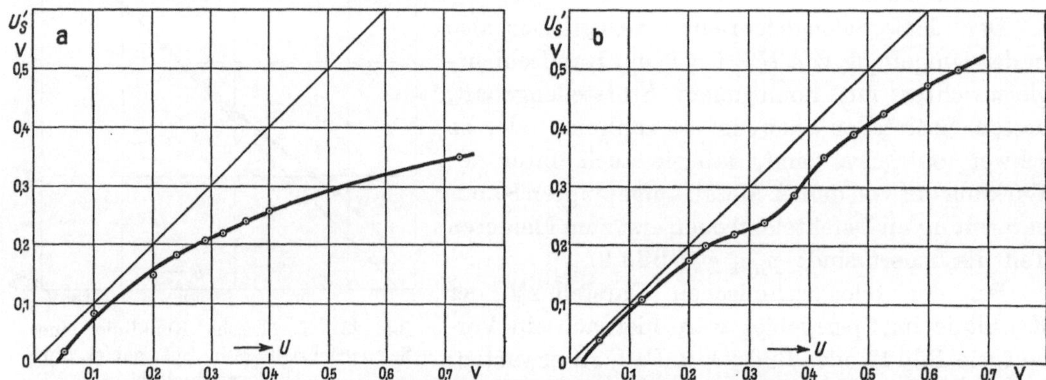

Bild 24. Gang der empirischen U'_S-Werte mit der Vorspannung U in Flußrichtung: a) beim HS-Kupferoxydulgleichrichter, b) beim Selengleichrichter.

höchsten gemessenen Spannung[1] (0,6 V) erhalten. Einen genaueren Überblick über
das Verhalten des Selengleichrichters im Flußgebiet, im Vergleich mit dem HS-
Gleichrichter, vermittelt Bild 24a und b. Hier ist die durch die Tangentenkonstruk-
tion wie in Bild 22 ermittelte Spannung U'_S in Abhängigkeit von der jeweiligen
Flußspannung U sowohl für den Oxydul- wie den Selengleichrichter aufgetragen.
Während beim Oxydulgleichrichter diese Spannung U'_S mit wachsendem U eine Art
Sättigung erreicht, die darauf hinweist, daß die Überschwemmung der chemischen
Sperrschicht vom Innern des Halbleiters her in der Flußrichtung schließlich eine
Grenze erreicht, so daß bei weiterer Erhöhung von U auf die Existenz eines einiger-
maßen konstanten Bahnwiderstandes geschlossen werden kann, ist eine solche Sät-
tigung beim Selengleichrichter, wie Bild 24b zeigt, nicht vorhanden. Wenn die dar-
gestellte Einbuchtung der U'_S, U-Kurve bei $U \approx 0,3$ V reell ist[2]), wird man den

---

[1]) Bei höheren Spannungen treten die beim Selengleichrichter bekannten zeitlichen Veränderungen
auf, die eine genaue Messung verhindern.

[2]) Man muß immerhin mit der Möglichkeit rechnen, daß bei den untersuchten Gleichrichtern die
Gegenelektrode nicht vollkommen sperrfrei ist. Ist, bei stärkeren Flußspannungen, der Sperrwiderstand
an der Gegenelektrode mit dem Flußwiderstand der Hauptelektrode vergleichbar, so würde sich das
in Bild 21 und 23 dokumentierte Anwachsen des Sperrwiderstandes mit der angelegten Spannung in

hier vorhandenen Kurvenverlauf vielleicht als Ansatz zu einer Sättigung betrachten und aus der Ähnlichkeit mit dem Anfangsteil der Kupferoxydulkurve auf ähnliche p_R-Werte ($\approx 10^{-3}$) in der unmittelbaren Nachbarschaft der A-Elektrode schließen können. Bei weiterer Vergrößerung der Flußspannung U findet jedoch ein erneutes Aufbiegen von U'_S statt, das darauf hindeuten würde, daß jetzt nochmals, aus noch besser leitenden Gebieten der Selenschicht heraus, eine neue Überschwemmung einsetzt, die bei $U = 0,6$ V noch nicht ihre Begrenzung gefunden hat.

Übrigens sei darauf hingewiesen, daß in Bild 24a und b nicht etwa der allenfalls bei hohen U-Werten auftretende Sättigungswert von U'_S als wahrer Wert für $\mathfrak{V} \ln 1/p_R$, mit $p_R = n_R/(n_H)_R$, zu deuten wäre. Dagegen darf man vermuten, daß ein solcher Sättigungswert mit dem Verhältnis $p'_R = n_R/(n_H)_i$ im Zusammenhang steht, wobei $(n_H)_i$ die Neutraldichte in dem best leitenden Teil der Halbleiterschicht darstellt. Da $(n_H)_i$ um viele Zehnerpotenzen größer sein kann als $(n_H)_R$, kann $\mathfrak{V} \ln 1/p'_R$ um mehrere zehntel Volt größer sein als $\mathfrak{V} \ln 1/p_R$.

Die Untersuchung eines zweiten Selengleichrichters der gleichen Type ergab Übereinstimmung sämtlicher Meßwerte mit denen des ersten Exemplars bis auf wenige Prozent.

§ 25. Charakteristische Längendimensionen in der Randschichttheorie und Methoden zu ihrer Bestimmung.

Bisher ist nur von einer Prüfung der Kennlinienaussagen der Randschichttheorie die Rede gewesen. Ergänzend sollen noch die Aussagen der Theorie über die Dicke der wirksamen Randschicht erörtert und auf Prüfungsmöglichkeiten dieser Aussagen hingewiesen werden.

Die wichtigste Rolle spielen die Abmessungen der Sperrschicht bei $U \approx 0$; die Abmessungen im Fall großer Fluß- und Sperrströme sollen hier nicht erörtert werden. Aus (5, 14) erhält man für $\gamma = 0$ bei Einsetzen von (3, 01) die Form:

$$\frac{d^2 \ln p}{d\xi^2} + \mathfrak{f} \cdot \left[\frac{1}{p + p_3} - \frac{p}{1 + p_3}\right] = 0 \,. \tag{25, 01}$$

Die Verteilung der relativen Teilchenzahl p hängt hiernach nicht von ξ, sondern von $\xi \sqrt{\mathfrak{f}}$ und damit wegen (5, 04) von $x_0/\sqrt{\mathfrak{f}}$ ab; werden Randschichten mit gleichen p_R und p_3, jedoch verschiedenen x_0 und $\mathfrak{f}$ verglichen, so sind die p-Werte die gleichen, falls die x gleiche Vielfache oder Bruchteile von $x_0/\sqrt{\mathfrak{f}}$ sind. Diese im folgenden mit l^0 bezeichnete Größe ist also die eigentliche charakteristische Strecke der Randschicht für $U \approx 0$:

$$l^0 = x_0/\sqrt{\mathfrak{f}} \,. \tag{25, 02}$$

Aus (5, 05) folgt:

$$l^0 = \sqrt{\frac{\varepsilon b \mathfrak{V}}{4\pi \varkappa_H \mathfrak{f}}} \,. \tag{25, 03}$$

Mißt man $\varkappa_H$ in $\Omega^{-1}\,\mathrm{cm}^{-1}$, die Diel.-Konstante dagegen nach wie vor in elektrostatischem Maß, so tritt noch der Faktor $(9 \cdot 10^{11})^{-1/2}$ hinzu; der Faktor $\sqrt{\frac{\varepsilon b \mathfrak{V}}{4\pi}}$ hat für Zimmertemperatur nahezu den Wert 1, wenn man $\varepsilon \approx 4\pi$, $b \approx 1/\mathfrak{V} \approx 40$ cm/sec pro V/cm ansetzt. Es wird also:

$$l^0 \approx 10^{-6} \sqrt{\frac{1}{\mathfrak{f} \varkappa_H}} \ \mathrm{cm}. \tag{25, 04}$$

einer Verzögerung des Anwachsens des Flußstromes bemerkbar machen und vielleicht zu einer derartigen Einbuchtung führen können, wie sie in Bild 24b festzustellen ist. Die Frage wäre experimentell an Selenschichten zu klären, die doppelseitig von gleichen Fe-Ni-Elektroden begrenzt sind.

Für $\mathfrak{f} = 1$ ergeben sich hieraus die in den „Grundlagen", S. 387 und 396, genannten Abmessungen $l^0 \approx 10^{-3}$ cm für $\varkappa_H = 10^{-6}\,\Omega^{-1}\,\text{cm}^{-1}$ und $l^0 \approx 10^{-6}$ cm für $\varkappa_H = 1\,\Omega^{-1}\,\text{cm}^{-1}$. Für den in § 23 zugrunde gelegten, der Randstörstellendichte im Cu_2O entsprechenden Wert $(\varkappa_H)_R = 3 \cdot 10^{-6}$ würde sich, für $\mathfrak{f} = 1$, $l^0 \approx 6 \cdot 10^{-4}$ cm $= 6\,\mu$ ergeben, während die gesamte Schichtdicke der benutzten Oxydulschicht etwa 80 μ ist. Es ist hiernach nicht verwunderlich, wenn innerhalb dieser Schicht die Annahme der Störstellenhomogenität nicht mehr exakt zutrifft.

Für die genauere Diskussion eines Inhomogenitätseinflusses ebenso wie einer geometrischen Inhomogenität (Spitzeneffekte, vgl. § 26) ist jedoch nicht diese charakteristische Länge l^0 maßgebend, sondern die Dicke derjenigen Schicht, in der sich der Randwiderstand zum größten Teil konzentriert. Könnte man annehmen, daß die Teilchendichte n von ihrem Randwert n_R aus nach dem Halbleiterinnern exponentiell ansteigt, so würde, wie man sich leicht überzeugt, der Gesamtwiderstand der Randschicht ebenso groß sein wie der Widerstand einer Schicht mit der konstanten Teilchendichte n_R und einer Dicke, die gleich der Abklingstrecke a^0 dieser Exponentialfunktion ist. Der Widerstandsbeitrag der wirklichen Schicht von der Dicke a^0 wäre $(1 - 1/e)$ mal so groß, also bereits von der Größenordnung des Gesamtwiderstandes. Alle Schichten $x > a^0$ würden nur noch einen geringen Beitrag zum Gesamtwiderstand liefern.

Bei den wirklichen (n, x) Gesetzen (9, 08), (11, 03) und (11, 07) der Randschichttheorie für $U \approx 0$ liegen die Verhältnisse ähnlich. Es ist zweckmäßig, hier eine Länge l_R^0 zu betrachten, die, falls eine Schicht von dieser Dicke homogen mit der Randdichte n_R angefüllt wäre, denselben Widerstand $R_0^{(z)}$ (pro Quadratzentimeter) ergeben würde wie die ganze Randschicht. Innerhalb dieser Schicht muß dann der wahre Schichtwiderstand auch in Wirklichkeit annähernd konzentriert sein, falls die (n, x)-Gesetze derart sind, daß für $x = l_R^0$ die Dichte n noch von der gleichen Größenordnung wie n_R ist.

Definitionsgemäß ist also: $\quad l_R^0 / \varkappa_R = R_0^{(z)}$,

$$l_R^0 = R_0^{(z)} \cdot \varkappa_R \,. \tag{25, 05}$$

Aus (12, 01) folgt:
$$l_R^0 = x_0 \cdot \frac{\varkappa_R}{\varkappa_H} \cdot A_0 = p_R \, x_0 \, A_0 \,. \tag{25, 06}$$

Aus (25, 02) ergibt sich mit (12, 03) und $p_R \ll 1$ für $p_R \gg p_3$ (Reservegebiet):

$$l_R^0 = \sqrt{2\,p_R} \cdot l^0; \tag{25, 07}$$

für $p_R \ll p_3$ (überwiegend Erschöpfungsgebiet) folgt aus der in Bild 7 für dieses Gebiet gegebenen Annäherungsdarstellung:

$$l_R^0 = \sqrt{\frac{p_3}{2 \ln p_3/p_R}} \cdot l^0. \tag{25, 08}$$

Eine Nachprüfung ergibt, daß in beiden Fällen für $x = l_R^0$ die Teilchendichte n noch nicht klein gegen n_R ist, so daß in der Tat der gesamte Randwiderstand annähernd in einer Schicht von der Dicke l_R^0 konzentriert angenommen werden kann. Da diese Schicht widerstandsmäßig den „Kern" der Randschicht darstellt, möge l_R^0 im folgenden als „Kerndicke" (der Randschicht) bezeichnet werden.

Für das in § 22 durchgerechnete Beispiel des HS-Kupferoxydulgleichrichters war $p_R \approx 10^{-3}$, $p_3 \approx 40\,p_R \approx 4 \cdot 10^{-2}$ anzunehmen, so daß aus der in diesem Fall annähernd gültigen Formel (25, 08) $l_R^0 \approx l^0/14$ folgen würde, was mit dem oben errechneten l^0-Wert von $6 \cdot 10^{-4}$ cm einen l_R^0-Wert von etwa $4 \cdot 10^{-5}$ cm, also etwa $^1/_{200}$ der gesamten Oxydulschichtdicke von $8 \cdot 10^{-3}$ cm ergeben würde.

Empirisch hiermit zu vergleichen ist einerseits der aus Kapazitätsmessungen ermittelte Dickenwert derjenigen Schicht, zu deren beiden Seiten sich bei kleinen Wechselstrombelastungen die Ladungen anstauen. Für NS-Gleichrichter haben die Messungen von 1929 bekanntlich eine Nullkapazität von 25000 cm ergeben[1]), was, unter Annahme eines Flächenfaktors ≈ 1 und einer Diel.-Konstante 12 einem Kondensator von $4 \cdot 10^{-5}$ cm Dicke entspricht. An HS-Gleichrichtern durchgeführte Kapazitätsmessungen haben eine Nullkapazität von etwa 7000 cm ergeben, was demnach einer etwa 3,6mal größeren Schichtdicke entsprechen würde. Theoretisch wäre eine Kapazitätsschichtdicke zu fordern, die etwa im Verhältnis $\ln p_3/p_R \approx 4$ größer wäre als l_R^0 (vgl. die in Aussicht gestellte Kapazitätsveröffentlichung). Die Übereinstimmung ist also praktisch vollkommen; jedenfalls besser, als man mit Rücksicht auf die unsicheren Annahmen über $(\varkappa_H)_R$ (§ 23) erwarten konnte. Die Annahme $f \approx 1$ für das Cu_2O wird hierdurch gestützt.

Andererseits ist der errechnete l_R^0-Wert von $4 \cdot 10^{-5}$ cm mit den Aussagen zu vergleichen, die über die Dicke der chemischen Sperrschicht gemacht werden können. Nur wenn diese Dicke größer als l_R^0 ist, ist ja die homogene Randschichttheorie, wenigstens für $U \approx 0$ und die Flußrichtung, als Annäherungsannahme brauchbar. Für den Hinterwandgleichrichter ist eine ganz rohe Abschätzung der Störstellenverteilung unter der Annahme eines linearen n_H-Gefälles, „Grundlagen", S. 391, Bild 10, durchführbar. Wird auf der Mutterkupferseite $(\varkappa_H)_R \approx 3 \cdot 10^{-6}\,\Omega^{-1}\,cm^{-1}$, auf der Gegenelektrodenseite ein spezifischer Widerstand $\approx 500\,\Omega \cdot cm$ angenommen, der dem sauerstoffreichen, bei mäßigen Temperaturen getemperten Cu_2O entspricht[2]), so wäre dort $\varkappa_H \approx 2 \cdot 10^{-3}\,\Omega^{-1}\,cm^{-1}$ zu setzen und demnach bei linearem Anstieg die Größe $\varkappa_H$ in einer Entfernung vom Mutterkupfer gleich $1/_{200}$ der Gesamtschichtdicke (s. oben) auf $3 \cdot 10^{-6} + \dfrac{2 \cdot 10^{-3}}{200} \approx 13 \cdot 10^{-6}\,\Omega^{-1}\,cm^{-1}$, also immerhin auf etwa den vierfachen Betrag angestiegen. Die gemachten Annahmen sind nicht sicher; es ist sehr wohl denkbar (vgl. „Grundlagen", S. 391, Anm. 3), daß das Konzentrationsgefälle unmittelbar am Mutterkupfer schwächer ist. Jedenfalls sieht man aber, daß auch ohne die Annahme eines irgendwie abrupten Störstellengefälles am Mutterkupfer („Grundlagen", Bild 9) schon eine Beeinflussung der reinen Randschichteffekte durch die Inhomogenität der Störstellenverteilung innerhalb der Kerndicke l_R^0 in Betracht gezogen werden muß. Erst recht gilt das für NS-Gleichrichter und in noch höherem Maße für Vorderwandgleichrichter, bei denen die Dicke der „chemischen Sperrschicht" nur zu etwa $2 \cdot 10^{-6}$ cm festgestellt wurde[3]).

Neben der hier diskutierten Kerndicke l_R^0 ist, wie in den „Grundlagen", S. 398ff., besprochen wurde, noch eine als „Äquivalentschichtdicke" bezeichnete Größe l_{aeq}^0 für die Dimensionsfragen der Randschichttheorie von Bedeutung. l_{aeq}^0 ist definitionsgemäß die Dicke einer Halbleiterschicht von der Leitfähigkeit $\varkappa_H$ und dem Widerstand $R_0^{(z)}$:

$$l_{aeq}^0/\varkappa_H = R_0^{(z)}\,,$$

$$l_{aeq}^0 = R_0^{(z)} \cdot \varkappa_H\,. \tag{25,09}$$

Durch Vergleich mit (25, 05) folgt:

$$l_{aeq}^0 = \frac{\varkappa_H}{\varkappa_R} \cdot l_R^0\,. \tag{25,10}$$

---

[1]) A. a. O. S. 53, Fußnote 1.
[2]) F. Waibel: Z. techn. Phys. **11** (1935) S. 366, Bild 1.
[3]) F. Waibel u. W. Schottky: Die Naturwiss. **20** (1932) S. 297.

Bei inhomogener Störstellenverteilung kann hierbei unter $\varkappa_H$ entweder noch der
— durch Störstellenverarmung verminderte — Wert $(\varkappa_H)_R$ an der Sperrelektrode
verstanden werden oder ein Wert von $\varkappa_H$, der der Leitfähigkeit des anschließenden
gut leitenden Halbleiters entspricht. Im ersten Fall ist für $\varkappa_H/\varkappa_R$ der in der Randschichttheorie benutzte Wert $1/p_R$ einzusetzen, im zweiten Fall ein Wert $1/p'_R$, der
noch viele Zehnerpotenzen größer sein kann. Auf alle Fälle ist l^0_{aeq} bei einigermaßen
guten Gleichrichtern ($p_R \ll 1$) sehr groß gegen l_R.

Die Bedeutung von l^0_{aeq} für Spitzendetektoren ist in „Grundlagen", S. 400 und 401,
erörtert worden. Hier sollen schichtförmige Anordnungen etwas näher besprochen
werden, und zwar werden speziell Halbleiterschichten mit „sperrfreien Elektroden"
im Sinne von „Grundlagen", S. 399, betrachtet, wobei jedoch sperrfrei nur in dem
Sinne zu verstehen ist, daß an den Elektroden keine Störstellenverarmung eingetreten
ist. Dagegen sei eine Randverarmung p_R an den Elektroden vorhanden. Es wurde
darauf hingewiesen, daß bei derartigen Anordnungen die Randwiderstände $R_0^{(z)}$
und ihre nichtlinearen Eigenschaften (die auch bei Gegeneinanderschaltung nicht
verschwinden) sich dann bemerkbar machen müssen, wenn die Schichtdicke d in die
Größenordnung von l^0_{aeq} herabsinkt.

Für den Fall einer Cu_2O-Schicht mit konstantem $\varkappa_H$ ist, wegen $p_3 \gg p_R$, nach
(25, 10), (25, 08) und (25, 04), und mit $\varkappa_H\, p_R = \varkappa_R$:

$$l^0_{aeq} = 10^{-6}\,\sqrt{\frac{1}{\mathfrak{f}\,\varkappa_R}} \cdot \sqrt{\frac{p_3/p_R}{2\ln p_3/p_R}}\,. \tag{25, 11}$$

Hierin ist die vom Störstellengehalt abhängige Leitfähigkeit $\varkappa_H$ gar nicht mehr
explizit enthalten; da auch p_3/p_R nach den Ausführungen in § 23 nur von K_D/n_R,
dagegen nicht explizit vom Störstellengehalt abhängt, wäre nur über die etwaige
Abhängigkeit der Reaktionskonstanten K_D vom Störstellengehalt eine (schwache)
Abhängigkeit von der Eigenleitfähigkeit zu erwarten. (n_R und damit $\varkappa_R$ kann bei
nicht zu hohen Störstellengehalten als eine allein durch die Austrittsarbeit Metall-
Halbleiter bestimmte Größe angesehen werden.) Für $\varkappa_R$ ist aus der in § 22 angenommenen (Rand-) Leitfähigkeit $(\varkappa_H)_R \approx 3 \cdot 10^{-6}$ mit $p_R \approx {}^1\!/_{1000}$ bei Zimmer-
temperatur ein $\varkappa_R$-Wert von $3 \cdot 10^{-9}\,\Omega^{-1}\,cm^{-1}$ zu erschließen. Wird überdies der
p_3/p_R-Wert 40 eingesetzt und $\mathfrak{f} \approx 1$ angenommen, so folgt:

$$l^0_{aeq} \approx 4 \cdot 10^{-2}\,cm = 0{,}4\,mm.$$

Empirisch wird an derartigen Platten mit beiderseitigen Cu-Elektroden das Hervortreten eines nichtlinearen Widerstandes bei Zimmertemperatur anscheinend noch
nicht beobachtet, wohl aber bei etwas tieferen Temperaturen, wenn $\varkappa_R$ etwa eine
Zehnerpotenz kleiner geworden ist[1]). Die Übereinstimmung zwischen Rechnung
und Beobachtung ist also hier nicht so gut wie in den bisher erörterten Fällen, immerhin aber bei der Unsicherheit der $\varkappa_R$- und p_3/p_R-Werte noch einigermaßen befriedigend. Weitere Messungen dieser Art mit variierter Schichtdicke wären erwünscht.

Als Abschluß der ganzen Erörterung der experimentellen Befunde bei Flächengleichrichtern möge noch folgendes bemerkt werden. Die Ergebnisse am Cu_2O- und
Selengleichrichter sind vom Standpunkt der homogenen Randschichttheorie aus
durchgeprüft worden und haben im großen ganzen eine auch quantitative Bestätigung
dieser Theorie ergeben; zugleich hat sich aber herausgestellt, daß die Randschichttheorie das Verhalten dieser Gleichrichter nur in gewissen Bereichen und nur mit

---

[1]) F. Waibel: Z. techn. Phys. **11** (1935) S. 366 und mündliche Mitteilungen.

einer gewissen Näherung darstellt. Schon beim HS-Kupferoxydulgleichrichter, noch mehr beim NS-Gleichrichter und vor allem beim Selengleichrichter, scheinen die Störstelleninhomogenitäten die Erscheinungen stark zu beeinflussen, so daß hier eine exakte Prüfung bisher nicht möglich ist.

Zweifellos wird man von einer Durchführung der Raumladungstheorie der Kristallgleichrichtung unter der Annahme einer inhomogenen Störstellenverteilung[1]) weitere ·Aufschlüsse und bessere Vergleichsmöglichkeiten mit den Experimenten zu erwarten haben. Da jedoch die Annahmen über diese Störstellenverteilung noch einen größeren Spielraum zulassen, wird man auch einen etwas anderen Weg einschlagen und experimentell die Voraussetzungen der homogenen Randschichttheorie möglichst weitgehend zu verwirklichen suchen. Darüber hinaus sollten, wie schon in den „Grundlagen", S. 395/396, vorgeschlagen, zur einwandfreien Sicherstellung der Grundvoraussetzungen der Theorie Versuche durchgeführt werden, die eine möglichst direkte Bestimmung ihrer maßgebenden Parameter, insbesondere der Randdichte n_R bzw. der Randleitfähigkeit $\varkappa_R$, ermöglichen.

§ 26. Spitzendetektoren.

Spitzendetektoren werden sich in der Umgebung von $U = 0$ offenbar praktisch ebenso wie Flächengleichrichter verhalten, wenn die Schicht, in der sich der Randwiderstand konzentriert (Kernschicht), dünner ist als der Kontaktradius r_K der Spitze (definiert als Radius der annähernd kreisförmig angenommenen Berührungsfläche zwischen Metallspitze und Halbleiter; vgl. „Grundlagen", S. 400). Die Bedingung für das quasiebene Verhalten von Spitzendetektoren für $U \approx 0$ ist also:

$$l_R^0 < r_K. \qquad (26,01)$$

Bei Halbleitern mit (innerhalb der Länge r_K) hinreichend homogenem Störstellengehalt ist nach § 25 die Kerndicke l_R^0 durch (25, 07) bzw. (25, 08) gegeben.

Andererseits wurde als Bedingung dafür, daß der Randwiderstand gegenüber dem Bahnwiderstand des von der Metallspitze berührten Halbleiters merkbar hervortritt, in „Grundlagen", S. 400, die Bedingung aufgestellt:

$$l_{\mathrm{aeq}}^0 \gg r_K. \qquad (26,02)$$

Bei innerhalb r_K merklich homogenem Störstellengehalt ist hierbei l_{aeq}^0 nach (25, 10) für ein $(\varkappa_H)_R$ zu berechnen, das der Störstellendichte innerhalb dieser Entfernung r_K entspricht; für die entfernteren Teile des Halbleiters ist nur zu fordern, daß dort $(\varkappa_H)_i$ nicht kleiner als $(\varkappa_H)_R$ ist.

Wegen (25, 10) ist die gleichzeitige Erfüllung beider Bedingungen (26, 01) und (26, 02) dadurch ermöglicht, daß $(\varkappa_H)_R/\varkappa_R = 1/p_R \gg 1$ ist; eine Bedingung, die in der homogenen Randschichttheorie die Tatsache der Randverarmung ausdrückt und somit die Grundbedingung für das Hervortreten eines Gleichrichtereffektes über-

---

[1]) Für den mathematisch besonders einfachen Sonderfall der störstellen- und raumladungsfreien Sperrschicht (vgl. „Grundlagen", S. 375, Anm. 2, sowie die dort zitierte Arbeit von N. F. Mott) lassen sich die zum Vergleich mit den Experimenten erforderlichen Rechnungen ohne weiteres ausführen. Ein Teil der Beobachtungen läßt sich auch im Rahmen dieser Theorie formal deuten. Sie liefert jedoch beispielsweise immer $\mathfrak{U} = \mathfrak{B}$ und überdies eine von der Vorspannung unabhängige Kapazität. Wenn man also die hier durchgeführte homogene Randschichttheorie durch Inhomogenitätsannahmen abändert, wird man auf eine Verbesserung der Übereinstimmung mit der Erfahrung nur rechnen dürfen, wenn man für die „chemische Sperrschicht" auf die Voraussetzungen der Raumladungsfreiheit und der fest gegebenen Dicke verzichtet.

haupt ist. Bei $1/p_R \gg 1$ und $(\varkappa_H)_R \leqq (\varkappa_H)_i$ wird sich also für quasihomogene Kontaktschichten immer ein Kontaktradius finden lassen, bei dem eine auf einen Halbleiter aufgesetzte Spitze einen Gleichrichtereffekt hervorruft, der für $U \approx 0$ (und ebenso für die Flußrichtung) im Rahmen der ebenen Randschichttheorie berechnet werden kann.

Solange der Fall der radialen Stromausbreitung nicht durchgerechnet ist, wird sich die quantitative Anwendung der Randschichttheorie der Spitzengleichrichter demnach auf den Fall der Gl. (26, 01) beschränken. Der entgegengesetzte Grenzfall

$$l_R^0 > r_K \tag{26,03}$$

sei hier deshalb nur kurz gestreift. In diesem Fall befindet sich der ganze Ausbreitungswiderstand des Halbleiters der Definition von l_R^0 zufolge in einem Bereich mit der annähernd konstanten Leitfähigkeit $\varkappa_R$. Die Schicht benimmt sich also wie ein Ohmscher Widerstand von der Größe $1/4\, r_K \cdot 1/\varkappa_R$ („Grundlagen", S. 400); insbesondere ist für $U \approx 0$ der Ausdruck $\dfrac{d^2 J}{d U^2}$ und damit die Richtkonstante α_1 gleich 0. Da sich in der Sperrrichtung die Schicht mit $\varkappa \approx \varkappa_R$ nur ausdehnen kann, bleibt dieser Widerstand auch in der Sperrrichtung erhalten; weil jedoch bei höheren Sperrspannungen $\varkappa_R$ durch Feldemissionseffekte wieder erhöht wird, ist der Widerstand bei $U \approx 0$ überhaupt am höchsten, ein Anwachsen des Widerstandes in der Sperrrichtung, wie bei ebenen Anordnungen, findet nicht statt. In der Flußrichtung fällt der Ausbreitungswiderstand erst ab, wenn durch die Randschichtkontraktion das Gebiet $\varkappa \approx \varkappa_R$ auf Abmessungen $< r_K$ zusammengedrängt wird. Spitzendetektoren, für die (26, 03) erfüllt ist, zeigen also erst nach Anlegen einer endlichen Vorspannung vom Flußspannungsvorzeichen eine Gleichrichterwirkung[1].

Es möge nunmehr der Fall $l_R^0 < r_K$ der Gl. (26, 01) betrachtet werden. Hier kann für $U \approx 0$ und für die Flußrichtung die Analyse der ebenen Theorie unverändert übernommen werden. Insbesondere sind die Ausdrücke der Tabelle 2, § 21, für die Richtkonstante α_1 und für die Schleusenspannung in Abhängigkeit von p_3 und p_R auch auf Spitzendetektoren der betrachteten Art anwendbar.

Über die Richtkonstante von Spitzendetektoren bei $U = 0$ und hinreichend kleinen Wechselspannungen ist in der bisherigen Literatur kaum etwas zu finden. Die Auswertung einiger in früheren Veröffentlichungen angegebenen, jedoch bei kleinen Spannungen nicht hinreichend genauen Kennlinien führte zu α_1-Werten, die Abklingspannungen $\mathfrak{U} \gg \mathfrak{B}$ entsprechen; so MoS_2 gegen Pt [2]) $\mathfrak{U}/\mathfrak{B} \approx 8$, MoS_2 gegen Cu [3]) $\mathfrak{U}/\mathfrak{B} \approx 10$, TiO_2 gegen Messing [3]) $\mathfrak{U}/\mathfrak{B} \approx 8$. Hiermit läßt sich nicht viel anfangen; man weiß nicht, ob es sich um Ohmsche Nebenschlüsse bzw. Vorschaltwiderstände [4]) handelt oder ob vielleicht der Fall $l_R^0 > r_K$ vorliegt [5]). Aufschlußreicher sind Messungen, die ausdrücklich zur Bestimmung der Richtkonstanten bei kleinen Spannungen 1935 von F. Waibel vor allem an verschiedenartigem Bleiglanz durchgeführt wurden [6]). Sowohl an einem natürlichen Bleiglanz („Kannenberg") wie an einem an sich

<hr>

[1]) Ebenso allerdings auch bei größeren Vorspannungen im Sperrrichtungssinn, da hier die Widerstandsminderung durch Feldemission einsetzt. Die Richtkonstante dieser Sperrgleichrichtung ist im allgemeinen kleiner als in der Flußrichtung, das Vorzeichen der Gleichrichtung umgekehrt.

[2]) M. J. Huizinga: Phys. Z. **21** (1920) S. 91.   [3]) G. W. Pierce: Phys. Rev. **25** (1907) S. 31.

[4]) Auch durch Vorschaltwiderstände wird die Richtkonstante, wie man leicht einsieht, herabgesetzt.

[5]) Ein Hinweis auf den letzten Effekt ist bei MoS_2 mit Cu-Spitze dadurch gegeben, daß für 0,15 V Flußspannung die Richtkonstante etwa doppelt so groß ist wie bei $U = 0$.

[6]) Zentral aboratorium des Werner-Werkes, unveröffentlicht.

nicht gleichrichtenden, jedoch durch Schwefeldampfbehandlung bei 600° formierten Bleiglanz wurden von F. Waibel Richtkonstanten gemessen, die mit ziemlicher Bestimmtheit auf einen Bestwert $\mathfrak{U} \approx 3\,\mathfrak{W}$ hinweisen. (Die Metallspitze bestand aus einer Silber-Kupfer-Legierung.) Ähnlich gute Werte ($\mathfrak{U} \approx 5\,\mathfrak{W}$) wurden an einem Buntkupfererz Cu_3FeS_3 mit dem gleichen Metallkontakt gemessen.

Daß der Wert $\mathfrak{U} \approx 3\,\mathfrak{W}$ bei Spitzengleichrichtern erreicht, aber nicht unterschritten wird, wäre vom Standpunkt der Randschichttheorie wohl folgendermaßen zu deuten. Da für $l_R^0 > r_K$ für $U = 0$ nur $\mathfrak{U} \gg \mathfrak{W}$ zu erwarten wäre, wird man die Fälle der besten Richtkonstante als quasieben, $l_R^0 < r_K$, betrachten. Der Befund $\mathfrak{U} \approx 3\,\mathfrak{W}$ würde dann auf einen Störstellengehalt des Halbleiters (innerhalb der r_K-Zone) und eine Randverarmung hinweisen, die so aufeinander abgestimmt sind, daß die Bedingung $p_3 < p_R$ („Reservegebiet") erfüllt ist. Nun sind die Absolutleitfähigkeiten der als Spitzendetektoren brauchbaren Substanzen im allgemeinen wesentlich größer als die der Halbleiter in Flächengleichrichtern; die Absolutströme sind von gleicher Größenordnung, die Berührungsflächen 6 bis 8 Zehnerpotenzen verschieden. Damit $p_R \ll 1$, $n_R \ll n_H$ wird, sind also bei Spitzengleichrichtern bereits n_R-Werte ausreichend, die, absolut genommen, um 6 bis 8 Zehnerpotenzen größer sein können als bei Flächengleichrichtern. Die Bedingung $p_3/p_R = K_D/n_R \ll 1$ ist also bei gleichen Ablösungsarbeiten der Störstellen (die für K_D maßgebend sind) bei den Spitzengleichrichtern mit sehr viel größerer Wahrscheinlichkeit erfüllt als bei Flächengleichrichtern. So würde die empirische Grenzbeziehung $\mathfrak{U} \approx 3\,\mathfrak{W}$ bei Spitzengleichrichtern von der Randschichttheorie recht einleuchtend erklärt werden.

Ob speziell der Bleiglanzdetektor wirklich ein Randschichtverarmungsgleichrichter ist, wird sich endgültig erst nach gleichzeitiger Bestimmung des Halleffektvorzeichens und der Gleichrichterkennlinie am gleichen, homogenen Material klären lassen[1]. Vorläufig kann die Randschichttheorie nur insofern noch einen Beitrag liefern, als sie für das Verhältnis von l_R^0 zu r_K eine Abschätzung gibt. Aus den obenerwähnten Messungen von F. Waibel läßt sich entnehmen, daß die spezifische Eigenleitfähigkeit $\varkappa_H$ der gut gleichrichtenden Bleiglanze meist an der unteren Grenze des für PbS bekannten Variationsbereiches von 1 bis $10^3\,\Omega^{-1}\,\mathrm{cm}^{-1}$ liegt. Daraus würde sich mit $p_3 \ll p_R$, aus (25, 07) und (25, 04) ergeben:

$$l_R^0 \approx 10^{-6} \sqrt{\frac{2\,p_R}{\mathfrak{f}\varkappa_H}} \approx 10^{-6} \sqrt{\frac{2\,p_R}{\mathfrak{f}}} \;\mathrm{cm}\;. \tag{26, 04}$$

Da $\mathfrak{f}$ nur > 1 und p_R nur < 1 sein kann, folgt hieraus für die Kerndicke bei Bleiglanzdetektoren ein extrem kleiner[2] Wert $l_R^0 \lesssim 10^{-6}$ cm, so daß auf alle Fälle die Voraussetzung der quasiebenen Randschicht bei $U \approx 0$ erfüllt sein müßte, wie schon oben angenommen wurde.

Für die Äquivalentschichtdicke l_{aeq}^0 erhält man für $p_3 \ll p_R$ aus (26, 04), (25, 10) und $\varkappa_R = \varkappa_H\,p_R$ einen Wert:

$$l_{\mathrm{aeq}}^0 \approx 10^{-6} \sqrt{\frac{2}{\mathfrak{f}\,p_R\varkappa_H}} \approx 10^{-6} \sqrt{\frac{2}{\mathfrak{f}\varkappa_R}}\;. \tag{26, 05}$$

---

[1] Vgl. hierzu eine demnächst erscheinende Erlanger Veröffentlichung von L. Eisenmann über den Zusammenhang von Halleffekt und Leitfähigkeit bei verschieden behandelten PbS- und PbSe-Substanzen.

[2] Darauf, daß bei derartig kleinen Schichtabmessungen schon bei $U = 0$ homogene oder lokale Feldemissionseffekte vorliegen können, die den ungestörten Wert von n_R bzw. $\varkappa_R$ wesentlich heraufsetzen, wurde schon in den „Grundlagen", S. 404, hingewiesen.

Wegen der Forderung (26, 02) muß dieser Ausdruck größer als die Kontakt-radien sein, bei denen noch gute Gleichrichtung beobachtet wird, also nach Grund-lagen, S. 400, $> 5 \cdot 10^{-4}$ cm. Das setzt Randleitfähigkeiten $\varkappa_R < 10^{-5}\,\Omega^{-1}\,\mathrm{cm}^{-1}$, also wegen $\varkappa_H \approx 1\,\Omega^{-1}\,\mathrm{cm}^{-1}$ recht hohe $1/p_R$-Werte (für $U \approx 0$) beim Bleiglanz voraus, selbst wenn für $\mathfrak{f}$ der günstigste Wert $\mathfrak{f} = 1$ angenommen wird.

Zum Schluß dieser — notwendig sehr kursorischen — Ausführungen über Spitzen-gleichrichter mögen noch ein paar Bemerkungen über ihr Verhalten in der Fluß-richtung, insbesondere über die bei Spitzendetektoren auftretenden Schleusenspan-nungen Platz finden. In der (U_s, $1/I^2$)-Darstellung findet man in sämtlichen unter-suchten Fällen — es handelt sich wohl stets um quasiebene Anordnungen — einen recht ähnlichen Verlauf wie bei Flächengleichrichtern (Bild 22). Einen Beitrag zum Cu_2O-Problem liefert ein Versuch mit einer Cu-Spitze auf gut leitendem Cu_2O[1]). Die Abkrümmung der Kurve ist geringer als im Fall des Bildes 22; man erhält ein längeres, ziemlich geradliniges Stück, das $U_S' \approx 0,3$ V und $U_S'' \approx U_S'$ liefert. Daß hier wesent-lich größere U_S-Werte beobachtet werden müssen, ergibt sich aus der Theorie; wegen $U_S = \mathfrak{B} \ln 1/p_R = \mathfrak{B} \ln n_H/n_R$ muß U_S mit wachsendem n_H stark anwachsen, und bei gut leitendem Cu_2O ist ja in der Tat $\varkappa_H \approx 5 \cdot 10^{-3}$, während die Analyse des Hin-terwandgleichrichters auf $(\varkappa_H)_R \approx 3 \cdot 10^{-6}$ führte.

Bei Bleiglanz wurden bei den gut gleichrichtenden Stücken recht hohe U_S-Werte (0,5 bis 0,6 V) gemessen. Diese Werte würden zu den hohen $1/p_R$-Werten, die aus (26, 05), (26, 02) und den beobachteten r_K geschlossen werden mußten, gut passen. Daß die Gleichrichtung des PbS mit Metallspitze in Wirklichkeit nicht den hohen Betrag erreicht, der zu so großen $1/p_R$-Werten gehören würde, könnte damit zusam-menhängen, daß bei den gewöhnlichen Kontaktdrucken die Bedingung (26, 02) doch nur unvollkommen erfüllt und somit die Gleichrichterwirkung durch einen kon-stanten Vorschaltwiderstand begrenzt ist.

Ähnlich liegen die Verhältnisse vielleicht bei dem — ebenfalls verhältnismäßig gut leitendem — MoS_2. Hier kommt man auch auf U_S'-Werte von 0,5 bis 0,6 V.

Endlich wurden noch Messungen von W. Hartmann[2]) an ZnO-Pastillen mit künstlicher (Bakelit-) Sperrschicht und aufgedampfter Silberelektrode in ähnlicher Weise ausgewertet. Es handelt sich hier im Sinne der „Grundlagen", S. 403, um einen Vielfachspitzengleichrichter (Porenschichtgleichrichter) mit einer direkten Ag-ZnO-Berührung durch die sehr engen (etwa 1 μ Dmr.) Poren der Kunstschicht hin-durch. ZnO besitzt, wie die beiden letztgenannten Substanzen, bei der von W. Hart-mann angewandten Behandlung (Vakuumbehandlung bei 400°) eine verhältnismäßig hohe Leitfähigkeit, so daß man es in der geschilderten Anordnung wohl ebenfalls als quasiebenen Spitzendetektor betrachten darf. Die (U_s, $1/I^2$)-Kurven ähnelten denen der übrigen untersuchten Kombinationen; die beobachteten U_S'-Werte waren 0,7 bis 0,8 V.

Inhomogenitäten (chemische Sperrschichten) in der Oberflächenschicht des Halb-leiters, die im Sinne von § 22 zu einer Überhöhung der U_S'-Werte führen könnten, sind bei PbS, MoS_2 und erst recht bei ZnO mit Bakelitschicht natürlich im Rahmen der bisherigen Versuche noch nicht auszuschließen.

---

[1]) F. Waibel: 1930, unveröffentlicht. Die Richtkonstante wurde hierbei leider nicht bestimmt.
[2]) W. Hartmann: Teilweise veröffentlicht in Z. techn. Phys. **11** (1936) S. 436.

Zusammenfassung.

Die in dieser Arbeit durchgeführten Rechnungen zur Halbleitertheorie der Flächen- und Spitzengleichrichter gehen davon aus, daß der hohe Übergangswiderstand an der sperrenden Elektrode dieser Gleichrichter in erster Linie auf der hohen Elektronenaustrittsarbeit Metall—Halbleiter beruht, die eine Randverarmung der Elektronen (bzw. Defektelektronen) des Halbleiters und damit zugleich das Auftreten einer Raumladung in der Randzone verursacht. Zur Berechnung dieser Raumladung dienen Untersuchungen über das thermische Gleichgewicht geladener Störstellen im Halbleiter, die im ersten Abschnitt (A) der Arbeit durchgeführt sind; Halbleiter, deren Elektronen nicht durch Störstellendissoziation, sondern durch Elektronenanregung im ungestörten Gitter erzeugt werden (Eigenhalbleiter), vermögen keine Randverarmung und infolgedessen auch keine Gleichrichterwirkung der betrachteten Art hervorzurufen. Auf Grund der Rechnungen des ersten Abschnittes läßt sich die Raumladungsdichte in Abhängigkeit von der örtlichen Elektronen- (oder Defektelektronen-) Dichte bestimmen. Im zweiten Abschnitt (B) werden auf Grund dieser Beziehung die Differentialgleichungen für den örtlichen Verlauf der Randdichte der Elektronen mit und ohne Stromdurchgang aufgestellt; ferner wird der Potentialverlauf in der Randschicht und schließlich die gesamte an der Randschicht auftretende Klemmenspannung berechnet. In den drei nächsten Abschnitten (C, D und E) werden die Rechnungen für die Umgebung des stromlosen Zustandes, für das Flußgebiet und das Sperrgebiet im einzelnen durchgeführt; hierbei ergibt sich die in einer früheren Arbeit (Grundlagen) qualitativ geschilderte Ausdehnung der Verarmungszone in der Sperrichtung, ihre Zusammenziehung in der Flußrichtung, die für die Gleichrichterwirkung verantwortlich ist. Es gelingt, für den Verlauf der Kennlinien in allen drei Gebieten Näherungsformeln aufzustellen, die an der Erfahrung geprüft werden können. Im Schlußabschnitt (F) wird diese Prüfung an Kupferoxydulgleichrichtern, am Selengleichrichter und bis zu einem gewissen Grade auch an Spitzendetektoren durchgeführt. Als besonders aufschlußreich erweist sich hierbei eine doppelt logarithmische Darstellung des Verlaufs der Kennlinien im Sperrgebiet; dieser Verlauf, zusammen mit dem Wert der Richtkonstanten bei der Vorspannung 0, weist für die untersuchten Kupferoxydulgleichrichter auf eine vollständige Dissoziation der Störstellen an der Metallgrenze hin (Donatorenerschöpfung), während beim Selengleichrichter auf unvollkommene Dissoziation zu schließen ist. In der Flußrichtung bietet die Bestimmung der „Schleusenspannung" die wichtigste Handhabe für die Analyse der Kennlinien. Es zeigt sich schließlich, daß die unter der Annahme homogener Störstellendichte durchgeführte Theorie die wirklichen Eigenschaften der technischen Gleichrichter bereits in wichtigen Zügen zu deuten und quantitativ festzulegen vermag; gleichzeitig wird aber klar, daß bei Kupferoxydul- und in noch höherem Maße bei Selengleichrichtern die Berücksichtigung einer örtlich veränderlichen Störstellenverteilung (chemische Sperrschicht) zu einer exakten Darstellung der Ergebnisse bei größeren Fluß- und Sperrspannungen unumgänglich ist. In zwei Schlußkapiteln werden die von der Theorie geforderten absoluten Abmessungen der Sperrschichten mit der Erfahrung verglichen und das Verhalten der Spitzendetektoren, unter anderem des Bleiglanzdetektors, erörtert, deren Eigenschaften sich in gewissen Kennlinienbereichen ebenfalls im Rahmen der durchgeführten Theorie verstehen lassen.

5*

Die Zündung langer positiver Säulen in Edelgasen und Quecksilberdampf.

Von **Georg Mierdel**.

Mit 12 Bildern.

Mitteilung aus dem Siemens-Röhren-Werk zu Siemensstadt.

Eingegangen am 8. Oktober 1938.

Inhaltsübersicht.

Liste der verwendeten Bezeichnungen.

Zeichen	Bedeutung des Zeichens	Einheit
R	Halbmesser des Entladungsrohres	cm
S	Elektrodenabstand (Schlagweite)	cm
L	Mittlere Fortschreitungslänge der Elektronen	cm
p	Gasdruck	Torr
λ	Mittlere freie Elektronenweglänge	cm
λ_1	Dasselbe je Druckeinheit ($\lambda_1 = \lambda \cdot p$)	cm $\cdot$ Torr
v	ungeordnete Elektronengeschwindigkeit	cm/s
$u^-,\ u^+$	Fortschreitungsgeschwindigkeit der Elektronen (bzw. positiven Ionen)	cm/s
D	Diffusionskoeffizient der Elektronen	cm^2/s
b_1	Beweglichkeit positiver Ionen beim Druck 1 Torr	cm$^2 \cdot$ Torr/(V $\cdot$ s)
α	Townsendscher Stoßkoeffizient für Elektronen	cm^{-1}
γ	Ausbeute für Elektronenauslösung durch positive Ionen	1
E	Zündfeldstärke	V/cm
U_0	Zündspannung	V
$m,\ M$	Masse des Elektrons bzw. Atoms	g
T_k	Temperatur der Glühkathode	°K.

1. Einleitung, Aufgabenstellung.

Bei der Zündung der positiven Säule, d. h. eines plasmaerfüllten Entladungsgebildes langgestreckter Form, ist die Zündbedingung wie auch bei anderen Entladungsformen durch eine Stationaritätsbedingung gegeben: Es muß jedes Elektron während seines Aufenthaltes in der Entladungsstrecke auf dem Umweg über beliebige Träger erzeugende Prozesse für seinen Nachfolger sorgen. Dann und nur dann ist eine brennende Entladung stationär möglich, und eine beliebig geringe Vergrößerung der Feldstärke führt zu einem Kippen in eine beliebig stromstarke Entladung.

Speziell für die Zündung einer „freien" Säule, d. h. abgelöst von allen Elektrodenvorgängen, hat M. Steenbeck[1]) gezeigt, daß man den bekannten Schottkyschen Ansatz für die Stationarität der brennenden Säule auch auf die zündende Säule übertragen kann, wenn man nur statt des ambipolaren Diffusionskoeffizienten

---

[1]) M. Steenbeck: Wiss. Veröff. Siemens **XV**, 3 (1936) S. 32.

den reinen Diffusionskoeffizienten der Elektronen in die Formel einsetzt, entsprechend der Überlegung, daß ja im Falle der Zündung noch gar nicht so viele Ladungsträger vorhanden sind, daß durch die Raumladungskopplung die Abdiffusion der Elektronen zur Wand merklich gehemmt wird. Ist nun L die Strecke, die bei Berücksichtigung der Abdiffusion im Mittel von einem Elektron in Feldrichtung zurückgelegt wird, so schreibt sich die Zündbedingung einfach in der Form

$$\alpha \cdot L = 1 . \tag{1}$$

α ist hier der Townsendsche Stoßkoeffizient für Elektronen.

Diese Überlegungen wurden dann anschließend von G. Mierdel und M. Steenbeck[1]) verallgemeinert und unter Berücksichtigung der Elektronenbefreiung an der Kathode durch das Auftreffen positiver Träger erweitert und führten dann zu der Zündbedingung

$$\gamma \cdot \frac{\alpha}{\alpha - 1/L} \left[e^{(\alpha - 1/L) \cdot S} - 1 \right] = 1 . \tag{2}$$

Hierin ist γ die Ausbeute für die Elektronenbefreiung an der Kathode und S der Elektrodenabstand.

Messungen, die zur Prüfung der Zündbedingungen (1) und (2) herangezogen werden können, sind bisher noch nicht veröffentlicht. Es wurden daher derartige Messungen an Edelgasen (Helium, Neon, Argon, Krypton) und Quecksilberdampf durchgeführt, über die im Teil 2 berichtet wird. In Teil 3 werden sodann die mit Neon und Argon erhaltenen Beobachtungen behandelt und mit den theoretischen Ansätzen verglichen.

2. Die Messung der Zündfeldstärken.

Die zur endgültigen Messung der Zündfeldstärken benutzten Rohre hatten fast alle einen lichten Halbmesser $R = 1,4$ cm. Der Elektrodenabstand S wurde zwischen 4,7 cm und 100 cm verändert, und zwar teils durch Verwendung mehrerer, verschieden langer Rohre mit fest eingebauten Elektroden, teils unter Benutzung einer magnetisch von außen verschiebbaren Elektrode. Die Anode bestand in jedem Fall aus einer kreisförmigen Eisenscheibe mit einem Durchmesser $\approx 2,4$ cm, während bezüglich der Kathode je nach der Wahl des Elektronen liefernden Mechanismus drei verschiedene Anordnungen bzw. Schaltungen gewählt wurden (Bild 1). Zunächst (Fall a) wurde die Zündung mit einer kalten Kathode, also die Zündung einer regulären Glimmentladung, untersucht. In diesem Falle wurde als Kathode eine der Anode vollständig gleiche Eisenscheibe verwandt.

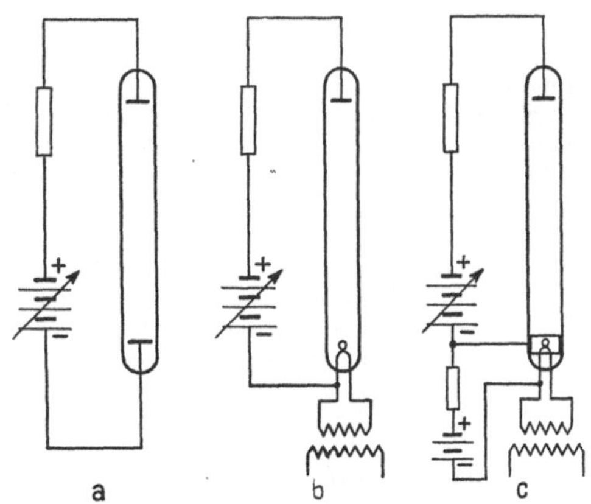

Bild 1. Grundsätzliche Schaltbilder.

Zur Vermeidung des Zündverzuges wurde in ihrer Nähe außen ein Radiumpräparat aufgestellt. Durch Umpolen der Spannung am Rohr änderte sich die Zündspannung nicht merklich, woraus auf ausreichende Symmetrie der Anordnung in geometrischer und elektrischer Beziehung geschlossen werden konnte.

---

[1]) G. Mierdel u. M. Steenbeck: Z. Phys. **106** (1937) S. 311.

Der zweite Fall (b) betrifft die Zündung von einer Glühkathode aus. Zu diesem
Zwecke wurde eine kleine direkt geheizte Oxydkathode mit einer wirksamen Drahtlänge von etwa 1 cm (in einer Windung) eingebaut und die Prüfspannung zwischen
diese und die Anode gelegt.

Drittens endlich (c) wurde als Elektronen liefernde „Kathode" für die zu zündende Säule ein bereits vorhandenes Plasma benutzt, das dadurch erhalten wurde,
daß zwischen der obenerwähnten Glühkathode und einem die Innenwand des Rohres
in der Höhe der letzteren bedeckenden Ringstreifen aus Graphit als Hilfsanode
— eingetrockneter Hydrokollag-Aufstrich — eine Hilfsentladung von einigen Milli-
ampere gezündet wurde. Die Prüfspannung wurde in diesem Falle zwischen Graphitring und Hauptanode angelegt, da ja das Potential des Plasmas praktisch mit dem
der Hilfsanode identisch ist.

Alle 3 Fälle betrifft nun die folgende meßtechnisch wichtige Bemerkung:

Um reproduzierbare Werte für die Zündspannung langer Säulen zu erhalten,
ist es, wie Vorversuche zeigten, unbedingt erforderlich, die Wirkung von Wand-
aufladungen in der Nähe der Kathode auszuschalten, die in ähnlicher Weise wie
bei der Gittersteuerung das Zündfeld statisch beeinflussen und wegen ihrer zufälligen
Beschaffenheit zu unkontrollierbaren Werten für die Zündspannung führen. Es
wurde deshalb das benutzte Versuchsrohr vor dem Einsetzen der Elektroden auf der
ganzen Länge an der Innenseite mit einem schlecht leitenden Überzug versehen,
der zusammen mit dem Elektrodenfeld einen in guter Annäherung linearen Potentialabfall im Rohr gewährleisten soll.

Nach manchen vergeblichen Versuchen erwies sich hierfür als das Geeignetste ein Belag aus kol-
loidalem Graphit (Hydrokollag), der in folgender Weise hergestellt wurde: Das Rohr wurde zunächst
mit zwei Platindraht-Einschmelzungen versehen, deren Abstand gleich dem beabsichtigten Elektrodenabstand gemacht wurde. Die vorher breit gehämmerten Drähte lagen glatt an der Innenseite an und
gaben so einen guten Kontakt mit dem aufzubringenden Graphitüberzug. Das mechanisch gut gereinigte
Rohr wurde sodann in senkrechter Lage vollkommen in die Hydrokollaglösung passender Konzentration
eingetaucht und unter Verwendung eines gleichmäßig laufenden Motors mit Vorgelege langsam aus der
Flüssigkeit herausgezogen. Durch ein besonderes axial eingeführtes Rohr konnte ein Strom warmer
Luft bis dicht an die Oberfläche der Flüssigkeit geführt werden, wodurch ein schnelles Antrocknen des
Belages bewirkt und ein Herabfließen der Emulsion, das, wie Vorversuche zeigten, zu einer ungleich-
mäßigen Widerstandsverteilung führt, vermieden wurde. Mit Hilfe dieser Schutzmaßregeln gelang es,
einen auf der ganzen Rohrlänge gleichmäßigen Widerstand in der Schicht und damit bei Anlegen einer
Spannung einen Spannungsabfall zu erzielen, der bis auf ±10% konstant war. Der Gesamtwiderstand
dieser getauchten Schicht ist von der Konzentration der verwendeten Lösung abhängig; diese jedoch
ist nach unten hin dadurch begrenzt, daß eine zu dünne Lösung kein gleichmäßiges Anhaften der Schicht
mehr ergab und damit zu einem nichtlinearen Spannungsabfall führte. Um diesen Fehler zu vermeiden,
konnte höchstens mit Konzentrationen von etwa 1:3 der ursprünglichen Lösung gearbeitet werden;
die dadurch erzielten Widerstände waren jedoch zu klein, um ohne Gefährdung der Schicht Gradienten
von 10 bis 20 V/cm anlegen zu können, die ungefähr den zu erwartenden Zündfeldstärken entsprechen.

Es wurde deshalb mit Hilfe einer Vorrichtung nach Art einer Leitspindeldrehbank ein feiner wendel-
förmiger Gang in den Widerstandsbelag eingeschnitten, was in gleichmäßiger, sauberer Weise allerdings
erst nach vorherigem kurzem Tempern des Belages auf etwa 350° C geschehen konnte. Durch das Einschneiden dieses Schraubenganges wurde der Gesamtwiderstand etwa um den Faktor 3000 heraufgesetzt
und erreichte damit einen für die späteren Zündspannungsmessungen brauchbaren Wert.

Nunmehr wurden die oben beschriebenen Elektroden eingesetzt, jeweils in der Höhe der erwähnten
Platineinschmelzungen, und sodann durch eine Kontrollmessung festgestellt, ob durch die Glasbläser-
arbeit der Widerstandsbelag seine räumliche Konstanz nicht verloren hat. Da naturgemäß der Innen-
belag am fertigen Rohr nicht mehr zugänglich ist, wurde hierzu eine Wechselstrombrücke verwandt,
deren Nullzweig durch Verwendung einer eng das Glasrohr umschließenden Blechschelle kapazitiv an
den Widerstandsbelag angeschlossen war. Das Verschwinden der Brückenspannung wurde über einen
Einfachverstärker mit einem Telefon kontrolliert. Zur weiteren Verwendung gelangten nur solche Rohre,
deren Belagwiderstand je Längeneinheit nur um höchstens 10% vom Mittelwert abwich.

Die Rohre wurden nach den üblichen Methoden der Vakuumtechnik ausgeheizt, die Glühkathode wurde mit Wechselspannung formiert, die Füllung mit Edelgas (aus Glasflaschen) geschah unter Vorlage einer Kühlfalle mit flüssiger Luft. Der Druck wurde mit dem McLeod-Manometer bzw. U-Rohr-Manometer gemessen. Im Falle des Quecksilbers wurde mit überhitztem Dampf gearbeitet. Dazu wurde das Meßrohr im Ausheizofen belassen, aus dem nach unten ein mit flüssigem Quecksilber gefüllter Rohrstutzen herausragte, der in ein mit Kupferspänen gefülltes und mit einer Heizwicklung versehenes Becherglas tauchte, dessen Temperatur sehr genau mit Hilfe eines Kupfer-Konstantan-Thermoelementes gemessen werden konnte. Ist ϑ die Temperatur des Ausheizofens in ° C und p der zur Temperatur der Kupferfüllung gehörige Sättigungsdruck des Quecksilbers, so berechnet sich der auf 0° C reduzierte Dampfdruck im Meßrohr zu $p_r = \dfrac{p \cdot 273°}{\vartheta + 273°}$.

Bei den Messungen mit Quecksilberdampf blieb unter Ausschaltung der Falle mit flüssiger Luft die Pumpe dauernd in Verbindung mit dem Rohr, so daß etwa gebildete Verunreinigungen sofort entfernt wurden. Durch einen zwischen Pumpe und Rohr geschalteten Rückflußkühler wurde ein zu großer Quecksilberverlust vermieden.

Die Zündspannungsmessungen wurden sämtlich mit Gleichspannung durchgeführt. Als Spannungsquelle diente entweder eine 3000 V-Gleichstrommaschine oder für noch höhere Spannungen (bis zu 10 kV) ein Spannungswandler mit Glühventil in Einwegschaltung, wobei durch genügende Parallelkondensatoren die Welligkeit auf etwa 1 % beschränkt werden konnte. Der Zündeinsatz war bei langsamem Heraufregeln der Spannung sowohl an einem eingeschalteten Strommesser als auch an dem parallel zur Röhre liegenden Voltmeter hinreichend genau erkennbar.

Wir bringen nunmehr die Meßergebnisse.

a) Messungen mit kalter Kathode (Glimmstromzündung).

Mit der Schaltung auf Bild 1a wurden Messungen in Neon und Quecksilberdampf ausgeführt. Ihre gemittelten Ergebnisse zeigen die Bilder 2 und 3, und zwar ist

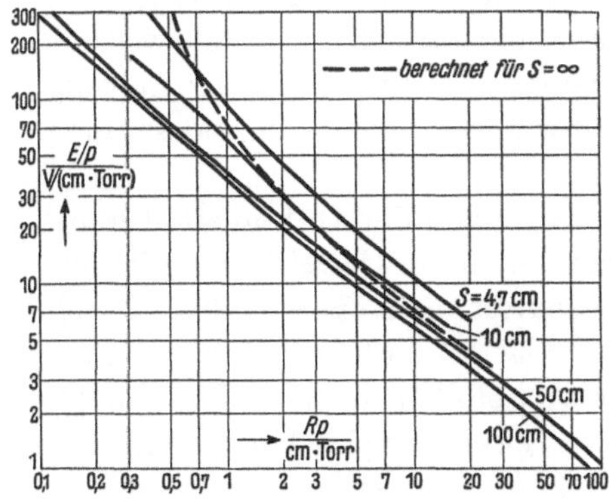

Bild 2. Zündung mit kalter Kathode in Neon.

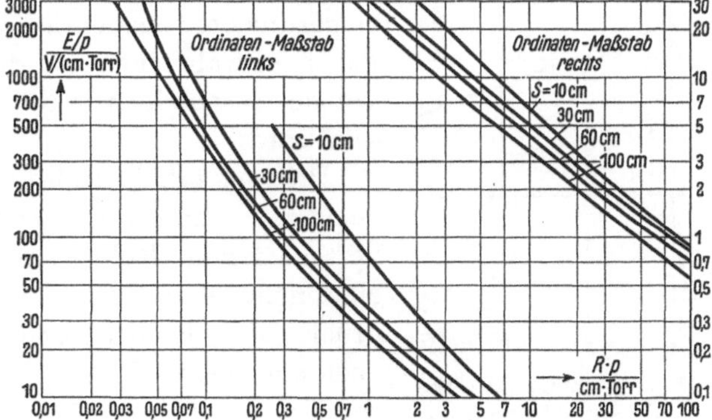

Bild 3. Zündung mit kalter Kathode in Hg-Dampf.

hier wie in den folgenden Bildern jeweils der zum Zünden erforderliche E/p-Wert gegen $R \cdot p$ doppeltlogarithmisch aufgetragen. Die Messungen in Ne sind für Elektrodenabstände von $S = 4{,}7$, 10, 50 und 100 cm, die in Hg mit solchen von $S = 10$, 30, 60 und 100 cm ausgeführt. Die gestrichelte Kurve auf Bild 2 bezieht sich auf die theoretischen Erörterungen (S. 11). Man sieht, daß auch hier ebenso wie im Falle der Townsendschen Zündung das zur Zündung erforderliche E/p mit zunehmendem Elektrodenabstand abnimmt, wenn der Druck konstant bleibt, und bei konstantem Elektrodenabstand mit zunehmendem Druck abnimmt. Die gemessenen Werte sind etwa auf $\pm 10\,\%$ genau.

b) Messungen mit Glühkathode.

Bei den Messungen mit Schaltung Bild 1 b (Oxydkathode gegen Hauptanode) hat sich ziemlich genaue Proportionalität der Zündspannung U_0 mit dem Elektrodenabstand S ergeben, wie Bild 4 zeigt, d. h. die Zündfeldstärke ist unabhängig von S. Man konnte sich daher in der Folge mit einer einzigen zweckmäßig nicht zu klein zu wählenden Rohrlänge begnügen, was eine wesentliche meßtechnische Erleichterung bedeutet.

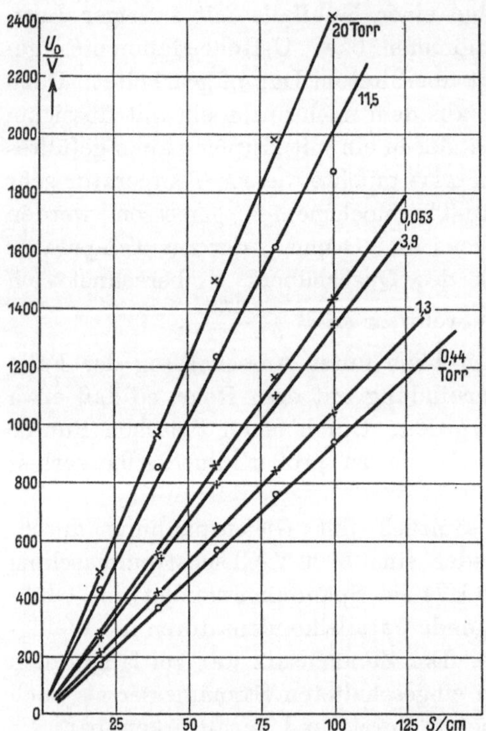

Bild 4. Proportionalität der Zündspannung U_0 mit dem Elektrodenabstand S in Neon.

Der zweite Punkt, der Aufmerksamkeit verdient, ist die Temperatur der Kathode. Bereits die ersten orientierenden Messungen haben gezeigt, daß mit wachsender Kathodentemperatur die Zündfeldstärke der Säule abnimmt. Als Beleg diene Bild 5, das wieder in Neon die Abhängigkeit der Zündfeldstärke vom Heizstrom der Oxydkathode zeigt. Es ist dies nur zum Teil auf eine Verdünnung des Gases in der Nähe der heißen Glühkathode zurückzuführen, da der Effekt auch in dem Druckbereich auftritt, wo eine Verringerung der Gasdichte die Zündfeldstärke heraufsetzt; wesentlicher ist wahrscheinlich die besondere Art der Feldgestaltung vor der Kathode, worauf weiter unten noch zurückzukommen sein wird.

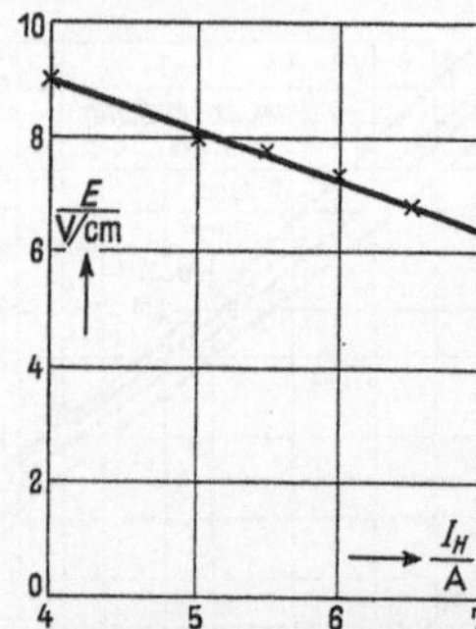

Bild 5. Zündfeldstärke und Kathodentemperatur (Heizstrom) in Neon von $p = 5$ Torr. Rohrweite 2,8 cm.

Drittens erhebt sich die Frage nach der Gültigkeit des allgemeinen Ähnlichkeitsgesetzes, d. h. inwieweit sich die mit verschiedenen Rohrweiten erhaltenen Meßergebnisse durch eine einzige Kurve $E/p = f(R \cdot p)$ (E = Zündfeldstärke, p = Gasdruck, R = Rohrhalbmesser) darstellen lassen. Zur Untersuchung dieser Frage wurden zwei verschiedene Rohrhalbmesser, nämlich 0,75 und 1,4 cm, verwendet, während alle übrigen Messungen mit dem 1,4 cm-Rohr ausgeführt wurden. Die Kathoden selbst hatten in beiden Rohren die gleichen Abmessungen. Das Ergebnis ist, daß das Ähnlichkeitsgesetz nicht gilt, und zwar liegen die E/p-Werte im engeren Rohr um $100 \cdots 200\,\%$ über denen im weiteren bei demselben $R\,p$. Da gerade im Zündfeld die allgemeinen Ähnlichkeitsgesetze stets mit großer Genauigkeit gelten, ist dieses Ergebnis zunächst überraschend. Der Grund für die Abweichung ist ohne Zweifel darin zu suchen, daß es, wie die Überlegungen im theoretischen Teil erkennen lassen, in dem vorliegenden Fall gerade auf den Feldverlauf an der Kathode ankommt, diese also ebenfalls ähnlich zu transformieren wäre, was allerdings konstruktiv schwer durchzuführen ist. Aus demselben Grunde ist auch sonst die Reproduzierbarkeit der Zündspannungsmessung

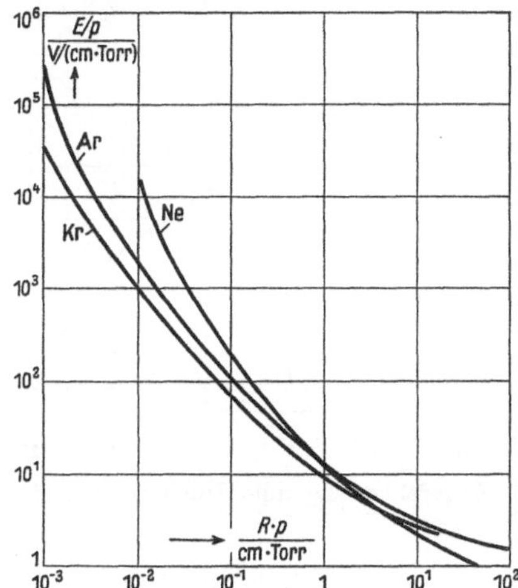

Bild 6. Die Zündfeldstärke in Neon, Argon und Krypton.

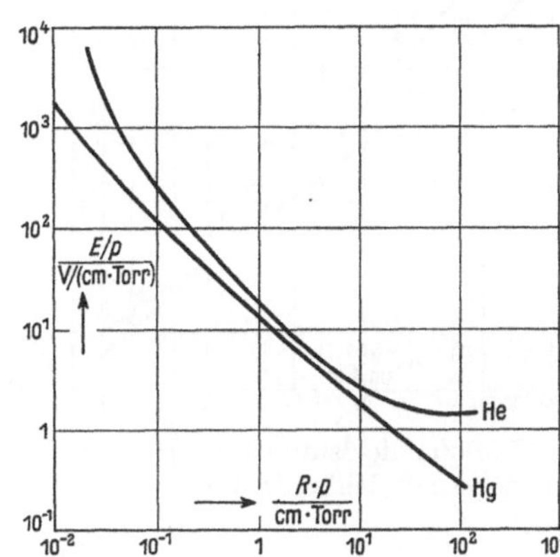

Bild 7. Die Zündfeldstärke in Helium und Quecksilberdampf.

nicht sehr gut. Wahrscheinlich haben geringfügige Veränderungen in der Gestalt und der Formierung der Oxydkathode einen verhältnismäßig großen Einfluß auf die Zündspannung.

In Bild 6 und 7 geben wir eine zusammenfassende Darstellung aller aus den Messungen mit dem weiten Rohr erhaltenen E/p-Werte (gemittelt) als Funktion von $R\,p$ für die vier Edelgase Helium, Neon, Argon, Krypton und für Quecksilberdampf. Der mittlere Fehler dieser Messungen dürfte ebenfalls $\pm\,10\%$ nicht wesentlich überschreiten.

c) Messungen mit Hilfsentladung.

Die mit der Schaltung nach Bild 1 c, d. h. mit einer zwischen Glühkathode und Anfang des Kohlebelages brennenden Hilfsentladung, ausgeführten Messungen der Zündfeldstärke führen zu beträchtlich kleineren Werten als die Messungen ohne Hilfsentladung. Steigert man von 0 ausgehend den Strom i_v der Hilfsentladung, so sinkt die Zündfeldstärke ausgehend von dem nach Schaltung b gemessenen Werte anfangs schnell, später langsamer und nähert sich einem konstanten Endwert. Wie Bild 8 zeigt, wird dieser Endwert bei einem vom Gasdruck unabhängigen Stromwert der Hilfsentladung erreicht, der allerdings in verschiedenen Gasen stark variiert. Legt man diesen Endwert der Zündfeldstärke der weiteren Auswertung zugrunde, so erhält man jetzt eine

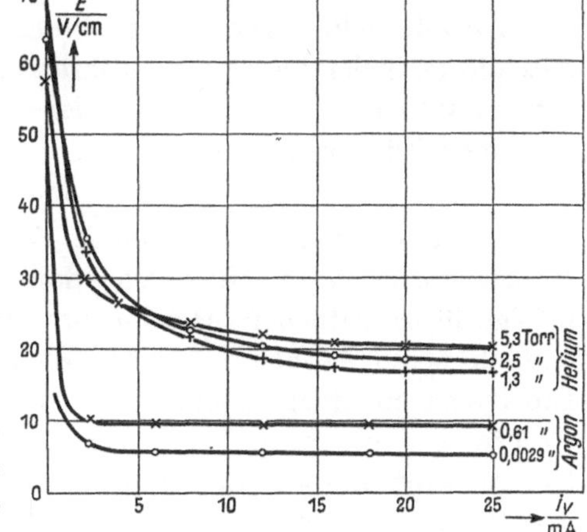

Bild 8. Abhängigkeit des Zündfeldes vom Strom einer Hilfsentladung in He und Ar.

recht gute Gültigkeit des Ähnlichkeitsgesetzes, d. h. die E/p-Werte lassen sich bei verschiedenen Rohrweiten für jedes Gas durch eine einzige Kurve als Funktion von Rp darstellen. Die Streuung der Messungen beträgt hier etwa $\pm 10\,\%$.

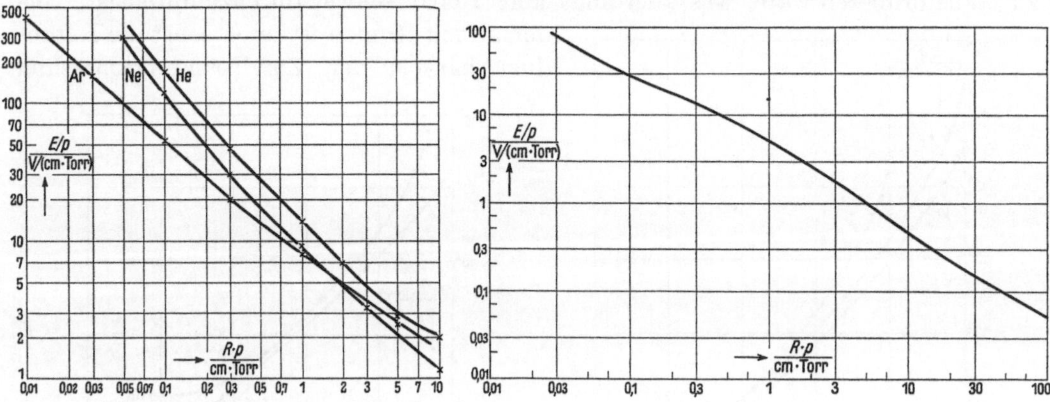

Bild 9. Die Zündfeldstärken in He, Ne und Ar mit Hilfsentladung.

Bild 10. Zündfeldstärke mit Hilfsentladung in Hg.

Bild 9 zeigt die gemittelten Ergebnisse in den drei Edelgasen Helium, Neon und Argon, Bild 10 in Hg-Dampf, wo die Zündfeldstärken extrem niedrig liegen.

3. Vergleich mit der Theorie.

Die Theorie für die Zündung einer Säule im homogenen Feld ist von M. Steenbeck[1]) für eine unendlich lange Säule und daran anschließend verallgemeinert von G. Mierdel und M. Steenbeck[2]) für Säulen endlicher Länge, d. h. unter Einbeziehung der Elektrodeneinflüsse, gegeben worden. Im vorliegenden Falle hat, wie die Messungen zeigen, mindestens die Kathode einen bestimmenden Einfluß auf das Zündfeld, ferner ist von vornherein die Möglichkeit in Betracht zu ziehen, daß die endliche Länge des Rohres die Entwicklung der Zündlawine abschneidet. Wir müssen also ausgehen von der in der letztgenannten Arbeit aufgestellten allgemeinen Zündbedingung:

$$\gamma \cdot \frac{\alpha}{\alpha - 1/L}\,[e^{(\alpha - 1/L)\,S} - 1] = 1\,. \tag{2}$$

Hierin ist α der Townsendsche Stoßionisationskoeffizient für Elektronen, S die Rohrlänge, L die im Mittel von den Elektronen bis zur Erreichung der Rohrwand infolge ihrer seitlichen Abdiffusion zurückgelegte Wegstrecke in Feldrichtung und endlich γ die Ausbeute für die Elektronenbefreiung an der Kathode infolge des Einstroms positiver Ionen.

Für $L = \infty$, d. h. bei Vernachlässigung der seitlichen Abdiffusion der Elektronen, geht unsere Gleichung in die bekannte Townsendsche Zündbedingung $\gamma\,(e^{\alpha S} - 1) = 1$ über, die somit als Grenzfall in Gl. (2) enthalten ist.

Die Diffusionslänge L berechnet sich für den Fall des zylindrischen Rohrquerschnittes zu

$$L = \frac{u^- \cdot R^2}{5{,}8\,D} = \frac{\dfrac{u^-}{\mathrm{cm/s}} \cdot \left(\dfrac{R}{\mathrm{cm}}\right)^2}{5{,}8 \cdot \dfrac{D}{\mathrm{cm^2/s}}}\ \mathrm{cm}. \tag{3}$$

---

[1]) M. Steenbeck: Wiss. Veröff. Siemens **XV**, 3 (1936) S. 32.
[2]) G. Mierdel u. M. Steenbeck: Z. Phys. **106** (1927) S. 311.

Hierin ist u^- die Fortschreitungsgeschwindigkeit der Elektronen und D ihr Diffusionskoeffizient.

Wir wollen nunmehr die Frage prüfen, wieweit die erhaltenen Meßergebnisse sich quantitativ mit den Aussagen der Zündbedingung (2) im Einklang befinden. Diese Nachprüfung der Theorie ist allerdings nur in 2 von den untersuchten Fällen möglich, und zwar sowohl bei den Versuchen, die die Zündung an kalter Kathode (Fall a) betreffen, als auch bei den Messungen der Zündfeldstärke an der Plasmakathode (Fall c). Der Grund, weswegen sich die theoretische Untersuchung der Glühkathodenzündung (Fall b) hier nicht lohnt, liegt einmal in der unübersichtlichen Feldgestaltung in der Nähe des Glühdrahtes, die die Zündung in hohem Maße beeinflußt und letzten Endes auch die Ursache dafür ist, daß hier die Ähnlichkeitsgesetze nicht gelten, dann aber auch in der Notwendigkeit, die thermischen Anfangsgeschwindigkeiten der Elektronen zu berücksichtigen, da, wie Bild 5 zeigte, die Kathodentemperatur einen merklichen Einfluß auf die Zündfeldstärke ausübt. Alle diese Dinge machen die Rechnung so kompliziert, daß sich ihre Durchführung, wenn überhaupt möglich, nicht lohnen dürfte.

Die theoretische Behandlung der beiden übrigbleibenden Fälle a und c führen wir auf zwei verschiedenen Wegen durch:

Für den Fall a (Zündung an kalter Kathode) ist der praktisch, d. h. ohne allzuviel Rechenaufwand, allein mögliche Weg der, den Wert für γ [das man ja aus Gl. (2) ohne weiteres als Funktion von α/p, $L \cdot p$ und $S \cdot p$ entnehmen kann] für jeweils ein der Messung entnommenes E/p zu errechnen und festzustellen, ob man so zu plausiblen Werten für γ gelangt. Die Durchführung dieser Prüfung ist jedoch nur im Falle von Neon möglich, da wir nach Methode a nur Neon und Hg-Dampf durchgemessen haben, und da für Hg-Dampf zuverlässige Werte von $\alpha/p = f(E/p)$ fehlen. Andererseits hat F. M. Penning[1] vor längerer Zeit Zündspannungen zwischen Eisenplatten in Neon gemessen, aus denen sich nach der Townsendschen Zündbedingung für γ Werte von 2 bis $5 \cdot 10^{-2}$ errechnen lassen. Wir werden also unsere Zündbedingung dann als richtig ansehen, wenn das nach ihr berechnete γ ähnliche Werte annimmt und diese Werte keinen wesentlichen Gang mit der Feldstärke E/p zeigen.

Aus Gl. (2) folgt:

$$\gamma = \frac{\alpha/p - 1/Lp}{\alpha/p} \cdot \frac{1}{e^{(\alpha/p - 1/Lp)\,Sp} - 1}. \tag{4}$$

Die Messung liefert jeweils für ein $S \cdot p$ das dazugehörige E/p. Um γ zu berechnen, brauchen wir dann noch α/p und $L \cdot p$ für dieses E/p. α/p können wir ohne weiteres aus den bekannten Zahlentafelwerken als Funktion von E/p entnehmen. Wir wollen jedoch nicht die neuesten, mit allen Mitteln modernster Vakuumtechnik ausgeführten Messungen von A. A. Kruithoff und F. M. Penning[2] hierzu heranziehen, da anzunehmen ist, daß in unserem Falle infolge der Anwesenheit des schwer zu entgasenden Graphitbelages an der inneren Rohrwand die Edelgasfüllung nicht von der gleichen Reinheit war wie bei den genannten Autoren, sondern benutzen besser die Ergebnisse älterer Messungen[3], die übrigens für $E/p > 30 \, \frac{\mathrm{V}}{\mathrm{cm} \cdot \mathrm{Torr}}$ mit den Messungen von A. A. Kruithoff und F. M. Penning praktisch zusammenfallen

[1]) F. M. Penning: Z. Phys. **46** (1928) S. 335.
[2]) A. A. Kruithoff u. F. M. Penning: Physica **4** (1937) S. 430; **3** (1936) S. 515.
[3]) A. v. Engel u. M. Steenbeck: Elektrische Gasentladungen **I**, Berlin (1932) S. 105.

und nur für kleine E/p-Werte merklich über diesen liegen. Etwas umständlicher gestaltet sich die Berechnung von $L \cdot p$.

Nach Gl. (3) ist

$$L p = \frac{u^- \cdot (R p)^2}{5,8 \cdot D p} = \frac{\dfrac{u^-}{\text{cm/s}} \cdot \left(\dfrac{R p}{\text{cm} \cdot \text{Torr}}\right)^2}{5,8 \cdot \dfrac{D p}{(\text{cm}^2 \cdot \text{Torr})/\text{s}}} \; \text{cm} \cdot \text{Torr}. \tag{5}$$

Was zunächst die Fortschreitungsgeschwindigkeit u^- anbelangt, so liegen hierfür sorgfältige ältere Messungen von J. S. Townsend und Mitarbeitern[1]) vor, die, wie ich früher[2]) gezeigt habe, bei größeren E/p-Werten in die nach Maxwell-Verteilung gemittelten Werte für u^- einmünden. Danach ergeben sich nach Einsetzen der Zahlenwerte folgende Ausdrücke

für Argon:
$$u^- = 2,5 \cdot 10^6 \left(\frac{E/p}{\text{V}/(\text{cm} \cdot \text{Torr})}\right)^{0,5} \text{cm/s}, \tag{6}$$

und für Neon:
$$u^- = 2,6 \cdot 10^6 \left(\frac{E/p}{\text{V}/(\text{cm} \cdot \text{Torr})}\right)^{0,7} \text{cm/s}. \tag{7}$$

Für den Diffusionskoeffizienten D der Elektronen gibt die klassische gaskinetische Theorie den Ausdruck $D = \dfrac{v \cdot \lambda}{3}$ bzw. $D p = \dfrac{v \cdot \lambda_1}{3}$, worin v die gemittelte ungeordnete Geschwindigkeit der Elektronen und λ_1 ihre mittlere freie Weglänge beim Druck 1 Torr bedeuten. Die Anwendung dieser Beziehung zur Berechnung von $D p$ ist nun aus zwei Gründen nicht ohne weiteres möglich:

Erstens ist die mittlere Geschwindigkeit v nicht bekannt, da man unter diesen Umständen aus bekannten Gründen nicht mehr mit einer Maxwellschen Geschwindigkeitsverteilung rechnen darf; zweitens muß der Einfluß der Elektronengeschwindigkeit auf die mittlere freie Weglänge, der Ramsauer-Effekt, berücksichtigt werden, der z. B. gerade in Argon zu beachten ist. Bezeichnen wir mit $G(v)$ die unserem Problem angepaßte Geschwindigkeitsverteilung der Elektronen, so gilt für den gemittelten Diffusionskoeffizienten der ohne weiteres hinzuschreibende Ausdruck

$$D p = \tfrac{1}{3} \int\limits_0^\infty v \cdot \lambda_1(v) \cdot G(v)\, dv.$$

Wir nehmen nun für $G(v)$ das von M. Druyvesteyn angegebene und von Ph. M. Morse, W. P. Allis und E. S. Lamar[3]) weiter ausgebaute Verteilungsgesetz, das neben dem Energieverlust durch elastische Stöße auch die Änderung des Wirkungsquerschnittes mit zu berücksichtigen erlaubt. Wir können es in der Form schreiben

$$G(v)\, dv = \frac{v^2 \cdot e^\varphi}{\int\limits_0^\infty v^2 \cdot e^\varphi\, dv}\, dv$$

mit der Abkürzung
$$\varphi = \frac{-3\, m^3}{M\, e^2 (E/p)^2} \cdot \int\limits_0^v \frac{v^3}{[\lambda_1(v)]^2}\, dv.$$

Hierin sind m und M die Massen von Elektron und Atom. Wenn $\lambda_1(v)$ bekannt ist, kann φ als Funktion von E/p berechnet werden und damit ist dann auch $D p$ als Funktion von E/p gegeben. Die Funktion $\lambda_1(v)$ läßt sich nun für Argon und Neon,

---

[1]) J. S. Townsend: J. Franklin Inst. **200** (1925) S. 563.

[2]) G. Mierdel: Wiss. Veröff. Siemens **XVII**, 3 (1938) S. 71.

[3]) Ph. M. Morse, W. P. Allis u. E. S. Lamar: Phys. Rev. **48** (1935) S. 412.

wie früher[1]) gezeigt wurde, mit hinreichender Genauigkeit durch einen einfachen Potenzausdruck der Form $\lambda_1 = A \cdot v^n$ angeben, deren Festwerte A und n in folgender Zahlentafel gegeben sind:

	A	n
Argon ...	$6 \cdot 10^{14}$	-2
Neon	1300	$-\frac{1}{2}$

Wir erhalten also

$$\varphi = \frac{-3\,m^3}{M\,e^2(E/p)^2 \cdot A^2} \cdot \int\limits_0^v v^{3-2n} \cdot dv$$

und nach Einsetzen aller Zahlenwerte wird der Diffusionskoeffizient für Argon:

$$D\,p = \frac{2{,}08 \cdot 10^6}{\left(\dfrac{E/p}{\mathrm{V/(cm \cdot Torr)}}\right)^{0{,}25}}\ \mathrm{cm^2 \cdot Torr/s}\,,$$

und für Neon:

$$D \cdot p = 5{,}25 \cdot 10^6 \left(\frac{E/p}{\mathrm{V/(cm \cdot Torr)}}\right)^{0{,}20} \cdot \mathrm{cm^2 \cdot Torr/s}\,.$$

Damit und mit den oben gegebenen Ausdrücken für u^- ergibt sich dann für Argon

$$L\,p = 0{,}207 \cdot \left(\frac{R\,p}{\mathrm{cm \cdot Torr}}\right)^2 \cdot \left(\frac{E/p}{\mathrm{V/(cm \cdot Torr)}}\right)^{0{,}75} \mathrm{cm \cdot Torr}\,, \tag{8}$$

und für Neon

$$L \cdot p = 0{,}086 \cdot \left(\frac{R\,p}{\mathrm{cm \cdot Torr}}\right)^2 \cdot \left(\frac{E/p}{\mathrm{V/(cm \cdot Torr)}}\right)^{0{,}5} \mathrm{cm \cdot Torr}\,. \tag{9}$$

Wir sind nunmehr durch Verwendung der Beziehungen (4), (8), (9) und des aus Kurven zu entnehmenden α/p-Wertes in der Lage, jeweils für ein gemessenes Wertepaar von $R\,p$ und E/p das dazugehörige γ zu berechnen. Die Ergebnisse dieser Rechnung für die in Bild 2 mit $S = 4{,}7$ cm gezeichnete Kurve zeigt folgende Zahlentafel:

$R\,p$ cm · Torr	E/p V/(cm · Torr)	α/p 1/(cm · Torr)	$S \cdot p$ cm · Torr	$L\,p$ cm · Torr	γ
20	6,2	0,04	67	86	0,12
10	10,8	0,12	34	28,5	0,042
3	30	0,48	10	4,3	0,046
1	92	1,5	3,4	0,82	0,075

Die aus unserer Zündbedingung berechneten γ-Werte liegen daher in der richtigen Größenordnung. Eine bessere Übereinstimmung kann man wegen der Unsicherheit der $\left(\dfrac{\alpha}{p} - \dfrac{1}{L\,p}\right)$-Werte, die als Exponent eingehen, von vornherein nicht erwarten.

Für sehr große Rohrlängen geht, wie früher[2]) gezeigt wurde, die Zündbedingung 2 über in $\alpha = \dfrac{1}{L} \cdot \dfrac{1}{1 + \gamma}$, und, wenn man γ gegen 1 vernachlässigt, wird daraus die Zündbedingung $\alpha \cdot L = 1$ oder passender geschrieben:

$$\frac{\alpha}{p} \cdot L \cdot p = 1\,. \tag{10}$$

Diese Beziehung setzt uns in den Stand, direkt die Zündkurve $E/p = f(R\,p)$ im voraus zu berechnen. Wir haben nämlich unter Benutzung von (9) für Neon

$$\frac{\alpha/p}{\mathrm{1/(cm \cdot Torr)}} \cdot 0{,}086 \cdot \left(\frac{R\,p}{\mathrm{cm \cdot Torr}}\right)^2 \cdot \left(\frac{E/p}{\mathrm{V/(cm \cdot Torr)}}\right)^{0{,}5} = 1\,,$$

und daraus folgt:

$$R\,p = 3{,}41 \left(\frac{\mathrm{1/(cm \cdot Torr)}}{\alpha/p}\right)^{0{,}5} \cdot \left(\frac{\mathrm{V/(cm \cdot Torr)}}{E/p}\right)^{0{,}25} \mathrm{cm \cdot Torr}\,.$$

---

[1]) G. Mierdel: a. a. O.   [2]) G. Mierdel u. M. Steenbeck: a. a. O.

Die damit erhaltene Beziehung zwischen E/p und Rp ist in Bild 2 als gestrichelte Kurve eingezeichnet. Diese sollte die Grenzkurve sein, der sich die Zündkurven $E/p = f(Rp)$ von oben her bei wachsender Rohrlänge nähern. Die beträchtliche Abweichung der theoretischen Zündkurve bei großen E/p-Werten kann damit begründet werden, daß bei großen E/p- bzw. kleinen Rp-Werten so etwas wie Strahlbildung bei der Elektronenströmung eintritt, der elementare Diffusionsansatz also unzulässig ist ($\lambda \approx R$), so daß in Wirklichkeit der Diffusionsverlust geringer ist als nach unseren Methoden berechnet wurde. Damit wird verständlich, daß dann zur Zündung eine geringere Neuerzeugung der Träger, also auch ein schwächeres Feld erforderlich ist. Übrigens ist bei langen Säulen — $S \geqq 50$ cm — tatsächlich $\frac{\alpha}{p} - \frac{1}{Lp}$ negativ, so daß wir es bei der Zündung mit Elektronenlawinen zu tun haben, deren Dichte bei Entfernung von der Kathode abnimmt, wo also der Diffusionsverlust die Neuerzeugung überwiegt. Damit findet eine bereits früher geäußerte Vermutung[1] ihre Bestätigung.

Für die Zündung nach Schaltung c (Bild 1), die wir nunmehr im Rahmen unserer Zündtheorie erörtern wollen, gilt natürlich dieselbe allgemeine Zündbedingung (2); nur müssen wir jetzt dem Ausbeutefaktor γ eine grundsätzlich andere Bedeutung beimessen. Das Plasma als Kathode stellt eine praktisch unendlich ergiebige Elektronenquelle für die Zündung dar. Der von ihm durch ein angelegtes Feld abgesaugte Strom ist daher raumladungsbegrenzt, und die elektronenbefreiende Wirkung der aus der zündenden Säule zuströmenden positiven Träger kann deshalb nur darin bestehen, durch teilweise Kompensation der Raumladung einer zusätzlichen Elektronenmenge den Austritt aus der Kathode zu ermöglichen. Wie eine einfache Überlegung zeigt, ist die von einem positiven Ion so „befreite" Elektronenzahl γ gleich dem Verhältnis u^-/u^+ der gerichteten Trägergeschwindigkeiten. Das ergibt sich einfach aus der Annahme, daß während der ganzen Flugdauer des Ions jeweils auch ein zusätzliches Elektron unterwegs ist. Man kann diese Überlegung jedoch für den Fall des Plattenkondensators einigermaßen streng durchführen, wenn man sich die Raumladung des positiven Ions auf eine geladene, den Kondensatorplatten parallele Ebene ausgebreitet vorstellt, die sich mit der Geschwindigkeit $u^+ = b^+ \cdot E$ auf die Kathode zu bewegt. Setzt man für die Fortschreitungsgeschwindigkeit der Elektronen $u^- = b^- \cdot E^\nu$ an, so läßt sich die Differentialgleichung für die Trägerströmung lösen. Als Grenzbedingungen haben wir einmal $E = 0$ an der Kathode, zweitens muß an der geladenen Ebene die Feldstärke um den Betrag $4\pi\sigma$ ($\sigma = $ Ladungsdichte) springen. Auf Grund dessen ergibt sich endlich nach etwas umständlicher, aber elementarer Rechnung unter Vernachlässigung quadratischer und höherer Glieder der störenden Raumladungswirkung für γ der Ausdruck

$$\gamma = \left(\frac{\nu + 2}{\nu + 1}\right)^\nu \cdot \frac{(\nu + 1)^2}{2\nu(2\nu + 1)} \cdot \frac{u^-}{u^+} .$$

Mit $\nu = 0{,}5$ würde $\gamma = 1{,}45 \cdot \frac{u^-}{u^+}$ folgen. Da in unserem Falle sicher noch mit einer Abschirmung des Raumladungsfeldes durch die Rohrwand zu rechnen ist, ist das wirkliche γ noch etwas kleiner; wir setzen daher $\gamma = \frac{u^-}{u^+}$ und erhalten so als Zündbedingung nach (4)

$$\frac{\alpha/p}{\alpha/p - 1/Lp}\left[e^{\left(\frac{\alpha}{p} - \frac{1}{Lp}\right)Sp} - 1\right] = \frac{u^+}{u^-} . \tag{11}$$

---

[1] G. Mierdel u. M. Steenbeck: a. a. O.

Da α/p, Lp und u^- als Funktionen von Rp und E/p gegeben sind, wäre somit durch Gl. (11) die Zündbedingung als Beziehung zwischen E/p und Rp grundsätzlich gegeben und könnte mit den Messungen verglichen werden. Es ist aber noch eine wesentliche rechnerische Vereinfachung möglich: Die oben festgestellte Tatsache, daß die Zündfeldstärke von der Rohrlänge S unabhängig ist (Bild 4) läßt vermuten, daß der Exponent $\left(\dfrac{\alpha}{p} - \dfrac{1}{Lp}\right) S \cdot p$ in Gl. (11) negativ und groß gegen 1 ist, so daß wir die Exponentialfunktion gegen 1 vernachlässigen können. Wir hätten dann also stark abschwellende Trägerlawinen vor uns. Die Entladung kann sich diese Trägerverschwendung leisten, weil in dem vorliegenden Falle $\gamma \gg 1$ ist, so daß nur sehr wenig Ionen in der Säule neu erzeugt werden müssen, um ihre Nachfolge sicherzustellen. Wir werden an den berechneten Zahlenwerten zeigen, daß diese Schlußfolgerung richtig ist.

Wir haben jetzt als Zündbedingung:

$$\frac{u^-}{u^+} \cdot \frac{\alpha}{p} = \frac{1}{L \cdot p} - \frac{\alpha}{p},$$

$$\frac{1}{Lp} = \frac{\alpha}{p}\left(\frac{u^-}{u^+} + 1\right),$$

oder, da $\dfrac{u^-}{u^+} \gg 1$:
$$Lp = \frac{u^+}{u^-} \cdot \frac{1}{\alpha/p}. \tag{12}$$

1. Für Neon setzen wir:

$$u^+ = 7{,}5 \cdot 10^3 \frac{E/p}{\mathrm{V/(cm \cdot Torr)}}\ \mathrm{cm/s}\,[1]\,,$$

$$u^- = 2{,}6 \cdot 10^6 \cdot \left(\frac{E/p}{\mathrm{V/(cm \cdot Torr)}}\right)^{0,7}\ \mathrm{cm/s}\ [\text{Gl. (7)}]\,,$$

$$Lp = 0{,}086\left(\frac{Rp}{\mathrm{cm \cdot Torr}}\right)^{2} \cdot \left(\frac{E/p}{\mathrm{V/(cm \cdot Torr)}}\right)^{0,5}\ \mathrm{cm \cdot Torr}\ [\text{Gl. (9)}]\,,$$

und erhalten damit als Zündbedingung:

$$Rp = 0{,}18 \cdot \left(\frac{\mathrm{V/(cm \cdot Torr)}}{E/p}\right)^{0,1} \cdot \left(\frac{\mathrm{cm^{-1} \cdot Torr^{-1}}}{\alpha/p}\right)^{0,5}\ \mathrm{cm \cdot Torr}\,. \tag{13}$$

2. Für Argon haben wir in ähnlicher Weise

$$u^+ = 10^3\left(\frac{E/p}{\mathrm{V/(cm \cdot Torr)}}\right)\ \mathrm{cm/s}\,[1]\,,$$

$$u^- = 2{,}5 \cdot 10^6\left(\frac{E/p}{\mathrm{V/(cm \cdot Torr)}}\right)^{0,5}\ \mathrm{cm/s}\ [\text{Gl. (6)}]\,,$$

$$Lp = 0{,}207 \cdot \left(\frac{Rp}{\mathrm{cm \cdot Torr}}\right)^{2} \cdot \left(\frac{E/p}{\mathrm{V/(cm \cdot Torr)}}\right)^{0.75}\ \mathrm{cm \cdot Torr}\ [\text{Gl. (8)}]\,,$$

und als Zündbedingung folgt daraus

$$Rp = 4{,}4 \cdot 10^{-2} \cdot \left(\frac{\mathrm{V/(cm \cdot Torr)}}{E/p}\right)^{1/8} \cdot \left(\frac{\mathrm{1/(cm \cdot Torr)}}{\alpha/p}\right)^{0,5}\ \mathrm{cm \cdot Torr}\,. \tag{14}$$

Die nach (13) und (14) berechneten Zündkurven haben wir in Bild 11 und 12 als gestrichelte Kurven eingetragen, um den Vergleich mit den Messungen zu erleichtern. Man sieht, daß die berechneten Feldstärken höchstens etwa um den Faktor 3 von den gemessenen, und zwar nach unten abweichen. Es sei noch besonders darauf hingewiesen, daß die berechneten Kurven nicht etwa an einem oder mehreren Punkten den beobachteten angeglichen wurden, sondern sich aus direkter Messung von

---

[1] Landolt-Börnstein: Physikalisch-chemische Tabellen. Berlin.

Elementarvorgängen ergeben. Die hauptsächliche Quelle der Unsicherheit liegt in der $\frac{\alpha}{p} = f(E/p)$-Beziehung, d. h. in der durch den Reinheitsgrad des Edelgases bedingten Streuung. Wir haben aus oben angegebenen Gründen wieder die älteren α/p-Messungen zugrunde gelegt. Nimmt man die neueren Ergebnisse von F. M. Penning und A. A. Kruithoff, so schmiegt sich die berechnete Kurve für Neon noch viel enger an die gemessene an.

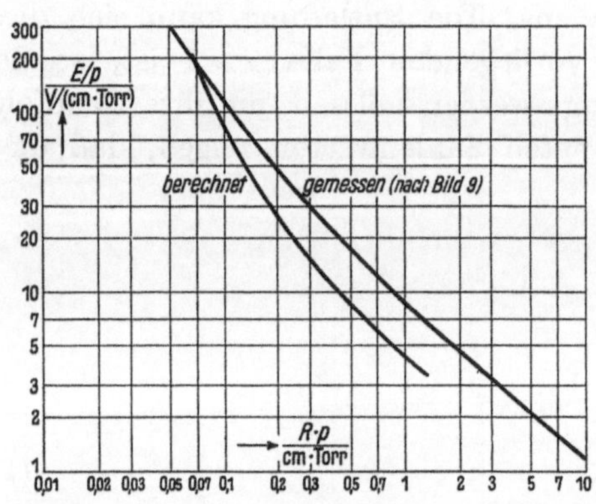

Bild 11. Vergleich mit der Theorie in Neon.

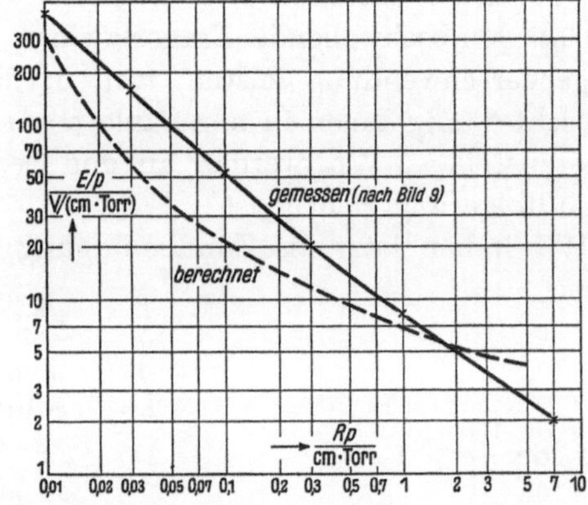

Bild 12. Vergleich mit der Theorie in Argon.

Der Nachweis einer stark abklingenden Elektronenlawine ergibt sich z. B. für Argon aus der folgenden Zahlentafel:

$\frac{E/p}{V/(cm \cdot Torr)}$	$\frac{R/p}{cm \cdot Torr}$	$\frac{\alpha/p}{1/(cm \cdot Torr)}$	$\frac{L/p\,^{1)}}{cm \cdot Torr}$	$\frac{\alpha}{p} - \frac{1}{Lp}$	$\frac{S \cdot p\,^{2)}}{cm \cdot Torr}$	$\left(\frac{\alpha}{p} - \frac{1}{Lp}\right) S \cdot p$
6	1,6	$5 \cdot 10^{-4}$	2,03	$-0,49$	33	-16
10	0,76	$6 \cdot 10^{-3}$	0,68	$-1,47$	16,3	-24
30	0,19	0,23	0,095	$-10,3$	4,1	-42
100	0,05	1,8	0,016	-61	1,07	-65

Ähnlich liegen die Zahlenwerte für Neon. Aus der zweiten und vierten Säule der obigen Zahlentafel folgen für das Verhältnis L/R Werte zwischen 1,3 und 0,3, d. h. die mittlere Länge L des Elektronenweges in Feldrichtung ist in diesem Fall von der Größenordnung des Rohrhalbmessers, d. h. also mit $R = 1,4$ cm wird $L = 1,8 \cdots 0,4$ cm. Hieraus ist ersichtlich, daß die Rohrlänge keinen Einfluß auf die Ausbildung der Zündlawine haben kann.

Der andere Grenzfall $S \ll L$ führt von unserer Zündbedingung (4) wieder auf die alte Townsend-Bedingung

$$\gamma(e^{\alpha S} - 1) = 1, \quad \text{die mit} \quad \gamma = \frac{u^-}{u^+}$$

dann auch den Fall der Zündung zwischen Platten, von denen die eine etwa eine Oxydkathode ist, umfaßt.

Der obenerwähnte Befund, daß bei Verwendung einer Oxydkathode als primäre Elektronenquelle (Schaltung b) die Zündfeldstärke mit steigender Kathodentemperatur stark sinkt (Bild 5), erklärt sich folgendermaßen: Infolge der thermischen Anfangsgeschwindigkeit der den Glühdraht verlassenden Elektronen bildet sich bekannt-

---

$^{1)}$ Nach Gl. (8). $^{2)}$ für $S = 30$ cm.

lich eine Potentialschwelle in der Nähe der Kathode aus[1]), deren Tiefe der Kathodentemperatur T_k und deren Abstand von der Kathode angenähert $T_k^{3/4}$ proportional ist. Wenn nun ein positives Ion sich der Kathode nähert, wird es vermutlich eine um so längere Zeitdauer an der Schwelle verweilen, also um so mehr zusätzliche Elektronen durch Raumladungskompensation befreien, je höher die Kathodentemperatur ist. Unser fiktives γ muß also mit der Temperatur der Kathode ansteigen, womit dann auf Grund unserer Zündbedingung der in Bild 5 dargestellte Verlauf qualitativ verständlich wird.

Herrn M. Steenbeck verdanke ich wiederum wertvolle Diskussionsbemerkungen bei der Durchführung der Messungen und Rechnungen für diese Arbeit.

Zusammenfassung.

Es werden in Edelgasen und Hg-Dampf Messungen der Zündfeldstärken langer, in Glasrohre eingeschlossener Säulen ausgeführt. Zur Vermeidung störender Wandladungen sind die Rohre auf der Innenseite mit einer gleichmäßig leitenden Graphitschicht überzogen. Als Kathode wird eine Eisenplatte, eine Oxydwendel oder das Plasma einer Hilfsentladung verwendet.

Die erhaltenen Meßergebnisse werden mit einer früher aufgestellten Zündbedingung für lange Säulen in Beziehung gebracht. Die Prüfung ergibt im Falle der kalten (Glimm-) Kathode größenordnungsmäßig richtige Werte für den Ausbeutefaktor γ der Elektronenbefreiung durch Ionen an der Kathode. Für den Fall der Plasmakathode kann die Zündfeldstärke direkt berechnet werden und erweist sich in genügender Übereinstimmung mit den Messungen in Neon und Argon.

---

[1]) W. Schottky: Phys. Z. **15** (1914) S. 325 u. 624.

Die Zündlinie von Stromrichtern und der Einfluß des Gitterwiderstandes auf diese.

Von **Bernhard Kirschstein**.

Mit 4 Bildern.

Mitteilung aus dem Forschungslaboratorium I der Siemens-Werke zu Siemensstadt.

Eingegangen am 25. Februar 1939.

Inhaltsübersicht.

1. Einleitung.

Vor rund 10 Jahren erschienen die ersten grundlegenden Arbeiten von I. Langmuir, D. C. Prince und A. W. Hull [*1* bis *4*][1]) über die gittergesteuerten Stromrichter (Thyratron). Seitdem sind eine größere Anzahl von Arbeiten [*5* bis *25*] erschienen, welche die Zündbedingung und die Zündlinie physikalisch zu verstehen suchten. In verschiedenen dieser Arbeiten wird der Einfluß des Gitterwiderstandes auf die Zündlinie erwähnt, ohne daß bisher eine Deutung dieser Beobachtungen gegeben werden konnte. Diese ergibt sich bei folgerichtiger Weiterführung der Gedankengänge, welche in den genannten Arbeiten niedergelegt sind. Um den Einfluß des Gitterwiderstandes abzuleiten, ist es notwendig, die Theorie der Vorströme, der Zündbedingung und der Zündlinie nochmals darzustellen. Dabei wird sich gleichzeitig die Möglichkeit ergeben, die Beiträge der verschiedenen Verfasser in einer einheitlichen Darstellung zusammenzufassen, einige Fehler, die sich in den genannten Arbeiten finden, richtigzustellen und jeden Schritt der Theorie mit den Beobachtungen zu vergleichen. Wir werden ausgehen von den Strömen, die in einem Stromrichter fließen, wenn jeder Gas- oder Dampfdruck beseitigt ist,

$$i_A^{\text{Vakuum}} = f(U_G, U_A)$$

(i_A = Strom zur Anode, U_G = Gitterspannung, U_A = Anodenspannung), werden dann die Veränderung dieser Ströme durch den Hinzutritt des Gases oder Dampfes behandeln

$$i_A^{\text{Gas}} = f(U_G, U_A)$$

und werden schließlich die Frage untersuchen, in welchem Bereich von Gitter- und Anodenspannung diese „Vorströme" stabil sind, und wo die Grenze dieses Stabili-

---

[1]) Die schräggestellten Zahlen beziehen sich auf das Schrifttum am Ende der Arbeit.

tätsbereichs, d. h. die Zündlinie liegt. Im Anschluß daran wird es leicht sein, den Einfluß des Gitterwiderstandes abzuleiten.

In der vorliegenden Arbeit soll nur der Bereich der Zündlinie behandelt werden, der praktisch geradlinig ist, d. h. der Bereich hoher Anodenspannungen ($U_A > 50$ bis 100 V). In diesem Bereich ist die Gitterzündspannung, von Sonderfällen abgesehen, stets negativ ($U_G^Z < 0$). Im Bereich kleiner Anodenspannungen treten eine Reihe zusätzlicher Erscheinungen auf, welche die Zusammenhänge sehr unübersichtlich machen, so daß eine theoretische Ableitung dieses Bereiches der Zündlinie bisher nicht gegeben werden konnte. Soweit diese zusätzlichen Erscheinungen mit den hier behandelten in Zusammenhang stehen, soll in Anmerkungen auf sie hingewiesen werden.

2. Die Kennlinien der Vorströme in gasfreien Rohren.

Ein Stromrichter mit Glühkathode, aus dem das Gas entfernt ist, unterscheidet sich von einem normalen Verstärkerrohr nur noch durch Form und Anordnung der Elektroden. Wir werden daher erwarten, daß die hier auftretenden Ströme denselben Gesetzen gehorchen, die aus der Theorie der Verstärkerröhren bekannt sind, und daß nur geringe Korrekturen notwendig sind, um die Eigenarten des Aufbaues der Stromrichter zu berücksichtigen.

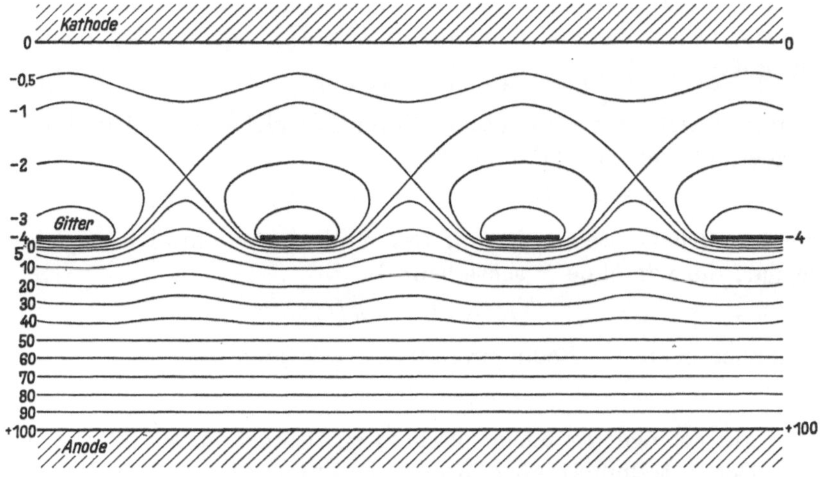

Bild 1. Schematische Darstellung des Potentialfeldes.

In Bild 1 ist der Verlauf der Potentiallinien für den Fall negativer Gitterspannungen schematisch dargestellt. Um die Gitterstäbe sind die Potentiallinien geschlossen, d. h. hier befinden sich Potentialmulden; nach der Kathode und nach der Anode zu steigt das Potential an, so daß das Potentialgebirge zwischen den Gitterstäben Sättel hat. Diese Sättel sind nach der Kathodenseite verschoben, weil das Potentialgebirge nach dort wesentlich flacher ansteigt als nach der Anodenseite, man sagt „das Anodenfeld greift durch die Gittermaschen hindurch".

Wie verhalten sich nun die aus der Kathode austretenden Elektronen in diesem Potentialgebirge? Der Potentialabfall vor der Kathode bedeutet für die Elektronen ein Bremsfeld und nur diejenigen Elektronen, deren thermische Geschwindigkeit ausreicht, um gegen dieses Bremsfeld anzulaufen und durch die Potential-

6*

sättel hindurch in das beschleunigende Feld jenseits der Sättel zu gelangen, werden die Anode erreichen. In der Theorie der Verstärkerröhren nennt man diese Ströme „Anlaufströme". Da die Anlaufströme mit wachsendem Bremsfeld exponentiell abnehmen, wird der Hauptteil der Elektronen, die zur Anode gelangen, die Sattelpunkte und ihre nächste Umgebung passiert haben. Für die Anlaufströme ist daher das Potential der Sattelpunkte in erster Linie maßgebend und wir können schreiben:

$$i = i_0\, e^{\frac{\varepsilon}{kT}\,U_S}. \tag{1}$$

Hierbei ist T die absolute Temperatur der Kathode, U_S der — negative — Wert des Potentials in den Sattelpunkten, bezogen auf das Kathodenpotential als Nullpotential, ε die elektrische Elementarladung, k die Boltzmannsche Konstante und i_0 eine Art Sättigungsstrom. i_0 würde der wirkliche Sättigungsstrom sein, wenn der Kathode ein homogenes Bremsfeld mit dem Potentialminimum U_S vorgelagert wäre.

Als nächstes ist U_S als Funktion von Gitter- und Anodenspannung zu berechnen. In einem abgeschlossenen System von n Leitern läßt sich das absolute Potential jedes beliebigen Punktes als lineare Funktion der absoluten Potentiale der n-Leiter ausdrücken. Wir haben es mit einem System von 3 Leitern, Gitter, Anode und Kathode zu tun; daher gilt für jeden beliebigen Punkt:

$$U^* = \lambda U_G^* + \mu U_A^* + \nu U_K^*. \tag{2}$$

Der * soll ausdrücken, daß es sich um absolute Potentiale handelt. λ, μ und ν sind Funktionen des Ortes, die von den Werten von U_G^*, U_A^* und U_K^* nicht abhängen, jedoch gilt stets:

$$\lambda + \mu + \nu = 1 \;^1), \tag{3}$$

wie man sofort einsieht, wenn man alle 3 Potentiale gleichsetzt. Durch eine einfache Umformung ergibt sich aus (2) und (3):

$$(U^* - U_K^*) = \lambda(U_G^* - U_K^*) + \mu(U_A^* - U_K^*). \tag{2a}$$

Die Klammerausdrücke stellen die auf das Kathodenpotential bezogenen relativen Potentiale dar, die wir ohne * schreiben:

$$U = \lambda U_G + \mu U_A, \tag{2b}$$

dabei gilt immer noch die Bedingung (3), die wir jetzt schreiben:

$$\lambda + \mu = 1 - \nu < 1. \tag{3a}$$

Die Gl. (2b) gilt solange wir einen bestimmten, festgehaltenen Punkt des Raumes betrachten. Der Sattelpunkt aber, dessen Potential uns interessiert, ändert seine Lage im Raum, wenn U_G und U_A sich ändern. Diese räumliche Verschiebung der Sattelpunkte spielt jedoch praktisch nur dann eine Rolle, wenn der Wert des Potentials im Sattelpunkt dem Kathodenpotential nahekommt $^2)$. In dem Bereich großer Anodenspannungen und dementsprechend negativer Gitterzündspannungen können wir die Sattelpunkte als im Raum feststehend und damit λ und μ als von

---

$^1)$ Wie W. Schottky mir freundlicherweise mitteilte, war die Ableitung dieser Beziehung der eigentliche Sinn der Überlegungen in seiner Arbeit [Arch. Elektrotechn. Bd. 8 (1919) S. 15]. Beim Übergang von absoluten zu relativen Potentialen ist dort irrtümlich das Glied ν fortgefallen. — Im Bereich der „Raumladungsströme", d. h. bei positiven Werten des Effektivpotentials, und nur auf diesen Bereich bezieht sich die Arbeit von W. Schottky, kann ν praktisch vernachlässigt werden. In der Technik der Verstärkerröhren rechnet man sogar mit $\lambda + \mu > 1$, denn man setzt $U_{eff} = U_G + D \cdot U_A$, also $\lambda = 1$ und $\mu = D$ gleich dem Durchgriff, der stets positiv ist.

$^2)$ Dieser Fall tritt ein im Bereich kleiner Anodenspannungen und stellt eine der in der Einleitung erwähnten zusätzlichen Erscheinungen im Bereich kleiner Anodenspannungen dar.

U_G und U_A unabhängig ansehen.

$$U_S = \lambda U_G + \mu U_A. \tag{4}$$

λ und μ können je nach der Lage der Sattelpunkte jeden beliebigen Wert zwischen 0 und 1 annehmen, doch muß stets die Bedingung (3a) erfüllt sein. Um uns der üblichen Schreibweise anzupassen, setzen wir $\mu/\lambda = D$, gleich dem Durchgriff. Dann wird:

$$i_A^{\text{Vakuum}} = i_0\, e^{\frac{\varepsilon \lambda}{kT}(U_G + D\, U_A)}. \tag{5}$$

Messungen dieser Anlaufströme im Vakuum sind verschiedentlich ausgeführt worden: [8] Bild 44a und [15] Bild 4 und 5. Diese Messungen bestätigen weitgehend unseren Ansatz (5) [1]. In [15] Bild 5 sind Kurven $\log i_A = f(U_G)$ dargestellt mit U_A als Parameter. Aus diesen Kurven bestimmt man: $\lambda = 0,46$, $\mu = 0,0040$, $D = 0,0087$ und $i_0 \approx 8 \cdot 10^{-9}$ A, wobei für T, welches nicht gemessen wurde, eine Temperatur von 1100° K angenommen wurde.

3. Die Kennlinien der Vorströme in gasgefüllten Rohren.

Die Zusammenstöße der Elektronen mit den Gasatomen werden teils elastische Reflexion, teils Anregung, teils Ionisation bewirken. Die Vorstromkurven werden in geringem Maße sicherlich auch durch die beiden ersten Stoßvorgänge beeinflußt, weitaus größer ist jedoch der Einfluß der ionisierenden Stöße. Wir können unsere Betrachtung auf diese letzteren beschränken.

Die Elektronen erlangen die für die Ionisation notwendige Geschwindigkeit erst nach Durchlaufen der Potentialsättel in dem Raum zwischen Gitter und Anode. Bei jedem ionisierenden Zusammenstoß wird ein Elektron und ein positives Ion neu gebildet. Die neugebildeten Elektronen erhöhen den zur Anode fließenden Elektronenstrom. Die positiven Ionen wandern in Richtung auf das Gitter, ein Teil derselben wird auf das Gitter auftreffen, ein Teil wird durch die Gittermaschen hindurchfliegen und auf die Kathode auftreffen, oder — richtiger gesagt — in die Kathode hineinfliegen.

Im vorigen Abschnitt haben wir die Raumladungen der Elektronen vernachlässigt und mit der rein elektrostatischen Potentialverteilung gerechnet. Die Raumladungen der positiven Ionen können wir nicht mehr vernachlässigen. Durch diese Raumladungen wird einerseits der gesamte Potentialverlauf zwischen Kathode und Anode etwas gehoben und damit auch das Potential in den Sattelpunkten, welches für den Elektronendurchtritt zur Anode maßgebend ist. Andererseits wissen wir, daß die Verwendung von Hohlkathoden nur möglich ist, wenn positive Ionen anwesend sind, welche die Elektronenraumladung im Inneren der Hohlkathode ganz oder teilweise kompensieren.

Für die Erhöhung des zur Anode fließenden Elektronenstromes durch die Neuerzeugung von Elektronen im Gasraum findet sich ein Ansatz in [15] Formel (2)

---

[1] In allen früheren Arbeiten ist $U_S = U_G - D \cdot U_A$, d. h. $\lambda = 1$ gesetzt worden. Dann würden die Kurven $\log i_A = f(U_G)$ eine Bestimmung der Temperatur der Kathode gestatten. Versucht man eine solche Temperaturbestimmung, so ergibt sich aus [18] Bild 3 $T = 3000^\circ$ K, aus [15] Bild 5 $T = 2700$ bis 3000° K, aus [24] Fig. 7 $T = 2900^\circ$ K und aus [25] Fig. 1 $T = 2500$ bzw. 3000° K, während T in Wirklichkeit sicher zwischen 900 und 1500° K gelegen hat. Diese Feststellung veranlaßte mich, in Formel (5) $\lambda < 1$ einzuführen. Die Werte von λ und μ hängen von der Lage der Potentialsättel ab; λ weicht um so mehr von 1 ab, je weiter die Potentialsättel von der Gitterebene entfernt sind. Vgl. hierzu die Darstellung des Potentialfeldes in Bild 1.

und (3). Wenn jedes Elektron, das den Potentialsattel passiert hat, auf seinem Weg zur Anode N neue Elektronen erzeugt, so gilt:

$$i_A^{\text{Gas}} = i_0(1 + N)\, e^{\frac{\varepsilon\lambda}{kT}(U_G + D\,U_A)}. \tag{6a}$$

Es ist gleichgültig, ob diese N neuerzeugten Elektronen durch Stoß des Primärelektrons oder durch Sekundär- oder Tertiärelektronen erzeugt sind. In den in der Technik gebräuchlichen Rohren mit einem Quecksilberdampfdruck, der einer Temperatur von 30 bis 50° C entspricht, liegt N bei 200 V Anodenspannung zwischen 0,05 und 0,5. Bei Rohren mit Edelgasfüllung kann N erheblich größere Werte annehmen.

Für die Potentialerhöhung ΔU_S am Ort des Potentialsattels findet sich ein Ansatz in [16] Formel (6) und [17] § 75: Beziehen wir alle Stromangaben auf den in die Anode eintretenden Elektronenstrom i_A, so ist der Elektronenstrom, der den Potentialsattel passiert, $i_A \cdot \dfrac{1}{1+N}$ und dieser Elektronenstrom erzeugt im Gas einen Ionenstrom $i_A \cdot \dfrac{N}{1+N}$. Von diesem Ionenstrom fließt ein Teil zum Gitter, ein Teil durch die Gitteröffnungen hindurch zur Kathode. Nur dieser letztere Anteil $i_A \cdot \dfrac{\delta N}{1+N}$ trägt merklich zur Potentialerhöhung ΔU_S bei. Ist ϑ die mittlere Flugzeit dieser Ionen zwischen Gitter und Kathode, so stellt dieser Ionenstrom eine Raumladung $Q = i_A \cdot \dfrac{\vartheta \cdot \delta \cdot N}{1+N}$ dar. Diese Raumladung wirkt ebenso wie eine Erhöhung des Gitterpotentials um $\Delta U_G = \dfrac{Q}{C_G}$, wobei C_G eine Größe von der Dimension einer Kapazität ist, deren Wert mit der Kapazität Gitter—Kathode angenähert übereinstimmt. Die vorliegende Berechnung rechtfertigt, daß wir in (6a) die Gitterspannung um einen Betrag ΔU_G erhöhen, den wir in erster Näherung dem zur Anode fließenden Strom i_A proportional setzen:

$$i_A^{\text{Gas}} = i_0(1 + N)\, e^{\frac{\varepsilon\lambda}{kT}(U_G + \Delta U_G + D\,U_A)}\,{}^1), \tag{6b}$$

wobei:

$$\Delta U_G = i_A^{\text{Gas}} \cdot \frac{\vartheta \cdot \delta \cdot N}{C_G(1+N)}. \tag{6}$$

Über die Wirkung der positiven Ionen im Inneren der Hohlkathode bestehen bisher keine direkten Ansätze. Die Überlegungen, die I. Langmuir[2] über das Zusammenwirken der Raumladungen von Ionen und Elektronen angestellt hat, lassen sich nicht ohne weiteres auf den Fall der Hohlkathode anwenden. Die Vorstrommessungen lassen einige Rückschlüsse auf die Wirkung der positiven Ionen im Innern der Hohlkathode zu: Solange i_A und damit auch ΔU_G klein ist, sollte der Einfluß des Gases nach (6b) allein in dem Faktor $1 + N$ bestehen. Die gemessenen Kurven $\log i_A = f(U_G)$ mit dem Gas- oder Dampfdruck als Parameter lassen erkennen, daß tatsächlich für kleine Werte von i_A lediglich eine Parallelverschiebung in Richtung größerer Stromstärken stattfindet, vgl. [15] Bild 7[3]). Der Faktor $1 + N$ läßt sich abschätzen; in [15] Bild 7 würde er für 23° C den Wert von 1,2 kaum überschreiten. Die gemessenen Stromwerte $i_A^{23°\,\text{C}}$ sind aber rund 40 mal größer als die Strom-

---

[1]) In [7] Bild 23 und 24 und in [8] Bild 53 findet sich ebenfalls ein Hinweis darauf, daß der Vorstrom eine Veränderung in Exponenten der e-Funktion hervorruft. Diese Veränderung ist dort in das Glied $D \cdot V_A$ hineingenommen worden, so daß dort der Durchgriff von der Größe des Vorstromes abhängt.

[2]) I. Langmuir: Phys. Rev. **33** (1929) S. 954.

[3]) In [25] Fig. 1 ist eine Abnahme der Kathodentemperatur mit abnehmendem Quecksilberdampfdruck zu erkennen, die ich mir nicht erklären kann.

werte $i_A^{-12°C}$, die praktisch als Vakuumströme anzusehen sind. Den Unterschied zwischen diesen beiden Faktoren 1,2 und 40 wird man als die Wirkung der positiven Ionen im Innern der Hohlkathode auffassen müssen. Wir schreiben daher als endgültige Formel für die Kennlinien der Vorströme in gasgefüllten Rohren:

$$i_A^{\text{Gas}} = i_0 \cdot c \cdot (1 + N)\, e^{\frac{\varepsilon\,\lambda}{k\,T}(U_G + \Delta U_G + D U_A)}, \tag{6c}$$

wobei für ΔU_G wiederum (6) gilt und c die Wirkung der positiven Ionen im Inneren der Hohlkathode berücksichtigt [1]).

Das Glied ΔU_G im Exponenten von (6c) spielt erst dann eine Rolle, wenn i_A^{Gas} so groß geworden ist, daß ΔU_G nach (6) den Wert von einigen Hundertstel Volt erreicht; dann bewirkt dieses Glied bei den Kurven $\log i_A = f(U_G)$ eine Abweichung vom gradlinigen Verlauf im Sinne einer dauernd zunehmenden Steilheit des Stromanstieges. Dies ist genau der Sachverhalt, wie er durch die Messungen wiedergegeben wird, vgl. [18] Bild 3, [15] Bild 9, [24] Fig. 7 und [25] Fig. 1.

4. Die Zündbedingung.

Wir haben bei unseren bisherigen Überlegungen stets angenommen, daß die Ströme, wie sie durch (6c) und (6) dargestellt werden, auch tatsächlich existenzfähige Entladungen sind, und daß man durch Variation der Gitterspannung die Kennlinien in beiden Richtungen beliebig durchlaufen kann. Dies ist nun keineswegs der Fall, vielmehr stellen die durch (6c) dargestellten Ströme nur in einem beschränkten Bereich der Gitterspannungs-Anodenspannungsebene stabile Entladungen dar. Wir fragen jetzt, welche Bedingungen erfüllt werden müssen, damit die Vorstromentladung (6c) gerade noch bzw. gerade nicht mehr stabil brennen kann. Beim Überschreiten dieser Stabilitätsgrenze „zündet" das Rohr, d. h. der Strom im Rohr steigt sprunghaft an und gleichzeitig bricht die Spannung am Rohr auf rund 20 V zusammen. Bei der Betrachtung der Stabilitätsgrenze, d. h. der Zündbedingung wollen wir uns auf solche Vorgänge beschränken, bei denen alle Veränderungen der freien Variablen, d. h. von Gitterspannung und Anodenspannung unendlich langsam erfolgen, d. h. alle Zustände, die wir vor der Zündung durchlaufen, sollen Gleichgewichtszustände sein. Diese Festlegung bedeutet keine nennenswerte Einschränkung, weil bei den meisten praktisch vorkommenden Fällen der zeitliche Spannungsanstieg der zum Zweck der Zündung an das Rohr angelegten Gitter- oder Anodenspannung nicht so steil erfolgt, daß Abweichungen von Gleichgewichtszuständen auftreten.

Die Vorstromentladung wird instabil, sobald die Vorstromkennlinie unendlich steil wird, d. h. sobald:

$$\left.\begin{array}{ll} \dfrac{\partial i_A}{\partial U_G} = \infty \quad \text{oder} \quad & \dfrac{\partial U_G}{\partial i_A} = 0, \\[2ex] \dfrac{\partial i_A}{\partial U_A} = \infty \quad \text{oder} \quad & \dfrac{\partial U_A}{\partial i_A} = 0. \end{array}\right\} \tag{7}$$

Diese Zündbedingung ist gleichbedeutend mit der Zündbedingung, die von einer Betrachtung der aufeinanderfolgenden Ionisierungsspiele ausgeht und in der Rogowskischen Sprechweise lautet [2]): „Zündung erfolgt, sobald der Ionisierungsanstieg

---

[1]) Wenn β die Zahl der Elektronen angibt, die ein Ion zusätzlich aus dem Inneren der Hohlkathode freimacht, so gilt $c = \dfrac{1}{1 - N\beta\delta}$; die Ableitung dieser Beziehung ist in [15] angegeben.

[2]) W. Rogowski: Arch. Elektrotechn. **25** (1931) S. 551.

größer als 1 wird." Dieser Ionisierungsanstieg ist in [16] ausführlich berechnet worden und führt zu der gleichen Zündbedingung wie die obigen Gl. (7), denen wir im weiteren folgen werden. Durch Umformung von (6c) ergibt sich:

$$U_G = -\Delta U_G - D U_A + \frac{kT}{\varepsilon \lambda}\left\{\ln \frac{i_A}{i_0} - \ln c\,(1+N)\right\}, \quad \Bigg\}$$
$$U_A = \frac{1}{D}\left[-\Delta U_G - U_G + \frac{kT}{\varepsilon \lambda}\left\{\ln \frac{i_A}{i_0} - \ln c\,(1+N)\right\}\right]. \Bigg] \tag{8}$$

Mit (7) ergibt sich aus beiden Gleichungen die Zündbedingung:

$$-\frac{\partial}{\partial i_A}(\Delta U_G) + \frac{kT}{\varepsilon \lambda}\cdot\frac{1}{i_A^Z} = 0. \tag{9}$$

Wenn für ΔU_G Formel (6) gilt, so ergibt sich:

$$i_A^Z = \frac{[kT}{\varepsilon \lambda}\cdot\frac{C_G\cdot(1+N)}{\vartheta\cdot\delta\cdot N}. \tag{10}$$

i_A^Z ist derjenige Wert des Vorstromes, bei dem die Vorstromkennlinie eine unendlich steile Tangente hat, bei dem also das Rohr zündet.

Die Zündung erfolgt bei einem endlichen Vorstrom, weil wir die elektronenbefreiende Wirkung der positiven Ionen nicht proportional der Zahl der Ionen angesetzt haben, sondern der Ionenstrom steht im Exponenten der e-Funktion.

Setzt man (10) in (6) ein, so erhält man:

$$\Delta U_G^Z = \frac{kT}{\varepsilon \lambda}. \tag{11}$$

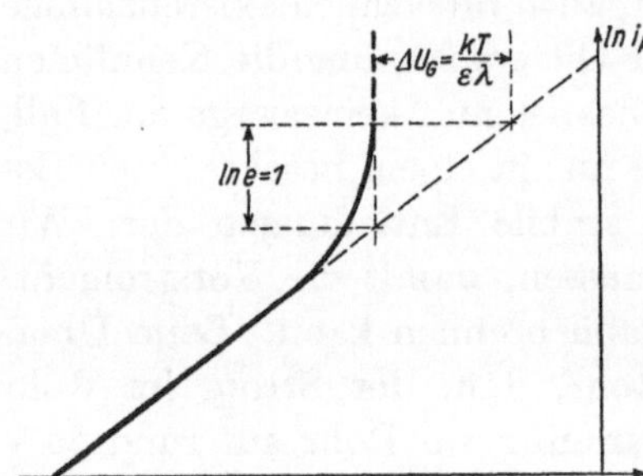

Bild 2. Schematische Darstellung der Abhängigkeit $\ln i_A = f(U_G)$.

In dieser Form besitzt die Zündbedingung eine eigentümliche anschauliche Bedeutung: $\lambda\cdot\Delta U_G^Z$ ist diejenige durch die Raumladungen der positiven Ionen hervorgerufene Erhöhung des Potentials der Sattelpunkte, welche gerade ausreicht, die Zündung herbeizuführen. Diese Potentialerhöhung, multipliziert mit der elektrischen Elementarladung ε, muß der mittleren thermischen Energie der die Kathode verlassenden Elektronen gleich sein. D. h. die Zündung tritt ein, sobald die Elektronen durch die Wirkungen, die sie im Rohr hervorrufen, sich selbst den Durchtritt um einen Betrag erleichtern, welcher ihrer eigenen mittleren Energie gleich ist.

Setzt man (10) im Exponenten von (6c) ein, so erhält man, wie erstmalig in [20] angegeben ist:

$$i_A^Z = i_0 c\cdot(1+N)\, e^{\frac{\varepsilon \lambda}{kT}(U_G^Z + D U_A^Z)}\cdot e, \quad \Bigg\}$$
$$\ln e = 1 = \ln i_A^Z - \ln\left\{i_0\cdot c\,(1+N)\, e^{\frac{\varepsilon \lambda}{kT}(U_G^Z + D U_A^Z)}\right\}, \Bigg] \tag{12}$$

d. h. der Zündstrom i_A^Z ist gerade um einen Faktor e größer als der Vorstrom bei gleicher Gitter- und Anodenspannung, aber ohne das Glied ΔU_G sein würde[1]).

In Bild 2 ist die Abhängigkeit $\ln i_A = f(U_G)$ schematisch dargestellt und sowohl ΔU_G^Z nach (11) wie auch $\ln e$ nach (12) eingezeichnet. Da die Neigung des geradlinigen Teiles der Kurve gleich $\varepsilon \lambda/kT$ ist, so sind die beiden Katheten des rechtwink-

---

[1]) In [20] ist angenommen worden, daß dieser letztere Vorstrom der Vakuumstrom sei. Nach (6c) unterscheidet er sich von dem Vakuumstrom um den Faktor $c\,(1+N)$, welcher, wie vorne schon gesagt, bei meinen Messungen Werte von rund 40 erreichte. Es ist daher verständlich, daß in [20] ein viel größerer Wert als $\ln e = 1$ gefunden wurde.

ligen Dreiecks in Bild 2 nicht unabhängig voneinander und ein Vergleich mit den Beobachtungen braucht sich nur auf eine von beiden zu erstrecken. Da wir vorn die Neigung der Kurve bereits behandelt haben, werden wir jetzt die vorliegenden Messungen darauf durchsehen, ob die senkrechte Kathete den Wert $\ln e = 1$ besitzt. Ihr Wert ergibt sich aus [18] Bild 3 zu $\ln 2,19 = 0,78$, aus [15] Bild 9 im Höchstfall zu $\ln 2,77 = 1,02$, aus [24] Fig. 1 zu $\ln 1,54 = 0,43$ und aus [25] Fig. 7 zu $\ln 1,45 = 0,37$ bzw. zu $\ln 1,38 = 0,32$. Dabei ist zu berücksichtigen, daß es wegen unvermeidbarer Störungen[1]) niemals möglich ist, die Messungen bis unmittelbar in den Zündpunkt hinein durchzuführen. Berücksichtigt man dieses, so stellen gerade diese Messungen eine sehr zuverlässige Bestätigung der Theorie dar.

Aber auch die Aussagen der Formel (10) sind in gewissem Umfang experimentell nachprüfbar. Die Abhängigkeit des Zündstromes von der Temperatur ist meines Wissens nicht direkt untersucht worden; eine indirekte Bestätigung werden wir im nächsten Abschnitt kennenlernen.

Der Zündstrom hängt nach (10) von der Anodenspannung nur ab, soweit ϑ, δ und N von der Anodenspannung abhängen. Diese Abhängigkeiten sind nur gering und laufen außerdem teilweise gegeneinander; wir werden daher in erster Näherung einen von der Anodenspannung unabhängigen Zündstrom erwarten. Mit abnehmender Anodenspannung und damit abnehmendem N werden wir ein Ansteigen des Zündstromes erwarten. Dies ist der Verlauf, wie er tatsächlich gefunden wurde, vgl. [18] Abb. 2, [10] Fig. 8 und [8] Bild 44a und Bild 46.

Da N mit steigendem Dampfdruck ansteigt, ist eine Abnahme des Zündstromes mit steigendem Dampfdruck zu erwarten. Diese Abhängigkeit wurde nach [8] Bild 48 auch gemessen. Bei hohem Dampfdruck muß wegen des Gliedes $1 + N$ im Zähler von (10) die Abhängigkeit immer geringer werden; auch dies wird durch die Messung [8] Bild 48 richtig wiedergegeben.

5. Die Zündlinie.

Durch Einsetzen von (6) und (10) in (6c) erhält man die Zündlinie, d. h. diejenige Grenze in der $U_G - U_A$-Ebene, bis zu welcher stabile Vorströme möglich sind:

$$U_G^z = -DU_A^z + \frac{kT}{\varepsilon\lambda}\ln\frac{kT\cdot C_G}{e\varepsilon\lambda i_0\cdot\vartheta\cdot\delta\cdot N\cdot c} = -DU_A^z + U_0. \tag{13}$$

Die Zündlinie ist in erster Näherung eine gerade Linie mit der Neigung $-D$, wobei D der rein elektrostatisch bestimmte Durchgriff ist. Aus [15] Bild 5 hatten wir den Durchgriff aus den Vakuumkennlinien zu $D = 0,0087$ bestimmt; in dem gleichen Bilde sind auch die zusammengehörigen Werte von U_G^z und U_A^z angegeben, aus denen sich die Zündlinie zeichnen läßt. Diese hat zwischen 80 und 400 V Anodenspannung eine Neigung $D = 0,0082$, die also befriedigend mit dem obigen Wert übereinstimmt. Ein gradliniger Verlauf der Zündlinie ist nur in erster Näherung zu erwarten, weil ϑ, δ und N von der Anodenspannung abhängen; in dem Produkt kompensieren sich diese Einflüsse allerdings teilweise[2]).

---

[1]) Wegen dieser Störungen habe ich seinerzeit meine Messungen abends ausgeführt, wenn außer mir niemand mehr im Hause arbeitete. Wenn U_G nur noch wenige hundertstel Volt vom Zündpunkt entfernt war, so genügte die Betätigung eines Lichtschalters im Nebenraum, um die Zündung des Rohres einzuleiten.

[2]) Bei kleinen Anodenspannungen machen sich diese Abhängigkeiten (besonders die von N) bemerkbar und verursachen gemeinsam mit anderen Erscheinungen die Abweichungen der Zündlinie vom geradlinigen Verlauf, besonders das Umbiegen in den Bereich positiver Gitterspannungen.

Da D eine rein elektrostatisch bestimmte Größe ist, so sollte die Neigung der
Zündlinie nur von den geometrischen Abmessungen des Gefäßes abhängen, vgl. [8]
Bild 12, 13 und 14, nicht aber von der Kathodentemperatur T und dem Gas- oder
Dampfdruck, vgl. [21] Bild 1a und 2a und [8] Bild 17 und 6. Die beiden letzten
Bilder lassen eine wenn auch nur geringe Abhängigkeit der Neigung der Zündlinie
von der Kathodentemperatur und dem Dampfdruck erkennen, deren Ursache bisher
ungeklärt ist.

Das Glied in (13)
$$U_0 = \frac{kT}{\varepsilon\lambda} \ln \frac{kT \cdot C_G}{\varepsilon\varepsilon\lambda i_0 \cdot \vartheta \cdot \delta \cdot N \cdot c} \tag{14}$$

gibt das Stück auf der Gitterspannungsachse an, das auf dieser abgeschnitten wird,
wenn man die Zündlinie geradlinig bis $U_A = 0$ verlängert. U_0 muß von der Kathodentemperatur und in geringem Umfange auch vom Gas- oder Dampfdruck abhängen.

Die Abhängigkeit des Gliedes U_0 vom Dampfdruck beruht fast ausschließlich
auf dem Glied N im Nenner des Bruches. Diese Abhängigkeit wird in dem Sinne,
wie wir sie erwarten müssen, durch [8] Bild 6 bestätigt.

Die Abhängigkeit des Gliedes U_0 von der Kathodentemperatur T beruht nicht
nur auf den beiden Gliedern T in (14), sondern auch auf dem Glied i_0 im Nenner des
Bruches. In [21] ist diese Abhängigkeit ausführlich untersucht worden; dort wird
gezeigt, daß für U_0 in erster Näherung eine lineare Abhängigkeit von der Kathodentemperatur zu erwarten ist. $U_0 = -A \cdot T + B$, wo A und B positive Größen
sind. In [21] Bild 1b und 2b wird nicht nur die lineare Abhängigkeit weitgehend
bestätigt, sondern auch die Absolutwerte von A und B ergeben sich angenähert
richtig. Diese Übereinstimmung wird noch besser, wenn man die Faktoren $\lambda < 1$
und $\delta < 1$ berücksichtigt, welche in [21] noch fehlen. Der Faktor c in (14), welcher
die Wirkung der positiven Ionen im Inneren der Hohlkathode berücksichtigt, brauchte
in [21] nicht berücksichtigt zu werden, weil dort nicht mit einer Hohlkathode gearbeitet wurde, sondern mit einer ebenen Kathode, welche parallel zur Gitterebene
angeordnet war bzw. mit einer direkt geheizten Kathode, „die die Form einer sich
axial im Gitterzylinder erstreckenden Wendel mit großer Steigung hatte".

6. Der Einfluß des Gitterwiderstandes auf die Zündlinie.

In dem Bereich negativer Gitterspannungen fängt das Gitter einen Teil der Ionen
auf, die in dem Raum zwischen Gitter und Anode erzeugt werden. Liegt vor dem
Gitter ein Gitterwiderstand R_G, so erzeugt der Ionenstrom zum Gitter in diesem
Gitterwiderstand einen Spannungsabfall $i_G \cdot R_G$. Bezeichnen wir die am Gitter selbst
herrschende Spannung weiterhin mit U_G und die außen angelegte Spannung mit
U_G', so gilt:
$$U_G = U_G' + i_G \cdot R_G. \tag{15}$$

Um den Einfluß des Gitterwiderstandes auf die Zündlinie zu erhalten, müssen
wir (15) in (6c) bzw. (8) einsetzen und die Differentiation durchführen, wobei aber jetzt
nach U_G' zu differenzieren ist, weil U_G' diejenige freie Veränderliche ist, durch deren
Veränderung die Zündung herbeigeführt wird. An Stelle von (9) tritt
$$-\frac{\partial}{\partial i_A}(i_G R_G + \Delta U_G) + \frac{kT}{\varepsilon\lambda} \cdot \frac{1}{i_A^z} = 0. \tag{16}$$

In erster Näherung ist i_G eine lineare Funktion von i_A:
$$i_G = i_A \cdot \frac{N}{1+N}(1-\delta). \tag{17}$$

(17) und (6) in (16) eingesetzt ergibt:

$$i_A^Z = \frac{kT}{\varepsilon\lambda} \cdot \frac{1+N}{N} \cdot \frac{1}{R_G \cdot (1-\delta) + \dfrac{\vartheta\delta}{C_G}} , \tag{18}$$

und an Stelle von (11) ergibt sich:

$$i_G^Z \cdot R_G + \Delta U_G^Z = \frac{kT}{\varepsilon\lambda} . \tag{19}$$

Es ist also ganz gleichgültig, ob die zur Zündung erforderliche Erhöhung des Potentials in den Sattelpunkten durch die Raumladungen im Inneren des Rohres oder durch den Spannungsabfall am Gitterwiderstand hervorgerufen wird.

Die Gl. (19) ist einer experimentellen Prüfung zu gänglich. Es muß stets Zündung erfolgen, ehe der Spannungsabfall am Gitterwiderstand $i_G \cdot R_G$ den Betrag $kT/\varepsilon\lambda$ erreicht. Bei einer Kathodentemperatur von $1100°\,\mathrm{K}$ ist $kT/\varepsilon = 0{,}10$ V und da $\lambda \approx 0{,}5$ ist, so darf $i_G \cdot R_G$ einen Wert von etwa 0,2 V nicht überschreiten. In Bild 3 sind eine Reihe von Messungen zusammengestellt, die ich 1932 ausgeführt habe, ohne allerdings damals die Deutung zu finden. Der Spannungsabfall am Gitterwiderstand wurde direkt mit einem Röhrenvoltmeter gemessen. Man sieht, daß der Spannungsabfall am Gitterwiderstand den Betrag von 0,1 V in keinem Fall überschreitet, obgleich die Messungen an verschiedenen Rohren und mit verschiedenen Gitterwiderständen ausgeführt wurden. Auch bei einer größeren Zahl weiterer Messungen wurde der Betrag von 0,15 V niemals überschritten[1]).

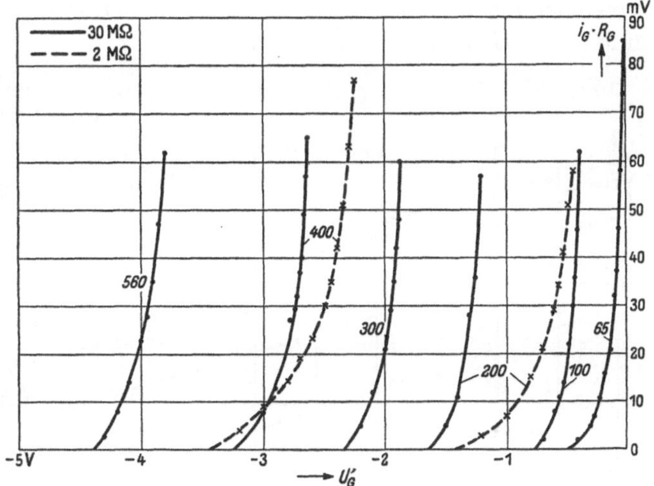

Bild 3. Messungen der Abhängigkeit des Spannungsabfalls am Gitterwiderstand $i_G \cdot R_G$ als Funktion der Gitterspannung U_G' mit der Anodenspannung und dem Gitterwiderstand als Parametern.

Für die Zündlinie mit Gitterwiderstand ergibt sich analog zu (13) die Gleichung:

$$U_G'^Z = -D U_A^Z + \frac{kT}{\varepsilon\lambda} \ln \frac{kT}{e\,\varepsilon\,\lambda\,i_0\,c\,N\left\{R_G^Z(1-\delta) + \dfrac{\vartheta\delta}{C_G}\right\}} \;{}^2) . \tag{20}$$

Die Zündung erfolgt mit Gitterwiderstand bei stärker negativen Gitterspannungswerten als ohne Gitterwiderstand; daher ist es auch möglich, bei fester außen an-

---

[1]) Wie mir A. Etzrodt mitteilte, war auch bei Messungen, die er an verschiedenen Rohren ausgeführt hat, stets $i_G \cdot R_G < 0{,}1$ V.

[2]) Gl. (20) und (20a) gelten nur, wenn R_G ein Ohmscher Widerstand ist, anderenfalls werden die Verhältnisse sehr unübersichtlich, weil dann Gl. (15) ungültig wird. Wenn bei niedriger Anodenspannung und entsprechend schwach negativer Gitterspannung nicht nur Ionen, sondern auch Elektronen zum Gitter gelangen, werden die Verhältnisse sehr unübersichtlich, weil dann Gl. (17) nicht mehr gilt. Überwiegt der Elektronenstrom zum Gitter den Ionenstrom, so ändert der Effekt sein Vorzeichen, die Gitterzündspannung wird dann durch den Gitterwiderstand in Richtung positiver Gitterspannungswerte verschoben.

gelegter Gitterspannung U'_G die Zündung lediglich durch Vergrößern des Gitterwiderstandes R_G herbeizuführen. Durch Elimination von R_G^Z aus (20) erhält man:

$$R_G^Z = \frac{k\,T}{e\,\varepsilon\,\lambda\,i_0\,c\,N(1-\delta)\,e^{\frac{\varepsilon\,\lambda}{k\,T}\left(U'^Z_G + D\,U^Z_A\right)}} - \frac{\vartheta\,\delta}{C_G(1-\delta)} \tag{20a}$$

den Wert des Gitterwiderstandes, bei dem das Rohr zündet[1]).

Durch den Gitterwiderstand wird nach (20) die Neigung der Zündlinie nicht beeinflußt. Es findet also mit steigendem Gitterwiderstand eine Parallelverschiebung der ganzen Zündlinie in Richtung negativer Gitterspannungswerte statt. In Bild 4 ist eine Schar von Zündlinien für verschiedene Gitterwiderstände eingezeichnet[2]). Die Zündlinien sind in erster Näherung einander parallel. Den Betrag der Parallelverschiebung erhält man, wenn man die Differenz der Gitterzündspannungen mit und ohne Gitterwiderstand bildet:

$$U'^Z_{G,0} - U'^Z_{G,R_G} = \frac{k\,T}{\varepsilon\,\lambda}\ln\left(1 + \frac{R_G(1-\delta)}{\vartheta\,\delta/C_G}\right)\,^3). \tag{21}$$

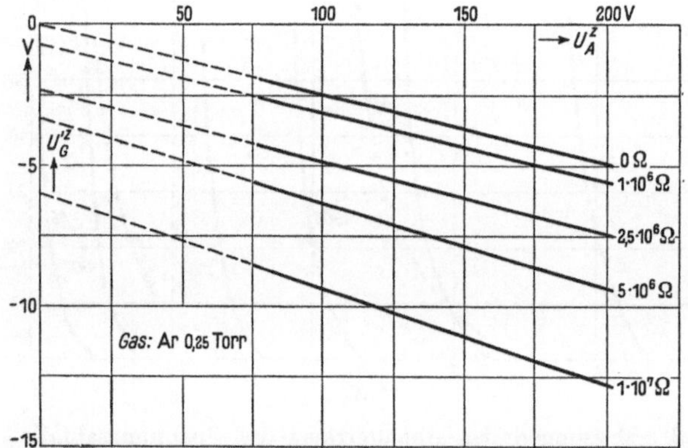

Bild 4. Messungen der Zündlinien bei verschiedenen Gitterwiderständen (ausgeführt von A. Etzrodt).

Für einen quantitativen Vergleich mit den gemessenen Werten ist Gl. (21) wenig geeignet, weil in ihr ϑ, δ, und C_G vorkommen, deren Werte nur sehr ungenau bekannt sind. Besser errechnet man aus (20):

$$\frac{\partial U'^Z_G}{\partial R_G} = -\frac{k\,T}{\varepsilon\,\lambda}\cdot\frac{1-\delta}{R_G(1-\delta) + \dfrac{\vartheta\,\delta}{C_G}}, \tag{22}$$

wobei das zweite Glied im Nenner vernachlässigt werden kann, sobald die Herabsetzung der Gitterzündspannung durch den Gitterwiderstand, also der Wert von (21), groß gegen $k\,T/\varepsilon\,\lambda$ wird; dann gilt:

$$\frac{\partial U'^Z_G}{\partial R_G} \approx -\frac{k\,T}{\varepsilon\,\lambda}\cdot\frac{1}{R_G}. \tag{22a}$$

Zeichnet man mit den Werten von Bild 4 die Kurve $U'^Z_G = f(R_G)$ für einen beliebigen Wert von U_A und vergleicht die Neigung dieser Kurve mit den Werten, die sich aus (22) bzw. (22a) errechnen, so sind die gemessenen Werte 5 bis 20 mal größer als die errechneten. Diese Unstimmigkeit ist um so weniger verständlich, weil die

---

[1]) Um die Zündung durch Vergrößern des Gitterwiderstandes abzuleiten, muß man eigentlich von der Zündbedingung $\partial i_A/\partial R_G = \infty$ ausgehen, doch führt diese Rechnung ebenfalls auf Gl. (20a).

[2]) Diese Messungen sind einer bisher unveröffentlichten Arbeit von A. Etzrodt entnommen, die er mir freundlicherweise zur Verfügung gestellt hat.

[3]) Der Betrag dieser Parallelverschiebung kann jeden beliebigen Wert je nach der Größe des Gitterwiderstandes annehmen. Er braucht keineswegs kleiner als $k\,T/\varepsilon\,\lambda$ zu sein, denn es besteht keine Beziehung zwischen der Herabsetzung der Gitterzündspannung durch den Gitterwiderstand $U'^Z_{G,0} - U'^Z_{G,R_G}$ und dem an diesem Widerstand auftretenden Spannungsabfall $i^Z_G \cdot R_G$. In Bild 4 beträgt die Herabsetzung der Gitterzündspannung durch den Gitterwiderstand bis zu 7 V, also wesentlich mehr als $k\,T/\varepsilon\,\lambda$ jemals betragen kann.

Forderung (19) der Theorie, wonach $i_G^Z \cdot R_G \leqq \dfrac{k\,T}{\varepsilon\,\lambda}$ sein sollte — wie wir vorn gesehen haben — vorzüglich erfüllt war[1]).

Zusammenfassung.

Die Vorströme in gasfreien Rohren lassen sich verstehen als „Anlaufströme", wobei das Potential am Ort der Potentialsättel zwischen den Gitterstäben (vgl. Bild 1) maßgebend ist. Die Vorströme in gasgefüllten Rohren lassen sich verstehen als „gasverstärkte Anlaufströme", wobei die Verstärkung zum Teil auf Neuerzeugung von Ladungsträgern im Gasraum, zum Teil auf der Wirkung der Raumladungen der positiven Ionen zwischen Gitter und Kathode und im Inneren der Hohlkathode beruht. Der Vorstrom wird instabil und das Rohr zündet, wenn der Vorstrom in Abhängigkeit von Gitter- oder Anodenspannung unendlich steil ansteigt. Die Zündlinie ist die Stabilitätsgrenze der. Vorströme in der Gitterspannungs-Anodenspannungsebene.

Die Zündbedingung nimmt unter vereinfachenden Annahmen folgende Form an: Zündung erfolgt, sobald das Produkt aus elektrischer Elementarladung und Potentialerhöhung am Ort der Potentialsättel gleich wird der mittleren thermischen Energie der Elektronen, die aus der Kathode austreten; dabei ist es gleichgültig, ob diese Potentialerhöhung durch die Raumladungen im Inneren des Rohres oder durch den Spannungsabfall an dem äußeren Gitterwiderstand hervorgerufen wird. Aus letzterem ergibt sich der Einfluß des Gitterwiderstandes auf die Zündlinie.

Schrifttum.

1. D. C. Prince: Gen. Electr. Rev. **31** (1928) S. 347.
2. A. W. Hull: A. I. E. E. **47** (1928) S. 798.
3. A. W. Hull: Gen. Electr. Rev. **32** (1929) S. 213 u. 390.
4. A. W. Hull u. I. Langmuir: Proc. nat. Acad. Sci., Wash. **15** (1929) S. 218.
5. W. B. Nottingham: J. Franklin Inst. **211** (1931) S. 271.
6. W. B. Nottingham: Phys. Rev. **37** (1931) S. 1019.
7. E. Lübcke: ETZ **52** (1931) S. 1513.
8. A. Glaser: Jb. Forsch.-Inst. AEG **3** (1931/32) S. 47.
9. A. Glaser: Z. techn. Phys. **13** (1932) S. 549.
10. W. Koch: Phys. Z. **33** (1932) S. 934.
11. E. Lübcke: Z. techn. Phys. **13** (1932) S. 558.
12. H. Klemperer u. E. Lübcke: Arch. Elektrotechn. **26** (1932) S. 67.
13. A. W. Hull: Physics **4** (1933) S. 66.
14. E. Lübcke: Z. techn. Phys. **14** (1933) S. 61.
15. B. Kirschstein: Arch. Elektrotechn. **27** (1933) S. 785.
16. H. Klemperer u. M. Steenbeck: Z. techn. Phys. **14** (1933) S. 341.
17. A. v. Engel u. M. Steenbeck: Elektrische Gasentladungen **II** Berlin (1934), § 75 u. 107.
18. W. Koch: Z. techn. Phys. **15** (1934) S. 64.
19. K. Mahla: Z. techn. Phys. **15** (1934) S. 348.
20. Iris Runge: Z. techn. Phys. **16** (1935) S. 38.
21. H. Kniepkamp u. A. Pützer: Wiss. Veröff. Siemens **XIV**, 1 (1935) S. 32.
22. H. W. French, J. Franklin Inst. **221** (1936) S. 83.
23. E. L. E. Wheatcroft: Leeds Phil. Soc. **3** (1937) S. 396.
24. E. L. E. Wheatcroft, R. B. Smith u. J. Metcalfe: Phil. Mag. **25** (1938) S. 649.
25. E. L. E. Wheatcroft u. T. G. Hammerton: Phil. Mag. **26** (1938) S. 684.

---

[1]) Die Unstimmigkeit zwischen Theorie und Erfahrung wäre verständlich, wenn der Isolationswiderstand R_{GK} zwischen Gitter und Kathode nicht mehr groß war im Vergleich zu dem Gittervorwiderstand R_G. Dann wirken beide Widerstände zusammen als Potentiometer, so daß am Gitter nur die Spannung $U_G' \cdot \dfrac{R_{GK}}{R_{GK} + R_G}$ wirksam wird. A. Etzrodt teilte mir jedoch mit, daß bei den von ihm verwendeten Rohren R_{GK} 10 bis 100 mal größer war als der größte verwendete Wert von R_G.

Theoretische und experimentelle Untersuchungen über den Einfluß des Elektronenpartialdrucks in Niederdrucksäulen.

Von **Max Steenbeck**.

Mit 12 Bildern.

Mitteilung aus dem Siemens-Röhren-Werk zu Siemensstadt.

Eingegangen am 19. August 1939.

Inhaltsübersicht.

I. Aufgabenstellung.

I. Langmuir hat mit seinem Sondenmeßverfahren gefunden, daß in Niederdruckentladungen die Elektronen eine Geschwindigkeitsverteilung annehmen, die einer größenordnungsmäßig über der Gastemperatur T_0 liegenden Elektronentemperatur T_- entspricht[1]); gleichzeitig hat er gezeigt, wie die Elektronenkonzentration N_- zu messen ist. Faßt man — vorläufig einmal ganz formal — die Elektronengesamtheit einfach als gewöhnliches Gas auf, so steht dieses Gas nach der kinetischen Gastheorie unter einem Druck

$$p_- = N_- k \, T_- \tag{1}$$

($k = $ Boltzmann-Konstante), der sich also ebenfalls aus den Sondenmessungen errechnen läßt. Dieser Elektronendruck vermag dabei durchaus in die Größenordnung des Fülldruckes des neutralen Gases in Entladungsgefäßen zu kommen. So können in einem Hg-Glasgleichrichter, der mit Hg-Dampf von etwa $1 \cdot 10^{-2}$ Torr. arbeitet, sogar betriebsmäßig durchaus Elektronendichten von etwa $3 \cdot 10^{12}$ cm^{-3} bei einer Elektronentemperatur von etwa $15\,000°$ K auftreten; dabei ist der Elektronendruck p_- nach (1) aber bereits 6 cgs-Einheiten ($=$ Mikrobar) oder $4{,}5 \cdot 10^{-3}$ Torr. Hier beträgt der Elektronendruck also bereits rund die Hälfte des Fülldruckes.

Da die Elektronentemperatur ja sehr groß ist gegen die Gastemperatur, tritt der Elektronendruck bereits bei verhältnismäßig kleinem Ionisierungsgrad in den Vordergrund. Im genannten Zahlenbeispiel ist der Ionisierungsgrad nur etwa 1 %! Die vorliegende Arbeit will theoretisch und experimentell untersuchen, welchen Einfluß der bisher meist vernachlässigte Elektronendruck auf das Verhalten einer Ent-

---

[1]) Siehe über die Ausbildung einer starken ungeordneten Geschwindigkeit des Elektronengases bereits vor den grundlegenden Langmuirschen Arbeiten: M. Schenkel u. W. Schottky: Wiss. Veröff. Siemens **II** (1922) S. 252.

ladungssäule zeigt; er wird sich bei geeigneten Bedingungen als sehr beachtlich herausstellen. Wir beschränken uns dabei etwa auf den Druckbereich, in dem auch die bekannte Schottkysche Säulentheorie gilt. Die freie Weglänge der Ionen soll zwar merklich kleiner sein als der Durchmesser des Entladungsrohres, so daß wir mit einem Diffusionsansatz rechnen dürfen. Andererseits soll aber die Elektronentemperatur noch über den Querschnitt als konstant angesetzt werden dürfen, es soll also z. B. noch keine Ablösung der Säule von der Wand eintreten, wie sie beim Übergang zur Hochdrucksäule einsetzt. Die folgenden Überlegungen beanspruchen daher nur in einem solchen Druckbereich (angenäherte) Gültigkeit, wo der Rohrdurchmesser etwa 10 bis einige 1000 Ionenweglängen umfaßt. Im übrigen setzen wir so stromstarke Entladungen voraus, daß das Entladungsplasma als quasineutral angesehen werden kann ($N_+ = N_- = N = N(x, y, z)$). Der so abgegrenzte Bereich umfaßt das meist untersuchte Gebiet der Niederdruckentladungen. Auch die Temperatur T_0 des Neutralgases sehen wir in den Rechnungen als konstant über den ganzen Querschnitt an; den dadurch bewirkten Fehler diskutieren wir weiter unten.

II. Gesetz von der Konstanz der Partialdrucksumme von Neutral-, Elektronen- und Ionengas.

Zunächst wollen wir begründen, daß der oben vorläufig ganz formal eingeführte Elektronendruck tatsächlich einen Einfluß auf die Druckverhältnisse in einem Entladungsgefäß hat. Es liegt zwar nahe, anzunehmen, daß der Elektronen- und der Ionengasdruck einfach additiv zu dem neutralen Druck hinzutreten und sich bei fehlenden Gasströmungen die Einzeldrucke in dem Entladungsgefäß so einstellen, daß die Summe der Partialdrucke konstant wird. So rechnet ja z. B. die Saha-Formel für die thermische Ionisierung den Elektronendruck vollkommen gleichwertig mit dem Druck irgendeines Molekülgases. Da in der Niederdrucksäule die Verhältnisse aber aus verschiedenen Gründen anders liegen, wollen wir in diesem Abschnitt auf diesen Punkt noch etwas näher eingehen. Der Unterschied einer Niederdrucksäule gegenüber etwa dem Fall thermischer Ionisierung liegt darin, daß wir es in einer Niederdrucksäule ganz und gar nicht mit einem Gleichgewichtszustand zu tun haben. Es sind nicht nur Elektronen- und Ionentemperaturen zahlenmäßig durchaus anders als die neutrale Gastemperatur, sondern wir haben außerdem eine ständige Neubildung und Vernichtung von Ladungsträgerindividuen, wobei Erzeugung und Vernichtung an verschiedenen Orten erfolgen. — Um den vollen gaskinetischen Druckwert auf eine Wand auszuüben, müssen die Gasmoleküle von dieser reflektiert werden, wobei die Impulsänderung der auftretenden Moleküle im Mittel doppelt so groß ist wie der Impuls, mit dem sie die Wand treffen. In der Niederdrucksäule werden aber Elektronen und Ionen von der Wand adsorbiert und verlassen diese nur mit dem geringen, der Wandtemperatur entsprechenden Impuls. Man könnte daher vermuten, daß die Druckwirkung des Elektronen- und Ionengases nicht im vollen Umfang eingeht. Aus diesem Grunde halten wir es für nötig, das an sich sonst trivial erscheinende Gesetz von der Konstanz der Partialdrucksumme etwas näher zu besprechen.

Wenn die Elektronen- und die mit ihr gleiche Ionenkonzentration ortsabhängig ist, so fließt eine — ambipolare — Diffusionsströmung von Ionen und Elektronen im Konzentrationsgefälle. Diese Ionenströmung überträgt auf das Neutralgas einen Impuls — sie „reibt" sich im Neutralgas. Im stationären Fall muß daher im Neutralgas ein Druckgefälle vorhanden sein, daß der von den Ionen übertragenen Reibungskraft entgegenwirkt. Das bedeutet aber, daß an Stellen niederer Ionenkonzentration, also auch niedrigen Ionen- und Elektronendruckes der neutrale Gasdruck größer sein muß als an Stellen hoher Ionenkonzentration und damit hohen Ionen- und Elektronendruckes. Die Durchrechnung zeigt, daß unter den gemachten Voraussetzungen die Summe aus Neutralgasdruck p, dem Partialdruck der Elektronen $p_- = NkT_-$ und dem Partialdruck der Ionen $p_+ = NkT_+$ in der Tat ortsunabhängig, d. h. überall konstant sein muß:

$$p + p_- + p_+ = \text{const}. \tag{2}$$

Trotz ihrer beliebig anderen Temperaturen wirken Ionengas und Elektronengas auf die Druckverteilung des Neutralgases also genau so wie irgendwelche anderen zugemischten gewohnten Gase.

Ableitung von (2). Die ambipolare Diffusionsströmungsdichte[1]) ist

$$\mathfrak{n} = -D_a \cdot \operatorname{grab} N = N \cdot \mathfrak{v} \tag{3}$$

mit
$$D_a = \frac{D_+ b_- + D_- b_+}{b_+ + b_-}. \tag{4}$$

In (3) bedeutet $\mathfrak{v}$ die für Ionen und Elektronen ja gleiche mittlere Wanderungsgeschwindigkeit eines Teilchen im Diffusionsstrom. Ein mit der Geschwindigkeit $\mathfrak{v}$ wanderndes Ion überträgt eine Kraft $\varrho_+ \cdot \mathfrak{v}$ auf das Neutralgas ($\varrho_+ = $ „Reibungskoeffizient"), ein Elektron entsprechend die Kraft $\varrho_- \cdot \mathfrak{v}$. Ein Volumenelement dV enthält $N \cdot dV$ Elektronen und $N \cdot dV$ Ionen; die auf dies Element insgesamt übertragene Kraft ist also $N\mathfrak{v}(\varrho_+ + \varrho_-) \cdot dV = -D_a(\varrho_+ + \varrho_-) \operatorname{grab} N \cdot dV$. Im stationären Fall muß diese Kraft aufgehoben werden durch die im Druckgefälle des Neutralgases auftretende hydrodynamische Kraft $-\operatorname{grab} p \cdot dV$. Soll das Neutralgasvolumen also ruhen, so muß die Summe der wirkenden Kräfte verschwinden, also nach Division durch $-dV$ gelten

$$D_a \cdot (\varrho_+ + \varrho_-) \cdot \operatorname{grab} N + \operatorname{grab} p = 0. \tag{5}$$

Diese Gleichung ist zunächst noch nicht zu integrieren, weil wegen der Ortsabhängigkeit des Neutralgasdruckes p auch der Diffusionskoeffizient und die Reibungskoeffizienten vom Ort abhängen[2]). Mit $\varrho_+ = \dfrac{e}{b_+}$ bzw. $\varrho_- = \dfrac{e}{b_-}$ [3]), und unter Berücksichtigung von (4) wird aber

$$D_a(\varrho_+ + \varrho_-) = \frac{D_+ b_- + D_- b_+}{b_+ + b_-} \cdot e\left(\frac{1}{b_+} + \frac{1}{b_-}\right) = e\,\frac{D_+}{b_+} + e\,\frac{D_-}{b_-}.$$

---

[1]) W. Schottky: Phys. Z. **25** (1924) S. 342 u. 635. — W. Schottky u. J. v. Issendorff: Z. Physik **31** (1925) S. 163.

[2]) Es ist allerdings wegen $D_a \sim \dfrac{1}{p}$ und $\varrho \sim p$ bereits einzusehen, daß das nur eingehende Produkt $D \cdot \varrho$ doch ortsunabhängig ist und die Integration also auch hier schon hätte erfolgen können.

[3]) Das Feld $\mathfrak{E}$ zieht den Träger mit der Geschwindigkeit $\mathfrak{v} = b \cdot \mathfrak{E}$ durch den Gasraum, überwindet also eine Reibungskraft $\varrho \mathfrak{v} = \varrho \cdot b \cdot \mathfrak{E}$. Diese Kraft muß gleich der treibenden elektrostatischen Kraft $e\mathfrak{E}$ sein. Aus $\varrho b \mathfrak{E} = e \mathfrak{E}$ folgt sofort $\varrho = \dfrac{e}{b}$.

Nach Berücksichtigung der Townsendschen Beziehung[1] $D = \dfrac{kT}{e} \cdot b$ für beide Polaritäten wird also

$$D_a(\varrho_+ + \varrho_-) = k(T_+ + T_-)$$

und damit nach den gemachten Voraussetzungen ortsunabhängig. Wegen dieser Konstanz gegenüber der Operation $\mathfrak{grad}$ kann (5) also auch in der Form

$$\mathfrak{grad}\{k(T_+ + T_-) \cdot N\} + \mathfrak{grad}\,p = \mathfrak{grad}\{NkT_+ + NkT_- + p\} = 0 \qquad (6)$$

geschrieben und damit ohne weiteres integriert werden

$$NkT_+ + NkT_- + p = \text{const}. \qquad (7)$$

Da NkT_+ bzw. NkT_- die nach (1) definierten Partialdrucke von Ionen bzw. Elektronen sind, ist (7) mit der gesuchten Gl. (2) identisch.

Da in allen Niederdruckentladungen $T_+ \ll T_-$, werden wir weiterhin den Partialdruck des Ionengases NkT_+ stets gegen den des Elektronengases NkT_- vernachlässigen. Den Wert der Konstanten in (2) können wir sehr einfach angeben; es ist der Wert des Neutralgasdruckes an solchen Stellen, wo der Elektronenpartialdruck verschwindet, wo also $N = 0$ oder doch annähernd $= 0$ ist. Nach Schottky ist das aber unmittelbar an der Wand des Entladungsgefäßes der Fall; nennen wir den Druck des Neutralgases an der Gefäßwand p_w, so können wir (2) also

$$p + p_- = p_w \qquad (8)$$

schreiben. Der gleiche Druck herrscht auch an jeder anderen Stelle, wo die Elektronenkonzentration $= 0$ ist, also auch in allen Toträumen, wo keine Entladung mehr brennt, insbesondere also auch in einer gewöhnlichen Meßleitung vom Entladungsgefäß zum Manometer. Wir haben eine vorläufige experimentelle Prüfung von (8) in der Form $p_- = p_w - p$ vorgenommen in der Weise, daß in einer Argonsäule der Neutralgasdruck in der Rohrmitte (p) und am Rand (p_w) manometrisch gemessen und der Elektronendruck p_- als NkT_- aus Sondenmessung bestimmt wurde. Näheres darüber und insbesondere über die Möglichkeit, auch den Druck p manometrisch zu messen, siehe Abschnitt IV. In der Tat haben wir eine vollständige Bestätigung von (8) innerhalb der Meßgenauigkeit gefunden; durch den „elektrischen" Partialdruck p_- wird also das Neutralgas an der Wand mehr oder weniger stark gegenüber der Entladungsmitte verdichtet[2].

Es erscheint zunächst überraschend, daß die leichten Elektronen die Gasmoleküle so wirksam an die Wand drängen können. In Wirklichkeit erfolgt dies zum größten Teil auch nicht durch unmittelbare Stöße der Elektronen gegen die Gasmoleküle, sondern unter Mitwirkung der positiven Ionen. Bei der ambipolaren Diffusion bildet sich durch voreilende Elektronen ja ein elektrisches Feld aus, in dem die Ionen eine

---

[1] Um im Konzentrationsgefälle $\mathfrak{grad}\,N$ die NdV Ladungen im Volumenelement dV mit der Geschwindigkeit $\mathfrak{v} = -\dfrac{1}{N} \cdot D \cdot \mathfrak{grad}\,N$ [siehe Gl. (3)] durch das reibende Neutralgas hindurchzutreiben, ist eine Kraft $\mathfrak{v} \cdot \varrho \cdot NdV = -\varrho \cdot D \cdot \mathfrak{grad}\,N \cdot dV$ oder nach der vorangehenden Anmerkung $-\dfrac{eD}{b} \mathfrak{grad}\,N \cdot dV$ nötig. Die treibende Kraft rührt her vom Gefälle des Partialdruckes der Träger, welches für das Volumen dV die Kraft $-\mathfrak{grad}\,p \cdot dV = -\mathfrak{grad}\,NkT \cdot dV = -kT \cdot \mathfrak{grad}\,N \cdot dV$ liefert. Aus $-\dfrac{eD}{b} \mathfrak{grad}\,N \cdot dV = -kT \mathfrak{grad}\,N \cdot dV$ folgt sofort die Townsendsche Beziehung.

[2] Diese Wirkung hat dabei nichts zu tun mit der Tatsache, daß durch den ambipolaren Diffusionsstrom dauernd Ladungsträger an die Wand geschafft werden, die dann die Wand als neutrale Teilchen verlassen, so daß die Wand tatsächlich als dauernde Quelle von Neutralatomen wirkt. Eine einfache Abschätzung zeigt, daß unter unsern Voraussetzungen dieser Effekt weit hinter dem von uns behandelten zurücktritt. Das ist allerdings anders bei sehr niedrigen Drucken.

zur Wand gerichtete Beschleunigung erfahren, um so mehr, je höher das elektrische Feld, d. h. also je höher die Elektronentemperatur ist. Den dabei erhaltenen Impuls, den die Ionen also vom Elektronengas erst erhalten haben, geben sie bei ihren Zusammenstößen an die Neutralgasmoleküle ab. Die Bedeutungslosigkeit der unmittelbaren Druckübertragung seitens der Elektronen auf das Neutralgas ergibt sich schon daraus, daß das Resultat auch dann noch unverändert bleibt, wenn die Elektronen überhaupt keine direkte Reibung im Gas erfahren; in der oben gebrachten Ableitung darf ϱ_- ohne weiteres $= 0$ und damit $b_- = \infty$ gesetzt werden, ohne Einfluß auf die Gl. (7). Deswegen ist es zur Gültigkeit unserer Überlegungen — wie übrigens auch der Schottkyschen Säulentheorie — nicht nötig, daß der Rohrdurchmesser mehrere freie Elektronenweglängen umfaßt; er muß nur groß sein gegen die Weglänge der positiven Ionen, damit diese bei ihrer Fallbewegung zur Wand Neutralgasmoleküle mitreißen können, wobei die Ionen ihre aufgenommene gerichtete Geschwindigkeit praktisch restlos übertragen müssen.

III. Erweiterung der Schottkyschen Säulentheorie unter Berücksichtigung des Elektronenpartialdruckes.

Wenn bei höheren Elektronendrucken das Neutralgas merklich aus der Rohrmitte an die Wand gedrängt wird, so hat das natürlich einen Einfluß auf die Charakteristik der Säule. Wir werden im vorliegenden Abschnitt diese Wirkung behandeln, wobei wir uns — abgesehen von der nicht mehr vorhandenen Konstanz des Neutralgasdruckes über den Querschnitt — völlig an die Voraussetzungen der Schottkyschen Säulentheorie halten. Das sind:

a) Erzeugung von Ladungsträgern nur durch unmittelbaren Einzelstoß von Elektronen gegen unangeregte Neutralgasmoleküle, also Vernachlässigung aller Stufenprozesse. — Diese Voraussetzung ist bei höheren Stromstärken, wie sie zur Erzeugung eines großen Elektronenpartialdruckes nötig sind, nicht mehr einwandfrei erfüllt. An dem qualitativen Ergebnis ändert dies sicher nichts, wohl aber können die zahlenmäßigen Resultate merklich verschoben werden. Da die Stufenprozesse die Elektronentemperatur etwas absenken, wird der Elektronenpartialdruck nicht ganz so groß sein, wie wir ihn errechnen, mit Abweichungen, die um so größer sind, je höher der Strom wird. Die Druckverminderung des Neutralgases in der Rohrmitte und die damit parallel gehende, für die Ionisierungsvorgänge eigentlich maßgebliche Dichteverminderung wird also in Wirklichkeit nicht ganz so groß sein, wie die Theorie sie ergibt; die für die Säule kritischen Folgerungen dieser axialen Dichteabnahme (s. unten) werden also erst bei etwas höheren Elektronendichten auftreten, als wir sie hier berechnen. Siehe jedoch unten c).

b) Vernichtung der Ladungsträger nur durch Adsorption an der Wand, die sie durch ambipolare Diffusion erreichen; Elektronen- und Ionenkonzentration im unmittelbar an die Wand angrenzenden Entladungsraum $= 0$. — Auch diese Voraussetzung bedeutet eine Idealisierung der Wirklichkeit mit um so kleinerem Fehler, je höher der Gasdruck ist. Da die Schottkysche Theorie diese Voraussetzung als integrierenden Bestandteil enthält und nicht nur grundsätzlich, sondern auch quantitativ weitgehend richtige Resultate liefert, werden auch wir diese Annäherung unbedenklich verwenden dürfen.

c) Wir nehmen in unseren Rechnungen an, wie schon im ersten Abschnitt angegeben, daß die Temperatur des Neutralgases über den ganzen Entladungsquerschnitt konstant ist. In Wirklichkeit ist diese Temperatur in der Achse sicher merklich höher als an der Wand, so daß die tatsächliche Gasdichteverteilung in der Mitte noch weiter erniedrigt sein muß, als dem von uns berechneten Druckverlauf entspricht. Diese Abweichung bedingt in unseren Rechnungen einen Fehler, der dem nach Voraussetzung a) diskutierten entgegenwirkt und ihn vermutlich sogar überkompensiert. Am qualitativen Ergebnis ändert sich ebenfalls sicher nichts.

Um uns bei den eigentlichen Rechnungen später kurz fassen zu können, diskutieren wir an Hand von Bild 1 zunächst anschaulich die Vorgänge, die sich unter dem Einfluß des mit steigendem Strom zunehmenden Elektronenpartialdruck abspielen. Die oberste Reihe zeigt qualitativ den örtlichen Verlauf von Elektronendruck NkT_- ($\sim$ Elektronendichte, Bild 1a) und den ihn jeweils zum konstanten Gesamtdruck p_w ergänzenden Verlauf des Neutralgasdruckes p (Bild 1b) bei kleinem Strom. Der Elektronendruck ist auch im Maximum noch klein gegen den Gesamtdruck, so daß hier der Neutralgasdruck noch einigermaßen konstant über dem ganzen Querschnitt ist. Das dritte Bild 1c der oberen Reihe zeigt die örtliche Verteilung der Neuionisation, also die Anzahl der in einer Volumen- und Zeiteinheit erfolgenden Ionisationsakte. Diese Anzahl ist bei der als konstant angenommenen Elektronentemperatur einfach der Anzahl von Zusammenstößen zwischen Elektronen und Neutralatomen proportional, also dem Produkt aus Elektronendichte

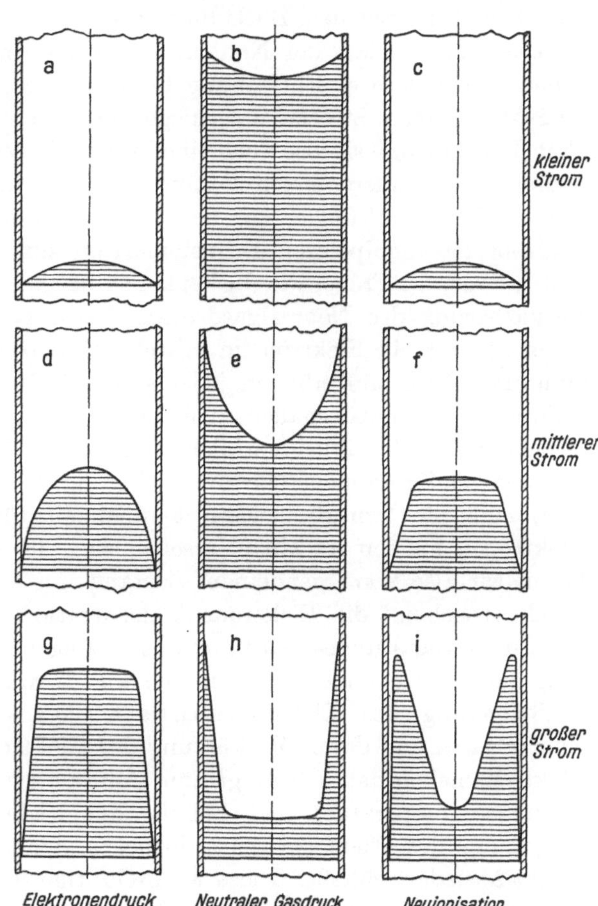

Bild 1. Qualitativer raumlicher Verlauf von Elektronendruck, Neutraldruck und Neuionisation bei kleinem, mittlerem und großem Strom in einer Niederdrucksäule.

(-druck) und Neutralgasdruck. Die Ordinaten des rechten Bildes sind also dem Produkt der Ordinaten der Bilder links und in der Mitte jeweils proportional; wegen der noch angenäherten Konstanz des Neutralgasdruckes in 1b ist demnach 1c etwa gleich 1a; das entspricht der bisherigen von Schottky gegebenen Form der Säulentheorie. Wird aber (zweite Horizontalreihe) der Elektronendruck vergleichbar mit dem Gesamtdruck (1d), tritt also eine deutliche Verdrängung des Neutralgases aus der Mitte an die Wand ein (1e), so zeigt der Verlauf der Neuerzeugung (1f) bereits merklich Abweichungen gegen den Verlauf der Elektronenkonzentration in dem Sinn, daß die Neuerzeugung relativ näher an die Rohrwand rückt; denn in der Rohrmitte ist das neutrale Gas bereits zu stark verdünnt, um sich noch stark an der Neuionisation

7*

beteiligen zu können. Das wird extrem stark, wenn der Elektronendruck in der Rohrmitte größer wird als der halbe Gesamtdruck (untere Horizontalreihe g, h, i). Es bildet sich dann für die Neuerzeugung in der Mitte sogar ein Minimum aus; die wesentliche Ionenbildung erfolgt in unmittelbarer Nähe der Wand. — Dies ist eine zwangsläufige Folge der Gasverdrängung durch den steigenden Elektronenpartialdruck und ist unabhängig von den genaueren quantitativen Zusammenhängen zwischen den einzelnen Entladungsgrößen.

Das Heranrücken der Neuionisationszone an die Wand bedeutet aber, daß die Ionen vom Ort ihrer Entstehung bis zum Ort ihrer Vernichtung (Wand) nur eine im Mittel kleinere Strecke zurücklegen müssen als in dem ursprünglichen Schottky-Fall (Bild 1c), daß sie also auch eine kürzere Lebensdauer haben. Diese Tatsache wird bedingt — in anderer Formulierung — durch das starke Anwachsen des Konzentrationsgefälles unmittelbar vor der Wand und dem dadurch hervorgerufenen stark vergrößerten ambipolaren Diffusionsstrom zur Wand. Sowohl die Verkürzung der Lebensdauer der Träger wie die bei konstant bleibendem Gesamtdruck p_w[1]) eintretende Verkleinerung des Neutralgasdruckes bewirken, daß die Gesamtzahl der Zusammenstöße, die ein Elektron im Mittel während seiner gesamten Lebensdauer erlebt, abnimmt. Nun muß aber in jeder stationär brennenden Entladung jedes Elektron während seiner Lebensdauer im Mittel gerade einmal ionisieren, um seine Nachfolger zu schaffen; und weil bei merklich gewordenem Elektronendruck dem Elektron hierzu nur weniger Zusammenstöße zur Verfügung stehen als im „klassischen" Schottky-Fall, muß die Ionisationswahrscheinlichkeit für den Einzelstoß größer sein: Die Elektronen müssen im Mittel rascher sein, die Elektronentemperatur muß steigen. Wenn wir also von irgendeinem Zustand mit schon merklichem Elektronenpartialdruck ausgehend die Elektronenkonzentration noch etwas steigern (Vergrößerung des Entladungsstromes), so führt das zu folgender Kette von Ereignissen: 1. Steigerung der Elektronenkonzentration bedingt Anwachsen des Elektronenpartialdruckes; 2. Steigerung des Elektronenpartialdruckes bedingt stärkere Verdrängung des Neutralgases und damit Verkürzung der Elektronenlebensdauer; 3. Verkürzung der Elektronenlebensdauer bedingt zum Aufrechterhalten der Entladung Erhöhung der Elektronentemperatur; 4. Erhöhung der Elektronentemperatur bedingt abermals Steigerung des Elektronenpartialdruckes, womit der circulus vitiosus sich nach Punkt 2 wieder schließt. Diese wechselseitige Steigerung von Ursache und Wirkung kann einen stationär möglichen Zustand ergeben, aber sie kann auch zu einem Kippen führen, wenn die Folge der Einzelschritte, wie sie beim fortgesetzten Durchlaufen der Vorgänge 2...3...4...2... gemacht werden, nicht mehr konvergiert. Das ist in der Tat spätestens dann der Fall, wenn die Verkürzung der Lebensdauer nicht mehr durch ein Anwachsen der Ionisierungswahrscheinlichkeit wettgemacht werden kann, weil diese ja nach einem Maximum bei weiterer Steigerung der Elektronengeschwindigkeit (-temperatur) sogar wieder abnimmt. Das Kippen bedeutet dabei ein Übergehen in einen nicht mehr stationär möglichen Entladungszustand, also abwechselndes mehr oder weniger vollständiges Ausgehen der Entladung mit evtl. nachfolgender Neuzündung, sobald die mittleren Zonen der Entladungsstrecke sich wieder mit Neutralgas aufgefüllt haben.

---

[1]) Konstanz von p_w liegt dann vor, wenn das Entladungsgefäß große Totvolumina enthält, nach denen das aus der Säulenmitte verdrängte Neutralgas ausweichen kann (z. B. Dampfdom bei Hg-Glasgleichrichtern).

Der Elektronenpartialdruck kann niemals so groß werden wie der Gasdruck p_w an der Wand; die stationär mögliche Elektronenkonzentration hat demnach eine obere Grenze, die natürlich von Gefäßdimensionen, Gasart und Gasdruck abhängt. Das bedeutet gleichzeitig, daß ein gegebenes Entladungsrohr bei gegebenem Druck nicht beliebig hohe Ströme stationär führen kann; wir sehen darin eine mögliche Ursache für die sog. „Kälteüberspannungen" von Hg-Gleichrichtern, die auftreten können, wenn ohne Vorsichtsmaßregeln der Betriebsstrom durch einen noch zu kalten Gleichrichter mit geringem Hg-Dampfdruck fließen soll; der Stromfluß unterbricht sich dann selbständig mit hoher, unregelmäßiger Frequenz, und diese Stromunterbrechungen ergeben in den Induktivitäten der Anlage dann die beobachteten schädlichen Überspannungen. In der Tat führen unsere Rechnungen in den richtigen Strom-Druck-Säulenradiusbereich für das Auftreten dieser Erscheinung.

Um den Einfluß des Elektronenpartialdruckes auch quantitativ beurteilen zu können, haben wir die Überlegungen mit den eingangs dieses Abschnittes angegebenen Annahmen durchgerechnet. Da aus den dort diskutierten Gründen eine mehr als ungefähre Übereinstimmung ohnehin nicht erwartet werden kann, haben wir aus Gründen wesentlicher mathematischer Erleichterung die Theorie nicht für den Fall einer kreisförmig begrenzten Säule durchgeführt, sondern für das ebene Problem, bei dem die Entladung von zwei ebenen, isolierenden Wänden begrenzt wird[1]; hier ist die Rechnung exakt ohne weitere Vernachlässigungen und mit diskutablem Aufwand möglich. Für den reinen Schottky-Fall sind ein Kreiszylinder vom Durchmesser $2\,r$ und zwei ebene parallele Begrenzungsflächen vom Abstand $2\,d$ dann gleichwertig, wenn $\dfrac{d}{r} = \dfrac{\pi}{2 \cdot 2{,}409}$ [2]); auch die hier für den ebenen Fall gebrachten Ergebnisse wird man wohl innerhalb ihrer ohnehin begrenzten Genauigkeit auf den zylindrischen Fall übertragen dürfen, wenn man $r \approx 1{,}5\,d$ setzt.

Wir wählen als Ortskoordinate den Abstand x von der Mittelebene zwischen den parallelen Wänden, deren gegenseitiger Abstand $= 2\,d$ gesetzt wird. Die Diffusionsgleichung (3) lautet dann

$$n = -D_a \frac{dN}{dx} = -D_{a_1} \cdot \frac{1}{p} \cdot \frac{dN}{dx}. \tag{9}$$

Darin ist der ambipolare Diffusionskoeffizient D_a, der dem Druck des Neutralgases umgekehrt proportional ist, gleich $D_{a_1} \cdot \dfrac{1}{p}$ gesetzt, so daß der Koeffizient D_{a_1}, der ambipolare Diffusionskoeffizient beim Druck $p = 1$, nun eine druck- und damit auch ortsunabhängige Konstante ist, die lediglich noch von Gasart und Elektronentemperatur abhängt.

Der zur Wand gerichtete ambipolare Diffusionsstrom transportiert $n = n(x)$ Elektronen und ebensoviel Ionen je Flächen- und Zeiteinheit. Auf der Strecke dx vergrößert er sich um den Betrag dn, der alle im Volumen Flächeneinheit $\cdot\, dx$ in der Zeiteinheit gebildeten Ladungsträger umfaßt. Ionisiert jedes der in diesem Volumen vorhandenen $N \cdot dx$ Elektronen in der Zeiteinheit νmal, so ist also $dn = \nu \cdot N \cdot dx$. Nun ist die Häufigkeit ν der Ionisationsprozesse eines Elektrons bei gegebener Elektronentemperatur dem Neutralgasdruck proportional $= \nu_1 \cdot p$. In der so entstehenden Gleichung

$$\frac{dn}{dx} = \nu_1 \cdot N \cdot p \tag{10}$$

---

[1]) Die ursprüngliche Schottkysche Theorie ist für diesen Fall durchgeführt von M. Steenbeck in Müller-Pouillet **IV** (3) (1933) S. 419; allgemein für beliebige Querschnittsformen von E. Spenke u. M. Steenbeck: Wiss. Veröff. Siemens **XV**, 2 (1936) S. 18.

[2]) E. Spenke u. M. Steenbeck: a. a. O.

bedeutet v_1 also ebenfalls eine druck- und damit ortsunabhängige Konstante, die durch Angabe von Gasart und Elektronentemperatur festgelegt ist. — Die dritte zur Lösung nötige Gleichung liefert uns das im vorangehenden Abschnitt abgeleitete Gesetz von der Konstanz der Partialdrucksummen, das unter Vernachlässigung der Ionentemperatur lautet

$$p + NkT_- = p_w\,.\tag{11}$$

(9), (10) und (11) genügen, um die drei Variabeln n, N und p als Funktion von x auszurechnen, wobei p_w als willkürlich wählbare Konstante eingeht, während die ebenfalls konstante Elektronentemperatur T_- — und damit auch D_{a_1} und v_1 — nicht willkürlich wählbar sind, sondern sich später aus einer Randbedingung ergeben, in die der Plattenabstand d eingeht. Frei wählbar — mindestens in gewissen Grenzen — bleibt in der physikalischen Situation jetzt nur noch der Entladungsstrom; zur völligen Festlegung des Problems müssen wir also noch irgendeine passende, mit diesem Strom zusammenhängende Größe willkürlich — mindestens in gewissen Grenzen — vorschreiben; wir werden dazu später die Elektronenkonzentration oder auch den Elektronendruck in der Entladungsmitte wählen.

Zur Lösung differenzieren wir (9) nach x und setzen so den entstehenden Ausdruck dn/dx in (10) ein; in der so entstehenden Gleichung zwischen N, p, deren Ableitungen und x eliminieren wir N aus (11) durch p. Wir erhalten so eine quadratische Differentialgleichung zweiter Ordnung für p:

$$\frac{d}{dx}\left[\frac{1}{p}\cdot\frac{dp}{dx}\right] = \frac{v_1}{D_{a_1}}\,(p_w - p)\cdot p\,.\tag{12}$$

Mit γ bezeichnen wir weiterhin den auf den Gesamtdruck p_w bezogenen Neutraldruck p:

$$\gamma = \frac{p}{p_w}\,,\tag{13}$$

mit ε analog den bezogenen Elektronenpartialdruck NkT_-:

$$\varepsilon = \frac{NkT_-}{p_w}\,.\tag{14}$$

Wegen (11) gilt immer

$$\gamma + \varepsilon = 1\,.\tag{15}$$

Mit (13) geht (12) über in

$$\frac{d}{dx}\left[\frac{1}{\gamma}\cdot\frac{d\gamma}{dx}\right] = \frac{v_1}{D_{a_1}}\,p_w^2\,(1-\gamma)\cdot\gamma\,.\tag{16}$$

Zur Normierung auch der Längenkoordinate wählen wir vorerst als Längeneinheit die Größe

$$l = \sqrt{\frac{D_{a_1}}{v_1}}\cdot\frac{1}{p_w}\tag{17}$$

und bezeichnen die auf diese Länge bezogene Größe x als

$$\xi = \frac{x}{l}\,.\tag{18}$$

Damit geht (16) in die einfachere dimensionslose Form

$$\frac{d}{d\xi}\left[\frac{1}{\gamma}\cdot\frac{d\gamma}{d\xi}\right] = (1-\gamma)\cdot\gamma\tag{19}$$

über. Die Auflösung von (19), die ich Herrn Dr. Spenke verdanke, braucht zwei Integrationskonstanten. Die erste wird durch die Symmetrieforderung $\dfrac{d\gamma}{d\xi} = 0$

für $\xi = 0$ gewonnen[1]) (horizontale Tangente an die Neutraldruckkurve $p = p(x)$ in der Entladungsmitte; siehe z. B. Bild 1b, e, h). Die zweite Integrationskonstante ist die — in gewissem Umfang — willkürlich wählbare Elektronenkonzentration N_0 in der Entladungsmitte, deren Wert wir, wie oben schon erwähnt, statt der mathematisch nur umständlich einführbaren, willkürlich wählbaren Stromstärke vorschreiben. Wir bezeichnen mit ε_0 den relativen Elektronenpartialdruck in der Mitte ($\xi = 0$), d. h. $\varepsilon_0 = \dfrac{N_0 k T}{p_w}$; den relativen Neutralgasdruck in der Entladungsmitte nennen wir γ_0, wobei wieder $\varepsilon_0 + \gamma_0 = 1$ gilt. Die Integration von (19) ergibt

$$\gamma = \frac{\gamma_0 (2 - \gamma_0)}{1 + (1 - \gamma_0) \cos\left\{\xi \sqrt{\gamma_0 (2 - \gamma_0)}\right\}} . \tag{20}$$

Wir fordern nun mit W. Schottky (s. oben), daß an der Wand, also für $x = d$, die Elektronenkonzentration $= 0$ und somit der Neutralgasdruck gleich dem Gesamtdruck p_w sein soll[2]); für $x = d$ ist also $\gamma = 1$.

Bezeichnen wir das der Wand zugeordnete ξ mit ξ_w, wobei übrigens nach (18) und (17)

$$\xi_w = \frac{d}{l} = \frac{d \cdot p_w}{\sqrt{\dfrac{D_{a_1}}{\nu_1}}} \tag{21}$$

gilt, und setzen ξ_w in (20) ein mit $\gamma = 1$, so erhalten wir bei Auflösung von (20) nach ξ_w:

$$\xi_w = \frac{\pi - \arccos[1 - \gamma_0]}{\sqrt{\gamma_0 (2 - \gamma_0)}} . \tag{22}$$

Unser bisheriges normiertes Längenmaß ξ hat nun den Nachteil ziemlicher Unanschaulichkeit; wir wollen daher weiterhin nicht mehr die Koordinate auf die rein formal eingeführte Länge l nach (17) und (18) beziehen, sondern auf den Wandabstand d; nennen wir also Δ die auf d bezogene Koordinate x:

$$\Delta = \frac{x}{d} = \frac{x/l}{d/l} = \frac{\xi}{\xi_w} , \tag{23}$$

so bedeutet $\Delta = 0$ Entladungsmitte und $\Delta = 1$ die Wand. Setzen wir entsprechend (23) nun $\xi = \Delta \cdot \xi_w$ mit ξ_w nach (22) in (20) ein, so erhalten wir den Verlauf des relativen Druckes des Neutralgases γ, abhängig vom relativen Abstand Δ von der Entladungsmitte mit dem relativen Neutralgasdruck in der Entladungsmitte γ_0 als Parameter

$$\gamma = \frac{\gamma_0 (2 - \gamma_0)}{1 + (1 - \gamma_0) \cos\left\{\Delta \cdot [\pi - \arccos(1 - \gamma_0)]\right\}} \tag{24}$$

oder, nach dem relativen Elektronendruck ε aufgelöst mit ε_0, dem relativen Elektronendruck in der Entladungsmitte als Parameter, unter Berücksichtigung von $\varepsilon + \gamma = \varepsilon_0 + \gamma_0 = 1$:

$$\varepsilon = 1 - \frac{1 - \varepsilon_0^2}{1 + \varepsilon_0 \cdot \cos\left\{\Delta \cdot [\pi - \arccos \varepsilon_0]\right\}} . \tag{25}$$

Bild 2 zeigt für drei Werte von ε_0 (0,2; 0,5; 0,9) den Abfall des Elektronenpartialdruckes, wie er sich nach (25) ergibt; der Verlauf entspricht dem oben in den Bildern 1a, d, g bereits diskutierten. Demgegenüber zeigt Bild 3 den Neutralgasdruck für die drei zugeordneten γ_0-Werte (0,8; 0,5; 0,1) nach (24); Bild 3 entspricht also den

---

[1]) Siehe jedoch auch Fußnote 2 auf S. 10.

[2]) Wenn wir auch die Werte $x < 0$ mit berücksichtigen, müßten wir ebenfalls $\gamma = 1$ für $x = -d$ fordern; diese Bedingung ist der oben zur Festlegung der ersten Integrationskonstanten (horizontale Tangente in der Entladungsmitte) aufgestellten völlig äquivalent.

104   Max Steenbeck.

Bildern 1 b, e, h. Diesen Bildern ist zu entnehmen, wie sehr bei höheren Elektronenkonzentrationen das Neutralgas von der Mitte fortgedrängt wird. — Schließlich
zeigt Bild 4 noch den Bild 2 und 3 zugeordneten Verlauf der Neuionisationsdichte,

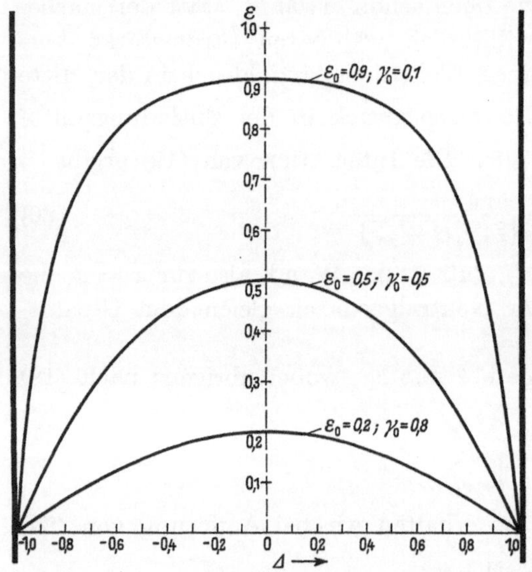

Bild 2. Nach Gl. (25) berechneter Verlauf des relativen Elektronenpartialdruckes ε abhängig vom relativen Abstand $\varDelta$ von der Entladungsmitte für drei relative Elektronenpartialdrucke in der Entladungsmitte.

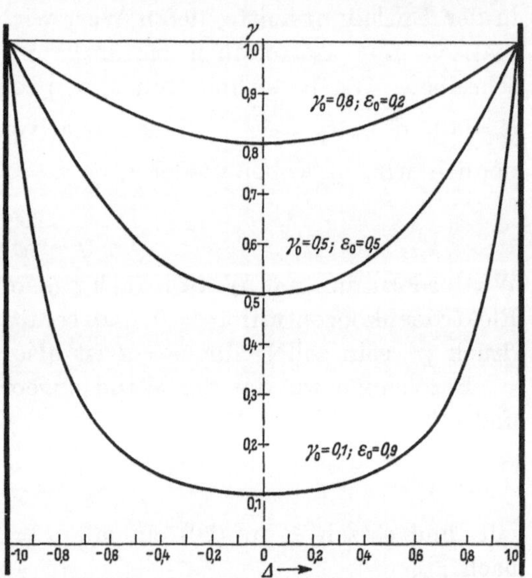

Bild 3. Nach Gl. (24) berechneter Verlauf des relativen Neutralgasdruckes γ abhängig vom relativen Abstand $\varDelta$ von der Entladungsmitte für die drei in Abb. 2 benutzten relativen Elektronenpartialdrucke in der Entladungsmitte.

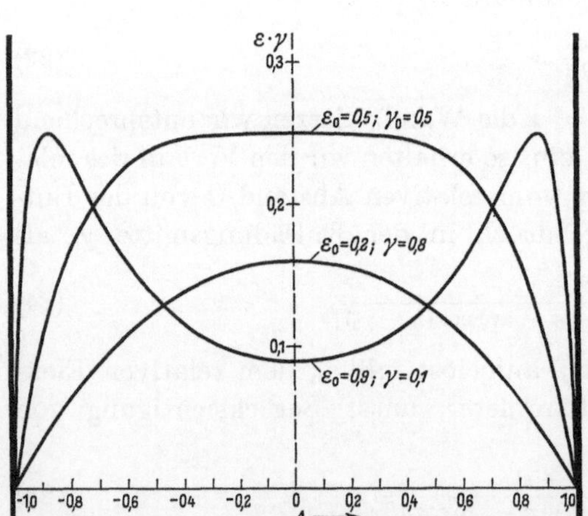

Bild 4. Relativer Verlauf der Neuionisationsdichte $\sim \varepsilon \cdot \gamma$, abhängig vom relativen Abstand $\varDelta$ von der Entladungsmitte, für die drei in Abb. 2 u. 3 benutzten relativen Elektronenpartialdrucke in der Entladungsmitte.

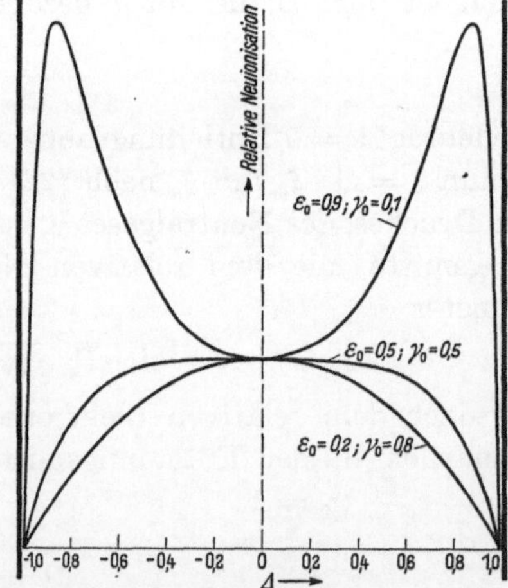

Bild 5. Relative Neuionisation wie in Bild 4, jedoch bezogen auf die Neuionisation in der Entladungsmitte, für die drei in Bild 2 ... 4 benutzten Werte des Elektronenpartialdruckes in der Entladungsmitte.

der qualitativ sich so verhält, wie oben an Hand der Bilder 1 c, f, i besprochen wurde.
Das Heranrücken der Neuionisationszone an die Wand mit steigendem Elektronenpartialdruck ε_0 geht besonders anschaulich aus Bild 5 hervor, das die gleichen

Kurven wie Bild 4, jedoch mit durch Maßstabänderung zusammengelegten Werten in der Entladungsmitte zeigt.

Ob für irgendeine gegebene axiale Elektronenkonzentration eine Entladung überhaupt noch möglich sein kann, diskutieren wir im folgenden etwas anders als oben im anschaulich-qualitativen Teil, indem wir von vornherein eine aus unserer bisherigen Ableitung folgende Bedingung benutzen, ohne dabei noch auf die mit steigendem Elektronendruck abnehmende Lebensdauer der Elektronen eingehen zu müssen. Wir haben oben in Gl. (21) und (22) zwei Ausdrücke für ξ_w abgeleitet, von denen der erste einfach aus der Definition des ξ nach (17) und (18) folgte, während der zweite aus der Randbedingung entstanden war, daß an der Wand die Elektronenkonzentration $= 0$ sein soll. Eliminiert man aus (21) und (22) die ja nur formale Größe ξ_w, so erhält man — mit Ersatz von γ_0 durch $1 - \varepsilon_0$

$$\sqrt{\frac{v_1}{D_{a_1}}} = \frac{1}{d \cdot p_w} \cdot \frac{\pi - \arccos \varepsilon_0}{\sqrt{1 - \varepsilon_0^2}} . \tag{26}$$

Darin sind D_{a_1} und v_1, der ambipolare Diffusionskoeffizient und die Anzahl der von einem Elektron in der Zeiteinheit verursachten Ionisationsprozesse, beide beim Druck $p = 1$, für gegebene Gasart nur Funktionen der Elektronentemperatur. Gl. (26) ist also implizit eine Gleichung für diejenige Elektronentemperatur, die sich in einer **stationär** brennenden Entladung einstellen **muß**, soll das Wechselspiel von Neuerzeugung und Abdiffusion der Ionen eine Konzentrationsverteilung ergeben, die an der Wand den Wert ≈ 0 annimmt. Diese letzte Bedingung hat schon W. Schottky in seiner ersten Arbeit als notwendig begründet[1]. Kann (26) also aus irgendeinem Grund nicht erfüllt werden, so ist eine stationäre Entladung sicher nicht mehr möglich; deswegen können wir die Erfüllbarkeit von (26) unmittelbar als eine Stationaritätsbedingung auffassen. Ob, was wir für unwahrscheinlich halten, alle mit (26) noch verträglichen Zustände stationär möglich sind, ist eine zweite Frage, die wir hier noch nicht behandeln wollen; jedenfalls ist dies auch ohne Einfluß auf die Notwendigkeit, (26) zu erfüllen.

Die linke Seite von (26) ist, wie schon erwähnt, bei vorgegebener Gasart nur eine Funktion der Elektronentemperatur, die zunächst mit steigendem T_e anwächst, weil anfangs die Anzahl der Ionisierungsakte eines Elektrons in der Zeiteinheit (v_1) stärker (etwa exponentiell) mit der Elektronentemperatur zunimmt, als es der ambipolare Diffusionskoeffizient (D_a) tut (etwa $\sim T_-$). Bei fortgesetzt wachsender Elektronentemperatur steigt die Ionisierungszahl v_1 aber schließlich nicht mehr an, sondern geht wegen der wieder abnehmenden Ionisierungswahrscheinlichkeit sogar nach Durchlaufen eines Maximums wieder zurück; da aber der Diffusionskoeffizient D_{a_1} mit T_- monoton weitersteigt, durchläuft erst recht $\sqrt{\frac{v_1}{D_{a_1}}}$ ein Maximum, das für Hg-Dampf etwa den Wert $1000 \text{ cm}^{-1} \text{ Torr}^{-1}$, für Argon den Wert $400 \text{ cm}^{-1} \text{ Torr}^{-1}$ hat. Deswegen darf auch die rechte Seite von (26), die bei Steigerung des ε_0 von 0 bis 1 monoton von $\frac{1}{d\, p_w} \cdot \frac{\pi}{2}$ bis ∞ zunimmt, nicht beliebig groß werden, ε_0 also nicht beliebig

---

[1] Für so niedrige Ströme, daß der relative Elektronendruck ε_0 klein gegen 1 bleibt, lautet die Bedingung $\sqrt{\frac{v_1}{D_{a_1}}} = \frac{1}{d \cdot p_w} \cdot \frac{\pi}{2}$. Für zylindrische Säulen ist die Bedingung nur um einen Zahlenfaktor anders. Hier hat sich zwischen Experiment und Theorie bei Edelgasen eine so überraschend genaue Übereinstimmung hinsichtlich der sich einstellenden Elektronentemperatur ergeben, daß an der Richtigkeit der Schottkyschen Bedingung kein Zweifel bleiben kann.

nahe an **1** heranrücken. Der nach (26) noch gerade zulässige Höchstwert von ε_0, der mit steigendem $d \cdot p_w$ zunimmt, ist in Bild 6 für Quecksilberdampf und Argon mit den oben für diese Gase angegebenen Maximalwerten von $\sqrt{\dfrac{v_1}{D_{a_1}}}$ berechnet.

Diesen Höchstwerten von ε_0 entsprechen aber keineswegs die Höchstwerte der Elektronenkonzentration $N_0 = \varepsilon_0 \cdot \dfrac{p_w}{kT_-}$; denn ε_0 erreicht sein Maximum erst bei sehr hohen Werten der Elektronentemperatur (für Hg und Ar $\approx 3 \cdot 10^{5\,\circ}$ K), so daß der höchste Wert des Elektronenpartialdruckes $N_0 kT_-$ vor allem durch die Größe von T_- bei schon wieder stark abgesunkener Elektronenkonzentration N_0 bedingt

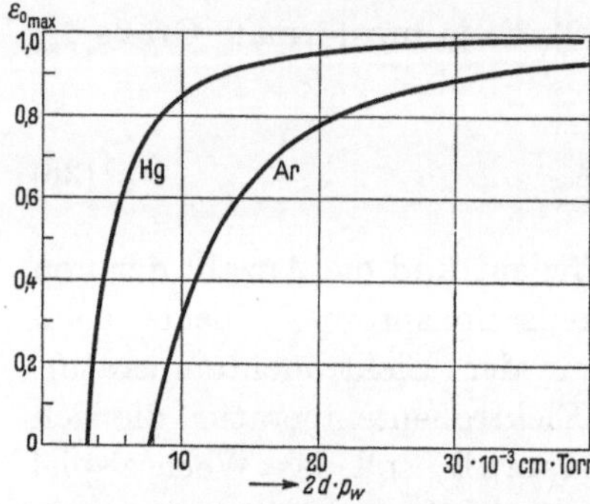

Bild 6. Aus Gl. (26) berechnete Maximalwerte des stationär möglichen Elektronenpartialdruckes $\varepsilon_{0\,\mathrm{max}}$ in der Entladungsmitte, abhängig von Gasdruck und Gefäßdimensionen (Wandabstand $= 2d$), für Hg und Ar.

wird. Den Maximalwert von N_0 kann man aus (26) erhalten, wenn man für ε_0 wieder den Wert $\dfrac{N_0 kT_-}{p_w}$ einsetzt, wobei wir $\sqrt{\dfrac{v_1}{D_{a_1}}}$ kurz als $f(T_-)$ bezeichnen; in der Form

$$f(T_-) = \frac{1}{d\,p_w} \cdot \frac{\pi - \arccos \dfrac{N_0 kT_-}{p_w}}{\sqrt{1 - \left(\dfrac{N_0 kT_-}{p_w}\right)^2}} \qquad (27)$$

erhalten wir eine Gleichung zwischen N_0 und T_-, aus der wir für gegebene Versuchsanordnung (d, p_w und Gasart) das Maximum von N_0 durch die Forderung $\dfrac{dN_0}{dT_-} = 0$ in bekannter Weise gewinnen können.

Die Rechnung zeigt, daß die maximal mögliche Elektronenkonzentration in der Entladungsmitte, die wir mit N_0^* bezeichnen wollen, bei Elektronengeschwindigkeiten (-temperaturen) erreicht wird, bei denen die Ionisierungsausbeute noch linear mit der Elektronenenergie zunimmt gemäß[1]

$$s = a(V - Vj) \qquad (28)$$

($V =$ Spannungsäquivalent der Elektronenenergie, $Vj =$ Ionisierungsspannung). Man kann daher für die im Mittel von einem Elektron in der Zeiteinheit beim Druck $p = 1$ veranlaßte Anzahl von Ionisierungsakten v_1 den sich aus (28) durch Integration über die Maxwell-Verteilung ergebenden[2] Ausdruck

$$v_1 = \frac{2\,a\,m}{e\sqrt{\pi}} \cdot \left(\frac{kT_-}{2m}\right)^{3/2} \cdot e^{-\frac{eVj}{kT_-}} \left[1 + \frac{1}{2}\,\frac{eVj}{kT_-}\right] \qquad (29)$$

ansetzen. Der ambipolare Diffusionskoeffizient D_{a_1} beim Druck $p = 1$ ist wegen $T_- \gg T_+$ und $b_- \gg b_+$ gegeben[3] durch

$$D_{a_1} \approx D_{1-} \cdot \frac{b_{1+}}{b_{1-}} = \frac{kT_-}{e} \cdot b_{1+}, \qquad (30)$$

wobei für das zweite Gleichheitszeichen die Townsendsche Beziehung (siehe Fußnote 1 auf S. 4) benutzt wurde. Mit (29) und (30) ist die in (27) stehende Funktion $f(T_-) = \sqrt{\dfrac{v_1}{D_{a_1}}}$ eindeutig festgelegt.

---

[1] A. v. Engel u. M. Steenbeck: Elektrische Gasentladungen **I** (1932) S. 37/38, Gl. (55) und Tab. 4.

[2] A. v. Engel u. M. Steenbeck: Elektrische Gasentladungen **I** (1932), S. 89, Gl. (114); hier jedoch noch ohne besondere Berücksichtigung des Maßsystemfaktors 300.

[3] A. v. Engel u. M. Steenbeck: Elektrische Gasentladungen **I** (1932), S. 199.

Die Durchrechnung zeigt, daß der zur maximalen Elektronenkonzentration gehörende relative Elektronenpartialdruck in der Entladungsmitte $\varepsilon_0^* = \dfrac{N_0^* \cdot k\,T_-^*}{p_w}$ und die dabei herrschende Elektronentemperatur T_-^* für alle Gase in der dimensionslosen Form

$$\varepsilon_0^* = u\,(c \cdot p_w \cdot d) \tag{31}$$

und

$$\frac{k\,T_-^*}{e\,Vj} = v\,(c \cdot p_w \cdot d) \tag{32}$$

darstellen lassen, wobei in der Konstanten c

$$c = 2\sqrt{\frac{a}{b_{1+}}} \cdot \sqrt[4]{\frac{2\,e\,Vj}{\pi\,m}} \tag{33}$$

alle eingehenden Gaseigenschaften zusammengezogen sind. Bild 7 zeigt die

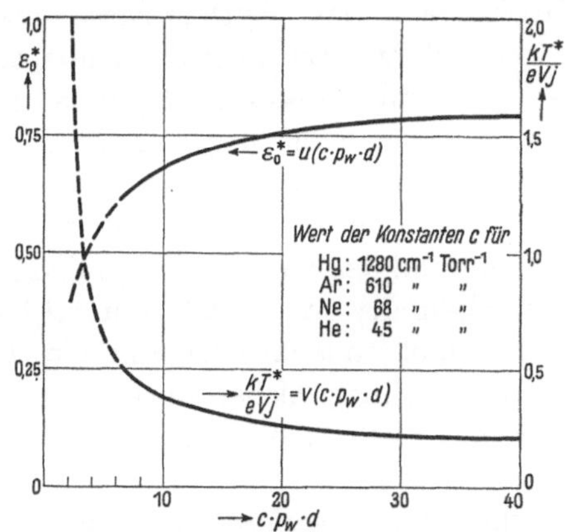

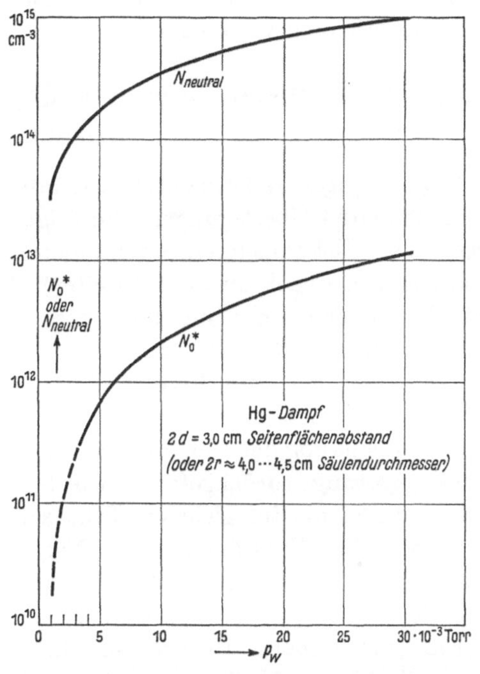

Bild 7. Der zur maximal möglichen Elektronenkonzentration N_0^* in der Entladungsmitte gehörende relative Elektronenpartialdruck ε_0^* in der Entladungsmitte und die zugehörige Elektronentemperatur T^* für verschiedene Gase, abhängig von Gesamtdruck p_w und Gefäßdimensionen (Wandabstand $= 2\,d$).

Bild 8. Maximal stationär mögliche Elektronenkonzentration N_0^* in der Entladungsmitte in einer Hg-Säule, abhängig vom Gesamtdruck p_w. Zum Vergleich eingetragen diejenige Anzahl von Neutralmolekülen N_neutral, die bei Zimmertemperatur den jeweiligen Druck p_w ergeben.

beiden Funktionen $u\,(c \cdot p_w \cdot d)$ und $v\,(c \cdot p_w \cdot d)$ nach (31) und (32) in numerischer Auswertung; eingetragen sind außerdem für die wichtigsten Gase die Werte von c nach (33). Aus Bild 7 kann für jeden beliebigen Fall die maximal mögliche Elektronenkonzentration N_0^* entnommen werden: Bei bekanntem p_w, d und Gasart (c) ist die zugehörige Elektronentemperatur T_-^* aus $v\,(c \cdot p_w \cdot d)$ bekannt; mit diesem Wert kann der aus $u\,(c \cdot p_w \cdot d)$ entnommene relative Elektronenpartialdruck ε_0^* auf die maximal mögliche Elektronenkonzentration N_0^* umgerechnet werden. Der linke Teil der Kurven ist gestrichelt, weil hier die Voraussetzung $\lambda \ll 2\,d$ verletzt wird; trotzdem werden die Kurven auch hier noch annähernd gelten.

Bild 8 zeigt die so berechneten maximal möglichen Elektronenkonzentrationen N_0^* für Hg-Dampf zwischen zwei ebenen Begrenzungsflächen vom Abstand $2\,d = 3{,}0$ cm, abhängig vom Gesamtdruck p_w (der linke Teil aus gleichem Grund wie bei Bild 7 gestrichelt); nach dem oben Gesagten wird das Resultat angenäherte

 Max Steenbeck.

Gültigkeit besitzen auch für ein zylindrisches Entladungsrohr von $4 \ldots 4{,}5\,\mathrm{cm}$ Durchmesser.

Mit der hier vorliegenden Rechnung haben wir also gezeigt, daß infolge der Rückwirkung des Elektronendruckes auf den Entladungsvorgang in Niederdruck-Entladungsstrecken die maximal mögliche Elektronenkonzentration sicher sogar größenordnungsmäßig unter der Konzentration der Neutralgasmoleküle liegt, wie sie dem jeweils manometrisch oder sonstwie bestimmten Gasdruck entspricht; zur Veranschaulichung dieses Unterschiedes haben wir diese Neutralkonzentration in Bild 8 ebenfalls mit eingezeichnet.

IV. Experimenteller Nachweis des Elektronendruckes durch manometrische Messung.

Die bisherigen experimentellen Erfahrungen stehen durchaus in Einklang mit den hier gebrachten Überlegungen. So folgt z. B. aus den aus (27) bestimmten maximal möglichen Elektronenkonzentrationen ein Höchstwert des Entladungsstromes, abhängig von Druck und Gefäßweite[1]), der mit den Erfahrungen über das Auftreten von Kälteüberspannungen und den sonstigen Messungen besser als etwa nur größenordnungsmäßig übereinstimmt, und das ist nach den bei der Durchführung der Theorie gemachten Vereinfachungen alles, was man erwarten darf. Die von A. Siemens[2]) behandelten pulsierenden Gasströmungen in Hg-Gleichrichtern, die dort auf Erhitzung des Neutralgases in der Entladung und dessen dadurch erfolgende Drucksteigerung zurückgeführt wurden, müssen ebenfalls wesentlich unterstützt werden durch die im gleichen Takt schwankenden Elektronendrucke und die dadurch bewirkte Verdrängung des Neutralgases. Es scheinen bisher überdies noch niemals Elektronenkonzentrationen gemessen worden zu sein, die höher sind als die nach der vorliegenden Theorie möglichen Maximalwerte.

Ein unmittelbarer Hinweis auf die Verdrängung des Neutralgases aus der Entladung findet sich in einer Arbeit von A. v. Engel und M. Steenbeck[3]), die daher auch der Anlaß zu den vorliegenden Rechnungen wurde. Die dort durchgeführten Messungen an einem Hg-Glasgleichrichter führten nämlich bei großen Entladungsströmen und niedrigen Drucken zu Beweglichkeiten der Elektronen in der Entladungssäule, die viel zu groß waren, um mit dem im Gleichrichterdampfdom herrschenden Hg-Druck in Einklang zu stehen; bei kleineren Strömen lag dagegen stets eine befriedigende Übereinstimmung vor. Daraus wurde schon seinerzeit der Schluß gezogen, daß bei größeren Strömen der Dampfdruck im Arm kleiner sein müsse als im Dampfdom (nicht etwa nur die Dampfdichte in dem ja heißeren Arm!). Als Ursache für diese Druckerniedrigung wurde eine mit der Stromstärke ansteigende Saugwirkung des vom Kathodenbrennfleck ausgehenden Dampfstrahls nach Art einer Dampfstrahlpumpe angenommen. Diese Deutung erschien deswegen plausibel, weil für ein zugesetztes Testgas (Argon) eine solche sehr starke Saugwirkung in der Tat durch unmittelbare manometrische Messung nachgewiesen werden konnte. In der Zwischenzeit ist aber durch eigene (unveröffentlichte) Messungen wie auch von anderer Seite[4])

---

[1]) Die eingehenderen numerischen Rechnungen hierüber können wir hier aus Raumgründen nicht bringen.

[2]) A. Siemens: Diss. Techn. Hochschule Charlottenburg, August 1936.

[3]) A. v. Engel u. M. Steenbeck: Wiss. Veröff. Siemens **XV**, 3 (1936) S. 42.

[4]) L. Tonks: Phys. Rev. **55** (1939) S. 674.

nachgewiesen, daß mindestens an der Wand der Entladungssäule eine starke Druckverminderung des neutralen Hg-Dampfes nicht eintritt; denn die Kondensationstemperatur an der Wand der Säule, das ist die Wandtemperatur, bei der Hg an der Wand gerade zu kondensieren beginnt und die daher ein Maß für den Dampfdruck unmittelbar vor der Wand ist, war nur unwesentlich kleiner als die Kondensationstemperatur im Dampfdom. Diese Beobachtungen: zu große Beweglichkeit der Elektronen, also deutliche Druckverminderung im Innern der Säule bei gleichbleibendem Druck an der Wand ist aber genau das, was die vorliegende Theorie erwarten läßt. Dieses Argument wird noch dadurch verstärkt, daß die Beweglichkeitssteigerung (= Gasverdrängung aus der Säulenmitte) um so ausgeprägter auftrat, je höher der Elektronenpartialdruck und je niedriger der Gesamtdruck war, wobei der Elektronenpartialdruck zwar durchaus in den gleichen Größenbereich kam wie der Gesamtdruck, ihn aber niemals erreichte. Ebenfalls in Einklang mit der hier vorgetragenen Theorie ist die Beobachtung, daß nur bei kleinen Strömen die Elektronenkonzentration dem Strom proportional ist; ist nämlich bei größeren Strömen der Elektronenpartialdruck merklich, so steigt die Elektronenbeweglichkeit wegen der eintretenden Druckabnahme des Neutralgases, so daß dann der Strom bereits von einer Elektronenmenge getragen werden kann, die weniger als stromproportional zunimmt.

Wir haben nun versucht, die vorgetragenen Überlegungen unmittelbar zu prüfen. Ein Weg hierzu ist vielleicht die longitudinale Beobachtung eines zylindrischen Entladungsrohres, welches mit einem so hohen Elektronenpartialdruck betrieben wird, daß eine Neuionisationsverteilung mit stark an die Wand gedrängtem Maximum entsteht (siehe Bild 1i). Ähnlich müßte auch die Anregungshäufigkeit aussehen, so daß die Leuchtdichte in der Achse geringer sein müßte als in einer umgebenden Ringzone. Über diese und andere Prüfungen soll später berichtet werden; wir wollen hier aber schon einen Versuch beschreiben, der nicht nur eine qualitative, sondern eine quantitative Prüfung der Grundbehauptung der ganzen Theorie erlaubt: ob nämlich der neutrale Gasdruck in der Entladung um den Betrag $N k T_-$ des Elektronenpartialdruckes vermindert wird gegenüber seinem Wert in entladungsfreien Gebieten, ob also die Behauptung $p_w - p = N k T_-$ zutrifft.

Diese Prüfung sollte durch direkte Messung der beiden Neutralgasdrucke p_w im entladungsfreien Gebiet und p_0 in der Entladungsmitte mit zwei McLeod-Manometern und der Berechnung von $N_0 k T_-$ aus Sondenmessungen erfolgen. Keinerlei Schwierigkeit macht dabei die Bestimmung von p_w und $N k T_-$; dagegen erscheint

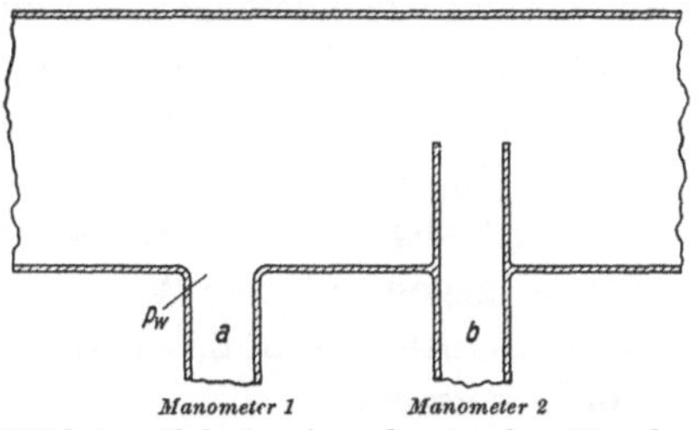

Bild 9. Falsche Anordnung der Druckmeßleitungen zur Bestimmung einer Druckdifferenz im Neutralgas zwischen Entladungsmitte (b) und Wand (a).

die Messung von p_0 nicht so einfach möglich zu sein. Führt man nämlich eine gewöhnliche vorn offene Druckmeßleitung etwa nach Art des Bildes 9b in die Mitte des Entladungsrohres, so mißt man damit doch nur wieder den Druck p_w und nicht p_0, weil sich ja der Druck p_w überall dort einstellt, wo der Elektronenpartialdruck verschwindet, und das ist im Rohr b so gut der Fall wie im Rohr a. Das in die Entladungsmitte ragende Rohr schafft eben notwendig neue Wände für die Entladung, die die Elektronen und Ionen genau so einfangen wie die Außenwand, wobei sich daher auch genau so der Druck p_w einstellen muß und nicht der gesuchte Druck p_0.

Die manometrische Messung von p_0 gelingt aber doch, wenn man die Öffnung des Rohres b so ausbildet, wie Bild 10 zeigt.

Hier ist die Meßleitung für den Innendruck p_0 am Ende zu einer dünnen und dünnwandigen Kapillare verjüngt, deren freie Öffnung ($\approx 0,2$ mm) klein gegen die freie Weglänge der Neutralgasmoleküle (Ar, $4 \cdot 10^{-2}$ Torr gibt $\lambda = 0,8$ mm) und nur von der Größenordnung der sich zwischen Plasma und Wand ausbildenden Langmuir-Childschen Raumladungsschicht ist; dagegen ist der Durchmesser der Meßleitung

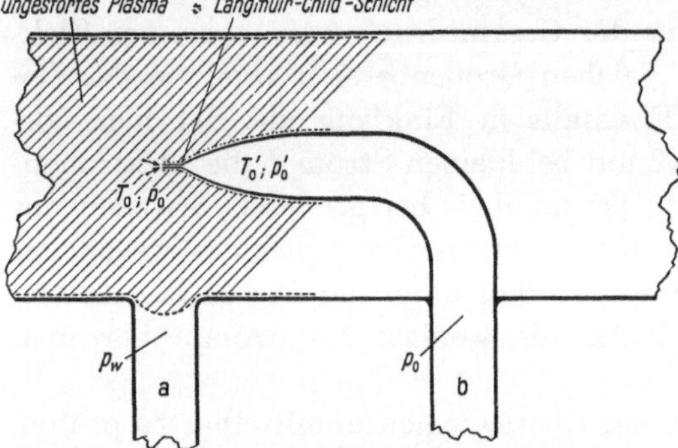

Bild 10. Richtige Anordnung der Meßleitungen zur Bestimmung einer Druckdifferenz im Neutralgas zwischen Entladungsmitte (b) und Wand (a).

im nicht verjüngten Gebiet merklich größer als die freie Weglänge der Moleküle. (≈ 8 mm gegen 0,8 mm.) Die Neutralgasmoleküle, die aus dem Entladungsraum in die Kapillare hineinfliegen (zwei davon sind in Bild 10 angedeutet), stammen also aus einer Zone, in der das Plasma praktisch nicht mehr von der eingebrachten Meßleitung gestört wird, in der daher auch der gesuchte Druck p_0 herrscht. Deswegen stellt sich der Druck p_0' der Meßleitung b tatsächlich einem im Entladungsraum herrschenden Druck p_0 entsprechend ein.

Leider heißt das noch nicht, daß der Druck in der Meßleitung p_0', den wir manometrisch bestimmen, gleich dem eigentlich gesuchten Druck p_0 sein muß. Stehen nämlich zwei Gefäße in Verbindung über Öffnungen, die klein sind gegen die freie Weglänge, so stellt sich ihnen nur dann der gleiche Druck ein, wenn das Gas zu beiden Seiten der engen Öffnung die gleiche Temperatur hat; andernfalls verhalten sich die Drucke im Gleichgewicht wie die Wurzeln aus den Temperaturen[1]). Hat das Neutralgas in der Entladung die Temperatur T_0 und den Druck p_0, und herrscht in dem sich gerade wieder erweiternden Teil der Meßleitung der Druck p_0' bei der Temperatur T_0', so gilt also $p_0' = p_0 \cdot \sqrt{T_0'/T_0}$. Der Druck p_0' wird dann auch im an die Leitung b angeschlossenen Manometer gemessen, weil die übrige Meßleitung ja überall weit ist gegen die freie Weglänge und sich daher in ihr ein wirkliches Druckgleichgewicht einstellen muß, selbst dann, wenn längs der Meßleitung noch ein Temperaturgefälle herrscht.

Wir können mit einer Meßleitung b nach Bild 10 also dann den gesuchten Neutraldruck in der Entladungsmitte bestimmen, wenn die Temperatur T_0' am inneren Ende der Leitung gleich der Temperatur T_0 des Neutralgases in der Entladung ist. Um einen möglichst guten Temperaturausgleich zu schaffen, ist die Meßleitung b

---

[1]) Diese bei der Diffusionspumpe ausgenutzte Erscheinung beruht darauf, daß im Gleichgewicht ebensoviel Moleküle von rechts nach links wie von links nach rechts durch die Öffnung hindurchfliegen müssen. Die durchtretenden Anzahlen sind aber den Teilchendichten N und den thermischen Geschwindigkeiten, also den Wurzeln aus den Temperaturen, jeweils proportional, daß also im stationären Fall $N_1\sqrt{T_1} = N_2\sqrt{T_2}$ sein muß. Die Drucke $p_1 = N_1 k T_1$ und $p_2 = N_2 k T_2$ stehen also zueinander im Verhältnis

$$\frac{p_1}{p_2} = \frac{N_1 k T_1}{N_2 k T_2} = \frac{N_1 \sqrt{T_1}}{N_2 \sqrt{T_2}} \cdot \frac{\sqrt{T_1}}{\sqrt{T_2}} = \frac{\sqrt{T_1}}{\sqrt{T_2}},$$

wie im Text angegeben.

zunächst noch ein Stück in der Achse des Entladungsrohres geführt, so daß sie außen allseitig mit Gas von der Temperatur T_0 bespült wird und deswegen ebenfalls eine sehr nahe bei T_0 liegende Temperatur annehmen muß. Wenn überhaupt nach Erreichen des stationären Zustandes noch eine Temperaturdifferenz vorhanden ist, so sicher in dem Sinn, daß die Meßleitung und damit das von ihr umschlossene Gas heißer ist als das Neutralgas in der Entladung $(T_0' \geqq T_0)$; denn die Wand der Meß-

leitung wird ja nicht nur durch das Neutralgas in der Entladung erwärmt, sondern auch durch die bei der Rekombination adsorbierter Träger freiwerdende Energie. Sicher ist also der gemessene Druck p_0' nicht kleiner als der wirkliche Neutralgasdruck p_0 in der Entladungsmitte, und

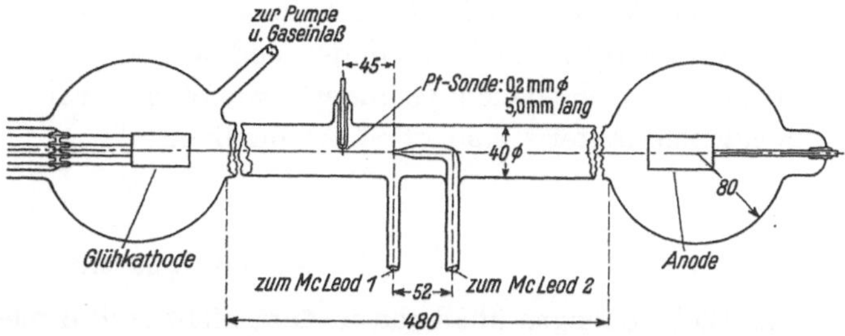

Bild 11. Versuchsgefäß zur Prüfung der Wirkung des Elektronenpartialdruckes.

wenn, wie der Versuch zeigt, p_0' kleiner ist als der an der Außenwand gemessene Druck p_w, so ist erst recht $p_0 < p_w$. Das zeigt also an, daß das Neutralgas durch die Entladung wirklich an die Wand gedrängt wird. Wir glauben allerdings aus Überschlagsrechnungen schließen zu dürfen, daß der prozentuale Unterschied der absoluten Temperaturen T_0 und T_0' so klein gewesen ist, daß wir ihn vernachlässigen dürfen, da er ja für die Druckbestimmung ohnehin nur in der Wurzel auftritt.

Bild 11 zeigt das für die Messung benutzte Entladungsrohr; es war mit Argon von $p_w = 4,0 \cdot 10^{-2}$ Torr gefüllt, weil bei diesem Druck die Weglängen der neutralen Argonatome die für die Messung von p_0 erforderliche Größenordnung haben. Die Bestimmung von Elektronentemperatur T_- und axialer Elektronenkonzentration N_0 erfolgte in üblicher Weise; die logarithmischen Sondenkennlinien waren sehr genau geradlinig und gestatteten eine Temperaturbestimmung mit etwa 2 % Genauigkeit. Die Elektronenkonzentrationsbestimmung nach den verschiedenen Auswertungsverfahren stimmten auf etwa 20 % genau überein; etwa mit dieser Genauigkeit war also die Bestimmung des Elektronenpartialdruckes möglich. Die Messung der Neutralgasdrucke p_w und p_0' geschah mit zwei möglichst gleichen McLeod-Manometern

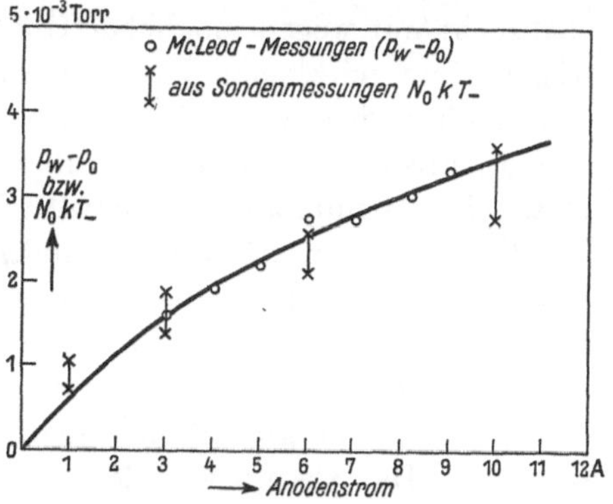

Bild 12. Vergleich von manometrisch bestimmter Druckdifferenz $p_w - p_0$ im Neutralgas in Wandnähe und Entladungsmitte mit dem aus Ionenmessungen bestimmten Elektronenpartialdruck $N_0\,k\,T_-$ in der Entladungsmitte abhängig vom Entladungsstrom (Ar, $p_w = 4,0 \cdot 10^{-2}$ Torr).

mit gemeinsamem Hg-Reservoir; der Absolutdruck konnte mit etwa 1 %, die Druckdifferenz mit etwa 5—15 % Genauigkeit gemessen werden, wobei den höheren Druckdifferenzen die größere Genauigkeit zukommt. Der Entladungsstrom wurde von 0 — 10 A variiert. Bild 12 zeigt das Meßergebnis. Innerhalb der Meßgenauigkeit sind der berechnete Elektronenpartialdruck und die gemessene Druckdifferenz im ganzen Strombereich gleich. Die bei den Elektronenpartialdruckwerten angegebenen Unsicherheiten entsprechen den maximalen Unterschieden der verschiedenen Auswertungsverfahren. Der Neutralgasdruck ist in der Rohrmitte bis etwa 10 % kleiner als am Rand. Diese gute Übereinstimmung berechtigt wohl zu der Annahme, daß die Voraussetzung der in dieser Arbeit gebrachten Vorstellungen erfüllt ist, daß also der Elektronenpartialdruck auch im nicht-isothermen Plasma als echter Druck in Erscheinung tritt und seine Wirkung unmittelbar manometrisch gemessen werden kann. Darüber hinaus zeigen diese Messungen auch die Zuverlässigkeit der Langmuirschen Sondenmeßmethode hinsichtlich ihrer Absolutangaben an, die aus verschiedenen Gründen zweifelhaft war; jedenfalls gilt diese Aussage für Sondencharakteristiken ohne Anomalien.

Zusammenfassung.

Das Elektronengas übt auch in dem nicht-isothermen Plasma einer Niederdruckentladung einen mechanischen Druck aus, wie ihn die kinetische Gastheorie für ein gewöhnliches Gas mit Elektronentemperatur und einer der Elektronenkonzentration gleichen Teilchendichte angibt. Entsprechendes gilt für das Ionengas, das jedoch wegen der geringen Ionentemperatur quantitativ keine Rolle spielt. In der Säule einer Niederdruckentladung ist die Summe von Elektronen-, Ionen- und Neutralgaspartialdruck über den Querschnitt konstant und gleich dem gewöhnlich gemessenen Gesamtdruck; da der Elektronen- und Ionenpartialdruck in der Mitte der Säule größer ist als am Rand, ist der Druck des Neutralgases in der Mitte entsprechend kleiner. Es tritt eine Dichteverminderung des Neutralgases im Entladungsinnern also nicht nur wegen möglicher Übertemperaturen auf, sondern darüber hinaus auch wegen einer wirklichen Drucksenkung, die dadurch zustande kommt, daß die zur Wand diffundierenden Träger das Neutralgas durch Reibung teilweise mitführen. Der Elektronenpartialdruck muß immer kleiner bleiben als der von außen manometrisch bestimmbare Gesamtdruck, wobei der Grad der erlaubten Annäherung an diesen Grenzwert von Gefäßdimensionen, Gasart und Gesamtdruck abhängt. Es gibt daher einen von den gleichen Größen abhängenden Höchstwert der stationär möglichen Elektronenkonzentration, die größenordnungsmäßig kleiner bleiben muß als die Anzahl neutraler Gasmoleküle in der Volumeneinheit beim gleichen Druck, und entsprechend gibt es eine obere Grenze für den stationär möglichen Entladungsstrom. — Das Gesetz von der Konstanz der Partialdrucksumme von Neutral- und Elektronengas wurde experimentell innerhalb der Meßgenauigkeit bestätigt gefunden, wobei die Wirkung des Elektronenpartialdruckes mit gewöhnlichen Manometern nachgewiesen werden konnte.

Kurzschlußströme und Nullpunktsverlagerungen in dem elektrischen Drehstromnetz eines Lichtbogenofens.

Von **Fritz Walter**.

Mit 5 Bildern.

Mitteilung aus der Abteilung für Elektrochemie des Wernerwerkes
der Siemens & Halske AG zu Siemensstadt.

Eingegangen am 27. Januar 1939.

Inhaltsübersicht.

I. Die durch die veränderlichen Lichtbogenwiderstände hervorgerufenen Stromschwankungen.

Im normalen Betriebe eines einphasig an ein Drehstromnetz angeschlossenen Lichtbogenofens wird stets mit einer konstanten Spannung gearbeitet, die für den wirtschaftlichen Betrieb erprobt ist und eine gewünschte Wärmeerzeugung und -dosierung im Schmelz- oder Beschickungsmaterial gewährleistet. Eine Stromveränderung in einem solchen Ofenkreis bei der gleichen angelegten Spannung kann nur dann beobachtet werden, wenn der elektrische Widerstand des Reduktionsgutes durch Temperatursteigerung oder der Lichtbogenwiderstand durch die Lichtbogenlänge oder durch eine mit dem Betriebszustand veränderliche Wärmeabführung oder geänderte Ionisationsbedingungen verändert wird. Im Schmelzbetrieb kommt noch hinzu, daß der locker in den Schmelzraum eingebrachte Einschmelzstoff während der Schmelzperiode zusammensinkt und der Lichtbogen dabei abreißt und durch Elektrodenkurzschluß neu gebildet werden muß. Die Stromerhöhung bei einem solchen Kurzschluß ist abhängig von der Reaktanz der Stromzuführungsleitungen und einer eingeschalteten Drosselspule. Im Schrifttum liegen bereits Untersuchungen[1]) vor, die den Einfluß der Reaktanz der Zuleitung und einer zusätzlichen Drossel auf den Kurzschlußstrom eines Einphasenlichtbogenofens bestimmen und die theoretischen Zusammenhänge für diesen einfachen Betrieb erörtern. In der Praxis verwendet man aber meistens Lichtbogenöfen, die an ein Drehstromnetz angeschlossen werden. Solche Anlagen besitzen drei Stromkreise, die miteinander verkoppelt sind, und die

---

[1]) W. Fischer: Kurzschlußströme bei Lichtbogenöfen. Elektrowärme **8** (1938) S. 168.

sich gegenseitig beeinflussen. Die den einzelnen Teilkreisen aufgeprägten elektromotorischen Kräfte sind nicht konstant wie bei einem Einphasenofen, sondern werden stets durch Kurzschlußströme verändert. Auch eine unsymmetrische Leitungsführung, die in einem gewissen Grade stets bei diesen Anlagen vorhanden ist, verursacht eine ungleiche Ausbildung der drei Teilspannungen.

Die elektrischen Vorgänge in einem Drehstromlichtbogenofen sind demnach gegenüber denen in einem Einphasenofen verwickelter und unübersichtlich, so daß es sich lohnt, für diese praktischen Verhältnisse Klarheit zu schaffen. Es ist bei diesen Untersuchungen notwendig, alle den Strom eines solchen Ofens beeinflussenden Faktoren zu berücksichtigen und ihre Bedeutung für den Stromfluß zu erörtern.

II. Die Gleichungen der Energiezuführung zu einem Drehstrom-Lichtbogenofen.

Da unsere herzuleitenden Gleichungen die Eigenschaften des Leitungsnetzes zu berücksichtigen haben, so soll kurz auf den grundsätzlichen Aufbau einer Lichtbogenofenanlage eingegangen werden (Bild 1). Drei elektrische Lichtbögen werden zwischen den Elektroden und dem Schmelzgut oder der metallischen Flüssigkeit gebildet. Die Lichtbogenspannungen beim Einschmelzen von festem Metall betragen etwa 80 bis 130 V, beim Frischen und Desoxydieren, also beim Raffinieren, etwa 40 bis 80 V im Mittel. Die praktisch in Ofenanlagen verwendeten Lichtbogenstromstärken sind abhängig von der Größe des Fassungsvermögens eines Ofens; sie liegen im Bereich der Größenordnungen von 10^3 bis 10^5 A. Der Lichtbogenwiderstand, das Verhältnis der Lichtbogenspannung zum Lichtbogenstrom, kann als reiner Verbraucher- oder Ohmscher Widerstand angesehen werden und soll in der Rechnung durch die Größen R_1, R_2, R_3 für die drei Stromkreise versinnbildlicht werden. Das sekundäre Leitungsnetz wird charakterisiert durch die Selbstinduktionskoeffizienten L_1, L_2, L_3, die ein Maß für die Größe der magnetischen Energien der Stromträger darstellen sollen. Dabei werden nicht die magnetischen Energien berücksichtigt, die zwei Stromträgern gemeinsam sind. Diese wechselseitigen Energien sollen, abgesehen von den Stromstärken, durch die Größen L_{13}, L_{12} und L_{23} dargestellt werden.

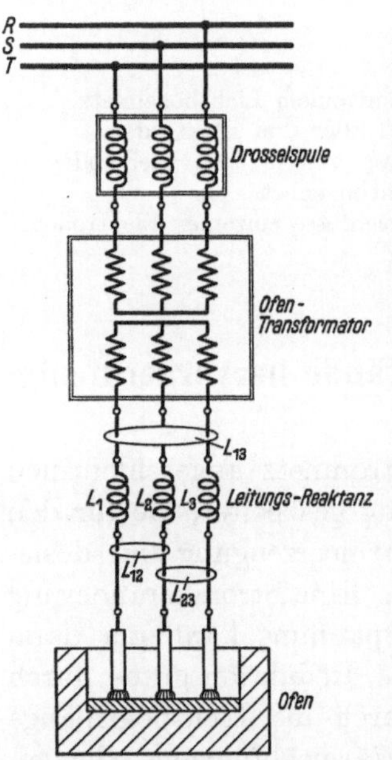

Bild 1. Stromanschluß eines Lichtbogenofens an ein Drehstromnetz.

L_{13} bedeutet den gegenseitigen Induktionskoeffizienten der Leitung 1 zur Leitung 3, L_{12} ist der gegenseitige Induktionskoeffizient der Leitung 1 zur Leitung 2 und L_{23} der gegenseitige Induktionskoeffizient der Leitung 2 zur Leitung 3.

Diese gegenseitigen oder wechselseitigen Induktionskoeffizienten sind in Ofenanlagen nicht immer gleich. Die mittlere Phase besitzt gegenüber den beiden anderen Leitungen einen verschiedenen gegenseitigen Induktionskoeffizienten. In der Praxis ist L_{12} gleich L_{23}, größer als L_{13}. Die Selbstinduktionskoeffizienten des sekundären Leiterkreises sind von der Größenordnung 10^{-5} bis 10^{-6} H, während die gegenseitigen Induktionskoeffizienten von der nächst niedrigeren Ordnung sind. Die angegebenen

Zahlen sind nur angenähert gültig. In manchen betriebsmäßigen Anlagen übersteigen die Meßwerte der Induktionskoeffizienten die angegebenen Größenordnungen.

Die in der Praxis verwendeten Ofentransformatoren besitzen eine Streuinduktivität von etwa 3 bis 5 %. Die auf der Hochspannungsseite eingeschaltete Drosselspule wird während der Raffinationsperiode ausgeschaltet, da bei diesem Arbeitsprozeß .der Ofengang ruhig ist und keine Stromstöße zu erwarten sind. Unser Gleichungssystem soll für den sekundären Strom und die sekundäre Spannung, also für die Niederspannung, angesetzt werden. Es läßt sich leicht auf die primären Ströme und Spannungen des Hochspannungsnetzes umrechnen, wenn das Übersetzungsverhältnis des Transformators und die Streuung berücksichtigt werden. Es gelten jetzt bei Annahme sinusförmiger Ströme für die Stromkreise der Lichtbogenofenanlage die Gleichungen:

$$e_1 = R_1 I_1 + j\,\omega L_1 I_1 + j\,\omega L_{12} \cdot I_2 + j\,\omega L_{13} I_3, \tag{1}$$

$$e_2 = R_2 I_2 + j\,\omega L_2 I_2 + j\,\omega L_{12} \cdot I_1 + j\,\omega L_{23} I_3, \tag{2}$$

$$e_3 = R_3 I_3 + j\,\omega L_3 I_3 + j\,\omega L_{13} \cdot I_1 + j\,\omega L_{23} I_2. \tag{3}$$

Mit Hilfe der Gleichung

$$I_1 + I_2 + I_3 = 0 \tag{4}$$

lassen sich die Gl. (1) bis (3) auf folgende Form bringen:

$$e_1 = \{(R_1 + j\,\omega(L_1 - L_{13})\}I_1 + j\,\omega(L_{12} - L_{13})I_2 = Z_1 I_1 + Z I_2, \tag{5}$$

$$e_2 = \{(R_2 + j\,\omega(L_2 - L_{12})\}I_2 = (Z_2 - Z)I_2, \tag{6}$$

$$e_3 = \{(R_3 + j\,\omega(L_3 - L_{13})\}I_3 + j\,\omega(L_{12} - L_{13})I_2 = Z_3 I_3 + Z I_2, \tag{7}$$

wobei

$$Z_1 = R_1 + j\,\omega(L_1 - L_{13}), \tag{8}$$

$$Z_2 = R_2 + j\,\omega(L_2 - L_{13}), \tag{9}$$

$$Z_3 = R_3 + j\,\omega(L_3 - L_{13}), \tag{10}$$

$$Z = j\,\omega(L_{12} - L_{13}) \tag{11}$$

ist. Nun sind die elektromotorischen Kräfte e_1, e_2, e_3, die Spannungen der Teilkreise, also die sekundären Klemmenspannungen des Ofentransformators zum Bade, voneinander abhängig. Es bestehen die Gleichungen:

$$e_1 - e_2 = E_1 = E, \tag{13}$$

$$e_2 - e_3 = E_2 = E\,e^{2j\,\pi/3} = E\,\underline{/120°}, \tag{14}$$

$$e_3 - e_1 = E_3 = E\,e^{4j\,\pi/3} = E\,\underline{/240°} = E\,\underline{/-120°}, \tag{15}$$

wo E die sekundäre Klemmenspannung des Ofentransformators, also die verkettete Drehstromspannung, darstellt. Im folgenden soll die Kennellysche Schreibweise benutzt werden, die übersichtlicher die Vektoren mit ihren Richtungen versinnbildlicht.

Die Phasendrehung des Netzes entgegen dem Uhrzeigersinne ist in den Formeln willkürlich angenommen. Zu einer Phasendrehung im Uhrzeigersinne würden die e-Funktionen in diesen und den folgenden Beziehungen den konjugiert komplexen Wert erhalten. Aus dem Gleichungssystem (16) bis (18) folgt:

$$e_1 = e_3\,e^{j\,\pi/3} + e_2\,e^{-j\,\pi/3} = e_3\,\underline{/60°} + e_2\,\underline{/-60°}, \tag{16}$$

$$e_2 = e_1\,e^{j\,\pi/3} + e_3\,e^{-j\,\pi/3} = e_1\,\underline{/60°} + e_3\,\underline{/-60°}, \tag{17}$$

$$e_3 = e_1\,e^{-j\,\pi/3} + e_2\,e^{j\,\pi/3} = e_1\,\underline{/-60°} + e_2\,\underline{/60°}. \tag{18}$$

8*

An Stelle von e_1, e_2, e_3 können auch nach den Gl. (5a) bis (7a) die komplexen Ausdrücke für die Scheinwiderstände in Verbindung mit den Teilströmen und Phasendrehungen eingesetzt werden. Man erhält dann die den Teilspannungen e_1, e_2, e_3 analogen Ausdrücke

$$Z_1 I_1 = Z_3 I_3 \underline{/60^\circ} + (Z_2 - 2Z) I_2 \underline{/-60^\circ}, \tag{19}$$

$$(Z_2 - 2Z) I_2 = Z_1 I_1 \underline{/60^\circ} + Z_3 I_3 \underline{/-60^\circ}, \tag{20}$$

$$Z_3 I_3 = (Z_2 - 2Z) I_2 \underline{/60^\circ} + Z_1 I_1 \underline{/-60^\circ}. \tag{21}$$

In diesen Gleichungen ist $Z_1 I_1$ der Größe e_1 der Gl. (16) analog. e_2 entspricht dem Ausdruck $((Z_2 - 2Z)$, während $Z_3 I_3$ wiederum e_3 analog ist.

Zur Berechnung der wechselseitigen Energien, also der magnetischen Energien, die zwei Leitungen gemeinsam sind, ist es notwendig, die Verhältnisse der Ströme des Drehstromkreises herzuleiten, die eine Umrechnung des Anteils der wechselseitigen Energien auf eine betrachtete Leitung gestatten. Bei dieser Umrechnung spielt besonders der Phasenwinkel eine Rolle, den zwei Teilströme miteinander bilden. Eine Vor- oder eine Nacheilung eines solchen Teilstromes hat einen ganz bestimmten, aber voneinander verschiedenen Einfluß auf die meßbare Leistung einer Phasenleitung.

Die Stromverhältnisse der drei Teilkreise können aus den Gl. (19) bis (21) hergeleitet werden, wenn die Gl. (4) berücksichtigt wird. Die Verhältnisse der drei Teilströme sind bestimmt durch

$$\frac{I_2}{I_3} = -\frac{Z_1 + Z_3 \underline{/60^\circ}}{Z_1 + (Z_2 - 2Z) \underline{/-60^\circ}}, \tag{22}$$

$$\frac{I_2}{I_1} = -\frac{Z_3 + Z_1 \underline{/-60^\circ}}{Z_3 + (Z_2 - 2Z) \underline{/60^\circ}}, \tag{23}$$

$$\frac{I_3}{I_1} = -\frac{(Z_2 - 2Z) + Z_1 \underline{/60^\circ}}{(Z_2 - 2Z) + Z_3 \underline{/-60^\circ}}. \tag{24}$$

Diese Beziehungen sind bereits anderweitig hergeleitet[1]) und damals zur Erklärung der toten und scharfen Phase benutzt worden.

Die hergeleiteten Stromverhältnisse sind Funktionen der Scheinwiderstände der einzelnen Teilkreise und der Phasendrehungen der aufgeprägten elektromotorischen Kräfte. Sie bestimmen eindeutig Größe und Phasendrehung der drei Teilströme. Aus den bestimmten Stromverhältnissen gehen die Unsymmetrien der Teilströme und die unterschiedlichen wechselseitigen Energien der drei Teilkreise des Drehstromnetzes hervor.

In einem Drehstromlichtbogennetz verändern sich nicht nur die Teilströme, auch die Teilspannungen der drei elektrischen Teilkreise unterliegen Änderungen, wenn die Belastungswiderstände, also die Lichtbogenwiderstände, im Betriebe verändert werden. Es lassen sich für diese Teilspannungen den Teilströmen ähnliche Gesetzmäßigkeiten feststellen, die herleitbar sind mit Hilfe der Gleichungen

$$I_1 = \frac{e_1}{Z_1} - \frac{Z}{Z_1} \frac{e_2}{Z_2 - Z}, \tag{25}$$

$$I_2 = \frac{e_2}{Z_2 - Z}, \tag{26}$$

$$I_3 = \frac{e_3}{Z_3} - \frac{Z}{Z_3} \frac{e_2}{Z_2 - Z}. \tag{27}$$

---

[1]) F. Walter: Elektrowärme **7** (1937) S. 25.

Die Summe dieser drei Ströme ist nach Gl. (4) gleich 0. Es gilt demnach die Fundamentalgleichung

$$\frac{e_1}{Z_1} + \frac{e_3}{Z_3} + \frac{e_2}{Z_2 - Z}\left[1 - \left(\frac{Z}{Z_1} + \frac{Z}{Z_3}\right)\right] = 0. \tag{28}$$

oder

$$Z_3\,e_1 + Z_1\,e_3 + \frac{(Z_1 - Z)(Z_3 - Z) - Z^2}{Z_2 - Z}\,e_2 = 0. \tag{28a}$$

Diese Beziehung liefert uns mit Hilfe des Gleichungssystems (16) bis (18) die Verhältnisse für die Teilspannungen des Drehstromnetzes:

$$\frac{e_1}{e_2} = -\frac{Z_1\underline{/60°} + \dfrac{Z_1 Z_3 - Z(Z_1 + Z_3)}{Z_2 - Z}}{Z_1\underline{/-60°} + Z_3}, \tag{29}$$

$$\frac{e_3}{e_2} = -\frac{Z_3\underline{/-60°} + \dfrac{Z_1 Z_3 - Z(Z_1 + Z_3)}{Z_2 - Z}}{Z_3\underline{/60°} + Z_1}, \tag{30}$$

$$\frac{e_1}{e_3} = -\frac{Z_1 + \dfrac{Z_1 Z_3 - Z(Z_1 + Z_3)}{Z_2 - Z}\,\underline{/-60°}}{Z_3 + \dfrac{Z_1 Z_3 - Z(Z_1 + Z_3)}{Z_2 - Z}\,\underline{/60°}}. \tag{31}$$

Man sieht, daß auch die Verhältnisse der Teilspannungen sich durch Funktionen darstellen lassen, die die Scheinwiderstände der Drehstromkreise und die Phasendrehungen enthalten. Diese Funktionen sind aber von den Funktionen der Teilströme verschieden.

Die bisher hergeleiteten Gleichungen liefern uns für alle Betriebsverhältnisse der Praxis die gesetzmäßigen Zusammenhänge und geben uns Aufschluß über die zu erwartenden Strom- und Spannungsänderungen bei betrieblichen Veränderungen. Sie lassen uns die ungleichen Ströme und Spannungen sowie die unterschiedlichen Leistungen in einem gegebenen Leitungsnetz berechnen. Die Spannungsschwankungen in einem Hochspannungsnetz bei Kurzschlüssen der Elektroden sind auf diese Weise auch berechenbar, und die Rückwirkungen auf das Netz auch zahlenmäßig angebbar.

III. Die Gleichungen für den Normalbetrieb eines Drehstrom-Lichtbogenofens.

Ein Leitungsnetz, das für die Stromleitung eines Lichtbogenofens vorgesehen ist, ist durch seine Koeffizienten der Selbstinduktion und der gegenseitigen Induktion gekennzeichnet. Die induktive Verkopplung und die induktiven Widerstände sind durch die geometrische Anordnung der Leitungsträger bestimmt.

Da das Leitungsnetz für alle drei Phasen gleiche Länge, gleiche Querschnitte und gleiche Abstände voneinander besitzt, so kann man annehmen, daß die Eigeninduktivität des Leitungssystems für alle drei Phasen gleich ist:

$$L_1 = L_2 = L_3 = L.$$

Wird noch angenommen, daß im Betriebe für die drei Phasen mit gleichen Lichtbogenspannungen und gleich großen Strömen gearbeitet wird, dann kann der Widerstand für die drei Lichtbögen als konstant und gleich vorausgesetzt werden. Es ist dann

$$R_1 = R_2 = R_3 = R.$$

Es ist

$$Z_1 = Z_2 = Z_3 = Z_0 = R + j\,\omega\,(L - L_{13}). \tag{32}$$

Die Stromverhältnisse der drei Teilströme lassen sich aus unseren allgemeinen Gl. (22) bis (24) berechnen und durch folgende Beziehungen darstellen. Es ist

$$\frac{I_2}{I_3} = +\frac{\underline{/240^\circ}}{1 - \dfrac{2Z}{\sqrt{3}\,Z_0}\,\underline{/-30^\circ}} = \underline{/-120^\circ} + \frac{2}{\sqrt{3}}\,\frac{Z}{Z_0}\,\underline{/-150^\circ}. \tag{33}$$

$$\frac{I_2}{I_1} = +\frac{\underline{/120^\circ}}{1 - \dfrac{2Z}{\sqrt{3}\,Z_0}\,\underline{/30^\circ}} = \underline{/120^\circ} + \frac{2}{\sqrt{3}}\,\frac{Z}{Z_0}\,\underline{/150^\circ}. \tag{34}$$

$$\frac{I_3}{I_1} = +\frac{\underline{/240^\circ} - \dfrac{2Z}{Z_0\,\sqrt{3}}\,\underline{/-30^\circ}}{1 - \dfrac{2Z}{\sqrt{3}\,Z_0}\,\underline{/30^\circ}} = \underline{/-120^\circ} + \frac{2Z}{\sqrt{3}\,Z_0}\,\underline{/-30^\circ}. \tag{35}$$

$$\frac{I_1}{I_3} = +\frac{\underline{/120^\circ} - \dfrac{2Z}{Z_0\,\sqrt{3}}\,\underline{/30^\circ}}{1 - \dfrac{2Z}{Z_0\,\sqrt{3}}\,\underline{/-30^\circ}} = \underline{/120^\circ} + \frac{2Z}{\sqrt{3}\,Z_0}\,\underline{/30^\circ}. \tag{36}$$

$$\frac{I_3}{I_2} = \underline{/120^\circ} + \frac{2}{\sqrt{3}}\,\frac{Z}{Z_0}\,\underline{/-90^\circ}. \tag{37}$$

$$\frac{I_1}{I_2} = \underline{/-120^\circ} + \frac{2}{\sqrt{3}}\,\frac{Z}{Z_0}\,\underline{/90^\circ}. \tag{38}$$

Das Gleichungssystem gibt uns Aufschluß über die Phasenverschiebungen der Teilströme bei unsymmetrischer Leitungsführung. Die normale Phasenverschiebung der Ströme, die in einem vollkommen symmetrischen Netze 120° oder $2\pi/3$ im Bogenmaß beträgt, wird durch die unsymmetrische Leiteranordnung verändert. Mit dieser normalen Phasenverschiebung ist gleichzeitig eine Verschiebung des Größenverhältnisses verbunden; diese Größenänderung ist proportional $\omega\,(L_{12} - L_{13})$ und umgekehrt proportional dem Scheinwiderstand

$$\sqrt{R^2 + \omega^2(L - L_{13})^2}.$$

Diese normale Verschiebung der Stromphasen besitzt, wie wir später sehen werden, einen Einfluß auf die Energieumsetzungen in den einzelnen Teilkreisen; sie verändert die Beziehungen zwischen umgesetzter Wirk- und Blindleistung.

Aber nicht nur die Stromgrößen und -phasen werden durch ein symmetrisches Leitungsnetz verändert, auch die Teilspannungen e_1, e_2, e_3 erleiden zueinander eine Veränderung. Die normale Phasenverschiebung von 120° wird um den Betrag

$$\pm\frac{\omega(L_{12} - L_{13})}{\sqrt{3\,(R^2 + \omega^2(L - L_{12})^2)}} \cdot \underline{/90 \pm 30 - \varphi}$$

verändert, wo φ durch die Gleichung

$$\operatorname{tg}\varphi = \frac{\omega(L - L_{12})}{R}$$

bestimmt ist.

Diese Veränderung in Größe und Phase entspricht nicht einer genau gleichen Veränderung der Ströme. Die Teilspannungsverhältnisse sind durch folgende Gleichungen bestimmt:

$$\frac{e_1}{e_2} = \underline{/240^\circ} + \frac{Z}{(Z_0 - Z)\sqrt{3}} \underline{/30^\circ}\,, \tag{39}$$

$$\frac{e_3}{e_2} = \underline{/120^\circ} + \frac{Z}{(Z_0 - Z)\sqrt{3}} \underline{/-30^\circ}\,, \tag{40}$$

$$\frac{e_1}{e_3} = \underline{/120^\circ} + \frac{Z}{(Z_0 - Z)\sqrt{3}} \underline{/-150^\circ}\,, \tag{41}$$

oder für

$$\frac{e_2}{e_1} = \underline{/120^\circ} + \frac{Z}{(Z_0 - Z)\sqrt{3}} \underline{/90^\circ}\,, \tag{42}$$

$$\frac{e_2}{e_3} = \underline{/240^\circ} + \frac{Z}{(Z_0 - Z)\sqrt{3}} \underline{/-90^\circ}\,, \tag{43}$$

$$\frac{e_3}{e_1} = \underline{/240^\circ} + \frac{Z}{(Z_0 - Z)\sqrt{3}} \underline{/150^\circ}\,, \tag{44}$$

Man sieht, daß auch die Spannungsverhältnisse sich aus einer Drehung und einer Streckung darstellen lassen. Bei symmetrischer Anordnung der Leitung, bei gleichen gegenseitigen Induktionskoeffizienten für die Leitung ($L_{12} = L_{13}$) sind die Ströme und die Spannungen gleich und phasenverschoben. Die Verhältnisse dieser Größen sind dann durch eine einfache e-Funktion, also aus einer einfachen Drehung, berechenbar. Bei Unsymmetrie ($Z > 0$) für ungleiche gegenseitige Induktionskoeffizienten der Zuleitungen sind die Strom- und Spannungsverhältnisse aus einer Drehstreckung herleitbar.

Die Unsymmetrie des Leitungsnetzes wird durch den Faktor $\frac{Z}{Z_0 - Z}\,e_2$ bestimmt. Es gilt dann die Beziehung

$$e_1 + e_2 + e_3 = \frac{Z}{Z_0 - Z}\,e_2 = e\,; \tag{45}$$

e ist ein Maß für die Verschiebung des Nullpunktes bei einem unsymmetrischen Leitungsnetz.

Die Gleichung für die Nullpunktsverschiebung soll jetzt umgeformt und aus den verketteten Spannungen des Drehstromnetzes berechnet werden. Wir gehen dabei aus vom Gleichungssystem (16) bis (18). Aus diesem folgt:

$$e_2 + e_3 = 2e_1 + j\sqrt{3}\,E_2 = 2e_1 + E\sqrt{3}\,\underline{/-150^\circ}\,, \tag{46}$$

$$e_1 + e_3 = 2e_2 + j\sqrt{3}\,E_3 = 2e_2 + E\sqrt{3}\,\underline{/-30^\circ}\,, \tag{47}$$

$$e_1 + e_2 = 2e_3 + j\sqrt{3}\,E_1 = 2e_3 + E\sqrt{3}\,\underline{/90^\circ}\,. \tag{48}$$

Setzt man diese Beziehungen jetzt in die Fundamentalgleichung für die Nullpunktsverschiebung [Gl. (45)] ein, so erhält man

$$e_1 = \frac{e}{3} + \frac{E}{\sqrt{3}}\,e^{j\pi/6} = \frac{e}{3} + \frac{E}{\sqrt{3}}\,\underline{/30^\circ}\,, \tag{49}$$

$$e_2 = \frac{e}{3} - \frac{E}{\sqrt{3}}\,e^{-j\pi/6} = \frac{e}{3} + \frac{E}{\sqrt{3}}\,\underline{/150^\circ}\,, \tag{50}$$

$$e_3 = \frac{e}{3} - j\,\frac{E}{\sqrt{3}} = \frac{e}{3} + \frac{E}{\sqrt{3}}\,\underline{/-90^\circ}\,. \tag{51}$$

Das Gleichungssystem gilt für eine Drehrichtung der Phasenspannungen entgegen dem Uhrzeigersinne.

Wird diese Drehrichtung im Uhrzeigersinne verändert, dann gilt das Gleichungssystem (49a) bis (51a):

$$e_1 = \frac{e}{3} + j\,\frac{E_2}{\sqrt{3}} = \frac{e}{3} + \frac{E}{\sqrt{3}}\,\underline{/-30^\circ}, \tag{49a}$$

$$e_2 = \frac{e}{3} + j\,\frac{E_3}{\sqrt{3}} = \frac{e}{3} + \frac{E}{\sqrt{3}}\,\underline{/-150^\circ}, \tag{50a}$$

$$e_3 = \frac{e}{3} + j\,\frac{E}{\sqrt{3}} = \frac{e}{3} + \frac{E}{\sqrt{3}}\,\underline{/90^\circ}. \tag{51a}$$

Die einzelnen Teilspannungen sind durch die Formeln

$$e_2 = \frac{\dfrac{E}{\sqrt{3}}\,\underline{/150^\circ}}{1 - \dfrac{Z}{3\,(Z_0 - Z)}} = \frac{E}{\sqrt{3}}\,\underline{/150^\circ} + \frac{Z}{Z_0 - Z}\,\frac{E}{3\sqrt{3}}\,\underline{/150^\circ}, \tag{52}$$

$$e = -\frac{\dfrac{Z}{Z_0 - Z}\,\dfrac{E}{\sqrt{3}}\,e^{-j\pi/6}}{1 - \dfrac{Z}{3\,(Z_0 - Z)}} \approx \frac{Z}{Z_0 - Z}\,\frac{E}{\sqrt{3}}\,\underline{/150^\circ}, \tag{53}$$

$$e_1 = \frac{E}{\sqrt{3}}\,e^{i\pi/6} - \frac{Z}{Z_0 - Z}\,\frac{E}{3\sqrt{3}}\,e^{-j\pi/6} = \frac{E}{\sqrt{3}}\,\underline{/30^\circ} + \frac{Z}{Z_0 - Z}\,\frac{E}{3\sqrt{3}}\,\underline{/150^\circ}, \tag{54}$$

$$e_4 = -j\,\frac{E}{\sqrt{3}} - \frac{Z}{Z_0 - Z}\,\frac{E}{3\sqrt{3}}\,e^{-j\pi/6} = \frac{E}{\sqrt{3}}\,\underline{/-90^\circ} + \frac{Z}{Z_0 - Z}\,\frac{E}{3\sqrt{3}}\,\underline{/150^\circ} \tag{55}$$

darstellbar.

Bei einer Rechtsdrehung der Phasenspannungen erhalten die Teilspannungen folgende Ausdrücke:

$$e_2 = \frac{\dfrac{E}{\sqrt{3}}\,\underline{/-150^\circ}}{1 - \dfrac{Z}{3\,(Z_0 - Z)}}, \tag{52a}$$

$$e = -\frac{\dfrac{Z}{Z_0 - Z}\,\dfrac{E}{\sqrt{3}}\,e^{j\pi/6}}{1 - \dfrac{Z}{3\,(Z_0 - Z)}} \approx \frac{Z}{Z_0 - Z}\,\frac{E}{\sqrt{3}}\,\underline{/-150^\circ}, \tag{53a}$$

$$e_1 = \frac{E}{\sqrt{3}}\,e^{-j\pi/6} - \frac{Z}{Z_0 - Z}\,\frac{E}{3\sqrt{3}}\,e^{j\pi/6} = \frac{E}{\sqrt{3}}\,\underline{/-30^\circ} + \frac{Z}{Z_0 - Z}\,\frac{E}{3\sqrt{3}}\,\underline{/-150^\circ}, \tag{54a}$$

$$e_3 = j\,\frac{E}{\sqrt{3}} - \frac{Z}{Z_0 - Z}\,\frac{E}{3\sqrt{3}}\,e^{j\pi/6} = \frac{E}{\sqrt{3}}\,\underline{/90^\circ} + \frac{Z}{Z_0 - Z}\,\frac{E}{3\sqrt{3}}\,\underline{/-150^\circ}. \tag{55a}$$

In den Bildern 2 und 3 sind für links und rechts gerichtete Drehsysteme der Drehstromspannungen die verketteten Netzspannungen sowie die Nullpunktsspannungen des Netzes abgebildet. Aus diesen Abbildungen geht die Größe der Nullpunktsverschiebung sowie ihre Verschiebungseinrichtung klar hervor. Die Nullpunktsverschiebung im Spannungsdreieck ist $e/3$; e ist gleich $Z I_2$ und ein Maß für die Spannung, die nach dem Gleichungssystem (9) bis (11) die wechselseitige magnetische Energie des Leitungssystems bestimmt. Dieser Spannungswert ist charakteristisch für die Unsymmetrie des Netzes. Ein Maß für die Unsymmetrie des Netzes ist die

Nullpunktsverschiebung, die nach unseren Ausführungen proportional der Drehstromspannung E und dem Verhältnis

$$\frac{\omega\,(L_{12}-L_{13})}{\sqrt{R^2+\omega^2\,(L-L_{12})^2}}$$

ist. Die Verschiebungsrichtung des Nullpunktes hängt ab von der Drehrichtung oder von der Richtung der zeitlichen Veränderung der Drehstromspannungen. Sie ist für ein linksgerichtetes System $-(120+\varphi)^\circ$ oder $(240-\varphi)^\circ$, wo φ der Phasenwinkel zwischen der Teilspannung e_2 und I_2 ist. Als Bezugsachse wurde die verkettete

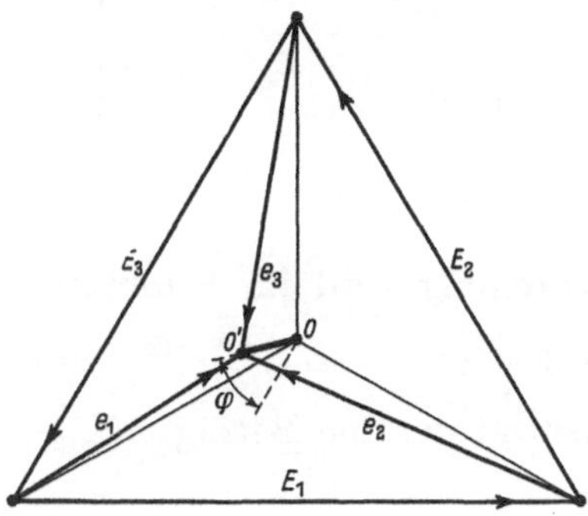

Bild 2. Nullpunktsverschiebung in einem Drehstromnetz durch unsymmetrische Leitungsführung (Linksdrehung).

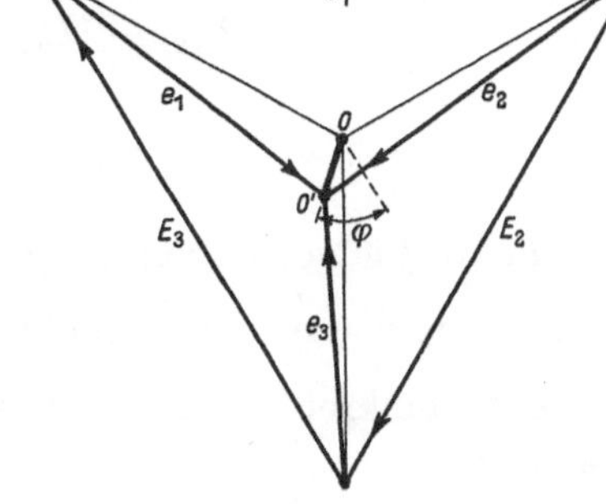

Bild 3. Nullpunktsverschiebung in einem Drehstromnetz durch unsymmetrische Leitungsführung (Rechtsdrehung).

Spannung $E_1=E$ angenommen. Für ein rechts gerichtetes Drehstromspannungssystem ist dieser Winkel $-(60+\varphi)^\circ$ oder $(300-\varphi)^\circ$. Da der Lichtbogenwiderstand oder das Verhältnis der Lichtbogenspannung zum Lichtbogenstrom $R>\omega(L-L_{13})$ ist, so ist $\varphi_2<60^\circ$, und der Winkel, den die Nullpunktsspannung mit der verketteten Spannung E_1 bildet, ist bei einem Linkssystem größer als 180°. e_1 wird gegenüber einem symmetrischen Netz verkleinert und entsprechend e_3 vergrößert.

$$e_1<\frac{E_1}{\sqrt{3}}\quad\text{und}\quad e_3>\frac{E}{\sqrt{3}}\,.$$

Bei einer Rechtsdrehung wird

$$e_1>\frac{E}{\sqrt{3}}\quad\text{und}\quad e_3<\frac{E}{\sqrt{3}}\,.$$

Die Richtung der Nullpunktsverschiebung und ihre Größe bestimmen eindeutig die Teilspannung der drei Leiterzweige.

Die den einzelnen Teilzweigen zugeführten Energien betragen in einem unsymmetrischen Netz für ein Linkssystem:

$$\left.\begin{aligned}
e_1 I_1 &= Z_0 I_1^2 + Z I_1 I_2 = \left\{Z_0 - \frac{Z\,e^{-j\pi/3}}{1-\dfrac{2}{\sqrt{3}}\dfrac{Z}{Z_0}e^{j\pi/6}}\right\} I_1^2 = \left\{Z_0 + \frac{Z\,\underline{/120^\circ}}{1-\dfrac{2}{\sqrt{3}}\dfrac{Z}{Z_0}\underline{/30^\circ}}\right\} I_1^2 \\[2ex]
&= \left\{R + j\,\omega(L-L_{13}) - j\,\omega(L_{12}-L_{13})\left(1+\frac{Z}{Z_0}+j\,\frac{Z}{2\sqrt{3}\,Z}\right)e^{-j\pi/3}\right\} I_1^2 \\[2ex]
&= \left\{(R-\omega(L_{12}-L_{13}))\left(\frac{\sqrt{3}}{2}-\frac{3\omega(L_{12}-L_{13})}{4(R+j\,\omega(L-L_{13}))}\right)\right. \\[1ex]
&\quad + j\,\omega(L-L_{13}) - (L_{12}-L_{13})\left(\frac{1}{2}+\frac{5\omega(L_{12}-L_{13})}{4\sqrt{3}(R+j\,\omega(L-L_{13}))}\right)\Big\} I_1^2 \\[2ex]
&\approx \left(R-\omega(L_{12}-L_{13})\frac{\sqrt{3}}{2}\right) I_1^2 + j\,\omega\left(L-\frac{L_{12}+L_{13}}{2}\right) I_1^2\,.
\end{aligned}\right\} \tag{56}$$

$$e_2\,I_2 = (Z_0 - Z)\,I_2^2 = \{R + j\,\omega\,(L - L_{12})\}\,I_2^2. \tag{57}$$

$$
\left.
\begin{aligned}
e_3\,I_3 &= Z_0\,I_3^2 + Z\,I_2\,I_3 = \left(Z_0 - \frac{Z\,e^{j\,\pi/3}}{1 - \dfrac{2}{\sqrt{3}}\dfrac{Z}{Z_0}\,e^{-j\pi/6}}\right) I_3^2 \\[2mm]
&= \left\{R + j\,\omega\,(L - L_{13}) - j\,\omega\,(L_{12} - L_{13})\left(1 + \frac{Z}{Z_0} - j\,\frac{Z}{2\sqrt{3}}\right) e^{j\pi/3}\right\} I_3^2 \\[2mm]
&= \left\{(R + \omega\,(L_{12} - L_{13}))\left(\frac{\sqrt{3}}{2} + \frac{3\,\omega\,(L_{12} - L_{13})}{4\,(R + j\,\omega\,(L - L_{13}))}\right)\right. \\[2mm]
&\quad \left. + j\,\omega\,(L - L_{13}) - (L_{12} - L_{13})\left(\frac{1}{2} - \frac{5}{4\sqrt{3}}\,\frac{(L_{12} - L_{13})}{R + j\,\omega\,(L - L_{13})}\right)\right\} I_3^2 \\[2mm]
&\approx \left\{\left(R + \omega\,(L_{12} - L_{13})\,\frac{\sqrt{3}}{2}\right) + j\,\omega\left(L - \frac{L_{13} + L_{12}}{2}\right) I_3^2.\right.
\end{aligned}
\right\} \tag{58}
$$

In einem unsymmetrischen Netz mit Linksdrehung wird im Stromkreis 1 die Verbraucherenergie um den angenäherten Betrag $\omega\,(L_{12} - L_{13})\dfrac{\sqrt{3}}{2}\cdot I_1^2$ vermindert, während im Stromkreis 3 der Verbraucherwiderstand um den Betrag $\omega\,(L_{12} - L_{13})\dfrac{\sqrt{3}}{2}$ erhöht wird.

Bei einem rechtsgerichteten zeitlichen Drehsystem verlaufen die elektrischen Vorgänge im umgekehrten Sinne, und die Phasenleitungen 1 und 3 vertauschen ihre Rollen. Bei einer Rechtsdrehung wird der Verbraucherwiderstand im Stromkreis der Phase 1 um den angenäherten Betrag $\omega\,(L_{12} - L_{13})\dfrac{\sqrt{3}}{2}$ erhöht, während der Widerstand in der Phase 3 um diesen Betrag erniedrigt wird. Durch die induktive Verkopplung des Leitungsnetzes werden in eindeutig bestimmten Richtungen, die mit den Phasendrehungen analog gehen, wechselseitige Energien übertragen, die in den einzelnen Leitungen verschiedene Wirkungen hervorrufen. Diese Erscheinung ist in der Ofentechnik schon lange erkannt und mit dem Begriff der toten und scharfen Phase verbunden worden. Es soll deshalb auf diese Erscheinung in diesem Zusammenhange nicht näher eingegangen werden.

IV. Kurzschlüsse in einem Lichtbogennetz.

Im praktischen Ofenbetrieb werden beim Beschicken des Ofens die einzelnen Schrotteile in den Schmelzraum geschüttet, wo sie durch die Lichtbögen niedergeschmolzen werden. Dabei treten oft Stromunterbrechungen auf, die durch Berührung der Elektroden mit dem Schmelzmaterial wieder behoben werden. Im Schmelzbetrieb schwankt deshalb der Lichtbogenofenstrom in einem großen Grenzintervall. Auch die Teilspannungen werden durch die stetig wechselnden Lichtbogenwiderstände sowie durch Verschiebungen des Potentials der Schmelzmassen bei diesem praktischen Betrieb verändert. Aus unseren bisher hergeleiteten Gleichungen lassen sich auch für diese Betriebsfälle sowohl die Kurzschlußströme als auch die Nullpunktsverlagerungen herleiten und in ihren Größen und Richtungen feststellen. Wir besitzen im praktischen Betriebe sieben verschiedene Auswirkungen von Elektrodenkurzschlüssen. Man unterscheidet 3 Kurzschlüsse von je einer Elektrode, 3 Kurzschlüsse von je zwei Elektroden und 1 Kurzschluß aller drei Elektroden.

Während Kurzschlüsse von einer und von je zwei Elektroden häufig vorkommen, ist die Wahrscheinlichkeit für das Vorkommen von einem Kurzschluß aller drei Elektroden sehr gering. Da aber ein solcher Kurzschluß die stärkste Wirkung auf ein Hochspannungsnetz ausübt, so soll dieser Kurzschluß zur Vervollständigung unserer Betrachtungen auch behandelt werden.

1. Kurzschluß aller drei Elektroden.

Alle Elektroden berühren das Schmelzgut. Der Stromfluß in den drei Teilkreisen ist nur durch die Ausbildung magnetischer Energien um die Stromträger bestimmt. Der Verlustwiderstand der Zuleitung und der Elektroden soll vernachlässigt werden, da dieser Widerstand gegenüber den induktiven Leitungswiderständen klein ist und deshalb vernachlässigt werden kann. Der Lichtbogenwiderstand ist für alle drei Elektroden gleich Null.

$$R_1 = R_2 = R_3 = 0, \left.\begin{array}{c} \\ \\ \end{array}\right\}$$
$$Z_1 = Z_2 = Z_3 = j\omega(L - L_{13}) = jU. \tag{59}$$
$$Z = j\omega(L_{12} - L_{13}) = jV.$$

Die Summe der drei Teilspannungen, die Spannung $\omega(L_{12} - L_{13})I_2$, die auch die Nullpunktsverschiebung bestimmt, wird durch die Gl. (60) dargestellt. Es ist

$$e_1 + e_2 + e_3 = \frac{V}{U-V}\, e_2 = \frac{V}{U-V}\left(1 + \frac{V}{3(U-V)}\right)\frac{E}{\sqrt{3}}\,\underline{/150^\circ}. \tag{60}$$

Die Nullpunktsverschiebung fällt in die Richtung der Teilspannung e_2 und ist größer als im Normalbetrieb. Aus den Nullpunktsverschiebungen lassen sich die Teilspannungen e_1, e_2, e_3 zu folgenden Werten errechnen:

$$e_2 = \frac{E}{\sqrt{3}}\,\underline{/150^\circ} + \frac{V}{3(U-V)}\frac{E}{\sqrt{3}}\,\underline{/150^\circ} = \frac{U-V}{3U-4V}\,E\sqrt{3}\,\underline{/150^\circ}. \tag{61}$$

$$e_1 = \frac{V}{3U-4V}\frac{E}{\sqrt{3}}\,\underline{/150^\circ} + \frac{E}{\sqrt{3}}\,\underline{/30^\circ} = \frac{U\sqrt{3}\,\underline{/30^\circ} - \left(\frac{5}{2} - j\frac{\sqrt{3}}{2}\right)V}{3U-4V}\,E. \tag{62}$$

$$e_3 = \frac{V}{3U-4V}\frac{E}{\sqrt{3}}\,\underline{/150^\circ} + \frac{E}{\sqrt{3}}\,\underline{/-90^\circ} = \frac{U\sqrt{3}\,\underline{/-90^\circ} + \left(\frac{3\sqrt{3}}{2}\,\underline{/90^\circ} - \frac{1}{2}\right)V}{3U-4V}\,E. \tag{63}$$

Die Verhältnisse der Kurzschlußströme werden durch die Gl. (64) bis (66) bestimmt.

$$\frac{I_{2K}}{I_2} = \frac{R + j(U-V)}{j(U-V)}\frac{e_{2K}}{e_2}, \tag{64}$$

wo

$$\frac{e_{2K}}{e_2} = \frac{1 - \dfrac{jV}{3(R + j(U-V))}}{1 - \dfrac{jV}{3j(U-V)}} = 1 + \frac{V}{3(U-V)} - \frac{jV}{3(R + j(U-V))}$$

ist, so erhalten wir die Gleichung

$$\frac{I_{2K}}{I_2} = \frac{R + j(U-V) - j\dfrac{V}{3}}{j(U-V) - j\dfrac{V}{3}} = \frac{R + j(U - \tfrac{4}{3}V)}{j(U - \tfrac{4}{3}V)} = \frac{\sqrt{R^2 + \omega^2\left(L + \dfrac{L_{13}}{3} - \dfrac{4}{3}L_{12}\right)^2}}{\omega\left(L + \dfrac{L_{13}}{3} - \dfrac{4}{3}L_{12}\right)}. \tag{64a}$$

Man sieht also, daß der Kurzschlußstrom I_{2K} gegenüber dem Normalstrom I_2 phasenverschoben ist. Diese Phasenverschiebung ist um so größer, je höher der $\cos\varphi$ im Normalbetrieb war. Die Phasenverschiebung erstreckt sich auf einen Winkelbereich von $(90 - \varphi)^\circ$, wenn φ der Phasenwinkel des Stromes zur Teilspannung im Normalbetrieb ist; sie beträgt im praktischen Betrieb mehr als 45°.

     Fritz Walter.

Die Kurzschlußströme der Elektroden 1 und 3 sind aus folgenden Formeln berechenbar:

$$\frac{I_{1K}}{I_1} = \frac{R+jU}{jU}\,\frac{\dfrac{E}{\sqrt{3}}\angle 30^\circ + \dfrac{2V}{3(U-V)}\dfrac{E}{\sqrt{3}}\angle -30}{\dfrac{E}{\sqrt{3}}\angle 30^\circ + \dfrac{2jV}{3(R+j(U-V))}\dfrac{E}{\sqrt{3}}\angle -30^\circ}$$
$$= \frac{R+jU}{jU}\left(1+\frac{2}{3}\left(\frac{V}{U-V}-\frac{jV}{R+j(U-V)}\right)\right)\angle -60^\circ = 1-j\frac{R}{U}+\frac{2}{3}\frac{VR}{U(U-V)}\angle -150^\circ. \tag{65}$$

$$\frac{I_{3K}}{I_3} = \frac{R+jU}{jU}\left\{\frac{\dfrac{E}{\sqrt{3}}\angle -90^\circ + \dfrac{2V}{3(U-V)}\dfrac{E}{\sqrt{3}}\angle -30^\circ}{\dfrac{E}{\sqrt{3}}\angle -90^\circ + \dfrac{2jV}{3(R+j(U-V))}\dfrac{E}{\sqrt{3}}\angle -30^\circ}\right\}$$
$$= \frac{R+jU}{jU}\,\frac{1+\dfrac{2V}{3(U-V)}\angle 60^\circ}{1+\dfrac{2V}{3(R+j(U-V))}\angle 150^\circ} = 1-j\frac{R}{U}+\frac{2}{3}\frac{VR}{U(U-V)}\angle -30^\circ. \tag{66}$$

Auch die Kurzschlußströme der Elektroden 1 und 3 sind gegenüber den Normalströmen phasenverschoben. Wenn das Glied $\omega(L_{12}-L_{13})$ unberücksichtigt bleibt, dann kann festgestellt werden, daß die Kurzschlußströme aller drei Elektroden gegenüber ihren Normalströmen gleiche Phasenverschiebung und gleiches Größenverhältnis besitzen. Dieses Größenverhältnis ist gleich dem Verhältnis des Scheinwiderstandes im Normalbetrieb mit Lichtbogen zu dem Widerstand der Zuleitungen.

Infolge der Verschiedenheit der gegenseitigen Induktionskoeffizienten der drei Elektrodenzuleitungen aber ändern sich auch die Stromverhältnisse aller drei Elektroden in Größe und Phase in verschiedenem Maße.

Auch die Teilspannungen e_1, e_2, e_3 werden bei einem Kurzschluß entsprechend der Nullpunktsverschiebung

$$\frac{\omega(L_{12}-L_{13})}{\omega(L-L_{12})}\frac{E}{\sqrt{3}}\angle 150^\circ$$

verändert. Da alle Teilspannungen auf das gleiche Nullpunktspotential bezogen werden, so ist die Spannungsveränderung infolge einer Nullpunktsverschiebung gleich groß. Diese beträgt bei einem Kurzschluß für alle Spannungen den Wert

$$\frac{R}{\omega(L-L_{13})}\frac{\omega(L_{12}-L_{13})}{R+j(L-L_{13})}\frac{E}{\sqrt{3}}\angle 150^\circ.$$

Dieser Wert ist gleich der Differenz der Kurzschlußspannung minus der Normalspannung für alle drei Stromkreise:

$$e_{1K}-e_1 = e_{2K}-e_2 = e_{3K}-e_3.$$

2. Kurzschlüsse von je zwei Elektroden in einem Lichtbogennetz.

Kurzschlüsse von je zwei Elektroden können im Betriebe beobachtet werden, wenn ein Schmelzprozeß eingeleitet wird. Sie lassen sich im Betriebe seltener vermeiden als ein Kurzschluß aller drei Elektroden. Wir untersuchen 3 Fälle:

a) Kurzschluß der Elektroden 1 und 3. Bei einem solchen Kurzschluß ist

$$R_1 = R_3 = 0, \tag{67}$$

$$\begin{aligned}
Z_1 &= Z_3 = j\omega(L-L_{13}) = jU,\\
Z_2 &= R+j\omega(L-L_{13}) = R+jU,\\
Z\ &= j\omega(L_{12}-L_{13}) = jV.
\end{aligned} \tag{68}$$

Werden diese Beziehungen in unsere Fundamentalgleichung (28) eingesetzt, so erhält man für die Summe der drei Teilspannungen, die ein Maß für die Nullpunktsverschiebung darstellt, den Wert:

$$e_1 + e_2 + e_3 = \frac{R + jV}{R + j(U - V)}\, e_2 = \frac{R + jV}{2R + 3j(U - V) - jV}\, E\sqrt{3}\,\underline{/150°}. \tag{69}$$

Hieraus folgt

$$e_1 = \frac{R + jV}{2R + 3j(U - V) - jV}\, \frac{E}{\sqrt{3}}\,\underline{/150°} + \frac{E}{\sqrt{3}}\,\underline{/30°}, \tag{70}$$

$$e_2 = \frac{R + jV}{2R + 3j(U - V) - jV}\, \frac{E}{\sqrt{3}}\,\underline{/150°} + \frac{E}{\sqrt{3}}\,\underline{/150°} = \frac{R + j(U - V)}{2R + 3j(U - V) - jV}\, E\sqrt{3}\,\underline{/150°}, \tag{71}$$

$$e_3 = \frac{E}{\sqrt{3}}\,\underline{/-90°} + \frac{R + jV}{2R + 3j(U - V) - jV}\, \frac{E}{\sqrt{3}}\,\underline{/150°} = -\frac{R\,\underline{/60°} + V\,\underline{/30°} - (U - V)\sqrt{3}}{2R + j(3U - 4V)}\, E. \tag{72}$$

Mit Hilfe

$$Z I_2 = \frac{jV}{R + j(U - V)}\, e_2 = \frac{3jV}{2R + 3j(U - V) - jV}\, \frac{E}{\sqrt{3}}\,\underline{/150°} \tag{73}$$

läßt sich dann das Verhältnis der Kurzschlußströme zum Normalstrom für die Elektroden 1 und 3 leicht berechnen.

Es ist

$$
\begin{aligned}
\frac{I_{1K}}{I_1} &= \frac{R + jU}{jU}\, \frac{\dfrac{E}{\sqrt{3}}\,\underline{/30°} + \dfrac{2jV - R}{2R + 3j(U - V) - jV}\, \dfrac{E}{\sqrt{3}}\,\underline{/-30°}}{\dfrac{E}{\sqrt{3}}\,\underline{/30°} + \dfrac{2}{3}\, \dfrac{jV}{(R + j(U - V))}\, \dfrac{E}{\sqrt{3}}\,\underline{/-30°}} \\[2mm]
&= \frac{R + jU}{jU}\left\{1 + \left(\frac{2jV - R}{2R + 3j(U - V) - jV} - \frac{2jV}{3(R + j(U - V))}\right)\underline{/-60°}\right\} \\[2mm]
&\approx \frac{R + jU}{jU}\left\{1 + \frac{R\,\underline{/120°}}{2(R + j(U - V))}\right\},
\end{aligned}
\tag{74}
$$

$$
\begin{aligned}
\frac{I_{3K}}{I_3} &= \frac{R + jU}{jU}\, \frac{\dfrac{E}{\sqrt{3}}\,\underline{/-90°} + \dfrac{2jV - R}{2R + 3j(U - V) - jV}\, \dfrac{E}{\sqrt{3}}\,\underline{/-30°}}{\dfrac{E}{\sqrt{3}}\,\underline{/-90°} + \dfrac{2jV}{3(R + j(U - V))}\, \dfrac{E}{\sqrt{3}}\,\underline{/-30°}} \\[2mm]
&= \frac{R + jU}{jU}\left\{1 + \left(\frac{2jV - R}{2R + 3j(U - V) - jV} - \frac{2jV}{3(R + j(U - V))}\right)\underline{/60°}\right\} \\[2mm]
&\approx \frac{R + jU}{jU}\left\{1 + \frac{R\,\underline{/-150°}}{3(R + j(U - V))}\right\}.
\end{aligned}
\tag{75}
$$

Die Rückwirkung auf den Strom der Elektrode 2 wird durch die Gl. (76) erhalten. Es ist

$$\frac{I_2'}{I_2} = \frac{e_2'}{e_2} = \frac{3(R + j(U - V))}{2R + 3j(U - V) - jV} \cdot \frac{3R + 3j(U - V) - jV}{3(R + j(U - V))} = 1 + \frac{R}{2R + 3j(U - V) - jV}.$$

Die Stromerhöhung beträgt weniger als $^1/_2$ des Normalstromes; sie verringert sich bei einem ungünstigen Leistungsfaktor.

Die Nullpunktsverschiebung infolge eines Kurzschlusses der Elektroden 1 und 3 beträgt

$$\frac{R}{2R + 3j(U - V) - jV}\, \frac{E}{\sqrt{3}}\,\underline{/150°}.$$

Sie fällt in die Richtung der Teilspannung e_2 für große Lichtbogenwiderstände und geringere Leitungsreaktanzen. Bei diesem Grenzfall vergrößert sich auch die Teilspannung e_2 um nahezu 50 % ihres Normalwertes. Der Nullpunkt des symmetrischen

Spannungsdreiecks verschiebt sich in der Richtung von e_2 zur Seitenlinie E_3 (Bild 4) bei einer Linksdrehung der zeitlichen Spannungsveränderungen. Der Phasenwinkel von e_2 mit den Teilspannungen e_1 und e_3 wird verringert, während der Phasenwinkel zwischen diesen beiden Teilspannungen vergrößert wird. Werden die induktiven Widerstände der Leitungen als sehr klein gegen die normalen Lichtbogenwiderstände angenommen und in der Rechnung vernachlässigt, dann fällt für diesen Grenzfall der Nullpunkt der drei Teilspannungen in die Verbindungslinie AC, die ein Maß der verketteten Spannung E_3 darstellt. Die Teilspannungen e_1 und e_3 sind entgegengesetzt gerichtet und gleich groß. Ihr Wert beträgt $\frac{E}{2}$, während die Teilspannung e_2 den Wert $\frac{E}{2}\sqrt{3}$ besitzt. Im praktischen Betrieb wird dieser Grenzfall nie erreicht, da die induktiven Widerstände immer einen Einfluß auf den Stromfluß in einem Lichtbogennetz ausüben. Der Nullpunkt der drei

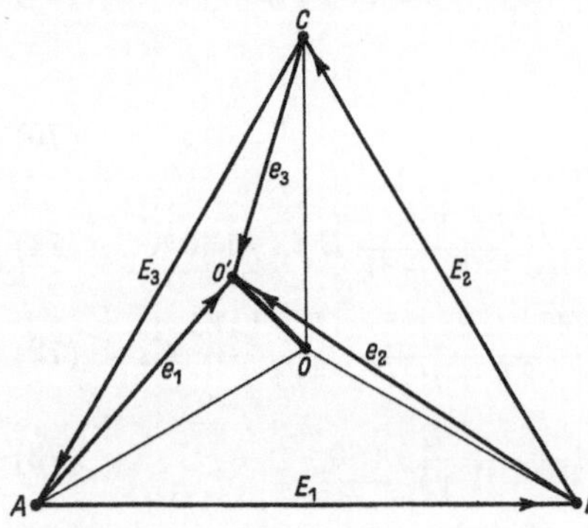

Bild 4. Nullpunktsverschiebung infolge eines Kurzschlusses der Elektroden 1 und 3.

Teilspannungen bleibt bei dem betrachteten Kurzschluß immer innerhalb der Fläche des Spannungsdreiecks. Er verschiebt sich nur in der Richtung von I_2 mit dem Winkel φ gegen die Teilspannung e_2. Bei Berücksichtigung des Phasenwinkels, als des Einflusses der induktiven Widerstände, können für unseren betrachteten Fall immer eine Vergrößerung der Teilspannung e_2 und verkleinerte Teilspannungen e_1 und e_3 angenommen werden.

b) Kurzschluß der Elektroden 1 und 2. Werden die Elektroden 2 und 1 kurzgeschlossen, dann gelten die Beziehungen:

$$R_2 = R_1 = 0, \tag{77}$$

$$Z_2 = Z_1 = j\omega(L - L_{13}) = jU, \tag{78}$$

$$Z_3 = Z_0 = R + jU.$$

Die Summe der drei Teilspannungen ist

$$e_1 + e_2 + e_3 = \frac{R}{R+jU}\left\{e_3 - \frac{V}{U-V}e_2\right\} + \frac{V}{U-V}e_2 = E\sqrt{3}\,\underline{/-90^\circ}\,\frac{R + U\frac{V}{U-V}\underline{/-30^\circ}}{2R + 3jU - jU\frac{V}{U-V}}. \tag{79}$$

Hieraus errechnen sich die Teilspannungen

$$e_2 = \frac{R + V\frac{U}{U-V}\underline{/-30^\circ}}{2R + 3jU - jV\frac{U}{U-V}}\,\frac{E}{\sqrt{3}}\,\underline{/-90^\circ} + \frac{E}{\sqrt{3}}\,\underline{/150^\circ} = \frac{R + jU\sqrt{3}\,\underline{/150^\circ}}{2R + 3jU - jV\frac{U}{U-V}}\,E, \tag{80}$$

$$e_1 = \frac{R + V\frac{U}{U-V}\underline{/-30^\circ}}{2R + 3jU - jV\frac{U}{U-V}}\,\frac{E}{\sqrt{3}}\,\underline{/-90^\circ} + \frac{E}{\sqrt{3}}\,\underline{/30^\circ} = \frac{R + jU\sqrt{3}\,\underline{/30^\circ} - jV\frac{U}{U-V}}{2R + 3jU - jV\frac{U}{U-V}}\,E, \tag{81}$$

$$e_3 = \frac{R + V\frac{U}{U-V}\underline{/-30^\circ}}{2R + 3jU - jV\frac{U}{U-V}}\,\frac{E}{\sqrt{3}}\,\underline{/-90^\circ} + \frac{E}{\sqrt{3}}\,\underline{/-90^\circ} = \frac{V\frac{U}{U-V}\underline{/-60^\circ} + (R+jU)\sqrt{3}}{2R + 3jU - jV\frac{U}{U-V}}\,E\,\underline{/-90^\circ}. \tag{82}$$

Hieraus lassen sich dann die Verhältnisse der Kurzschlußströme zu den Normalströmen für die Elektroden 2 und 1 bestimmen.

$$\frac{I_{2K}}{I_2} = \frac{R + j(U - V)}{j(U - V)} \cdot \frac{e_{2K}}{e_2}, \tag{83}$$

wo

$$e_{2K} = \frac{E}{\sqrt{3}}\,\angle 150^\circ + \frac{R + V\,\dfrac{U}{U - V}\,\angle{-30^\circ}}{2R + 3jU - jV\,\dfrac{U}{U - V}}\,\frac{E}{\sqrt{3}}\,\angle{-90^\circ} \tag{84}$$

und

$$e_2 = \frac{E}{\sqrt{3}}\,\angle 150^\circ + \frac{V}{3(R + j(U - V))}\,\frac{E}{\sqrt{3}}\,\angle{-120^\circ} \tag{85}$$

sind. Setzen wir die Werte der Gl. (84) und (85) in die Gl. (83) ein, dann erhält man

$$\frac{I_{2K}}{I_2} = \frac{R + j(U - V)}{j(U - V)}\left\{ 1 + \frac{R\,\angle 120^\circ}{2R + 3jU - jV\,\dfrac{U}{U - V}} + jV\left(\frac{\dfrac{U}{U - V}}{2R + 3jU - jV\,\dfrac{U}{U - V}}\right.\right.$$
$$\left.\left. - \frac{1}{3(R + j(U - V))}\right)\right\}. \tag{83a}$$

Für das Verhältnis des Kurzschlußstromes der Elektrode 1 zum Normalstrom erhalten wir folgenden Ausdruck:

$$\frac{I_{1K}}{I_1} = \frac{R + jU}{jU}\,\frac{\dfrac{E}{\sqrt{3}}\,\angle 30^\circ + j\,\dfrac{\left(\dfrac{2VU}{U - V}\,\angle{-30^\circ} - R\right)}{2R + 3jU - jV\,\dfrac{U}{U - V}}\,\dfrac{E}{\sqrt{3}}}{\dfrac{E}{\sqrt{3}}\,\angle 30^\circ + \dfrac{2jV}{3(R + j(U - V))}\,\dfrac{E}{\sqrt{3}}\,\angle{-30^\circ}} = \frac{R + jU}{jU}\left\{ 1 + \frac{R\,\angle{-120^\circ}}{2R + 3jU - jV\,\dfrac{U}{U - V}}\right.$$
$$\left. + 2V\left(\frac{\dfrac{U}{U - V}}{2R + 3jU - jV\,\dfrac{U}{U - V}} - \frac{1}{3(R + j(U - V))}\right)\angle 30^\circ\right\}. \tag{86}$$

Der Kurzschluß der Elektrode 2 und der Elektrode 1 beeinflußt auch den Strom der Elektrode 3; durch die Gl. (87) wird diese Beeinflussung zahlenmäßig angegeben:

$$\frac{I_3'}{I_3} = \frac{\dfrac{E}{\sqrt{3}}\,\angle{-90^\circ} + \dfrac{R + 2V\,\dfrac{U}{U - V}\,\angle 150^\circ}{2R + 3jU - jV\,\dfrac{U}{U - V}}\,\dfrac{E}{\sqrt{3}}\,\angle{-90^\circ}}{\dfrac{E}{\sqrt{3}}\,\angle{-90^\circ} + \dfrac{2jV}{3(R + j(U - V))}\,\dfrac{E}{\sqrt{3}}\,\angle{-30^\circ}} = 1 + \frac{R}{2R + 3jU - jV\,\dfrac{U}{U - V}}$$
$$+ \left\{\frac{2V}{3(R + j(U - V))} - \frac{2V\,\dfrac{U}{U - V}}{2R + 3jU - jV\,\dfrac{U}{U - V}}\right\}\angle{-30^\circ}. \tag{87}$$

Die Stromerhöhung im Teilkreis 3 bei einem Elektrodenkurzschluß in den Kreisen 1 und 2 kann beträchtlich sein; sie ist abhängig von der Größe der induktiven Widerstände der drei Teilkreise, also von dem $\cos\varphi$ der elektrischen Lichtbogennetzkreise. Ist dieser Leistungsfaktor $\geqq 0{,}9$, dann beträgt die Stromerhöhung 40 bis 45 % des

Normalstromes, bei einem $\cos\varphi$ von etwa 0,8 ist die Stromerhöhung $^1/_3$ und bei $\cos\varphi = 0{,}7$ etwa $^1/_4$ des Betriebswertes. Diese Zahlen sind gültig, wenn die wechselseitige Energie vernachlässigbar ist gegenüber der umgesetzten elektrischen Arbeit.

Die Nullpunktsverschiebung durch den Kurzschluß von Elektrode 1 und 2 im Spannungsdreieck ist

$$\frac{R}{2R + 3jU - jV\dfrac{U}{U-V}}\left\{\frac{V}{3(U-V)}\,E\,\frac{E}{\sqrt{3}}\,\underline{/-90^\circ}\right\}.$$

Diese verschiebt den Nullpunkt in die Richtung zu kleinen Spannungswerten e_1 und e_2. Die Teilspannung e_3 wird vergrößert.

c) Kurzschluß der Elektroden 2 und 3. Beim Kurzschluß der Elektroden 2 und 3 werden folgende Beziehungen erhalten:

$$R_2 = R_3 = 0, \tag{88}$$

$$Z_2 = Z_3 = j\,\omega(L - L_{13}) = jU, \tag{89}$$

$$Z_1 = Z_0 = R + jU.$$

Mit Hilfe der Gl. (28) erhält man dann für die Summe der drei Teilspannungen den Wert

$$\left.\begin{aligned}
e_1 + e_2 + e_3 &= \frac{V}{U-V}\,\frac{jU}{R+jU}\,e_2 + \frac{R}{R+jU}\,e_1\\[2ex]
&= \frac{R + jV\dfrac{U}{U-V}}{R - jU}\,e_2 + \frac{R}{R+jU}\,E = \frac{R\,\underline{/30^\circ} + V\dfrac{U}{U-V}\,\underline{/-120^\circ}}{2R + 3jU - jV\dfrac{U}{U-V}}\,E\sqrt{3}\,.
\end{aligned}\right\} \tag{90}$$

Hieraus bestimmen sich die Teilspannungen e_1, e_2 und e_3:

$$e_1 = \frac{R\,\underline{/30^\circ} + jV\dfrac{U}{U-V}\,\underline{/150^\circ}}{2R + 3jU - jV\dfrac{U}{U-V}}\,\frac{E}{\sqrt{3}} + \frac{E}{\sqrt{3}}\,\underline{/30^\circ} = \frac{(R + jU\sqrt{3}\,\underline{/30^\circ} - jV\dfrac{U}{U-V}}{2R + 2jU - jV\dfrac{U}{U-V}}\,E. \tag{91}$$

$$e_2 = \frac{R\,\underline{/30^\circ} + jV\dfrac{U}{U-V}\,\underline{/150^\circ}}{2R + 3jU - jV\dfrac{U}{U-V}}\,\frac{E}{\sqrt{3}} + \frac{E}{\sqrt{3}}\,\underline{/150^\circ} = -\,\frac{R\,\underline{/-60^\circ} + jU\sqrt{3}\,\underline{/-30^\circ}}{2R + 3jU - jV\dfrac{U}{U-V}}\,E. \tag{92}$$

$$e_3 = \frac{E}{\sqrt{3}}\,\underline{/-90^\circ} + \frac{R\,\underline{/30^\circ} + jV\dfrac{U}{U-V}\,\underline{/150^\circ}}{2R + 3jU - jV\dfrac{U}{U-V}}\,\frac{E}{\sqrt{3}} = \frac{R\,\underline{/-60^\circ} + jV\dfrac{U}{U-V}\,\underline{/120^\circ} + U\sqrt{3}}{2R + 3jU - jV\dfrac{U}{U-V}}\,E. \tag{93}$$

Das Verhältnis des Kurzschlußstromes zum Normalstrom wird für die Elektrode 2 durch die Gl. (94) bestimmt:

$$\left.\begin{aligned}
\frac{I_{2K}}{I_2} &= \frac{R + j(U-V)}{j(U-V)}\cdot\frac{\dfrac{E}{\sqrt{3}}\,\underline{/150^\circ} + \dfrac{R\,\underline{/30^\circ} + jV\dfrac{U}{U-V}\,\underline{/150^\circ}}{2R + 3jU - jV\dfrac{U}{U-V}}\,\dfrac{E}{\sqrt{3}}}{\dfrac{E}{\sqrt{3}}\,\underline{/150^\circ} + j\dfrac{V}{3(R+j(U-V))}\,\dfrac{E}{\sqrt{3}}\,\underline{/150^\circ}} = \frac{R + j(U-V)}{j(U-V)}\\[2ex]
&\quad\cdot\left\{1 + \frac{R\,\underline{/-120^\circ}}{2R + 3jU - jU\dfrac{U}{U-V}} + jV\left(\frac{\dfrac{U}{U-V}}{2R + 3jU - jV\dfrac{U}{U-V}} - \frac{1}{3(R+j(U-V))}\right)\right\}.
\end{aligned}\right\} \tag{94}$$

Für die Elektrode 3 durch

$$\frac{I_{3K}}{I_3} = \frac{R+jU}{jU}\;\frac{\dfrac{E}{\sqrt{3}}\underline{/-90^\circ} + \dfrac{R\,\underline{/30^\circ} + 2jV\,\dfrac{U}{U-V}\,\underline{/-30^\circ}}{2R+3jU-jV\dfrac{U}{U-V}}\,\dfrac{E}{\sqrt{3}}}{\dfrac{E}{\sqrt{3}}\underline{/-90^\circ} + \dfrac{2}{3}\dfrac{jV}{R+j(U-V)}\dfrac{E}{\sqrt{3}}\underline{/-30^\circ}} = \frac{R+jU}{jU}$$

$$\cdot\left\{1 + \frac{R\,\underline{/120^\circ}}{2R+3jU-jV\dfrac{U}{U-V}} + 2V\left(\frac{\dfrac{U}{U-V}}{2R+3jU-jV\dfrac{U}{U-V}} - \frac{1}{3(R+j(U-V))}\right)\underline{/150^\circ}\right\}. \qquad (95)$$

Der Strom der Elektrode 1 ändert sich bei diesem Kurzschluß und wird durch die Gl. (96) bestimmt.

$$\frac{I_1'}{I_1} = \frac{\dfrac{E}{\sqrt{3}}\underline{/30^\circ} + \dfrac{R\,\underline{/30^\circ} + 2jV\dfrac{U}{U-V}\underline{/-30^\circ}}{2R+3jU-jV\dfrac{U}{U-V}}}{\dfrac{E}{\sqrt{3}}\underline{/30^\circ} + \dfrac{2}{3}\dfrac{jV}{R+j(U-V)}\dfrac{E}{\sqrt{3}}\underline{/-30^\circ}}$$

$$= 1 + \frac{R}{2R+3jU-jV\dfrac{U}{U-V}} + 2V\left(\frac{\dfrac{U}{U-V}}{2R+3jU-jV\dfrac{U}{U-V}} - \frac{1}{3(R+j(U-V))}\right)\underline{/30^\circ}. \qquad (96)$$

Die Stromerhöhung I_1, hervorgerufen durch Kurzschlüsse der Elektroden 2 und 3, entspricht, wenn von den Gliedern $\omega(L_{12} - L_{13})$ abgesehen wird, in Größe und Phase der Stromerhöhung I_3 im vorletzten behandelten Falle.

Die Nullpunktsverschiebung bei den betrachteten Kurzschlüssen beträgt

$$\frac{R}{2R+3jU-jV\dfrac{U}{U-V}}\left\{\frac{E}{\sqrt{3}}\underline{/30^\circ} + \frac{V}{3(U-V)}E\,\underline{/-60^\circ}\right\}$$

und entspricht derselben Größe wie beim letztbetrachteten Kurzschluß.

Die doppelpoligen Elektrodenkurzschlüsse in einem Lichtbogennetz verändern die Ströme und Spannungen der drei Teilkreise in gleichen Grenzen für alle von uns betrachteten Fälle. Nicht nur die Teilströme, die durch Elektrodenkurzschlüsse vergrößert werden, erfahren eine Veränderung, sondern auch der Strom im dritten Teilkreis, in dem kein Kurzschluß erfolgt, wird durch eine vergrößerte EMK beeinflußt. Diese Stromerhöhung beträgt in den ausgeführten Betriebsanlagen etwa 25 bis 35 % und entspricht einer gleich großen Spannungserhöhung. Diese durch eine Nullpunktsverlagerung bewirkte Spannungserhöhung eines Teilkreises ist von einer Spannungserniedrigung der beiden anderen Kreise begleitet. Die Spannungserniedrigung kann für diese Kreise, in denen Elektrodenkurzschlüsse auftreten, sehr verschieden sein. Die Verschiedenheit ist bedingt durch die Unsymmetrie des Leitungsnetzes und durch die Drehrichtung der zeitlichen Phasenspannungsveränderung.

3. Stromkurzschlüsse einzelner Elektroden.

Eine Berührung einzelner Elektroden mit dem nieder zu schmelzenden Stoff oder dem Schmelzbad kommt im praktischen Ofenbetrieb oft vor. Eine solche setzt eine zur Einregulierung des Elektrodenabstandes vorgesehene Einrichtung in Tätigkeit, die bei einer Entfernung der Elektrode vom Schmelzmaterial die Zündung des Lichtbogens verursacht und den Lichtbogenstrom und die Lichtbogenspannung auf einen gewünschten Wert einstellt. Der bei einer Zündung eines Lichtbogens zu beobachtende Überstrom kann in einem ausgedehnten Hochspannungsnetz meßbare Spannungsabfälle hervorrufen, die Betriebsspannungen in einem gewissen Grade zu beeinflussen vermögen. Die Höhe des Überstromes bei einem Kurzschluß ist ein Maß für den veränderten Spannungsabfall im Netz und demnach ein Maß für die allgemeinen Spannungsveränderungen des Betriebsstromnetzes. Die Kurzschlußströme sollen für jede Elektrode besonders untersucht werden.

a) Kurzschluß der Elektrode 2. Der induktive Spannungsabfall in der elektrischen Leitung zu dieser Elektrode ist am kleinsten, so daß anzunehmen ist, daß bei einem solchen Kurzschluß die größte Stromerhöhung auftritt. Im Stromkreis 2 wird der Lichtbogenwiderstand $R_2 = 0$. Es gelten dann die Gleichungen:

$$Z_1 = Z_3 = Z_0 = R + j\omega(L - L_{13}) = R + jU, \tag{97}$$

$$Z_2 = j\omega(L - L_{13}) = jU, \tag{98}$$

$$Z = jV. \tag{99}$$

Die Nullpunktsverschiebung bei einem Kurzschluß läßt sich aus der allgemeinen Gl. (28) bestimmen. Für unseren Fall gilt

$$e_1 + e_2 + e_3 = \frac{R - jV}{j(U - V)}\, e_2, \tag{100}$$

wo

$$\frac{V}{(U - V)}\, e_2 = Z I_2 \tag{101}$$

gleich der EMK ist, die in den verschiedenen Kreisen als Wirkung der wechselseitigen Energien zum Ausdruck kommt. Infolge des betrachteten Kurzschlusses verschiebt sich der Nullpunkt im Spannungsdreieck um den Betrag

$$\frac{jR}{3\omega(L - L_{12})}\, e_2 = \frac{R}{R + j\omega(3L - 4L_{12} + L_{13})}\, \frac{E}{\sqrt{3}}\,\underline{/-30°}.$$

Die Richtung dieser Nullpunktsverschiebung fällt in die Richtung des Stromes I_2, steht also senkrecht zur Richtung der Teilspannung e_2. Die gesamte Nullpunktsverschiebung als Folge einer unsymmetrischen Leitungsführung und des Kurzschlusses der Elektrode 2 bestimmt die Unsymmetrie der drei Teilspannungen und hieraus ihre Größen- und Phasenverhältnisse. Für ein Drehstromsystem mit einer Linksdrehung der zeitlichen Phasenspannungsveränderungen erhalten wir dann für die einzelnen Teilspannungen folgende Werte:

$$e_2 = \frac{j(U - V)}{R + 3j(U - V) - jV}\, E\sqrt{3}\,\underline{/150°} = \frac{\dfrac{E}{\sqrt{3}}\,\underline{/150°}}{1 + \dfrac{R - jV}{3j(U - V)}}, \tag{102}$$

$$e = \frac{R - jV}{R + 3j(U - V) - jV}\, E\sqrt{3}\,\underline{/-30°} = \frac{E\sqrt{3}\,\underline{/-30°}}{1 + \dfrac{3j(U - V)}{R - jV}}, \tag{103}$$

$$e_1 = \frac{E}{\sqrt{3}}\,\underline{/30°} + \frac{(R - jV)\dfrac{E}{\sqrt{3}}\,\underline{/-30°}}{R + 3j(U - V) - jV} = \frac{R + j(U - V)\sqrt{3}\,\underline{/30°} - jV}{R + 3j(U - V) - jV}\, E, \tag{104}$$

$$e_3 = \frac{E}{\sqrt{3}}\,\underline{/-90°} + \frac{\dfrac{E}{\sqrt{3}}\,\underline{/-30°}}{1 + 3j\dfrac{(U - V)}{R - jV}} = \frac{(R - jV)\,\underline{/-60°} + (U - V)\sqrt{3}}{R + 3j(U - V) - jV}\, E. \tag{105}$$

Für ein Spannungssystem mit Rechtsdrehung der einzelnen Phasen erhalten wir die Werte:

$$e_2 = \frac{\dfrac{E}{\sqrt{3}}\,\big/\!-150^\circ}{1 + \dfrac{R-jV}{3j(U-V)}} = \frac{(U-V)\,E\,\sqrt{3}\,\big/\!-60^\circ}{R+3j(U-V)-jV}. \tag{102a}$$

$$e = \frac{E\,\sqrt{3}\,\big/30^\circ}{1 + \dfrac{3j(U-V)}{R-jV}} = \frac{R-jV}{R+3j(U-V)-jV}\,E\,\sqrt{3}\,\big/30^\circ. \tag{103a}$$

$$e_1 = \frac{E}{\sqrt{3}}\,\big/\!-30^\circ + \frac{\dfrac{E}{\sqrt{3}}\,\big/30^\circ}{1 + \dfrac{3j(U-V)}{R-jV}} = \frac{R-jV+(U-V)\,\sqrt{3}\,\big/60^\circ}{R+3j(U+V)-jV}\,E. \tag{104a}$$

$$e_3 = \frac{E}{\sqrt{3}}\,\big/90^\circ + \frac{\dfrac{E}{\sqrt{3}}\,\big/30^\circ}{1 + 3j\dfrac{U-V}{R-jV}} = \frac{(R-jV)\,\big/60^\circ-(U-V)\,\sqrt{3}}{R+3j(U-V)-jV}\,E. \tag{105a}$$

Aus den Teilspannungen lassen sich mit Hilfe des Gleichungssystems (5a) bis (7a) die Ströme bei einem Elektrodenkurzschluß leicht berechnen. Bei einem Kurzschluß der mittleren Elektrode beträgt der Widerstand $j(U-V)$. Er ist rein induktiv, und Strom und Spannung stehen senkrecht aufeinander. Es gilt die Gleichung

$$I_{2K} = \frac{e_{2K}}{j(U-V)}. \tag{106}$$

Für den normalen Strom gilt die Gleichung

$$I_2 = \frac{e_2}{Z_0 - Z}. \tag{107}$$

Hieraus errechnet sich das Verhältnis des Kurzschlußstromes zum Normalstrom:

$$\frac{I_{2K}}{I_2} = \frac{(Z_0 - Z)}{j(U-V)}\,\frac{e_{2K}}{e_2} = \frac{R+j(U-V)}{j(U-V)}\,\frac{e_{2K}}{e_2}. \tag{108}$$

Es ist

$$\frac{e_{2K}}{e_2} = \frac{1 - \dfrac{jV}{3(R+j(U-V))}}{1 + \dfrac{R-jV}{3j(U-V)}}. \tag{109}$$

Setzt man diesen Wert in die Gl. (108) ein, so erhält man die Gleichung

$$\frac{I_{2K}}{I_2} = \frac{3R+3j(U-V)-jV}{R+3j(U-V)-jV} = 1 + \frac{2R}{R+3j(U-V)-jV}. \tag{110}$$

Die Stromerhöhung $\dfrac{2R}{R+3j(U-V)-jV}$ hängt also ab von dem Verhältnis der induktiven Spannung zur Lichtbogenspannung. Bewegt sich dieses Verhältnis von dem Wert $^1/_3$ bis zu 1, was einer $\cos\varphi$-Änderung von 0,95 bis zu 0,707 entspricht, dann verändert sich der Kurzschlußstrom vom Werte 2,4 auf 1,6 des Normalstromes. Man sieht also, daß auch bei sehr kleinen Leitungsreaktanzen der Kurzschlußstrom niemals den dreifachen Wert des Normalstromes überschreiten kann.

Der Kurzschluß in der zweiten Elektrode beeinflußt auch die Stromstärke in der Phasenleitung 1 und 3, da sowohl die Teilspannungen e_1 und e_3 als auch die

Stromstärken I_1 und I_3 hierdurch verändert werden. Für den Normalstrom gilt die Gleichung

$$e_1 - \frac{Z}{Z_2 - Z}\, e_2 = Z_1 I_1. \tag{111}$$

Für den Strom bei einem Kurzschluß der zweiten Elektrode gilt

$$e_1' - \frac{Z}{j(U - V)}\, e_{2K} = Z_1 I_1'. \tag{112}$$

e_1' ist identisch mit e_1 der Gl. (104) und

$$\frac{Z}{j(U - V)}\, e_{2K} = \frac{V}{(U - V)}\, e_{2K} = \frac{V}{R + 3j(U - V) - jV}\, E\sqrt{3}\ \underline{/-120^\circ} \tag{113}$$

und

$$\frac{Z}{Z_0 - Z}\, e_2 = \frac{Z}{Z_0 - Z}\,\frac{E}{\sqrt{3}}\ \underline{/150^\circ} = \frac{jV}{R + j(U - V)}\,\frac{E}{\sqrt{3}}\ \underline{/150^\circ}. \tag{114}$$

Das Stromverhältnis I_1'/I_1 beträgt demnach

$$\left.\begin{aligned}
\frac{I_1'}{I_1} &= \frac{\dfrac{E}{\sqrt{3}}\ \underline{/30^\circ} + \dfrac{R + 2jV}{R + 3j(U - V) - jV}\dfrac{E}{\sqrt{3}}\ \underline{/-30^\circ}}{\dfrac{E}{\sqrt{3}}\ \underline{/30^\circ} + \dfrac{jV}{R + j(U - V)}\dfrac{2E}{3\sqrt{3}}\ \underline{/-30^\circ}}\\[2mm]
&= 1 + \frac{R\ \underline{/-60^\circ}}{R + 3j(U - V) - jV} + 2jV\left\{\frac{1}{R + 3j(U - V) - jV} - \frac{1}{3(R + j(U - V))}\right\}\underline{/-60^\circ}.
\end{aligned}\right\} \tag{115}$$

Die Stromerhöhung im Teilkreis 1 ist wesentlich geringer als im Kreis des Kurzschlußstromes.

Für die Elektrode 3 gilt

$$e_3 - \frac{Z}{Z_2 - Z}\, e_2 = Z_3 I_3. \tag{116}$$

Für einen Kurzschluß der Elektrode 2 gilt die Gleichung

$$e_3' - \frac{Z}{j(U - V)}\, e_{2K} = Z_3 I_3'. \tag{117}$$

Hieraus berechnet sich

$$\left.\begin{aligned}
\frac{I_3'}{I_3} &= \frac{\dfrac{E}{\sqrt{3}}\ \underline{/-90^\circ} + \dfrac{R + j2V}{R + 3j(U - V) - jV}\dfrac{E}{\sqrt{3}}\ \underline{/-30^\circ}}{\dfrac{E}{\sqrt{3}}\ \underline{/-90^\circ} + \dfrac{2jV}{R + j(U - V)}\dfrac{E}{3\sqrt{3}}\ \underline{/-30^\circ}}\\[2mm]
&= 1 + \left\{\frac{R + 2jV}{R + 3j(U - V) - jV} - \frac{2jV}{3(R + j(U - V))}\right\}\underline{/60^\circ}.
\end{aligned}\right\} \tag{118}$$

Die Stromerhöhung im Kreise 3 ist gleich der Stromerhöhung im Kreise 1. Die Phasenverschiebungen sind ebenfalls gleich groß, aber entgegengesetzt.

Die Nullpunktsverschiebung als Folge eines Kurzschlusses der Elektrode 2 fällt in die Richtung des Stromes I_2, sie vermindert die Teilspannung e_2 und erhöht die Spannungen e_1 und e_3.

b) Kurzschluß der Elektrode 1. Berührt die Elektrode 1 das Bad, dann gilt $R_1 = 0$.

$$Z_1 = jU = j\omega(L - L_{13}), \tag{119}$$

$$Z_2 = Z_3 = Z_0 = R + jU. \tag{120}$$

Die Summe der Teilspannungen

$$
\begin{aligned}
e_1 + e_2 + e_3 &= \frac{V}{U}\left\{1 + \frac{jV}{R+j(U-V)}\right\}e_2 + j\frac{R}{U}e_1 \\
&= \left\{\frac{V}{U}\left(1 + \frac{jV}{R+j(U-V)}\right) + j\frac{R}{U}\right\}e_2 + j\frac{R}{U}E \\
&= \left\{\frac{V}{U}\left(1 + \frac{jV}{R+j(U-V)}\right) + j\frac{R}{U}\right\}e_1 - \frac{V}{U}\left(1 + \frac{jV}{R+j(U-V)}\right)E.
\end{aligned}
\tag{121}
$$

Mit Hilfe unserer bisher hergeleiteten allgemeinen Formeln lassen sich die Teilspannungen e_1, e_2 e und e_3 bestimmen. Es ist

$$
\begin{aligned}
e_2 &= \frac{\dfrac{E}{\sqrt{3}}\,\underline{/150^\circ} + j\dfrac{R}{3U}E}{1 - \dfrac{V}{3U}\left(1 + \dfrac{jV}{R+j(U-V)}\right) - j\dfrac{R}{3U}} = -\frac{\left(R + jU\sqrt{3}\,\underline{/-30^\circ}\right)E}{R + 3jU - jV\left(1 + j\dfrac{V}{Z_0 - Z}\right)} \\
&= \frac{E}{\sqrt{3}}\,\underline{/150^\circ} - \frac{E}{\sqrt{3}}\,\frac{R\,\underline{/30^\circ} + jV\left(1 + j\dfrac{V}{R+j(U-V)}\right)\underline{/-30^\circ}}{R + 3jU - jV\left(1 + j\dfrac{V}{R+j(U-V)}\right)},
\end{aligned}
\tag{122}
$$

$$
\begin{aligned}
e_1 &= \frac{E}{\sqrt{3}}\,\underline{/30^\circ} - \frac{E}{\sqrt{3}}\,\frac{R\,\underline{/30^\circ} + jV\left(1 + j\dfrac{V}{R+j(U-V)}\right)\underline{/-30^\circ}}{R + 3jU - jV\left(1 + j\dfrac{V}{R+j(U-V)}\right)} \\
&= \frac{jU\sqrt{3}\,\underline{/30^\circ} - jV\left(1 + j\dfrac{V}{Z_0 - Z}\right)E}{R + 3jU - jV\left(1 + j\dfrac{jV}{Z_0 - Z}\right)},
\end{aligned}
\tag{123}
$$

$$
\begin{aligned}
e_1 + e_2 + e_3 &= \frac{\dfrac{R}{U}\dfrac{E}{\sqrt{3}}\,\underline{/120^\circ} + \dfrac{V}{U}\left(1 + j\dfrac{V}{R+j(U-V)}\right)\dfrac{E}{\sqrt{3}}\,\underline{/150^\circ}}{1 - \dfrac{V}{3U}\left(1 + j\dfrac{V}{R+j(U-V)}\right) - j\dfrac{R}{3U}} \\
&= -\frac{\left(R\sqrt{3}\,\underline{/30^\circ} + jV\left(1 + j\dfrac{V}{R+j(U-V)}\right)\right)\sqrt{3}\,\underline{/-30^\circ}}{R + 3jU - jV\left(1 + j\dfrac{V}{R+j(U-V)}\right)},
\end{aligned}
\tag{124}
$$

$$
\begin{aligned}
e_3 &= \frac{E}{\sqrt{3}}\,\underline{/-90^\circ} - \frac{E}{\sqrt{3}}\,\frac{R\,\underline{/30^\circ} + jV\left(1 + j\dfrac{V}{R+j(U-V)}\right)\underline{/-30^\circ}}{R + 3jU - jV\left(1 + j\dfrac{V}{R+j(U-V)}\right)} \\
&= \frac{3jU\left(\dfrac{E}{\sqrt{3}}\,\underline{/-90^\circ}\right) - \left(R + jV\left(1 + \dfrac{jV}{R+j(U-V)}\right)\right)E\,\underline{/-60^\circ}}{R + 3jU - jV\left(1 + j\dfrac{V}{R+j(U-V)}\right)},
\end{aligned}
\tag{125}
$$

Mit Hilfe der Spannung

$$
\begin{aligned}
Z I_2 &= \frac{jV}{R+j(U-V)}\,e_2 \\
&= -\frac{jV}{R+j(U-V)}\left\{\frac{E}{\sqrt{3}}\,\underline{/-30^\circ} + \frac{E}{\sqrt{3}}\,\frac{R\,\underline{/+30^\circ} + jV\left(1 + j\dfrac{V}{R+j(U-V)}\right)\underline{/-30^\circ}}{R + 3jU - jV\left(1 + j\dfrac{V}{R+j(U-V)}\right)}\right\} \\
&= -\frac{jV}{R+j(U-V)}\,\frac{R + jU\sqrt{3}\,\underline{/-30^\circ}}{R + 3jU - jV\left(1 + j\dfrac{V}{R+j(U-V)}\right)}\,E
\end{aligned}
\tag{126}
$$

134   Fritz Walter.

und der Gl. (5a) bis (7a) läßt sich dann der Kurzschlußstrom I_{1k}, das Verhältnis des Kurzschlußstromes zum normalen Strom sowie die Rückwirkungen des Kurzschlußstromes auf die Phasen 2 und 3 berechnen. Es ist

$$\left.\begin{aligned}
\frac{I_{1K}}{I_1} &= \frac{R+jU}{jU}\;\frac{1+\underline{/-60^\circ}+\dfrac{R+2jV\left(1+j\dfrac{V}{R+j(U-V)}\right)\underline{/120^\circ}}{R+3jU-jV\left(1+j\dfrac{V}{R+j(U-V)}\right)}}{1+\dfrac{2jV}{3(R+j(U-V))}\underline{/-60^\circ}}\\[2ex]
&= \frac{R+jU}{jU}\left\{1+\frac{R\,\underline{/120^\circ}}{R+3jU-jV}+2jV\left\{\frac{1}{R+3jU-jV}-\frac{1}{3(R+j(U-V))}\right\}\underline{/-60^\circ}\right\}.
\end{aligned}\right\} \quad (127)$$

$$\left.\begin{aligned}
\frac{I_2'}{I_2} &= \frac{e_2'}{e_2} = \frac{\dfrac{E}{\sqrt3}\,\underline{/150^\circ}-\dfrac{E}{\sqrt3}\,\dfrac{R\,\underline{/30^\circ}+jV\left(1+j\dfrac{V}{R+j(U-V)}\right)\underline{/-30^\circ}}{R+3jU-jV\left(1+\dfrac{jV}{R+j(U+V)}\right)}}{\dfrac{E}{\sqrt3}\,\underline{/150^\circ}+\dfrac{jV}{3(R+j(U-V))}\dfrac{E}{\sqrt3}\,\underline{/150^\circ}}\\[2ex]
&= 1+\frac{R\,\underline{/60^\circ}}{R+3jU-jV}+jV\left\{\frac{1}{R+3jU-jV}-\frac{1}{3(R+j(U-V))}\right\}.
\end{aligned}\right\} \quad (128)$$

$$\left.\begin{aligned}
\frac{I_3'}{I_3} &= \frac{1-j\dfrac{R\,\underline{/30^\circ}+2jV\left(1+\dfrac{jV}{R+j(U-V)}\right)\underline{/150^\circ}}{R+3jU-jV\left(1+\dfrac{jV}{R+j(U-V)}\right)}}{1+j\dfrac{2}{3}\dfrac{jV}{R+j(U-V)}\underline{/-30^\circ}}\\[2ex]
&= 1+\frac{R\,\underline{/-60^\circ}}{R+3jU-jV}+2jV\left\{\frac{1}{R+3jU-jV}-\frac{1}{3(R+j(U-V))}\right\}\underline{/60^\circ}.
\end{aligned}\right\} \quad (129)$$

c) Kurzschluß der Elektrode 3. Wird die Elektrode 3 in das Bad getaucht, und besitzen die Elektroden 1 und 2 ihre normalen Lichtbogenlängen, so gilt

$$R_3 = 0,$$
$$Z_3 = j\omega(L-L_{13}) = jU, \qquad\qquad (130)$$
$$Z_1 = Z_2 = Z_0 = R + j\omega(L-L_{13}) = R + jU. \qquad (131)$$

Hieraus folgt für die Summe der drei Teilspannungen:

$$\left.\begin{aligned}
e_1+e_2+e_3 &= \frac{V}{U}\left(1+\frac{jV}{R+j(U-V)}\right)e_2+j\frac{R}{U}e_3\\[1ex]
&= \left\{\frac{V}{U}\left(1+\frac{jV}{R+j(U-V)}\right)+j\frac{R}{U}\right\}e_2+\frac{R}{U}E\,\underline{/30^\circ}\\[1ex]
&= \left\{\frac{V}{U}\left(1+\frac{jV}{R+j(U-V)}\right)+j\frac{R}{U}\right\}+\frac{V}{U}\left(1+\frac{jV}{R+j(U-V)}\right)E\,\underline{/120^\circ}.
\end{aligned}\right\} \quad (132)$$

Die Teilspannungen e_2, e_3, e_1 und e werden durch folgende drei Gleichungen dargestellt:

$$\left.\begin{aligned}
e_2 &= \frac{E}{\sqrt3}\,\underline{/150^\circ}+j\,\frac{R+V\left(1+j\dfrac{V}{R+j(U-V)}\right)\underline{/150^\circ}}{R+3jU-jV\left(1+j\dfrac{V}{R+j(U-V)}\right)}\frac{E}{\sqrt3}\\[2ex]
&= \frac{3jU\left(\dfrac{E}{\sqrt3}\,\underline{/150^\circ}\right)+jRE\,\underline{/30^\circ}}{R+3jU-jV\left(1+\dfrac{jV}{R+j(U-V)}\right)},
\end{aligned}\right\} \quad (133)$$

$$e_3 = \frac{E}{\sqrt{3}}\underline{/-90°} + j\,\frac{R + jV\left(1 + j\dfrac{V}{R+j(U-V)}\right)\underline{/150°}}{R+3jU - jV\left(1+j\dfrac{V}{R+j(U-V)}\right)}\frac{E}{\sqrt{3}}$$

$$= \frac{3jU\left(\dfrac{E}{\sqrt{3}}\underline{/-90°}\right) + jV\left(1 + \dfrac{jV}{R+j(U-V)}\right)E\underline{/120°}}{R+3jU-jV\left(1+j\dfrac{V}{R+j(U-V)}\right)}, \tag{134}$$

$$e_1+e_2+e_3 = \frac{\dfrac{R}{U}\dfrac{E}{\sqrt{3}} + \dfrac{V}{U}\left(1+j\dfrac{V}{R+j(U-V)}\right)\dfrac{E}{\sqrt{3}}\underline{/150°}}{1 - \dfrac{V}{3U}\left(1+j\dfrac{V}{R+j(U-V)}\right) - j\dfrac{R}{3U}}$$

$$= j\,\frac{R+V\left(1+j\dfrac{V}{R+j(U-V)}\right)\underline{/150°}}{R+3jU-jV\left(1+j\dfrac{V}{R+j(U-V)}\right)}E\sqrt{3}, \tag{135}$$

$$e_1 = \frac{E}{\sqrt{3}}\underline{/30°} + j\,\frac{R+V\left(1+j\dfrac{V}{R+j(U-V)}\right)\underline{/150°}}{R+3jU-jV\left(1+j\dfrac{V}{R+j(U-V)}\right)}\frac{E}{\sqrt{3}}$$

$$= \frac{R\underline{/60°} + jU\sqrt{3}\underline{/30°} - jV\left(1+j\dfrac{V}{R+j(U-V)}\right)}{R+3jU-jV\left(1+j\dfrac{V}{R+j(U-V)}\right)}E. \tag{136}$$

Mit Hilfe von $ZI_2 = \dfrac{jV}{R+j(U-V)}\,e_2 = \dfrac{jV}{R+j(U-V)}\dfrac{E}{\sqrt{3}}\underline{/150°}$ läßt sich dann das Verhältnis des Kurzschlußstromes zum Normalstrom sowie die Rückwirkungen dieses Kurzschlußstromes auf die Phasen 2 und 1 berechnen. Es ist

$$\frac{I_{3K}}{I_3} = \frac{R+jU}{jU}\cdot\frac{\dfrac{E}{\sqrt{3}}\underline{/-90°} + \dfrac{2jV\left(1+j\dfrac{V}{R+j(U-V)}\right)\underline{/-30°}+jR}{R+3jU-jV\left(1+j\dfrac{V}{R+j(U-V)}\right)}\dfrac{E}{\sqrt{3}}}{\dfrac{E}{\sqrt{3}}\underline{/-90°} + \dfrac{2jV}{3(R+j(U-V))}\dfrac{E}{\sqrt{3}}\underline{/-30°}}$$

$$= \frac{R+jU}{jU}\left\{1 - \frac{R}{R+3jU-jV} + \left(\frac{2V}{3(R+j(U-V))} - \frac{2V}{R+3jU-jV}\right)\underline{/-30°}\right\}, \tag{137}$$

$$\frac{I_2'}{I_2} = \frac{\dfrac{E}{\sqrt{3}}\underline{/150°} + j\dfrac{R+V\left(1+j\dfrac{V}{R+j(U-V)}\right)\underline{/150°}}{R+3jU-jV\left(1+j\dfrac{V}{R+j(U-V)}\right)}\dfrac{E}{\sqrt{3}}}{\dfrac{E}{\sqrt{3}}\underline{/150°} - j\dfrac{V}{3(R+j(U-V))}\dfrac{E}{\sqrt{3}}\underline{/-30°}}$$

$$= 1 + \frac{R\underline{/-60°}}{R+3jU-jV} - j\frac{V}{3(R+j(U-V))} + \frac{jV}{R+3jU-jV}, \tag{138}$$

$$\frac{I_1'}{I} = \frac{\dfrac{E}{\sqrt{3}}\underline{/30°} + j\dfrac{R+2V\left(1+j\dfrac{V}{R+j(U-V)}\right)\underline{/-30°}}{R+3jU-jV\left(1+j\dfrac{V}{R+j(U-V)}\right)}\dfrac{E}{\sqrt{3}}}{\dfrac{E}{\sqrt{3}}\underline{/30°} + \dfrac{2jV}{3(R+j(U-V))}\dfrac{E}{\sqrt{3}}\underline{/-30°}}$$

$$= 1 + \frac{R\underline{/60°}}{R+3jU-jV} + \left\{\frac{2V}{3(R+j(U-V))} - \frac{2V}{R+3jU-jV}\right\}\underline{/30°}. \tag{139}$$

Die Kurzschlüsse einzelner Elektroden verschieben den Nullpunkt des Spannungsdreiecks in der Richtung des Kurzschlußstromes, der senkrecht zur Richtung der Teilspannung des betrachteten elektrischen Stromkreises liegt. Die Teilspannung des Kurzschlußkreises wird vermindert, während die Teilspannungen der von einem Kurzschluß nicht berührten Kreise ihren Wert erhöhen und dadurch auch höhere Ströme erzeugen. Bild 5 gibt beispielsweise für einen Kurzschluß der Elektrode 3 den Verlauf der drei Teilspannungen wieder, der die Nullpunktsverschiebung sowie Größen- und Phasenänderungen der Teilspannungen für diesen Kurzschluß veranschaulicht.

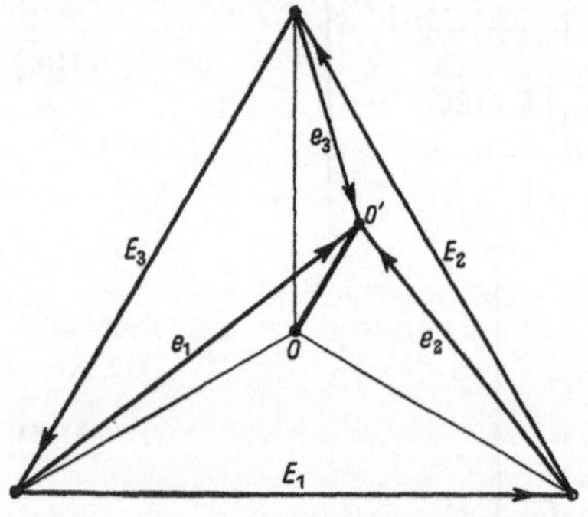

Bild 5. Nullpunktsverschiebung infolge eines Kurzschlusses der Elektrode 3.

Zusammenfassung.

Kurzschlußströme in einem Drehstromlichtbogennetz wurden bisher stets aus der Größe der Leitungsreaktanz sowie einer eingeschalteten, zusätzlichen Drossel berechnet. Dabei waren konstante symmetrische Teilspannungen für die drei Stromkreise angenommen, die durch den Kurzschluß keine Veränderung erleiden sollten. Die Theorie und die Praxis lieferten aber den Beweis, daß durch einen Kurzschluß eine Nullpunktsverlagerung hervorgerufen wird, die die einzelnen Teilspannungen verändert. Diese Nullpunktsverschiebungen werden untersucht und für die praktischen Fälle berechnet. Auch im normalen Betrieb ist eine Nullpunktsverlagerung festzustellen, wenn in der elektrischen Stromleitung zu den Elektroden ungleiche gegenseitige Induktionskoeffizienten vorhanden sind. Im Normalbetrieb beträgt diese Nullpunktsverschiebung ein Drittel der Spannung, die den einzelnen Leiterkreisen durch die wechselseitige magnetische Energie aufgeprägt wird. Beim Kurzschluß einer oder mehrerer Elektroden vergrößert sich die Nullpunktsverschiebung, und die Teilspannungen verändern sich in der Größe und in ihrem Phasenwinkel zueinander. Die Teilspannungen werden für die möglichen Elektrodenkurzschlüsse berechnet und mit ihrer Hilfe auch die Kurzschlußströme in Abhängigkeit von den physikalischen Konstanten des Leitungsnetzes formelmäßig angegeben.

Über die Entkopplung zweier Meßkreise, insbesondere bei Spannungswandlern.

Von **Hans Poleck**.

Mit 4 Bildern.

Mitteilung aus dem Werk für Meßtechnik des Wernerwerks der Siemens & Halske AG zu Siemensstadt.

Eingegangen am 13. Juni 1939.

Bei Meßschaltungen und auch Meßgeräten kommen natürliche Kopplungen von Stromkreisen vor, die zwar prinzipiell bedingt, aber unerwünscht sind. Die Kopplung zweier Stromkreise kann galvanisch, magnetisch oder elektrisch sein und bekanntlich durch gemeinsame ohmsche, induktive oder kapazitive Widerstände dargestellt werden. Hier sollen nur die ersten beiden Arten, und zwar die gemischt galvanisch-induktive Kopplung berücksichtigt werden, die in der Niederfrequenztechnik sehr häufig vorhanden ist. So sind mehrere, an eine Wechselstromquelle angeschlossene Verbraucher über den inneren Widerstand eines Generators, Transformators einschließlich der Zuleitungen derart gekoppelt, daß die Klemmenspannung eines Verbrauchers vom Laststrom anderer Verbraucher beeinflußt wird. Trotzdem z. B. die Spannung an einem Netzpunkt konstant geregelt wird, schwanken die Spannungen an anderen Netzpunkten wegen der gegenseitigen Kopplung der Anschlüsse über die Maschenwiderstände. Der Meßfehler eines Spannungswandlers kann bei richtiger Leerlaufübersetzung näherungsweise als Summe eines „Leerlauf"- und „Belastungsfehlers" dargestellt werden. Jener ist dem Quotient aus dem inneren Widerstand der Primärwicklung und dem Leerlauf-Scheinwiderstand der Primärseite, dieser dem Quotient aus seinem gesamten, auf die Sekundärseite bezogenen inneren Widerstand und dem sekundären Belastungswiderstand verhältnisgleich. Der spannungsabhängige Leerlauffehler ist im Vergleich zum Belastungsfehler meist gering und möge hier unberücksichtigt bleiben. In dem besonderen Fall, daß zwei Meßgerätegruppen, nämlich die eine mit geringem Verbrauch, aber hoher Genauigkeit (z. B. Verrechnungszähler), und die andere mit höherem Verbrauch, aber geringerer Genauigkeit (z. B. Schalttafelinstrumente) an den gleichen Spannungswandler angeschlossen werden sollen, wird die Meßgenauigkeit zwar für diese, aber nicht für jene ausreichen. Entweder ist dann ein Wandler wesentlich höherer Meßleistung oder ein zusätzlicher zweiter Wandler erforderlich. Die Ursache hierfür liegt eben in der nachteiligen Kopplung der beiden Meßkreise über den inneren Widerstand des Meßwandlers und kann durch eine zweckmäßige Entkopplungseinrichtung behoben werden. Diese soll bei geringem Aufwand an Schaltmitteln den gemeinsamen Meßgeräteanschluß in zwei voneinander unabhängige mit verschiedener Klassengenauigkeit aufspalten, den verschiedenen Wandlertypen angepaßt und bei Bedarf an schon vorhandene Meßwandler niederspannungsseitig angeschlossen werden können.

Das Prinzip der Entkopplung.

Bild 1a zeigt den allgemeinen Fall einer Kopplung zweier Stromkreise: I und II, die von zwei verschiedenen Wechselstromquellen mit den Spannungen U_I und U_{II} betrieben werden. Die Lastströme I_I und I_{II} fließen über den gemeinsamen Kopplungswiderstand $\mathfrak{Z}_K$ und den „Entkoppler-Dreipol" E. Dieser soll, entsprechend unserer Aufgabe, die beiden Spannungen U_K' und U_K'' voneinander unabhängig machen. U_K' und U_K'' können verschieden groß und nur im Idealfall Null sein, wenn nach Bild 1b E als ein negativer Widerstand $\mathfrak{Z}_E = -\mathfrak{Z}_K$ zu verwirklichen ist. Dies ist jedoch praktisch nur bei rein induktiver Kopplung und einer Frequenz möglich, wo $\mathfrak{Z}_K = j\omega L$ ist und sich $\mathfrak{Z}_E = -j/\omega C$ als verlustfreier Kondensator darstellen

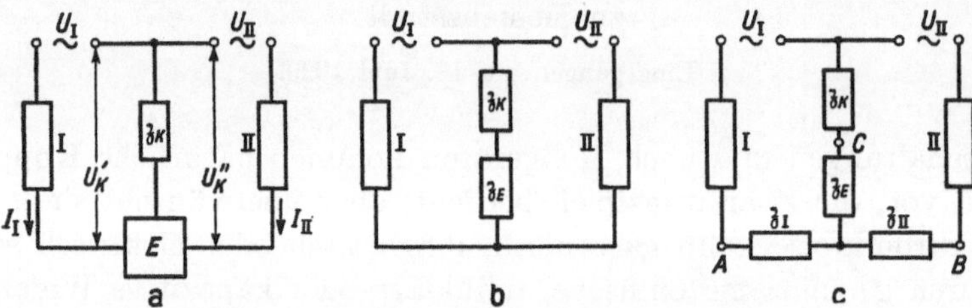

Bild 1. Das Prinzip der Entkoppelung.

a Meßkreise *I* und *II* mit gemeinsamem Kopplungswiderstand $\mathfrak{Z}_K$ und eingefügtem Entkoppler *E*.
b Einfachste Form von *E* als $\mathfrak{Z}_E = -\mathfrak{Z}_K$.   *c* *E* als Sternschaltung; $\mathfrak{Z}_E = -\mathfrak{Z}_K$.

ließe. Ein negativer komplexer Widerstand $\mathfrak{Z}_E$ kann aber nach Bild 1c in Form eines Stern-Widerstandes ermittelt werden, der aus einem in Dreieck geschalteten Dreipol ABC nach Bild 2a hervorgeht. Ein Transformator T in Sparschaltung läßt sich bekanntlich (als Dreieck) in einen gleichwertigen Stern [*I*][1] nach Bild 2b mit den Widerständen: $\mathfrak{Z}_a$, $\mathfrak{Z}_0$, $\mathfrak{Z}_b$ und wiederum das neue Dreieck: $\mathfrak{Z}_a$, $\mathfrak{Z}_W$, $\mathfrak{Z}_b$ von Bild 2b in einen Stern nach Bild 2c mit den Widerständen: $\mathfrak{Z}_I$, $\mathfrak{Z}_{II}$, $\mathfrak{Z}_{III}$ umwandeln.

$$\mathfrak{Z}_I = \frac{\mathfrak{Z}_a \cdot \mathfrak{Z}_W}{\mathfrak{Z}_a + \mathfrak{Z}_b + \mathfrak{Z}_W}; \quad \mathfrak{Z}_{II} = \frac{\mathfrak{Z}_b \cdot \mathfrak{Z}_W}{\mathfrak{Z}_a + \mathfrak{Z}_b + \mathfrak{Z}_W}; \quad \mathfrak{Z}_{III} = \frac{\mathfrak{Z}_a \cdot \mathfrak{Z}_b}{\mathfrak{Z}_a + \mathfrak{Z}_b + \mathfrak{Z}_W}. \tag{1}$$

Da nach Bild 2c: $\mathfrak{Z}_E = \mathfrak{Z}_0 + \mathfrak{Z}_{III}$ ist, wird der Entkopplungswiderstand:

$$\mathfrak{Z}_E = \frac{\mathfrak{Z}_a \cdot \mathfrak{Z}_b + \mathfrak{Z}_0 (\mathfrak{Z}_a + \mathfrak{Z}_b + \mathfrak{Z}_W)}{\mathfrak{Z}_a + \mathfrak{Z}_b + \mathfrak{Z}_W}. \tag{2}$$

Während beide Kreise ohne Entkopplung den gemeinsamen inneren Widerstand $\mathfrak{Z}_K$ haben, besitzt mit Entkopplung ($\mathfrak{Z}_E + \mathfrak{Z}_K = 0$) nach Bild 1c Kreis I den Widerstand: $\mathfrak{Z}_I$ und Kreis II den Widerstand $\mathfrak{Z}_{II}$. Daher ist außerdem noch die Kenntnis des Verhältnisses der wirksamen inneren Widerstände in beiden Kreisen mit und ohne Entkopplung für $\mathfrak{Z}_E = -\mathfrak{Z}_K$ zum Vergleich wichtig.

$$\left. \begin{aligned} \frac{\mathfrak{Z}_I}{\mathfrak{Z}_K} &= -\frac{\mathfrak{Z}_a \cdot \mathfrak{Z}_W}{\mathfrak{Z}_a \cdot \mathfrak{Z}_b + \mathfrak{Z}_0 (\mathfrak{Z}_a + \mathfrak{Z}_b + \mathfrak{Z}_W)}, \\ \frac{\mathfrak{Z}_{II}}{\mathfrak{Z}_K} &= -\frac{\mathfrak{Z}_b \cdot \mathfrak{Z}_W}{\mathfrak{Z}_a \cdot \mathfrak{Z}_b + \mathfrak{Z}_0 (\mathfrak{Z}_a + \mathfrak{Z}_b + \mathfrak{Z}_W)}. \end{aligned} \right\} \tag{3}$$

Auf Bild 2b enthalten $\mathfrak{Z}_1$ und $\mathfrak{Z}_2$ als Wirkkomponente die Wicklungswiderstände und als Blindkomponenten die Streuwiderstände. Die komplexen Widerstände: $\mathfrak{Z}_{01}$, $\mathfrak{Z}_{02}$ und $\mathfrak{Z}_0$ sind durch den, beiden Wicklungsseiten gemeinsamen Hauptfluß im Eisen bedingt und besitzen den gleichen „Leerlaufwinkel" φ_0.

---

[1] Die schräggestellten Zahlen beziehen sich auf das Schrifttum am Ende der Arbeit.

Der Transformator T möge nach Bild 2a insgesamt n_{12} Windungen, auf der linken Seite (I): $\alpha \cdot n_{12}$ und auf der rechten Seite (II): $(1 - \alpha) \cdot n_{12}$ Windungen besitzen. Unter der Voraussetzung, daß für beide Wicklungsteile mit gleichem Wickelsinn das gleiche Verhältnis von nutzbarem Wickelquerschnitt zur mittleren Windungslänge gewählt wird, gelten etwa[1]) folgende Beziehungen:

$$\begin{aligned}
\mathfrak{z}_{01} &= \alpha \cdot \mathfrak{z}_{12}; & \mathfrak{z}_{02} &= (1 - \alpha)\,\mathfrak{z}_{12}; \\
\mathfrak{z}_0 &= -\alpha(1 - \alpha)\,\mathfrak{z}_{12}; & \mathfrak{z}_{01} + \mathfrak{z}_{02} &= \mathfrak{z}_{12}; \\
r_1 &= \alpha^2\,\mathfrak{k}_1 \cdot \mathfrak{z}_{12}; & r_2 &= (1 - \alpha)^2\,\mathfrak{k}_1 \cdot \mathfrak{z}_{12}; \\
x_1 &= \alpha^2\,\mathfrak{k}_2 \cdot \mathfrak{z}_{12}; & x_2 &= (1 - \alpha)^2\,\mathfrak{k}_2 \cdot \mathfrak{z}_{12}; \\
\mathfrak{z}_1 = r_1 + j\,x_1 &= \alpha^2 \cdot \mathfrak{k}_{12} \cdot \mathfrak{z}_{12}; & \mathfrak{z}_2 = r_2 + j\,x_2 &= (1 - \alpha)^2 \cdot \mathfrak{k}_{12} \cdot \mathfrak{z}_{12}.
\end{aligned} \tag{4}$$

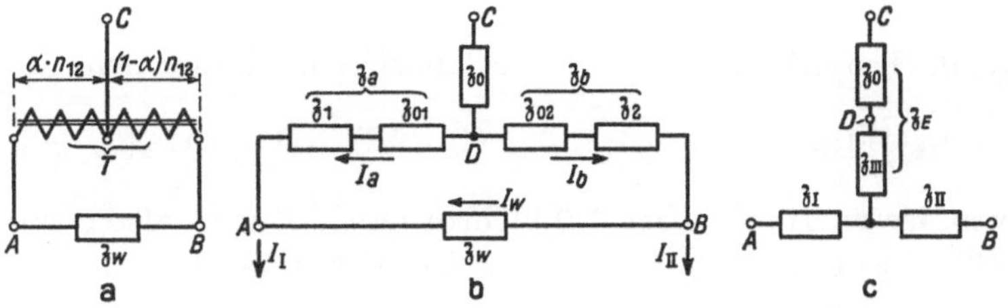

Bild 2. Herstellung eines negativen komplexen Widerstandes.

a Entkopplungs-Transformator T als Dreieckschaltung ABC. Gesamtwindungszahl n_{12} von T. Zusatzwiderstand $\mathfrak{z}_W$. *b* Umwandlung des Dreiecks aus Bild *a* in einen Stern.   *c* Umwandlung des Dreiecks ADB aus Bild *b* in einen Stern.

$\mathfrak{k}_1$, $\mathfrak{k}_2$, $\mathfrak{k}_{12}$ sind komplexe Konstante des Transformatortyps. Nach Bild 2b sind folgende Ströme leicht zu berechnen:

$$\begin{aligned}
\mathfrak{J}_a &= \frac{\mathfrak{J}_I(\mathfrak{z}_b + \mathfrak{z}_w) + \mathfrak{J}_{II} \cdot \mathfrak{z}_b}{\mathfrak{z}_a + \mathfrak{z}_b + \mathfrak{z}w}; \\
\mathfrak{J}_b &= \frac{\mathfrak{J}_I \cdot \mathfrak{z}_a + \mathfrak{J}_{II}(\mathfrak{z}_a + \mathfrak{z}_W)}{\mathfrak{z}_a + \mathfrak{z}_b + \mathfrak{z}_W}; \\
\mathfrak{J}_W &= \frac{\mathfrak{J}_I \cdot \mathfrak{z}_a - \mathfrak{J}_{II} \cdot \mathfrak{z}_b}{\mathfrak{z}_a + \mathfrak{z}_b + \mathfrak{z}w}.
\end{aligned} \tag{5}$$

Die resultierende Durchflutung von T ist:

$$\Theta_\Sigma = n_{12} \cdot \left| \frac{\mathfrak{z}_W[\mathfrak{J}_I \cdot \alpha - \mathfrak{J}_{II}(1 - \alpha)] + [\alpha \cdot \mathfrak{z}_b - (1 - \alpha)\,\mathfrak{z}_a][\mathfrak{J}_I + \mathfrak{J}_{II}]}{\mathfrak{z}_a + \mathfrak{z}_b + \mathfrak{z}_W} \right|. \tag{6}$$

Wir können nun den Transformator T entweder nur zur Übersetzung des Widerstandes $\mathfrak{z}_W$, d. h. als reinen „Entkopplungs-Wandler" mit im Idealfall unendlich hohem Leerlauf-Scheinwiderstand $\mathfrak{z}_{12}$ oder als „Entkopplungs-Drossel" mit endlichem, aber konstantem Wert von $\mathfrak{z}_{12}$, ausführen. Im ersten Fall müssen die Phasenwinkel von $\mathfrak{z}_W$ und $\mathfrak{z}_K$ gleich sein, im zweiten Fall kann $\mathfrak{z}_W$ stets ein reiner Wirkwiderstand sein. Da $\mathfrak{z}_K$ praktisch meist komplex ist, spart man bei der zweiten Ausführung eine Drossel.

Entkopplungs-Wandler. Nach Bild 2b und den Gl. (4) ist:

$$\mathfrak{z}_a = \mathfrak{z}_1 + \alpha \cdot \mathfrak{z}_{12}; \quad \mathfrak{z}_b = \mathfrak{z}_2 + (1 - \alpha)\,\mathfrak{z}_{12}. \tag{7}$$

Mit Einsatz dieser Größen ergibt sich aus Gl. (2)

$$\mathfrak{z}_E = -\frac{\mathfrak{z}_1 \cdot \mathfrak{z}_2 + \mathfrak{z}_{12}[\alpha\,\mathfrak{z}_2 + (1 - \alpha)\,\mathfrak{z}_1 - \alpha(1 - \alpha)(\mathfrak{z}_W + \mathfrak{z}_1 + \mathfrak{z}_2)]}{\mathfrak{z}_W + \mathfrak{z}_1 + \mathfrak{z}_2 + \mathfrak{z}_{12}}. \tag{8}$$

---

[1]) Genau genommen gilt der Ansatz für r bei gleichem Füllfaktor und für x bei gleicher mittlerer Windungslänge und symmetrischer Lage (auch zu einem evtl. vorhandenen Luftspalt) beider Wicklungen.

Wenn wir T als Meßwandler ausführen, können wir voraussetzen:

$$\mathfrak{z}_{12} \gg \mathfrak{z}_{III}, \mathfrak{z}_1, \mathfrak{z}_2, \tag{9}$$

wodurch sich aus Gl. (8) und den Gl. (3) mit Verwendung der Gl. (4) vereinfacht ergibt:

$$\left.\begin{aligned}
\mathfrak{z}_E &\approx -\alpha(1-\alpha)\cdot\mathfrak{z}_W[1+F] = -\mathfrak{z}_K;\\
\frac{\mathfrak{z}_I}{\mathfrak{z}_K} &\approx \frac{1}{1-\alpha}\left[\frac{1}{1+F}\right];\\
\frac{\mathfrak{z}_{II}}{\mathfrak{z}_K} &\approx \frac{1}{\alpha}\left[\frac{1}{1+F}\right];
\end{aligned}\right\} \tag{10}$$

mit

$$F = -\frac{2\,\mathfrak{z}_{12}\cdot\mathfrak{k}_{12}\cdot\alpha(1-\alpha)}{\mathfrak{z}_W}: \tag{11}$$

die resultierende Durchflutung von T wird nach Gl. (6) mit den Gl. (4) und (9):

$$\Theta_\Sigma \approx n_{12}\left|\frac{\mathfrak{z}_W}{\mathfrak{z}_{12}}[\mathfrak{J}_I\cdot\alpha - (1-\alpha)\,\mathfrak{J}_{II}] + (1-2\alpha)\cdot\alpha(1-\alpha)\,\mathfrak{k}_{12}[\mathfrak{J}_I + \mathfrak{J}_{II}]\right|. \tag{12}$$

Abgesehen von der praktisch gegen 1,0 kleinen Größe F wird also der innere Widerstand des Meßkreises I: $\mathfrak{z}_I = \mathfrak{z}_K : (1-\alpha)$ und des Meßkreises II: $\mathfrak{z}_{II} = \mathfrak{z}_K : \alpha$, wobei α frei wählbar ist. $\mathfrak{z}_E$ besitzt annähernd den gleichen Frequenzgang wie $\mathfrak{z}_W$, was ein Vorteil der Schaltung ist.

Entkopplungs-Drossel. Wenn wir in den Kraftlinienweg des Eisenkernes von T einen Luftspalt einfügen und ein verlustarmes Eisen hoher Permeabilität voraussetzen, so wird der Leerlauf-Scheinwiderstand der Drossel bei gleicher Windungszahl erheblich kleiner, nahezu stromunabhängig, und sein Winkel fast 90°.

Wir setzen:

$$\mathfrak{z}_{12} = j\,X_{12}(1-j\,k_{12}) \quad \text{und} \quad \mathfrak{z}_W = R_W, \tag{13}$$

und können dann $k_{12} \ll 1$ und $\mathfrak{z}_W$ als reinen Wirkwiderstand annehmen. Ähnlich den Gl. (4) schreiben wir nun:

$$\left.\begin{aligned}
\mathfrak{z}_{01} &= \alpha\cdot\mathfrak{z}_{12}; & \mathfrak{z}_{02} &= (1-\alpha)\,\mathfrak{z}_{12};\\
\mathfrak{z}_0 &= -\alpha(1-\alpha)\,\mathfrak{z}_{12}; & \mathfrak{z}_{01}+\mathfrak{z}_{02} &= \mathfrak{z}_{12};\\
r_1 &= \alpha^2\cdot k_1\cdot X_{12}; & r_2 &= \alpha^2(1-\alpha)^2\cdot k_1\cdot X_{12};\\
x_1 &= \alpha^2\cdot k_2\cdot X_{12}; & x_2 &= (1-\alpha)^2\cdot k_2\cdot X_{12}.
\end{aligned}\right\} \tag{14}$$

k_1 und k_2 sind reelle Konstante des Drosseltyps.

Aus der Gl. (8) ergibt sich mit Benutzung von Gl. (13) und (14), wenn:

$$\mathfrak{z}_K = r_K + j\,x_K = -\mathfrak{z}_E = -r_E - j\,x_E \tag{15}$$

gesetzt wird unter Vernachlässigung von k_1, k_2, k_{12} gegen 1,0:

$$\left.\begin{aligned}
r_E &\approx -\alpha(1-\alpha)\frac{R_W\cdot\varkappa^2}{1+\varkappa^2} = -\alpha(1-\alpha)\frac{R_W\cdot X_{12}^2}{R_W^2 + X_{12}^2},\\
x_E &\approx -\alpha(1-\alpha)\frac{X_{12}}{1+\varkappa^2} = -\alpha(1-\alpha)\frac{X_{12}\cdot R_W^2}{R_W^2 + X_{12}^2}
\end{aligned}\right\} \tag{16}$$

mit der Abkürzung:

$$\varkappa = X_{12} : R_W. \tag{17}$$

Durch Division der Gl. (16) erhalten wir:

$$r_E : x_E = r_K : x_K \approx \varkappa = X_{12} : R_W \tag{18}$$

und können aus den Gl. (16) mit Einsatz von Gl. (18) bei gegebenen Größen: r_K und x_K die für den Entkoppler benötigten Werte: X_{12} und R_W angenähert berechnen:

$$\left.\begin{aligned} R_W &\approx \frac{r_K}{\alpha(1-\alpha)}\left[1+\left(\frac{1}{\varkappa}\right)^2\right]; \\[2mm] X_{12} &\approx \frac{x_K}{\alpha(1-\alpha)}\left[1+\varkappa^2\right]. \end{aligned}\right\} \tag{19}$$

Die Gl. (3) werden mit Benutzung von Gl. (13), (14), (17) nach einigen Zwischenrechnungen mit Vernachlässigung von höheren Potenzen und Produkten von k_1, k_1, k_{12} gegenüber 1,0 zu:

$$\left.\begin{aligned} \frac{\mathfrak{Z}_I}{\mathfrak{Z}_K} &\approx \frac{1}{1-\alpha}\;\frac{1+\alpha\,k_2-j\,[\alpha\,k_1+k_{12}]}{1-2\alpha(1-\alpha)\,k_1\cdot\varkappa-j\,2\alpha(1-\alpha)\,k_2\cdot\varkappa}; \\[2mm] \frac{\mathfrak{Z}_{II}}{\mathfrak{Z}_K} &\approx \frac{1}{\alpha}\;\frac{1+(1-\alpha)\,k_2-j\,[(1-\alpha)\,k_1+k_{12}]}{1-2\alpha(1-\alpha)\,k_1\cdot\varkappa-j\,2\alpha(1-\alpha)\,k_2\cdot\varkappa}. \end{aligned}\right\} \tag{20}$$

Nun können wir die beiden Gl. (20) noch aufspalten, wobei wieder k_1, k_2, $k_{12} \ll 1$ angenommen ist, und erhalten:

$$\left.\begin{aligned} r_I &\approx \frac{1}{1-\alpha}\cdot r_K\left\{1+\alpha\,[k_2+2(1-\alpha)\,k_1\varkappa]+\frac{1}{\varkappa}\,[\alpha\,k_1+k_{12}-2\alpha(1-\alpha)\,k_2\varkappa]\right\}; \\[2mm] x_I &\approx \frac{1}{1-\alpha}\cdot x_K\{1+\alpha\,[k_2+2(1-\alpha)\,k_1\varkappa]-\varkappa\,[\alpha\,k_1+k_{12}-2\alpha(1-\alpha)\,k_2\varkappa]\}; \\[2mm] r_{II} &\approx \frac{1}{\alpha}\cdot r_K\left\{1+(1-\alpha)\,[k_2+2\alpha\,k_1\varkappa]+\frac{1}{\varkappa}\,[(1-\alpha)\,k_1+k_{12}-2\alpha(1-\alpha)\,k_2\varkappa]\right\}; \\[2mm] x_{II} &\approx \frac{1}{\alpha}\cdot x_K\{1+(1-\alpha)\,[k_2+2\alpha\,k_1\varkappa]-\varkappa\,[(1-\alpha)\,k_1+k_{12}-2\alpha(1-\alpha)\,k_2\varkappa]\}. \end{aligned}\right\} \tag{21}$$

Weiter erhalten wir nach den Gl. (5) und (6) bei Vernachlässigung von k_1, k_2, k_{12} gegenüber 1,0:

$$\left.\begin{aligned} \Theta_\Sigma &\approx \frac{n_{12}}{\sqrt{1+\varkappa^2}}\,|\,\mathfrak{I}_I\cdot\alpha-\mathfrak{I}_{II}\cdot(1-\alpha)\,|; \\[2mm] I_W &\approx \frac{\varkappa}{\sqrt{1+\varkappa^2}}\,|\,\mathfrak{I}_I\cdot\alpha-\mathfrak{I}_{II}\cdot(1-\alpha)\,|. \end{aligned}\right\} \tag{22}$$

Da $\varkappa$ nach Gl. (17) ebenso wie X_{12} der Frequenz verhältnisgleich ist, kann nach den Gl. (16) eine vollständige Entkopplung nur für eine Frequenz hergestellt werden, wenn x_K frequenzproportional und r_K frequenzunabhängig ist.

Anwendung für Spannungswandler[1].

Bild 3a zeigt die allgemeine Schaltung des Entkopplers ($\mathfrak{Z}_W$, $\mathfrak{Z}_{12}$) auf der Sekundärseite eines Spannungswandlers Sp mit den beiden Meßkreisen bzw. Meßbürden I und II. Der Wandler [1] Sp läßt sich bekanntlich durch einen gleichwertigen Vierpol nach Bild 3b mit den entsprechenden Anschlüssen u_1, v_1 und u_2, v_2 darstellen, in dem zwischen v_2 und v_0 und zwischen v_1 und v_0 die Leiter- und Streuwiderstände der Wicklung 2 und 1, auf Seite 2 bezogen, liegen, die als Summe: $\mathfrak{Z}_K = r_K + j\,x_K$ Konstante [2] des Wandlers sind. Zwischen v_0 und u_1, u_2 liegt der gegen $\mathfrak{Z}_K$ sehr große Scheinwiderstand $\mathfrak{R}_0$ — entsprechend $\mathfrak{Z}_0$ auf Bild 2b —, der durch den beiden Wicklungen gemeinsamen Fluß im Eisenkern bedingt ist. Eine Widerstandsmessung zwischen u_2 und v_2 ergibt bei kurzgeschlossenen Klemmen u_1, v_1 praktisch den Wert von $\mathfrak{Z}_K$. Wenn wir nun z. B. eine Entkopplungs-Drossel mit nebengeschaltetem Wirkwiderstand benutzen wollen, müssen wir also R_W und $\mathfrak{Z}_{12}$ so wählen, daß

---

[1] DRP. 674765 vom Verf. 1936 angemeldet.

der Widerstand — $\mathfrak{z}_E$ auf Bild 2c gleich dem inneren Wandlerwiderstand $\mathfrak{z}_K$ ist. Nach Wahl von α und angenäherter Berechnung von R_W und $\mathfrak{z}_{12}$ bzw. X_{12} mittels der Gl. (19) benützt man zweckmäßig zur genauen Einstellung die Kompensationsschaltung Bild 3b.

Den Drehspannungsschlüssen R und O wird der mittels A meßbare Strom I_K entnommen, und R_W mit X_{12} so lange verändert, bis die Spannung zwischen u_2 und u_3

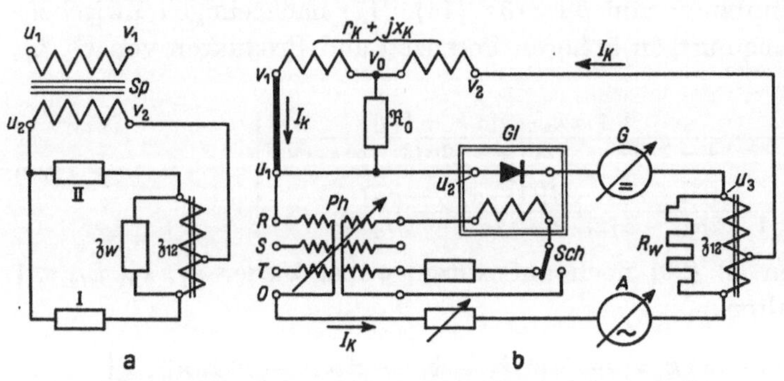

Bild 3. Spannungswandler mit Meßkreis-Entkoppelung.

a Spannungswandler: *Sp.* Entkoppler: $\mathfrak{z}_{12}$, $\mathfrak{z}_W$. Bürden der Meßkreise: *I* und *II*.
b Kompensationsschaltung für die Einstellung von: $\mathfrak{z}_E = -\mathfrak{z}_K$. Ersatzschaltung für *Sp* als Vierpol: u_1, v_1 : u_2, v_2. *R*, *S*, *T*, *O* Drehspannungsanschluß. *Ph* Phasenschieber. *Gl* Schaltgesteuerter Gleichrichter.

gleich Null ist. Wir verwenden hier mit Vorteil einen phasenabhängigen Nullanzeiger in Form eines fremderregten Dynamometers oder nach Bild 3b eines Gleichstromzeigers in Reihe mit einem „schaltgesteuerten" (z. B. mechanischen) Gleichrichter [*3*] *Gl*, dessen Schaltphase durch Anschluß seiner Erregung an einen Phasenschieber *Ph* beliebig einstellbar ist und mittels des

Schalters *Sch* unabhängig von der Einstellung des *Ph* um 90° gedreht werden kann. Aus den Gl. (16) geht nämlich hervor, daß r_E und x_E Funktionen von (R_W, X_{12}) sind, die also abhängig von $\varkappa$ sind. Im komplexen Widerstandsdiagramm Bild 4 ist eine kleine — übertrieben groß gezeichnete — Abweichung $-\varDelta\mathfrak{z}$ zwischen — $\mathfrak{z}_E$ und $\mathfrak{z}_K$ angenommen. Wird R_W vergrößert, so wandert z. B. der Punkt P in Richtung R, wird X_{12} geändert, so wandert P in Richtung X. Die Winkel φ und ψ sind aus den Gl. (16) durch Differentiation nach R_W und X_{12} zu finden als:

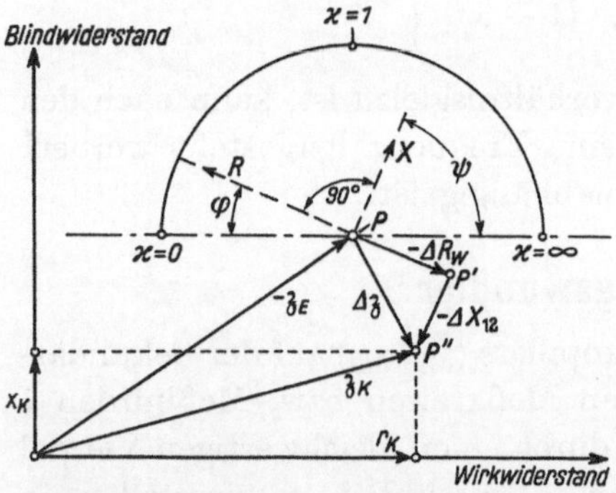

$$\left.\begin{aligned} \operatorname{tg}\varphi &= \frac{\partial x_E}{\partial R_W} : \frac{\partial r_E}{\partial R_W} = \frac{\partial x_E}{\partial r_E} \approx \frac{2\varkappa}{\varkappa^2 - 1} \\ &\quad\text{für } X_{12} \text{ konstant;} \\ \operatorname{tg}\psi &= \frac{\partial x_E}{\partial X_{12}} : \frac{\partial r_E}{\partial X_{12}} = \frac{\partial x_E}{\partial r_E} \approx \frac{\varkappa^2 - 1}{2\varkappa} \\ &\quad\text{für } R_W \text{ konstant;} \end{aligned}\right\} \quad (23)$$

also: $\operatorname{tg}\varphi = \operatorname{ctg}\psi$;

Bild 4. Der Abgleichvorgang nach dem Verfahren des Bildes 3b.

Die Richtungen *R* und *X* geben die Änderungsrichtung von $\mathfrak{z}_E$ bei Vergrößerung von R_W und X_{12} an und stellen die konvergenzgerechten Schaltphasenlagen des Gleichrichters dar.

demnach ist der Winkel zwischen der *R*- und *X*-Richtung immer gleich 90°. Stellt man nun mittels *Ph* die Schaltphase von *Gl* bei Änderung von R_W in die *R*-Richtung, bei Änderung von X_{12} in die *X*-Richtung ein, so braucht nach Bild 4 R_W und X_{12} um $-\varDelta R_W$ bzw. $-\varDelta X_{12}$ theoretisch nur einmal geändert werden, um den vollständigen Abgleich [*4*] zu erzielen. Ist nämlich die Differenzspannung am Instrument *G* zuerst proportional $\overline{PP''}$, und wird R_W vermindert, bis $\overline{P'P''}$ senkrecht auf der *R*-Richtung steht, so zeigt *G* Null an. Der Ausschlagsinn von *G* gibt dabei eindeutig die notwendige Änderungsrichtung von R_W und X_{12} an.

Versuchsergebnisse.

Für einen Spannungswandler der Reihe 20 mit dem Übersetzungsverhältnis
24500 : 100 und den Konstanten $r_K = 0,173$ Ohm, $x_K = 0,212$ Ohm wurde probe-
weise eine Entkopplungs-Drossel (Manteltype) mit etwa 5 cm Eisenquerschnitt (Dynamoblech), 5 mm Luftspalt und einer Eisenweglänge von 20 cm mit einem Anzapf-
verhältnis $\alpha = 0,25$ berechnet und nach Bild 3 b mit einem Zusatzwiderstand

Zahlentafel 1. Meßfehler eines Spannungswandlers ohne und mit Entkoppelungsdrossel.
$W =$ Belastung der Meßkreise in Watt ($\cos\varphi = 1$), $f =$ Übersetzungsfehler in Proz., $\delta =$ Winkelfehler in Min.

| Mit Entkopplung | | | | | | Ohne Entkopplung | | |
| Meßkreis I | | | Meßkreis II | | | Meßkreis I und II | | |
W_I	f_I	δ_I	W_{II}	f_I	δ_I	W	f	δ
0	+0,76	+ 0,7	0	+0,74	+ 0,7	0	+0,78	+ 0,1
100	+0,01	−29,2	0	+0,73	− 0,5	100	+0,25	−21,6
200	−0,72	−58,5	0	+0,72	+ 0,5	200	−0,24	−43,1
200	—	—	5	+0,60	− 3,8	—	—	—
200	—	—	10	+0,48	− 8,0	—	—	—
200	−0,74	−58,5	15	+0,33	−12,8	—	—	—

$R_W \approx 2,5$ Ohm abgeglichen. Bei $\alpha = 0,25$ haben wir bestenfalls mit einer Erhöhung
der Meßfehler um 33 %, im Kreis II um 300 % zu rechnen. Die Zahlentafeln 1 und 2
zeigen die Meßergebnisse mit einer Scheringbrücke. Man erkennt, daß die Entkopplung gut gelungen war. Der wirksame innere Widerstand des Spannungswandlers ist infolge des hohen Wertes von $k_1 \approx 0,15$ gegenüber den nach den Gl. (21)
für k_1, k_2, $k_{12} = 0$ ermittelbaren Werten $r_I = 1,33 \cdot r_K$, $x_I = 4 \cdot x_K$ und $r_{II} = 4 \cdot r_K$,
$x_{II} = 4 \cdot x_K$ um $+ 9 \%$, $+ 2,8 \%$ und $+ 17 \%$, $- 3,5 \%$ verschieden.

Zahlentafel 2. Meßfehler des Spannungswandlers in Abhängigkeit von der prozentualen
Nennspannung. W_I in Watt ($\cos\varphi = 1$); $W_{II} = 0$.

| Spannung | $W_I = 0$ | | $W_I = 100$ | | $W_I = 200$ | |
$U_N\%$	f_{II}	δ_{II}	f_{II}	δ_{II}	f_{II}	δ_{II}
40	+0,75	−0,1	—	—	+0,69	−0,7
60	+0,79	±0	—	—	+0,72	−0,8
80	+0,77	−0,5	+0,73	−0,5	+0,72	−0,3
100	+0,74	+0,7	+0,73	−0,5	+0,72	+0,5
120	+0,72	+1,5	+0,68	+0,8	+0,67	+1,5
140	+0,66	+2,5	—	—	+0,63	+2,5

Es wurde noch ein zweiter Versuch mit einer Drossel gleicher Größe, aber aus
Carbonyl-Nickeleisen mit 1 mm Luftspalt gemacht, in den ein mehrfach geschlitztes
Eisenblech (kammförmig) zur Regelung von X_{12} eingeschoben werden konnte. Die
Verluste dieser Drossel waren wesentlich kleiner.

Mit den ermittelten Konstanten der Drossel $X_{12} = 1,9$ Ohm, $k_1 = 0,05$, $k_2 = 0,006$,
$k_{12} = 0,008$ und einem Widerstand $R_W = 2,4$ Ohm, $\varkappa = 0,8$ ergibt sich nach den
Gl. (21) $r_I = 1,33 \cdot 1,04 \cdot r_K$, $x_I = 1,33 \cdot 1,0015 \cdot x_K$; $r_{II} = 4,0 \cdot 1,074 \cdot r_K$, $x_{II} = 4,0$
$\cdot\, 0,984 \cdot x_K$, was auch durch eine Nachmessung bestätigt wurde.

Schließlich wurde noch die Stromabhängigkeit des Blindwiderstandes X_{12} gemessen und die dadurch verursachten zusätzlichen Meßfehler des konstant be-

Zahlentafel 3. Meßfehler im Kreis II, hervorgerufen durch Stromabhängigkeit der Induktivität einer Drossel aus Carbonyl-Nickeleisen, in Abhängigkeit von verschieden hoher Last W_I.

W_I	f_{II}	δ_{II}
58	0,07	$\leqq 0,5$
116	0,07	$\leqq 0,5$
175	0,10	$\leqq 0,5$
230	0,14	$\leqq 0,5$
290	0,17	$\leqq 0,5$
580	0,70	0,9
750	1,2	1,2
870	1,7	2,4

lasteten Kreises II bei verschiedenen Belastungen des Kreises I errechnet; das recht befriedigende Ergebnis zeigt Zahlentafel 3.

Praktisch wird man den Kreis II über einen Sparwandler kleinster Type anschließen, um den Übersetzungsfehler f_{II} auszugleichen. Besonders geeignet ist als Kernmaterial für die Drossel eine Mischung von 80 % hochsiliziertem Dynamoblech und 20 % Mumetall. Da r_K temperaturabhängig (Cu) ist, stimmt die Entkopplung nach den Gl. (16) nur für eine Temperatur genau; man könnte R_W nur bei hohen $\varkappa$-Werten, d. h. kleiner Streuung aus Kupfer herstellen. Bei einem Entkopplungswandler ist dagegen die Nachbildung der Temperaturabhängigkeit nach den Gl. (10) bei jedem Verhältnis $\varkappa$ möglich.

Andere Anwendungen.

Wenn man z. B. bei Fehlerortmessungen damit rechnen muß, daß über die Meßstromquelle ein verhältnismäßig hoher Störstrom gleicher oder anderer Frequenz fließt — vgl. U_I und U_{II} auf Bild 1a —, wird die Klemmenspannung infolge des inneren Widerstandes der Quelle vom Störstrom beeinflußt, was man mittels einer Entkopplung einfacher vermeiden kann als durch eine Quelle höherer Leistung oder Filter. Außerdem können nach diesem Verfahren natürlich Kopplungen von Meßschaltungen innerhalb von Wandlern oder Meßwerken mit mehreren Wicklungen, wo eine vektorielle Summe oder Differenz von Spannungen oder Strömen zur Wirkung kommen soll, beseitigt werden.

Zusammenfassung.

Es werden zwei Entkopplungsschaltungen für galvanisch-induktiv gekoppelte Meßkreise angegeben und ihre Eigenschaften untersucht. Die Anwendung des Verfahrens beim Spannungswandler ermöglicht, zwei voneinander unabhängige Meßkreise mit verschiedenen Fehlergrenzen herzustellen.

Schrifttum.

1. K. Küpfmüller: Einführung in die theoretische Elektrotechnik, Berlin (1932), S. 181.

2. A. Berghahn: Die Streureaktanzen eines Einphasentransformators. Arch. Elektrotechn. **27** (1933) S. 761 $\cdots$ 778.

3. H. Pfannenmüller: Wiss. Veröff. Siemens **XIII**, 1 (1934) S. 1 $\cdots$ 12.

4. H. Poleck: Mechanisiertes Abgleichverfahren für Wechselstrom-Meßbrücken bei Verwendung phasenabhängiger Nullindikatoren. Arch. Elektrotechn. **28** (1934) S. 492 $\cdots$ 506.

Namenverzeichnis.

Allis, W. P. 300.
Arnold-la Cour 47.
Auwers, O. v. 163.
Aymanns, K. 63.

Baker, R. M. 73, 85 ff.
Bakker, C. J. 174, 186, 192.
Barrel, H. 84.
Bauer, G. 199.
Baumann, E. 221.
Baumbach, H. H. v. 199.
Becker, R. 166.
Berghahn, A. 368.
Bernamont, J. 174.
Betteridge, W. 90.
Biermanns, J. 2, 5, 9.
Bloch, O. 48.
Bodländer, G. 199.
Bödefeld, Th. 44.
Boltzmann, O. 254.
Bondi, W. 79.
Bormann, E. 147.
Bowden, F. P. 197.
Bracken, E. F. 85.
Brandenburger, E. 217 ff.
Brillouin, L. 182, 187, 188.
Bruggeman, D. A. G. 204, 208 ff.
Büchner, A. 164, 204 ff.
Burstin, H. 74.

Dahl, K. 160.
Davydov, B. 199.
Dawson, H. S. 252.
Dobson, J. W. 85.
Dreeger, K. 101, 107.
Dreyfus, L. 44.
Druyvesteyn, M. 300.
Düll, H. 48.

Einstein, A. 174.
Eisenmann, L. 289.
Elsner, R. 1 ff., 14 ff., 21.
Emde, F. 252.
Emmens, H. 198.
Engel, A. v. 177, 178, 299, 317,
    330, 332.
Erhard, Th. 164.
Errera, J. 210.
Etzrodt, A. 317.

Fink, H. P. 73 ff., 193.
Fischer, W. 337.

Föppl, A. 44.
French, H. W. 317.
Frey, F. 74.
Furkert, W. 101.

Geel, W. Ch. van 198, 199.
Gerdien, H. 76, 164.
Geyger, W. 147.
Glaser, A. 317.
Glass, S. W. 96, 97.
Görges, H. 24.
Graf, W. 121.
Güldenpfennig, F. 73 ff., 88, 93,
    193.
Gumlich, E. 164.
Gundermann, J. 200.

De Haas-Lorentz, L. 174.
Hagenguth, J. H. 2.
Hammerton, T. G. 317.
Hartmann, W. 199, 200, 290.
Haupt, E. 163, 164.
Heller, G. 192.
Hessler, V. P. 73, 85 ff.
Hewitt, G. W. 73, 86, 88.
Hippel, A. v. 116.
Holm, E. 74.
—, R. 73 ff., 78, 83, 88, 93 ff., 98,
    165, 193 ff.
Hughes, T. P. 197.
Huizings, M. S. 288.
Hull, A. W. 317.

Idaszewski, K. S. 199.
Inge, L. 101, 112.
Issendorff, J. v. 320.

Jahnke, E. 252.
Jost, R. 101, 104, 112 ff.
Jousé, W. P. 200.
Junga, Gg. 273.

Kafka, H. 47.
Kapp, G. 24.
Kern, J. 160.
Kirschstein, B. 74, 193 ff., 306 ff.
Klarmann, H. 198 ff., 202.
Klemperer, H. 317.
Kniepkamp, H. 317.
Knoll, M. 252.
Koch, W. 317.
Köpsel, A. 148, 160.

Körner, H. 73 ff., 193.
Krönert, J. 147.
Krondl, M. 47.
Kruithoff, A. A. 299, 304.
Kübler, E. 50 ff., 51.
Küpfmüller, K. 122, 147, 368.

Laird, J. A. 90.
Lamar, E. S. 300.
Langmuir, I. 310, 317, 318.
Laue, M. v. 109.
Le Blanc, M. 199.
Lebrecht, L. 51.
Lehmhaus, F. 101, 110.
Leuktert, W. 51.
Lichenecker, K. 204, 205, 207.
Lindner, J. 218 ff.
Liska, J. 93, 99.
Lorentz, H. A. 188.
Lübcke, E. 317.

Mahla, K. 317.
Merz, L. 148 ff.
Metcalf, J. 317.
Meyer, W. 199.
Mierdel, Gg. 292 ff., 298, 300.
Morris, W. A. Mc. 2.
Morse, Ph. M. 300.
Mott, N. F. 274.
Mühlenpfordt, J. 202.
Müller, F. H. 199.

Nagel, K. 199.
—, W. 217 ff., 221.
Nasledow, D. 201.
Nemenzow, L. 201.
Nernst, W. 164.
Neumann, H. 161 ff., 164.
Niepel, H. 148 ff.
Nieuwenburg, J. C. 222.
Nordheim, L. 178, 182 ff.
Nottingham, W. B. 317.
Nyquist, H. 174, 177 ff.

Oertel, F. 160.
Ollendorf, F. 252.
Ornstein, L. S. 192.

Palm, A. 147.
Palueff, K. K. 2.
Penning, F. M. 299, 304.
Pfannenmüller, H. 368.

Sachverzeichnis.

10*